中国国家标准汇编

2007 年修订-8

中国标准出版社　编

中国标准出版社

北京

图书在版编目（CIP）数据

中国国家标准汇编：2007 年修订 . 8/中国标准出版社编 . —北京：中国标准出版社，2008

ISBN 978-7-5066-4958-2

Ⅰ. 中…　Ⅱ. 中…　Ⅲ. 国家标准-汇编-中国-2007　Ⅳ. T-652.1

中国版本图书馆 CIP 数据核字（2008）第 101061 号

中国标准出版社出版发行
北京复兴门外三里河北街 16 号
邮政编码：100045

网址 www.spc.net.cn

电话：68523946　68517548

中国标准出版社秦皇岛印刷厂印刷
各地新华书店经销

*

开本 880×1230　1/16　印张 41.5　字数 1 216 千字
2008 年 8 月第一版　2008 年 8 月第一次印刷

*

定价 200.00 元

出 版 说 明

1.《中国国家标准汇编》是一部大型综合性国家标准全集，自1983年起，按国家标准顺序号以精装本、平装本两种装帧形式陆续分册汇编出版。《汇编》在一定程度上反映了我国建国以来标准化事业发展的基本情况和主要成就，是各级标准化管理机构，工矿企事业单位，农林牧副渔系统，科研、设计、教学等部门必不可少的工具书。

2. 由于标准的动态性，每年有相当数量的国家标准被修订，这些国家标准的修订信息无法在已出版的《汇编》中得到反映。为此，自1995年起，新增出版在上一年度被修订的国家标准的汇编本。

3. 修订的国家标准汇编本的正书名、版本形式、装帧形式与《中国国家标准汇编》相同，视篇幅分设若干册，但不占总的分册号，仅在封面和书脊上注明“2007年修订-1,-2,-3,……”等字样，作为对《中国国家标准汇编》的补充。读者配套购买则可收齐前一年新制定和修订的全部国家标准。

4. 修订的国家标准汇编本的各分册中的标准，仍按顺序号由小到大排列(不连续)；如有遗漏的，均在当年最后一分册中补齐。

5. 2007年制修订国家标准1 410项，全部收入在《中国国家标准汇编》第352～367分册和2007年修订-1～修订-23分册中。本分册为“2007年修订-8”，收入新制修订的国家标准55项。

中国标准出版社

2008年6月

目　录

ICS 87.060.10
G 53

中华人民共和国国家标准

GB/T 5211.12—2007
代替 GB/T 5211.12—1986

颜料水萃取液电阻率的测定

Determination of resistivity of aqueous extract pigments

(ISO 787-14:2002, General methods of test for pigments and extenders—Part 14:Determination of resistivity of aqueous extract, MOD)

2007-09-11 发布　　2008-04-01 实施

中华人民共和国国家质量监督检验检疫总局
中国国家标准化管理委员会　发布

前言

本部分修改采用ISO 787-14:2002《颜料和体质颜料通用试验方法　第14部分:水萃取液电阻率的测定》(英文版)。

本部分在采用国际标准时进行了修改,这些技术性差异用垂直单线标识在它们所涉及的条款的页边空白处。在附录A中给出了技术性差异及其原因的一览表以供参考。

本部分与ISO 787-14:2002的主要技术差异为:

——增加了"用电导率仪测定电导率的步骤和结果的换算关系"。

GB/T 5211为颜料试验方法系列标准,该系列标准分为20个部分:

——第1部分:颜料水溶物测定　冷萃取法;

——第2部分:颜料水溶物测定　热萃取法;

——第3部分:颜料在105℃挥发物的测定;

——第4部分:颜料装填体积和表观密度的测定;

——第5部分:颜料耐水性测定法;

——第6部分:颜料耐酸性测定法;

——第7部分:颜料耐碱性测定法;

——第8部分:颜料耐油性测定法;

——第9部分:颜料耐溶剂性测定法;

——第10部分:颜料耐石蜡性测定法;

——第11部分:颜料水溶硫酸盐、氯化物和硝酸盐的测定;

——第12部分:颜料水萃取液电阻率的测定;

——第13部分:颜料水萃取液酸碱度的测定;

——第14部分:颜料筛余物的测定　机械冲洗法;

——第15部分:颜料吸油量的测定;

——第16部分:白色颜料消色力的比较;

——第17部分:白色颜料对比率(遮盖力)的比较;

——第18部分:颜料筛余物的测定　水法　手工操作;

——第19部分:着色颜料的相对着色力和冲淡色的测定　目视比较法;

——第20部分:在本色体系中白色、黑色和着色颜料颜色的比较　色度法。

本部分为GB/T 5211的第12部分。

本部分代替GB/T 5211.12—1986《颜料水萃取液电阻率的测定》。

本部分与前版GB/T 5211.12—1986的主要技术差异为:

——前版系等效采用ISO 787-14:1973;

——删除了"用电导仪测定溶液电导的步骤"和"颜料水萃取液电导率的计算";

——增加了"用电导率仪测定电导率的步骤和结果的换算关系"。

本部分的附录A为资料性附录。

本部分由中国石油和化学工业协会提出。

本部分由全国涂料和颜料标准化技术委员会归口。

本部分起草单位:中国化工建设总公司常州涂料化工研究院。

本部分主要起草人:沈苏江。

本部分于1986年首次发布,本次为第一次修订。

本部分由全国涂料和颜料标准化技术委员会负责解释。

颜料水萃取液电阻率的测定

1 范围

本部分规定了颜料水萃取液电阻率(比电阻)测定的通用试验方法。本方法适用于所有的颜料和体质颜料(明显溶于水的颜料除外)。

必须指出,颜料水萃取液电阻率作为颜料的一种性质,它与水溶物的数量无关,如经商定可以采用冷萃取法,但需要在报告中注明。

测定的标准温度为23℃,经有关方面协商也可使用不同的温度,但必须考虑温度差异并作出必要的校正。

注:当本通用方法适用于指定颜料时,在该颜料的产品标准中应指出本方法,并注明由于颜料的特性而需做的任何详细的变更。仅当此通用方法不适用于某特定颜料时,才规定一特殊方法来测定水萃取液的电阻率。

2 规范性引用文件

下列文件中的条款通过本部分的引用而成为本部分的条款。凡是注日期的引用文件,其随后所有的修改单(不包括勘误的内容)或修订版均不适用于本部分,然而,鼓励根据本部分达成协议的各方研究是否可使用这些文件的最新版本。凡是不注日期的引用文件,其最新版本适用于本部分。

GB/T 3186—2006 色漆、清漆和色漆与清漆用原材料 取样(ISO 15528:2000,IDT)

3 试剂

所用试剂均为分析纯。

3.1 纯水:电阻率不低于2 500 Ω·m。

3.2 甲醇:电阻率不低于2 500 Ω·m。

3.3 氯化钾溶液:0.02 mol/L。

4 仪器

4.1 离心机或高速离心机(必要时用)。

4.2 滤纸:细质,以纯水洗至滤出液电阻率大于2 000 Ω·m。

注:滤纸直径视颜料的表观密度而定,某些有机颜料需要直径至少为185 mm的滤纸才能满足过滤的需要。

4.3 圆筒(烧杯):直径约35 mm,深约125 mm,或其他适合于与电导电极配套的容器。

4.4 温度计:最小分度为0.2℃。

4.5 电桥或电导率仪。

4.6 电导电极:电导池常数 K 约为1。

5 取样

按GB/T 3186—2006的规定取受试颜料的代表性样品。

6 电导池常数的测定

6.1 制备氯化钾标准工作液的方法是用纯水把氯化钾溶液(3.3)稀释到已知浓度。用电导电极(4.6)按7.2.2所述在23℃测定此标准工作溶液的电阻 R(也可在商定的另一温度下测定并进行适当的校正)。

6.2 按式(1)计算电导池常数 K：

$$K=\frac{R}{\rho} \tag{1}$$

式中：

R——测得的电阻，单位为欧姆(Ω)；

ρ——所用浓度下的氯化钾溶液在23℃时的电阻率，单位为欧姆·米(Ω·m)(0.002 mol/L 溶液电阻率是34.4 Ω·m，见图1)；

如果采用不同浓度的氯化钾溶液，从图1中找出相应的 ρ 用于计算电导池常数。

一般来讲，改变氯化钾溶液浓度对电导池常数影响不大，但为了高度精确，必须使用一定浓度的氯化钾溶液，其电阻率与待测溶液相似，并且测量值应处在电导仪刻度盘中间1/3部位。

7 步骤

7.1 颜料的水润湿性试验

取少量颜料，加入煮沸的蒸馏水，观察其是否被水润湿。如样品不易被水很好地润湿，则表明是疏水性的，按7.3操作方法进行；如颜料样品极易被水润湿，则按7.2操作方法进行。

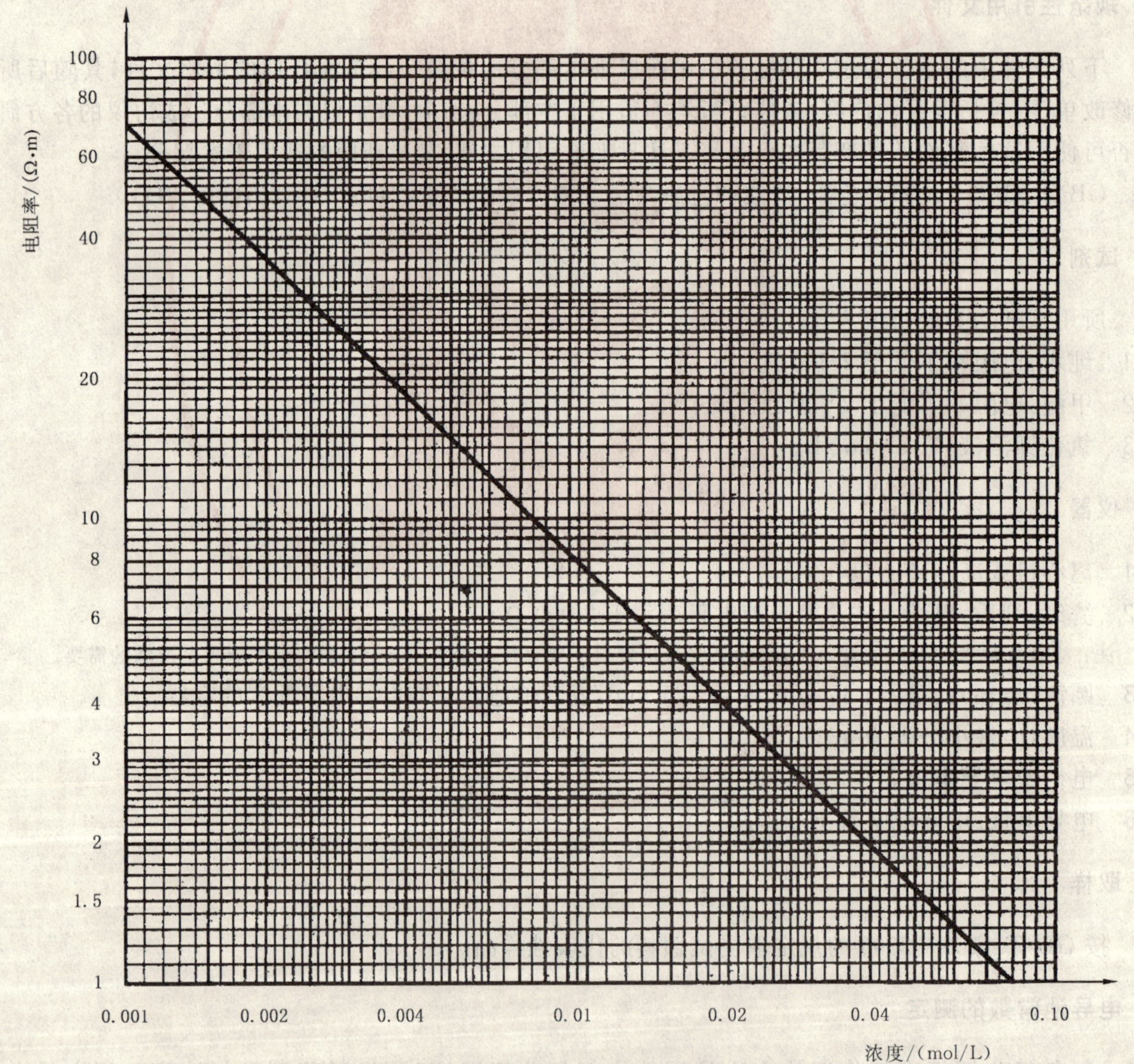

图1 氯化钾在23℃时的电阻率

7.2 亲水性颜料

7.2.1 称取(20±0.01)g颜料样品，置于一合适容积的已称重的带搅拌棒的烧杯中。

注：一般来说，对于易被水润湿的颜料来说20 g样品是足够的。250 mL烧杯对于白色颜料来说是适用的。然而对一些易起泡沫和能沿壁蠕动的白色颜料最好使用400 mL烧杯。20 g有机颜料试样通常需要用600 mL烧杯，以防止煮沸时泡沫溢出。

加入180 g煮沸的纯水，在不断搅拌下缓慢煮沸5 min，冷却至约60℃，补加水至净重200 g，搅匀，直接用滤纸过滤，或者用离心机或高速离心机来分离固体，此时要清洗并干燥试管或以少量浆液冲洗试管，然后将上层清液通过滤纸过滤。不管上述哪一种情况，都要弃去最先的10 mL滤液。

7.2.2 把滤液冷却至约20℃。圆筒(烧杯)(4.3)及电导电极(4.6)都首先要用纯水淋洗，然后用滤液淋洗。在圆筒(烧杯)中装入滤液，再把电导电极放入。上下移动电导电极来驱除空气泡。慢慢调整滤液温度至23℃，并将电导电极浸入液面下约10 mm处，其位置是直立在圆筒(烧杯)正中部，用带有放大装置的电桥或电导率仪(4.5)在温度为(23±0.5)℃下至少测定5次，用电桥测定时读取值为电阻，读数值要靠近刻度盘的中间，并根据仪器提供的说明，使仪器达到平衡，用电导率仪测定时，仪器上有电导池常数调节装置，读取值为电导率 L_t。

重复上述整个操作。

7.3 疏水性颜料

对那些不易被水润湿的有机颜料，7.2方法需作适当的改变。

称取(20±0.01)g颜料样品置于一个已经称重的并带有搅棒的1 000 mL烧杯中，用刚好能使其润湿的量的甲醇(3.2)(4 g～16 g)润湿，以配成均匀的湿的浆状物，然后用煮沸的纯水稀释至总量为200 g。按7.2.2规定进行测定。

重复上述整个操作。

8 结果的表示

用电桥测定时按式(2)计算在指定温度 t(℃)下颜料水萃取液的电阻率 ρ_t(Ω·m)：

$$\rho_t = \frac{\overline{R_t}}{K} \qquad \cdots\cdots(2)$$

式中：

$\overline{R_t}$——所测量电阻值的平均值，单位为欧姆(Ω)；

K——电导池常数。

用电导率仪测定时，颜料水萃取液的电阻率 ρ_t(Ω·m)可通过式(3)换算得到：

$$\rho_t = \frac{1}{L_t} \times 10^4 \qquad \cdots\cdots(3)$$

式中：

L_t——颜料水萃取液的电导率，单位为微西门子每厘米(μS/cm)。

取二次测定的平均值，结果精确到所得值的1%。

9 试验报告

试验报告应包括下列内容：

a) 注明本部分编号；

b) 鉴别试验产品所需的全部细节；

c) 经商定或其他方式规定的与本试验方法规定操作的差异；

d) 颜料是亲水性颜料还是疏水性颜料；

e) 按第8章所述的试验结果；

f) 试验日期。

附 录 A
（资料性附录）
本部分与 ISO 787-14:2002 技术性差异及其原因

表 A.1 给出了本部分与 ISO 787-14:2002 的技术性差异及其原因的一览表。

表 A.1 本部分与 ISO 787-14:2002 技术性差异及其原因

本部分的章条编号	技术性差异	原因
4.5	增加了电导率仪。	国内电导率仪的应用已相当普遍，增加此方法给用户提供了方便，使标准更具实用性。
7.2.2	增加了用电导率仪测定电导率的步骤。	
8	增加了用电导率仪测定得到的电导率结果与电阻率的换算关系。	

ICS 87.060.10
G 53

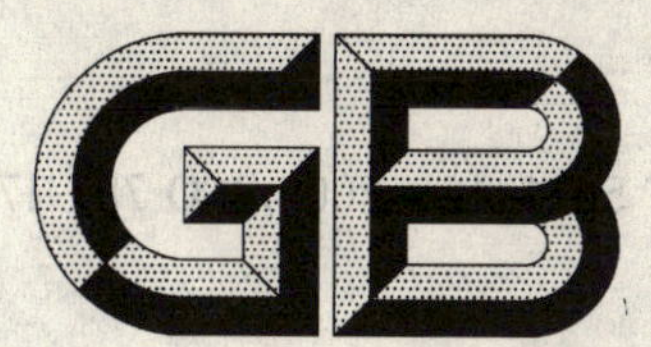

中华人民共和国国家标准

GB/T 5211.16—2007/ISO 787-17:2002
代替 GB/T 5211.16—1988

白色颜料消色力的比较

Comparison of lightening power of white pigments

(ISO 787-17:2002,General methods of test for pigments and extenders—Part 17:Comparison of lightening power of white pigments,IDT)

2007-09-11 发布 2008-04-01 实施

中华人民共和国国家质量监督检验检疫总局
中国国家标准化管理委员会 发布

前　言

本部分等同采用 ISO 787-17:2002《颜料和体质颜料通用试验方法　第 17 部分:白色颜料消色力的比较》(英文版)。

GB/T 5211 为颜料试验方法的系列标准,该系列标准分为 20 个部分:

——第 1 部分:颜料水溶物测定　冷萃取法;

——第 2 部分:颜料水溶物测定　热萃取法;

——第 3 部分:颜料在 105℃挥发物的测定;

——第 4 部分:颜料装填体积和表观密度的测定;

——第 5 部分:颜料耐水性测定法;

——第 6 部分:颜料耐酸性测定法;

——第 7 部分:颜料耐碱性测定法;

——第 8 部分:颜料耐油性测定法;

——第 9 部分:颜料耐溶剂性测定法;

——第 10 部分:颜料耐石蜡性测定法;

——第 11 部分:颜料水溶硫酸盐、氯化物和硝酸盐的测定;

——第 12 部分:颜料水萃取液电阻率的测定;

——第 13 部分:颜料水萃取液酸碱度的测定;

——第 14 部分:颜料筛余物的测定　机械冲洗法;

——第 15 部分:颜料吸油量的测定;

——第 16 部分:白色颜料消色力的比较;

——第 17 部分:白色颜料对比率(遮盖力)的比较;

——第 18 部分:颜料筛余物的测定　水法　手工操作;

——第 19 部分:着色颜料的相对着色力和冲淡色的测定　目视比较法;

——第 20 部分:在本色体系中白色、黑色和着色颜料颜色的比较　色度法。

本部分为 GB/T 5211 的第 16 部分。

本部分代替 GB/T 5211.16—1988《白色颜料消色力的比较》。

本部分与前版 GB/T 5211.16—1988 的主要技术差异为:

——前版系等效采用 ISO 787-17:1973;

——增加了"用手工研磨器或调刀混合白颜料和蓝浆"的步骤。

本部分由中国石油和化学工业协会提出。

本部分由全国涂料和颜料标准化技术委员会归口。

本部分主要起草单位:中国化工建设总公司常州涂料化工研究院。

本部分主要起草人:沈苏江。

本部分于 1988 年首次发布,本次为第一次修订。

本部分由全国涂料和颜料标准化技术委员会负责解释。

白色颜料消色力的比较

1 范围

本部分规定了比较白色颜料与同类型商定颜料消色能力的通用试验方法。

标准中描述了两个方法(A 和 B),方法 A 比方法 B 快,适合单个颜料样品的试验;对于多个样品的试验,方法 B 更好些,特别是对于未知消色力的颜料样品。

注:当本通用方法适用于指定颜料时,在该颜料的产品标准中应指出本方法,并注明由于颜料的特性而需做的任何详细的变更。仅当本通用方法不适用于某特定颜料时,才规定一特殊方法来比较白色颜料的消色力。

2 规范性引用文件

下列文件中的条款通过本部分的引用而成为本部分的条款。凡是注日期的引用文件,其随后所有的修改单(不包括勘误的内容)或修订版均不适用于本部分,然而,鼓励根据本部分达成协议的各方研究是否可使用这些文件的最新版本。凡是不注日期的引用文件,其最新版本适用于本部分。

GB/T 3186—2006 色漆、清漆和色漆与清漆用原材料 取样(ISO 15528:2000,IDT)

ISO 788 群青颜料

3 试剂

3.1 蓝浆,组成如下:

——蓖麻油(药用):500 g;

——沉淀硫酸钙 $CaSO_4 \cdot 2H_2O$:475 g;

——群青(符合 ISO 788 规定):5 g;

——处理过的天然土[1)]:20 g。

按下列方法制备蓝浆:

将天然土置于烧杯中与足够量的蓖麻油混合制成均匀的浆状物,在搅拌下将剩余蓖麻油加入,将混合物加热至 50℃保温 15 min,然后在搅拌下分批少量加入群青和硫酸钙,再通过辊磨机或其他适当机械使浆状物彻底分散,并进行搅拌使浆状物充分均匀,如有必要可以加热。

把浆状物置于密闭容器中,最好采用螺旋盖。

4 仪器

4.1 调刀:钢制;锥形刀身,长为(140～150)mm,最宽处为(20～25)mm,最窄处不小于 12.5 mm。

4.2 玻璃板:无色透明,尺寸为 150 mm×150 mm 或其他合适尺寸。

4.3 自动研磨机:带有磨砂玻璃磨盘,直径为(180～250)mm,使用时施加的压力最大约1 000 N,磨盘转速为(70～120)r/min。有每 25 转为一挡的计数装置。最好可通冷却水,如果自动研磨机不能通冷却水,应保证在研磨过程中温度不变。

4.4 平板:磨砂玻璃板或大理石板,当没有研磨机可用时使用。

4.5 天平:精确至 0.001 g。

4.6 手工研磨器。

1) 合适的材料有处理过的膨润土。

5 取样

按 GB/T 3186—2006 的规定取受试颜料的代表性样品。

6 操作

6.1 方法 A

6.1.1 用自动研磨机混合白颜料和蓝浆

称取 5 g 蓝浆(3.1)(精确至 1 mg)置于研磨机(4.3)下层板的中间,按表 1 称取一定量的商定参照颜料(m_0)(精确至 1 mg)放在蓝浆中,用调刀(4.1)慢慢地将其调匀。将浆状物在下层板分成距板中心约 50 mm 直径的圆,在上层板上交替抹擦来清除调刀上的浆状物,合上玻璃板,施加约 1 000 N 的力,研磨 4 遍,每遍为 25 转,每遍操作后用同一调刀将浆状物收集至板中间。

研磨完成后将浆状物移至调色板上保存。

6.1.2 用手工研磨器或调刀混合白颜料和蓝浆

称取 5 g 蓝浆(精确至 1 mg)置于平板上(4.4),按表 1 称取一定量商定参照颜料(m_0)(精确至 1 mg)也置于板上,先加少量蓝浆用调刀或手工研磨器研磨 5 min,尽量使其混匀。再分批少量地加入其余蓝浆,用调刀或手工研磨器研磨,并经常用调刀将其翻起以保证混合均匀。

把制备好的浆状物移至调色板上保存。

表 1

(商定)参照颜料	称样量(m_0)/g
氧化锌或 30%锌钡白	0.500
高级硫化锌	0.200
二氧化钛	0.100

6.1.3 比色步骤

按照 6.1.1 或 6.1.2 相同的方法处理试验颜料,并确定与商定参照颜料色浆颜色强度相同时所需用的试验颜料量(m_1)。

将商定参照颜料和试验颜料两个浆状物以同一方向用合适规格的湿膜制备器刮在玻璃板(4.2)上使成不透明条带,其宽度不小于 25 mm,接触边长不小于 40 mm,刮后立即在散射日光下通过玻璃板,检查两者表面的颜色强度。若无法利用良好的日光,则可在人造日光下进行比较。

6.2 方法 B

6.2.1 用自动研磨机混合白颜料和蓝浆

按以下操作步骤制备一系列商定参照颜料的标准色浆。

称取 5 g 蓝浆(3.1)(精确至 1 mg)置于研磨机(4.3)下层板的中间,按表 2 称取规定量之一的商定参照颜料(精确至 1 mg),放在蓝浆中,用调刀(4.1)慢慢调匀。将浆状物在下层板分成距板中心约 50 mm直径的圆,在上层板上将调刀抹擦干净,合上研磨机,施加最大的力,研磨 4 遍,每遍 25 转。每遍操作后用同一调刀将浆状物收集至板中间。

研磨完成后将浆状物移至调色板上保存。

按表 2 依次称取其他规定量的白颜料,重复上述操作,并将浆状物保存于调色板上。

6.2.2 用手工研磨器或调刀混合白颜料和蓝浆

称取 5 g 蓝浆(精确至 1 mg)置于平板上(4.4),按照表 2 称取规定量之一的商定参照颜料(精确至 1 mg),也置于板上,先加少量蓝浆用调刀或手工研磨器研磨 5 min,尽量使其混匀,再分批少量地加入其余蓝浆,用调刀或手工研磨器研磨,并经常用调刀将其翻起以保证其均匀。

把制备好的浆状物移至调色板上保存。

按照表 2 依次称取其他规定量的白颜料,重复上述操作,并将浆状物保存于调色板上。

表 2

商定参照颜料称取量/g			试验颜料相对消色力/%
氧化锌或锌钡白(30%ZnS)	高级硫化锌	二氧化钛	
0.400	0.160	0.080	80
0.450	0.180	0.090	90
0.500	0.200	0.100	100
0.550	0.220	0.110	110
0.600	0.240	0.120	120

6.2.3 比色步骤

按照6.2.1或6.2.2相同的方法处理试验颜料，称样量如下：

——氧化锌或30%锌钡白，0.500 g；

——高级硫化锌，0.200 g；

——二氧化钛，0.100 g。

从制成的一系列商定参照颜料浆状物中选择与试验颜料浆状物颜色强度最接近的二个。

把试验颜料浆状物与这两个浆状物以同一方向用合适规格的湿膜制备器刮在玻璃板(4.2)上，其不透明条带的宽度不小于25 mm，接触边长不小于40 mm，刮后立即在散射日光下通过玻璃板，检查其表面的颜色强度。若无法利用良好的日光，则可在人造光源下进行比较。

7 结果的表示

7.1 方法A

以商定参照颜料为100，试验颜料的相对消色力 X，数值以%表示，按下式计算

$$X = \frac{100m_0}{m_1}$$

式中：

m_0——商定参照颜料的质量，单位为克(g)；

m_1——与商定参照颜料色浆颜色强度相同时所用试验颜料的质量，单位为克(g)。

7.2 方法B

7.2.1 从表2的最后一栏中，根据试验颜料浆状物与商定参照颜料浆状物颜色强度相当时所用的参照颜料的量可读出试验颜料相对消色力。

示例：假定受试颜料为二氧化钛，按照6.2.3制备试验颜料浆状物时使用了0.100 g二氧化钛，如果浆状物正好与0.120 g商定参照颜料制成标准浆状物的颜色强度相当，那么试验颜料的相对消色力就等于120%即[(100×0.120)/0.100]。

7.2.2 如果试验颜料浆状物的颜色强度不能与商定参照颜料制成的标准浆状物中其中之一的颜色强度相近，可用内插法估计它与二个标准浆状物之间最接近的相对消色力。

8 试验报告

试验报告应包括下列内容：

a) 注明本部分编号和说明使用方法A或方法B；

b) 鉴别试验产品所需的全部细节；

c) 与本试验方法规定操作的差异；

d) 试验结果；

e) 试验日期。

ICS 77.150.40
H 62

中华人民共和国国家标准

GB/T 5235—2007
代替 GB/T 5235—1985

加工镍及镍合金 化学成分和产品形状

**Wrought nickel and nickel alloys—
Chemical composition and forms of wrought products**

2007-04-30 发布　　2007-11-01 实施

中华人民共和国国家质量监督检验检疫总局
中国国家标准化管理委员会　发布

前　言

本标准代替 GB/T 5235—1985《加工镍及镍合金　化学成分和产品形状》。本标准参照了美国 ASTM 标准和国际 ISO 标准的牌号及化学成分进行的修订。

本标准与 GB/T 5235—1985 标准相比，主要变化如下：

——纯镍增加了 N5、N7、N9 三个牌号；

——镍锰合金增加了 NMn4-1、NMn1.5-1.5-0.5 两个牌号；

——镍铜合金增加了 NCu28-1-1、NCu30、NCu30-3-0.5、NCu35-1.5-1.5 四个牌号；

——镍钨钙合金增加了 NW4-0.2-0.2 一个牌号；

——镍铬合金增加了 NCr20 一个牌号。

本标准附录 A 是资料性附录。

本标准由中国有色金属工业协会提出。

本标准由全国有色金属标准化技术委员会归口。

本标准由沈阳有色金属加工厂和宝钛集团有限公司负责起草。

本标准主要起草人：白常厚、刘刚、赵广厦、隋素娟、王丽、刘关强、黄永光、张平辉、王韦琪。

本标准由全国有色金属标准化技术委员会负责解释。

本标准于 1985 年首次发布，本次为第一次修订。

加工镍及镍合金
化学成分和产品形状

1 范围

本标准规定了加工镍及镍合金化学成分，并列举了常用的产品形状。

本标准适用于以压力加工方法生产的镍及镍合金产品（板、带、箔、管、棒、型、线和锻件）及其所用的铸锭和坯料。

2 规范性引用文件

下列文件中的条款通过本标准的引用而成为本标准的条款。凡是注日期的引用文件，其随后所有的修改单（不包括勘误的内容）或修订版均不适用于本标准，然而，鼓励根据本标准达成协议的各方研究是否可使用这些文件的最新版本。凡是不注日期的引用文件，其最新版本适用于本标准。

GB/T 8647（所有部分） 镍化学分析方法

YS/T 325 镍铜合金化学分析方法

3 要求

3.1 镍及镍合金的名称、牌号、化学成分及产品形状应符合表1的规定。

3.2 本标准某些牌号等同采用国际标准 ISO、美国 ASTM 标准相应牌号的对应关系见附表 A（资料性附录）。

4 试验方法

镍及镍合金化学成分仲裁分析按 GB/T 8647 和 YS/T 325 进行。GB/T 8647 和 YS/T 325 没有包括的元素分析方法由供需双方协商。

表 1 加工镍及镍合金

组别	名 称	牌 号	元素	化学成分(质量分数)/%								
				Ni+Co	Cu	Si	Mn	C	Mg	S	P	Fe
纯镍	二号镍	N2	最小值	99.98	—	—	—	—	—	—	—	—
			最大值	—	0.001	0.003	0.002	0.005	0.003	0.001	0.001	0.007
	四号镍	N4	最小值	99.9	—	—	—	—	—	—	—	—
			最大值	—	0.015	0.03	0.002	0.01	0.01	0.001	0.001	0.04
	五号镍	N5 (NW2201) (N02201)	最小值	99.0	—	—	—	—	—	—	—	—
			最大值	—	0.25	0.30	0.35	0.02	—	0.01	—	0.40
	六号镍	N6	最小值	99.5	—	—	—	—	—	—	—	—
			最大值	—	0.10	0.10	0.05	0.10	0.10	0.005	0.002	0.10
	七号镍	N7 (NW2200) (N02200)	最小值	99.0	—	—	—	—	—	—	—	—
			最大值	—	0.25	0.30	0.35	0.15	—	0.01	—	0.40
	八号镍	N8	最小值	99.0	—	—	—	—	—	—	—	—
			最大值	—	0.15	0.15	0.20	0.20	0.10	0.015	—	0.30
	九号镍	N9	最小值	98.63	—	—	—	—	—	—	—	—
			最大值	—	0.25	0.35	0.35	0.02	0.10	0.005	0.002	0.4
	电真空镍	DN	最小值	99.35	—	0.02	—	0.02	0.02	—	—	—
			最大值	—	0.06	0.10	0.05	0.10	0.10	0.005	0.002	0.10
阳极镍	一号阳极镍	NY1	最小值	99.7	—	—	—	—	—	—	—	—
			最大值	—	0.1	0.10	—	0.02	0.10	0.005	—	0.10
	二号阳极镍	NY2	最小值	99.4	0.01	—	—	O:0.03		0.002	—	—
			最大值	—	0.10	0.10	—	0.3		0.01	—	0.10
	三号阳极镍	NY3	最小值	99.0	—	—	—	—	—	—	—	—
			最大值	—	0.15	0.2	—	0.1	0.10	0.005	—	0.25
镍锰合金	3 镍锰合金	NMn3	最小值	余量	—	—	2.30	—	—	—	—	—
			最大值		0.50	0.30	3.30	0.30	0.10	0.03	0.010	0.65
	4-1 镍锰合金	NMn4-1	最小值	余量	—	0.75	3.75	—	—	—	—	—
			最大值		—	1.05	4.25	—	—	—	—	—
	5 镍锰合金	NMn5	最小值	余量	—	—	4.60	—	—	—	—	—
			最大值		0.50	0.30	5.40	0.30	0.10	0.03	0.020	0.65
	1.5-1.5-0.5 镍锰合金	NMn1.5-1.5-0.5	最小值	余量	—	0.35	1.3	—	—	—	—	—
			最大值		—	0.75	1.7	—	—	—	—	—
镍铜合金	40-2-1 镍铜合金	NCu40-2-1	最小值	余量	38.0	—	1.25	—	—	—	—	0.2
			最大值		42.0	0.15	2.25	0.30	—	0.02	0.005	1.0
	28-1-1 镍铜合金	NCu28-1-1	最小值	余量	28	—	1.0	—	—	—	—	1.0
			最大值		32	—	1.4	—	—	—	—	1.4
	28-2.5-1.5 镍铜合金	NCu28-2.5-1.5	最小值	余量	27.0	—	1.2	—	—	—	—	2.0
			最大值		29.0	0.1	1.8	0.20	0.10	0.02	0.005	3.0
	30 镍铜合金	NCu30 (NW4400) (N04400)	最小值	63.0	28.0	—	—	—	—	—	—	—
			最大值	—	34.0	0.5	2.0	0.3	—	0.024	0.005	2.5
	30-3-0.5 镍铜合金	NCu30-3-0.5 (NW5500) (N05500)	最小值	63.0	27.0	—	—	—	—	—	—	—
			最大值	—	33.0	0.5	1.5	0.1	—	0.01	—	2.0

化学成分和产品形状

Pb	Bi	As	Sb	Zn	Cd	Sn	W	Ca	Cr	Ti	Al	杂质总和	产品形状
— 0.0003	— 0.0003	— 0.001	— 0.0003	— 0.002	— 0.0003	— 0.001	— —	— —	— —	— —	— —	— 0.02	板、带、箔
— 0.001	— 0.001	— 0.001	— 0.001	— 0.005	— 0.001	— 0.001	— —	— —	— —	— —	— —	— 0.1	板、带、箔
— —	— —	— —	— —	— —	— —	— —	— —	— —	— 0.2	— —	— —	— —	板、带、箔
— 0.002	— 0.002	— 0.002	— 0.002	— 0.007	— 0.002	— 0.002	— —	— —	— —	— —	— —	— 0.5	板、带、箔、管、棒、线
— —	— —	— —	— —	— —	— —	— —	 —	— —	— 0.2	— —	— —	— —	板、带、箔
— —	— —	— —	— —	— —	— —	— —	— —	— —	— —	— —	— —	— 1.0	板、带、棒、线
— 0.002	— 0.002	— 0.002	— 0.002	— 0.007	— 0.002	— 0.002	— —	— —	— —	— —	— —	— 0.5	板、带、箔
— 0.002	— 0.002	— 0.002	— 0.002	— 0.007	— 0.002	— 0.002	— —	— —	— —	— —	— —	— —	板、带、管、棒、线
— —	— —	— —	— —	— —	— —	— —	— —	— —	— —	— —	— —	— 0.3	板、棒
— —	— —	— —	— —	— —	— —	— —	— —	— —	— —	— —	— —	— —	板、棒
— —	— —	— —	— —	— —	— —	— —	— —	— —	— —	— —	— —	— —	板
— 0.002	— 0.002	— 0.030	— 0.002	— —	— —	— —	— —	— —	— —	— —	— —	— 1.5	线
— —	— —	— —	— —	— —	— —	— —	— —	— —	— —	— —	— —	— —	板带
— 0.002	— 0.002	— 0.030	— 0.002	— —	— —	— —	— —	— —	— —	— —	— —	— —	线
— —	— —	— —	— —	— —	— —	— —	— —	— —	1.3 1.7	— —	— —	— —	板、带
— 0.006	— —	— —	— —	— —	— —	— —	— —	— —	— —	— —	— —	— —	板、带、管、棒、线
— —	— —	— —	— —	— —	— —	— —	— —	— —	— —	— —	— —	— —	板、带
— 0.003	— 0.002	— 0.010	— 0.002	— —	— —	— —	— —	— —	— —	— —	— —	— —	板、带、管、棒、线
— —	— —	— —	— —	— —	— —	— —	— —	— —	— —	— —	— —	— —	板、带、箔、管
— —	— —	— —	— —	— —	— —	— —	— —	— —	— —	0.35 0.86	2.3 3.15	— —	管、棒、线

表 1

组别	名称	牌号	元素	化学成分(质量分数)/%								
				Ni+Co	Cu	Si	Mn	C	Mg	S	P	Fe
镍铜合金	35-1.5-1.5镍铜合金	NCu35-1.5-1.5	最小值	余量	34	0.1	1.0	—	—	—	—	1.0
			最大值		38	0.4	1.5	—	—	—	—	1.5
电子用镍合金	0.1镍镁合金	NMg0.1	最小值	99.6	—	—	—	—	0.07	—	—	—
			最大值	—	0.05	0.02	0.05	0.05	0.15	0.005	0.002	0.07
	0.19镍硅合金	NSi0.19	最小值	99.4	—	0.15	—	—	—	—	—	—
			最大值	—	0.05	0.25	0.05	0.10	0.05	0.005	0.002	0.07
	4-0.15镍钨钙合金	NW4-0.15	最小值	余量	—	—	—	—	—	—	—	—
			最大值		0.02	0.01	0.005	0.01	0.01	0.003	0.002	0.03
	4-0.2-0.2镍钨钙合金	NW4-0.2-0.2	最小值	余量	—	—	—	—	—	—	—	—
			最大值		0.02	0.01	0.02	0.05	0.03	—	—	0.03
	4-0.1镍钨锆合金	NW4-0.1	最小值	余量	—	—	—	—	—	—	—	—
			最大值		0.005	0.005	0.005	0.01	0.005	0.001	0.001	0.03
	4-0.07镍钨镁合金	NW4-0.07	最小值	余量	—	—	—	—	0.05	—	—	—
			最大值		0.02	0.01	0.005	0.01	0.1	0.001	0.001	0.03
热电合金	3镍硅合金	NSi3	最小值	97	—	3	—	—	—	—	—	—
			最大值		—		—	—	—	—	—	—
	10镍铬合金	NCr10	最小值	90	—	—	—	—	—	—	—	—
			最大值		—	—	—	—	—	—	—	—
	20镍铬合金	NCr20	最小值	余量	—	—	—	—	—	—	—	—
			最大值		—	—	—	—	—	—	—	—

注1：元素含量为上下限者为合金元素，元素含量为单个数值者；除镍加钴为最低限量外，其他元素为最高限量。

注2：杂质总和为表中所列杂质元素实测值总和。

注3：除 NCu30、NCu30-3-0.5 的 Ni+Co 含量为实测值外，其余牌号的 Ni+Co 含量为100%减去表中所列元素实测值所得。

注4：热电合金的化学成分为名义成分。

（续）

Pb	Bi	As	Sb	Zn	Cd	Sn	W	Ca	Cr	Ti	Al	杂质总和	产品形状
— —	— —	— —	— —	— —	— —	— —	— —	— —	— —	— —	— —	— —	板、带
— 0.002	— 0.002	— 0.002	— 0.002	— 0.007	— 0.002	— 0.002	— —	— —	— —	— —	— —	— —	板、棒
— 0.002	— 0.002	— 0.002	— 0.002	— 0.007	— 0.002	— 0.002	— —	— —	— —	— —	— —	— —	带、管
— 0.002	— 0.002	— 0.002	— 0.002	— 0.003	— 0.002	— 0.002	3.0 4.0	0.07 0.17	— —	— —	— 0.01	— —	带、线
— —	— —	— —	— —	— 0.003	P+Pb+Sn+Bi+Sb+Cd+S≤0.002		3.0 4.0	0.1 0.19	— —	— —	0.1 0.2	— —	带
— 0.001	— 0.001	— —	— 0.001	— 0.003	— 0.001	— 0.001	3.0 4.0	Zr:0.08 0.14		— 0.005	— 0.005	— —	带
— 0.002	— 0.002	— 0.002	— 0.002	— 0.005	— 0.002	— 0.002	3.5 4.5	— —	— —	— —	— 0.001	— —	带
— —	— —	— —	— —	— —	— —	— —	— —	— —	— —	— —	— —	— —	线
— —	— —	— —	— —	— —	— —	— —	— —	— —	10	— —	— —	— —	线
— —	— —	— —	— —	— —	— —	— —	— —	— —	18 20	— —	— —	— —	线

附 录 A
（资料性附录）
等同采用 ISO、ASTM 标准的牌号对照

本标准的牌号与 ISO 和 ASTM 标准中牌号化学成分完全相同的见表 A.1。

表 A.1 等同采用 ISO、ASTM 标准的牌号对照

本标准牌号	ISO 牌号	ASTM 牌号
N5	NW2201	N02201
N7	NW2200	N02200
NCu30	NW4400	N04400
NCu30-3-0.5	NW5500	N05500

ICS 77.150.30
H 62

中华人民共和国国家标准

GB/T 5246—2007
代替 GB/T 5246—1985

电解铜粉

Electrolytic copper powder

2007-04-30 发布　　2007-11-01 实施

中华人民共和国国家质量监督检验检疫总局
中国国家标准化管理委员会　发布

前　言

本标准代替 GB/T 5246—1985《电解铜粉》，与 GB/T 5246—1985 相比，本标准主要有以下变化：

——电解铜粉牌号由四个增加到五个，其中 FTD1、FTD2、FTD3、FTD4 为可溶阳极（铜板）生产的电解铜粉，FTD5 为不溶阳极生产的电解铜粉；

——对于 FTD1、FTD2、FTD3、FTD4 四个牌号的杂质元素铅和砷，限量由 0.005％降低至 0.004％；

——对水分、氧含量等直接影响铜粉质量的指标，做了更为严格的限制。

本标准的附录 A、附录 B、附录 C、附录 D 为规范性附录。

本标准由中国有色金属工业协会提出。

本标准由全国有色金属标准化技术委员会归口。

本标准由金川集团有限公司负责起草。

本标准由上海九凌冶炼有限公司、有研粉末新材料（北京）有限公司、重庆华浩冶炼有限公司参加起草。

本标准主要起草人：汪锦瑞、荆志勋、李娟、林秀英、张东方、王林山、陈林。

本标准所代替标准的历次版本发布情况为：

——GB/T 5246—1985。

电 解 铜 粉

1 范围

本标准规定了电解铜粉的要求、试验方法、检验规则、包装、标志、运输、贮存及质量证明书。

本标准适用于硫酸铜溶液电解法制得的电解铜粉，主要用于粉末冶金零件、金刚石制品、电碳制品、电子材料和化工触媒等。

2 规范性引用文件

下列文件中的条款通过本标准的引用而成为本标准的条款。凡是注日期的引用文件，其随后所有的修改单(不包括勘误的内容)或修订版均不适用于本标准，然而，鼓励根据本标准达成协议的各方研究是否可使用这些文件的最新版本。凡是不注日期的引用文件，其最新版本适用于本标准。

GB/T 1479 金属粉末松装密度的测定 第1部分：漏斗法

GB/T 1480 金属粉末粒度组成的测定 干筛分法

GB/T 5121(所有部分) 铜及铜合金化学分析方法

GB/T 5314 粉末冶金用粉末的取样方法

GB/T 8888 重有色金属加工产品的包装、标志、运输和贮存

JY/T 010—1996 分析型扫描电子显微镜方法通则

3 要求

3.1 产品分类

电解铜粉按化学成分和物理性能分为FTD1、FTD2、FTD3、FTD4、FTD5五个牌号。

3.2 化学成分

电解铜粉的化学成分应符合表1的规定。

表1 电解铜粉的化学成分

产品牌号	化学成分(质量分数)/%									
	Cu，不小于	杂质含量，不大于								
		Fe	Pb	As	Sb	O	Bi	Ni	Sn	Zn
FTD1	99.8	0.01	0.04	0.004	0.005	0.10	0.002	0.003	0.004	0.004
FTD2	99.8	0.01	0.04	0.004	0.005	0.10	0.002	0.003	0.004	0.004
FTD3	99.7	0.01	0.04	0.004	0.005	0.15	—	—	—	—
FTD4	99.6	0.01	0.04	0.004	—	0.20	—	—	—	—
FTD5	99.6	0.01	0.05	0.004	—	0.25	—	—	—	—

产品牌号	化学成分(质量分数)/%				
	杂质含量，不大于				
	S	Cl^-	H_2O	硝酸处理后灼烧残渣	杂质总和
FTD1	0.004	0.004	0.04	0.05	0.2
FTD2	0.004	0.004	0.04	0.05	0.2

表 1(续)

产品牌号	化学成分(质量分数)/%				
	杂质含量,不大于				
	S	Cl^-	H_2O	硝酸处理后灼烧残渣	杂质总和
FTD3	0.004	—	0.04	0.05	0.3
FTD4	0.004	—	0.04	0.05	0.4
FTD5	0.004	—	0.04	0.05	0.4
注:如需方对产品化学成分有特殊要求,由供需双方商定。					

3.3 物理性能

电解铜粉的物理性能应符合表 2 的规定。

表 2 电解铜粉的物理性能

产品牌号	粒度		松装密度 g/cm³
	粒度分布	质量分数/%	
FTD1	≤74 μm(−200 目)	≥95	1.2~2.3
FTD2	≤43 μm(−300 目)	≥95	0.8~1.9
FTD3	≤74 μm(−200 目)	≥95	1.2~2.3
FTD4	≤175 μm~74 μm (−80 目~−200 目)	70~80	0.8~2.5
	≤74 μm(−200 目)	30~20	
FTD5	≤43 μm(−300 目)	≥95	1.2~1.9

注:1) FTD3 也可以供应粒度≤43 μm(质量分数≥95%),松装密度为 0.8 g/cm³~1.9 g/cm³ 的电解铜粉。
2) 需方如对产品粒度有其他特殊要求,由供需双方商定。

3.4 电解铜粉的微观形貌应呈树枝状,见图 1。

图 1 电解铜粉的微观形貌

3.5 表观质量

产品应呈均匀的浅玫瑰红色，不得含有外来夹杂物和粉块。

3.6 其他

如需方对产品有其他特殊要求，由供需双方协商确定并在合同中注明。

4 试验方法

4.1 电解铜粉中铜含量的测定按 GB/T 5121 的规定进行。

4.2 电解铜粉中铁、铅、砷、锑、铋、镍、锡、锌、硫量的测定按照 GB/T 5121 的规定或供需双方认可的方法进行。

4.3 电解铜粉中氧含量的测定按附录 A 的规定或供需双方认可的方法进行。

4.4 电解铜粉中水分的测定按附录 B 的规定或供需双方认可的方法进行。

4.5 电解铜粉中氯离子的测定按附录 C 的规定或供需双方认可的方法进行。

4.6 电解铜粉硝酸处理后灼烧残渣的测定按附录 D 的规定或供需双方认可的方法进行。

4.7 电解铜粉的粒度组成的测定按 GB/T 1480 的规定进行。

4.8 电解铜粉的松装密度的测定按 GB/T 1479 的规定进行。

4.9 电解铜粉的微观形貌的测定按 JY/T 010 的规定或供需双方认可的方法进行。

4.10 电解铜粉的表观质量由目视法检测。

5 检验规则

5.1 检查与验收

5.1.1 供方质量检验部门负责对产品进行检验，保证产品符合本标准或订货单（或合同）之规定，并填写质量证明书。

5.1.2 需方应对收到的产品进行验收，如检验结果与本标准或订货单（或合同）内容不符时，应在收到产品之日起 15 日内向供方提出，由供需双方协商解决。如需仲裁，仲裁取样在需方，由供需双方共同进行。产品自出厂之日起，质量保证期不少于 6 个月。

5.2 组批

每批产品应由同一系统、同一生产周期生产的产品或同一牌号、相同粒度的产品组成，单批重量不大于 5 t。

5.3 取样与制样

产品的取样与制样按 GB/T 5314 的规定进行。

5.4 检验结果的判定

产品化学成分和物理性能不符合本标准时，判该批产品不合格；表观质量不符合本标准时，判该件产品不合格。

6 包装、标志、运输、贮存和质量证明书

6.1 包装、标志和运输按照 **GB/T** 8888 的规定执行

6.2 贮存

产品应贮存在没有腐蚀性化学物品，温度不大于 25℃，相对湿度不大于 70％的环境内。

6.3 质量证明书

每批产品应附有质量证明书，其上注明：

a） 供方名称；

b） 产品名称、牌号、批号、批重与产品件数；

c） 分析检测结果及检验部门印记；

d） 本标准号；

e） 出厂日期。

7 订货单（或合同）内容

订货单（或合同）应包括下列内容：

a） 产品名称；

b） 牌号；

c） 化学成分及物理规格的特殊要求；

d） 数量；

e） 本标准编号；

f） 其他需要协商或增加的标准以外要求的内容。

附 录 A
（规范性附录）
电解铜粉化学分析方法 氧含量的测定 高频熔融-库仑法

A.1 范围

本方法规定了电解铜粉中氧含量的测定。

本方法适用于电解铜粉中氧含量的测定。测定范围(质量分数)：0.03%～0.50%。

A.2 方法提要

在高温与过量碳存在的条件下，试样在石墨坩埚中熔融，试样中的氧被过量的碳还原成一氧化碳。用氩气带入五氧化二碘转化为二氧化碳，被预先调节好 pH 值的高氯酸钡吸收液吸收，引起吸收液 pH 值降低。用一定电量的脉冲电流对吸收液进行电解，使 pH 值复原。由所耗电量计算出试样含氧量。

A.3 试剂

A.3.1 结晶高氯酸钡[$Ba(ClO_4)_2 \cdot 3H_2O$]。

A.3.2 碳酸钡。

A.3.3 异丙醇。

A.3.4 氯化钠。

A.3.5 硝酸银溶液(50 g/L)。

A.3.6 石墨粉(光谱纯)。

A.3.7 工业氩气(纯度 99.99%以上)。

A.3.8 吸收池溶液：称取 50 g 结晶高氯酸钡(A.3.1)置于 1 000 mL 烧杯中，加 1 000 mL 去离子水，使其溶解，加入 30 mL～50 mL 异丙醇(A.3.3)，混匀。

A.3.9 阳极池溶液：称取 50 g 结晶高氯酸钡(A.3.1)置于 300 mL 烧杯中，加入 250 mL 去离子水，使其溶解，混匀。

A.3.10 参考池溶液：称取 5 g 结晶高氯酸钡(A.3.1)、3 g 氯化钠(A.3.4)一并置于 250 mL 烧杯中，加 100 mL 去离子水，待完全溶解后加 2 滴～3 滴硝酸银溶液(A.3.5)，加热到 60℃～70℃，取下冷却，用上面澄清液。

A.4 仪器

A.4.1 石墨坩埚(光谱纯)。

A.4.2 库仑分析仪。配有高频感应发生器，燃烧炉，转化器及光学高温计。

A.5 分析步骤

A.5.1 试样量：取约 0.2 g 样品，压制成直径 5 mm 小圆块，称量，准确到 0.1 mg。

A.5.2 装燃烧炉，调节吸收液的 pH 值和电量补偿。

A.5.3 将氩气(A.3.7)流量调节到 400 mL/min，海绵钛炉升温到 500℃～550℃，五氧化二碘炉升温到 140℃～160℃。

A.5.4 将燃烧炉升温到 2 200℃～2 300℃，脱气到空白含氧量不大于 20 μg/min。

A.5.5 降温到 1 600℃～1 650℃，此时空白含氧量应不大于 2 μg/min。

A.5.6 加入试样量(A.5.1)同时开始记时记数，当每分钟计数恢复到加入试样前，记下读数和分析时间，计算氧量。

A.6 分析结果的计算

用式(A.1)计算氧的质量分数 w_O，数值以%表示：

$$w_O = \frac{(A - B \cdot t) \times 0.5 \times 10^{-6}}{m} \times 100 \quad \cdots\cdots (A.1)$$

式中：

A——测定试料时脉冲的总计数；

B——测定空白时每分钟的脉冲计数；

t——测定时间，单位为分钟(min)；

m——试样量，单位为克(g)；

0.5×10^{-6}——1个脉冲计数相当于的氧量，单位为克(g)。

所得结果表示至三位小数。

A.7 允许差

实验室之间分析结果的差值应不大于表A.1所列允许差。

表 A.1

氧含量的质量分数/%	允许差/%
0.03～0.08	0.008
>0.08～0.15	0.015
>0.15～0.25	0.025
>0.25～0.50	0.040

注：本方法测得氧含量为试样全氧量(吸湿水中氧含量及氧化物中氧量的总和)。铜粉中含氧量结果报告应是全氧量减去吸湿水中氧量。

附 录 B
（规范性附录）
电解铜粉化学分析方法 水分的测定 卡尔·费休滴定法

B.1 范围

本方法规定了电解铜粉中水分的测定。

本方法适用于电解铜粉中水分的测定。测定范围（质量分数）：0.01%～1.0%。

B.2 原理

B.2.1 将含有吸湿水的电解铜粉试样，置于纯净、干燥的氮气流中加热，水分被氮气载出，被甲醇吸收后，用卡尔·费休试剂滴定。当溶液颜色由柠檬黄色变为桔红色出现并保持不变时，即为终点（目视终点）。

B.2.2 卡尔·费休滴定法测定水分，是基于水被甲醇吸收后与由碘、二氧化硫、吡啶和甲醇配制的混合试剂与水起反应，其反应方程式如下：

$$H_2O + I_2 + SO_2 + 3C_5H_5N = 2C_5H_5N \cdot HI + C_5H_5N \cdot SO_3$$

$$C_5H_5N \cdot SO_3 + ROH = C_5H_5NH \cdot OSO_2OR$$

B.3 试剂

B.3.1 无水甲醇。

B.3.2 吡啶。

B.3.3 二氧化硫：发生气体二氧化硫或钢瓶贮二氧化硫脱水后使用。

B.3.4 重升华碘试剂。

B.3.5 滴定溶液。

B.3.5.1 滴定溶液的配制。

滴定溶液由 85 g 碘、270 mL 吡啶、670 mL 甲醇和 64 g 二氧化硫混合组成。在滴定以前，用甲醇将滴定溶液稀释至每 1 mL 相当于水含量 0.25 mg～0.5 mg。

注意：卡尔·费休试剂包含有毒物质，在配制溶液过程及操作时，要加强通风。若偶然出现溅溢，要用水冲洗。

B.3.5.2 滴定溶液的标定（与测定试样同时进行）：用差量法称取 0.05 g（准确到 0.1 mg）二水合酒石酸钠（经 105℃烘干，此时其理论上相当水含量 15.66%）。将置有酒石酸钠的磁舟推入石英管的高温区（170℃见图 B.1 的管式炉），二水合酒石酸钠脱掉的水被氮气带到吸收瓶，与滴定溶液反应。以消耗滴定溶液体积及酒石酸钠的重量计算滴定溶液的实际浓度。

按公式（B.1）计算滴定溶液的实际浓度：

$$c = \frac{m \times 0.1566}{V \times 18.0152} \qquad \text{(B.1)}$$

式中：

c——滴定溶液的实际浓度，单位为摩尔每毫升（mol/mL）；

m——二水合酒酸钠的重量，单位为克（g）；

V——滴定酒石酸钠所消耗的滴定溶液的体积，单位为毫升（mL）；

0.156 6——二水合酒石酸钠在理论上相当的水含量；

18.015 2——水的分子量，克每摩尔（g/mol）。

B.3.6 氮气的净化剂：使用 5A 分子筛和五氧化二磷。

B.3.7 氮气:纯度>99.9%。

B.4 仪器装置

B.4.1 干燥瓶:内装 5A 分子筛。

B.4.2 脱水瓶:内装五氧化二磷。

B.4.3 管式炉:最高工作温度 200℃,附控温及测温装置。

B.4.4 吸收瓶:二个吸收瓶以 Y 字形联接,左侧瓶为吸收瓶。内有一个带有莲蓬头状的进气管,右侧为比较瓶。

全套装置见图 B.1。

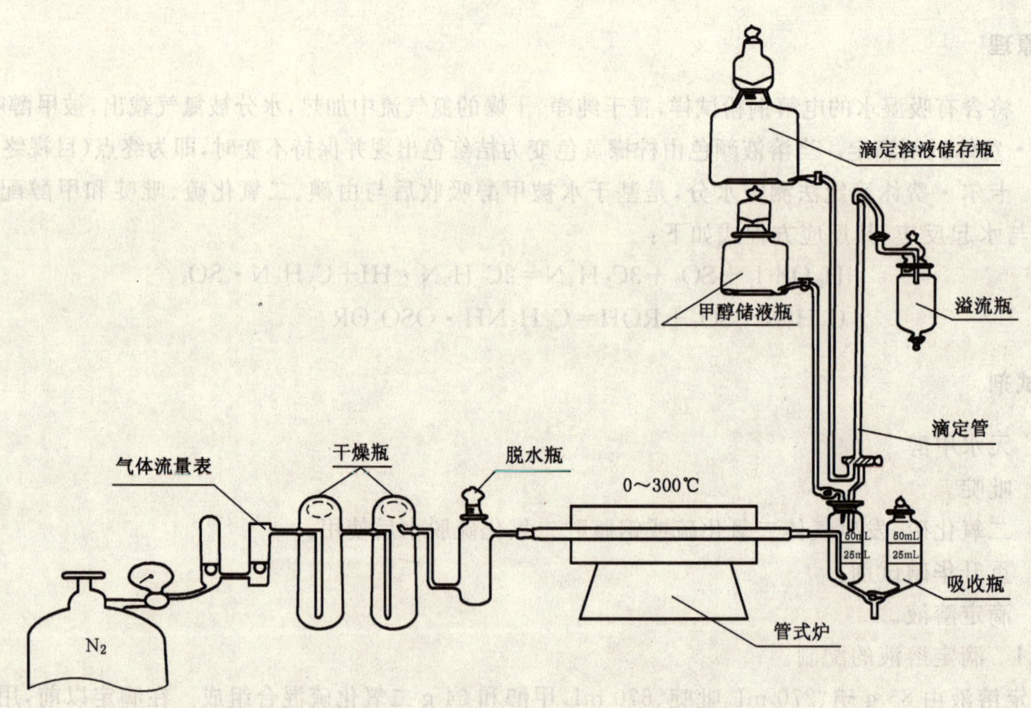

图 B.1 仪器装置

B.4.5 滴定管:密封式,25 mL,最小刻度为 0.1 mL。

B.4.6 溢流瓶:收集自滴定管顶溢出的溶液,在顶端球内装干燥剂。

B.4.7 甲醇储液瓶:在顶端球内装干燥剂。

B.4.8 滴定溶液储存瓶:在顶端球内装干燥剂。

B.4.9 气体流量表。

B.5 试样

B.5.1 试样取自被测粉末材料,必须具有代表性并有均匀的成分。

B.5.2 收到试样应及时进行分析。

B.6 分析步骤

B.6.1 不同水分含量试样的称取重量及采用滴定溶液的浓度见表 B.1。

表 B.1

试样中水分的质量分数/%	试样量/g	滴定溶液的浓度/(g/mL)
0.01～0.10	5	约 0.000 25
0.10～0.5	2～3	约 0.000 5
0.5～1.0	1～2	0.000 5～0.001

B.6.2 实验的准备工作

B.6.2.1 活化氮气净化装置：对 5A 分子筛活化处理，备用。

B.6.2.2 打开氮气瓶的总阀门，然后打开低压阀门，调节流速约为 350 mL/min～400 mL/min，使氮气通过吸收瓶的出口排出室外。

B.6.2.3 打开甲醇储液瓶底部的活塞，注约 200 mL 甲醇入吸收瓶内。

B.6.2.4 通气约 0.5 h。管式炉炉温升至 170℃。

B.6.2.5 用滴定溶液将滴定管先冲洗二次，再注入滴定管，并用滴定液调节吸收瓶内吸收液保持目测终点，并将一部分吸收液注入比较瓶内(比较液也可使用甲醇与 0.1%甲基红与 0.01%孔雀绿配制而成)，并关闭吸收瓶下部活塞，备用。

B.6.3 测定

B.6.3.1 将已称重的试样平铺于预烧过的磁舟内。

B.6.3.2 打开胶塞，将瓷舟推至高温区，立即塞紧胶塞。此时，吸收瓶内的吸收液逐渐变成柠檬黄色，将滴定管内的滴定溶液对好零点后滴入吸收瓶，使吸收液与比较瓶溶液的颜色保持一致。直至1 min～2 min 后不再褪色时读取消耗滴定溶液的体积数。

B.6.3.3 打开胶塞，用不锈钢勾将磁舟拉出。

B.6.3.4 空白测定：按试样操作进行。测定时间应相同于测定试样时所花时间。

B.7 分析结果的计算

B.7.1 用式(B.2)计算水分的质量分数 w(水分)，数值以%表示：

$$w(\text{水分}) = \frac{c \times (V_1 - V_2) \times 18.0152}{m_1} \times 100 \qquad \text{(B.2)}$$

式中：

c——滴定溶液的浓度，单位为摩尔每毫升(mol/mL)；

V_1——滴定试样中水含量消耗滴定液的体积，单位为毫升(mL)；

V_2——瓷舟空白消耗滴定液的体积，单位为毫升(mL)；

m_1——试样的重量，单位为克(g)；

18.015 2——水的摩尔质量，单位为克每摩尔(g/mol)。

所得结果表示至二位小数，当水分质量分数≤0.03%时，表示至三位小数。

B.8 允许差

实验室之间分析结果的差值应不大于表 B.2 所列允许差。

表 B.2

水分的质量分数(质量分数)/%	允许差/%
0.01～0.03	0.005
>0.03～0.10	0.01
>0.10～0.30	0.03
>0.30～0.60	0.05
>0.60～1.0	0.07

B.9 试验报告

试验报告应包括下列内容：

a） 送检样品单位及时间；

b） 干燥的时间与温度；

c） 测定结果；

d） 出现的一些异常现象。

附 录 C
（规范性附录）
电解铜粉化学分析方法　氯离子（Cl^-）含量的测定　分光光度法

C.1　范围

本方法规定了电解铜粉中氯离子（Cl^-）的测定。

本方法适用于电解铜粉中氯离子（Cl^-）的测定。测定范围（质量分数）：0.001%～0.01%。

C.2　方法提要

在硝酸介质中，氯离子与硝酸银形成乳白色的氯化银悬浊液，以甘油为悬浮剂，于分光光度计波长 420 μm 处，测量其吸光度。

C.3　试剂与仪器

C.3.1　硝酸银：1%溶液，每 100 mL 溶液中含有 1 mL 硝酸，贮于棕色瓶内。

C.3.2　硝酸（1+1）。

C.3.3　甘油（1+6）。

C.3.4　氯标准贮存溶液：准确称取 0.164 9 g 已在 400℃～450℃灼烧至无爆炸声并随后冷却的氯化钠，溶于水中，移至 1 L 容量瓶，用水稀至刻度，此溶液 1 mL 含 0.1 mg 氯。

C.3.5　氯标准溶液：吸取 10 mL 标准贮存溶液（C.3.4）于 100 mL 容量瓶中，用水稀至刻度，此溶液每 1 mL 含 0.01 mg 氯。

C.3.6　72 型分光光度计。

C.4　分析步骤

C.4.1　称取试样 1.000 g。

C.4.2　随同试料做试剂空白。

C.4.3　将试料（C.4.1）置于 50 mL 烧杯内，加入 8 mL 硝酸（C.3.2），低温溶解，取下冷却。

C.4.4　溶液以 2# 砂芯漏斗过滤，滤液收集于 50 mL 容量瓶中，并以蒸馏水洗涤烧杯及砂芯漏斗数次。

C.4.5　加入甘油（C.3.3）10 mL，控制体积 40 mL 左右，在摇动中加入硝酸银（C.3.1）2 mL，以水稀释至刻度，于暗处放置 15 min，将部分溶液移入 3 cm 比色皿中。

C.4.6　以电解铜（无 Cl^-）试样空白作为参比，于分光光度计上，稳压电源电压 10 V，波长 420 μm 处测量其吸光度，从工作曲线上查出相应的 Cl^- 量。

C.5　工作曲线的绘制

吸取 0 mL，2.00 mL，4.00 mL，6.00 mL，10.00 mL 氯标准溶液（C.3.5）于一组 50 mL 容量瓶中，分别加入硝酸铜溶液 10 mL（相当于铜 0.1 g/mL）作底液，以下按 C.4.5～C.4.6 条进行，以试剂空白为参比，测量其吸光度，以 Cl^- 量为横坐标，吸光度为纵坐标绘制工作曲线。

C.6　分析结果的计算

按式（C.1）计算试样中氯离子（Cl^-）的质量分数 $w(Cl^-)$，数值以%表示：

$$w(\mathrm{Cl^-}) = \frac{A}{m} \times 100 \quad \cdots\cdots\cdots\cdots (\mathrm{C.1})$$

式中：

A——自工作曲线上查得的氯量，单位为克(g)；

m——试样称取量，单位为克(g)；

所得结果表示至三位小数，当氯离子质量分数≤0.004%时，表示至四位小数。

C.7 允许差

实验室之间分析结果的差值应不大于表 C.1 所列允许差。

表 C.1

氯离子(Cl^-)的质量分数/%	允许差/%
0.001～0.004	0.000 5
>0.004～0.10	0.002

附　录　D
（规范性附录）
电解铜粉化学分析方法　硝酸处理后灼烧残渣的测定　重量法

D.1　范围

本方法规定了电解铜粉在硝酸处理后灼烧残渣量的测定。

本方法适用于电解铜粉在硝酸处理后灼烧残渣量的测定。测定范围(质量分数)：0.01%～0.5%。

D.2　方法提要

试样用硝酸溶解，过滤得残渣，经烘干灼烧，称其残渣量。

D.3　试剂

D.3.1　硝酸(1+1)。

D.3.2　无灰滤纸(灰分0.000 085 g/张)。

D.3.3　铁氰化钾溶液。

D.4　分析步骤

D.4.1　称取5.000 g试样，置于500 mL烧杯中，缓慢地加入硝酸(D.3.1)溶液100 mL～120 mL，盖上表面皿，待反应停止后，加热煮沸保持10 min～15 min，然后将溶液用水稀至200 mL。

D.4.2　用滤纸(D.3.2)过滤，用热水洗涤滤纸上的滤渣，直至水中不含铜离子为止(用铁氰化钾溶液检验)。

D.4.3　将带有沉淀物的滤纸置于已恒重的铂坩埚内，移入马弗炉中低温灰化，然后升温至800℃～850℃，灼烧1 h～1.5 h。

D.4.4　取出铂坩埚置于干燥器中冷却至室温称重，直至恒重。

D.5　分析结果的计算

按式(D.1)计算硝酸处理后灼烧残渣量的质量分数，数值以%表示：

$$硝酸处理后灼烧残渣(\%) = \frac{m_1}{m} \times 100 \qquad (D.1)$$

式中：

m_1——灼烧过的不溶物残渣量，单位为克(g)；

m——灼烧前电解铜粉试样量，单位为克(g)。

取二次平行测定值的算术平均值作为分析结果，两次平行测定值之间偏差不得超过0.005%。所得结果表示至两位小数，当残渣量≤0.05%时，表示至三位小数。

D.6　允许差

实验室之间分析结果的差值应不大于表D.1所列允许差。

表 D.1

硝酸处理后灼烧残渣量的质量分数/%	允许差/%
0.01～0.05	0.005
0.05～0.10	0.01
0.1～0.5	0.02

ICS 25.080.50
J 55

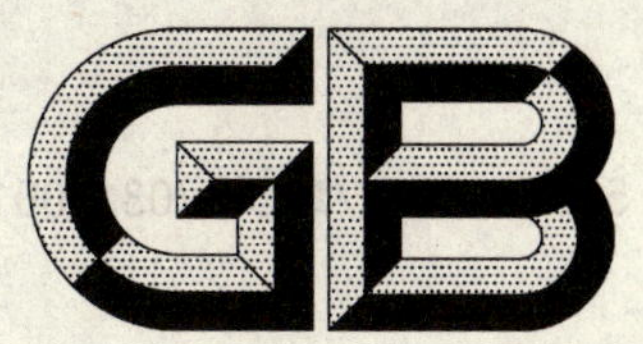

中华人民共和国国家标准

GB/T 5288—2007/ISO 4703:2001
代替 GB/T 5288—1985

龙门导轨磨床　精度检验

Slideways grinding machines with two columns—Testing of the accuracy

(ISO 4703:2001, Test conditions for surface grinding machines with two columns—Machines for grinding slideways—Testing of the accuracy, IDT)

2007-07-17 发布　　2007-12-01 实施

中华人民共和国国家质量监督检验检疫总局
中国国家标准化管理委员会　发布

前　言

本标准等同采用国际标准 ISO 4703:2001《龙门导轨磨床检验条件　精度检验》(英文版)。

本标准等同翻译 ISO 4703:2001。

为便于使用,本标准做了下列编辑性修改:

——为了与其他标准一致,将标准名称改为《龙门导轨磨床　精度检验》;

——“本国际标准”一词改为“本标准”;

——用小数点“.”代替作为小数点的逗号“,”;

——对 ISO 4703:2001 中引用的其他国际标准,用已被采用为我国的国家标准代替相应的国际标准;

——增加了引用标准 GB/T 19660—2005;

——删除了 ISO 4703:2001 的前言和引言;

——删除了 ISO 4703:2001 的附录 A(提示性附录);

——删除了允差一栏中的“实测偏差”。

本标准代替 GB/T 5288—1985《龙门导轨磨床　精度检验》。

本标准与 GB/T 5288—1985 相比主要变化如下:

——增加了第 2 章“规范性引用文件”;

——增加了第 3 章“术语和轴线命名”;

——增加了第 8 章“数控轴线的定位精度和重复定位精度”;

——删除了“预调检验”。

与本标准相配套的标准有:

——JB/T 4147—1999《龙门导轨磨床　技术条件》。

本标准由中国机械工业联合会提出。

本标准由全国技术切削机床标准化技术委员会(SAC/TC 22)归口。

本标准起草单位:上海重型机床厂。

本标准主要起草人:吴仙琪、杨春先、蔡新。

本标准所替代标准的历次版本发布情况为:

——GB/T 5288—1985。

龙门导轨磨床　精度检验

1　范围

本标准规定了一般用途和普通精度的龙门式导轨磨床的几何精度、工作精度和定位精度及重复定位精度的检验。本标准对这些精度检验也规定了相应的允差。

本标准仅适用于作直线磨削运动的工作台移动式机床。固定式工作台和回转式工作台的机床不属于本标准范围。

本标准仅用于机床的精度检验，不适用于机床的运转检查(如振动、不正常的噪声、运动部件的爬行等)，也不适用于机床的参数检查(如速度、进给量等)。这些检查应在精度检验前进行。

2　规范性引用文件

下列文件中的条款通过本标准的引用而成为本标准的条款。凡是注日期的引用文件，其随后所有的修改单(不包括勘误的内容)或修订版均不适用于本标准，然而，鼓励根据本标准达成协议的各方研究是否可使用这些文件的最新版本。凡是不注日期的引用文件，其最新版本适用本标准。

GB/T 17421.1—1998　机床检验通则　第1部分：在无负荷或精加工条件下机床的几何精度(eqv ISO 230-1:1996)

GB/T 17421.2—2000　机床检验通则　第2部分：数控轴线定位精度和重复定位精度的确定(eqv ISO 230-2:1997)

GB/T 19660—2005　工业自动化系统与集成　机床数值控制坐标系和运动命名(ISO 841:2001，IDT)

3　术语和轴线命名

本标准给出了机床主要部件的术语，并按GB/T 19660—2005命名了轴线。术语和轴线的命名见图1和表1。

注：水平主轴被认为是主要主轴时，轴线(*Y*-*Z*和*V*-*W*)可以变换，此时*Q*代替*R*。在此情况下，每项检验中的坐标也相应改变。

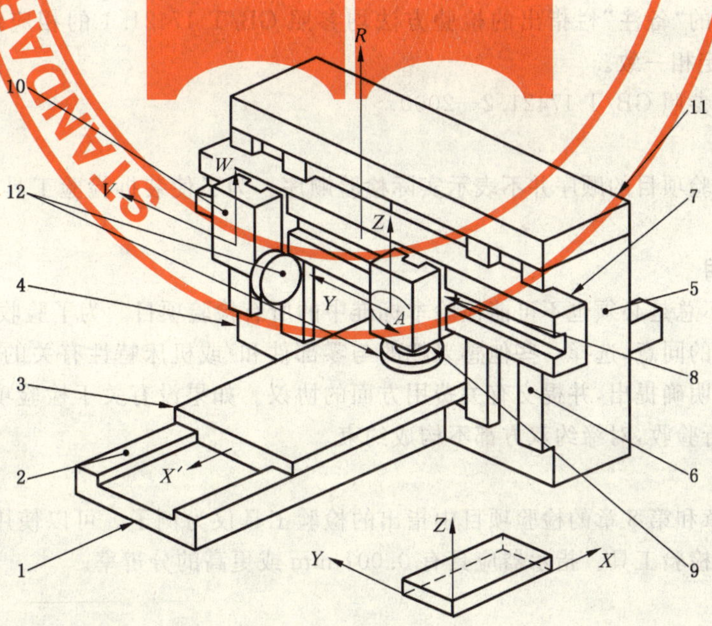

注：图中1～12的注释见表1。

图1

表 1

序　号	中　文	英　文
1	床身	bed
2	导轨	slideway
3	工作台	table
4	左立柱	left-hand column
5	右立柱	right-hand column
6	右立柱导轨	slideway,right-hand column
7	横梁	cross-rail
8	滑座	saddle
9	右磨头(立式主轴)	right-hand wheelhead(vertical spindle)
10	左磨头(水平主轴)	left-hand wheelhead(horizontal spindle)
11	顶梁	bridge
12	砂轮	grinding wheel

4　一般要求

4.1　计量单位

本标准中的所有线性尺寸、偏差和相应的允差的单位为毫米;角度尺寸的单位为度,角度偏差和相应的允差一般用比值表示,但在有些情况下为清晰起见,可用微弧度或秒表示。应始终注意下列表示式的等效关系:

$$0.010/1\,000=10\ \mu \text{rad}\approx 2''$$

4.2　参照 GB/T 17421.1—1998 和 GB/T 17421.2—2000

使用本标准时应参照 GB/T 17421.1,尤其是机床检验前的安装、主轴及运动部件的温升、检验方法和检验工具的推荐精度。

后面检验项目中的"备注"栏指出的检验方法均参照 GB/T 17421.1 的相应条款,有关的检验与 GB/T 17421.1 的规定相一致。

位置精度检验应参照 GB/T 17421.2—2000。

4.3　检验顺序

本标准给出的检验项目的顺序并不表示实际检验顺序。为了使装拆检验工具和检验方便,可按任意次序进行检验。

4.4　执行的检验项目

检验机床时,并不总是必须也不可能检验本标准中的所有检验项目。为了验收目的而要求检验时,可由用户取得制造商的同意,选择一些他感兴趣的与零部件和/或机床特性有关的检验项目,但这些项目必须在机床订货时明确提出,并提交有关费用方面的协议。如果没有关于检验项目和有关费用的协议,完全参照标准进行验收,对缔约双方都不构成约束。

4.5　检验工具

在第 6 章、第 7 章和第 8 章的检验项目中指出的检验工具仅为例子。可以使用相同指示量和具有至少相同精度的其他检验工具。指示器应具有 0.001 mm 或更高的分辨率。

4.6　最小允差

当实测长度与本标准规定的长度不同时,公差按实测长度折算(见 GB/T 17421.1—1998 中 2.3.1.1),允差最小折算值为 0.005 mm。

4.7 工作精度检验

工作精度检验应在精加工时进行，而不在粗加工时使用，因为粗加工易产生较大的切削力。

5 专用的安装条件

5.1 地基

导轨磨床总是安装在用户车间的指定地基上，并直接加工，因此为该类别机床提供稳定的地基是重要的。

在加工、装配车间有适用于各种类型机床的地基是不现实的，所以对一台简单地安装在地面上的机床进行检验，应考虑这些因素并记录在检验报告中。

5.2 隔离

地基应与四周地板隔开，避免传播振动和热源。

5.3 热效应

当工作台采用液压驱动时，因油温及其表面冷却液温度不同易产生变形。根据说明书检验时，应确保足够时间移动工作台和排除冷却液，达到工作条件后进行。

5.4 温度测量

测量时室温变化应不超过 2℃。整个检验期间的环境温度条件由制造商规定。机床应在检验前24 h放置在该处。

6 几何精度检验

6.1 轴线运动

G1

检验项目

工作台移动(*X* 轴线)的直线度：

a) 在 *XY* 水平面内(*EYX*)；

b) 在 *ZX* 垂直平面内(*EZX*)。

简图

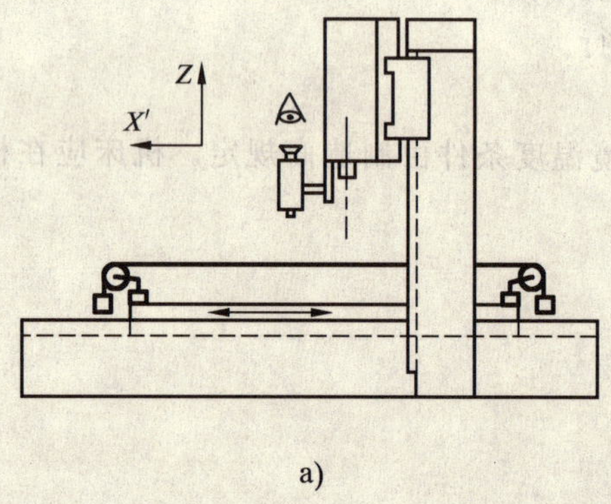

a)

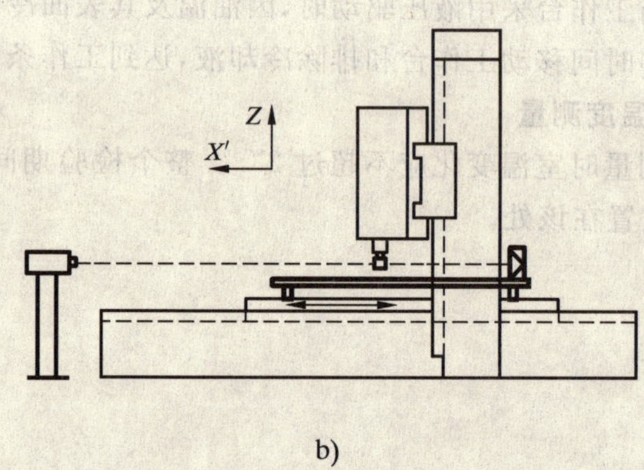

b)

允差

a)和 b)： 在 2 000 测量长度内为 0.02,测量长度每增加 1 000,公差增加 0.01；

最大公差:0.10；

局部公差:任意 1 000 测量长度上为 0.01。

检验工具

光学方法。

备注和参照 GB/T 17421.1—1998(5.2.3.2.12、5.2.3.2.13 和 5.2.3.2.14)

将光学仪器安装在磨头上,为减少非刚性工作台的影响安装桥式支架,桥式支架的位置应与工件支座的位置相同。

安装光学仪器时,应尽可能考虑工作台的挠度。

G2

检验项目

工作台移动(X 轴线)的角度偏差:

a) 在 ZX 垂直平面内(EBX:俯仰);

b) 在 YZ 垂直平面内(EAX:倾斜)。

简图

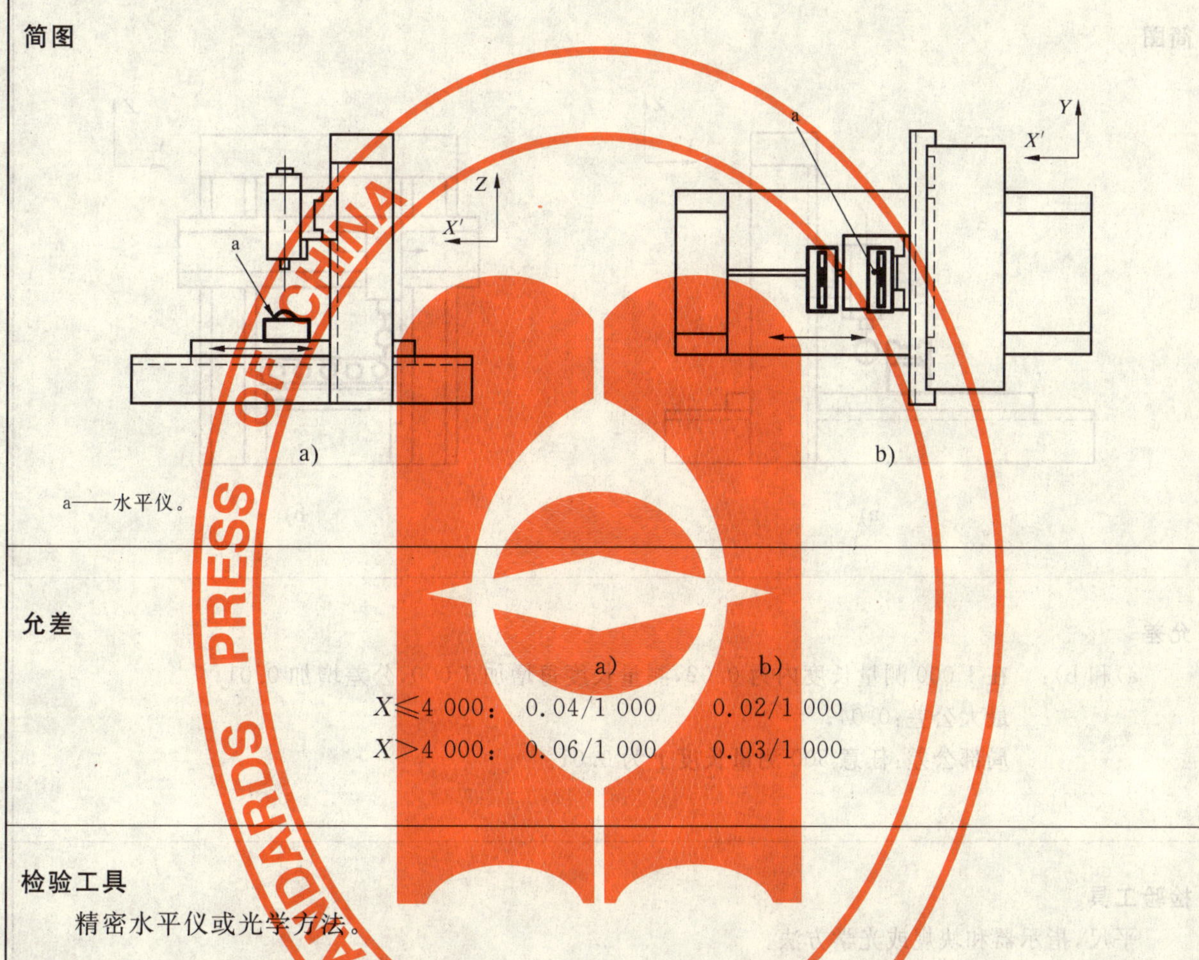

a——水平仪。

允差

	a)	b)
$X \leqslant 4\ 000$:	0.04/1 000	0.02/1 000
$X > 4\ 000$:	0.06/1 000	0.03/1 000

检验工具

精密水平仪或光学方法。

备注和参照 GB/T 17421.1—1998(5.2.3.1.3、5.2.3.2.2 和 5.2.3.2.21)

将水平仪放置在运动部件上:

a) (EBX:俯仰),在 X 轴线方向;

b) (EAX:倾斜),在 Y 轴线方向。

当工作台沿 X 轴线运动和工件紧固在工作台上引起磨头体产生角度偏差时,两种角度偏差应分别测量并给予标明。

基准水平仪应放置在磨头体上,且磨头体应位于行程的中间位置,测量水平仪分别放置在工作台两端(距边缘 500 内)及中间位置。

按工作台行程等距离移动位置进行测量,至少有五个位置,在每个位置的两个运动方向测取读数。

两个方向的最大与最小读数的差值即为偏差。

G3

检验项目

磨头水平移动(*Y* 轴线)的直线度：

a) 在 *XY* 水平面内(*EXY*)；

b) 在 *YZ* 垂直平面内(*EZY*)。

简图

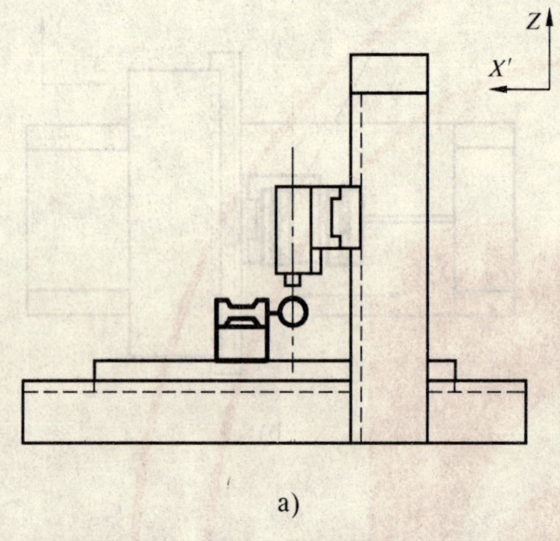

a)

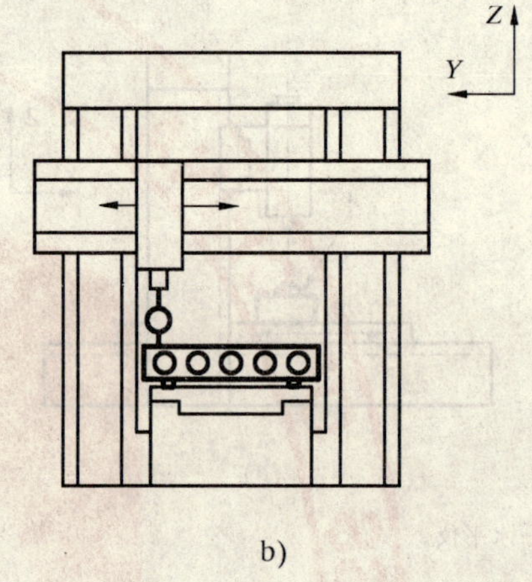

b)

允差

a)和 b)： 在 1 000 测量长度内为 0.02,测量长度每增加 1 000,公差增加 0.01；
最大公差:0.04；
局部公差:任意 500 测量长度上为 0.01。

检验工具

平尺,指示器和块规或光学方法。

备注和参照 GB/T 17421.1—1998(5.2.3.2.1、5.2.3.2.11 和 5.2.3.2.13 和 5.2.3.2.14)

将横梁在行程的中间位置固定,并将工作台移动到行程的中间位置。

平尺平行[a] 于磨头 *Y* 轴线移动方向放置在工作台面上:a)在水平面内;b)在垂直平面内。

指示器固定在磨头上,其测头应垂直于平尺的基准面。

沿 *Y* 方向和测量长度[b] 移动磨头,测取读数。

卧轴磨头 a)项不作检验。

[a] 平行指指示器在平尺的两端读数相同,此时,最大读数差值即为直线度偏差。

[b] 测量长度不是整个横梁的长度,而是磨头的有效行程(通常指两立柱之间的长度)。

G4

检验项目

磨头水平移动(*Y* 轴线)的角度偏差:

a) 在 *YZ* 垂直平面内(*EAY*:俯仰);

b) 在 *ZX* 垂直平面内(*EBY*:倾斜)。

简图

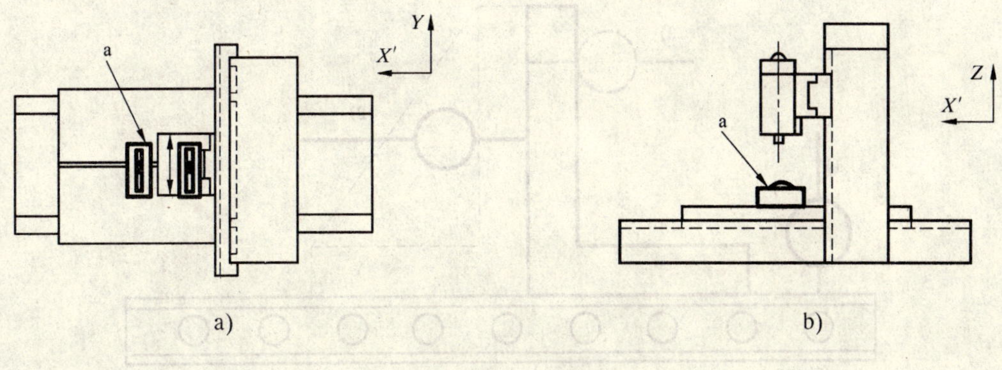

a——基准水平仪。

允差

a)和 b): 0.04/1 000。

局部公差:任意 250 测量长度上为 0.02/1 000(或 20 μ rad 或 4″)。

检验工具

精密水平仪或光学方法。

备注和参照 GB/T 17421.1—1998(5.2.3.1.3、5.2.3.2.2 和 5.2.3.2.21)

将水平仪放置在运动部件上:

a) (*EAY*:俯仰);在 *Y* 轴线方向;

b) (*EBY*:倾斜);在 *X* 轴线方向。

当磨头体沿 *Y* 轴线运动和工件紧固在工作台上引起磨头体产生角度偏差时,两种角度运动应分别测量并给予标明。

基准水平仪应放置在工作台上,且工作台应位于行程的中间位置。

按磨头体行程等距离移动位置进行测量,至少有五个位置,在每个位置的两个运动方向测取读数。

两个方向的最大与最小读数的差值即为偏差。

G5

检验项目

磨头水平移动(Y 轴线)对工作台移动(X 轴线)的垂直度。

简图

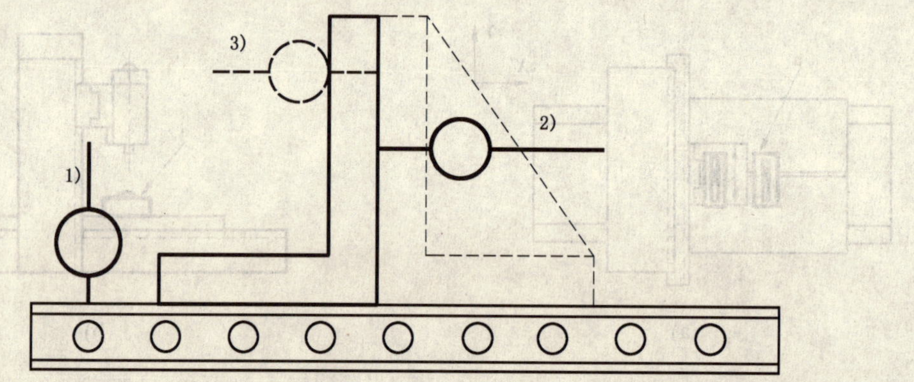

允差

在 500 测量长度上为 0.02。

检验工具

平尺,角尺和指示器。

备注和参照 GB/T 17421.1—1998(5.5.2.2.4)

横梁在行程的低位并锁紧。

1) 将指示器固定在磨头上。平尺放置在工作台面上,并平行于工作台移动方向(X 轴线)。

2) 将角尺的一边紧贴平尺。指示器测头触及角尺,沿测量长度移动磨头。测取读数。

3) 将角尺回转 180°,使指示器测头触及角尺,沿测量长度移动磨头,测取读数。

取步骤 2)和步骤 3)测量偏差的平均值,即为 X 轴线和 Y 轴线的垂直度偏差。

如果工作台宽度超过 1 000,应沿工作台宽度在不同位置处重复上述检验。

G6

检验项目

磨头垂向移动(*Z* 轴线)的角度偏差:

a) 在 *ZX* 垂直平面内(*EBZ*);

b) 在 *YZ* 垂直平面内(*EAZ*)。

简图

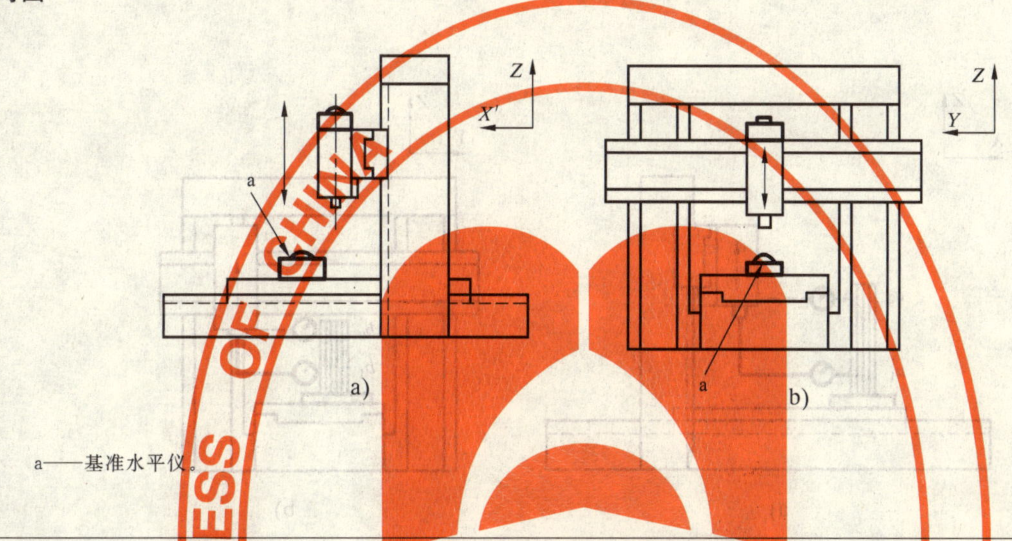

a——基准水平仪。

允差

a)和 b):垂直行程≤300 时为 0.02/1 000。

检验工具

激光角度干涉仪或精密水平仪。

备注和参照 GB/T 17421.1—1998(5.2.3.1.3、5.2.3.2.2 和 5.2.3.2.21)

将水平仪放置在运动部件上,基准水平仪应放置在工作台中心,且工作台应位于行程的中间位置。水平仪放置方向:

a) 在 *X* 轴线(用于 *EBZ* 测量);

b) 在 *Y* 轴线(用于 *EAZ* 测量)。

当磨头体沿 *Z* 轴线运动和工件紧固在工作台上引起磨头体产生角度偏差时,两种角度运动应分别测量并给予标明。

按磨头体行程等距离移动位置进行测量,至少有五个位置,在每个位置的两个运动方向测取读数。

两个方向的最大与最小读数的差值即为偏差。

G7

检验项目

磨头垂向移动(Z 轴线)对:

a) 工作台移动(X 轴线)的垂直度;

b) 磨头水平移动(Y 轴线)的垂直度。

简图

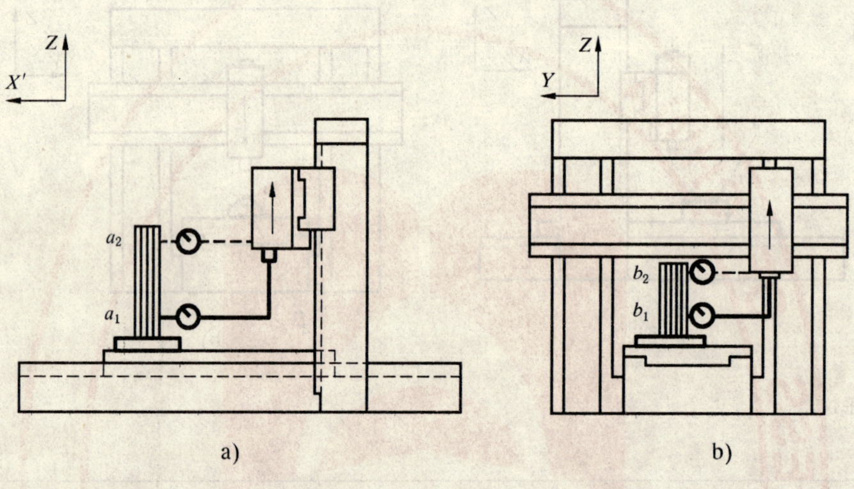

允差

a)和 b):在 300 测量长度上为 0.02。

检验工具

圆柱形角尺、平板、可调量块和指示器。

备注和参照 GB/T 17421.1—1998(5.5.2.2.4)

横梁锁紧。

将平板放置在工作台中心,使其顶面平行于 X 轴线和 Y 轴线运动方向,将圆柱形角尺放置在平板上。

指示器固定在磨头上,使其测头在 X 方向触及圆柱形角尺,即 a_1 位置,测取读数。然后移动磨头到 a_2 位置,测取读数。

将圆柱形角尺回转 180°,重复上述检验。

计算测量偏差的平均值。

随后在 Y 方向,在 b_1 和 b_2 位置处检验。

G8

检验项目

横梁垂直移动(R 轴线)对:

a) 工作台移动(X 轴线)的垂直度;

b) 磨头水平移动(Y 轴线)的垂直度。

简图

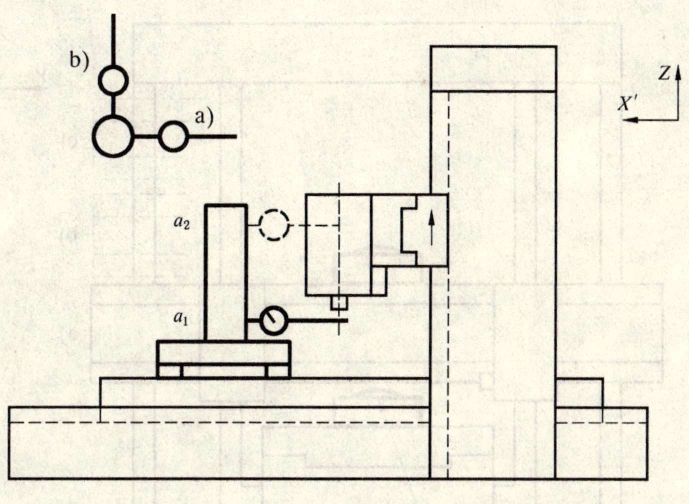

允差

a)和 b):在 500 测量长度上为 0.030。

检验工具

指示器、圆柱形角尺、平板和可调量块。

备注和参照 GB/T 17421.1—1998(5.5.2.2.4)

将平板放置在工作台中心,使其顶面平行于 X 轴线和 Y 轴线运动方向,将圆柱形角尺放置在平板上。

指示器固定在磨头上,使其测头在 X 方向触及圆柱形角尺,即 a_1 位置,测取读数 a_1。然后移动横梁到 a_2 位置测取读数。测量时,磨头锁紧在横梁上。

将圆柱形角尺回转 180°,重复上述检验。

计算测量偏差的平均值。

随后在 Y 方向,在 b_1 和 b_2 位置处检验。

当横梁移动不用于砂轮进给时,本项目不作检验。

G9

检验项目

横梁在 *YZ* 垂直平面内的角度变化(*R* 的角度测量)(EAR):

a) 在下部位置;

b) 在中间位置;

c) 在上部位置。

简图

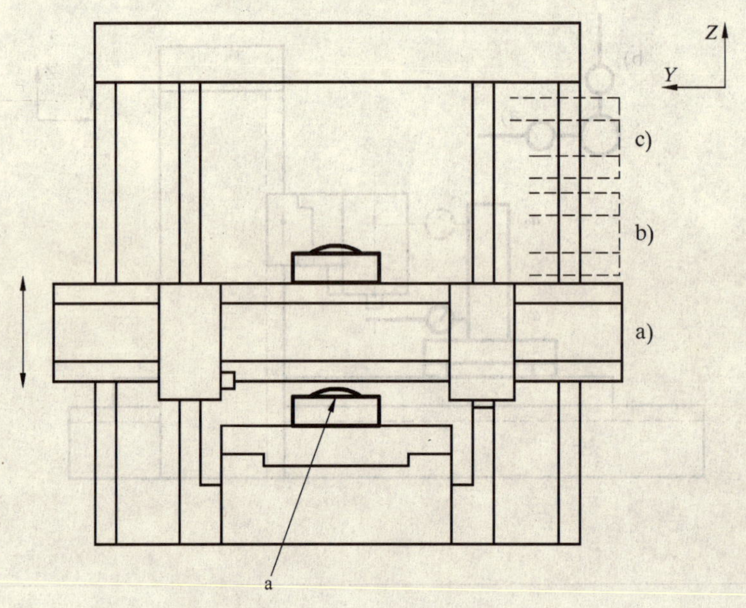

a——基准水平仪。

允差

垂直行程≤1 000 时为 0.02/1 000;

1 000<垂直行程≤2 000 时为 0.03/1 000。

检验工具

精密水平仪。

备注和参照 GB/T 17421.1—1998(5.2.3.1.2、5.2.3.2.2 和 5.2.3.2.21)

将测量水平仪横向放置在横梁上,基准水平仪应放置在工作台中心,且工作台应位于行程的中间位置。

当横梁沿 *R* 轴线运动和工件紧固在工作台上引起横梁产生角度偏差时,两种角度运动应分别测量,并给予标明。

从底部朝顶部移动横梁分别在 a)、b)、c)位置测取角度偏差。

磨头产生的负荷应均匀分布。横梁在各个位置锁紧。

如具有横梁调平装置,可以使用以减小允差偏差值。

G10

检验项目

磨头回转平面在 YZ 平面内的平行度（适用于可回转磨头）。

简图

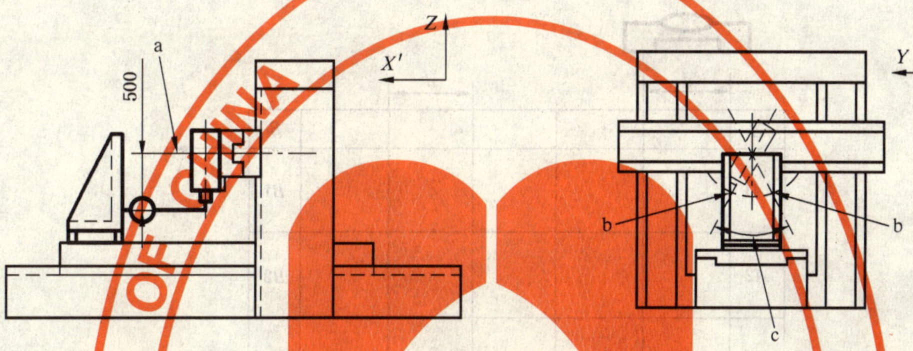

a——回转轴线；

b——测点；

c——倾斜角 α。

允差

指示器距磨头回转轴线 500 处。

$\alpha \leqslant 30°$： 0.02；

$\alpha > 30°$： 0.03。

检验工具

角尺、平板、可调量块和指示器。

备注和参照 GB/T 17421.1—1998(5.4.2.2.2)

横梁固定在行程中部，磨头固定在行程的中间位置。

将平板垂直放置在工作台上，使其顶面平行于 Y 轴线和 Z 轴线运动方向。

指示器固定在磨头上，使其测头置于距回转轴线 500 处。

指示器测头在 X 轴线方向触及平板，转动磨头并测取读数。

6.2 工作台

G11

检验项目

磨削区域内工作台面的平面度。

简图

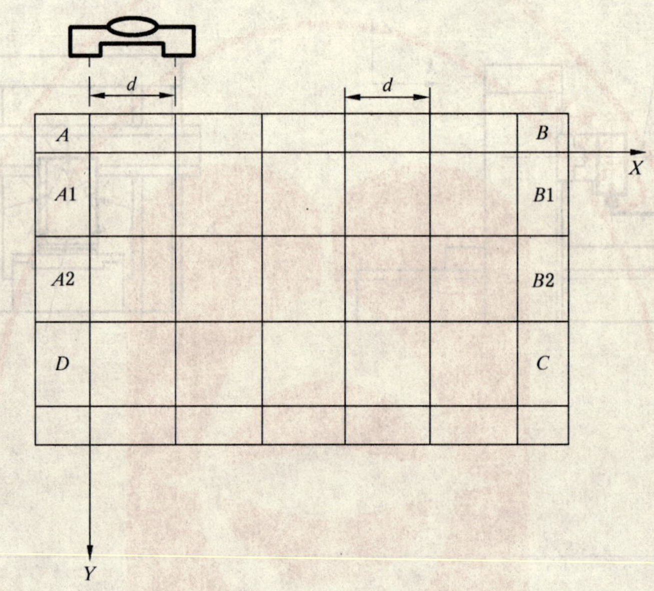

允差

工作台宽度≤1 600

测量长度≤2 000： 0.02；

长度>2 000：测量长度每增加 1 000，公差增加 0.005，最大公差：0.060。

工作台宽度>1 600

测量长度≤2 000： 0.02；

长度>2 000：测量长度每增加 1 000，公差增加 0.008，最大公差：0.080。

检验工具

平尺和量块、精密水平仪或其他方法。

备注和参照 GB/T 17421.1—1998(5.3.2.2、5.3.2.3 和 5.3.2.4)

工作台置于行程中间位置(不锁紧)，工作台长度两端各向 150 及宽度两侧各向内 50 的区域可忽略不计。

G12

检验项目

中央或基准T形槽对工作台移动(X轴线)的平行度。

简图

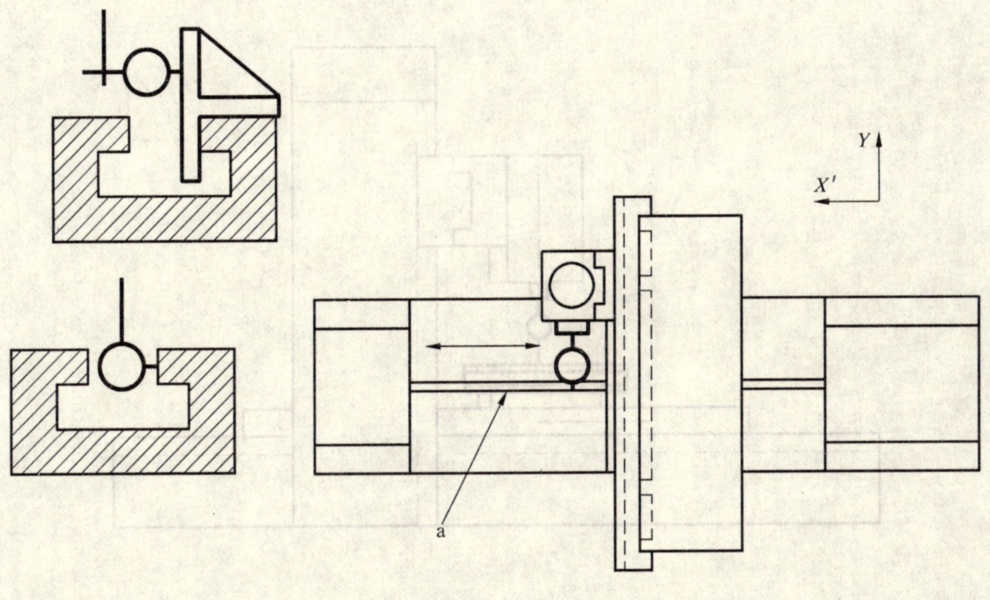

a——基准T形槽。

允差

测量长度≤5 000： 0.02；

测量长度>5 000： 0.03；

局部公差:任意1 000测量长度上为0.01。

检验工具

指示器和专用量块。

备注和参照 GB/T 17421.1—1998(5.4.2.2.1和5.4.2.2.21)

如果主轴能锁紧,可将指示器固定在主轴上。如果主轴不能锁紧,应将指示器装在靠近主轴处。

G13

检验项目

工作台面对工作台移动(X 轴线)的平行度。

简图

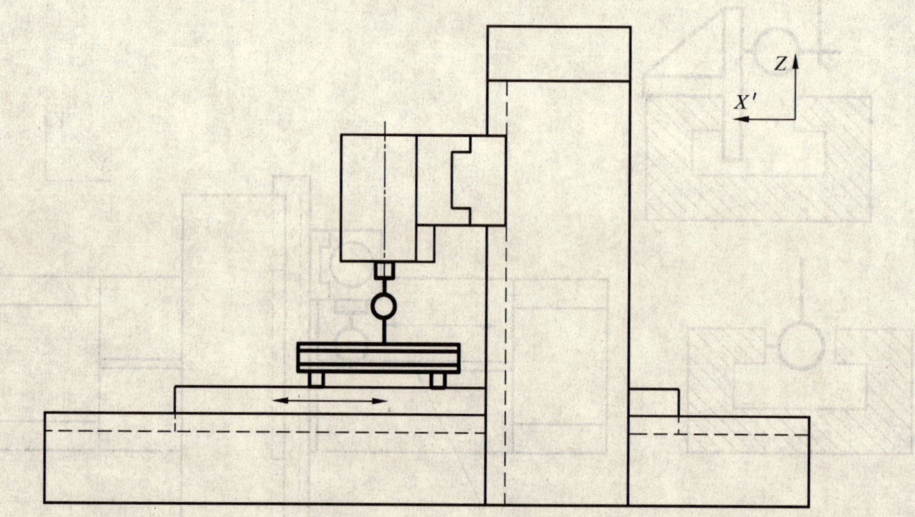

允差

测量长度≤2 000： 0.025；

测量长度>2 000： 长度每增加 1 000,公差增加 0.013,最大公差 0.130。

检验工具

指示器、平尺和量块。

备注和参照 GB/T 17421.1—1998(5.4.2.2.21)

指示器固定在磨头上。

指示器测头触及工作台面上的平尺或量块并测取最大读数差值。

应在工作台中央和紧靠两侧边缘处进行检验。

每次测量前应重新固定指示器。

G14

检验项目

工作台面对磨头移动(Y 轴线)的平行度。

简图

允差

测量长度≤1 000: 0.025;

测量长度>1 000: 测量长度每增加 1 000,公差增加 0.013,最大公差:0.050。

检验工具

指示器、平尺和量块。

备注和参照 GB/T 17421.1—1998(5.4.2.2.22)

工作台位于行程中间位置。

指示器固定在磨头上。

指示器测头触及平尺(量块)的 a_1 点并且每次移动前重新触及。

磨头按测量距离移动到 a_2 点并测取最大读数差值。

测量应在横梁处于低位时进行。

6.3 主轴

<table>
<tr><td>检验项目
砂轮主轴；
a) 锥体的径向跳动；
b) 周期性轴向窜动。</td><td>G15</td></tr>
<tr><td colspan="2">简图
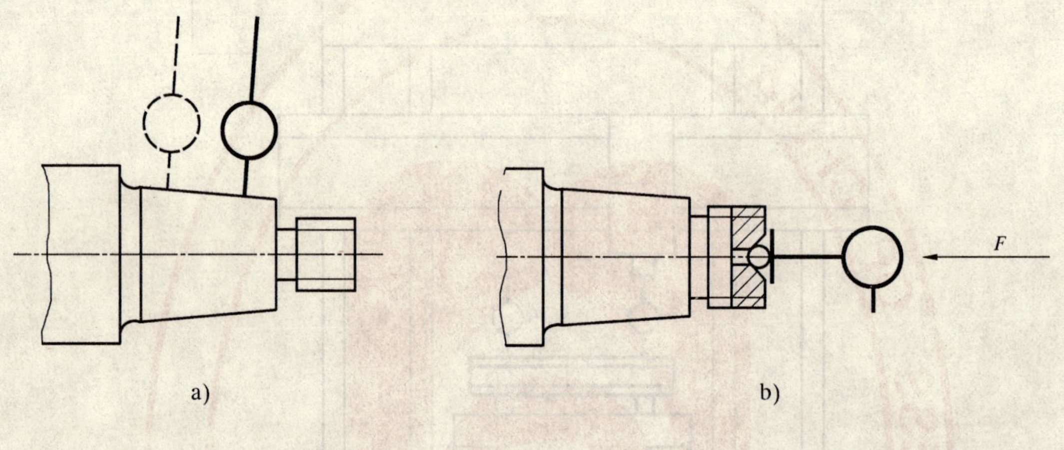

a)　　b)</td></tr>
<tr><td colspan="2">允差
a)和 b)： 0.005。</td></tr>
<tr><td colspan="2">检验工具
指示器。</td></tr>
<tr><td colspan="2">备注和参照 GB/T 17421.1—1998(5.6.1.2.1、5.6.1.2.2、5.6.2.2.1 和 5.6.2.2.2)
a) 指示器测头应垂直触及锥体表面。
除按 GB/T 17421.1 规定外，还应在锥体两端测量。
人工或点动电机旋转主轴。
b) 指示器测头应与主轴轴线同轴。
轴向力 F 数值大小和方向由制造商规定。当使用轴向预加负荷轴承时，不需施加力 F。
人工或点动电机旋转主轴。
立轴和卧轴均进行检查。</td></tr>
</table>

G16

检验项目

垂直砂轮主轴轴线与：

a) 工作台移动（X 轴线）的垂直度；

b) 磨头在横梁上移动（Y 轴线）的垂直度。

简图

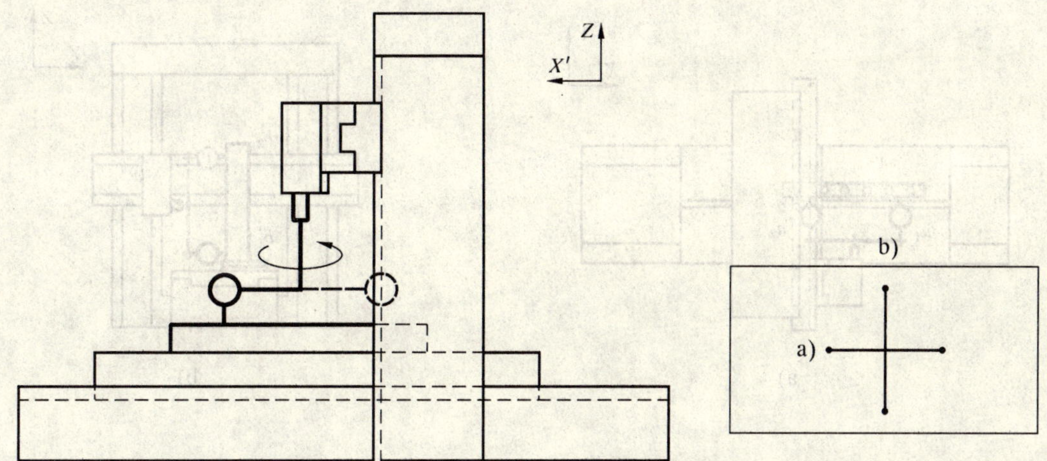

允差

a)和 b)： 0.02/500[a]。

a 两测点间的距离。

检验工具

指示器、支架和平尺或平板。

备注和参照 GB/T 17421.1—1998(5.5.1.2.42)

a) 平尺垂直放置在工作台中央并平行于工作台 X 轴线运动方向。工作台在行程中间位置锁紧。横梁在行程中间位置锁紧，垂直磨头位于行程中间并锁紧。

带有指示器的支架固定在磨头上。指示器测头触及平尺，并测取读数。然后主轴回转 180°，测取新的读数。

b) 将平尺平行于 Y 轴线运动方向放置，重复上述检验。

G17

检验项目

水平砂轮主轴轴线与：

a) 工作台移动（X 轴线）的垂直度；

b) 磨头垂直移动（Z 轴线）的垂直度。

简图

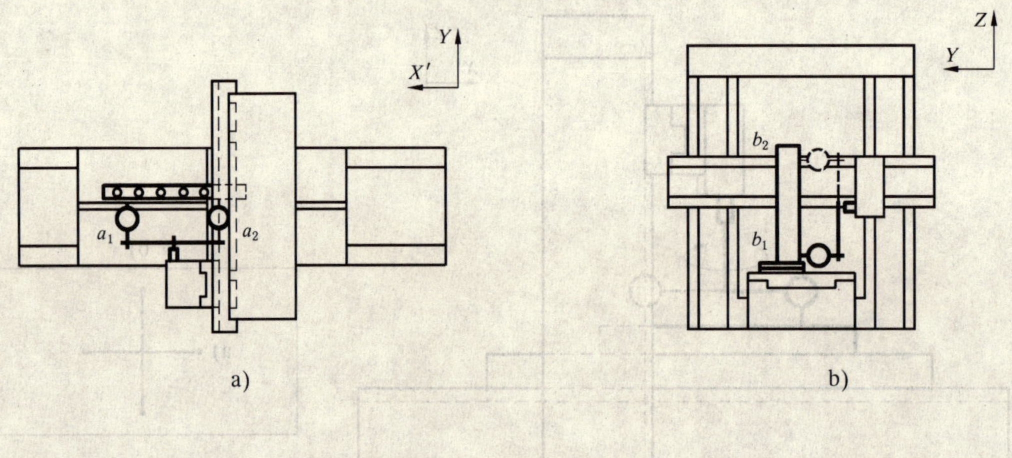

a) b)

允差

a)和 b)： 0.012/300。

检验工具

平尺、圆柱形角尺和指示器。

备注和参照 GB/T 17421.1—1998(5.5.1.2.42)

横梁在中间位置锁紧。

a) 水平主轴位于行程中间位置。

平尺水平放置在工作台上并平行于工作台 X 轴线运动方向。

带有指示器的支架固定在磨头上。

使指示器测头在 a_1 位置垂直触及平尺基准面，测取读数。

回转砂轮主轴使指示器测头触及 a_2 位置。

b) 将平尺平行于 Z 轴线运动方向放置，指示器在 b_1 和 b_2 点测取读数。

7 工作精度检验

7.1 一般要求

工作精度检验 M1 和 M2 仅用于无其他特殊要求时(否则由用户提供的专用试件加工)。

7.2 平面磨削

M1

检验项目

平面磨削试件磨削后应具有相等厚度。

简图和试件尺寸

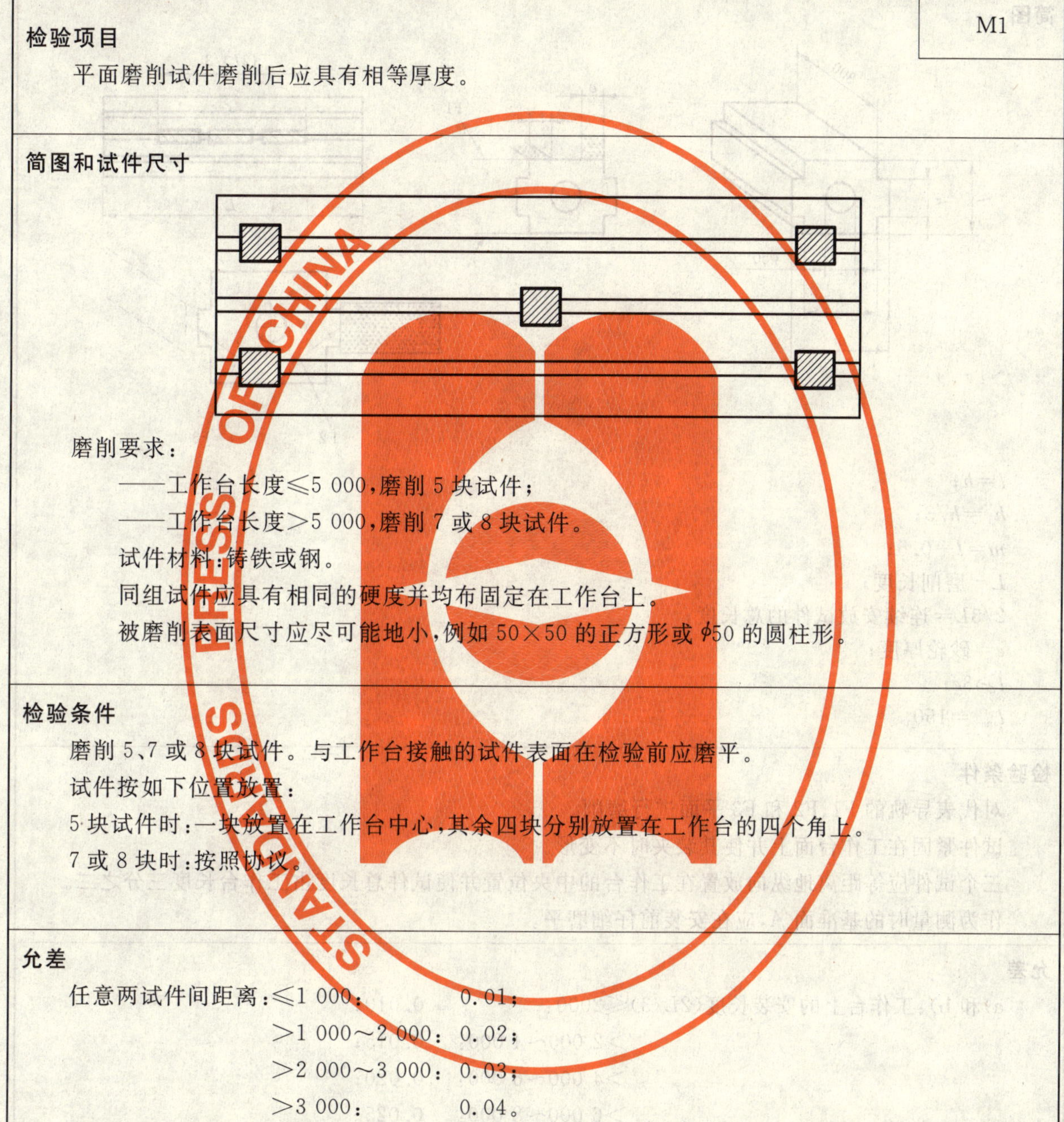

磨削要求:

——工作台长度≤5 000,磨削 5 块试件;

——工作台长度>5 000,磨削 7 或 8 块试件。

试件材料:铸铁或钢。

同组试件应具有相同的硬度并均布固定在工作台上。

被磨削表面尺寸应尽可能地小,例如 50×50 的正方形或 ϕ50 的圆柱形。

检验条件

磨削 5、7 或 8 块试件。与工作台接触的试件表面在检验前应磨平。

试件按如下位置放置:

5 块试件时:一块放置在工作台中心,其余四块分别放置在工作台的四个角上。

7 或 8 块时:按照协议。

允差

任意两试件间距离:≤1 000: 0.01;

>1 000~2 000: 0.02;

>2 000~3 000: 0.03;

>3 000: 0.04。

检验工具

平板、精密指示器和支座。

备注和参照 GB/T 17421.1—1998(4.1、4.2)

已磨好的试件放置在平板上,并用适当的检验工具依次进行测量。

7.3 导轨磨削

M2

检验项目

a) 纵向的高度变化；

b) 厚度的变化。

简图

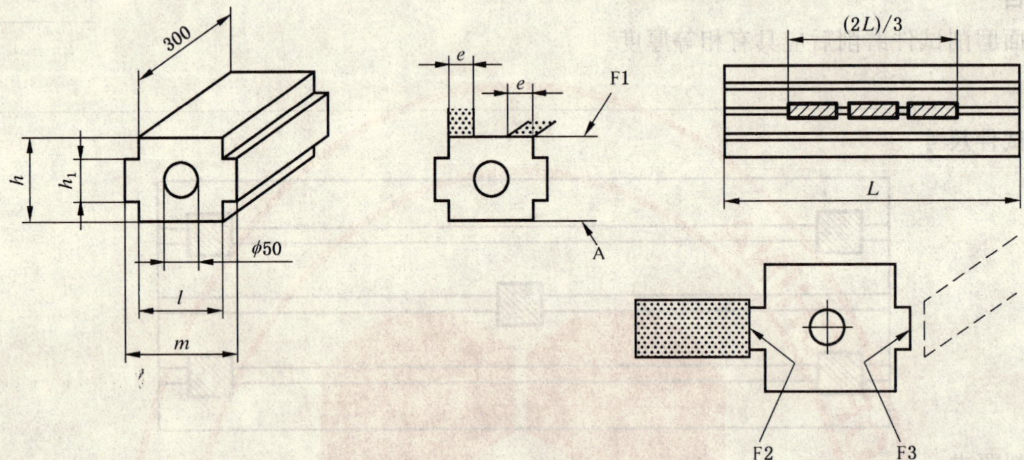

$l=h$；

$h_1=h/3$；

$m=l+0.5$；

L=磨削长度；

$2/3L$=连续安放试件的总长度；

e=砂轮厚度；

$l\geqslant 3e$；

$l_{max}=150$。

检验条件

对代表导轨的 F1、F2 和 F3 平面进行磨削。

试件紧固在工作台面上并使其装夹时不变形。

三个试件应等距离地纵向放置在工作台的中央位置并使试件总长度占工作台长度三分之二。

作为测量时的基准面 A,应在安装前仔细磨平。

允差

a)和 b)：工作台上的安装长度($2L/3$)≤2000： 0.010；

＞2 000～4 000： 0.015；

＞4 000～6 000： 0.020；

＞6 000～8 000： 0.025。

检验工具

a) 精密指示器/支座和平板； b) 指示器/支座和平板或千分尺。

备注和参照 GB/T 17421.1—1998(4.1、4.2)

已磨好的试件放置在平板上,并用适当的检验工具依次进行测量。

测点应位于试件磨削表面宽度的中央和两端各留 75 mm 的试件磨削表面的中央。

8 数控轴线的定位精度和重复定位精度

P1

检验项目

工作台 X 轴线移动的定位精度和重复定位精度。

简图

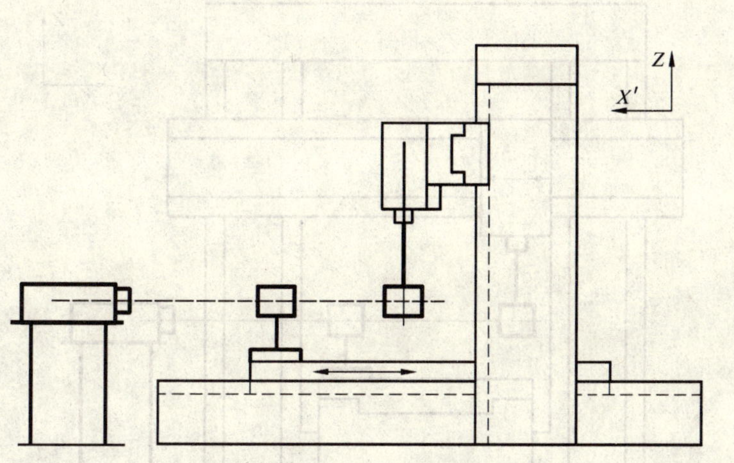

允差

项　　目		测量长度		
		$L \leqslant 2\,000$	$2\,000 < L \leqslant 5\,000$	$5\,000 < L \leqslant 10\,000$
轴线双向定位精度[a]	A	0.042	—	—
轴线单向重复定位精度 $R\uparrow$ 和 $R\downarrow$ [a]		0.013	—	—
轴线双向重复定位精度	R	0.025	—	—
轴线反向差值	B	0.016	0.025	0.040
轴线平均反向差值	$\overline{B}$	0.010	0.016	0.025
轴线双向定位系统偏差[a]	E	0.032	0.050	0.080
轴线双向平均位置偏差	M	0.020	0.032	0.050

[a] 可作为机床验收依据。

检验工具

线性标尺或激光测量装置。

备注和参照 GB/T 17421.1 和 GB/T 17421.2

检验时环境条件、机床温升、测量方法、结果的评定的表达应参照 GB/T 17421.2—2000。

P2

检验项目

数控磨头 Y 轴线移动的定位精度和重复定位精度。

简图

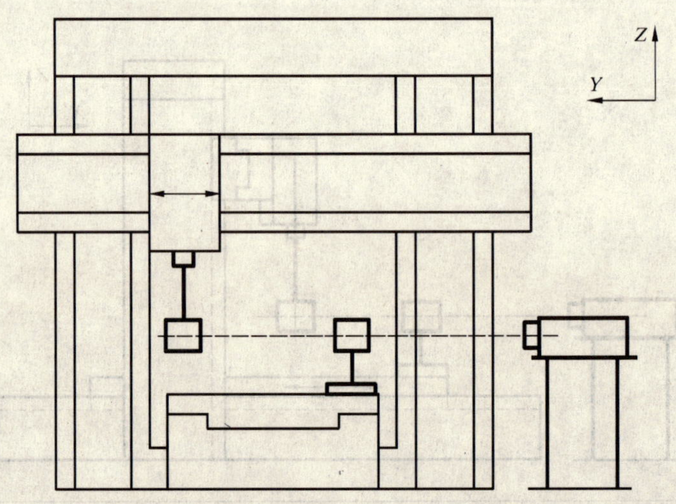

允差

项　　目		测量长度			
		$L\leqslant 500$	$500<L\leqslant 800$	$800<L\leqslant 1\,250$	$1\,250<L\leqslant 2\,000$
轴线双向定位精度[a]	A	0.022	0.025	0.032	0.042
轴线单向重复定位精度 $R\uparrow$ 和 $R\downarrow$ [a]		0.006	0.008	0.010	0.013
轴线双向重复定位精度	R	0.012	0.015	0.018	0.020
轴线反向差值[a]	B	0.010	0.010	0.012	0.012
轴线平均反向差值	$\overline{B}$	0.006	0.006	0.008	0.008
轴线双向定位系统偏差[a]	E	0.015	0.018	0.023	0.030
轴线双向平均位置偏差	M	0.010	0.012	0.015	0.020

a　可作为机床验收依据。

检验工具

线性标尺或激光测量装置。

备注和参照 GB/T 17421.1 和 GB/T 17421.2

检验时环境条件、机床温升、测量方法、结果的评定的表达应参照 GB/T 17421.2—2000。

P3

检验项目

数控磨头 Z 轴线移动的定位精度和重复定位精度。

简图

允差

项　　目		测量长度			
		$L\leqslant500$	$500<L\leqslant800$	$800<L\leqslant1\ 250$	$1\ 250<L\leqslant2\ 000$
轴线双向定位精度[a]	A	0.022	0.025	0.032	0.042
轴线单向重复定位精度 $R\uparrow$ 和 $R\downarrow$[a]		0.006	0.008	0.010	0.013
轴线双向重复定位精度	R	0.012	0.015	0.018	0.020
轴线反向差值[a]	B	0.010	0.010	0.012	0.012
轴线平均反向差值	$\overline{B}$	0.006	0.006	0.008	0.008
轴线双向定位系统偏差[a]	E	0.015	0.018	0.023	0.030
轴线双向平均位置偏差	M	0.010	0.012	0.015	0.020

a　可作为机床验收依据。

检验工具

线性标尺或激光测量装置。

备注和参照 GB/T 17421.1 和 GB/T 17421.2

检验时环境条件、机床温升、测量方法、结果的评定的表达应参照 GB/T 17421.2—2000。

ICS 75.160
C 80

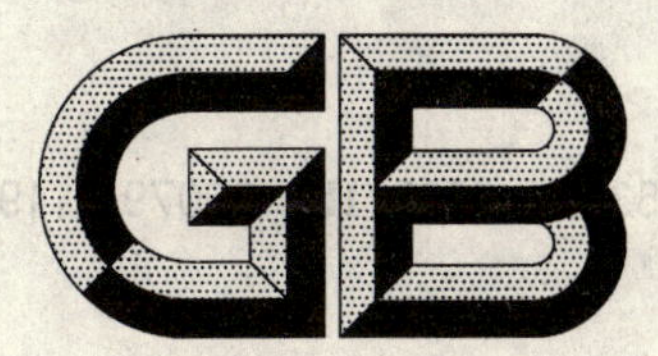

中华人民共和国国家标准

GB/T 5332—2007/IEC 60079-4:1975
代替 GB/T 5332—1985

可燃液体和气体引燃温度试验方法

Method of test for ignition temperature of flammable liquids and gases

(IEC 60079-4:1975, Electrical apparatus for explosive gas atmospheres—Part 4:Method of test for ignition temperature, IDT)

2007-07-02 发布　　2008-01-01 实施

中华人民共和国国家质量监督检验检疫总局
中国国家标准化管理委员会　发布

前　言

本标准等同采用 IEC 60079-4:1975《爆炸性气体环境中的电气设备　第 4 部分　引燃温度试验方法》第二版(英文和/或法文版),包括其修正案 IEC 60079-4-Amd1:1995。

本标准等同翻译 IEC 60079-4:1975。

为便于使用,本标准做了下列编辑性修改:

a) “本国际标准”一词改为“本标准”;

b) 用小数点“.”代替作为小数点的逗号“,”;

c) 删除了国际标准的前言;

d) 删除了第 4 章的悬置段;

e) 增加了 4.2 条中表的表号、表名;

f) 增加了 4.4.1 条和 4.4.2 条的条标题;

g) 增加了 5.1 条的条标题;

h) 将 5.2 条的内容移至 5.2.1 条。

本标准代替 GB/T 5332—1985《可燃液体和气体引燃温度试验方法》。

本标准与 GB/T 5332—1985 相比主要差异如下:

——按照 IEC 60079-4:1995《引燃温度试验方法修订单 1》将附录 A 中石棉材料改为绝热材料;

——在附录 A 中,增加了另外一种加热炉(2# 加热炉)的说明和相应的示意图。

本标准附录 A 为资料性附录。

请注意本标准的某些内容有可能涉及专利。本标准的发布机构不应承担识别这些专利的责任。

本标准由中华人民共和国公安部提出。

本标准由全国消防标准化技术委员会第一分技术委员会(SAC/TC 113/SC 1)归口。

本标准起草单位:公安部天津消防研究所。

本标准主要起草人:李晋、王钢、张网、张欣、孙金香、果春盛、吴彩虹、王婕。

本标准所代替标准的历次版本发布情况为:

——GB/T 5332—1985。

可燃液体和气体引燃温度试验方法

1 范围

本标准规定了常压下空气中化学纯净的可燃液体蒸气和气体引燃温度(自燃温度)的测定方法。

2 术语和定义

下列术语和定义适用于本标准。

2.1

引燃温度 ignition temperature

按本标准规定的方法试验,发生引燃时的最低温度。

2.2

引燃 ignition

可燃液体或气体在被加热的试验烧瓶内,发生清晰可见的火焰和/或爆炸的化学反应,这种反应的延迟时间不超过 5 min。

2.3

引燃延迟时间 ignition lag

试样完全注入烧瓶的瞬间到发生引燃所需要的时间。

3 试验概述

将体积为 200 mL 的敞口锥形烧瓶加热到一定温度后,把一定量的可燃液体或气体试样注入到锥形烧瓶中,在暗室里观察烧瓶内是否发生引燃。通过采用不同温度和不同试样量重复试验,把发生引燃时烧瓶的最低温度作为该试样在常压下空气中的引燃温度。

4 试验装置

4.1 试验烧瓶(烧瓶)

应使用体积为 200 mL 的硼硅酸盐玻璃制的锥形烧瓶。对每一种试样的试验及最后一组试验均应使用经化学方法清洗过的洁净烧瓶。

当试样的引燃温度超过硼硅酸盐玻璃烧瓶的软化点或试样对烧瓶有化学腐蚀时,可采用石英烧瓶或金属烧瓶,但需在试验报告中注明。

4.2 加热炉

采用加热炉对烧瓶均匀加热。在附录 A 中给出了适合于这种用途的加热炉示例。

当按照本标准的试验程序进行试验时,如果测得表 1 中物质的引燃温度在第 7 章所给的误差范围内,可以认为试验烧瓶被均匀地加热,所选择的温度测量位置是合适的。所使用的检验试样的纯度应不小于 99.9%。

表 1 加热炉验证物质的引燃温度

可燃物质	引燃温度/℃
正庚烷	220
乙烯	435
苯	560

4.3 热电偶

测量烧瓶温度采用直径≤0.8 mm 并经标定的 K 型热电偶。热电偶应安装在烧瓶外壁所选定的位置上(见 4.2),且应与烧瓶的外表面紧密接触。

4.4 试样注射器或移液管

4.4.1 液体试样注入

液体试样采用下列方式注入烧瓶:

a) 注入液体试样应采用体积为 0.25 mL 或 1 mL 的注射器,其分度值≤0.01 mL,配有内径≤0.15 mm的不锈钢针头。

b) 若采用经标定的 1 mL 移液管注入液体试样时,应能使 1 mL 蒸馏水在室温下以 35 滴～40 滴排出。

4.4.2 气体试样注入

气体试样应采用配有三通旋塞和连接导管的,经过气密性校准的 200 mL 玻璃注射器注入。

注:气体试样注入系统应配置防回火装置。参见图 A.6。

4.5 计时器

用于测定引燃延迟时间的计时器,分度值≤1 s。

4.6 观察设备

为能方便地观察烧瓶内部试样的引燃情况,可在烧瓶上方大约 250 mm 处安装反射镜。其他能有效观察的方式也可采用。

5 试验步骤

5.1 温度调节

调节加热炉的温度,使烧瓶达到所要求的温度,并保证其温度均匀。

5.2 试样注入

5.2.1 液体试样

当液体试样沸点达到或接近室温时,要保证该试样注入烧瓶前状态不变。

用注射器或移液管抽取试验所需用量的试样,将试样以小滴状快速注入至锥形试验烧瓶的底部中心,整个操作应在 2 s 内完成。操作完成后立即抽出注射器或移液管。注入时要避免沾湿瓶壁。

5.2.2 气体试样

用气体试样冲洗注射器及其连接系统,使其充满整个进样系统后,以大约 25 mL/s 的速度将试验所需用量的气体注入烧瓶,在试样注入时尽量保持注入速度稳定。操作完成后立即从烧瓶中抽出注样管。

5.2.3 初始试样用量

初始试验时,液体试样用量为 0.07 mL,气体试样用量为 20 mL。

5.3 观察

试样完全注入烧瓶后开始计时,当观察到火焰后,应立即停止计时,记录温度和引燃延迟时间。如果未观察到火焰,应在 5 min 后停止计时并终止试验。

5.4 连续性试验

在不同的温度和不同的试样量下重复进行试验,直至得出最低引燃温度。每次试验前,用清洁、干燥的空气吹洗烧瓶。吹洗烧瓶后,应留出充足的间隔时间,确保下一次试验的试样注入前烧瓶温度稳定在试验预设温度。接近引燃温度时的试验应以 2℃ 的温度级差进行,直到测得发生引燃的最低温度。

5.5 确认试验

最后一组试验应重复进行 5 次。

6 引燃温度

如果试验结果符合第 7 章的规定，那么按第 5 章所述试验步骤得到的发生引燃时的最低温度应记为引燃温度，同时记录相应的引燃延迟时间和大气压。

7 试验结果的有效性

7.1 重复性

同一测试人员重复试验测得的结果，不一致性≤2%。

7.2 再现性

不同试验室重复试验测得结果的平均值，不一致性≤5%。

注：在积累到更多资料前，重复性和再现性所允许的误差是暂定值。

8 报告内容

报告内应写明可燃物质的名称、来源、物理性质、试验编号、试验日期、环境温度、大气压、试样量、引燃温度和引燃延迟时间等。

附 录 A
（资料性附录）
加 热 炉

按 A.1 和 A.2 制造的加热炉适用于本标准所述试验。

A.1 1# 加热炉（见图 A.1～图 A.6）

1# 加热炉（见图 A.1）由一个耐火绝缘材料制成的圆柱体、适当的绝热材料和支撑壳体、耐火材质的顶部环型盖和烧瓶定位圈、一个 300 W 的底部加热器（见图 A.3）和一个 300 W 的颈部加热器（见图 A.5）组成。圆柱体内径为 127 mm，高为 127 mm，圆柱体外围沿轴线方向以螺旋方式，间隔均匀地缠绕功率为 1 200 W 的镍铬电阻丝。

使用 3 支热电偶控温，其中 2 支热电偶分别安装在颈部加热器下方 25 mm 和 50 mm 处，另一支置于烧瓶底部的中心处。

3 个加热器应能独立控制，以使每支热电偶测得的温度在设定温度的±1℃内。

A.2 2# 加热炉（见图 A.7～图 A.9，功率约 1 300 W，最大电流 6 A 的电阻加热炉）

加热丝为直径 1.2 mm，长 35.8 m 的铬铝合金（Cr/Al 30/5）。将加热丝以 1.2 mm 的间隔螺旋缠绕于耐火陶瓷材质的圆柱体上。加热丝用高温胶粘剂固定，并用 20 mm 厚度的氧化铝粉绝热层封闭。不锈钢圆柱体置于陶瓷体内，应使二者之间的空隙尽可能小。应使用不锈钢盖将加热炉盖住，并将烧瓶固定在加热炉内。不锈钢盖分 3 层，顶层为不锈钢圆盘，中间层为一个对开的绝热垫圈，底层为一个对开的不锈钢圆盘。烧瓶颈部应能装入绝热垫圈，并被对开的绝热垫圈和底层圆盘所固定，底层圆盘压住垫圈并用两个环型螺母固定到顶层圆盘上。

带有适当电压调节方式的交流或直流电源均适用于加热器。初始试验时，为达到设定温度宜选用最大 6 A 的加热电流。如果采用温度自动控制系统，加热和冷却的时长宜相当，如果可能的话，宜仅对加热器电流的一部分进行这样的控制。

测量用的热电偶置于距离烧瓶底部（25±2）mm 处的外壁上及烧瓶底部表面中心处。

单位为毫米

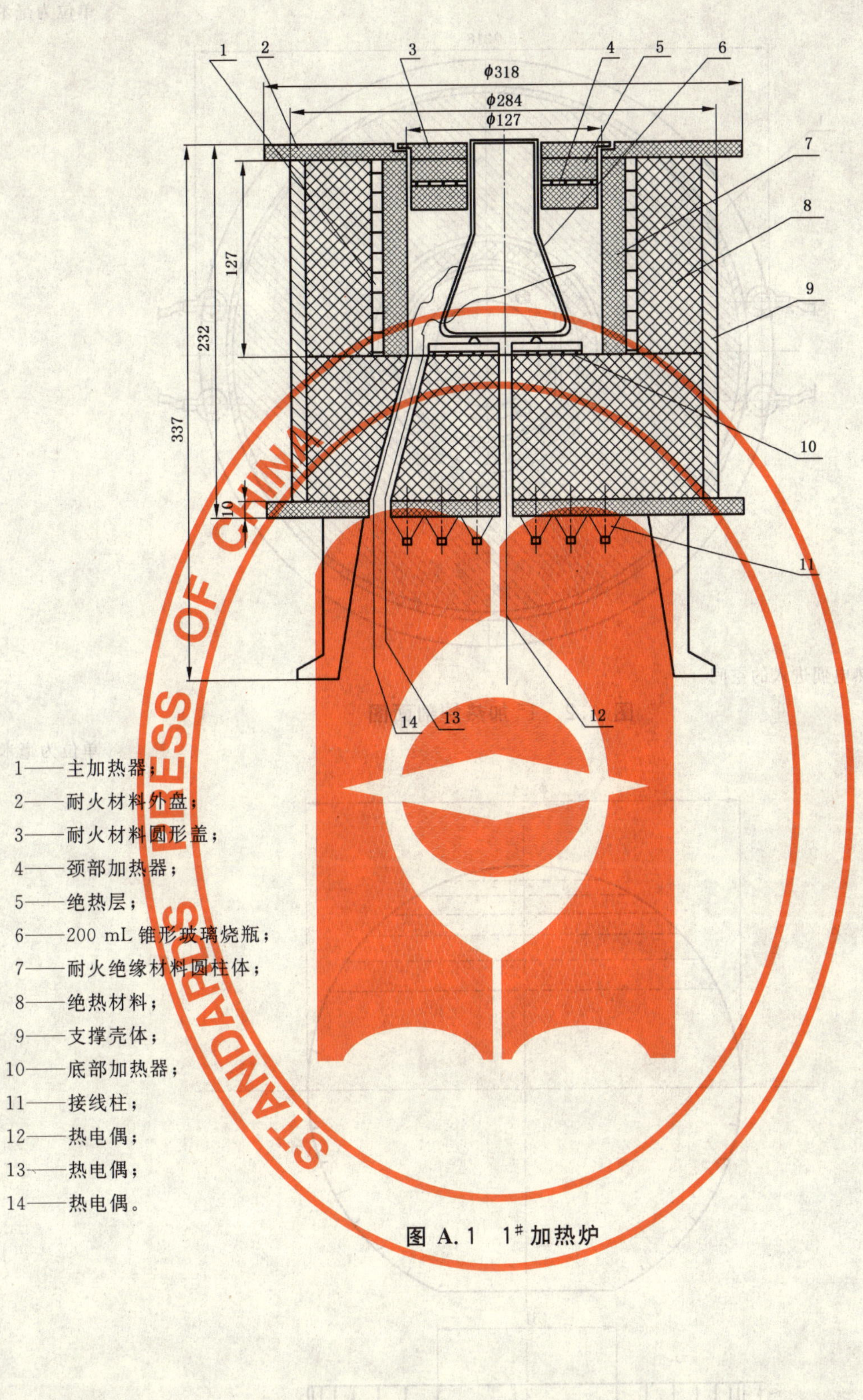

1——主加热器；

2——耐火材料外盘；

3——耐火材料圆形盖；

4——颈部加热器；

5——绝热层；

6——200 mL 锥形玻璃烧瓶；

7——耐火绝缘材料圆柱体；

8——绝热材料；

9——支撑壳体；

10——底部加热器；

11——接线柱；

12——热电偶；

13——热电偶；

14——热电偶。

图 A.1 1# 加热炉

单位为毫米

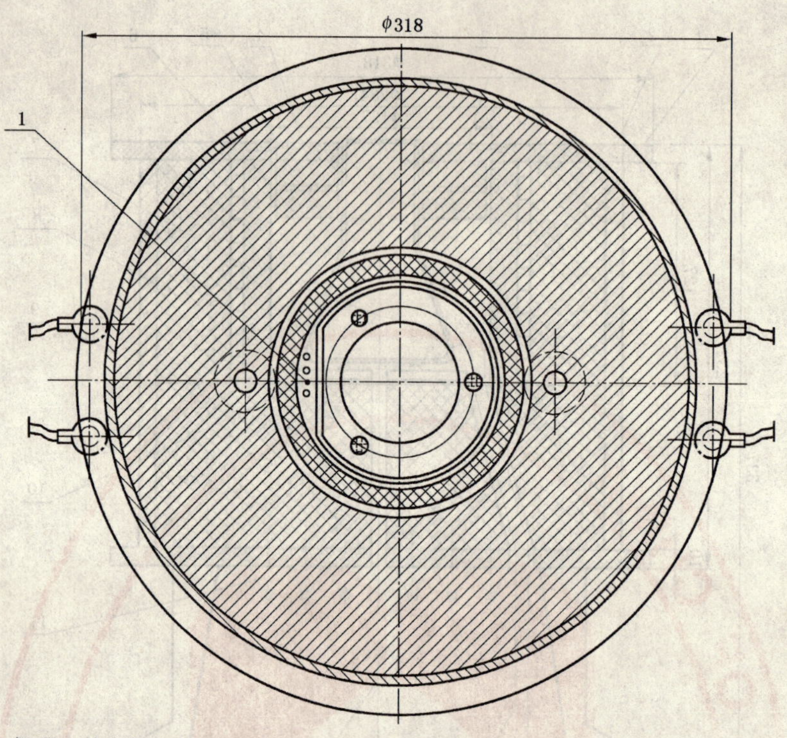

1——导线和热电偶进入的空间。

图 A.2 1# 加热炉剖面图

单位为毫米

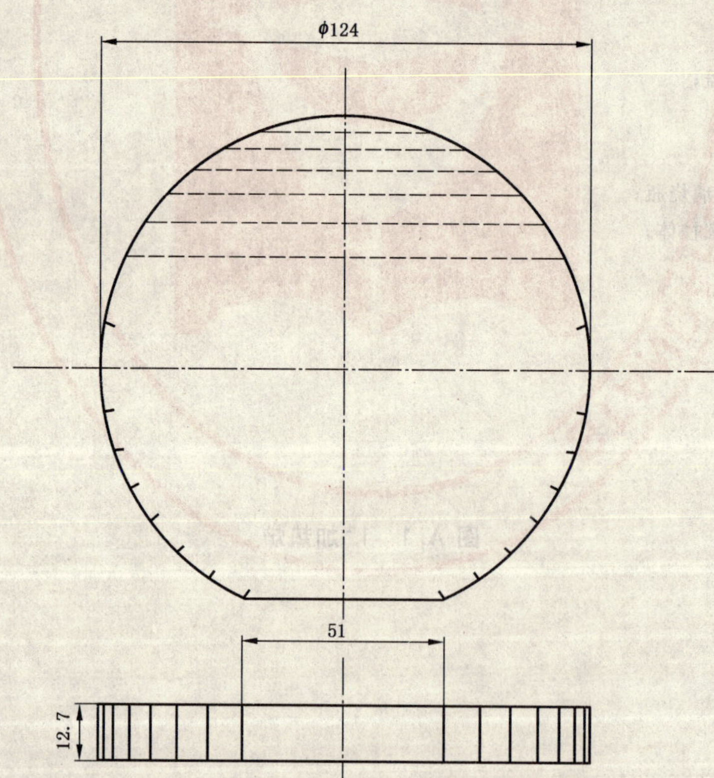

在盘的直径外边上切割的槽宽约 1.5 mm，深约 1.5 mm；镍铬丝长约 2 500 mm，直径 0.4 mm。

注：虚线表示绕线方法。

图 A.3 底部加热器

单位为毫米

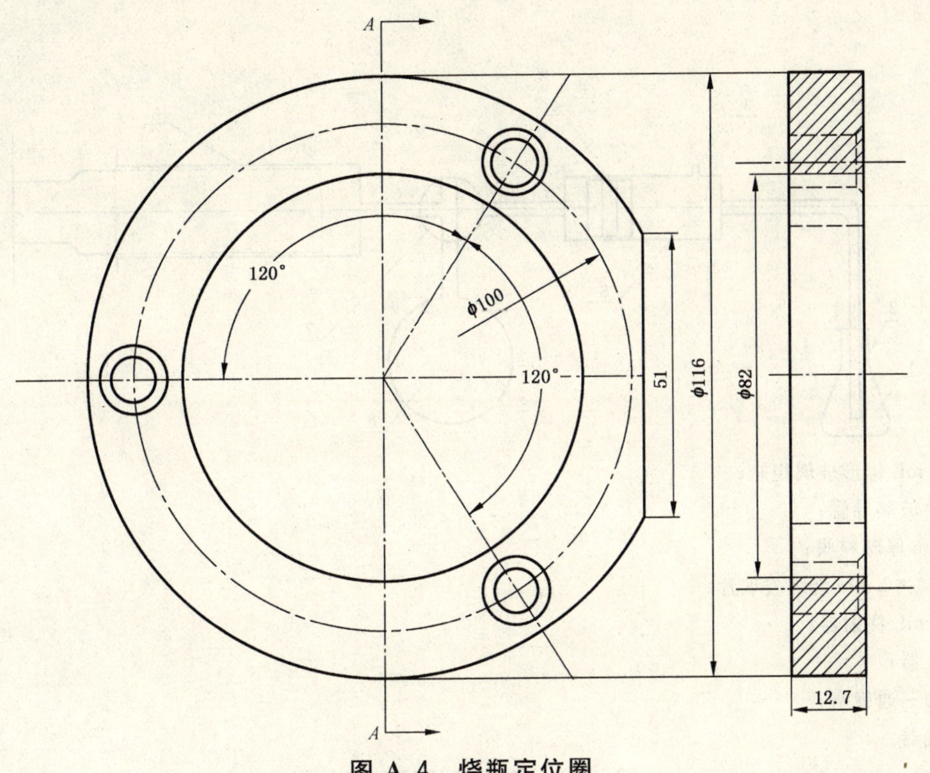

图 A.4 烧瓶定位圈

单位为毫米

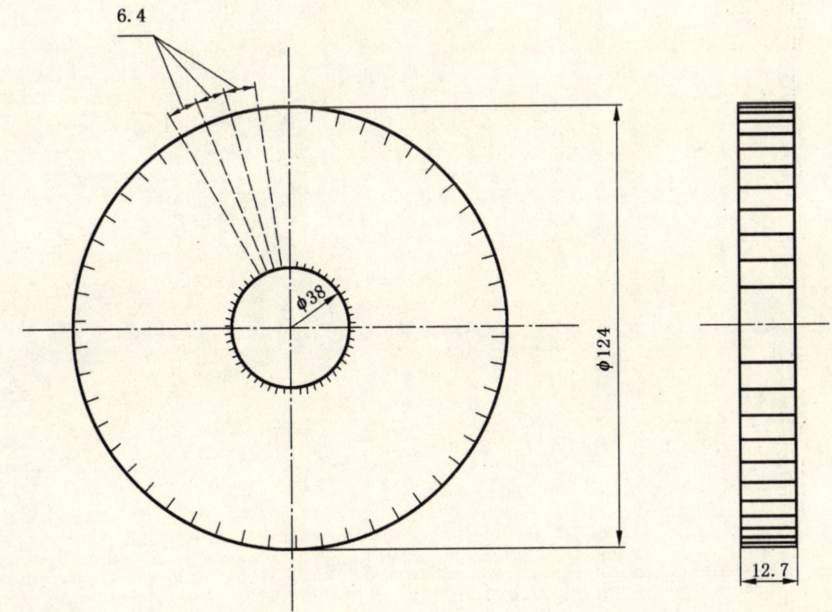

圆环内外径上的刻槽宽约 1.5 mm,深约 1.5 mm；镍铬丝长约 4500 mm，直径 0.4 mm。

注：虚线表示绕线方法。

图 A.5 颈部加热器

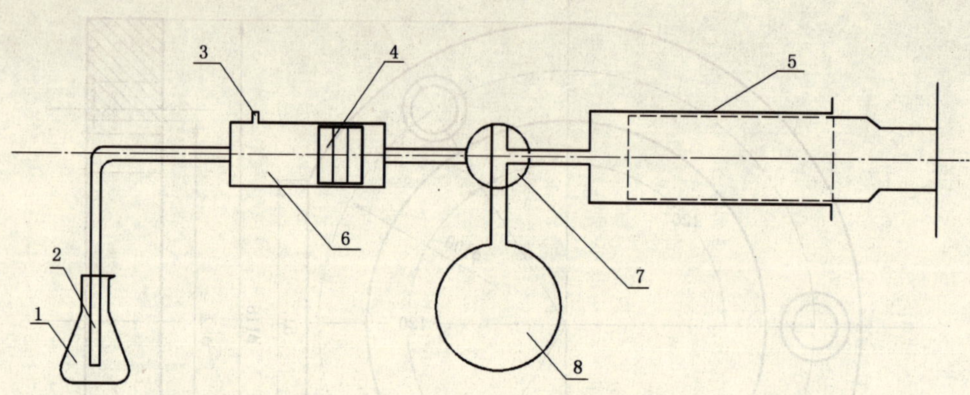

1——200 mL 锥形玻璃烧瓶；

2——直角玻璃导管；

3——1 mm 厚塑料膜；

4——约 10×3 mm 烧结玻璃片；

5——200 mL 注射器；

6——阻火器；

7——玻璃三通旋塞；

8——贮气器。

图 A.6 气体试样注入系统

单位为毫米

1——对开的绝热垫圈；
2——固定夹；
3——热电偶；
4——顶层不锈钢圆盘；
5——对开的绝热垫圈；
6——对开的不锈钢圆盘；
7——绝热材料；
8——加热器；
9——陶瓷圆柱体；
10——不锈钢圆柱体；
11——高温粘胶剂；
12——试验点；
13——220 V 加热电源接头；
14——绝热圆盘；
15——金属底座；
16——热电偶。

图 A.7　2# 加热炉

单位为毫米

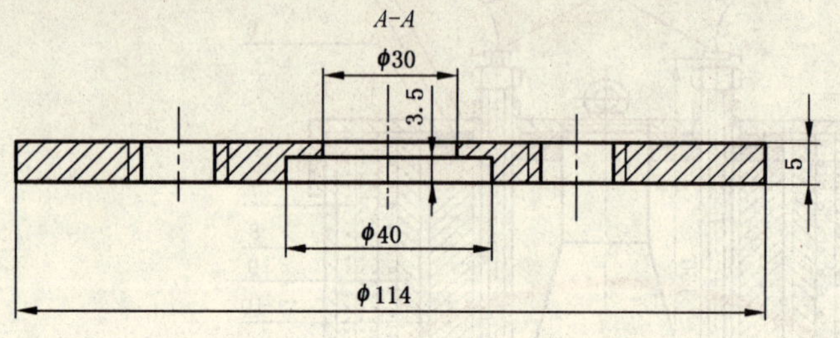

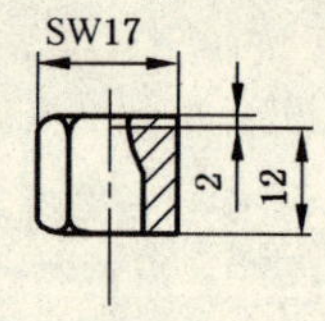

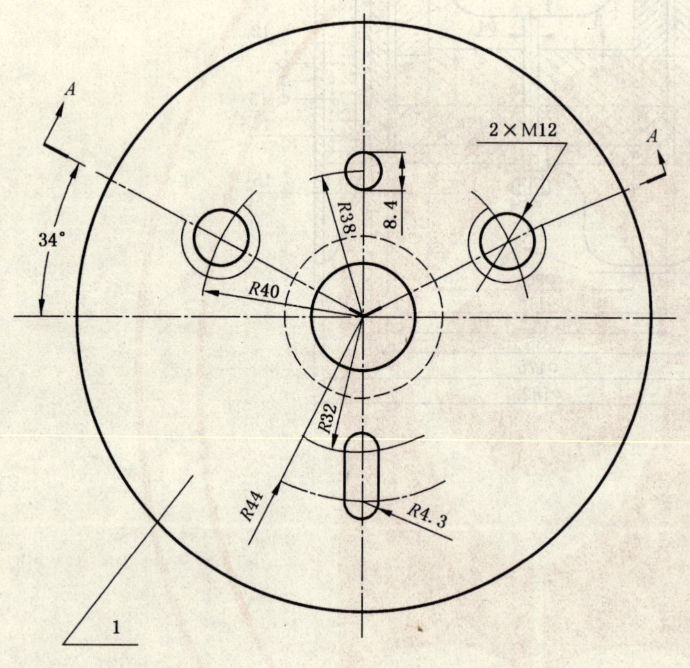

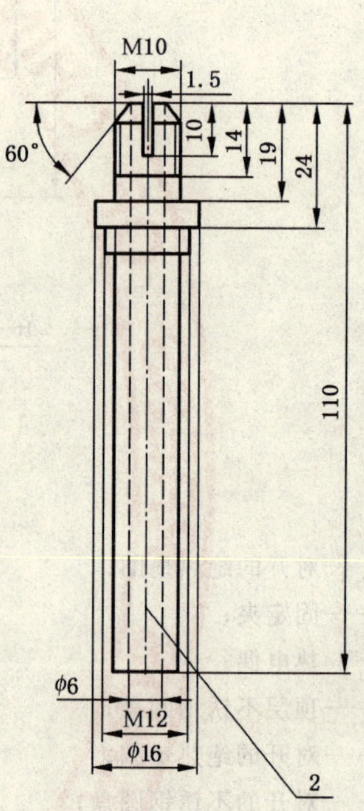

1——顶层不锈钢圆盘；

2——热电偶配件。

图 A.8 顶层不锈钢圆盘

单位为毫米

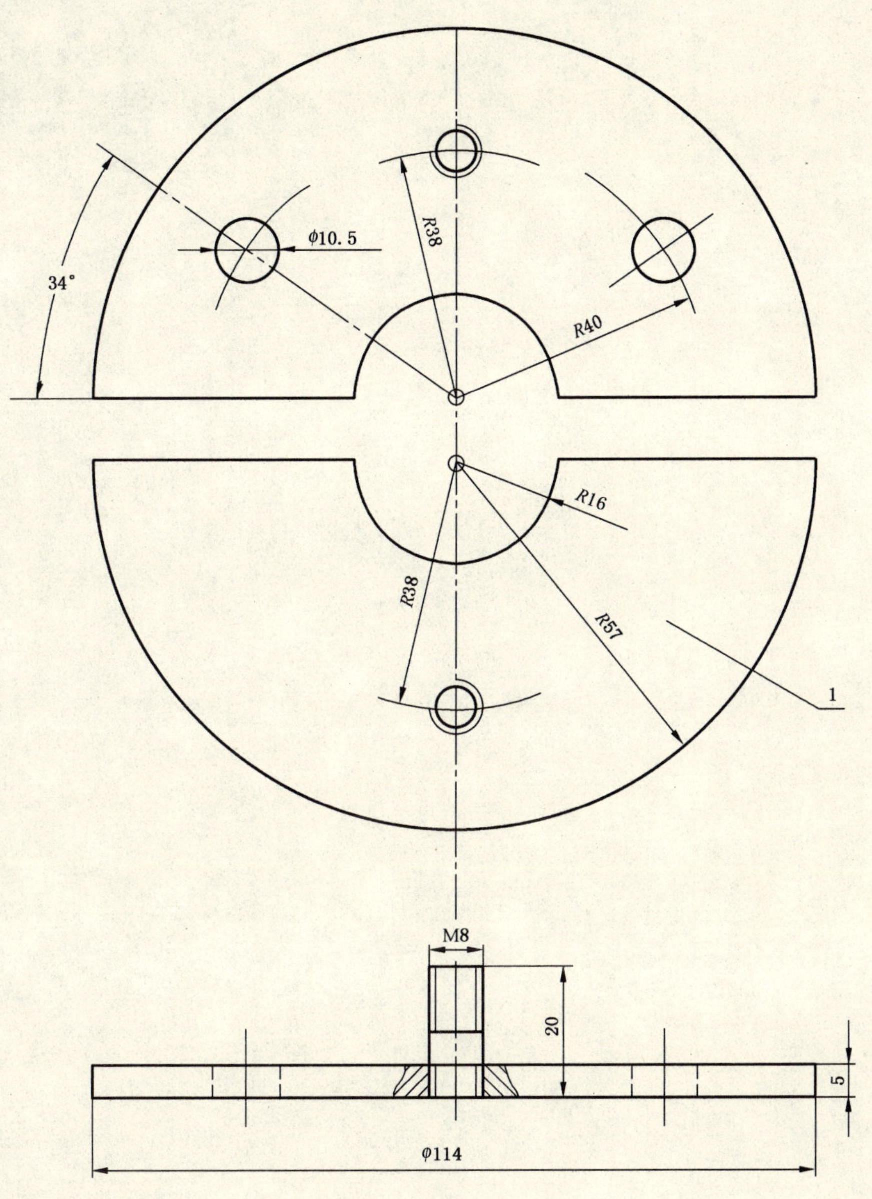

1——对开的不锈钢圆盘。

图 A.9 对开的不锈钢圆盘

ICS 25.100.10
J 41

中华人民共和国国家标准

GB/T 5343.1—2007
代替 GB/T 5343.1—1993

可转位车刀及刀夹 第1部分:型号表示规则

Turning tool holders and cartridges for indexable inserts—Part 1:Designation

(ISO 5608:1995,Turning and copying tool holders and cartridges for indexable inserts—Designation,MOD)

2007-06-25 发布　　2007-11-01 实施

中华人民共和国国家质量监督检验检疫总局
中国国家标准化管理委员会　发布

前　言

GB/T 5343《可转位车刀及刀夹》分为两个部分：

——第 1 部分：型号表示规则；

——第 2 部分：可转位车刀型式尺寸和技术条件。

本部分为 GB/T 5343 的第 1 部分。

本部分修改采用 ISO 5608:1995《可转位车刀、仿形车刀和刀夹　代号》(英文版)。

本部分与 ISO 5608:1995 相比主要差异如下：

——删除 ISO 引言，增加了前言；

——规范性引用文件中的国际标准用我国国家标准替代。

本部分代替 GB/T 5343.1—1993《可转位车刀及刀夹型号表示规则》。

本部分与 GB/T 5343.1—1993 相比主要变化如下：

——修改了“范围”；

——修改了“规范性引用文件”；

——对第 4 章进行了重新编辑，并按 ISO 5608:1995 修改了图表；

——修改了 4.1 中的表 1；

——在 4.2 中增加了表 2；

——在 4.4 中增加了表 4；

——在 4.9 中增加了表 7。

本部分由中国机械工业联合会提出。

本部分由全国刀具标准化技术委员会(SAC/TC 91)归口。

本部分起草单位：成都工具研究所。

本部分主要起草人：方殷、田良、方勤。

本部分所代替标准的历次版本发布情况为：

——GB/T 5343.1—1985、GB/T 5343.1—1993。

可转位车刀及刀夹
第1部分:型号表示规则

1 范围

本部分规定了矩形柄可转位车刀、仿形车刀及刀夹的型号表示规则,以利于简化订货和技术规范。已标准化了的矩形柄的尺寸 f 见 GB/T 5343.2 和 GB/T 14661。

本部分适用于可转位车刀及刀夹的型号表示规则。

2 规范性引用文件

下列文件中的条款通过 GB/T 5343 的本部分的引用而成为本部分的条款。凡是注日期的引用文件,其随后所有的修改单(不包括勘误的内容)或修订版均不适用于本部分,然而,鼓励根据本部分达成协议的各方研究是否可使用这些文件的最新版本。凡是不注日期的引用文件,其最新版本适用于本部分。

GB/T 5343.2 可转位车刀及刀夹 第2部分:可转位车刀型式尺寸和技术条件(GB/T 5343.2—2007,ISO 5610:1998,MOD)

GB/T 14661 可转位A型刀夹(GB/T 14661—2007,ISO 5611:1995,MOD)

3 代号使用规则的说明

本部分规定车刀或刀夹的代号由代表给定意义的字母或数字符合按一定的规则排列所组成,共有10位符号,任何一种车刀或刀夹都应使用前9位符号,最后一位符号在必要时才使用。在10位符号之后,制造厂可以最多再加3个字母(或)3位数字表达刀杆的参数特征,但应用破折号与标准符号隔开,并不得使用第(10)位规定的字母。

9个应使用的符号和一位任意符号的规定如下:

(1) 表示刀片夹紧方式的字母符号(见4.1)

(2) 表示刀片形状的字母符号(见4.2)

(3) 表示刀具头部型式的字母符号(见4.3)

(4) 表示刀片法后角的字母符号(见4.4)

(5) 表示刀具切削方向的字母符号(见4.5)

(6) 表示刀具高度(刀杆和切削刃高度)的数字符号(见4.6)

(7) 表示刀具宽度的数字符号或识别刀夹类型的字母符号(见4.7)

(8) 表示刀具长度的字母符号(见4.8)

(9) 表示可转位刀片尺寸的数字符号(见4.9)

(10) 表示特殊公差的字母符号(见5)

示例:

(1)	(2)	(3)	(4)	(5)	(6)	(7)	(8)	(9)	(10)
C	T	G	N	R	32	25	M	16	Q

4 符号的规定

4.1 表示刀片夹紧方式的符号按表1的规定——第(1)位

表 1

字母符号	夹紧方式
C	顶面夹紧(无孔刀片)
M	顶面和孔夹紧(有孔刀片)
P	孔夹紧(有孔刀片)
S	螺钉通孔夹紧(有孔刀片)

4.2　表示刀片形状的符号按表 2 的规定——第(2)位

表 2

字母符号	刀片形状	刀片型式
H	六边形	等边和等角
O	八边形	
P	五边形	
S	四边形	
T	三角形	
C	菱形 80°	等边但不等角
D	菱形 55°	
E	菱形 75°	
M	菱形 86°	
V	菱形 35°	
W	六边形 80°	
L	矩形	不等边但等角
A	85°刀尖角平行四边形	不等边和不等角
B	82°刀尖角平行四边形	
K	55°刀尖角平行四边形	
R	圆形刀片	圆形
注：刀尖角均指较小的角度。		

4.3　表示刀具头部型式的符号按表 3 的规定——第(3)位

表 3

符　号	型	式
A	90°	90°直头侧切
B	75°	75°直头侧切
C	90°	90°直头端切

表 3（续）

符　号	型　式	
D[a]	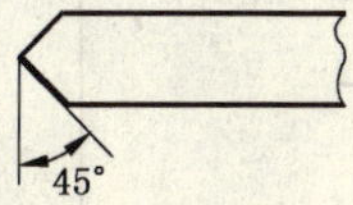	45°直头侧切
E	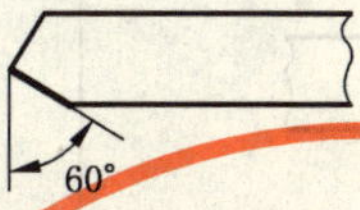	60°直头侧切
F		90°偏头端切
G	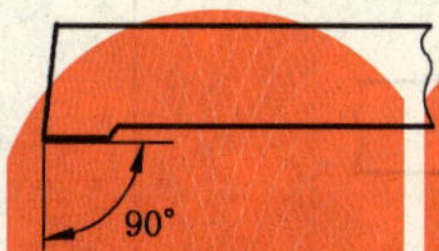	90°偏头侧切
H	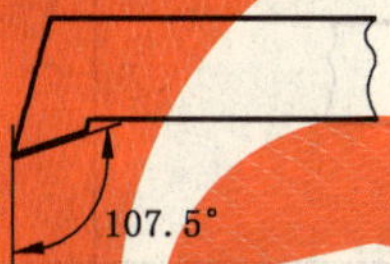	107.5°偏头侧切
J	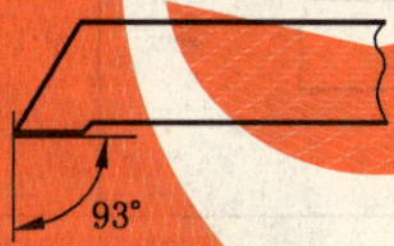	93°偏头侧切
K		75°偏头端切
L	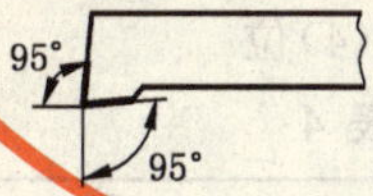	95°偏头侧切和端切
M		50°直头侧切
N	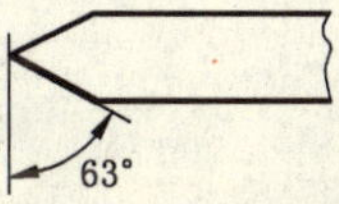	63°直头侧切
P	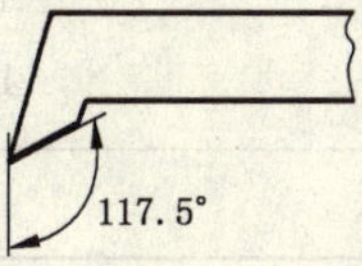	117.5°偏头侧切

表 3（续）

符　号	型	式
R	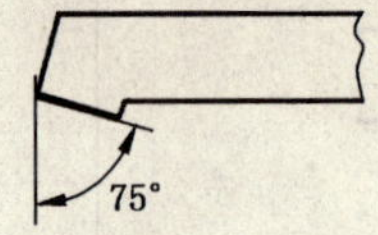 75°	75°偏头侧切
S[a]	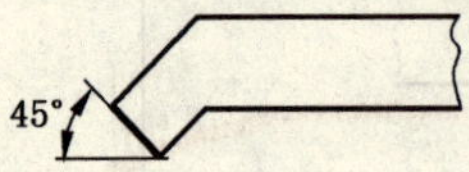 45°	45°偏头端切
T	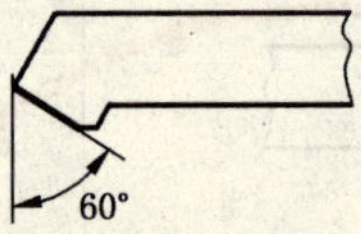 60°	60°偏头侧切
U	93°	93°偏头端切
V	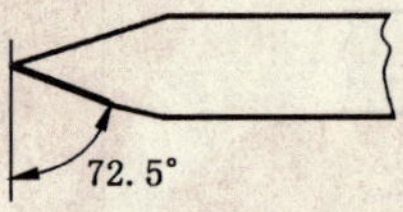 72.5°	72.5°直头侧切
W	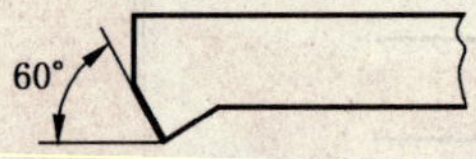 60°	60°偏头端切
Y	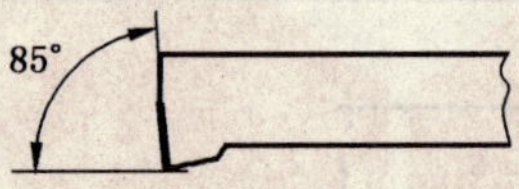 85°	85°偏头端切

a　D型和S型车刀和刀夹也可以安装圆形(R型)刀片。

4.4　表示刀片法后角的符号按表4的规定——第(4)位

表 4

字母符号	刀片法后角
A	3°
B	5°
C	7°
D	15°
E	20°
F	25°
G	30°
N	0°
P	11°

注：对于不等边刀片，符号用于表示较长边的法后角。

4.5 表示刀具切削方向的符号按表 5 的规定——第(5)位

表 5

字母符号	切削方向
R	右切削
L	左切削
N	左右均可

4.6 表示刀具高度的符号规定如下——第(6)位

4.6.1 对于刀尖高 h_1 等于刀杆高 h 的矩形柄车刀(见图 1)

用刀杆高度 h 表示,毫米作单位,如果高度的数值不足两位时,在该数前加“0”。

例:h=32 mm,符号为 32;h=8 mm,符号为 08。

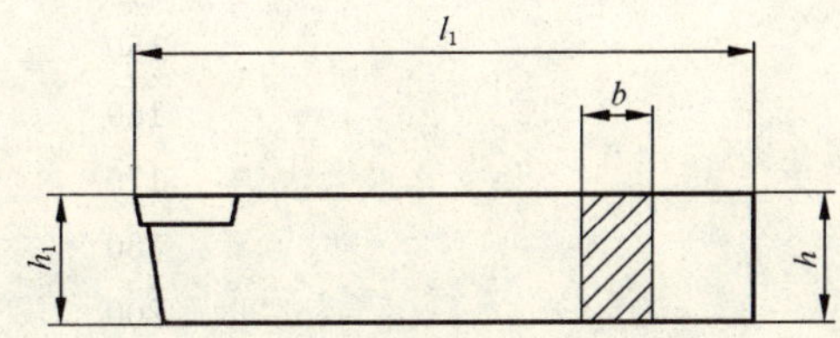

图 1

4.6.2 对于刀尖高度 h_1 不等于刀杆高度 h 的刀夹(见图 2)

用刀尖高 h_1 表示,毫米作单位,如果高度的数值不足两位时,在该数前加“0”。

例:h_1=12 mm,符号为 12;h_1=8 mm,符号为 08。

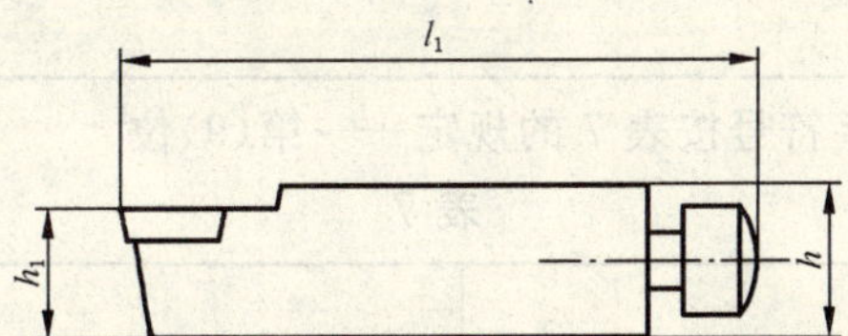

图 2

4.7 表示刀具宽度的符号按以下的规定——第(7)位

4.7.1 对于矩形柄车刀(见图 1)

用刀杆宽度 b 表示,毫米作单位。如果宽度的数值不足两位时,在该数前加“0”。

例:b=25 mm,符号为 25;b=8 mm,符号为 08。

4.7.2 对于刀夹(见图 2)

当宽度没有给出时,用两个字母组成的符号表示类型,第一个字母总是 C(刀夹),第二个字母表示刀夹的类型。例如:对于符合 GB/T 14461 规定的刀夹,第二个字母为 A。

4.8 表示刀具长度的符号见表 6——第(8)位

对于符合 GB/T 5343.2 的标准车刀,一种刀具对应的长度尺寸只规定一个,因此,该位符号用一个破折号“—”表示。

对于符合 GB/T 14461 的标准刀夹,如果表 6 中没有对应的 l_1 符号(例如:l_1=44 mm),则该位符号用破折号“—”来表示。

表 6

字母符号	长度/mm(图 1 和图 2 的 l_1)
A	32
B	40
C	50
D	60
E	70
F	80
G	90
H	100
J	110
K	125
L	140
M	150
N	160
P	170
Q	180
R	200
S	250
T	300
U	350
V	400
W	450
X	特殊长度,待定
Y	500

4.9 表示可转位刀片尺寸的数字符号按表 7 的规定——第(9)位

表 7

刀片型式	数字符号
等边并等角(H、O、P、S、T)和等边但不等角(C、D、E、M、V、W)	符号用刀片的边长表示,忽略小数 例:长度:16.5 mm 符号为:16
不等边但等角(L) 不等边不等角(A、B、K)	符号用主切削刃长度或较长的切削刃表示,忽略小数 例如:主切削刃的长度:19.5 mm 符号为:19
圆形(R)	符号用直径表示,忽略小数 例如:直径:15.874 mm 符号为:15
注:如果米制尺寸的保留只有一位数字时,则符号前面应加 0。 例如:边长为:9.525 mm,则符号为:09。	

5 可选符号：特殊公差符号——第(10)位

对于 f_1、f_2 和 l_1 带有±0.08 公差的不同测量基准刀具的符号按表 8 的规定。

表 8

单位为毫米

符号	测量基准面	简　　图
Q	基准外侧面和基准后端面	$f_1 \pm 0.08$；$l_1 \pm 0.08$
F	基准内侧面和基准后端面	$f_2 \pm 0.08$；$l_1 \pm 0.08$
B	基准内外侧面和基准后端面	$f_1 \pm 0.08$；$f_2 \pm 0.08$；$l_1 \pm 0.08$

ICS 25.100.10
J 41

中华人民共和国国家标准

GB/T 5343.2—2007
代替 GB/T 5343.2—1993

可转位车刀及刀夹 第2部分:可转位车刀型式尺寸和技术条件

Turning tool holders and cartridges for indexable inserts—Part 2: Dimensions and technical specifications of turning tool holders for indexable inserts

(ISO 5610:1998,Single-point tool holders for turning and copying,for indexable inserts—Dimensions,MOD)

2007-06-25 发布 2007-11-01 实施

中华人民共和国国家质量监督检验检疫总局
中国国家标准化管理委员会 发布

前 言

GB/T 5343《可转位车刀及刀夹》分为两个部分：

——第 1 部分：型号表示规则；

——第 2 部分：可转位车刀型式尺寸和技术条件。

本部分为 GB/T 5343 的第 2 部分。

本部分修改采用 ISO 5610：1998《带可转位刀片的单刃车刀和仿形车刀刀杆　尺寸》(英文版)。

本部分与 ISO 5610：1998 相比主要差异如下：

——删除 ISO 引言，增加了前言；

——规范性引用文件中的国际标准用我国国家标准替代；

——对第 4 章进行了重新编辑；

——增加了技术要求、标记示例、标志和包装。

本部分代替 GB/T 5343.2—1993《可转位车刀型式尺寸和技术条件》。

本部分与 GB/T 5343.2—1993 相比主要变化如下：

——修改了“范围”；

——修改了“规范性引用文件”；

——修改了 4.4.2 基准点 K 的定义；

——增加了可转位车刀的标记要求；

——取消了“性能试验”；

——取消了车刀普通级和精密级的区分；

——修改了技术要求；

——修改了标志和包装的要求。

本部分由中国机械工业联合会提出。

本部分由全国刀具标准化技术委员会(SAC/TC 91)归口。

本部分起草单位：成都工具研究所。

本部分主要起草人：方殷、田良、方勤。

本部分所代替标准的历次版本发布情况为：

——GB/T 5343.2—1985、GB/T 5343.2—1993。

可转位车刀及刀夹　第2部分：可转位车刀型式尺寸和技术条件

1　范围

本部分规定了带可转位刀片的单刃车刀和仿形车刀型式和尺寸、基准点 K、标记示例、技术要求、推荐了优先选用的刀杆型式、标志和包装等基本要求。

本部分适用于普通车床和数控车床用可转位车刀。

2　规范性引用文件

下列文件中的条款通过 GB/T 5343 的本部分的引用而成为本部分的条款。凡是注日期的引用文件，其随后所有的修改单(不包括勘误的内容)或修订版均不适用于本部分，然而，鼓励根据本部分达成协议的各方研究是否可使用这些文件的最新版本。凡是不注日期的引用文件，其最新版本适用于本部分。

GB/T 2078　带圆孔的硬质合金可转位刀片

GB/T 2079　无孔的硬质合金可转位刀片

GB/T 2080　沉孔硬质合金可转位刀片

GB/T 5343.1　可转位车刀及刀夹　第1部分：型号表示规则(GB/T 5343.1—2007，ISO 5608：1995，MOD)

GB/T 12204　金属切削　基本术语(GB/T 12204—1990，neq ISO 3002-1：1982)

GB/T 14661　可转位A型刀夹(GB/T 14661—2007，ISO 5611：1995，MOD)

3　标记

可转位车刀的型号表示规则按照 GB/T 5343.1 的规定。

4　型式和尺寸

4.1　柄部型式和尺寸

可转位车刀的柄部型式与尺寸按图1和表1的规定。

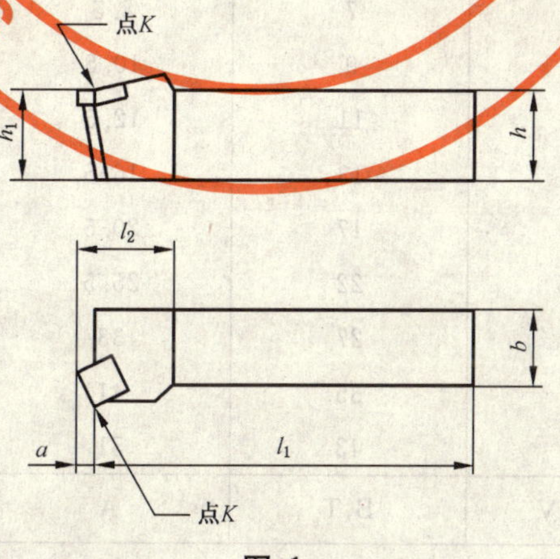

图 1

表 1

单位为毫米

h	h13	8	10	12	16	20	25	32	40	50
b h13	$b=h$	8	10	12	16	20	25	32	40	50
	$b=0.8h$		8	10	12	16	20	25	32	40
l_1 k16	长刀杆	60	70	80	100	125	150	170	200	250
	短刀杆	40	50	60	70	80	100	125	150	—
h_1 js14		$h_1=h$								

4.2 刀头长度尺寸 l_2

可转位车刀刀头长度尺寸 l_2 按图 1 和表 2 的规定。表 2 中的刀头长度尺寸不适用于安装形状为 D 和 V 的菱形刀片(GB/T 5343.1)可转位车刀。

表 2

单位为毫米

刀片的内切圆直径	$l_{2\max}$
6.35	25
9.525	32
12.7	36
15.875	40
19.05	45
25.4	50

4.3 刀头尺寸 f

可转位车刀刀头尺寸 f 按第 6 章的图和表 3 的规定。

表 3

单位为毫米

b	f				
	系列 1[a]	系列 2 $^{+0.5}_{0}$	系列 3 $^{+0.5}_{0}$	系列 4 $^{+0.5}_{0}$	系列 5 $^{+0.5}_{0}$
8	4	7	8.5	9	10
10	5	9	10.5	11	12
12	6	11	12.5	13	16
16	8	13	16.5	17	20
20	10	17	20.5	22	25
25	12.5	22	25.5	27	32
32	16	27	33	35	40
40	20	35	41	43	50
50	25	43	51	53	60
刀头形式	D,N,V	B,T	A	R	F,G,H,J,K,L,S

a 对称刀杆(形状 D 和 V)的公差±0.25。非对称刀杆(形状 N)的公差 $^{+0.5}_{0}$。

4.4 尺寸 l_1，f 和 h_1 的确定

4.4.1 尺寸 l_1 是指基准点 K 到刀具柄部末端的距离。尺寸 f 是指基准点 K 到基准侧面的距离。尺寸 h_1 是指基准点 K 到安装面的距离(见图 2、图 3、图 4 和图 5)。

4.1 中的尺寸 l_1，4.3 中的尺寸 f 和 4.1 中的尺寸 h_1 是为了满足刀杆上基准刀片的安装而规定的，基准刀片的公称圆弧半径见 4.4.3。

对于刀杆代号 S，侧角等于后角。

对于特殊的带圆刀片的刀杆代号 D 和 S：

D 型刀杆(见图 6)，基准点 K 按照以下交点定义：

——平行于假定工作面 P_f 通过刀片轴线；

——垂直于假定工作面 P_f 和切削刃相切；

——前刀面 A_r。

S 型刀杆(见图 7)，有两个情况确定基准点，它们的确定由两个假定平面 P_f 在进给方向切削刃相切的切点。

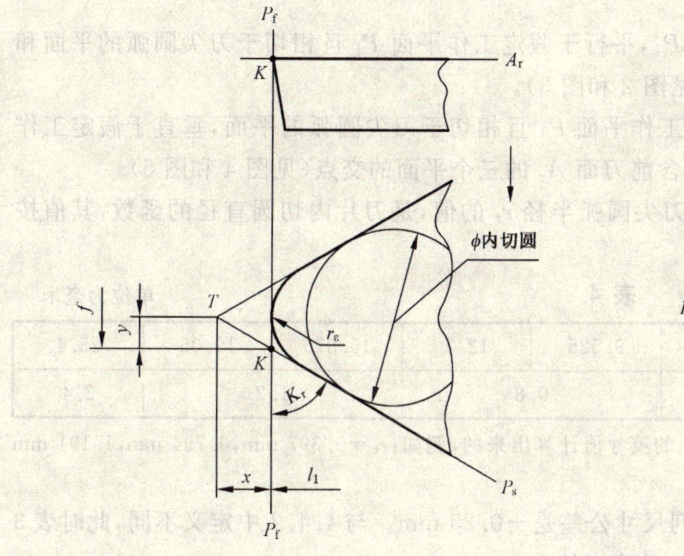

图 2

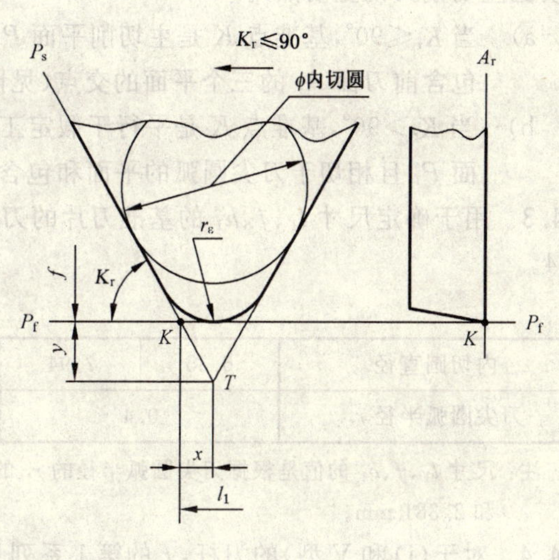

图 3

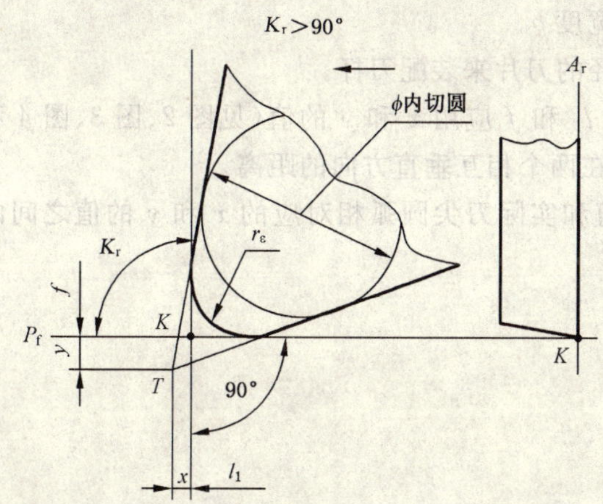

图 4

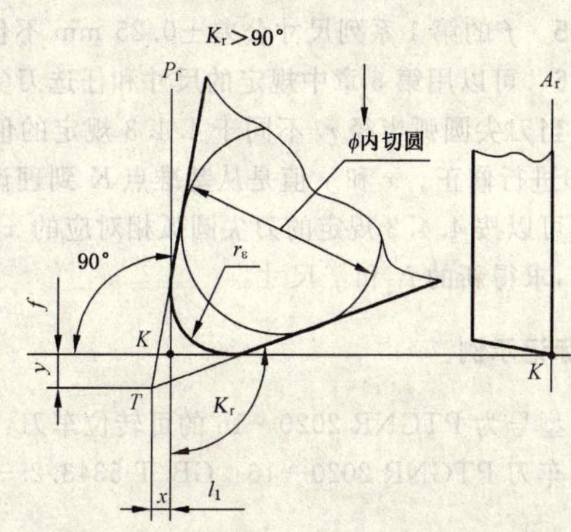

图 5

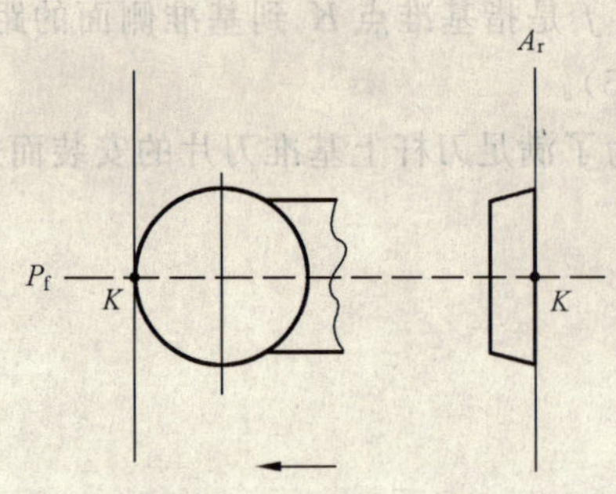

图 6

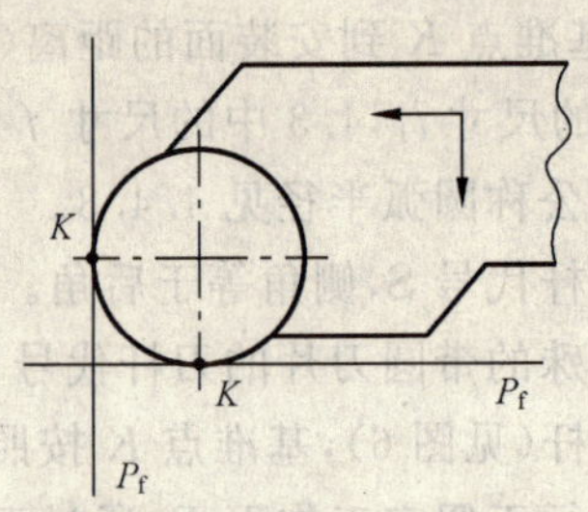

图 7

4.4.2 基准点 K 按以下规定：

按照 GB/T 12204 规定的 P_f(假定工作面)和 P_s(主切削平面)，以及在主切削刃上的选定点(例如内切圆主切削刃的正切点)。

a) 当 $K_r \leqslant 90°$，基准点 K 是主切削平面 P_s，平行于假定工作平面 P_f 且相切于刀尖圆弧的平面和包含前刀面 A_r 的三个平面的交点(见图 2 和图 3)。

b) 当 $K_r > 90°$，基准点 K 是平行于假定工作平面 P_f 且相切于刀尖圆弧的平面，垂直于假定工作面 P_f 且相切于刀尖圆弧的平面和包含前刀面 A_r 的三个平面的交点(见图 4 和图 5)。

4.4.3 用于确定尺寸 l_1、f、h_1 的基准刀片的刀尖圆弧半径 r_ε 的值，是刀片内切圆直径的函数，其值按表 4。

表 4

单位为毫米

内切圆直径	6.35	7.94	9.525	12.7	15.875	19.05	25.4
刀尖圆弧半径 r_ε	0.4		0.8		1.2		2.4

注：尺寸 l_1、f、h_1 的值是根据刀尖圆弧半径的 r_ε 的英寸值计算出来的，例如：r_ε＝0.397 mm，0.794 mm，1.191 mm 和 2.381 mm。

4.4.4 对于(D 和 V 型)的刀杆，f 的第 1 系列尺寸公差是±0.25 mm。与 4.4.2 中定义不同，此时表 3 中的 f 值是由两切削刃延伸线交点(理论刀尖)T 确定的。

对于特殊刀杆，尺寸 f 应按 4.4.2 中定义，并应根据刀尖角 ε_r，基准刀片刀尖圆弧半径 r_ε(见 4.4.6)和主偏角 K_r 进行计算，其数值圆整到 0.1 mm。

4.4.5 f 的第 1 系列尺寸公差±0.25 mm 不包括刀杆宽度 b。

4.4.6 可以用第 6 章中规定的尺寸和任选刀尖圆弧半径的刀片来装配刀杆。

当刀尖圆弧半径 r_ε 不同于 4.4.3 规定的值时，尺寸 l_1 和 f 应用 x 和 y 的值(见图 2、图 3、图 4 和图 5)进行修正。x 和 y 值是从基准点 K 到理论刀尖 T 在两个相互垂直方向的距离。

可以按 4.4.3 规定的刀尖圆弧相对应的 x 和 y 的值和实际刀尖圆弧相对应的 x 和 y 的值之间的差异，求得新的 l_1 和 f 尺寸。

5 标记示例

型号为 PTGNR 2020—16 的可转位车刀：

车刀 PTGNR 2020—16 GB/T 5343.2—2007

6 优先采用的推荐刀杆(见表 5)

表 5

单位为毫米

代号		$h \times b$	0808	1010	1212	1616	2020	2525	3225	3232	4032	4032	4040	5050
	l, b, h_1, h, l_2, l_1	l_1 k16	60	70	80	100	125	150	170	170	150	200	200	250
		h_1 js14	8	10	12	16	20	25	32	32	40	40	40	50
A	f, 80°, $90°^{+2°}_{0}$	$f^{+0.5}_{0}$ 系列 3	8.5	10.5										
		l (代号)	06	06										
		l_{2max}	25	25										
	f, $90°^{+2°}_{0}$	$f^{+0.5}_{0}$ 系列 3			12.5	16.5	20.5	25.5	25.5	33			41	
		l (代号)			11	11	16	16	16	22			22	
		l_{2max}			25	25	32	32	32	36			36	
B	f, a, 100°, 75°±1°	$f^{+0.5}_{0}$ 系列 2	7	9	11									
		l (代号)	06	06	06									
		l_{2max}	25	25	25									
		a[a]	1.6	1.6	1.6									
	f, a, 90°, 75°±1°	$f^{+0.5}_{0}$ 系列 2				13	17	22	22	27			35	43
		l (代号)				09	12	12	12	19			19	25
		l_{2max}				32	36	36	36	45			45	50
		a[a]				2.2	3.1	3.1	3.1	4.6			4.6	5.9
D[b]	f, 90°, 45°±1°, 点 T（见4.4.4）	$f \pm 0.25$ 系列 1			6	8	10	12.5	12.5	16				
		l (代号)			09	09	12	12	12	19				
		l_{2max}			32	32	36	36	36	45				
	f, d, l_2[1)] 1) $l_{2\,min.}=1.5d$	$f \pm 0.25$ 系列 1	4	5	6	8	10	12.5	12.5	16			20	
		d (代号)	06	06/08	06/08	06/08/10	06/08/10/12	06/08/10/12/16	12/16	20			25	

表 5(续) 单位为毫米

代号		$h \times b$	0808	1010	1212	1616	2020	2525	3225	3232	4032	4032	4040	5050
	l, b, h_1, h, l_2, l_1	l_1 k16	60	70	80	100	125	150	170	170	150	200	200	250
		h_1 js14	8	10	12	16	20	25	32	32	40	40	40	50
F	f, $90°{}^{+2°}_{0}$, 80°	$f^{+0.5}_{0}$ 系列 5	10	12										
		l (代号)	06	06										
		l_{2max}	25	25										
	f, $90°{}^{+2°}_{0}$	$f^{+0.5}_{0}$ 系列 5			16	20	25	32	32	40			50	
		l (代号)			11	11/16	16	16/22	16/22	22			22/27	
		l_{2max}			25	25/32	32	32/36	32/36	36			36/40	
G	f, 80°, $90°{}^{+2°}_{0}$	$f^{+0.5}_{0}$ 系列 5	10	12										
		l (代号)	05	06										
		l_{2max}	25	25										
	f, $90°{}^{+2°}_{0}$	$f^{+0.5}_{0}$ 系列 5			16	20	25	32	32	40			50	60
		l (代号)			11	11/16	16	16/22	16/22	22			22/27	27
		l_{2max}			25	25/32	32	32/36	32/36	36			36/40	40
H	f, 55°, 107.5°±1°	$f^{+0.5}_{0}$ 系列 5		12	16	20	25	32	32					
		l (代号)		07	07/11	11	11/15	15	15					
		l_{2max}		25	25/32	32	32/40	40	40					
	f, 35°, 107.5°±1°	$f^{+0.5}_{0}$ 系列 5			16	20	25	32	32					
		l (代号)			11/13	11/13	13/16	16	16					
		l_{2max}			25/32	25/32	32/40	40	40					

表 5(续)

单位为毫米

代号		$h \times b$	0808	1010	1212	1616	2020	2525	3225	3232	4032	4032	4040	5050
		l_1 k16	60	70	80	100	125	150	170	170	150	200	200	250
		h_1 js14	8	10	12	16	20	25	32	32	40	40	40	50
J		$f^{+0.5}_{0}$ 系列 5	10	12	16	20	25	32	32			40		
		l (代号)	07	07	11	11	15	15	15			15		
		l_{2max}	25	25	32	32	40	40	40			40		
		$f^{+0.5}_{0}$ 系列 5					25	32	32			40		
		l (代号)					16	16/22	16/22			22/27		
		l_{2max}					32	32/36	32/36			36/40		
		$f^{+0.5}_{0}$ 系列 5			16	20	25	32	32					
		l (代号)			11/13	11/13	13/16	16	16					
		l_{2max}			25/32	25/32	32/40	40	40					
K		$f^{+0.5}_{0}$ 系列 5	10	12										
		l (代号)	06	06										
		l_{2max}	25	25										
		a[a]	1.6	1.6										
		$f^{+0.5}_{0}$ 系列 5			16	20	25	32	32	40			50	
		l (代号)			09	09/12	12	12/19	12/19	19			19/25	
		l_{2max}			32	32/36	36	36/45	36/45	45			45/50	
		a[a]			2.2	2.2/3.1	3.1	3.1/4.6	3.1/4.6	4.6			4.6/5.9	

表 5(续)

单位为毫米

代号	图示	$h \times b$	0808	1010	1212	1616	2020	2525	3225	3232	4032	4032	4040	5050
代号	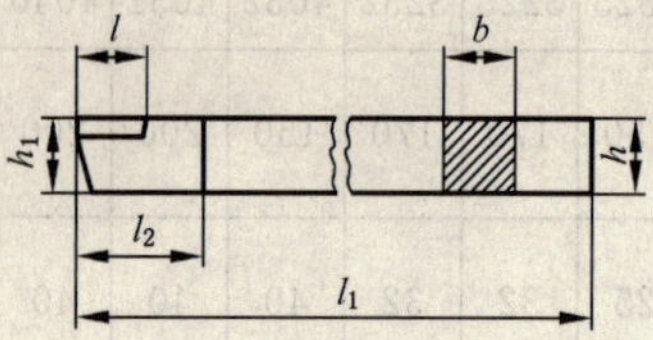 l, b, h_1, h, l_2, l_1	l_1 k16	60	70	80	100	125	150	170	170	150	200	200	250
		h_1 js14	8	10	12	16	20	25	32	32	40	40	40	50
L	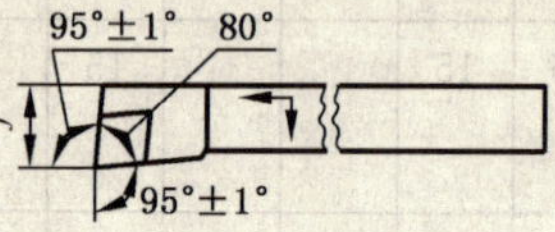 95°±1°, 80°, f, 95°±1°	$f^{+0.5}_{0}$ 系列 5	10	12	16	20	25	32	32	40			50	
		l (代号)	06	06	09	09/19	12	12/19	12/19	19			19	
		l_{2max}	25	25	32	32/36	36	36/45	36/45	40			45	
	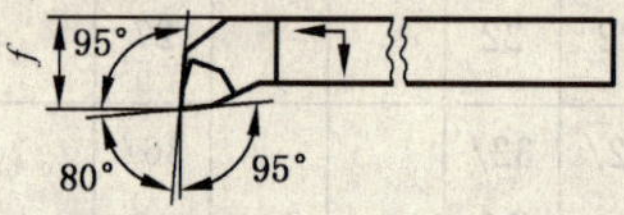 f, 95°, 80°, 95°	$f^{+0.5}_{0}$ 系列 5	10	12	16	20	25	32	32	40				
		l (代号)	04	04	04	06	06/08	06/08	06/08	08				
		l_{2max}	25	25	25	36	36/45	36/45	36/45	45				
N	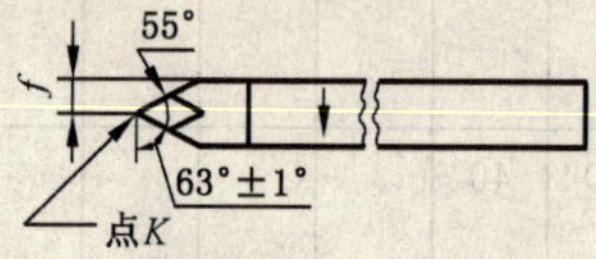 55°, f, 63°±1°, 点K	$f^{+0.5}_{0}$ 系列 1	4	5	6	8	10	12.5	12.5		16			
		l (代号)	07	07	11	11	11/15	15	15		15			
		l_{2max}	25	25	32	32	32/36	45	45		45			
	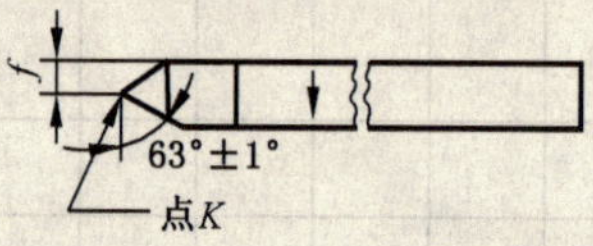 f, 63°±1°, 点K	$f^{+0.5}_{0}$ 系列 1						12.5	12.5		16			
		l (代号)						16/22	16/22		16/22			
		l_{2max}						32/36	32/36		32/36			
R	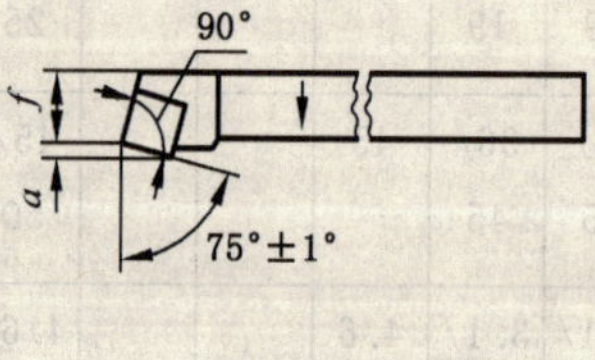 90°, f, a, 75°±1°	$f^{+0.5}_{0}$ 系列 4			13	17	22	27	27	35			43	53
		l (代号)			09	09/12	12	12/19	12/19	19			19/25	25
		l_{2max}			32	32/36	36	36/45	36/45	45			45/50	50
		a^{a}			2.2	2.2/3.1	3.1	3.1/4.6	3.1/4.6	4.6			4.6/5.9	5.9

表 5(续)

单位为毫米

代号	$h \times b$	0808	1010	1212	1616	2020	2525	3225	3232	4032	4032	4040	5050
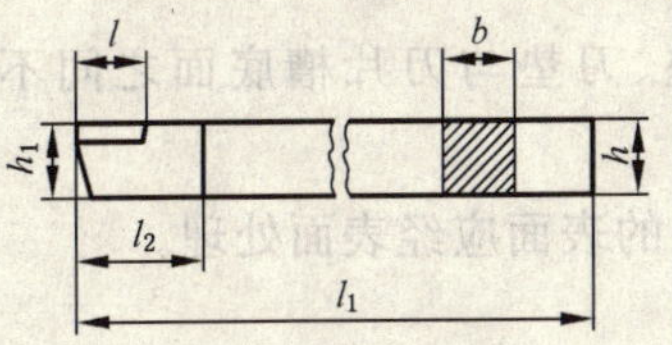	l_1 k16	60	70	80	100	125	150	170	170	150	200	200	250
	h_1 js14	8	10	12	16	20	25	32	32	40	40	40	50
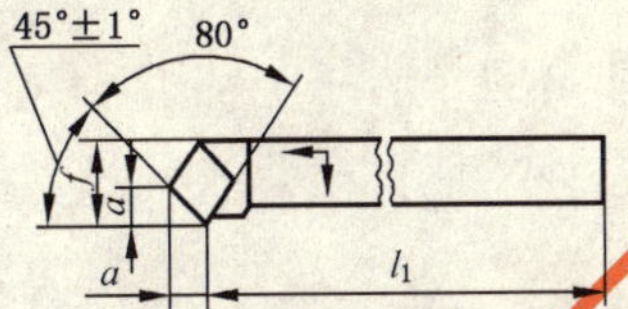	$f^{+0.5}_{0}$ 系列 5	10	12										
	l（代号）	06	06										
	l_{2max}	25	25										
	a[a]	4.2	4.2										
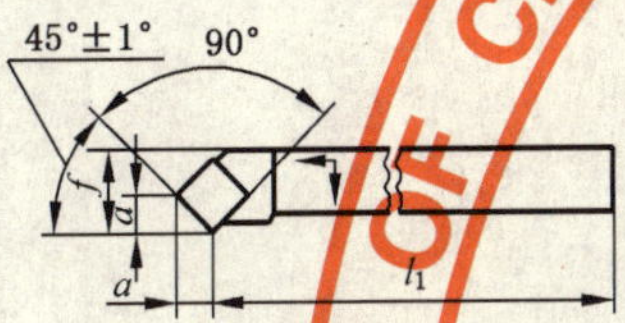 S[b]	$f^{+0.5}_{0}$ 系列 5			16	20	25	32	32	40			50	50
	l（代号）			09	09/12	12	12/19	12/19	19			19/25	25
	l_{2max}			32	32/36	36	36/45	36/45	45			45/50	50
	a[a]			6.1	6.1/8.3	8.3	8.3/12.5	8.3/12.5	12.5			12.5/16	16
	$f^{+0.5}_{0}$ 系列 5	10	12	16	20	25	32	32	40			50	
	l（代号）	06	06/08	06/08	06/08/10	06/08/10/12	06/08/10/12/16	12/16	20			25	
	l_{2max}	25	25	32	32	36	40	40	45			50	
T	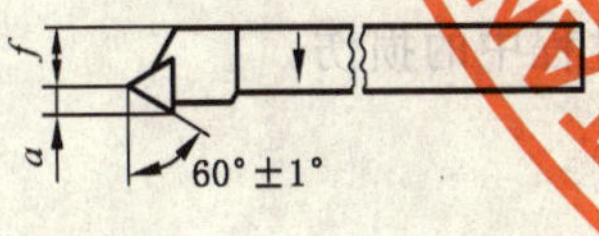 $f^{+0.5}_{0}$ 系列 2			11	13	17	22	22	27			35	
	l（代号）			11	11	16	16	16	22			27	
	l_{2max}			25	25	32	32	32	36			40	
	a[a]			5	5	7.2	7.2	7.2	10			12.2	
V	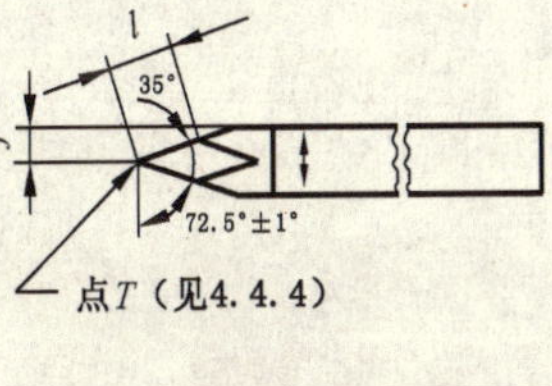 $f \pm 0.25$ 系列 1			6	8	10	12.5	12.5					
	l（代号）			11/13	11/13	13/16	16	16					
	l_{2max}			25/32	25/32	32/40	40	40					

a 尺寸 a 是按前角 $\gamma_0 = 0°$，切削刃倾角 $\lambda_s = 0$ 及刀片刀尖圆弧半径 r_ε 按 4.4.3 的相应基准刀片刀尖圆弧半径 r_ε 的计算值计算出来。

b 带圆刀片的刀具，没有给出主偏角。

7 外观和表面粗糙度

7.1 可转位车刀刀片夹紧应牢固,装卸与转位要方便,刀片与刀垫、刀垫与刀片槽底面之间不得有间隙。

7.2 可转位车刀各零件的表面不得有锈迹、裂纹和毛刺,各钢制零件的表面应经表面处理。

7.3 可转位车刀各部位的表面粗糙度最大允许值按以下规定。

——安装面与基准侧面 *Ra*3.2 μm;

——刀片槽底面 *Ra*3.2 μm;

——其余表面 *Ra*6.3 μm。

8 材料和硬度

8.1 可转位车刀所装的刀片应符合 GB/T 2078、GB/T 2079 或 GB/T 2080 的规定。

8.2 可转位车刀的抗拉强度不得低于 1 200 N/mm^2。

8.3 可转位车刀刀体的热处理硬度为 40 HRC～50 HRC;与刀片直接接触的定位面硬度不低于 45 HRC,夹紧元件的硬度不低于 40 HRC。

8.4 如果刀片下有刀垫,刀垫硬度不低于 55 HRC。

9 标志与包装

9.1 标志

9.1.1 产品上应标志:

——制造厂或销售商的商标;

——可转位车刀代号。

9.1.2 包装盒上应标志:

——制造厂或销售商的名称、地址和商标;

——可转位车刀标记;

——刀片型号;

——件数;

——制造年月。

9.2 包装

可转位车刀包装前应经防锈处理。包装必须牢固,并能防止运输过程中的损伤。

ICS 87.040
G 50

中华人民共和国国家标准

GB/T 5370—2007
代替 GB/T 5370—1985

防污漆样板浅海浸泡试验方法

Method for testing antifouling panels in shallow submergence

2007-09-11 发布 2008-04-01 实施

中华人民共和国国家质量监督检验检疫总局
中国国家标准化管理委员会 发布

前　言

本标准代替 GB/T 5370—1985《防污漆样板浅海浸泡试验方法》。

本标准与 GB/T 5370—1985 相比有如下主要变化：

——原标准中引用标准 CB 3092—1981 已作废，本标准引用 GB/T 8923；

——取消对照样板及对照样板选用的涂料体系；

——修改防污漆样板浅海浸泡试验的评定方法。

本标准由中国石油和化学工业协会提出。

本标准由全国涂料和颜料标准化技术委员会归口。

本标准起草单位：中国船舶重工集团公司第七二五研究所、中国化工建设总公司常州涂料化工研究院。

本标准主要起草人：叶章基、金晓鸿、苏春海、姚敬华、陈乃洪、徐初琪。

本标准于 1985 年 9 月首次公布，本次为第一次修订。

防污漆样板浅海浸泡试验方法

1 范围

本标准规定了防污漆样板浅海浸泡试验方法的试验装置、试样制备、试验程序、性能评定。

本标准适用于船舶、近海工程结构用防污漆浅海浸泡性能的评定。

2 规范性引用文件

下列文件中的条款通过本标准的引用而成为本标准的条款。凡是注日期的引用文件，其随后所有的修改单(不包括勘误的内容)或修订版均不适用于本标准，然而，鼓励根据本标准达成协议的各方研究是否可使用这些文件的最新版本。凡是不注日期的引用文件，其最新版本适用于本标准。

GB/T 8923　涂装前钢材表面锈蚀等级和除锈等级(GB/T 8923—1988，eqv ISO 8501-1：1988)

3 术语和定义

3.1

防污漆样板浅海浸泡试验　antifouling panels in shallow submergence

将涂装防污漆的样板浸泡在浅海中，定期观察样板上海洋污损生物附着品种、附着量及繁殖程度，同时与空白样板进行比较，并根据观察的结果评定防污漆性能的一种试验方法。

3.2

防污性能　fouling resistance

防止海洋污损生物附着及繁殖的能力。

3.3

边缘影响　edge effect

由于样板边缘易受损伤，漆膜较薄，而引起漆膜破损或过早地附着海洋污损生物所带来的对结果评定的影响。

4 试验装置

4.1 浮筏

4.1.1　浸泡试验可在海水流通的钢质、木质、钢筋混凝土等结构的浮筏上进行。

4.1.2　浮筏泊放地点应在海湾内海生物生长旺盛、海水潮流小于 2 m/s 的海域中，不应放在河口或工业污水严重的海域。

4.2 框架

框架材料应采用截面尺寸不小于 25 mm×25 mm×3 mm 角钢或其他适用的材料。将角钢焊接成 3 档框架。如图 1 所示。角钢表面经除锈后，应涂装防锈漆和防污漆。

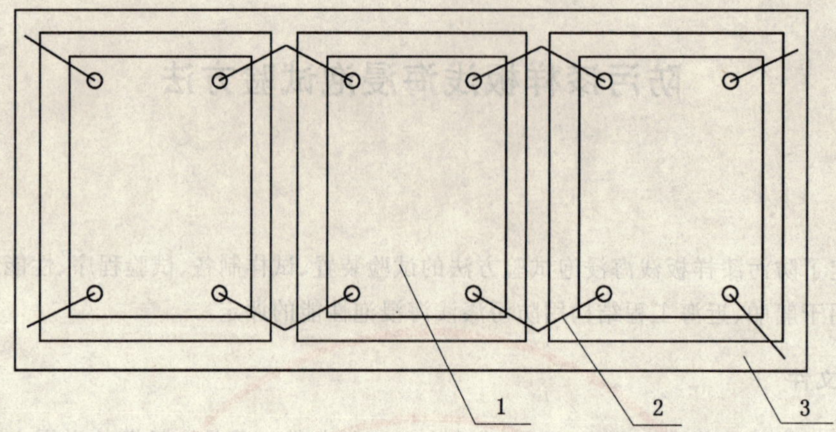

1——样板；
2——绝缘线；
3——框架。

图 1　框架及样板固定示意图

5　试样制备

5.1　空白样板

5.1.1　空白样板采用 4 mm～6 mm 厚的深色硬聚氯乙烯板，其表面应采用喷砂或 3 号金刚砂纸打毛。

5.1.2　空白样板的尺寸应与试验样板的尺寸相同。

5.2　试验样板

5.2.1　试验样板的底材应采用 3 mm 厚的低碳钢板。样板长度应为 300 mm～350 mm，宽度应为 150 mm～250 mm；样板推荐尺寸为 350 mm×250 mm。钻孔位置如图 2 所示。

单位为毫米

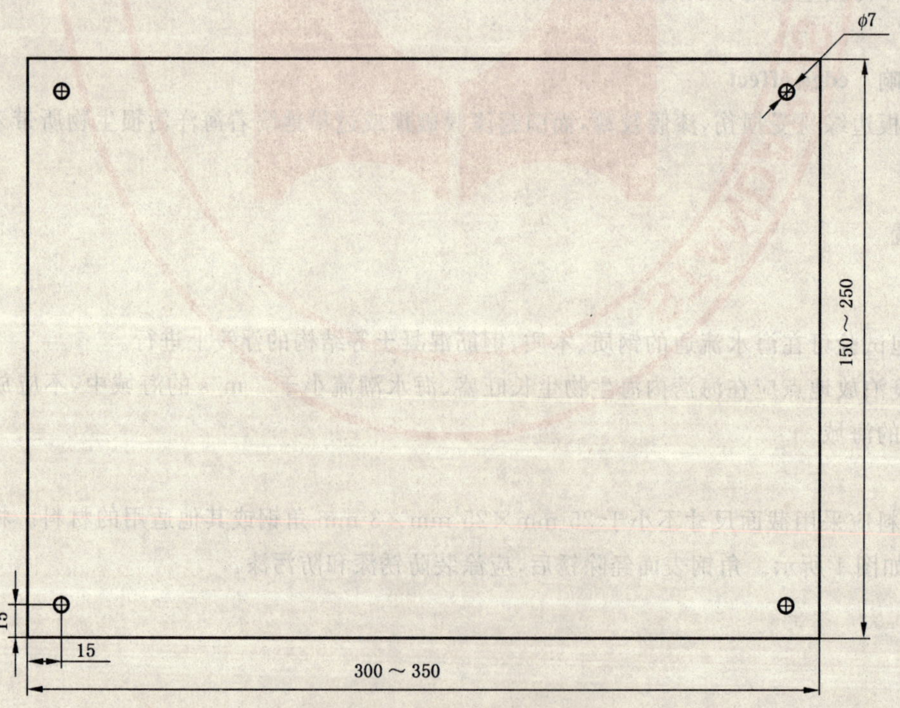

图 2　试验样板尺寸

5.2.2 样板的底材表面应进行喷砂或喷丸处理，除去钢板表面的锈蚀和氧化层。钢板表面处理后应符合 GB/T 8923 中规定的 Sa2.5 级的要求。涂装前，钢板表面除去砂尘。

5.2.3 试验样板采用的涂料，其涂装工艺应符合该产品的技术要求。

5.3 样板的数量

空白样板、试验样板应各制备 3 块，同种样板应固定在同一框架上（上、中、下 3 档）。

5.4 安全措施

制备样板时应按有关规定穿着劳动防护用品，废料须按国家环境保护法及当地有关规定处理。

6 试验程序

6.1 试验

6.1.1 防污漆样板浅海浸泡试验应至少在试验所在海域海生物旺季前 1 个月开始。

6.1.2 样板刷上最后一道防污涂料后应在试验涂料产品要求的下水时间内将样板下海浸泡。

6.1.3 样板在浅海浸泡试验前应做好标记，记录原始状态，并拍照。

6.1.4 试验样板、空白样板必须同时浅海浸泡。样板浸泡深度在 0.2 m～2 m 之间。

6.1.5 浅海浸泡试验的样板应垂直牢固地固定在框架上，不应与框架或其他金属接触，样板表面应与海水的主潮流方向平行。

6.1.6 框架的间距应大于或等于 200 mm。

6.1.7 当试验样板的污损生物覆盖面积大于 10%时，或按 7.2 中规定的防污性评定 85 以下判定为防污性失效，可终止试验，并作为最终试验结果。

6.2 观察

6.2.1 样板浸海后，前 3 个月每月观察 1 次，之后每季度观察一次，1 年以后每半年观察 1 次（海生物生长旺季每季度观察 1 次）。每次观察应对样板表面拍照。

6.2.2 观察时应仔细轻轻除去附着在样板上的海泥，但不得损伤漆膜表面。

6.2.3 观察时应尽量缩短时间，观察后应立即将样板浸入海中，以避免已附着生物的死亡，影响试验结果。

6.3 记录

6.3.1 记录样板上海洋污损生物的附着数量及其生长状况。

6.3.2 记录样板上漆膜表面状态如锈蚀、裂纹、起泡、剥落、粉化等。

6.3.3 记录还应包括样板的编号、尺寸、涂料及其配套体系，涂料生产厂，浸海地点和时间，观察时间，拍照日期和照片编号等。

7 防污漆样板浅海浸泡性能评定

7.1 评定原则

7.1.1 防污漆浅海浸泡性能评定应分别对防污漆的防污性和漆膜的物理状态进行评定，评定采用评分的方式，按 7.2 和 7.3 的规定进行。

7.1.2 性能评定时，由于边缘影响，试验样板边缘 20 mm 的范围不计入评定的总面积。

7.1.3 进行同一框架内的试验样板评定时，先对每块样板进行性能评分，然后用最低百分评估值作为样品的总性能评定。

7.2 防污性评定

7.2.1 当空白样板表面生物污损严重，试验样板表面生物污损显著低于空白样板时，防污性评定结果有效。

7.2.2 主要海洋污损生物的品种有藤壶、牡蛎、贻贝、石灰虫、苔藓虫、花筒螅、浒苔、软体动物、水螅、海鞘、海葵、褐藻、绿藻、多毛类等。根据其附着的数量和覆盖面积评定防污漆的防污性能。

7.2.3 若样板表面只附着藻类胚芽和其他生物淤泥，则试验样板的表面污损可评定为100。若仅仅有一些初期污损生物附着则降至95。若有成熟的污损生物附着，则评分的方法为：以95为总数扣除个体附着的污损生物的数量和群体附着污损生物的覆盖面积百分数。例如：

试验样板上附着的海生物包括：

藤壶　　3个，直径3 mm～10 mm；

软体动物　　2个，直径15 mm；

绿藻　　附着面积3%；

其他污损生物　　无。

评分：95－(3＋2＋3)＝87。

7.2.4 使用与样板评级面积相同的百分格度板测量群体附着污损生物的覆盖面积百分数。

7.3 漆膜物理状态评定

判定试验样板表面漆膜无物理损伤则评定为100，从100扣除被破坏的面积百分数即可得到漆膜破损程度的评估。

8 试验报告

8.1 浅海浸泡试验报告应包括试验样品的防污性评定、漆膜物理状态评定和总性能评定，并附上照片。

8.2 试验报告还应包括浸泡地点、浸泡深度、浸泡日期、检查日期和试验人员。

ICS 01.080.40
K 04

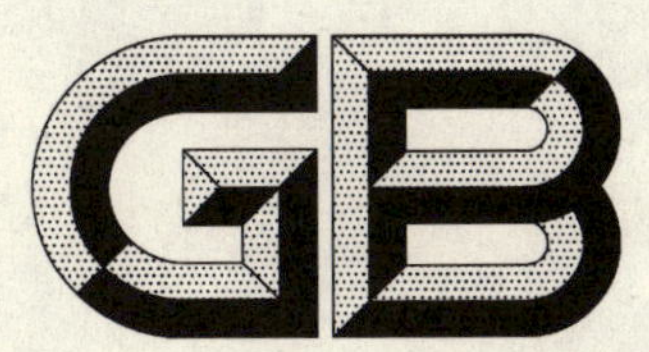

中华人民共和国国家标准

GB/T 5465.11—2007/IEC 80416-1:2001
代替 GB/T 5465.1—1996

电气设备用图形符号基本规则 第1部分:原形符号的生成

Basic principles for graphical symbols for use on electrical equipment—Part 1:Creation of symbol originals

(IEC 80416-1:2001,Basic principles for graphical symbols for use on equipment—Part 1:Creation of symbol originals,IDT)

2007-04-30 发布　　2008-01-01 实施

中华人民共和国国家质量监督检验检疫总局
中国国家标准化管理委员会　发布

前言

GB/T 5465.1《电气设备用图形符号基本规则》包括以下4个部分：

——第1部分：原形符号的生成；

——第2部分：箭头的形成与应用；

——第3部分：电气设备用图形符号应用导则；

——第4部分：屏幕和显示设备用图形符号应用的补充导则。

本部分为GB/T 5465.1的第1部分。本部分等同采用IEC 80416-1:2001《设备用图形符号基本规则 第1部分：原形符号的生成》(英文版)。

本部分代替GB/T 5465.1—1996《电气设备用图形符号绘制原则》。

本部分与GB/T 5465.1—1996相比主要变化如下：

——增加了对图形符号否定要素的设计说明(本版6.9)；

——补充了基本图型应用的一些原则(本版7.2)；

——增加了符号线条超出基本图型中八边形时允许和不允许的情况(本版7.2)；

——删除了对公称尺寸、角标和可见中心线的规定(1996年版9.3)；

——增加了原形符号的规格说明(本版7.3)；

——补充了原形符号应用的一些原则(本版8)；

——删除了对使用中的图形符号尺寸的规定(1996年版10.4)。

本部分由全国电气信息结构文件编制和图形符号标准化技术委员会提出并归口。

本部分由信息产业部电信研究院负责起草。

本部分主要起草人：谭泳、武冰梅、蒋利群、郭汀、曾幼云。

本部分历次版本发布情况：GB/T 5465.1—1985，GB/T 5465.1—1996。

IEC 引言

图形符号是一种与语言无关的视觉感知图形，用来表达一定的信息。电气设备用图形符号具有广泛的用途。在设计用于同一个场所或相似设备上的系列符号时，符号的一致性很重要，当这些符号缩小到尺寸很小时，其清晰易辨认也是很重要的。因此，有必要将形成电气设备用图形符号的原则标准化，以保持符号的一致性和确保符号在视觉上的清晰度，从而提高符号的可识别性。

本标准提出了生成电气设备用图形符号的基本规则，包括线宽、箭头的形状和使用、否定要素和基本图型的使用等，用来作为绘制设备符号的指南。这些设计原则适用于所有设备用图形符号：即由ISO 7000和IEC 60417标准化的图形符号。

电气设备用图形符号基本规则
第1部分:原形符号的生成

1 范围

GB/T 5465.1规定了电气设备用图形符号的原形符号的形成原则和指南以及电气设备用图形符号的应用。

GB/T 5465.1的本部分规定了电气设备用图形符号的原形符号的主要形成原则。根据原形符号所要表达的含义,本部分不但包含其形状和尺寸的设计规则,而且包含相关文字的起草规则。

本部分适用于以下用途的图形符号:

——标识设备或其组成部分(如控制器或显示器);

——指示功能状态或功能(如开、关、告警);

——标示连接(如端子、接头);

——提供包装信息(如包装物的标识、装卸说明);

——提供设备的操作说明(如使用限制)。

本部分不适用于以下用途的原形符号:

——安全标记;

——图样和简图;

——产品技术文件;

——公共信息。

2 规范性引用文件

下列文件中的条款通过GB/T 5465.1的本部分的引用而成为本部分的条款。凡是注日期的引用文件,其随后所有的修改单(不包括勘误的内容)或修订版均不适用于本部分,然而,鼓励根据本部分达成协议的各方研究是否可使用这些文件的最新版本。凡是不注日期的引用文件,其最新版本适用于本部分。

GB/T 2893.1—2004 图形符号 安全色和安全标志 第1部分:工作场所和公共区域中安全标志的设计原则(ISO 3864-1:2002,MOD)

ISO 7000 设备用图形符号 索引和一览表

ISO 80416-2:2001 设备用图形符号基本规则 第2部分:箭头的形成与应用

3 术语和定义

下列术语和定义适用于本部分。

3.1

图形符号 graphical symbol

具有特殊含义、与语言无关、用来表达信息的视觉感知图形。

3.2

图形符号要素 graphical symbol element

具有特殊含义的原形符号的组成部分。

注1:字母、数字、标点符号和数学符号可用做图形符号要素(参见GB 3101、GB 3102和IEC 60027)。

注2:具有特定含义的图形符号要素在构成一个符号族时可用来表示同一概念。

3.3

原形符号　symbol original

根据本部分绘制的、用于引用或复制的图形符号。

3.4

角标　corner marking

原形符号的组成部分，四个角标限定了符号原形的框架；见7.3和图8。

3.5

标题　title

用于标识图形符号的唯一名称。

注：标题宜尽可能简短；它仅为图形符号提供唯一的名称而不描述其应用。

3.6

说明　description

附属于原形符号图形表示的规范性文本，用其定义原形符号的目的、应用和使用。

4　含义

4.1　含义的表述

每个原形符号的含义由标题、图形表示和应用说明综合体现。含义宜明确且不依赖于专业技术或学科的术语。

4.2　图形符号的取向

图形符号宜按照原形符号所确定的取向使用。对于含义与其取向有关的图形符号，在原形符号的形成过程中以及随后的使用中，宜注意避免含义模糊。例如，图形符号标在旋钮上时就可能造成含义不清。无论何时，只要可能就宜将原形符号设计成在任何方向上都能保持其含义，如图1中的a)。然而，当一个图形符号的含义确实与其取向有关时，如图1中的b)，则应在该原形符号的说明中明确表述。

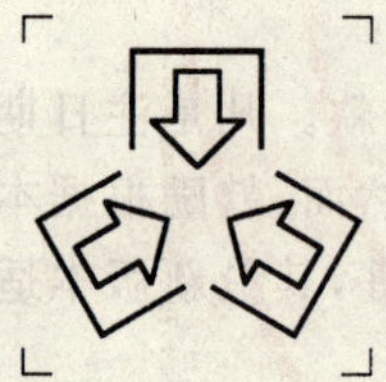
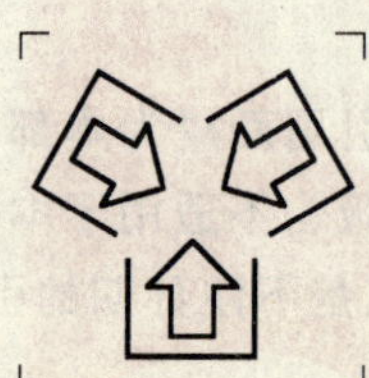
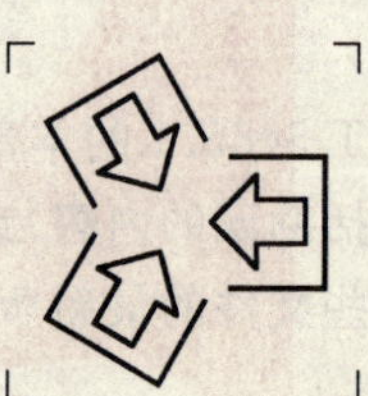

GB/T 16273.5—2002(45)：型芯嵌入成型位置

a) 含义与取向无关的图形符号示例

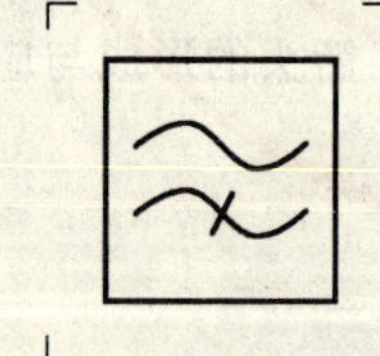
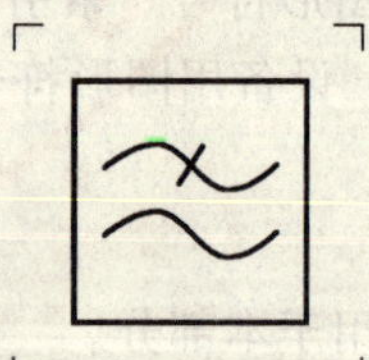

GB/T 5465.2—1996(5091)：高通滤波器　　GB/T 5465.2—1996(5092)：低通滤波器

b)　含义与取向有关的图形符号示例

图1　取向不同的图形符号

5　图形符号的组合

为了表示某些概念，图形符号或图形符号要素可组合形成一个新的原形符号。新原形符号的含义应与单个图形符号或图形符号要素的含义相一致，用法如图2所示。

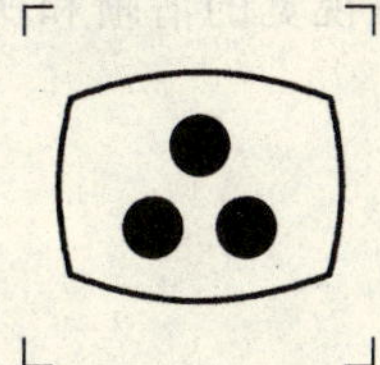

GB/T 5465.2—1996(5050):彩色电视

注:GB/T 5465.2—1996(5049)"电视"与 GB/T 5465.2—1996(5048)"彩色"组合产生 GB/T 5465.2—1996(5050)"彩色电视"。

图 2　图形符号组合的示例

6　生成原则

6.1　原形符号的生成

原形符号应在考虑第 7 章和第 9 章具体要求的同时在图 5 所示的基本图型内生成。

6.2　设计指南

原形符号的设计应:

a)　简单:利于感知和复制;

b)　易辨:易与可能和它一起使用的其他图形符号相区别;

c)　易懂:易与其所要表达的含义相联系,即不言自明或易于掌握;

d)　易制:能用通常的制作和复制方法制作。

6.3　线宽

原形符号的线宽应为 2 mm。仅为醒目,作为例外,可将 4 mm 的线宽与 2 mm 的线宽组合使用,如图 3 所示。

GB/T 5465.2—1996(5063):水平图像位移

图 3　线宽使用示例

规定的 2 mm 线宽拟只用在标准化的原形符号图集中,以保持标准中图形符号的整体一致性。当原形符号应用于特定领域时,只要符合视觉设计准则,则可更改线宽。

建议将拟用于特定应用领域的图形符号也在相应的技术标准中出版。见第 8 章。

6.4 间距

选择原形符号线条间最小间距时应考虑视觉的清晰和所用的复制方法。原则上，平行线间的最小间距宜不小于线宽的 1.5 倍。

6.5 角度

原形符号中宜避免小于 30°的角。

6.6 填充区域

除非原形符号的含义或清晰度要求将某个区域填充，否则在原形符号中宜避免有填充的区域。

6.7 带箭头的原形符号

当原形符号含有箭头时，应符合 ISO 80416-2:2001 所规定的原则。

6.8 字母符号

对于字母、数字、标点符号和数学符号这样的原形符号组成要素，宜使用简单的字符样式。原形符号中的字符高度至少为 10 mm。

6.9 否定

应使用线宽 2 mm 的两条斜杠所形成的直角叉形表示否定，如图 4 中的示例 a)。如果仅为了视觉上的清晰，两斜杠相交的角度可偏离 90°。

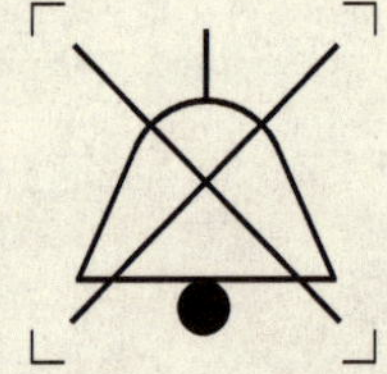

a) IEC 60417(5576):消除铃声

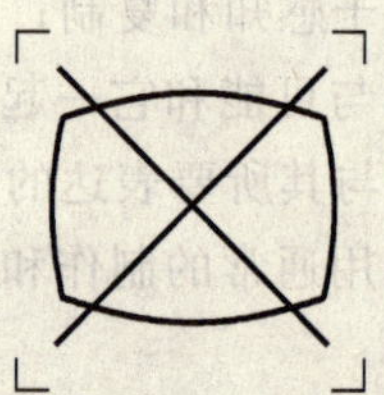

b) GB/T 5465.2—1996(5477):删除画面

图 4 否定示例

用于否定的叉形能用来表示否定的、取消的或相反的功能。否定的含义取决于所要否定的图形符号。例如，在图形符号标识功能控制时，否定通常表示否定的功能或取消，如图 4 的示例 a)和 b)。在图形符号表示功能状态时，否定通常表示相反的功能状态，如图 4 的示例 b)。当符号的用途是表示操作(例如指令)时，否定通常用来表示相反的操作。

GB/T 2893.1—2004 中规定的带有红色否定斜杠的红色圆环用于安全用途，不应用做电气设备用图形符号的否定。

注 1：只有当否定的图案表示特定的含义时，将否定的原形符号标准化才是必要的。

注 2：从左侧顶部到右侧底部的斜杠在公共信息图形符号中表示否定，因此不宜使用。

7 基本图型

7.1 结构

图 5 所示的基本图型应作为形成原形符号的基础(见 7.2)。将基本图型作为设计原形符号的工具可保证图形符号间均衡的视觉效果。

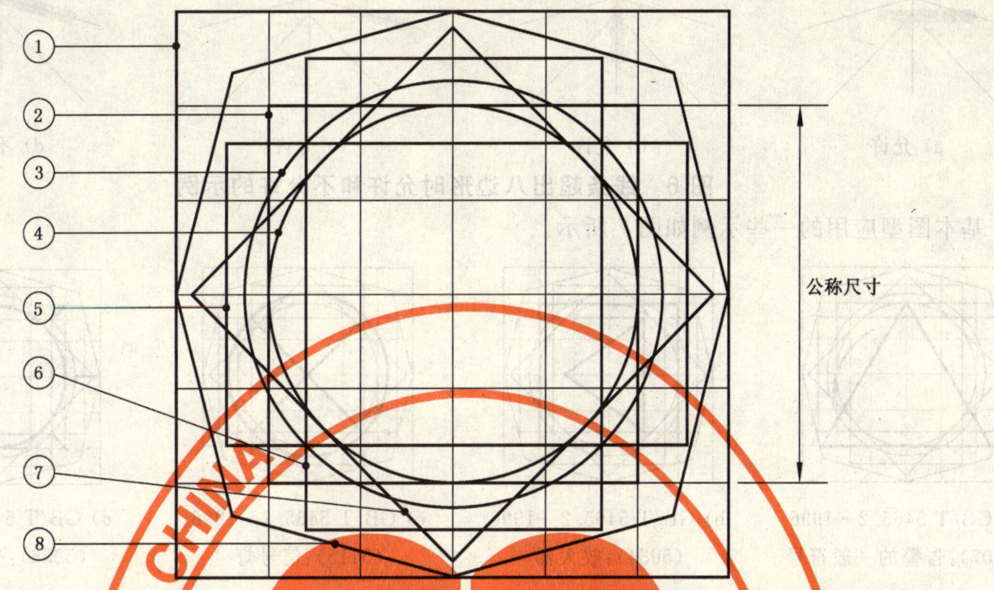

编号	说 明
①	边长 75 mm 的正方形,该正方形构成了基本图型在水平和垂直方向的最大尺寸,且划分成线间距 12.5 mm 的网格
②	边长 50 mm 的基本正方形。该尺寸等于原形符号的公称尺寸 50 mm
③	直径 56.6 mm 的基本圆,面积与基本正方形②大致相等
④	直径 50 mm 的圆,是基本正方形②的内切圆
⑤、⑥	与基本正方形②面积相同的两个矩形,宽为 40 mm 高为 62.5 mm 的。它们互相垂直,每一矩形都对称地横跨基本正方形②的对边
⑦	边长 50 mm 的基本正方形②旋转 45°
⑧	与正方形①的外边成 15°的线条所形成的八边形,是基本图型的外边界

图 5 基本图型

7.2 基本图型的应用

为使图形符号之间有一致的视觉效果,原形符号应按下述原则放入基本图型:

a) 由单一几何形状组成的原形符号,如圆、正方形或矩形,宜使用基本图型的相应几何形状;

b) 对于其他的原形符号,宜注意确保其具有相同的视觉效果和一致性,并与 ISO 7000 中的符号一致;

c) 基本图型中的关键要素是关系到公称尺寸的边长 50 mm 的基本正方形②。基本圆③与矩形⑤和⑥具有近似的面积。因此,为了获得与边长 50 mm 的基本正方形②相同的视觉效果,没有外展部分的圆宜绘制在基本圆③上,而矩形宜绘制在长方形⑤和⑥上。带有外展图形符号要素的圆宜绘制在圆④上;

d) 用基本图型绘制的原形符号,其尺寸大小的视觉效果相当于 50 mm 的公称尺寸;

e) 在符合上述原则的基础上宜将原形符号设计得尽可能大,但不应延伸到基本图型的八边形外;

f) 对原形符号的线条设计宜尽量集中在基本图型的线上。

在线条的中心与八边形⑧相接触的情形中,线条宽度的一半可延伸到八边形外。但线条的外边界不应越过边长 75 mm 的正方形①,如图 6 所示。

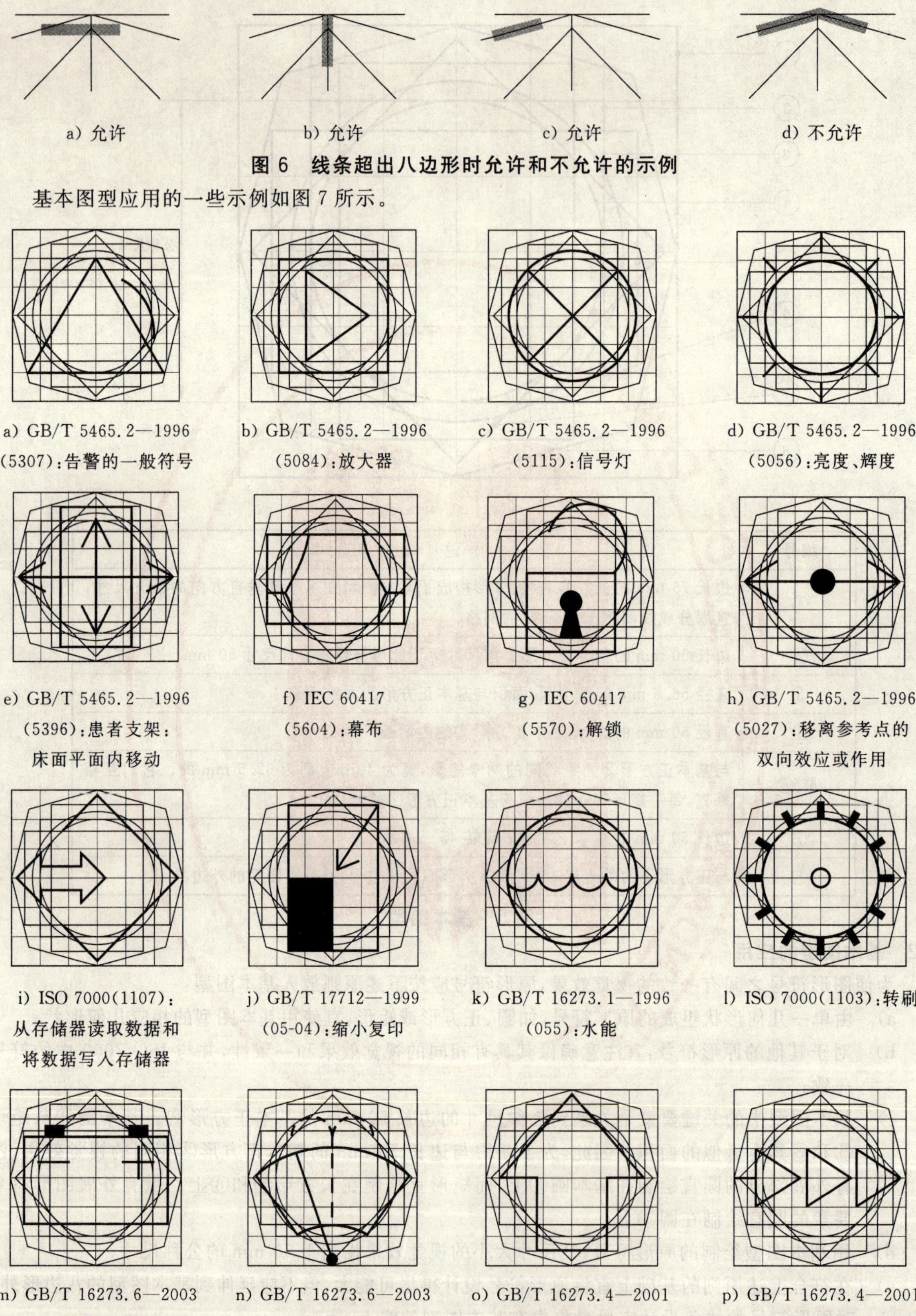

a) 允许　b) 允许　c) 允许　d) 不允许

图 6　线条超出八边形时允许和不允许的示例

基本图型应用的一些示例如图 7 所示。

a) GB/T 5465.2—1996 (5307)：告警的一般符号

b) GB/T 5465.2—1996 (5084)：放大器

c) GB/T 5465.2—1996 (5115)：信号灯

d) GB/T 5465.2—1996 (5056)：亮度、辉度

e) GB/T 5465.2—1996 (5396)：患者支架：床面平面内移动

f) IEC 60417 (5604)：幕布

g) IEC 60417 (5570)：解锁

h) GB/T 5465.2—1996 (5027)：移离参考点的双向效应或作用

i) ISO 7000(1107)：从存储器读取数据和将数据写入存储器

j) GB/T 17712—1999 (05-04)：缩小复印

k) GB/T 16273.1—1996 (055)：水能

l) ISO 7000(1103)：转刷

m) GB/T 16273.6—2003 (1-07)：蓄电池充电指示

n) GB/T 16273.6—2003 (1-22)：前风窗刮水器和洗涤器

o) GB/T 16273.4—2001 (3-03)：功能箭头

p) GB/T 16273.4—2001 (2-01)：快速运行；快速

图 7　应用示例

7.3 原形符号的规格

原形符号是含有角标的图形符号图样，如图8所示。角标与图5中边长75 mm的正方形①的拐角一致；这些角标用于帮助精确定位及确定原形符号的比例。

每个角标均由长度6 mm的垂直线和水平线组成。

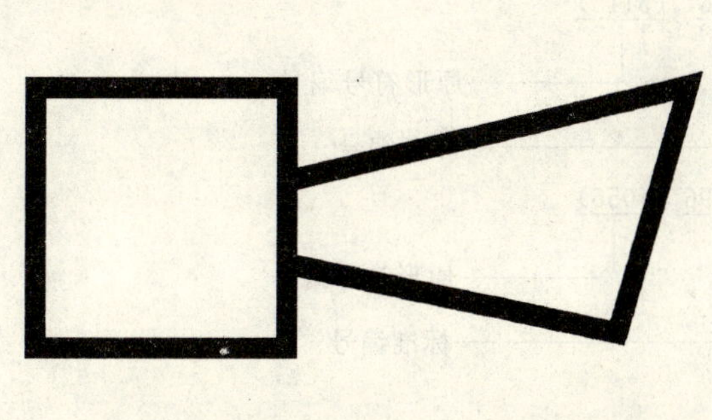

GB/T 5465.2—1996(5014)：喇叭

图8 原形符号示例

注1：宜使用公称尺寸为50 mm的基本图型绘制原形符号。实际应用时，可通过调整比例，放大或缩小图形符号的尺寸。

注2：当图形符号复制品的预计尺寸比较小或观察距离比较远时，例如在小键帽上，在形成原形符号时宜特别注意避免不必要的细节和复杂性。需注意的是，易识别性也取决于其他因素，如照明级别和亮度对比度等。

8 原形符号的应用

实际应用中，为了改进原形符号的外观，并使其易于理解，或为了与使用符号的设备的设计相协调，可采取如下措施，如：

a) 改变线宽；

b) 圆滑拐角；

c) 填充图形符号的区域；

d) 按照ISO 80416-2:2001修改箭头的设计；

e) 中断相交的线条；

f) 否定图形符号。

只要原形符号的视觉设计准则保持不变，其设计者一般可对上述情况自行处理。

9 生成程序

原形符号的形成宜遵守以下程序：

a) 确认所设计的图形符号的必要性；

b) 明确描述图形符号的用途并确定其取向(见4.2)；

c) 分析潜在的使用者、所涉及的任务及使用环境的特征；

d) 考虑在同一领域和(或)相关领域中现行的或推荐的原形符号；

e） 按第 7 章所述设计原形符号；

f） 考虑原形符号在其使用环境中的清晰度和可理解性。

对所有新生成的原形符号的采用都应符合本部分第 10 章的规定。

10 标记

任何原形符号应只有一个标记，该标记由如下内容组成：

a） 标准编号；

b） 圆括号内的原形符号编号。

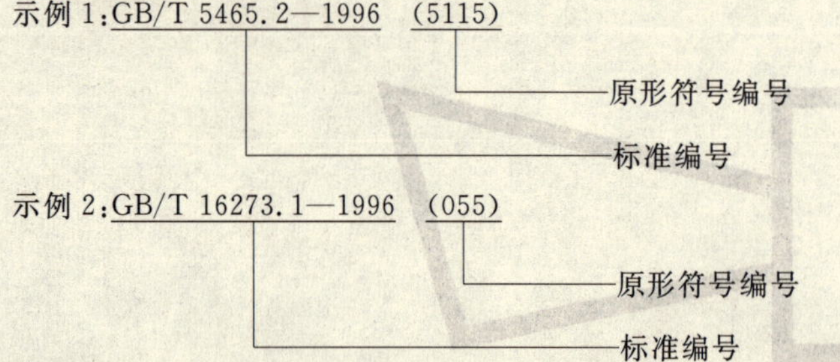

参 考 文 献

[1] GB 3101　有关量、单位和符号的一般原则(GB 3101—1993,eqv ISO 31-0:1992)

[2] GB 3102(所有部分)量和单位(GB 3102.1～3102.13—1993,eqv ISO 31-1～31-13:1992)

[3] GB/T 5465.2—1996　电气设备用图形符号(idt IEC 60417:1994)

[4] GB/T 16273.1—1996　设备用图形符号　通用符号(neq ISO 7000:1989)

[5] GB/T 16273.4—2001　设备用图形符号　第4部分:带有箭头的符号(neq ISO 7000:1989)

[6] GB/T 16273.5—2002　设备用图形符号　第5部分:塑料机械通用符号(ISO 7000:1989,NEQ)

[7] GB/T 16273.6—2003　设备用图形符号　第6部分:运输、车辆检测及装载机械通用符号(ISO 7000:1989,NEQ)

[8] GB/T 17712—1999　速印机和文件复印机　图形符号(neq ISO/IEC 6329:1989)

[9] IEC 60027(所有部分)　电工技术用文字符号

[10] IEC 60417　设备用图形符号

ICS 77.040.10
H 22

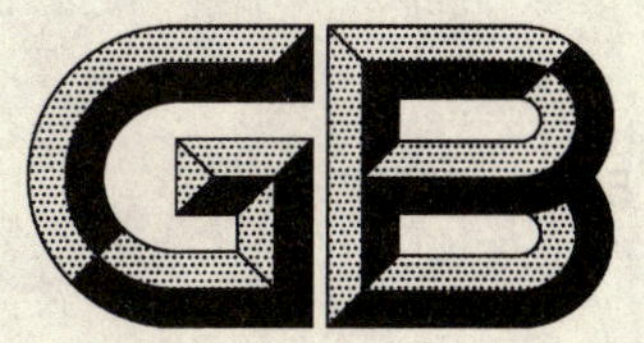

中华人民共和国国家标准

GB/T 5482—2007
代替 GB/T 5482—1993

金属材料动态撕裂试验方法

Test method of metallic materials—Dynamic tear

2007-02-09 发布 2007-08-01 实施

中华人民共和国国家质量监督检验检疫总局
中国国家标准化管理委员会 发布

前言

本标准修改采用 ASTM E604-83(2002 年认可)《金属材料动态撕裂试验标准试验方法》,与 ASTME604-83 相比主要差异如下:

——试验机读数盘的规定;

——删除有关计量的内容;

——增加了附录 A 和附录 B。

本标准代替 GB/T 5482—1993《金属材料动态撕裂试验方法》,本标准与 GB/T 5482—1993 相比主要变化如下:

——增加了前言部分;

——在术语和定义中增加了纤维断面率;

——压制缺口估算公式中的 K 值由 1.8 mm±0.5 mm 改变为 2.4 mm±0.5 mm。

本标准的附录 A 是规范性附录,本标准的附录 B、附录 C、附录 D 是资料性附录。

本标准由中国船舶重工集团公司提出。

本标准由全国海洋船标准化技术委员会船用材料应用工艺分技术委员会归口。

本标准起草单位:中国船舶重工集团公司第七二五研究所、武昌造船厂、江南造船厂。

本标准主要起草人:叶宏德、杨小敏、沈权、陈庆垒、张欣耀。

本标准的历次版本发布情况为:

——GB/T 5482—1985、GB/T 5482—1993。

金属材料动态撕裂试验方法

1 范围

本标准规定了金属材料动态撕裂试验试样及其制备、试验机、测试方法和试验结果的处理。

本标准适用于测定洛氏硬度值小于 36HRC 的金属材料或焊接接头试样的动态撕裂能和纤维断面率。

2 规范性引用文件

下列文件中的条款通过本标准的引用而成为本标准的条款。凡是注日期的引用文件，其随后所有的修改单(不包括勘误的内容)或修订版均不适用于本标准，然而，鼓励根据本标准达成协议的各方研究是否可使用这些文件的最新版本。凡是不注日期的引用文件，其最新版本适用于本标准。

GB/T 2975 钢及钢产品 力学性能试验取样位置及试样制备

GB/T 3808 摆锤式冲击试验机的检验

GB/T 12778 金属夏比冲击断口测定方法

JJG 130 工作用玻璃液体温度计检定规程

JJG 141 工作用贵金属热电偶检定规程

JJG 145 摆锤式冲击试验机检定规程

JJG 351 工业用廉金属热电偶检定规程

JJG 368 工作用铜-铜镍热电偶检定规程

3 术语和定义

下列术语和定义适用于本标准。

3.1

动态撕裂(DT)试验 dynamic tear test

在冲击试验机上，将处于简支梁状态下的动态撕裂试样一次冲断，测量其吸收能量和纤维断面率的试验。

3.2

动态撕裂能(DT 能) dynamic tear energy

动态撕裂试验时试样所吸收的能量，用以表征各特定厚度的金属材料抵抗动态撕裂的能力。

3.3

动态撕裂试样断口 fracture surface of dynamic tear specimen

动态撕裂试样冲断后的断裂表面。其宏观形貌一般呈晶状、纤维状(含剪切唇)或混合状。

3.4

纤维断面率 percent shear fracture appearance

纤维状断口面积与缺口处原始横截面积之比的百分数。

4 试样及其制备

4.1 取样

4.1.1 样坯的切取部位和方向应符合 GB/T 2975 或有关技术条件的规定。

4.1.2 焊接接头试样取样方法按附录 A 执行。

4.2 试样

4.2.1 厚度 t 为 5 mm～16 mm 的样坯，试样应为 180 mm×40 mm×t，保留原轧制表面，其厚度公差执行相应材料的技术条件规定，其他尺寸和公差见图 1；厚度 t 大于 16 mm 的样坯，加工成规格为 180 mm×40 mm×16 mm 的试样，尺寸和公差见图 1。

4.2.2 对于厚度等于或大于 25 mm 的大型动态撕裂试样及试验机的要求参见附录 B。

4.3 缺口制备

4.3.1 试样缺口可用铣削或线切割等方法加工，但一组试样必须采用同一种加工方法。

单位为毫米

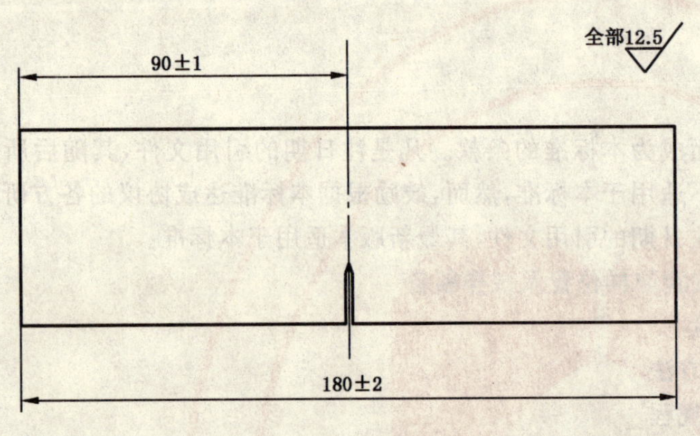

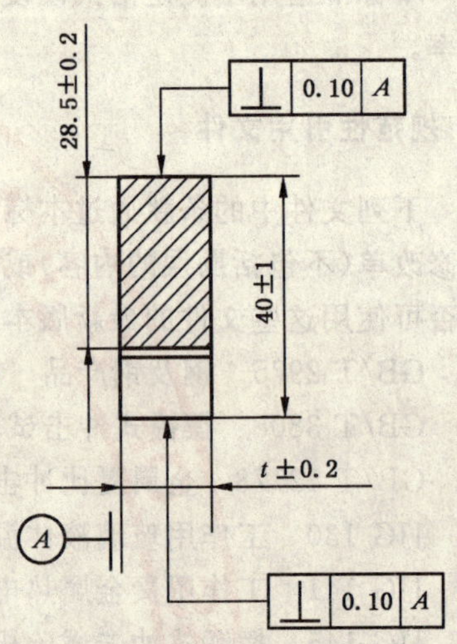

图 1 动态撕裂试样

4.3.2 机加工合格的试样，试验前需用硬度不小于 60HRC 的压刀压制缺口，压制方法参见附录 C。

4.3.3 试样缺口和缺口顶端的压制尺寸及公差见图 2 和表 1。

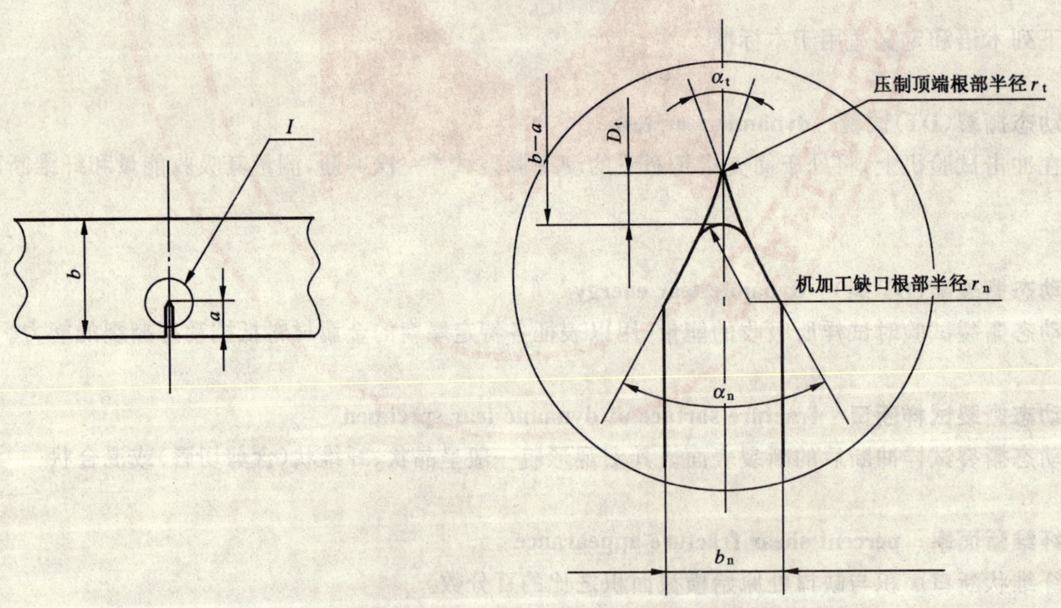

图 2 动态撕裂试样缺口和缺口顶端的压制尺寸

表 1　缺口尺寸和公差

缺口几何参数	尺　　寸	公　　差
净宽$(b-a)$/mm	28.5	±0.2
机加工缺口宽度 b_n/mm	1.6	±0.1
机加工缺口根部角度 α_n/(°)	60	±2
机加工缺口根部半径 r_n/mm	≤0.13	—
压制深度 D_t/mm	0.25	±0.13
压制顶端角度 α_t/(°)	40	±5
压制顶端根部半径 r_t/mm	≤0.025	—

4.3.4　压刀的尺寸见图 3,刃口应无毛刺和缺陷。

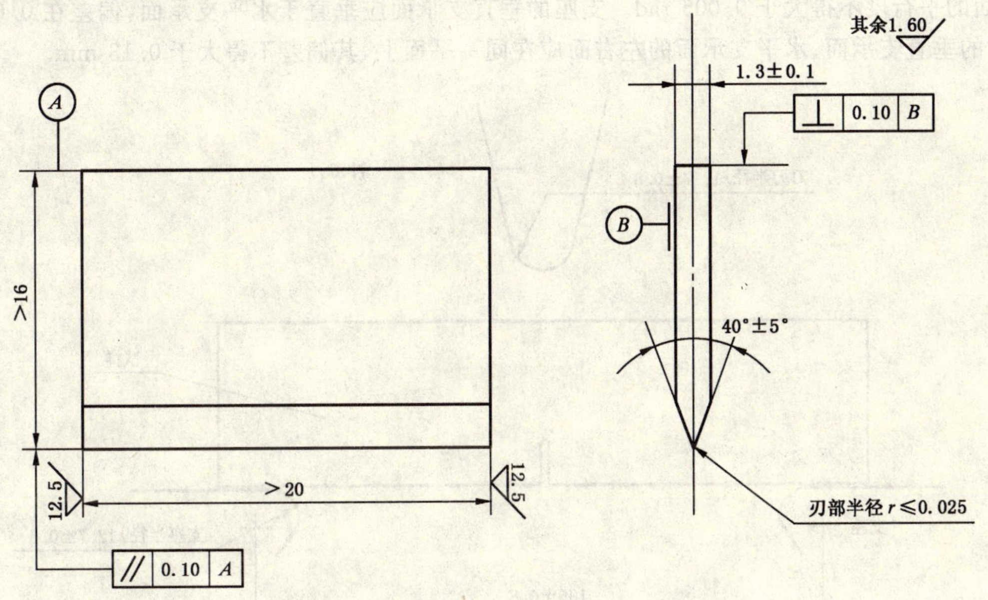

图 3　锐化缺口顶端用的压刀

4.3.5　缺口压制深度的测量方法参见附录 D。

4.3.6　试样缺口顶端应逐个压制,所需压力可按式(1)估算:

$$p = K \times R_m \times t \qquad (1)$$

式中:

p——压力,单位为牛顿(N);

R_m——抗拉强度,单位为兆帕(MPa);

t——试样厚度,单位为毫米(mm);

K——系数,取 $K = 2.4\ \text{mm} \pm 0.5\ \text{mm}$。

5　试验机

5.1　动态撕裂试验通常采用摆锤式冲击试验机,其能量应能在一次冲击时将试样打断。也可使用落锤式冲击试验机,试验机有关参数应满足本标准测试要求。

注:对大多数钢材进行动态撕裂试验所需能量:16 mm 厚试样约为 3 000 J。铝合金所需能量比上述能量约低 20%。

5.2　打击瞬间摆锤的冲击速度应为 4.0 m/s～8.5 m/s。

5.3 摆锤式冲击试验机读数盘的分度应符合表2的规定。

表2 试验机读数盘

单位为焦耳

最大冲击能量值	分度最大值
≤500	5
>500～1 500	10
>1 500～3 000	20

5.4 试验机的支座和冲击刀刃的硬度不得小于48HRC,其尺寸及支座跨距应符合图4的规定。

5.5 由摆锤重量或下落高度引起的动态撕裂能量值的误差不应超过1%,由于风阻和摩擦阻力所造成的能量损失不应超过初始位能的2%。

5.6 摆锤两个侧面与支座之间的间隙,应不小于51 mm。冲击刀中心线的运动平面,应通过支座跨距的中点,偏差不应超过0.8 mm。冲击刀刃应垂直于试样的纵轴,其偏差不大于0.01 rad。冲击刀刃与试样侧面的平行度不得大于0.005 rad。支座的垂直支承面应垂直于水平支承面,偏差在0.025 rad之内,支座的垂直支承面、水平支承面的左右面应在同一平面上,其偏差不得大于0.13 mm。

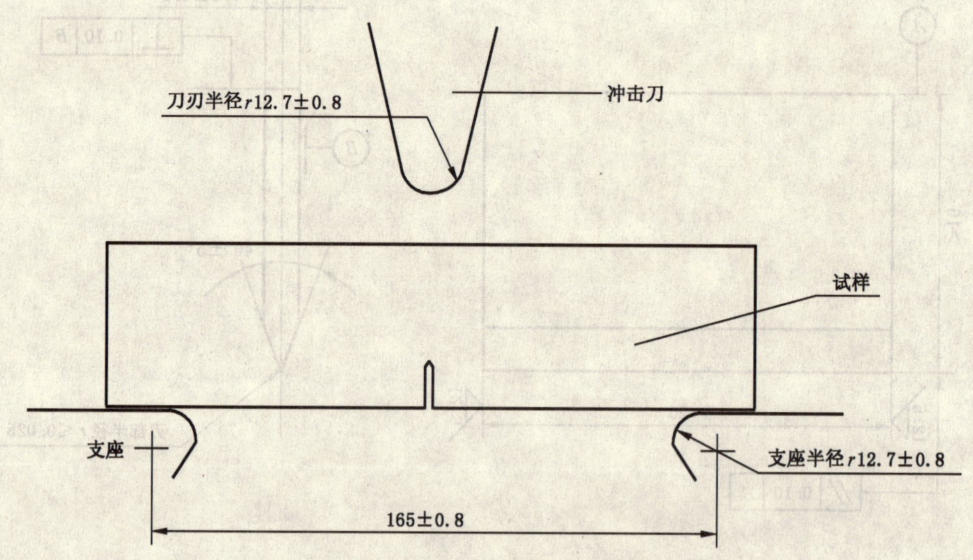

图4 动态撕裂试验机的支座和冲击刀

5.7 摆轴中心至摆锤打击中心的距离与摆锤中心至试样中心的距离应一致,两者之差应小于摆轴中心至摆锤打击中心距离的1%。当摆自由悬挂时,从试样缺口背面到冲击刀刃的距离应小于5 mm。

5.8 支座周围应加安全罩,防止断裂试样飞出。

5.9 本标准未作具体规定的试验机技术参数,应按GB/T 3808的有关规定执行,并按JJG 145检定。

5.10 试验机应检定合格,有效期不超过3年。

6 试验

6.1 试验之前,把试样浸没在装有冷却或加热介质的保温槽筛板上,筛板离槽底至少25 mm,试样间距至少等于试样厚度。应使槽内温度均匀。介质的温度与试验温度之差,应控制在±1℃范围内,保温时间按1 min/mm计算,但至少保温15 min。

6.2 测温使用的玻璃温度计最小分度值应不大于1℃,误差应符合JJG 130规定;测温热电偶应符合JJG 141、JJG 351或JJG 368中Ⅱ级热电偶要求;测温仪器的误差应不超过±0.1%;热电偶参考端温度应保持恒定,偏差应不超过±0.5℃。

6.3 从保温槽内取出试样到冲断,应在10 s内完成,如果超过10 s而未试验,则应把试样重新放回保温槽内，至少再保温 10 min。不得采用与试验温度明显不同的夹具在缺口附近夹持试样。

6.4 应紧贴支座放置试样，并使冲击刀刃中心线与缺口顶端对中，偏差在±0.8 mm 之内。

6.5 打断试样，记录试验温度与动态撕裂能量值。

6.6 在每一试验温度下，至少试验两个试样。

7 纤维断面率的测算

7.1 晶状区面积的测量

非奥氏体类钢的动态撕裂试样断口的晶状区形状，通常是不规则的，为便于直接测量其面积，需把这些不规则的晶状区归类成矩形、三角形或梯形等便于测量和计算的等效图形，如图 5，用分辨力不大于 0.1 mm 的量具测量等效图形的相应尺寸，计算晶状区面积。若一个试样断口上分成几块晶状区，则应分别测量每块晶状区面积，再把几块面积相加。或者采用 GB/T 12778 规定的或其他能保证测量精度的测试方法测量晶状区面积。

图 5 典型动态撕裂试样断口及其晶状区等效归并法示意图

7.2 纤维断面率的计算

7.2.1 用缺口处原始横截面积减去晶状区面积计算出断口纤维状面积。

7.2.2 用纤维状面积与缺口处原始横截面积之比的百分数计算出纤维断面率。

8 试验结果处理

8.1 试验数据至少应保留两位有效数字。

8.2 当 DT 能高于试验机最大量程的 80%时，应在试验报告中注明。

8.3 试验过程中出现下列情况之一时，试验数据无效：

a) 操作失误；

b) 试验时发生卡锤现象。

9 试验报告

试验报告一般包括：试验日期、报告编号、材料名称、牌号、规格、取样方向、试样标识、试验温度、试样厚度和试验结果，焊接接头试样，应注明缺口部位。

附 录 A
（规范性附录）
焊接接头试样取样方法

A.1 试板的制备

A.1.1 试板用母材及其取向和焊接材料应符合有关技术条件规定。

A.1.2 试板用母材的宽度应符合表 A.1 的规定，其长度可根据样坯数量而定，但不得小于 400 mm。

表 A.1

单位为毫米

试板厚度 t_1	试板宽度 B
≤24	≥100
＞24～50	≥150
＞50	≥200

A.1.3 在 200 mm 长度内，试板挠度 f 不应超过板厚的 10%，且不得大于 4 mm。试板错边量 h 不应超过板厚的 15%，且不得大于 4 mm，见图 A.1。

单位为毫米

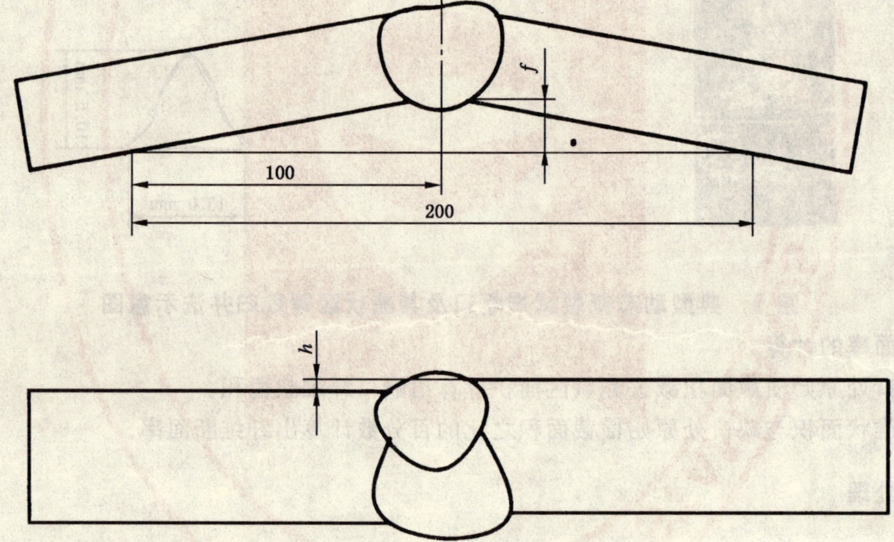

图 A.1 试板挠度和错边

A.2 样坯切取

A.2.1 试验用样坯应从焊接试板或焊接结构上切取。切取样坯之前，应将试板两端各截弃 50 mm。

A.2.2 样坯切取，尽量采用机械切削方法。若采用火焰切割方法，应留有足够加工余量，以保证受试金属不受热影响。

A.3 试样切取

试样应尽量靠近后焊面切取，如图 A.2 所示。

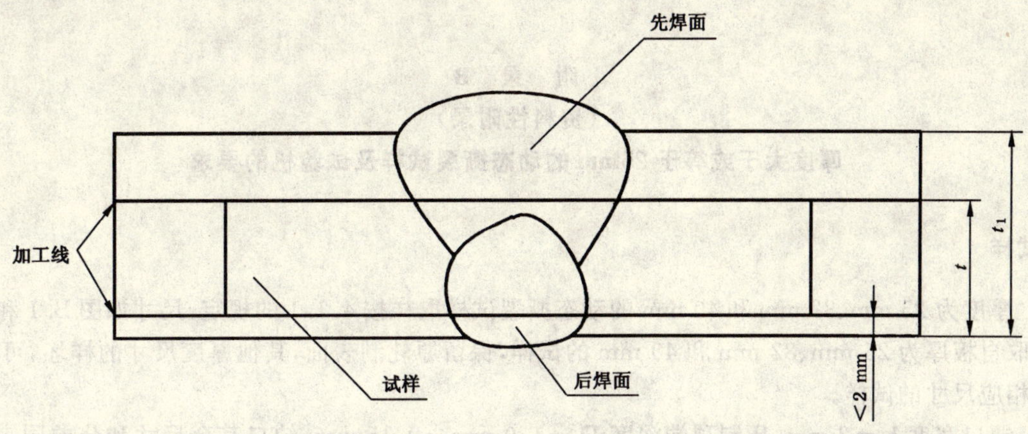

图 A.2　试样切取示意图

A.4　试样缺口位置

A.4.1　焊缝金属试样的缺口轴线应与焊缝表面垂直，并位于焊缝中心处，如图 A.3 所示。

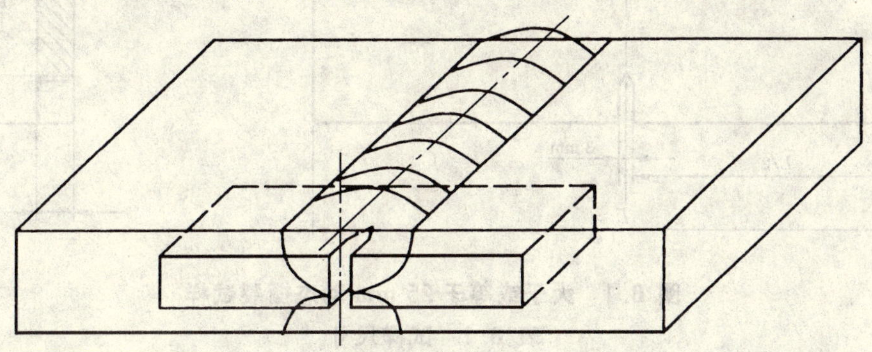

图 A.3　焊缝金属试样缺口位置示意图

A.4.2　熔合线及近缝区试样的缺口轴线与焊缝表面垂直。熔合线缺口位置，开在试样二分之一厚度平面与熔合线交界处的 M 点。近缝区各部位的缺口位置，根据技术条件要求，开在 M 点以外的 H 点，如图 A.4 所示。

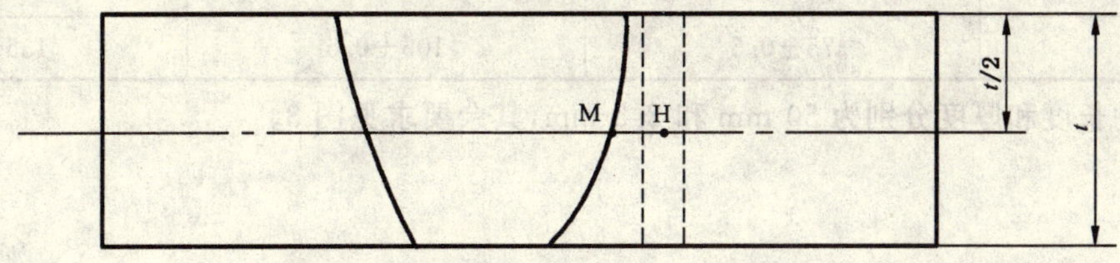

图 A.4　熔合线及近缝区试样缺口位置示意图

附　录　B
（资料性附录）
厚度大于或等于25mm的动态撕裂试样及试验机的要求

B.1　试样

B.1.1　厚度为25 mm、32 mm和40 mm的动态撕裂试样取样按4.1.1的规定，尺寸如图B.1和表B.1所示。取自板厚为25 mm、32 mm和40 mm的试样，保留原轧制表面，其他厚度尺寸的样坯，可加工成与上述相应尺寸的试样。

B.1.2　缺口宽度 b_n=3 mm，压制顶端深度 D_t=1.0 mm±0.15 mm，缺口其余尺寸和公差同表1。压制缺口所需压力 p 按4.3.6中公式估算，但 K=3.6 mm±0.5 mm。

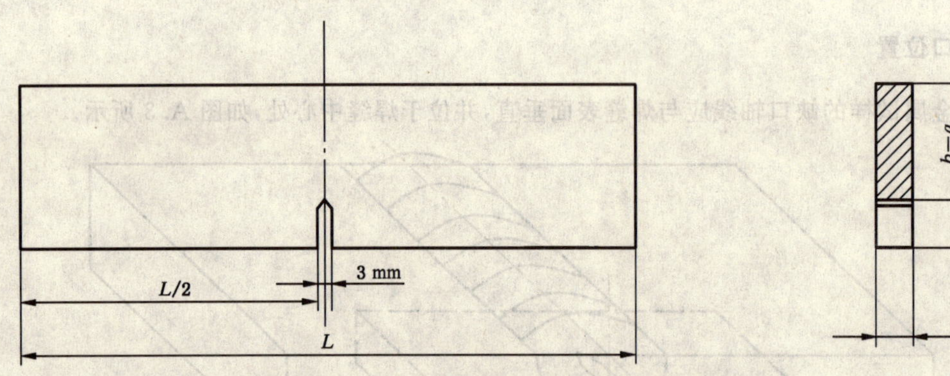

图B.1　大于或等于25 mm动态撕裂试样

表B.1　试样尺寸　　单位为毫米

试样尺寸参数	试样厚度		
	25	32	40
L	460±5	550±5	650±5
b	120±1	160±1	200±1
t	25±0.5	32±0.5	40±0.5
$b-a$	75±0.5	105±0.5	135±0.5

B.1.3　压刀的长度和厚度分别为50 mm和2.5 mm，其余要求见图3。

B.2　试验机

B.2.1　试验机的容量应不小于7 500 J，其读数盘的分度最大值为50 J～100 J。

B.2.2　试验机的冲击刀刃半径、支座半径和支座跨距应符合表B.2的规定。

表B.2　试验参数表　　单位为毫米

试验参数	试样厚度		
	25	32	40
支座跨距	406±1.5	500±1.5	600±1.5
支座半径	35±0.5		
冲击刀刃半径	38±0.5		

附　录　C
（资料性附录）
缺口顶端的压制

C.1　总则

本标准采用位移控制法或载荷控制法完成缺口顶端的压制。压制缺口可用压力机或万能材料试验机。只要压制深度能达到表1的要求，也可采用其他方法压制缺口顶端。

C.2　位移控制法

C.2.1　每次压制之前，检查压刀。压刀应符合4.3.4的规定，还应仔细清除试样缺口中的金属屑和缺口边缘的毛刺。

C.2.2　对缺口预加载荷，并把千分表的表盘对准零。厚度为10 mm～16 mm的钢试样可预加400 N，10 mm以下的钢试样和其他较软的金属试样，可预加200 N。

C.2.3　采用千分表控制压下量，千分表读数应大于表1规定的压制深度，超过量与试验材料和试样厚度等有关，应按附录D通过实测确定。

C.3　载荷控制法

C.3.1　压制前的要求同C.2.1。

C.3.2　按照4.3.6中压力公式估算出的载荷压制缺口，记录载荷，并按附录D测量压制深度。若试样的压制深度都符合表1的规定，则同批号、同厚度的其余试样可按此载荷压制。

C.3.3　若测得压制深度不符合要求，应调整压力，重新压制，直到获得稳定、合格的压制深度为止。

C.3.4　压制过程中应抽检压制深度。

附　录　D
（资料性附录）
缺口压制深度的测量

D.1　一般要求

建议采用以下方法测量缺口压制深度，只要测量分辨力能够达到 0.01 mm，也可采用其他方法测量压制缺口的深度。

D.2　测量步骤

D.2.1　在试样两面离机加工顶端约 2 mm 处，画一条基准线，或以试样棱边作为基准线，并分别做出识别标记。

D.2.2　用工具显微镜或分辨力不大于 0.01 mm 的读数显微镜测量未压试样两面机加工缺口顶端与基准线之间的距离。

D.2.3　按附录 C 中任意一种方法压制缺口顶端。

D.2.4　测量试样两面压制缺口顶端与基准线之间的距离。

D.2.5　D.2.2 和 D.2.4 所得结果之差，即为缺口的压制深度。

ICS 71.100.01;87.060.10
G 55

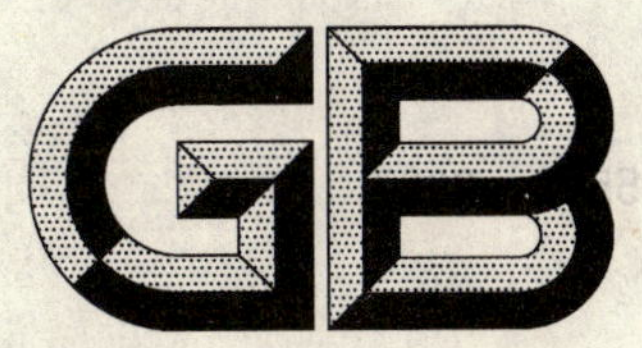

中华人民共和国国家标准

GB/T 5540—2007
代替 GB/T 5540—1985

分散染料　分散性能的测定
双层滤纸过滤法

Disperse dyes—Determination of dispersibility—Filter test of double filter papers

2007-11-28 发布　　　　2008-06-01 实施

中华人民共和国国家质量监督检验检疫总局
中国国家标准化管理委员会　发布

前言

本标准代替 GB/T 5540—1985《分散染料分散性能测定方法　双层滤纸过滤法》。

本标准与 GB/T 5540—1985 相比主要变化如下：

——标准名称规范为《分散染料　分散性能测定　双层滤纸过滤法》；

——修改了真空过滤装置的安装图(1985 年版的第 1 章；本版的第 6 章)；

——规定了过滤用漏斗的内径、孔数、孔径(本版的第 6 章)；

——规定了过滤用滤纸的质量要求(本版的第 5 章)；

——对分散染料悬浮液的制备和过滤内容进行了补充(本版的 7.1 和 7.2)；

——增加了试验报告的内容(本版的第 8 章)。

本标准由中国石油和化学工业协会提出。

本标准由全国染料标准化技术委员会(SAC/TC 134)归口。

本标准起草单位：浙江龙盛染料化工有限公司、沈阳化工研究院。

本标准主要起草人：姬兰琴、阮华森、沈日炯。

本标准于 1985 年首次发布。

分散染料　分散性能的测定
双层滤纸过滤法

1　范围

本标准规定了分散染料分散性能的测定方法。

本标准适用于分散染料分散性能的测定。

2　规范性引用文件

下列文件中的条款通过本标准的引用而成为本标准的条款。凡是注日期的引用文件，其随后所有的修改单(不包括勘误的内容)或修订版均不适用于本标准，然而，鼓励根据本标准达成协议的各方研究是否可使用这些文件的最新版本。凡是不注日期的引用文件，其最新版本适用于本标准。

GB/T 1914—1993　化学分析滤纸

GB/T 2374—2007　染料　染色测定的一般条件规定

GB/T 6682　分析实验室用水规格和试验方法(GB/T 6682—1992,neq ISO 3696:1987)

3　术语和定义

下列术语和定义适用于本标准。

3.1

分散性能　dispersibility

水不溶性染料的颗粒以极微小的粒子状态分散于水中的程度。一般用使粒子通过标准滤纸的间隙的方法来评价。

[GB/T 6687—2006,定义 6.15]

4　原理

采用双层滤纸过滤法，将滤纸残余物和过滤时间与“残余物五级卡”和“过滤时间级别”对比，以此对分散染料的分散性进行评比。

5　试剂和材料

除另有规定，仅使用确认为分析纯的试剂，并应符合 GB/T 2374—2007 中 3.1 的有关规定；所用水为 GB/T 6682 中规定的三级水。

5.1　乙二胺四乙酸二钠(EDTA)：0.25 g/L。

5.2　乙酸：100 g/L 溶液。

5.3　过滤用滤纸：ϕ11 中速滤纸，应符合 GB/T 1914—1993；
　　ϕ11 快速滤纸，应符合 GB/T 1914—1993。

6　仪器和设备

仪器和设备应符合 GB/T 2374—2007 中第 4 章的有关规定。

6.1　布氏漏斗：内径为 120 mm 的布氏漏斗、有 169 个均匀分布的孔、孔径 1.3 mm～1.5 mm。

6.2　不锈钢圈：外径为 110 mm，内径为 102 mm，高为 8 mm。

6.3 滤纸：直径为 110 mm 快速定性滤纸和中速定性滤纸。

6.4 吸滤瓶：容量为 1 000 mL。

6.5 真空表。

6.6 真空控制阀。

6.7 耐真空胶管。

6.8 秒表。

6.9 烧杯：400 mL。

6.10 天平：感量不大于 0.1 g。

6.11 电磁搅拌器。

6.12 量筒：250 mL。

6.13 酸度计。

6.14 恒温水浴。

真空过滤装置的安装见图 1。

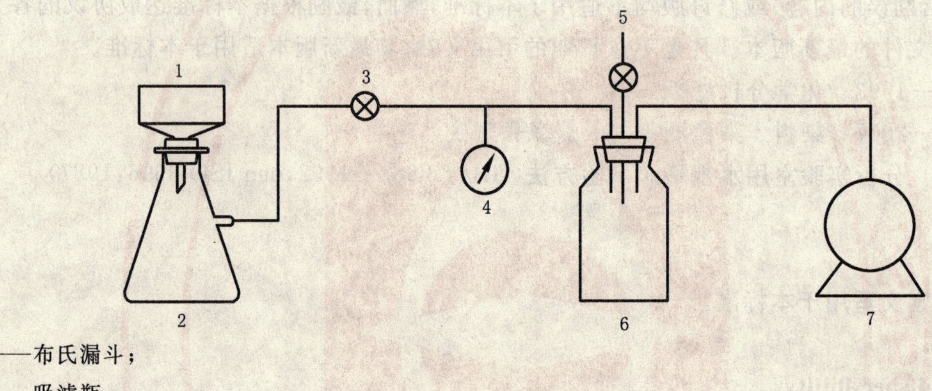

1——布氏漏斗；
2——吸滤瓶；
3——控制阀；
4——真空表；
5——控制阀；
6——缓冲瓶；
7——真空泵。

图 1 真空过滤装置安装图

7 测定步骤

7.1 分散染料悬浮液(以下简称为染液)的制备

称取染料 2.0 g±0.1 g，置于 400 mL 烧杯中，用 5 mLEDTA 热溶液(50℃)0.25 g/L 调成糊状，然后用同样的 EDTA 溶液稀释至总体积为 200 mL，在电磁搅拌器上搅拌 3 min～5 min，再用 100 g/L 乙酸溶液调节 pH 值为 4.5～5.0，然后将烧杯放在恒温水浴中，在不断搅拌下，于 5 min 内使温度达到 71℃±1℃，待过滤。

7.2 分散染料悬浮液的过滤

真空系统所用缓冲瓶容量为 2 500 mL。真空系统安装后，用放空阀调节真空度为0.075 MPa ±0.013 MPa。

将 250 mL 的 71℃±1℃的蒸馏水倒入漏斗中，使漏斗及不锈钢圈同时预热，25 s±10 s 后开动真空泵将水全部抽净，切断真空，擦干漏斗及不锈钢圈，把中速滤纸叠放在快速滤纸上，光滑面均朝上，一起放入布氏漏斗中，用不锈钢圈将滤纸紧密地压住。在开动真空泵的同时把已至 71℃±1℃的染液倒进漏斗中过滤并同时以秒表开始记时，当滤纸外观由湿变干，即达到终点，记录过滤时间，停泵，取出滤纸，将滤纸残余物自然晾干，待评级。染料从化料到过滤完毕的全部操作，要求在15 min内完成。

7.3 评级

把过滤时间与滤纸残余物对照“过滤时间级别”和“残余物五级卡”进行评级。分散染料的分散性能用过滤时间级别/残余物级数表示。

过滤时间级别规定为：

A——0 s～24 s；

B——25 s～49 s；

C——50 s～74 s；

D——75 s～120 s；

E——大于120 s。

残余物五级卡的级数规定为：

5级——优良；

4级——良好；

3级——中等；

2级——较差；

1级——最差。

8 试验报告

试验报告包括以下内容：

a) 被测染料的名称；

b) 本标准编号；

c) 试验条件；

d) 使用仪器的名称、型号；

e) 测试结果；

f) 在测试过程中的特殊情况；

g) 与本方法的差异；

h) 试验日期。

参 考 文 献

[1] GB/T 6687—2006 染料名词术语

ICS 71.100.01;87.060.10
G 55

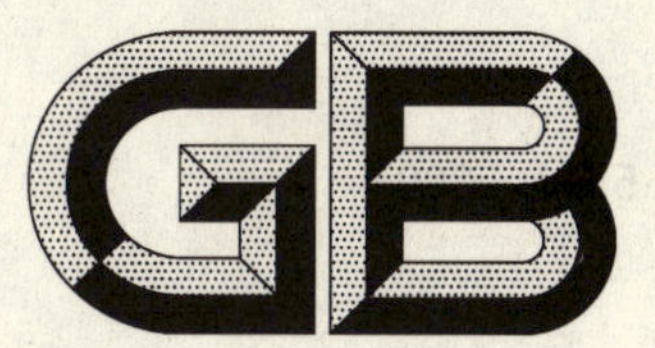

中华人民共和国国家标准

GB/T 5541—2007
代替 GB/T 5541—1985

分散染料 高温分散稳定性的测定 双层滤纸过滤法

Disperse dyes—Determination of stability of dispersion at high temperature—Filter test of double filter papers

2007-11-28 发布 2008-06-01 实施

中华人民共和国国家质量监督检验检疫总局
中国国家标准化管理委员会 发布

前言

本标准代替 GB/T 5541—1985《分散染料高温分散稳定性测定方法》。

本标准与 GB/T 5541—1985 相比主要变化如下：

——标准名称规范为《分散染料　高温分散稳定性的测定　双层滤纸过滤法》；

——删除了"循环染色法"内容(1985 年版的第 2 章)；

——修改了真空过滤装置的安装图(1985 年版的 1;本版的 7.1)；

——规定了过滤用漏斗的内径、孔数、孔径(本版的第 6 章)；

——规定了过滤用滤纸的质量要求(本版的第 5 章)；

——对分散染料悬浮液的制备和过滤内容进行了补充(本版的 7.2 和 7.4)；

——增加了试验报告的内容(本版的第 8 章)。

本标准由中国石油和化学工业协会提出。

本标准由全国染料标准化技术委员会(SAC/TC 134)归口。

本标准起草单位:沈阳化工研究院。

本标准主要起草人:姬兰琴、沈日炯。

本标准于 1985 年首次发布。

分散染料　高温分散稳定性的测定 双层滤纸过滤法

1　范围

本标准规定了分散染料高温分散稳定性的测定方法。

本标准适用于分散染料高温分散稳定性的测定。

2　规范性引用文件

下列文件中的条款通过本标准的引用而成为本标准的条款。凡是注日期的引用文件，其随后所有的修改单(不包括勘误的内容)或修订版均不适用于本标准，然而，鼓励根据本标准达成协议的各方研究是否可使用这些文件的最新版本。凡是不注日期的引用文件，其最新版本适用于本标准。

GB/T 1914—1993　化学分析滤纸

GB/T 2374—2007　染料　染色测定的一般条件规定

GB/T 6682　分析实验室用水规格和试验方法(GB/T 6682—1992，neq ISO 3696:1987)

3　术语和定义

下列术语和定义适用于本标准。

3.1

高温分散稳定性　stability of dispersion at high temperature

标志分散染料在高温染色状态下的分散性能的一种参数，主要与染料、分散剂的热稳定性有关。

[GB/T 6687—2006，定义 6.16]

4　原理

采用双层滤纸过滤法，将染液经高温处理后进行过滤，对过滤速度和滤纸残余物进行评级。

5　试剂和材料

除另有规定，仅使用确认为分析纯的试剂，并应符合 GB/T 2374—2007 中第 3 章的有关规定；所用水为 GB/T 6682 中规定的三级水。

5.1　乙二胺四乙酸二钠(EDTA)溶液：0.25 g/L。

5.2　乙酸溶液：100 g/L。

5.3　过滤用滤纸：ϕ11 中速滤纸，应符合 GB/T 1914—1993；

ϕ11 快速滤纸，应符合 GB/T 1914—1993。

6　仪器和设备

仪器和设备应符合 GB/T 2374—2007 中第 4 章的有关规定。

6.1　布氏漏斗：直径为 120 mm 的漏斗、有 169 个均匀分布的孔、孔径 1.3 mm～1.5 mm。

6.2　不锈钢圈：外径 110 mm、内径 102 mm、厚 8 mm。

6.3　吸滤瓶：容量为 1 000 mL。

6.4　真空表。

6.5　真空控制阀。

6.6　耐真空胶管。

6.7　秒表。

6.8　烧杯：400 mL。

6.9　天平：感量不大于 0.1 g。

6.10　电磁搅拌器。

6.11　量筒：200 mL。

6.12　酸度计。

6.13　恒温水浴。

6.14　高温高压染色机。

7　试验方法

7.1　安装真空过滤装置

按图 1 安装真空过滤装置。

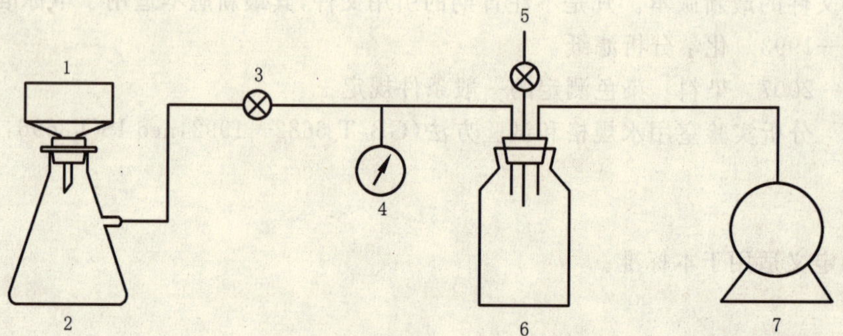

1——布氏漏斗；

2——吸滤瓶；

3——控制阀；

4——真空表；

5——控制阀；

6——缓冲瓶；

7——真空泵。

图 1　真空过滤装置安装图

7.2　分散染料悬浮液(以下简称染液)的制备

称取染料 2.0 g±0.1 g，置于 400 mL 烧杯中，用 50℃的 0.25 g/L EDTA 热溶液 5 mL(或 50℃蒸馏水)调成糊状，然后用同样的 EDTA 溶液(或蒸馏水)稀释至总体积为 200 mL，在电磁搅拌器上搅拌 1 min～2 min，再用 100 g/L 乙酸溶液调节 pH 值为 4.5～5.0。

7.3　染液的热处理

将染液置于高温高压染色机中，在 30 min～40 min 内升温至 130℃，然后保温 30 min，将染液降温至 85℃～90℃，准备过滤。

7.4　染液的过滤

真空系统所用缓冲瓶容量为 2 500 mL。真空系统安装后，用放空阀调节真空度为 0.075 MPa±0.013 MPa。

首先将漏斗和不锈钢圈置于 90℃的热水中预热，取出后用毛巾擦干。将中速滤纸叠放在快速滤纸上，光滑面均朝上，一起放入漏斗中，用不锈钢圈将滤纸紧密地压住。在开动真空泵的同时把已至 85℃～90℃的染液倒进漏斗中过滤并同时以秒表开始记时，当滤纸外观由湿变干，即达到终点，记录过滤时间，停止抽真空，取出滤纸，将上层滤纸自然晾干后，进行评级。

7.5 评级

分散染料高温分散稳定性以“过滤时间级别/残余物级别”表示。

过滤时间按下列规定评级：

A——0 s～24 s；

B——25 s～49 s；

C——50 s～74 s；

D——75 s～120 s；

E——D 大于 120 s。

残余物评级卡的级数规定为：

5 级——优良；

4 级——良好；

3 级——中等；

2 级——较差；

1 级——最差。

8 试验报告

试验报告包括以下内容：

a) 被测染料的名称；

b) 本标准编号；

c) 试验条件；

d) 使用仪器的名称、型号；

e) 测试结果；

f) 在测试过程中的特殊情况；

g) 与本方法的差异；

h) 试验日期。

参 考 文 献

[1] GB/T 6687—2006 染料名词术语

ICS 71.100.01;87.060.10
G 55

中华人民共和国国家标准

GB/T 5542—2007
代替 GB/T 5542—1985

染料 大颗粒的测定 单层滤布过滤法

Dyestuffs—Determination of large particles—Filter method of single layer filter cloth

2007-11-28 发布　　2008-06-01 实施

中华人民共和国国家质量监督检验检疫总局
中国国家标准化管理委员会　发布

前　言

本标准代替 GB/T 5542—1985《染料大颗粒测定方法　单层滤布过滤法》。

本标准与 GB/T 5542—1985 的主要变化如下：

——将标准名称规范为《染料　大颗粒的测定　单层滤布过滤法》；

——修改了过滤装置(1985 年版第 2 章；本版的第 4 章)；

——补充了“还原染料过滤布的后处理”内容(1985 年版的 3.2.3；本版的 5.2.3)；

——增加了试验报告的内容(本版的第 7 章)；

——删除了附录(1985 年版的附录 A 和附录 B)。

本标准由中国石油和化学工业协会提出。

本标准由全国染料标准化技术委员会(SAC/TC 134)归口。

本标准起草单位：绍兴县精细化工有限公司、沈阳化工研究院。

本标准主要起草人：杨嘉俊、姬兰琴、王勇、沈日炯。

本标准于 1985 年首次发布。

染料 大颗粒的测定
单层滤布过滤法

1 范围

本标准规定了分散染料和还原染料大颗粒测定方法——单层滤布过滤法。

本标准适用于分散染料和还原染料中大颗粒的测定。

2 规范性引用文件

下列文件中的条款通过本标准的引用而成为本标准的条款。凡是注日期的引用文件，其随后所有的修改单(不包括勘误的内容)或修订版均不适用于本标准，然而，鼓励根据本标准达成协议的各方研究是否可使用这些文件的最新版本。凡是不注日期的引用文件，其最新版本适用于本标准。

GB/T 2374—2007 染料 染色测定的一般条件规定

GB/T 6682 分析实验室用水规格和试验方法(GB/T 6682—1992,neq ISO 3696:1987)

3 原理

将分散或还原染料配成悬浮液，然后用单层滤布过滤，过滤后的滤布按规定的方法处理并干燥，最后将干燥后的滤布与评级样卡进行对比评级。

4 仪器设备和材料

设备和材料应符合 GB/T 2374—2007 中的有关规定；实验用水应符合 GB/T 6682 中三级水的规定。

4.1 漏斗：分析塑料漏斗，可夹住滤布材料的专用装置。

4.2 吸滤瓶：容量 1 000 mL。

4.3 滤布材料：可根据染料性质，从下面织物中选择：

$45^s \times 45^s$ 纯涤平纹织物；

$32^s \times 32^s$ 纯棉漂白平纹织物；

65/35 涤棉混纺布。

4.4 聚乙烯薄膜：厚度 0.5 mm～1 mm，面积为 15 cm×30 cm。

4.5 电磁搅拌器。

4.6 烧杯：250 mL、500 mL。

4.7 量筒：100 mL、500 mL。

4.8 天平：感量不大于 0.1 g。

4.9 烘箱。

4.10 实验室用蒸汽机。

5 试验方法

5.1 分散染料大颗粒的测定

5.1.1 分散染料悬浮液的制备

称取分散染料 7.5 g(精确至 0.1 g，如以染色强度 100 分计，需在试验报告中说明)，置于烧杯中，用

50 mL 水调成糊状，然后用水稀释至 500 mL，放在电磁搅拌器上搅拌 5 min 准备过滤。

5.1.2 分散染料悬浮液的过滤

将滤布材料紧紧夹在专用分析塑料漏斗上，并将漏斗安装在吸滤瓶上。

将按 5.1.1 制备的分散染料悬浮液通过过滤装置进行常压过滤（如染料中大颗粒过多，滤液流量极小时，可采用真空过滤）。烧杯中的残余染液用水分数次洗涤，洗涤液仍倒入漏斗中过滤，当滤布上的水全部滤下即表示过滤完毕，取下滤布准备预烘。

5.1.3 滤布的预烘及后处理

将滤布于 90℃～100℃预烘至干，然后于 200℃～220℃进行热熔，时间为 90 s（如不适用，具体热熔时间和温度在产品标准另行规定）。

5.1.4 评级

按分散染料大颗粒评级标准样卡进行评级。

分散染料大颗粒评级标准样卡分优、良、中三档。

5.2 还原染料大颗粒的测定

5.2.1 还原染料悬浮液的制备

称取还原染料 2 g（精确至 0.1 g，如以染色强度 100 分计，需在试验报告中说明），置于烧杯中，用 30 mL 水调成糊状，然后用水稀释至 100 mL，放在电磁搅拌器上搅拌 5 min 准备过滤。

5.2.2 还原染料悬浮液的过滤

将滤布材料紧紧夹在专用分析塑料漏斗上，并将漏斗安装在吸滤瓶上。

将按 5.2.1 制备的还原染料悬浮液通过过滤装置进行常压过滤（如染料中大颗粒过多，滤液流量极小时，可采用真空过滤）。烧杯中的残余染液用水分数次洗涤，洗涤液仍倒入漏斗中过滤，当滤布上的水全部滤下即表示过滤完毕，取下滤布准备后处理。

5.2.3 滤布的后处理

5.2.3.1 干燥

将滤布转移到 90℃～100℃的烘箱中无风烘干。

5.2.3.2 还原处理

5.2.3.2.1 还原液的配制

每升水中加入：

a) 氢氧化钠：25 g；

b) 85％（质量分数）保险粉：25 g；

c) 氯化钠：100 g。

经充分搅拌溶解后配成还原液。还原液应现用现配。

5.2.3.2.2 浸渍

将滤布置于预先准备好的还原液中，按浴比 1∶40 务使正反面均匀浸透，处理时不应搅动，以防滤布上染料颗粒的脱落，室温浸渍 20 s 后，分别移入预先准备好的聚乙烯薄膜中间，上盖薄膜，并排除中间空气，然后用电烙铁在滤布周围将上下层薄膜粘合固封。待汽蒸。

5.2.3.3 汽蒸

迅速将上述滤布移入已经预热到 130℃±2℃的烘箱或实验室用汽蒸机中，120 s 后移出试样，待氧化。

5.2.3.4 氧化

将汽蒸后的滤布置于每升含过硼酸钠 3 g 和冰乙酸 2 mL 的氧化液中，浴比 1∶200，在室温下氧化 15 min，取出。用流水充分洗净，待皂煮。

5.2.3.5 水洗皂煮

将滤布用流水充分洗净后，在每升含中性皂 5 g 和无水碳酸钠 3 g 的皂液中，按浴比 1∶40 皂煮

15 min。

5.2.3.6 干燥

皂煮后滤布用流水充分洗净，晾干或在60℃以下烘干。

5.2.4 评级

按还原染料大颗粒评级标准样卡进行评级。

还原染料大颗粒评级标准样卡分优、良、中三档。

6 发行

本标准的文本和评级标样卡分别发行，其中文本部分由中国标准出版社出版发行，评级标样卡由沈阳化工研究院复制发行。

7 试验报告

试验报告包括以下内容：

a) 被测染料的名称；

b) 本标准编号；

c) 使用仪器的型号、编号；

d) 测试用织物；

e) 试样测定是否是以染料强度100分计；

f) 测试结果；

g) 在测试过程中的特殊情况；

h) 与本方法的差异；

i) 试验日期。

ICS 71.100.01;87.060.10
G 55

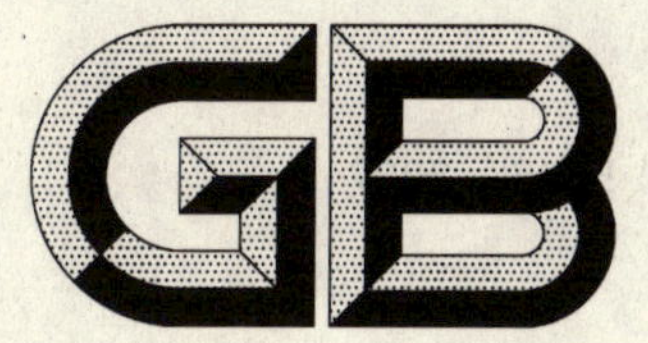

中华人民共和国国家标准

GB/T 5546—2007
代替 GB/T 5546—1985

树脂整理剂　不挥发组分的测定

Resin finishing agent—Determination of the nonvolatile content

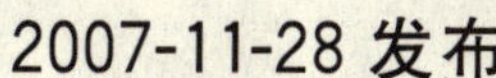

2007-11-28 发布　　2008-06-01 实施

中华人民共和国国家质量监督检验检疫总局
中国国家标准化管理委员会　发布

前　言

本标准代替 GB/T 5546—1985《树脂整理剂中不挥发组分的测定方法》。

本标准与 GB/T 5546—1985 相比主要变化如下：

——标准名称规范为《树脂整理剂　不挥发组分的测定》；

——增加了试验报告内容(本版的第 7 章)。

本标准由中国石油和化学工业协会提出。

本标准由全国染料标准化技术委员会(SAC/TC 134)归口。

本标准起草单位：沈阳化工研究院。

本标准主要起草人：姬兰琴、沈日炯。

本标准于 1985 年首次发布。

树脂整理剂 不挥发组分的测定

1 范围

本标准规定了树脂整理剂中不挥发组分的测定方法。

本标准适用于树脂整理剂中不挥发组分的测定。

2 术语和定义

下列术语和定义适用于本标准。

2.1

树脂整理剂的不挥发组分 nonvolatile content of resin finishing agent

树脂整理剂在一定干燥温度下干燥一定时间后所剩不挥发部分。

3 仪器和设备

3.1 分析天平:感量 0.000 1 g。

3.2 温度计:温度范围为(0～150)℃的玻璃温度计,分度 1℃。

3.3 电热鼓风烘箱:灵敏度±1℃。

3.4 称量瓶:直径 60 mm、高 30 mm。

3.5 干燥器:带有托盘,下面放硅胶或无水氯化钙干燥剂。

4 测定步骤

称取 1 g 左右试样(精确至 0.000 1 g),置于已干燥至恒量的称量瓶中,并加 5 mL 蒸馏水轻轻用手转动使试样与水充分混合,均匀地分布在整个称量瓶底部。在 30 min 内将其置于温度(105±1)℃的电热烘箱的上层框架接近温度计的玻璃球周围,打开鼓风机保持空气循环。保持温度(105±1)℃干燥 3 h。从烘箱中取出,立即将称量瓶盖盖好,放到干燥器中冷却到室温,称量(精确至 0.000 1 g)。

5 结果计算

树脂整理剂的不挥发组分含量,以质量分数 w(%)计,按式(1)计算:

$$w = \frac{m_2 - m}{m_1 - m} \times 100 \qquad \cdots\cdots(1)$$

式中:

m_1——烘干前称量瓶与试样质量的数值,单位为克(g);

m_2——烘干后称量瓶与试样质量的数值,单位为克(g);

m——称量瓶质量的数值,单位为克(g)。

计算结果保留到小数点后两位。

6 允许差

三次平行测定的结果相对误差不大于 1%,取其算术平均值作为检验结果。

7 试验报告

试验报告包括以下内容：

a） 被测树脂整理剂的名称；

b） 本标准编号；

c） 试验条件；

d） 使用仪器的名称、型号；

e） 测试结果；

f） 在测试过程中的特殊情况；

g） 与本方法的差异；

h） 试验日期。

ICS 71.100.01;87.060.10
G 55

中华人民共和国国家标准

GB/T 5547—2007
代替 GB/T 5547—1985

树脂整理剂　黏度的测定

Resin finishing agent—Determination of the viscosity

2007-11-28 发布　　2008-06-01 实施

中华人民共和国国家质量监督检验检疫总局
中国国家标准化管理委员会　发布

前　言

本标准代替 GB/T 5547—1985《树脂整理剂黏度的测定方法》。

本标准与 GB/T 5547—1985 相比主要变化如下：

——标准名称规范为《树脂整理剂　黏度的测定》；

——增加了试验报告内容(本版的第 5 章)。

本标准由中国石油和化学工业协会提出。

本标准由全国染料标准化技术委员会(SAC/TC 134)归口。

本标准起草单位：沈阳化工研究院。

本标准主要起草人：姬兰琴、沈日炯。

本标准于 1985 年首次发布。

树脂整理剂　黏度的测定

1　范围

本标准规定了树脂整理剂绝对黏度的测定方法。

本标准适用于树脂整理剂绝对黏度的测定。

2　术语和定义

下列术语和定义适用于本标准。

2.1

黏度　viscosity

流体的内摩擦，是一层流体与另一层流体作相对运动的阻力。

3　仪器和设备

3.1　旋转黏度计：测量误差小于±0.5%。

3.2　超级恒温槽：温度波动范围不大于±0.5℃。

3.3　温度计：分度0.1℃。

3.4　容器：直径60 mm～70 mm，高度不低于110 mm的容器，或附在旋转黏度计上的容器。

3.5　秒表：精度0.2 s。

4　试验步骤

4.1　根据试样黏度的大小，选择适宜的转子及转速。

4.2　将转子垂直浸入试样中心，使液面至转子液位标线。

4.3　将测试容器中的试样和转子恒温至25℃±0.5℃，并保持试样温度均匀。

4.4　按仪器使用要求读出转子旋转60 s±2 s时的指示数值。

4.5　按仪器要求，计算两次平行试验结果的平均值。

5　试验报告

试验报告包括以下内容：

a)　被测树脂整理剂的名称；

b)　本标准编号；

c)　试验条件；

d)　使用仪器的名称、型号；

e)　测试结果；

f)　在测试过程中的特殊情况；

g)　与本方法的差异；

h)　试验日期。

ICS 71.100.01;87.060.10
G 55

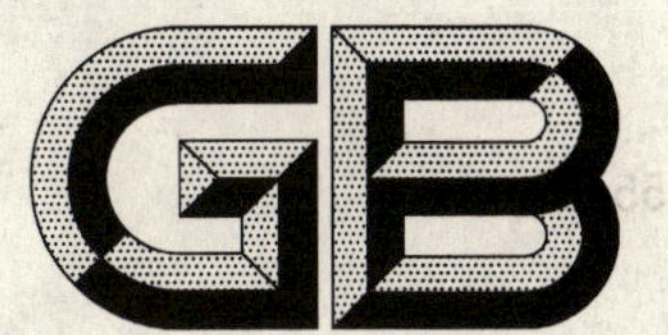

中华人民共和国国家标准

GB/T 5548—2007
代替 GB/T 5548—1985

树脂整理剂 加催化剂后溶液稳定性的测定

Resin finishing agent—Determination of the stability of solution after adding catalyst

2007-11-28 发布　　2008-06-01 实施

中华人民共和国国家质量监督检验检疫总局
中国国家标准化管理委员会　发布

前　言

本标准代替 GB/T 5548—1985《树脂整理剂加催化剂后溶液稳定性测定方法》。

本标准与 GB/T 5548—1985 相比主要变化如下：

——标准名称规范为《树脂整理剂　加催化剂后溶液稳定性的测定》；

——明确了室温的范围(1985 年版的第 4 章；本版的 6.1)；

——规范了结果表述内容(1985 年版的第 4 章；本版的 6.2)；

——增加了试验报告内容(本版的第 7 章)。

本标准由中国石油和化学工业协会提出。

本标准由全国染料标准化技术委员会(SAC/TC 134)归口。

本标准起草单位：沈阳化工研究院。

本标准主要起草人：姬兰琴、沈日炯。

本标准于 1985 年首次发布。

树脂整理剂 加催化剂后溶液稳定性的测定

1 范围

本标准规定了树脂整理剂加催化剂后溶液稳定性的测定方法。

本标准适用于树脂整理剂加催化剂后溶液稳定性的测定。

2 规范性引用文件

下列文件中的条款通过本标准的引用而成为本标准的条款。凡是注日期的引用文件，其随后所有的修改单(不包括勘误的内容)或修订版均不适用于本标准，然而，鼓励根据本标准达成协议的各方研究是否可使用这些文件的最新版本。凡是不注日期的引用文件，其最新版本适用于本标准。

GB/T 659 化学试剂 硝酸铵

GB/T 672 化学试剂 六水合氯化镁(氯化镁)

GB/T 676 化学试剂 乙酸(冰醋酸)

GB/T 1396 化学试剂 硫酸铵

GB/T 6682 分析实验室用水规格和试验方法(GB/T 6682—1992,neq ISO 3696:1987)

3 原理

在树脂整理剂的水溶液中加入一定量的酸性反应的催化剂，在一定温度下放置，观察是否出现浑浊或沉淀。以出现浑浊或沉淀的时间表示其稳定性。

4 试剂和材料

除非另有规定，仅使用确认为分析纯的化学试剂和 GB/T 6682 中规定的三级水。

4.1 氯化镁溶液：应符合 GB/T 672 规定，质量分数为 50%。

4.2 冰乙酸溶液：应符合 GB/T 676 规定，质量分数为 98%。

4.3 硝酸铵溶液：应符合 GB/T 659 规定，质量分数为 30%。

4.4 硫酸铵溶液：应符合 GB/T 1396 规定，质量分数为 30%。

4.5 硝酸铝溶液：质量分数为 30%。

5 仪器和设备

5.1 烧杯：400 mL。

5.2 容量瓶：1 000 mL。

5.3 移液管：0.5 mL，5 mL。

5.4 量筒：250 mL。

5.5 温度计：(0～100)℃。

6 试验方法

6.1 测定步骤

称取约 100 g 样品(精确至 0.1 g)，用水稀释至 1 000 mL，从中取出 245 mL 的溶液 4 份，分别放在

4 个 400 mL 的烧杯中。

第一份样品溶液中加入 5 mL 氯化镁溶液(4.1)和 0.5 mL 冰乙酸溶液(4.2);

第二份样品溶液中加入 5 mL 硝酸铵溶液(4.3);

第三份样品溶液中加入 5 mL 硫酸铵溶液(4.4);

第四份样品溶液中加入 5 mL 硝酸铝溶液(4.5)。

把以上 4 份溶液充分混匀后,在 20℃±5℃下静置,观察和记录出现浑浊或沉淀的时间(h)。

6.2 结果表述

加入各种催化剂后溶液的稳定性用出现浑浊或沉淀的时间(h)来表示。如果超过 24 h 不出现浑浊或沉淀,则表示为不浑浊。

7 试验报告

试验报告包括以下内容:

a) 被测树脂整理剂的名称;

b) 本标准编号;

c) 试验条件;

d) 使用仪器的名称、型号;

e) 测试结果;

f) 在测试过程中的特殊情况;

g) 与本方法的差异;

h) 试验日期。

ICS 71.100.40
G 72

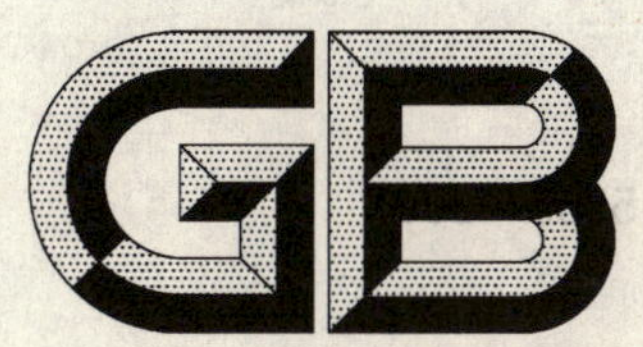

中华人民共和国国家标准

GB/T 5553—2007
代替 GB/T 5553—1985,GB/T 5554—1985

表面活性剂　防水剂防水力测定法

Surface active agents
—Determination of water repellency of waterprooting agents

2007-08-13 发布　　　　2008-02-01 实施

中华人民共和国国家质量监督检验检疫总局
中国国家标准化管理委员会　发布

前　言

本标准经整合后同时代替 GB/T 5553—1985《表面活性剂　纺织助剂　防水剂防水能力测定法　静水测试法》和 GB/T 5554—1985《表面活性剂　纺织助剂　防水剂防水能力测定法　淋水测试法》。

本标准与 GB/T 5553—1985 和 GB/T 5554—1985 相比较主要差异如下：

——标准名称规范为《表面活性剂　防水剂防水力测定法》

——合并两个国家标准技术内容相同的有关章节。

本标准的附录 A 为规范性附录。

本标准由中国石油和化学工业协会提出。

本标准由化学工业表面活性剂标准化技术委员会归口。

本标准起草单位：上海染料研究所有限公司。

本标准起草人：徐苏梅、顾乃祁。

本标准于 1985 年首次发布。

表面活性剂 防水剂防水力测定法

1 范围

本标准规定了表面活性剂 防水剂防水力测定法。

本标准适用于采用静水压试验仪或淋水测试仪测定经表面活性剂防水剂整理后的织物抵抗水渗透的能力。

2 规范性引用文件

下列文件中的条款通过本标准的引用而成为标准的条款。凡是注日期的引用文件,其随后所有的修改单(不包括勘误的内容)或修订均不适用于本标准,然而,鼓励根据本标准达成协议和各方研究是否可使用这些文件的最新版本。凡是不注日期的引用文件,其最新版本适用于本标准。

ISO 139—2005 纺织品 调温和实验的标准大气

3 原理

3.1 静水压测试法

以经防水剂整理后的织物所能承受的静水压力的大小来反映水向织物渗透时所受到的阻力。在本标准条件下,试样织物的一面承受一个逐步增加的水压,直至在织物的另一面有3处被水渗透为止,记录此时的水压数值,即防水剂的防水力。所得静水压值以kPa表示。

3.2 淋水测试法

将水喷淋到绷紧的试样表面上,使产生一个润湿模式。该模式的大小,取决于防水剂防水性能的大小。将润湿模式与标准喷淋试验级别图比较,评定其防水力的等级。

4 试剂或材料

4.1 试验织物材料

4.1.1 涤棉府绸(65/35):602/602 双股线,密度为12 070;

4.1.2 涤棉卡其(65/35):452/21 双股单线,密度为13 570。

注:可根据具体需要选用其他织物。

4.2 防水剂试样的制备

防水剂浸轧液的配制:称取防水剂若干克(称准至0.1 g)。根据各种类型防水剂的具体配方和配制步骤进行。应临用时配制。

4.3 防水剂的浸轧

工艺流程:二浸二轧(防水剂的配制液)→中间干燥 →焙烘。

轧液率:一般应控制在(60±5)%。

中间干燥温度和时间:一般约100℃,1 min。

焙烘温度和时间:根据防水剂的具体性能而选定。

4.4 采样及采样面积

4.4.1 静水压测试法:试样应尽量少用手触摸,避免用力折叠,不作任何方式的处理(如熨烫)。在大的试样上不同部位处取5块。不要在有很深折皱处采样。

采样面积:20 cm×20 cm 的正方形。

4.4.2 淋水测试法:试样应尽量少用手触摸,避免用力折叠,不作任何方式的处理(如熨烫)。从大的试样上不同位置处取3块面积为20 cm×20 cm的正方形。不应从有褶皱或折痕部位取样。

5 仪器和设备

5.1 静水压测试法

5.1.1 静水压试验仪器：试验仪应符合下列条件

5.1.1.1 应能以下述方法夹紧试样：

a) 放置试样水平位置，应没有凹凸。

b) 应具有100 cm^2 的试样面积，可从其上面或下面承受不断增加的水压。

c) 试验进行时钳夹装置不应漏水。

d) 应使试样在夹紧装置中不会滑移。

e) 应使试样在夹紧装置边缘处产生的渗水倾向减少至最低程度。

5.1.1.2 试验所用的水应是蒸馏水，温度保持在20℃±2℃或27℃±2℃。

5.1.1.3 水压上升速率应是每分钟1 kPa±0.05 kPa或6 kPa±0.3 kPa。

5.1.1.4 与试验头连接的压力读数应精确到0.05 kPa。

5.1.2 实验室浸轧、焙烘联合机组：应具有可控制轧液率、热风加热及车速的装置。

5.2 淋水实验法

5.2.1 烧杯：400 mL，在250 mL处有一刻度线作为记号；

5.2.2 蒸馏水：27℃±1℃。或其他温度的水；

5.2.3 淋水测试仪：

实验装置图见图1、图2。

单位为毫米

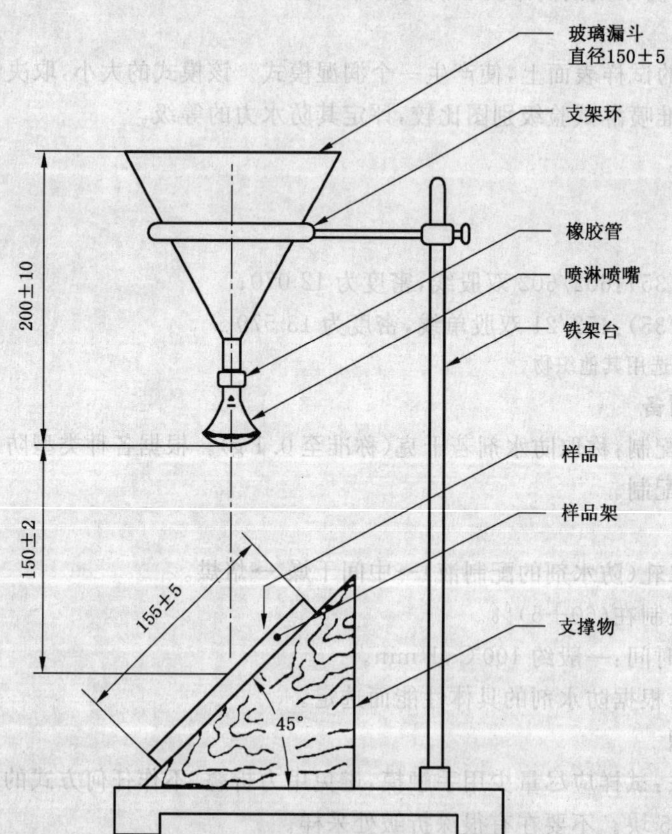

图1 喷淋实验装置详细图

单位为毫米

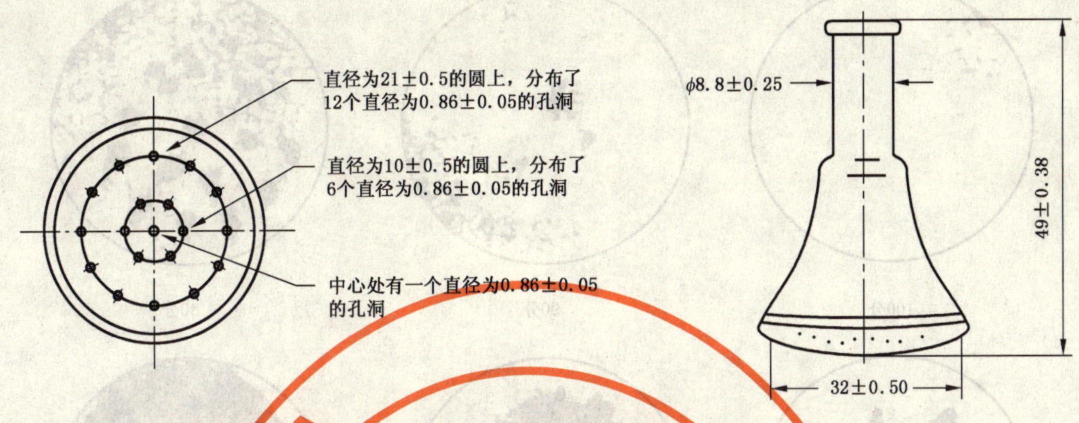

图 2 喷淋实验装置中的喷淋喷嘴

6 测定方法

6.1 静水压测试法

6.1.1 测试环境：环境的调节和条件应根据 ISO 139 规定(见附录 A)进行，必要时也可在室温下进行。

6.1.2 操作过程：

首先用蒸馏水净化测试仪，方法如下：

a) 放空试验头内的水，再注满蒸馏水。

b) 让蒸馏水从试验头溢出，以洁净试验装置的平台表面。

擦干钳夹装置表面的水，把试样夹紧在测试装置上，使织物表面和水接触。开动升压机，逐步增加试样织物上所受水压，观察水渗入试样的形迹。当试样织物上有 3 处出现水珠时，关闭升压机，记录此时水压值(kPa)。读取水压值的精确度规定如下：

10 kPa 以下　　精度为 0.05 kPa；

10 kPa～20 kPa　　精度为 0.1 kPa；

20 kPa　　精度为 0.2 kPa。

不考虑那些很细微的不再变大的水珠，不考虑那些同一处渗出的连续性水珠。另外还要注意第三处渗水是否在夹紧装置的边缘，若该处的水压值低于其他几块试样的最低水压值时，此数值应予剔除，应增添试样重作试验，直至与其他值接近。

6.2 淋水测试法

6.2.1 将试样固定在直径为 15.2 cm 的金属圈上，使试样织物形成一个无折皱纹的光滑表面，然后将金属圈置于测试器的支架上。织物朝上放置，使喷嘴的中心对准金属圈的中央。若样布是斜纹布(轧别丁、起楞布)或与罗纹布结构相同的织物，放置金属圈时应使斜纹与流出织物的水流方向成对角线。

6.2.2 将 250 mL 的蒸馏水(27℃±1℃)倒入测试仪的漏斗中，使其喷淋到测试样布上，喷淋过程约 25 s～30 s，喷淋结束后即用手拿金属圈的一边，将另一边在固体物上轻敲一下，此时织物面向固体物，然后旋转 180°在原来手握的部位再拍击一次。最后按喷淋试验级别图评级(见图 3)。

100 分：上层表面没有沾水或润湿。

90 分：上层表面有少量水，不规则的沾水或润湿。

80 分：上层表面受淋处有部分润湿。

70 分：全部上层表面有部分润湿。

50 分：全部上层表面完全润湿。

0 分：全部上层表面完全润湿，并且表面下沉。

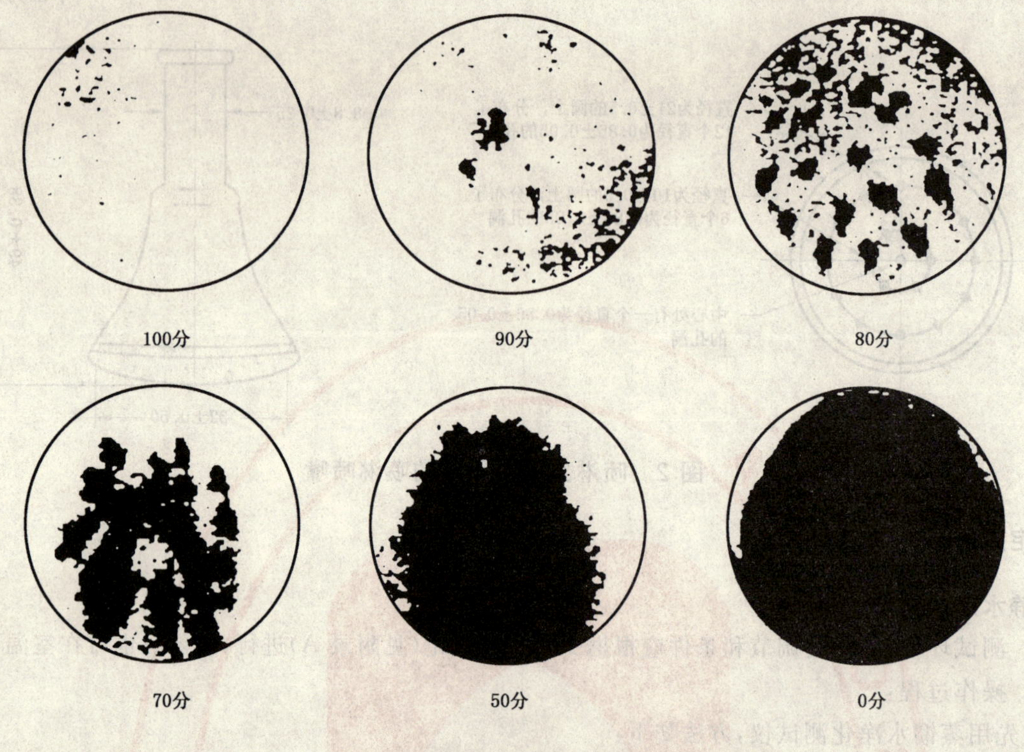

图 3 喷淋试验级别图

7 检验报告

7.1 静水压测试法

根据测试时记录下的水压值计算其平均值，以 kPa 表示，对同一试样，几次数据之差不超过 ±1 kPa。

7.2 淋水测试法

将试样上的润湿模式与图 3 喷淋试验级别图相比较，与该图中最接近的图像评分，不给出中间级别。本测试方法对同一样品 3 次测得的数据，要求达到完全相同，重现性良好。

附 录 A
（规范性附录）
测试环境的调节

测试环境的调节可参考国际标准 ISO 139—2005《纺织品　调温和实验的标准大气》。

摘要如下：

在温带气候下，测试时的标准大气规定其相对湿度为 65％±2％，温度 20℃±2℃；

在热带气候下，测试时的标准大气规定其相对湿度为 65％±2％，温度 27℃±2℃。

ICS 27.040
K 54

中华人民共和国国家标准

GB/T 5578—2007
代替 GB 5578—1985

固定式发电用汽轮机规范

Fixed power plant turbine specifications

(IEC 60045-1:1991,Steam turbine-Part 1:Specifications,MOD)

2007-12-03 发布　　　　2008-05-01 实施

中华人民共和国国家质量监督检验检疫总局
中国国家标准化管理委员会　发布

前言

本标准为修改采用 IEC 60045-1:1991《汽轮机　第 1 部分:规范》(英文版)。

在采用 IEC 60045-1:1991 时,根据我国国情、并参考 JIS B8101:2003《汽轮机通用规范》,本标准作了一定的修改。有关的技术性差异已编入正文中并在涉及条款的页边空白处用垂直单线标识。在附录 B 中给出了这些技术性差异及其原因的一览表以供参考。

为便于使用,对于采用 IEC 60045-1:1991,本标准还作了下列的编辑性修改:

a) 将标准名称"汽轮机　第 1 部分:规范"改为"固定式发电用汽轮机规范"。

b) 将第 1 章的"范围和主题"改为"范围",并修改了表述方式。

c) 对原来无序号的条款增加序号,例如"3.1　汽轮机型式"中的名词术语"过热蒸汽汽轮机"改为"3.1.1　过热蒸汽汽轮机"。

d) 若干条款的表述方法参考了 JIS B8101:2003,该标准为修改采用 IEC 60045-1:1991,例如"3.9.1　基本负荷运行"、"3.9.2　两班制运行"等。

本标准代替 GB 5578—1985《固定式发电用汽轮机条件》。本标准与 GB 5578—1985 相比主要差别如下:

a) 本标准的名称改为"固定式发电用汽轮机规范"。

b) 本标准是修改采用 IEC 60045—1991,原 GB 5578—1985 是非等效采用 IEC 60045-1:1970。而 IEC 60045—1991 与前版本 IEC 60045-1:1970 差别非常大,二者是无法相比的。

c) 修订后的本标准比原 GB 5578—1985 内容更全面,要求更严格,条文叙述更严谨,概念更清楚,操作性较强。

本标准的附录 A 为规范性附录,附录 B 为资料性附录。

本标准由中国电器工业协会提出。

本标准由全国汽轮机标准化技术委员会(SAC/TC 172)归口。

本标准主要由上海发电设备成套设计研究院、西安热工研究院有限公司负责起草。

本标准主要起草单位:东方汽轮机厂、哈尔滨汽轮机厂有限责任公司、北京北重汽轮电机有限责任公司、上海汽轮机有限公司。

本标准参加起草单位:武汉汽轮电机股份有限公司、南京汽轮电机(集团)有限责任公司、杭州汽轮机股份有限公司、青岛捷能汽轮机股份有限公司、洛阳发电设备厂。

本标准所代替标准的历次版本发布情况为:

——GB 5578—1985。

固定式发电用汽轮机规范

1 范围

本标准主要规定了大功率固定式发电用汽轮机设备的术语定义、保证值、调节、运行和检修、部件等的要求，其他型式的汽轮机和小功率汽轮机可参照执行。

本标准适用于驱动发电机的固定式发电用汽轮机。有些条款也适用于其他用途的汽轮机。

2 规范性引用文件

下列文件中的条款通过本标准的引用而成为本标准的条款。凡是注日期的引用文件，其随后所有的修改单(不包括勘误的内容)或修订版均不适用于本标准，然而，鼓励根据本标准达成协议的各方研究是否可使用这些文件的最新版本。凡是不注日期的引用文件，其最新版本适用于本标准。

GB/T 11348.1—1999 旋转机械转轴径向振动的测量和评定 第1部分:总则(idt ISO 7919-1:1996)

GB/T 11348.2—1997 旋转机械转轴径向振动的测量和评定 第2部分:陆地安装的大型汽轮发电机组(eqv ISO 7919-2:1996)

ISO 2372:1974 转速从 10 r/s 到 200 r/s 的机器的机械振动 规定评价标准的基础

IEC 60651:1979 声级计

IEC 60953-1:1990 汽轮机热力性能验收试验规程 第1部分:方法A——大型凝汽式汽轮机高准确度试验

IEC 60953-2:1990 汽轮机热力性能验收试验规程 第2部分:方法B——各种类型和功率汽轮机宽准确度试验

ASME PTC6:1996 汽轮机性能验收试验规程

3 术语和定义

下列术语和定义仅适用于本标准。

3.1 汽轮机型式

3.1.1

过热蒸汽汽轮机 superheat turbine

新蒸汽有显著过热度的汽轮机。

3.1.2

湿蒸汽汽轮机 wet-steam turbine

新蒸汽为饱和或接近饱和参数的汽轮机(也称饱和蒸汽汽轮机)。

3.1.3

再热式汽轮机 reheat turbine

蒸汽从汽轮机膨胀过程中抽出，再加热(一次或多次)后重新返回的汽轮机。

3.1.4

非再热式汽轮机 non-reheat turbine

无蒸汽再热的汽轮机。

3.1.5

混压式汽轮机 mixed-pressure turbine

压力不同的蒸汽进入同一汽轮机作功的汽轮机。

3.1.6

背压式汽轮机　back-pressure turbine

不带凝汽器的汽轮机。排汽用于供热用户，其压力根据热用户要求来确定，一般高于大气压力。

3.1.7

凝汽式汽轮机　condensing turbine

排汽直接进入凝汽器的汽轮机，其排汽压力一般低于大气压力。

3.1.8

回热式汽轮机　regenerative turbine

部分蒸汽从汽轮机膨胀过程中抽出，再加热给水的汽轮机。

3.1.9

抽汽式汽轮机　extraction turbine

部分蒸汽从汽轮机膨胀过程中抽出，供给热用户的汽轮机。如果汽轮机具有调节抽汽压力的手段，则称为调整抽汽式汽轮机。

3.1.10

联合循环　combined cycle

由锅炉、汽轮机和燃气轮机构成，利用燃气轮机的排出热量作为蒸汽循环热源的循环。

3.1.11

单轴联合循环　single-line combined-cycle

由汽轮机和燃气轮机驱动同一发电机的联合循环。因无法区分汽轮机和燃气轮机各自的输出功率，所以本标准的功率和热耗率的定义不再适用。

3.2　新蒸汽进汽方式

3.2.1

全周进汽　full-arc admission

由所有调节阀均匀向第一级进汽环区供汽。

3.2.2

部分进汽　partial-arc admission

第一级进汽环区分为若干隔开的进汽弧段，通常蒸汽通过各自的调节阀分别流向各个弧段；调节阀按顺序全部或部分开启。

3.3　参数

3.3.1

终端参数　terminal conditions

汽轮机或汽轮发电机的终端参数是指合同所列的汽轮机或汽轮发电机与外部设备相接的终端点上所规定参数。这些参数通常包括：

——新蒸汽和再热蒸汽参数；

——冷端再热蒸汽压力；

——最终给水温度；

——排汽压力；

——输出功率；

——转速；

——抽汽要求。

3.3.2

规定或额定的终端参数　specified or rated terminal conditions

合同上标明和/或保证的规定输出功率、热耗率所对应的终端参数。由于有些核电蒸汽发生器的供汽压力随负荷降低而升高，汽轮机设计时应考虑到该情况。

3.3.3

蒸汽参数　steam conditions

通常为(静)压力和温度或干度(或品质)。蒸汽压力宜采用绝对压力，而不采用表压。

3.3.4

新蒸汽参数　initial steam conditions

主汽阀进口处的蒸汽参数。

3.3.5

最高蒸汽参数　maximum steam conditions

要求汽轮机连续运行的最高蒸汽参数。

3.3.6

注汽参数　induction steam conditions

附加注入汽轮机的蒸汽参数，其压力低于新蒸汽压力。

3.3.7

双蒸汽参数　dual steam conditions

适用于混压式汽轮机的新蒸汽和注入蒸汽参数的组合蒸汽参数。

3.3.8

再热蒸汽参数　reheat steam conditions

再热汽阀进口处的蒸汽参数(也称热端再热蒸汽参数)。

3.3.9

冷端再热蒸汽参数　cold reheat steam conditions

再热器前，汽轮机出口处的蒸汽参数。

3.3.10

抽汽参数　extraction steam conditions

汽轮机抽汽口处的蒸汽参数。

3.3.11

排汽参数　exhaust conditions

汽轮机排汽口处的蒸汽参数。

3.4　转速

3.4.1

额定转速　rated speed

汽轮机在额定功率下运行时的规定转速。

3.4.2

最高连续转速　maximum continuous speed

汽轮机连续运行转速的上限值。

3.4.3

超速跳闸整定值　overspeed trip setting

超速保护装置设定的动作转速。

3.4.4

瞬时升速值　temporary speed rise

在调速系统控制下，汽轮机甩负荷后其转速的瞬时升高值。如果在额定转速下甩去额定功率，则为额定瞬时升速值。

3.4.5

最高瞬时转速　maximum transient speed

在调速系统控制下,发电机从电网解列(辅助供电系统预先脱开)引起甩去最大负荷后的机组最高转速。

3.4.6

稳定升速值　permanent speed rise

在调节装置正常控制下,汽轮机甩负荷后其转速的最终稳态升速值。

3.4.7

最高升速值　maximum speed rise

在调节系统故障和超速跳闸动作下,汽轮机甩负荷后其转速瞬时达到的最高值。如果在额定转速下甩去额定功率,则为额定最高升速值。

3.5　功率

注:此处的所有功率或输出功率均对汽轮机在额定终端参数下运行而言(除非另有规定)。

3.5.1

功率　power

汽轮机或其被驱动机械的功率。其定义宜说明测量位置和任何应扣除的损失或辅机功率(也称作输出功率或负荷)。

3.5.2

联轴器端的净功率　net power at coupling

汽轮机联轴器端的净功率,如果汽轮机的辅机被分开驱动,则应扣除辅机所耗功率。

3.5.3

发电机输出功率　generator output

扣除任何外部励磁功率后的发电机端子处功率。

3.5.4

额定功率　rated power

在额定的新蒸汽参数、再热蒸汽参数以及规定的背压、补给水率的条件下,不超过规定寿命时,发电机端子处的保证连续功率。该功率一般为铭牌功率。

注:此处背压应考虑冷却介质在全年最高温度下的冷端参数优化。

3.5.5

最大连续功率　maximum continuous rating(MCR)

在额定的新蒸汽参数、额定的再热蒸汽参数、规定的背压以及补给水率为零的条件下,不超过规定寿命时,发电机端子处的保证连续功率。该功率一般大于铭牌功率。调节阀不必全部开足。

注:此处背压应考虑冷却介质的全年平均温度。

3.5.6

最大功率　maximum capability

在规定的终端参数下,调节阀全开时汽轮机能发出的功率,也称阀门全开功率(VWO 功率)。

3.5.7

最大超负荷功率　maximum overload capability

在规定的超负荷终端参数(例如:最终的给水加热器被旁路或提高新蒸汽压力)下,调节阀全开时汽轮机能发出的最大功率。

3.5.8

最经济功率　most economical continuous rating(ECR)

在规定的终端参数下,能达到最低热耗率或汽耗率时的功率。

3.5.9

净电功率　net electrical power

发电机端子处功率扣除辅机功率后的电功率。

3.5.10

辅机功率　electrical auxiliary power

非汽轮机驱动的汽轮机和发电机的辅机所耗功率。该功率通常包括用于调节、润滑、发电机冷却和密封的所有功率，也可包括附加的辅机(例如，电动机驱动的锅炉给水泵)所耗功率。供需双方宜商定需包括的附加辅机。

3.6　蒸汽流量与汽耗率

3.6.1

新蒸汽流量　initial steam flow rate

在新蒸汽参数下，进入汽轮机主汽阀的蒸汽流量。该蒸汽包括供应阀杆、汽封或平衡活塞的所有蒸汽，也应包括供应辅机(例如，锅炉给水泵汽轮机、汽/汽再热器、射汽抽气器等)的所有蒸汽。

3.6.2

汽耗率　steam rate

新蒸汽流量与输出功率之比。

3.7　热耗率

3.7.1

热耗率　heat rate

单位时间内，外界向循环输入的热量与输出功率之比。

3.7.2

保证热耗率　guarantee heat rate

合同中供方向需方保证的热耗率。用于定义热耗率的计算公式应列入合同。

3.7.3

未修正的试验热耗率　uncorrected tested heat rate

用试验结果代入合同所列公式所得的热耗率。

3.7.4

全修正的热耗率　fully-corrected heat rate

在终端参数符合规定值，且供方责任范围之外的所有辅机做到完全按其保证值要求的情况下，试验达到的热耗率。

3.8　效率

3.8.1

热效率　thermal efficiency

输出功率与单位时间内向热力循环输入的热量之比，为热耗率的倒数。如果要保证该值，则热效率的定义应列入合同中。

3.9　运行方式

3.9.1

基本负荷运行　base-load operation

以额定功率或接近该功率长期运行的方式。

3.9.2

两班制运行　two-shift operation

每天(24 h)中约有 16 h 以额定功率或接近该功率运行，其余时间停用的运行方式。

3.9.3

一班制运行　one-shift operation

每天(24 h)中约有 8 h 以额定功率或接近该功率运行,其余时间停用的运行方式。

3.9.4

周期性负荷运行　load cycling

机组按一定规律以高负荷、低负荷交替的运行方式。

3.9.5

尖峰负荷运行　peak-load operation

根据尖峰电力的要求,短时间(一般 1 h～3 h)以高负荷运行,其余时间停用的运行方式。

3.10　变负荷方式

3.10.1

定压运行　constant-pressure operation

运行时新蒸汽压力保持恒定,用改变调节阀开度来改变负荷的运行方式。

3.10.2

滑压运行　sliding-pressure operation

运行时调节阀开度不变或基本不变,用改变新蒸汽压力来改变负荷的运行方式。

3.10.3

复合滑压运行　modified sliding-pressure operation

在某个负荷段采用定压运行,而在其他负荷范围内采用滑压运行的运行方式。

3.10.4

节流调节　throttle governing

所有调节阀同步或接近同步动作,这是定压运行中全周进汽汽轮机常用的调节方式。

3.10.5

喷嘴调节　nozzle governing

调节阀依次动作,这是定压运行中部分进汽汽轮机常用的调节方式。

3.11　运行寿命

3.11.1

役龄　calendar age

从第一次并网算起,机组经历的总的寿命,以月或年表示。

3.11.2

运行小时　running hours

机组带负荷的小时数。

3.12　控制与保护

3.12.1

调节系统　governing system

将控制信号按一特定方式转换成阀门位置的装置和机构的总和。它们包括调速器、转速控制机构、同步器(转速变换器)、加减负荷系统和蒸汽阀门的操纵装置。

3.12.2

汽轮发电机组的保护系统　turbine-generator protection system

为保护汽轮发电机组,使其免遭本身或电网故障而造成机组损害所设置的综合系统。

3.12.3

稳态工况　steady-state condition

转速和负荷的平均值在有限的随机偏差内保持恒定的工况。

3.12.4

稳定运行 stable operation

如果某个系统经过转速或负荷的扰动后达到了稳态工况，则称该系统是稳定的。

3.12.5

转速不等率 steady-state regulation（speed governing droop）

当机组孤立运行，在设定转速值不变，且假设迟缓率为零的前提下，负荷从零到额定值之间变化时，以额定转速的百分率表示的稳态转速变化量，也称总不等率。

3.12.6

局部转速不等率 steady-state incremental speed regulation（incremental speed droop）

局部转速不等率 δ_i（%）以下式求得：

$$\delta_i = K_{nL} \cdot \frac{L_0}{n_0} \times 100$$

式中：

K_{nL}——负荷-转速特性曲线的任意功率点上斜率，s^{-1}/kW；

L_0——额定功率，kW；

n_0——额定转速，s^{-1}。

3.12.7

调节系统迟缓率 dead band of the speed governing system

不会引起调节阀位置改变的稳态转速变化的总量，以其与额定转速的百分率来表示。迟缓率是调节系统敏感度的一种衡量，也称为死区。

3.12.8

负荷最大偏差或非线性度 maximum load inaccuracy or non-linearity

在控制装置规定的环境（如温度、湿度）和动力源（如电压、油压）条件下运行时，负荷一转速曲线与相应于总不等率的直线之间最大的负荷偏差，以其与额定负荷的百分率来表示。

3.12.9

调节器的环境稳定性 governor environmental stability

除负荷设定点和转速的原因外，任一独立变量的给定的变化所引起的负荷的变化量，以其与额定负荷的百分率来表示。这些独立变量为经历的时间、温度、振动、大气压、调节器电源的电压和频率。

3.12.10

短期稳定性 short-term stability

在规定的环境条件下，对于所设定的负荷和转速，任何 30 min 间隔内该负荷的变化量，以其与额定负荷的百分率来表示。

3.12.11

长期稳定性 long-term stability

在负荷设定值和转速不变的情况下，相隔 12 个月的两次 30 min 间隔内平均负荷的变化量，以其与额定负荷的百分率来表示。在这两次试验期中环境条件宜在要求范围内，但可不必严格一致。

4 保证值

4.1 总则

合同中可规定几项保证值，例如热效率、热耗率或汽耗率、输出功率或辅机功率。也可对调节系统的功能、振动和噪声级等特性提出保证值。

所有保证及条款均应陈述和表达清晰完整，相应的计算式应列入合同。

4.2 汽轮机的热效率或热耗率或汽耗率

4.2.1 应在验收试验按相应标准并包括商定修正方法的前提下给出热耗率或汽耗率的保证值。合同应规定验收试验按 IEC 60953-1 或 IEC 60953-2 或 ASME PTC6 进行。按合同可对一个规定负荷或多个负荷的加权值来确定汽轮机的热效率或热耗率或汽耗率。

4.2.2 如果汽轮机供方的合同内不包括给水加热器，则需方宜在规范中提供附有足够数据的给水加热系统图，以便列出整个机组的热耗率保证值的计算公式。否则汽轮机供方应在其标书中说明计算热耗率时采用的给水加热器数量和配置、给水加热器的终端差和汽轮机与各加热器之间的压降。

4.2.3 对于湿蒸汽汽轮机，如果汽水分离器或再热器或二者均未包括在汽轮机合同内，则应采取4.2.2的类似作法。

4.2.4 如果给水加热器包括在合同中，则也应符合第 19 章的要求。

4.2.5 不属于汽轮机供方供应范围的装置，例如加热器、阀门、管道或泵，如果其性能与保证值所依据的条件不同，则汽轮机供方应调整其合同阶段中的保证值，或对热力性能试验结果按商定办法进行修正。

4.3 输出功率或蒸汽流量

汽轮机应考核合同规定的终端参数下额定输出功率或其额定蒸汽流量。该考核试验应按 IEC 60953-1或 IEC 60953-2 或 ASME PTC6 进行。

4.4 辅机功率

如果给出连续运行的辅机所耗功率的保证值，则应商定这些辅机的清单。其每项的所耗功率应在汽轮机规定输出功率和规定终端参数下测得，或由供需双方商定的参数下测得。

4.5 蒸汽表

保证值和计算试验结果所使用的蒸汽表应由供需双方商定，采用国际水和水蒸汽性质协会 1997 年发布的最新版求水蒸汽和水特性值的表(IAPWS-IF97)，或采用 1967 年发布的国际蒸汽简表(IFC-67)第 7 版，并列入合同中。

4.6 允差

热效率、热耗率或汽耗率的保证值在验收时的允差不属于本标准的范围。必要时该允差由供需双方商定。

4.7 老化

机组第一次并网以后，随时间推移而需对试验热耗率、汽耗率或热效率考虑其老化的影响，其任何的修正量由供需双方商定，并符合相应的验收标准。

5 调节

5.1 调节系统

5.1.1 汽轮机的调节系统应能控制机组从静止开始上升的转速。控制可用手动或其他方法。

5.1.2 对驱动发电机的汽轮机，其调节系统还应能控制：

a) 当发电机孤立运行时，从空负荷到满负荷之间(包括两者)所有负荷下的转速保持稳定；

b) 当发电机与其他发电机并列运行时，把能量稳定地输入电网(见 6.1.1)。

5.1.3 调节器及其系统的设计不应在任何部件故障时妨碍汽轮机安全停机。

5.1.4 如果采用电—液式调节系统，则电气部分还应符合附录 A 规定的要求。

5.1.5 调节器和蒸汽阀门操纵机构应能做到，在额定工况或 6.3.1 规定的异常工况下，即使瞬时甩去直至能达到的最大负荷的任何负荷，都不应引起足以导致汽轮机跳闸的瞬时超速。

5.2 转速和负荷调整

除非合同中另有规定，当空负荷运行时，汽轮机转速应能按下列范围进行调整：

——当驱动发电机时，至少能在额定转速上、下 5%范围以内；

——当驱动其他机械时，在商定范围以内。

在额定转速下，转速和负荷调整装置把设定点由空负荷调到满负荷所需的最短时间通常不应超过50 s，但也可由供需双方商定。应提供调整设定点的手段。

5.3 调节器特性

机械式和电-液式调节系统要求的转速不等率和迟缓率特性如表1。

给出的数值供参考，对小功率汽轮机和额定功率超过电网容量5%的发电用汽轮机，应作特殊考虑。

5.4 阀门试验

对小功率汽轮机和仅有单个主汽阀或调节阀或只靠单个执行机构操纵多个调节阀的汽轮机，应提供主汽阀和调节阀在不妨碍汽轮机运行情况下能做局部动作的手段（或采用调整阀位来人为改变负荷），以检查阀门能否自由活动。

对其他型式的汽轮机，控制装置应具有按7.5规定的任何阀门在带负荷条件下进行依次全闭试验的手段。

供方应阐明阀门开闭试验时功率的限制范围。

表1 调节器的不等率和迟缓率特性

调节器型式	机械式			电液式		
汽轮机额定功率/MW	<20	20～150	>150	<20	20～150	>150
总不等率/%	3～5					
局部不等率/% a)（0～0.9）额定功率范围 b)（0.9～1.0）额定功率范围	最大值不限制 最小值=0.4×总不等率			a) 3～8 b) ≤12		
在（0.9～1.0）额定功率范围平均局部不等率[a]/%	≤15			≤10		
迟缓率（额定转速的）/%	0.40	0.20	0.10	0.15	0.10	0.06

[a] 对采用部分进汽喷嘴调节的汽轮机而言，用最后一组以外任何喷嘴组的调节阀控制在90%～100%负荷范围内的平均不等率不应超出总不等率的3倍。

5.5 超速保护装置（危急保安装置）

5.5.1 除调速器之外，汽轮机和发电机还应有独立动作操纵机组跳闸的超速保护装置，以防止过度超速。

超速保护装置通常应在超过额定转速10%的转速动作，其允差为额定转速的上、下1%（即超过额定转速的动作转速不应大于额定转速的11%或低于9%）。

在特殊情况（例如，为了符合5.1.5的要求）并经商定，可能需要取正常跳闸整定值超过10%（保持选定值上、下1%的允差）。总之，万一发生突然甩负荷而调速器故障的情况下，超速保护装置应在足够低的转速下动作，以限制最高超速在安全值内，即防止汽轮机或被驱动机械的任何部件有任何损坏，或防止甩负荷后仍与发电机保持连接的电动机及被驱动机械有任何损坏。供方应在运行说明书上列入超速跳闸整定值。

5.5.2 对小功率汽轮机，至少应供应一套独立于调节器的超速保护系统，当其动作时应关闭主汽阀和调节阀。

5.5.3 对大功率汽轮机，至少应供应两套独立于调节器、完全分开作用的超速保护装置；任何一套动作时都应能关闭所有主汽阀和调节阀。

当机组在额定转速运行时，应能在防止超速的另一套装置保护下，进行每套超速保护装置功能正确性的验证试验，而不改变主汽阀的位置。为此应有相应的安全措施，以便当一套超速保护装置正在做功能正确性试验时，即使有要求也不可能把另一套锁住或阻止其动作。

5.5.4 对小功率汽轮机，超速保护系统应能在不停机时复位。

5.5.5 对大功率汽轮机，在汽轮机转速下降到不低于额定转速时，超速保护装置就应能复位。

6 运行和检修

6.1 正常运行

6.1.1 正常运行时，汽轮机特性应能使汽轮机及被驱动机械与任何已运行的一些机组并列运行，且无论单机或作为整体均无异常特性。

6.1.2 过热蒸汽汽轮机的起动可按汽轮机起动时的热状态分类。典型的分类准则是按不同部件(如高压内缸)金属已冷却到的温度；但通常也按上次运行后的停机时间长短来分类。下面给出典型的相关特点，并可作为参考。

典型的起动分类：

a) 冷态起动：停机超过 72 h(金属温度已下降至约为其满负荷温度的 40%以下，单位℃)；

b) 温态起动：停机在 10 h～72 h 之间(金属温度约为其满负荷温度的 40%～80%之间，单位℃)；

c) 热态起动：停机不到 10 h(金属温度约为其满负荷温度的 80%以上，单位℃)；

d) 极热态起动：机组跳闸后 1 h 以内(金属温度仍保持或接近其满负荷温度，单位℃)。

6.1.3 需方应规定下列条件，供汽轮机设计之用：

a) 上述各种分类的起动次数；

注：如需方未提出这方面的要求，则供方应阐明该汽轮机设计时考虑的各种起动的次数，主要要求作两班制运行的汽轮机典型计划安排可包括：

——100 次冷态起动；

——700 次温态起动；

——3 000 次热态起动。

b) 大负荷变动的次数；

c) 考虑到电厂其他设备(如蒸汽发生器)的任何限制后，各类大负荷变动要求的负荷变化率。

注：允许的负荷变化率和负荷变动的大小与蒸汽发生器的特性(见 6.1.4)和每次负荷变化期间汽轮机的运行方式(即：节流调节或喷嘴调节)以及汽轮机的具体结构有关。在负荷变化期间，汽轮机内部蒸汽温度的剧变与所有上述因素有关，这可能导致某些部件出现过高的热应力，从而极大地降低其寿命。

除已限定的大负荷变动外，与稳定工况相比仅有较小的负荷变化(即：负荷增量小于 10%的额定负荷)是可接受的，而无需计数。

6.1.4 需方应如实提供蒸汽发生器的特性，包括在所有预计的起动方式、负荷变动和停机方式下，压力和新蒸汽温度及再热蒸汽温度随蒸汽流量的变化。

6.1.5 需方应规定是否采用汽轮机旁路系统，如果采用的话，则应明确其容量、蒸汽参数和流量，以及应由谁供应。

6.1.6 需方还应规定可用辅助汽源的蒸汽参数。

6.2 额定参数变化的极限值

汽轮机应能承受额定参数在下述极限值内变化。

6.2.1 新蒸汽压力

在任何 12 个月的运行期中，汽轮机进口处的平均新蒸汽压力不应超过额定压力，在保持此平均值的前提下，新蒸汽压力不应超过额定压力的 105%。偶然出现不超过 120%额定压力的波动也是许可的，不过这种波动在任何 12 个月的运行期中累计不得超过 12 h(此外请看 6.2 末的注)。

注：见 3.3 中额定蒸汽参数的定义。

提高新蒸汽压力通常会使汽轮机发出的功率超过其正常的额定值，除非通过控制系统的作用限制了蒸汽流量。发电机和相关的电器设备可能不能承受这种附加输出功率，且也可能使汽轮机产生过高的应力，需方因此应提供负荷响应的保护手段来限制汽轮机在上述情况下的输出功率。

需方还应提供手段，以保证再热器前汽轮机高压缸的排汽压力不会超过汽轮机在额定输出功率下运行时该处规定压力的125%。

6.2.2 新蒸汽温度和有再热时的再热蒸汽温度

额定蒸汽温度不大于566℃时，其允许偏差如下一段所述。额定蒸汽温度超过566℃时，允许偏差由供需双方商定。

在任何12个月的运行期中，汽轮机任一进口处的平均温度不应超过其额定温度。在保持此平均值的前提下，温度通常不应超过额定温度8℃。如果在异常情况下超过额定温度8℃，则温度的瞬时值可在超过额定温度8℃～14℃之间变化，但在此两极限值之间的总运行小时在任何12个月的运行期中不超过400 h。在超过额定温度14℃～28℃极限值之间作不超过15 min的短暂波动运行也是许可的，但在此两极限值之间的总运行小时在任何12个月的运行期中不超过80 h。温度绝不应超过额定温度28℃(见6.2末的注)。

如果通过两根或更多根平行管道向汽轮机任一端点供汽，则其中任何一根管子的蒸汽温度与另外任何一根的温差不宜超过17℃；只要波动时间在任一4 h期间不超过15 min，其温差不超过28℃应是许可的，但最热的一根管道的蒸汽温度不应超过上一段中给出的极限值。

6.2.3 背压式汽轮机的排汽压力

在任何12个月的运行期中，平均排汽压力不应超过规定排汽压力。

在保持此平均值的前提下，排汽绝对压力应在额定压力的80%～110%之间。

6.2.4 凝汽式汽轮机的排汽压力

对规定的冷却水温度或流量的范围或在规定的排汽压力范围所发生的任何排汽状态变化，汽轮机都应能运行。如有限制，供方应说明。

6.2.5 转速

除非另有协议，汽轮机应能在98%～101%的额定转速下运行而不限制输出功率和持续时间。

除非另有协议，不允许在与额定值有更大偏差的转速下运行。

注：6.2.1和6.2.2中对新蒸汽压力和新蒸汽温度的偏差所规定的限制值适用于燃烧化石燃料的锅炉或其他高温热源供汽的汽轮机。对进汽为饱和或接近饱和参数的汽轮机，例如由核反应堆供汽，新蒸汽参数的限制值应由需方、反应堆供方和汽轮机供方共同商定。

6.3 异常运行

6.3.1 如果需要在以下任何一类情况下运行的话，则需方应提出要求：

a) 隔离停用凝汽器的部分冷却管；
b) 停用部分或所有给水加热器；
c) 超负荷以及其实现的方式；
d) 引起特殊工况的任何其他运行方式。

6.3.2 供方应明确由规定异常运行引起的任何限制，这可包括例如结构性负荷分配或输出功率的调整之类的问题并包括这些限制所允许的持续时间。

6.4 安装条件

6.4.1 需方应提出安装是在室内还是室外、有无顶棚，以及汽轮机机组应在什么条件下运行，包括最高与最低温度、相对湿度、异常的尘埃问题、降水量、风速(如装在室外)以及其他有关因素。

6.4.2 需方应提供电厂设计所需与地震情况相关的一切数据。

6.5 检修

当需方提出要求时，供方应提供汽轮机装置预期的检修周期和检修范围的资料。

6.6 运行说明书

为能使其供应的设备安全运行，供方应提供完全适当且内容明确的运行说明书。

说明书应包括设备运行涉及的所有限制值，也可包括供方对蒸汽品质的要求。

7 部件

7.1 材料和结构

机组结构中采用的一切材料、部件和焊接以及所有管道、支架、接头和辅助装置，应符合相应的国内标准或国际标准的要求。这些标准应在合同中规定。

7.2 承受高温的部件

7.2.1 非受力部件

不承受明显应力的部件在其运行温度下的材料选择，应做到避免由于下述原因引起不能接受的材料性能的恶化：

a) 内部结构或组织的变化；

b) 材料因其周围环境而引起的变化。

7.2.2 受力部件

用于受力部件的材料应满足 7.2.1 所列条件。此外，应在试验确定数据的基础上选择材料，以确保部件在其使用的应力、温度和时间条件下，不会开裂或发生超过允许范围的变形。

7.3 汽缸和轴承座

汽缸、轴承座和支架应设计成能承受一切正常和危急使用情况下的负荷、允许的管道推力和力矩以及温度引起的位移。汽缸应设计成在运行时的热应力尽可能小。汽轮机汽缸应有合适的支承，以保证与转子保持良好的对中。

为了便于装配和拆卸的需要，应提供顶开螺栓、起吊环、吊环螺钉、导向销等必要的专用工具。

7.4 转子

7.4.1 完工后的转子应由汽轮机制造厂做动平衡。

7.4.2 汽轮机及被驱动机械的共同轴系临界转速应有足够裕量避开额定转速，以避免机组从额定转速的 94%到在调速系统故障时甩全负荷后所出现转速的范围内对机组运行发生任何不利影响。

如果被驱动的机械不是由汽轮机制造厂供应，则由哪一方对汽轮机及其被驱动机械的共同轴系临界转速负责应由各制造厂商定。

7.4.3 每台汽轮机转子都应进行一次超速试验，试验最好在汽轮机制造厂进行。超速试验应在超过最高计算转速 2%的转速下进行，最高计算转速是假定在调速器失灵且最高转速仅受到超速跳闸装置动作的限制时可能出现的转速值。超速试验持续时间不应超过 2 min，并只可进行一次。

不管有怎样的理由，超速试验不应超过额定转速的 120%(非整锻转子不适用)。

7.4.4 转子和联轴器(如有，还应包括齿轮传动机构)应设计成能承受由发电机短路或电网中其他特定扰动造成的运行条件。

需方应采用减少或排除电网中任何电力故障对汽轮发电机组影响的保护装置。

7.5 阀门

汽轮机应采用适当数量的调节阀。这些阀门应在整个转速和负荷范围内能适当地调节供给汽轮机的新蒸汽量。此外还应与这些调节阀串联配置适当的主汽阀。对这些最先通过新蒸汽的阀门，应在每个阀的上游尽可能靠近阀的位置上装设一个蒸汽滤网。对小功率汽轮机，主汽阀可与调节阀合在一起。

对再热式汽轮机而言，还应配有适当数量的再热调节阀。应与这些调节阀串联配置适当的再热汽阀，对这些最先通过再热蒸汽的阀门，除下述情况外，应在每个阀的上游尽可能靠近的位置上装设一个蒸汽滤网：

a) 第一个阀是摆动式阀(在这种情况下，滤网应设置在第一和第二个阀之间)，或

b) 再热是在汽/汽再热器中进行。

7.6 主轴承和轴承箱

a) 径向轴承应有水平中分面,并附有可更换的轴瓦、瓦块或瓦衬。

b) 推力轴承应设计成能承受任一方向的轴向推力。推力轴承在检修时应有可调整转子轴向位置的设施。

c) 应不拆开汽缸就能更换所有的轴承。

d) 径向和推力轴承应设计成压力供油润滑,并保证排油畅通。

e) 轴承箱应能防止水分或异物进入和防止润滑油漏出。

f) 为了尽可能降低摩擦静电效应产生电流的影响,应将汽轮机及被驱动机械的轴接地。如果这些机械由不同的供方供应,则供需双方应商定轴接地点的位置。较小功率汽轮机通常无需接地。

注:对于被驱动机械侧不接地的小功率汽轮机,则由供需双方商定。

7.7 汽缸汽封和级间汽封

转子的端部汽封和级间汽封应采用合适的材料,以将运行温度下的变形或膨胀减少到最小限度。

汽封的结构应使其在运行中万一发生摩擦时将对转子的损伤减少到最小限度。

7.8 保温

当有规定时汽轮机应安装保温材料,需方应提出保温层材料外表面温度的要求(通常不超过环境温度40℃)。保温设计应便于汽轮机检修。

需方应说明对保温材料的任何限制。

8 基础和建筑物

8.1 汽轮机供方应向需方或基础设计方提供其本身设计职责和需方职责之间接口的有关资料(静载荷和动载荷、外形图、台板详图、力与力矩、基础允许挠度、热膨胀等),使整个支承系统的设计和建造得以进行。

注:其中的基础允许挠度由基础设计方提供。

8.2 基础设计方应保证不会因基础部分的挠度、固有频率和其他特性所设计的基础而在5.2和5.3规定的转速范围内对机组的运行产生不利影响。

8.3 需方应将运行和停机时传递到汽轮机上各种载荷的详情,包括所有管道力和力矩在内,均应提供给汽轮机供方并取得认可。

8.4 需方应使基础振动的固有频率不与机组运行转速的任何低倍频重合形成共振。

8.5 为便于设备运入和设备安装,基础与建筑结构中应有足够空间和必要的通道。在设备周围,需方应提供足够使用的空间,包括吊出转子和放置汽缸上半的场地。

8.6 与汽轮机直接相连的辅助设备(例如汽水分离器和加热器),如果安装在其他与汽轮机分开的基础上,则汽轮机供方应对其相对汽轮机基础的允许位移作出规定。

9 给水泵的驱动

9.1 设计条件

为了让汽轮机供方确定热力循环和热耗率,需方应向汽轮机供方提供下列资料。

9.1.1 由给水泵汽轮机驱动

给水泵汽轮机由主汽轮机抽汽供汽,或者给水泵汽轮机的排汽排入主汽轮机或其蒸汽系统中去的场合:

a) 如果给水泵和给水泵汽轮机由主汽轮机供方供应,则需方应在较早阶段向主汽轮机供方提供表明所需给水泵的扬程与给水流量之间的函数关系资料。

b) 如果主汽轮机供方只供应给水泵汽轮机而不供应泵,则需方应在较早阶段向主汽轮机供方提供表明所需泵的输入功率、转速和给水泵扬程的变化与给水流量之间的函数关系资料。

c) 如果主汽轮机供方既不供应给水泵汽轮机也不供应泵，则需方应在较早阶段向主汽轮机供方提供充分资料，以便得出在整个给水流量范围内通过泵的给水焓升和给水泵汽轮机的进汽量。

上述a)和b)的资料应包括从主汽轮机最小负荷下给水泵能独立满足需要的给水流量到给水泵和给水泵汽轮机设计的最大给水流量的范围。

在确定给水泵汽轮机功率之前，应考虑超过主汽轮机最大输出功率时所需的给水泵汽轮机功率和转速的附加裕量；裕量的大小应由需方与主汽轮机供方商定。

如果主汽轮机供方不供应从主汽轮机抽汽口或从主蒸汽管(或从其他汽源)到给水泵汽轮机的供汽连通管，则需方应向主汽轮机供方说明该管道的允许蒸汽压损和温降。

9.1.2 由电动机驱动

当给水泵由一台电动机驱动时，有时是直连的，有时是通过变速装置或液力联轴器驱动：

a) 如果汽轮机供方供应上述整套设备，则需方应在较早阶段向汽轮机供方提供表明所需给水泵扬程与给水流量之间的关系资料。

b) 如果汽轮机供方只供应驱动设备而不包括给水泵，则需方应在较早阶段向汽轮机供方提供表明所需给水泵的功率(在给水泵输入的联轴器上测量)和给水泵扬程与给水流量之间的函数关系以及给水泵最高转速的资料。

c) 如果汽轮机供方不供应给水泵、电动机、变速装置或液力联轴器，则需方应在较早阶段向汽轮机供方提供表明给水焓升与给水流量之间的函数关系资料。

9.1.3 给水泵流量的裕量

凡具有过热器、再热器和汽轮机旁路喷水的场合，给水泵的设计流量均应包括他们所需要的减温水量。

9.2 总则

9.2.1 如果给水泵由给水泵汽轮机驱动，则给水泵汽轮机供方和给水泵供方应就给水泵的相关接口要求，包括转动方向在内的一切必要条件达成一致。还应商定给水泵和给水泵汽轮机需要的润滑油、控制油、密封水和汽封用汽的供给方法。对是否要装盘车机构，应由给水泵汽轮机供方和给水泵供方共同商定。

9.2.2 对防止或限制给水泵反转的任何要求均应给予考虑。

10 汽轮机辅助系统

10.1 润滑油系统

a) 汽轮机应有一台由汽轮机本身或经商定也可由一台电动机驱动的主油泵。

b) 还应供应一台功率相当于主油泵但完全与主油泵分开的动力源驱动的辅助油泵。这台辅助油泵在汽轮机起动或停机时工作，并在万一油压偏低时，它自动投入运行以替代主油泵，维持汽轮机继续运行。

c) 当汽轮机驱动的主油泵出口油压较高，除供作控制油外并经减压装置减压后供润滑用时，应再配置一台辅助润滑油泵(即交流润滑油泵)。

d) 应具备在带负荷条件下用模拟低油压的办法使所有辅助润滑油泵自动起动的试验设施。

e) 还应供应一台用直流电动机驱动的事故油泵，以便万一辅助油泵或其电源故障时，事故油泵能自动起动，其功率大小足以使机组能安全地逐渐停下来。或经商定，也可用重力油箱来达到同样目的。

f) 为了减少盘车或起动时的起动力矩和轴承的磨损，必要时应供应一套顶轴油系统向汽轮机和发电机各轴承供给高压油以顶起转子。

g) 应供应容量足够的多台冷油器，以便在机组运行时，能任意停用一台冷油器。冷油器的进、出口切换阀应配置成在机组运行时不会切断流向各轴承的油。对小功率汽轮机也可只供应一台冷油器。

h) 润滑油的清洁度应由必要的滤油器、滤油网和油净化装置等来保证。油系统清洁度应在机组投运前达到。

i) 所有管道、阀门、冷油器壳体和滤油器壳体均应采用钢或其他合适材料，例如灰铸铁等脆性材料都是不合适的。管子连接应尽可能采用焊接。

j) 应采取预防措施，将油箱与油管内部的锈蚀减低至最低限度。

k) 汽轮机供方应规定所使用润滑油的特性。如初次注入油不是由汽轮机供方负责，则所用油应经汽轮机供方认可。

l) 润滑油系统设计应确保在正常运行时，每个主轴承运行的排油温度一般不超过75℃。小功率汽轮机的油温一般不超过85℃。应采取预防润滑油泄漏引起火灾的措施。在大功率汽轮机中，应对轴承合金层(巴氏合金)进行温度监视，温度控制值按汽轮机供方的要求执行。

10.2 控制油系统

控制系统用油和操纵蒸汽阀用的动力油既可来自润滑系统，也可来自一个完全独立的油源。该独立油源的泵应是两台，当一台泵故障时能自动切换至另一台。切换过程中应采取措施维持控制油的压力。

如果所用控制油不是润滑油系统的油，则该油应得到汽轮机供方的认可。有关材料、管子结构和多台冷油器的要求按10.1执行。滤油器也应是多台的并可在运行中切换。

10.3 转子和阀门汽封的密封系统

转子轴端和阀门汽封的密封系统设计应确保没有蒸汽泄漏到汽轮机厂房，例如设置汽封蒸汽凝汽器和汽封抽气器。汽封蒸汽的控制应是完全自动化的(小功率汽轮机除外)。必要时应在蒸汽管道上设置安全阀。起动时如需辅助蒸汽，汽轮机供方应向需方说明该蒸汽参数和蒸汽量的要求。

10.4 疏水系统

在每个汽缸、蒸汽室或其他容器以及所有输汽管包括去给水加热器的抽汽管道上，应在所有可能积水的地方充分疏水。

疏水通常应排入相应的疏水容器中；在排入疏水容器之前，疏水管上应装有合适的阀门、集水器或孔板。

10.5 排汽系统

从轴封的蒸汽排风扇和润滑系统排风扇至指定的室外场所或商定的地方应设置排放管。

10.6 盘车装置

为限制汽轮机停机中转子产生热变形，应设置盘车装置以使转子在停机时，能连续或断续地缓慢转动。当润滑油的供给不充分或盘车齿轮未能完全啮合以前，不能开始盘转。汽轮机转速超过盘车转速时，盘车装置应自动脱开。

10.7 管道系统

10.7.1 所有蒸汽、水、油或空气管道宜采用符合国内标准和国际标准的钢材。

10.7.2 应尽可能用焊接接头。必要时经商定也可采用其他连接形式。

10.7.3 汽轮机供方应说明其装置允许承受作用在其设备商定的主要终端点上的附加管道力、力矩的大小和方向。

11 仪表

11.1 总则

汽轮机应备有可靠、高效的运行和监视所需的各种仪表。

合理的仪表范围取决于汽轮机的额定功率和运行工况。下述要求适用于大功率汽轮机。

11.2 标准仪表

应至少在下列地方设置一次测量元件：

a) 压力

——在靠近主汽阀和再热汽阀或滤网(如果有)前的新蒸汽和再热蒸汽进口处；

——抽汽式汽轮机的抽汽；

——去给水加热器的抽汽；

——各汽缸的排汽；

——供给轴承的润滑油；

——控制系统的供油。

b) 温度

——新蒸汽和再热蒸汽；

——高、中压缸的排汽；

——去给水加热器的抽汽；

——冷油器出口油；

——轴承排油或轴承金属。

c) 油位

——主润滑油箱的油位；

——控制油箱的油位。

11.3 监视仪表

应设置下述监视仪表：

a) 转速：汽轮机的转速；

b) 负荷：发电机的输出电功率(通常该仪表不包括在汽轮机合同内)；

c) 转子和轴承座(或汽缸)的位移：

1) 在远离推力轴承端测量转子相对于轴承座(或汽缸)的轴向相对位移(胀差)；

2) 转子(推力盘)相对于推力轴承的相对位移(轴向位移)；

3) 轴承座(或汽缸)相对于基础的轴向位移(绝对热膨胀)；

d) 振动：轴承座或转子的振动，也可要求同时测转子偏心和相位；

e) 金属温度：应设置为汽轮机安全运行考虑或者估算汽轮机和汽缸壁或其他部件的热应力所需的所有金属温度或温差的测量仪表，以便为机组提供安全的升速率或负荷变化率的参考数据；

f) 阀门开度：所有新蒸汽和再热蒸汽阀门的开度。除非供需双方另有商定，再热汽阀可只指示全开或全闭；

g) 水位：具有汽水分离器和再热器的湿蒸汽汽轮机应测定汽水分离器和再热器疏水箱的水位；

h) 另外应供应第12章列出的报警和跳闸发讯器。

11.4 附加仪表

附加仪表可由需方规定，也可由汽轮机供方推荐。

对大功率汽轮机，这些仪表一般包括：

——凝汽器冷却水温度；

——凝汽器压力；

——各类容器内的压力和液位；

——给水加热器和其他热交换器的进、出口处蒸汽和给水温度；

——给水泵进、出口处压力；

——凝结水、给水和新蒸汽的流量。

注：上述仪表可由汽轮机供方以外的其他供方提供。

11.5 试验测点

在汽轮机的正常运行和控制所需测点之外，为进行热耗率或其他原因的性能试验，所需增加的试验和监视测点由供需双方商定。

应就不属于供方合同范围的所需测点的布置和责任达成协议。

12 保护系统

12.1 总则

合理的保护范围取决于汽轮机的额定功率和运行工况，下述保护要求适用于大功率汽轮机。

12.2 跳闸保护系统

12.2.1 应设置独立而分开的汽轮机保护系统，该系统应设计成一旦出现跳闸信号，所有主要蒸汽阀(即：主汽阀、调节阀、再热汽阀和再热调节阀)应立即关闭；冷端再热蒸汽的排汽管、去给水加热器的抽汽管和其他通常由汽轮机抽汽的系统中的止回阀(如果设置)均应强制关闭；这样万一发生事故跳闸时能使汽轮机安全地停下来，否则会造成汽轮机和其辅机损坏。

12.2.2 保护装置应按失效保护原则设计，例如在控制油失去压力时，应立即关闭主汽阀和调节阀。

12.2.3 当引发跳闸系统动作的条件消失后，不应使跳闸装置自动复位和蒸汽阀重新开启。跳闸系统应设计成只能手动复位，在跳闸系统复位之前，任何蒸汽阀不能重新开启。

12.2.4 跳闸系统应包含下列装置(但并不局限于此)，但其中任何一个装置动作均应导致保护系统动作：

a) 超速保护装置(见5.5)；

b) 汽轮机就地手动遮断装置；

c) 就地和遥控操作的危急停机装置；

d) 低凝汽真空保护装置；

e) 进汽压力过低跳闸保护装置(必要时)；

f) 润滑油压过低跳闸保护装置；

g) 轴向位移跳闸保护装置；

h) 电子调节器故障跳闸保护装置；

i) 由发电机或其辅助系统故障引发的跳闸保护装置；例如发电机定子绕圈断水；

j) 电气系统故障跳闸保护装置。

12.3 报警

因下列项目达报警值时发出报警，但汽轮机不应跳闸：

a) 推力轴承过分磨损；

b) 低压缸排汽温度过高；

c) 轴承温度(油温或金属温度)过高；

d) 振动过大；

e) 轴向位移过大；

f) 凝汽器真空度过低；

g) 润滑油压过低；

h) 相对膨胀过大；

i) 油箱油位过低。

12.4 其他保护装置

其他保护装置(未经供需双方商定，不应引起跳闸)如下。

12.4.1 防止低压缸和凝汽器压力过高保护装置

低压缸和凝汽器应设置足够尺寸的泄放阀或泄放膜以防止超压，保证其压力不超过允许值。

12.4.2 防止给水加热系统的来水进入汽轮机的保护装置

为防止从给水加热装置向汽轮机进水，给水加热装置的供方至少应设置以下保护内容：

a) 汽轮机的每一抽汽管应设计成在任何水可能进入汽轮机之前，必须先使加热器壳体内全部充满水。加热器最好布置在低于汽轮机的位置。

b) 对每台给水加热器而言，应有两套独立的自动防止水从给水加热系统进入汽轮机的手段；其中任一个手段失效时都不会导致汽轮机进水。

该两套独立手段可采用下列组合方式中的任何一种：

2)和 1)A 或 1)B；

或 3)和 1)A 或 1)B；

或 2)和 3)。

1) A 采用开式差压密封重力疏水设施(例如 U 形管疏水装置、多级水封等)。

B 给水加热器另加一个足够容量的紧急自动疏水阀和通道。

2) 在汽轮机到给水加热器之间的抽汽管中和与加热器串联的疏水管道中设置自动隔离阀。

3) 对所有进入加热器的给水来源采用自动隔离和旁路设施。

注：上述 2)或 3)要求的每个自动隔离阀从接到关闭信号至全关位置的动作时间，宜是流入壳侧的水流量相当于下列二者中之较大者相应的时间：

① 从两根断裂管子(从管子断头)流出的水流量，或

② 水流量相当于加热器管侧在额定功率时流量的 10%。

阀门应在水充满高的报警水位(其引发阀门关闭)到自动隔离阀之间的有效容积之前关闭。

1)B、2)和 3)项应由加热器壳侧的高水位传感器引发，并事先发出报警信号，以保证可靠运行。

c) 为限制甩负荷时的转速飞升(见 19.3)，通常在绝对压力大于 0.098 MPa 的抽汽管道上设置抽汽止回阀，该阀门的位置应尽可能靠近汽轮机的抽汽口。

凡装有隔离阀和强制关闭式抽汽止回阀时，应能在机组运行时进行关闭方向的活动试验，以检查其灵活性。

d) 如果从一根抽汽管同时给几台加热器供汽，则每台加热器应有其自己的隔离阀门；或者如果这些隔离阀门安装在抽汽总管上，则从一台满水的加热器溢出的水在可能流入抽汽总管并到达汽轮机以前，应先完全灌满该并列的加热器。

e) 每台加热器应配置双重高水位检测开关，每只开关在机组运行中应能试验其是否能正确动作。

12.4.3 汽水分离器和再热器的超压保护装置

有汽水分离器和再热器的容器应采用相应的安全阀、爆破膜片或其他商定的手段以防止超压。

12.4.4 进汽压力低卸负荷装置

在必要的情况下，应配置当进汽压力低于规定压力时能关闭调节阀，迅速将汽轮机负荷降至所定输出功率的装置。

即使进汽压力恢复，调节阀也不应自动打开。进汽压力进一步降低时，应使汽轮机跳闸(见 12.2.4)。

注：汽轮机以被控的低新蒸汽压力运行时，进汽压力低卸负荷装置和进汽压力低跳闸装置(见 12.2.4)只应在汽轮机进汽压力急剧下降时保护汽轮机而动作；但正常运行时允许调节阀重新自动开启。

12.4.5 有害蒸汽

如果汽轮机采用了旁路，则需要采取保护措施以防止蒸汽由高压缸排汽口逆流进入汽轮机。通常至少设置一个高排止回阀来达到上述目的。

13 振动

13.1 汽轮机部件的一般振动

在运行时汽轮机每个轴承或其邻近处应备有可供进行振动测量的条件[见 11.3d)]；可测轴承座振

动、轴振动或轴相对轴承座的振动。

描述汽轮机轴承座振动的优先准则是振动速度，对于同步振动下，它与振动位移峰峰值的关系为：

$$2A = 450V/f$$

式中：

$2A$——振动位移峰峰值，μm；

V——均方根振动速度，mm/s；

f——转速频率，Hz。

描述轴振动的优先准则是轴的振动位移峰峰值。

13.2 轴承座上测量的振动

在经过良好平衡并以规定转速下稳定运行的汽轮机，通常可在轴承座上沿径向测得 2.8 mm/s 或更好的振动速度值，但在更高的振动速度值下，汽轮机也有可能继续满意运行。

表 2 给出了不同转动频率时，振动速度为 2.8 mm/s 所对应的(该值按 ISO 2372 第Ⅳ级 A 品质段)位移峰峰值。

表 2 轴承座上测得的振动位移峰峰值

汽轮机额定转动频率/Hz	轴承座上测得的振动位移峰峰值/μm
16.67	75
25	50
30	42
50	25
60	21
100	12
200	6
注：其他转速下的振动位移可由下列关系式得到： 转动频率×振动位移＝1 250(单位同上)。	

13.3 轴上测得的振动

轴振动通常相对于轴承座测得，但无论如何，该振动测量应按 GB/T 11348.1 和 GB/T 11348.2 进行。轴上测得的振动可能比轴承座上测得的大得多(两倍或更多倍)，它取决于轴的振型、传感器的轴向位置、轴承结构和其他因素。

14 噪声

14.1 机组单个部件发出的噪声

机器的噪声在围绕机器的一虚拟面上测得，该面离机器轮廓面 1 m，距运行层地板、通道或供人员通过的其他位置地面之上 1.2 m。

表面噪声级的定义是用符合 IEC 60651 的Ⅰ型慢响应声级计，用传声器置于上述位置测得的最大"A"计权均方根声压级。

14.2 汽轮机组附近的噪声级

汽轮机组附近的噪声级取决于很多因素，例如汽轮机不同部件发出的声功率、电站其他设备部件发出的声功率、汽轮机与其他设备的相对位置以及环境周围和建筑物的音响效应，其中也包括消声材料采用的多少。

如果所有上述因素都在汽轮机供方范围之内，则需方可向汽轮机供方提出有关汽轮机附近允许噪声级的要求。如果这些因素并不全在汽轮机供方范围内，则就需要需方、汽轮机供方和其他因素的责任方共同来满足需方的要求。汽轮机附近其他部件或其他设备的供方应对他们本身所供的设备或部件产生的噪声负责。

如果这些要求不能靠设备的本身设计来满足，则可通过供应合适的隔声屏或罩壳来解决。

15 试验

15.1 总则

本标准要求的全部试验应按规定的条文执行。

需方任何进一步要求的试验和需方或其代表任何见证的范围应在需方的技术规范中说明。

15.2 水压试验

作为质保大纲的一部分，所有在正常运行时承受的压力超过大气压的部件均应进行水压试验；其试验压力至少应超过在额定终端参数（如3.3所定义）的任何负荷下可能出现的最大压力的50%。凡运行中不会向大气泄漏的部位，经商定水压试验可取消。如果制造厂可用其他办法使需方对部件的完善性和适用性感到满意，则经商定也可取消水压试验。

15.3 性能试验

任何要求的性能试验范围和希望供方参加的范围应一起在需方的技术规范中提出。

热力性能验收试验应按 IEC 60953-1 或 IEC 60953-2 或 ASME PTC6 进行。

转速和负荷调节试验应按 IEC 1064 进行。

15.4 试验结果和数据

试验结果和数据以及据此提出有效的证书或报告应经供需双方共同认可，这些证书或报告是证实合同规定的所有试验项目已经达标的文件。

16 交货和安装

16.1 运往现场和临时包装保护

在运出工厂之前，为防止运往现场途中和在安装前的储存阶段发生腐蚀、应力腐蚀和装卸损坏，所有汽轮机部件均应适当包装保护。储存条件和时间应由供需双方商定。

16.2 安装和投运

安装和投运程序应按供方在图样上或由其他文件提出的建议和说明进行，如果合同不包括安装和投运部分，则建议需方至少应接受供方专业人员指导。

17 需方应提供的设计资料

17.1 总则

通常需方应向供方提出其要求的详细技术规范，建议这些要求或其他相关资料至少包括下列内容。

17.2 汽轮机和辅机的特性

a) 在发电机终端或汽轮机联轴器处按3.5定义的额定输出功率；

b) 当要求执行4.2的要求时，热力性能保证用的加权系数；

c) 转速或电网频率和要求的运行转速范围；

d) 总的要求运行小时；

e) 汽轮机安装场地的详细情况和任何环境限制条件；

f) 要考虑的任何地震条件。

17.3 汽、水条件

a) 在额定功率时，汽轮机各主汽阀进口处的额定蒸汽参数和最高蒸汽参数。

b) 在额定功率时，汽轮机各排汽法兰处的蒸汽压力。

注：如果汽轮机供方不供应凝汽器，则应包括汽轮机排汽法兰处的压力。如果汽轮机供方也供应凝汽器，则所需资料如17.4所列。

c) 对火电厂而言，如果汽轮机在汽缸间配置了再热器，但再热器不由汽轮机供方供应：

——各冷端再热压力；

——各再热器的压降，和

——各再热系统安全阀的设定压力。

d) 如果汽轮机配置一外置式水分离器，但不由汽轮机供方供应：

——蒸汽的压降；

——水分离效率；

——分离器疏水的去处；

——安全阀或其他装置(见 12.4.3)的设定压力，如果它们不属于汽轮机供货范围的话。

如果水分离器后有一级或多级汽/汽再热器，但不由汽轮机供方供应：

——被再热蒸汽的压降；

——再热蒸汽管的压降；

——各级再热器的终端差；

——再热器疏水的去处。

只要合适，上述参数应作为蒸汽流量的函数表示。

e) 如果新蒸汽或再热蒸汽用喷水调温：

——水源、水流量和水的焓值。

f) 如果因清洗和弥补锅炉损失而向凝汽器补充水：

——水量和水温。

g) 如果为加热或其他辅助目的所需的抽汽：

——所需流量和压力、疏水的去处和焓值，抽汽压力是否需要调整以及这部分抽汽是否计入保证值。

h) 混压式汽轮机的低压进汽：

——压力；

——平均温度(或干度)和范围；

——蒸汽流量；

——控制进汽的方法；

——仅有高压蒸汽时所要求的最大输出功率。

注：供方可要求高压蒸汽流量不低于规定值。

i) 可用的辅助汽源及其参数，例如为了起动时供汽封密封用汽。

j) 供汽的化学特性。

k) 对于锅炉给水泵，需方应提供第 9 章所列的资料以及所有电厂热力和机械方面配套所需要的其他资料。凡有可能，资料中应包括这些参数随给水流量或汽轮机输出功率而变化的详细数据。

注：对上述 c)、d)、e)和 g)各项，要求供需双方之间交换一些资料，因为非供方供应范围的设备其最终设计将受到汽轮机最终设计压力分配的影响。

17.4 凝汽器和冷却器的条件(如果该设备属供方供应范围)

a) 冷却介质的来源和品质，或换热面使用的材料和设计中采用的清洁系数。

b) 冷却介质的最高和最低温度以及年平均温度。

c) 冷却介质可用流量或允许温升的任何限制。

d) 冷却水系统各端点的最高和最低压力以及端点间的压降。

17.5 使用、安装和运行方式

a) 被驱动机械的详情(如不由汽轮机供方供应)：

——制造厂厂名；

——外形尺寸、安装尺寸和布置方式；

——包括汽轮机承受的所有正常或异常扭矩以及任何轴向推力和径向轴承负荷等相关特性的全部说明；

——对润滑油和冷却水等辅助装置的要求；

——如果该机械通过齿轮箱而被驱动，其输出轴的转速；

——有关平衡、对中、膨胀的要求或影响安装后机组良好运行的其他问题。

注：转向应与汽轮机供方商定。

b) 被驱动机械的负荷特性、预期运行模式和运行方式。

c) 会引起异常扭矩的电网系统的扰动次数、特性和强度。

如果发电机和汽轮机不由同一供方供应，则发电机应向汽轮机供方详细说明，由发电机施加在汽轮机上的异常扭矩；在确定这些异常扭矩时可要求发电机和汽轮机制造厂之间共同合作。

d) 影响汽轮机运行的有关因素，例如：

1) 运行条件(见 6.1.3)；

2) 滑压的采用(见 3.10)；

3) 要求最大的加负荷率[见 6.1.3c)]；

4) 短期异常运行工况(见 6.3.1)；

5) 蒸汽发生器的特性(见 6.1.4)；

6) 如采用旁路的话，汽轮机旁路系统的容量(见 6.1.5)。

e) 影响设备的经济上最优化的有关因素，这些包括需方的一些供汽轮机本身及其凝汽设备进行优化设计的评估数据。

对于固定的新蒸汽参数和新蒸汽流量，可以用合理选择汽轮机设备的不同参数，包括有关凝汽器及其冷却水系统的参数，来增加输出功率和降低热耗率。

需方应阐明其对下列情况作评估时采用的数据：

——改善一个单位的保证热耗率对其效益的影响；

——在热耗率保证值中没有考虑的辅机用电每增加 1 kW 对其成本的影响；

——增加一个单位容积流量的冷却水和补充水对其成本的增加；

——任何要考虑的其他装置的特性或尺寸。

f) 对于起动、并网、带负荷和停机等功能，应予明确就地或遥控进行手动还是自动化操作的控制系统要求。

g) 如果需用电子调节器，则按附录 A 的 A.6 所列资料。

h) 安装条件(见 6.4)。

i) 保温的要求(见 7.8)。

j) 允许噪声级(见第 14 章)。

k) 所需的附加仪表(见 11.4)。

l) 是否需要进汽压力低卸负荷装置(见 12.4.4)。

17.6 基础

如果需方负责基础设计，则应尽早向汽轮机供方提供基于第 8 章中涉及资料而设计的基础外形图。

17.7 接口

应提供设备的接口。

17.8 交货现场条件

a) 交货地点；

b) 影响运输状况和进入现场通道的条件、现场可用设施和延期贮存有关的任何要求。

17.9 试验

性能试验范围(见15.3)。

18 供方应提供的设计资料

供方应向需方提供其设备的详细资料,建议至少包括下列项目。

18.1 为汽轮机的稳定性,需方在进行接口与管道系统的机械设计时,要限制来自主要蒸汽管道的力和力矩。供方应提供管道力和力矩的足够资料,使需方按此设计管道系统。

如果给水加热器或类似设备在供方的供应范围内,就给水管系而言,则可要求提供类似的资料。

18.2 接口在有关运行条件下的热膨胀。

18.3 到需方管道系统的所有管子接口尺寸以及焊缝坡口和焊接建议。

18.4 必要的技术资料和图样相互提供的时间建议表,以使汽轮发电机组及其辅机能纳入总体电站设计中去。

18.5 起动时汽封密封用辅助蒸汽的参数和流量要求。

18.6 第8章中所述的汽轮机基础资料。

19 汽轮机给水回热

19.1 设计条件和安装条件的确认

发电用汽轮机通常都有给水回热,对其基本要求(见第4章)和有关下述细节应由需方和供方针对一个或几个规定负荷进行商定。

a) 给水抽汽回热级数以及其中供汽:
   1) 来自主汽轮机;和
   2) 来自其他汽源。
b) 每级给水加热所用的热交换器的数目和布置,以及每一加热器是由汽轮机的一个抽汽点单独供汽,还是同一给水回热级的所有加热器由一根母管供汽。
c) 给水泵在给水加热回路中的位置、每台泵出口的给水压力和经过每台泵的给水焓升。
d) 相应终端点上所要求的给水温度及其与要求值的允许偏差。
   还有,最终给水温度是否允许随汽轮机负荷自然地变化;如不允许,则由需方提出要求。
e) 串联加热器的疏水方式以及疏水在哪一处或哪几处(如有的话)向前注入给水系统。
f) 每台加热器的终端差,即加热器内蒸汽的饱和温度与加热器出口处给水温度之差。

注:在进入给水加热器饱和区以前,抽汽如需冷却,则应考虑过热冷却器中的给水补充加热。

g) 无论是单独的或与抽汽加热器做成一体的每台疏水冷却器(除扩容式外)的终端差,即加热器凝结水在疏水冷却器出口处的温度与给水在疏水冷却器进口处的温度之差。
h) 在给水系统中凝结水通过任何一台不由供方供应的热交换器的焓升。
i) 从每个汽轮机抽汽出口至加热器的压降,或从抽汽出口至加热器的饱和温降。
j) 抽汽蒸发器(如有的话)的型式及其在系统中的位置;所需补充水量、蒸发器的排污量和进入蒸发器的生水的焓值。
k) 如果来自辅助设备的凝结水也由本给水加热系统处理,该凝结水的量和焓值以及进入给水加热系统的地点。
l) 除汽轮机功率外而需调节的运行工况细节,例如在除氧器最低压力有规定时,为满足这个要求,有何可供选择的汽源及其参数。
m) 如果加热给水的汽源不是来自主汽轮机:各汽源的压力、焓值和流量以及被凝结蒸汽的去向,与此类似,如供热介质不是蒸汽时有关的细节。

19.2 把给水加热系统的性能纳入汽轮机保证值中

如果汽轮机供方供应给水加热系统，则系统的性能应包括在性能保证值内，除非另有商定。

如果汽轮机供方不供应给水加热系统，则性能保证中应阐明19.1所列条件。

如果最后商定的给水加热系统与保证值所依据的系统有差异，则应给予汽轮机供方调整其保证值的机会。

19.3 汽轮机抽汽管上装止回阀的规定

供方应确定由于甩负荷或汽轮机跳闸后，滞留的蒸汽引起的汽轮机超速量。

如果给水加热装置非汽轮机供方供应，则汽轮机抽汽管道上要装的止回阀数目和型式应由汽轮机供方与需方商定，并以超速计算为依据。

如果已计算返回到汽轮机的蒸汽量，且所造成对超速的影响是可接受的，则这些抽汽管道上的止回阀可予以取消。

附 录 A
（规范性附录）
电子调节器

A.1 总则

A.1.1 范围

本附录适用于汽轮机上使用的电-液式调节系统和超速保护装置的电子部分。第5章的要求，只要适用，也应予以遵守。

A.1.2 调节系统的分类

A.1.2.1 电子调节器按各种用途所要求的不同性能之间的差别(特别是可靠性方面)分类如下：

A型：容错系统。在该系统中至少能检测和修好一项故障，而不致影响或仅有限地影响系统可用率，且不影响超速限制功能。这样的调节控制系统可有例如三个并联的主执行通道，通过比较，可检测出其中某一通道的故障同时报警，并通过通道间的选通配置来保持系统的控制。

B型：该系统可检测出自己的故障，并按单个故障的大小引起机组卸负荷或跳闸。单个故障中包括导致丧失超速限制功能的所有故障。这类调节器可有例如两个执行通道或一个具有监控功能的通道。

C型：除去调节系统的输出在发生某些故障时，先不使汽轮机卸负荷或跳闸而是置于“保持”位置外，其他特性与B型系统相同。在这种状态下，虽然可人工控制系统输出，但调节系统不会限制超速。

D型：简单的调节系统，系统故障可能导致完全丧失其可用性。

A.1.2.2 调节器也可按其与调节阀油动机的接口分类：

a型：每个调节阀都有一单独电液控制器的系统，每个系统都有故障监控设施并可能在内部是重复保护的。这种系统通常与A型或B型调节器一起使用。

b型：所有调节阀或控制阀组共用一个接口的系统。这种系统通常与B、C或D型调节器一起使用。

A.1.3 超速保护

5.5的要求适用于机械式和电子式超速保护装置，其中任何一种均可与电子调节器联用。电子式超速保护也可与机械式调节器联用或与机械式超速保护装置联用。

对于中心电站汽轮机，电子式超速保护装置应设计成任何单个故障既不会引起一次跳闸，也不会阻止一次跳闸，可采用任何一种合适的冗余型式。

对于小功率汽轮机，电子式超速保护装置可与调节系统组合使用。

A.1.4 控制方法

电子调节器可为模拟式或数字控制式，或是二者的组合。但不允许采用共用设备(即有一部分属于汽轮机供方供应范围之外的设备)。

A.1.5 动力源

对A型调节器而言，需方应至少提供两套独立的电源，以便在任何时候，当一套电源丧失时仍使调节器性能不受影响。

A.2 提供的装置

调节器应包括下列特点：

a) 在线检查和试验的试验点；

b) 显示设备故障类型的警报；

c) 模板简单的更换(A型可在线更换)；

d) 如果采用部分进汽控制方法，则在任何特殊目的需要时，可切换到全周进汽运行的装置；

e) 需方可指定的其他功能，例如：

——遥控和/或就地控制；

——与其他控制系统的接口；

——卸负荷和跳闸措施；

——可变不等率；

——在宽范围和/或窄范围进行控制；

——不同的阀组控制(新蒸汽、再热蒸汽、抽汽等)；

——转速和/或负荷的限制；

——负荷和/或压力的控制；

——阀门位置的直接控制。

A.3 特性

电液调节系统的特性主要取决于控制阀门位置的机械和液压元件以及阀门本身的特性。除非另有商定，5.3 给出的综合特性应作为包含电子调节器的系统的规定值。

同步器(负荷定位)应能逐步调整输出功率。每步不大于额定功率的 0.5%。

表 A.1 给出了非线性与稳定性的指导值。

表 A.1 非线性与稳定性

汽轮机额定功率/MW	<20	20～150	>150
非线性 额定功率的%	—	—	在 0～100%额定功率范围，不大于±3
稳定性 额定功率的%			
短期	2.5	1.5	1
长期	10	10	10

A.4 环境

在表 A.2 规定的任何等级环境条件下，装置都应保持良好和连续运行。

下列标准环境条件对所有三种等级也应适用：

——振动：10 Hz～65 Hz，振幅 0.15 mm；

——气压：68 kPa～106 kPa。

存在规定的一种性质和级别的无线电干扰时，装置功能应正常。

装置也不应发出超过规定水平的无线电干扰。

表 A.2 环境等级

等级	环境温度范围/℃	环境相对湿度/%	典型环境
1	0～40	45～75	控制室和装置室
2	−25～+55	45～100	室外或车间现场
3	−10～+70	45～100	特殊环境

A.5 试验

A.5.1 工厂试验

需方参与的见证试验应事先商定。

A.5.2 现场试验

凡是使装置能在所有规定模式下工作所需的试验，应有必要进行现场试验。

A.6 文件

需方应在其技术规范中提供下列资料：

a) 运行环境的详细情况(见 A.4)；

b) 可用电源的详细情况；

c) 发电机组或过程的控制框图；

d) 包括 A.2 所述可供选择的设备在内的要求控制功能的清单；

e) 可接受的调节器种类(A、B、C 或 D)和接口 a)或 b)(见 A.1.2)；

f) 试验的特殊要求。

附 录 B
（资料性附录）
本标准与 IEC 60045-1:1991 的技术性差异及其原因

表 B.1 给出了本标准与 IEC 60045-1:1991 的技术性差异及其原因。

表 B.1 本标准与 IEC 60045-1:1991 的技术性差异及其原因

本标准的章条编号	技 术 性 差 异	原 因
1	删除 IEC 60045-1 中"本规范目的"，增加"本标准主要规定了大功率固定式发电用汽轮机装置的术语定义、保证值、调节、运行、检修和部件等的要求，其他型式的汽轮机和小功率汽轮机可参照执行。"	按 GB/T 1.1 的要求。目的将改在前言中叙述
2	将规范性引用文件中的 ISO 7919-1 等修改为相应的我国国家标准	因该国际标准已陆续转化为我国国家标准
3.5.4 3.5.5	将 IEC 60045-1 中的 3.5 所述"最大连续功率(MCR)"修改为"额定功率"和"最大连续功率"，并删除"最大连续功率(除驱动发电机外)。"	根据电厂用户的要求并参考 JIS B8101—2003 的定义修改
3.7.1 3.8.1	增加"单位时间内，"	因热耗率的单位为焦耳每千瓦时，参照 JIS B8101进行修改
3.7.2	将 IEC 60045-1 中的相应叙述改为"合同中供方向需方保证的热耗率。"	参考 JIS B8101 进行修改
3.10	将 IEC 60045-1 中的"复合运行"删去	参考 JIS B8101，其内容包含在 3.10.3"复合滑压运行"中
3.12.6	将局部转速不等率的定义改用 JIS B8101 的公式表达	IEC 60045-1 的定义不够确切
4.2.1 4.3 15.3	将 IEC 60045-1 中涉及的 IEC 953-1、IEC 953-2 修改为相应的"IEC 953-1 或 IEC 953-2 或 ASMEPTC6。"	因国际标准转化和电厂用户的要求修改
4.5	将 IEC 60045-1 中的 1963 年版(ICPS)蒸汽表改为按 JIS B8101 中的 1997 年版蒸汽表(IAPWS-IF97)	蒸汽表已修改。2002年的 IEC/TC 5 伦敦会议上决定修改标准
5.4	增加"(或采用调整阀位来人为改变负荷)"	因国产中、小型机组均无专门对调节阀进行活动试验的装置或手段
7.4.3	将 IEC 60045-1 中的"超速试验持续时间不应超过 10 min"修改为"超速试验持续时间不应超过 2 min" 增加"非整锻转子除外"	参考 JIS B8101 和 GB 5578—1985的要求，并考虑试验的安全性。因套装转子在做超速试验时，120%的额定转速已超过其允许松动转速

表 B.1(续)

本标准的章条编号	技 术 性 差 异	原 因
7.6	增加“注:对于被驱动机械侧不接地的小功率汽轮机由供需双方商定。”	由于小功率汽轮机在发电机未接地时有产生电腐蚀的事例,按 JIS B8101 增加
8.1	增加“注:其中的基础允许挠度由础设计方提供”	根据我国情况,基础允许挠度等应由基础设计方,即电力设计院提供,并且也应由基础设计方对基础的影响提出保证
8.2	将 IEC 60045-1 中的“汽轮机供方”修改为“基础设计方”	
10.1 c)	增加“当汽轮机驱动的主油泵出口油压较高兼做控制油并经减压装置减压后供润滑时,应再配置一台辅助润滑油泵(即交流润滑油泵)。”	200 MW 汽轮机和小功率汽轮机有此情况
10.1 1)	增加“在大功率汽轮机中,应对轴承合金层(巴氏合金)进行温度监视,温度控制值按汽轮机供方的要求执行。”	按 JIS B8101 的要求增加
11.3 c)	增加“2)转子(推力盘)相对于推力轴承的相对位移(轴向位移);”	根据实际情况增加
	增加“3)轴承座(或汽缸)相对于基础的轴向位移(绝对热膨胀);”	参考 JIS B8101 的要求增加
12.2.4 g)	增加“g)轴向位移跳闸保护装置;”	根据实际情况和电厂用户的要求增加
12.3	增加“e) 轴向位移过大;f) 凝汽器真空度过低;g) 润滑油压过低;h) 相对膨胀过大;i) 油箱油位过低。”	根据实际情况增加
12.4.2 1)	增加“(例如 U 形管疏水装置、多级水封等)”	参考 JIS B8101 和实际情况增加
13.3	将 IEC 60045-1 中的 ISO 7919-1 修改为 GB/T 11348.1 和 GB/T 11348.2	因该国际标准已转化为我国国家标准

ICS 25.140.20
K 64

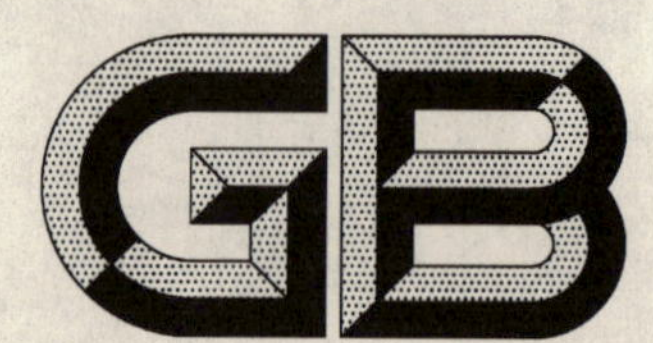

中华人民共和国国家标准

GB/T 5580—2007
代替 GB/T 5580—2001

电钻

Drills

2007-01-30 发布

2008-02-01 实施

中华人民共和国国家质量监督检验检疫总局
中国国家标准化管理委员会 发布

前 言

本标准代替 GB/T 5580—2001《电钻》。

本标准与 GB/T 5580—2001 相比，技术内容的主要修改如下：

1) 将 GB/T 5580—2001 中的“单相串激”改为“单相串励”，“允许值”改为“限值”，“无线电干扰”、“干扰电压”、“干扰功率”分别改为“无线电骚扰”、“骚扰电压”、“骚扰功率”。

2) 更新了第 2 章的全部引用标准的版本，并增加了下列引用标准：

——GB/T 2900.28—2007 电工术语 电动工具

——GB 3883.1—2005 手持式电动工具的安全 第一部分：通用要求

——GB 1002—1996 家用和类似用途单相插头插座型式、基本参数和尺寸

——GB 11918—2001 工业用插头插座和耦合器 第 1 部分：通用要求

——IEC 61558-2-6:1997 电力变压器、电源供电装置及类似设备的安全 第 2-6 部分：通用安全隔离变压器的特殊要求

3) 第 3 章基本参数和型式删除了以下内容：

原标准 3.3.3 按对无线电和电视的干扰的抑制要求分为：

a) 对无线电和电视的干扰无抑制要求的电钻；

b) 对无线电和电视的干扰有抑制要求的电钻。

3.3.4 按触电保护分为：

a) Ⅰ类电钻；

b) Ⅱ类电钻；

c) Ⅲ类电钻。

4) 第 4 章技术要求增加如下要求：

4.2 的电钻安全中的 4.2.1“电钻的插头应符合 GB 2099 的规定”修改为“电钻插头的型式、基本参数和尺寸应符合 GB 1002—1996 或 GB 11918—2001 的规定。技术要求应符合 GB 2099.1—1996 的规定”。

增加 4.2.3“Ⅲ类电钻应采用安全隔离变压器或旋转机组供电。安全隔离变压器应符合 IEC 61558-2-6:1997 的规定”。

4.4.2 增加螺纹钻轴的径向圆跳动的要求，采用螺纹钻轴与螺纹钻夹头为一体进行考核。径向圆跳动最大值为 0.5 mm，并在第 5 章规定相应的测量方法。

4.7 电磁兼容性中的 4.7.1 无线电和电视骚扰电平中：

——对频率范围为(0.15～30)MHz 的连续骚扰电压限值，在表 3 中增加电动机额定功率大于 700 W小于或等于 1 000 W 和大于 1 000 W 的两档功率的骚扰电压限值；

——对频率范围为(30～300)MHz 的连续骚扰功率限值，在表 4 中增加电动机额定功率大于 700 W小于或等于 1 000 W 和大于 1 000 W 的两档功率的骚扰电压限值。

4.7.2 谐波电流中的“a)电钻的稳态谐波电流……。”修改为：“a)电钻的谐波电流……”将“b)对(2～10)次偶次谐波和(3～19)奇次谐波在任何 2.5 min 观察期内，允许不超过 15 s 的暂态谐波电流值是表 5 规定稳态电流限值的 1.5 倍。”修改为“b)表 5 规定的谐波电流限值的应用见 GB 17625.1—2003 的规定”。

4.7.3 电压波动和闪烁中“稳态相对电压变化 d_c 不超过 3%”修改为：“相对稳态电压变化 d_c 不超过 3.3%”；“电压变化特征值 $d(t)$ 在 300 ms 中不超过 3%”修改为：“在电压变化期间的相对电压变化特

性 $d(t)$ 值超过 3.3%的时间不大于 500 ms"；"相对电压变化最大值 d_{max} 不超过 4%"修改为"最大相对电压变化 d_{max} 不超过 7%"。删去"稳态相对电压变化 d_c 不超过 3%、相对电压变化最大值 d_{max}、电压变化特征值 $d(t)$ 应写乘以系数 1.33。"

删除 4.8 换向火花。增加 4.12 耐久性。

5） 第 5 章试验方法的修改：

5.4 无线电和电视骚扰电平的测量中，"电钻对无线电和电视骚扰电平的测量按 GB 4343.1 的规定进行"紧接着增加"骚扰电压、骚扰功率可以在一台试样上进行测量"。

删除 5.7 换向火花检查。

6） 第 6 章检验规则的修改：

在 6.2"试验按如下顺序进行"前增加："检查试验中的耐电压试验项目，试验电压值和时间可与型式试验时不同"。

删除"绝缘电阻测量"的项目。

本标准符合下列等同采用国际标准(IEC)的国家标准，并一起配套使用，形成完整的小类产品的技术标准。

GB 3883.6—2007　手持式电动工具的安全　第二部分：电钻和冲击电钻的专用要求

GB 4343.1—2003　电磁兼容　家用电器、电动工具和类似器具的要求　第 1 部分：发射

GB 17625.1—2003　电磁兼容　限值　谐波电流发射限值(设备每项输入电流≤16 A)

GB 17625.2—2007　电磁兼容　限值　对每相额定电流≤16 A 和无条件连接的设备公用低压供电系统中产生的电压变化、电压波动和闪烁的限制

本标准由中国电器工业协会提出。

本标准由全国电动工具标准化技术委员会(SAC/TC 68)归口并负责解释。

本标准由上海电动工具研究所负责起草。

本标准主要起草人：刘江、李邦协、罗选强、方联玉。

本标准所代替标准的历次版本发布情况为：GB 5580—1995，GB/T 5580—2001。

电　钻

1　范围

本标准规定了电钻的基本参数、型式、技术要求、试验方法和检验规则等要求。

本标准适用于一般环境条件下，对金属、塑料及类似材料钻孔用的手持式交直流两用电钻、单相串励电钻（以下简称电钻）。

本标准不适用于双速、多速、电子调速和永磁直流电钻，也不适用于冲击电钻和多用途电钻。

2　规范性引用文件

下列文件中的条款通过本标准的引用而成为本标准的条款。凡是注日期的引用文件，其随后所有的修改单（不包括勘误的内容）或修订版均不适用于本标准，然而，鼓励根据本标准达成协议的各方研究是否可使用这些文件的最新版本。凡是不注日期的引用文件，其最新版本适用于本标准。

GB 755—2000　旋转电机　定额和性能（idt IEC 60034-1:1996）

GB 1002—1996　家用和类似用途单相插头插座　型式、基本参数和尺寸

GB 2099.1—1996　家用和类似用途插头插座　第一部分:通用要求（eqv IEC 60884-1:1994）

GB/T 2900.28—2007　电工术语　电动工具

GB 3883.1—2005　手持式电动工具的安全　第一部分:通用要求（IEC 60745-1:2003，Ed3.2，IDT）

GB 3883.6—2007　手持式电动工具的安全　第二部分:电钻和冲击电钻的专用要求（IEC 60745-2-6:2003，IDT）

GB 4343.1—2003　电磁兼容　家用电器、电动工具和类似器具的要求　第1部分　发射（CISPR 14-1:2000，IDT）

GB/T 4583—2007　电动工具噪声的测量　工程法

GB 5013.4—1997　额定电压450/750 V及以下橡皮绝缘软电缆　第4部分　软线和软电缆（idt IEC 60245:1994）

GB 5023.5—1997　额定电压450/750 V及以下聚氯乙烯绝缘电缆　第5部分:软电线（软线）（idt IEC 60227-5:1979）

GB/T 9088　电动工具型号编制方法

GB/T 11918—2001　工业用插头插座和耦合器　第1部分:通用要求

GB 17625.1—2003　电磁兼容　限值　谐波电流发射限值（设备每相输入电流≤16 A）（IEC 61000-3-2:2001，IDT）

GB 17625.2—2007　电磁兼容　限值对每相额定电流≤16 A和无条件连接的设备在公用低压供电系统中产生的电压变化、电压波动和闪烁的限制（IEC 61000-3-3:2005，IDT）

IEC 61558-2-6:1997　电力变压器，电源供电装置及类似设备的安全　第2-6部分:通用安全隔离变压器的特殊要求

3　基本参数和型式

3.1　电钻基本参数应符合表1的规定。

表 1 基本参数

电钻规格/mm		额定输出功率/W	额定转矩/(N·m)
4	A	≥80	≥0.35
6	C	≥90	≥0.50
	A	≥120	≥0.85
	B	≥160	≥1.20
8	C	≥120	≥1.00
	A	≥160	≥1.60
	B	≥200	≥2.20
10	C	≥140	≥1.50
	A	≥180	≥2.20
	B	≥230	≥3.00
13	C	≥200	≥2.50
	A	≥230	≥4.00
	B	≥320	≥6.00
16	A	≥320	≥7.00
	B	≥400	≥9.00
19	A	≥400	≥12.00
23	A	≥400	≥16.00
32	A	≥500	≥32.00

注：电钻规格指电钻钻削抗拉强度为 390 MPa 钢材时所允许使用的最大钻头直径。

3.2 基本系列电钻型号应符合 GB/T 9088 的规定，及含义如下：

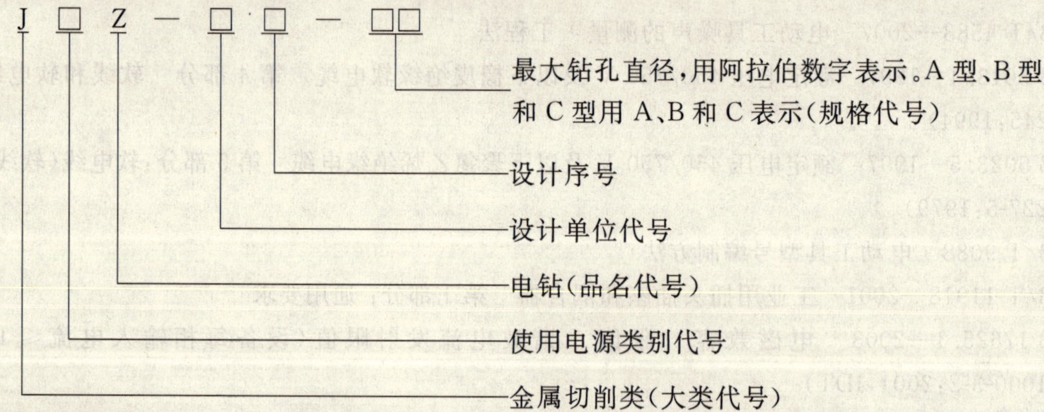

3.3 电钻的型式

3.3.1 按电源种类分为：

a) 单相交流电钻；

b) 直流电钻；

c) 交直流两用电钻。

3.3.2 按电钻的基本参数和用途分为：

a) A 型（普通型）电钻

主要用于普通钢材的钻孔，也可用于塑料和其他材料的钻孔，具有较高的钻削生产率，通用性强，适用于一般体力劳动者。

b) B型(重型)电钻

B型电钻的额定输出功率和转矩比A型大，主要用于优质钢材及各种钢材的钻孔，具有很高的钻削生产率。B型电钻结构可靠、可施加较大的轴向力。

c) C型(轻型)电钻

C型电钻的额定输出功率和转矩比A型小，主要用于有色金属、铸铁和塑料等材料的钻孔，尚能用于普通钢材的钻削，C型电钻轻便，结构简单，施加较小的轴向力。

4 技术要求

4.1 一般要求

4.1.1 电钻应按经规定程序批准的图样及技术文件制造。

4.1.2 电钻应能在下列环境条件下额定运行：

a) 海拔不超过1 000 m；

b) 环境空气温度不超过40℃；

c) 空气相对湿度不超过90%(25℃)；

d) 空气中不含易燃易爆及腐蚀性的气体、尘埃。

4.1.3 电钻适用的电源条件为：

a) 交直流两用电钻，应能在直流及电源电压为实际正弦波形，频率为额定值的单相交流电源下额定运行；

b) 单相串励电钻，应能在电源电压为实际正弦波形，频率为额定值的单相交流电源下额定运行。

4.1.4 电钻的额定电压和频率：

a) 直流额定电压220 V；

b) 交流额定电压220 V、42 V、36 V；

c) 交流额定频率50 Hz。

4.2 电钻的安全

4.2.1 电钻的安全，除本标准已作补充和提高的条款外，皆应符合GB 3883.6—2007的规定。电钻插头的型式、基本参数和尺寸应符合GB 1002—1996或GB/T 11918—2001的规定。技术要求应符合GB 2099.1—1996的规定。

Ⅱ类电钻的插头应与电源线制成一体，其绝缘应能承受波形为实际正弦波、频率为50 Hz、电压值3 750 V的耐电压试验1 min，不应发生击穿或表面闪络。

4.2.2 联接电钻与电源的软电缆或软线应符合GB 5013.4—1997或GB 5023.5—1997的规定，或采用其性能不低于GB 5013.4—1997或GB 5023.5—1997的软电缆或软线。

4.2.3 Ⅲ类电钻应采用安全隔离变压器或旋转机组供电。安全隔离变压器应符合IEC 61558-2-6：1997的规定。

4.3 外观

4.3.1 电钻塑料外壳不得有气泡、裂痕、明显的糊斑及冷隔等严重缺陷。

4.3.2 电钻金属外壳应无明显缺损。

4.3.3 电钻外壳涂层应无起层和剥落现象。

4.3.4 电钻的铭牌应牢固地置于壳体上，不卷曲。

4.4 电钻的径向圆跳动值

4.4.1 电钻圆锥面钻轴

4.4.1.1 电钻圆锥面的有效工作长度不少于65%。

4.4.1.2 钻轴圆跳动应符合下列要求：

a) 外圆锥不大于0.04 mm。

b) 内圆锥不大于0.06 mm。

4.4.2 电钻的螺纹钻轴

电钻使用螺纹钻轴与螺纹钻夹头联接后，被钻夹头夹住芯棒的径向圆跳动不大于0.5 mm。

4.5 最初起动电流

电钻的最初起动电流不超过额定电流值的7倍。

4.6 噪声

在距离电钻中心1 000 mm球面处测得的电钻空载噪声声压级(A计权)的平均值应不大于表2规定的限值。

表2 噪声限值

<table>
<tr><td>电钻规格/mm</td><td>4</td><td>6</td><td>8</td><td>10</td><td>13</td><td>16</td><td>19</td><td>23</td><td>32</td></tr>
<tr><td>噪声值/dB(A)</td><td colspan="3">84</td><td colspan="2">86</td><td colspan="3">90</td><td>92</td></tr>
</table>

4.7 电磁兼容性

4.7.1 无线电和电视骚扰电平

a) 频率范围为0.15 MHz～30 MHz内测得的相线或中线对地的连续骚扰电压电平值应不超过表3规定的限值。

表3 连续骚扰电压限值

<table>
<tr><td rowspan="2">频率范围/MHz</td><td colspan="3">限值/dB(μV)准峰值</td></tr>
<tr><td>电动机额定功率
≤700 W</td><td>700 W<电动机额定功率
≤1 000 W</td><td>电动机额定功率
>1 000 W</td></tr>
<tr><td rowspan="2">0.15～0.35</td><td colspan="3">随频率的对数线性减小</td></tr>
<tr><td>66～59</td><td>70～63</td><td>76～69</td></tr>
<tr><td>0.35～0.5</td><td>59</td><td>63</td><td>69</td></tr>
<tr><td>5～30</td><td>64</td><td>68</td><td>74</td></tr>
</table>

b) 频率范围为30 MHz～300 MHz内测得的由电源线辐射、吸收钳所吸收的连续骚扰功率电平值应不超过表4规定的限值。

表4 连续骚扰功率限值

<table>
<tr><td rowspan="2">频率范围/MHz</td><td colspan="3">限值/dB(μW)准峰值</td></tr>
<tr><td>电动机额定功率
≤700 W</td><td>700 W<电动机额定功率
≤1 000 W</td><td>电动机额定功率
>1 000 W</td></tr>
<tr><td rowspan="2">30～300</td><td colspan="3">随频率的对数线性增大</td></tr>
<tr><td>45～55</td><td>49～59</td><td>55～65</td></tr>
</table>

4.7.2 谐波电流

a) 电钻的谐波电流应不超过表5规定的限值。

表 5 谐波电流限值

	谐波次数/n	最大允许谐波电流/A
奇次谐波	3	3.45
	5	1.71
	7	1.155
	9	0.60
	11	0.495
	13	0.315
	$15 \leqslant n \leqslant 39$	$0.0225 \times 15/n$
偶次谐波	2	1.62
	4	0.645
	6	0.45
	$8 \leqslant n \leqslant 40$	$0.345 \times 8/n$

b） 表 5 规定的谐波电流限值的应用见 GB 17625.1—2003 的规定。

4.7.3 电压波动和闪烁

电钻在接入低压公用电网运行时，引起的电压波动和闪烁应符合下列规定：

P_{st}值应不大于 1.0；

P_{lt}值应不大于 0.65；

在电压变化期间的相对电压变化特性 $d(t)$值超过 3.3%的时间不大于 500 ms。

相对稳态电压变化 d_c 不超过 3.3%；

最大相对电压变化值 d_{max}不超过 7%；

如果电压变化由手动开关引起或发生频率小于每小时一次，则不考核 P_{st}和 P_{lt}。

4.8 输入功率和电流

4.8.1 电钻在额定电压和额定负载下，测得的输入功率值应不大于铭牌标明的输入功率值的 120%。

4.8.2 电钻铭牌上如果标有电流值，则在额定电压和额定负载下，测得的电流值应不大于铭牌标明的电流值的 120%。

4.9 温升

在额定负载时，电钻的温升不超过表 6 规定的限值。

表 6 温升限值

单位为开尔文

零　　件	温　　升
E 级绝缘绕组	90
B 级绝缘绕组	95
F 级绝缘绕组	115
正常使用中非握持的外壳	60
正常使用中连续握持的手柄	
按钮及类似零件：	
——金属	30
——塑料	50
注：当试验地点的海拔或使用地点与规定的环境条件不同时，绕组温升限值的修正按 GB 755—2000 的规定进行。	

4.10 过转矩

电钻在热态下承受 1.5 倍额定转矩历时 15 s 的过转矩试验后，电钻应能正常运行。

4.11 堵转

电钻在实际冷态下承受 3s 堵转试验后，电钻应能正常运行。

4.12 耐久性

电钻应能承受 48 h 的耐久性试验而不应出现危及安全使用的损坏。电钻以等于 1.1 倍额定电压下空载断续运行 24 h，然后以等于 0.9 倍额定电压下空载断续运行 24 h。

4.13 电源线长度

自电缆进线孔到插头(不包括插脚)的软电缆或软线长度应不少于 2.5 m。

4.14 防锈

电钻中的螺钉应进行表面处理，钢制电刷弹簧及接地螺钉、垫圈等零件应能承受防锈试验。

5 试验方法

5.1 外观检查

通过观察和手试，检查电钻的外观质量。

检查结果应符合 4.3 的规定。

5.2 钻轴检查

5.2.1 径向圆跳动检查

a) 圆锥面钻轴

将电钻固定在刚性支架上，当钻轴为外圆锥时，用百分表测定，当钻轴为内圆锥时，用卡簧式杠杆百分表测定。

b) 螺纹钻轴

将电钻的螺纹钻轴与螺纹钻夹头联接后，固定在刚性支架上，钻夹头均匀用力夹紧表 7 规定的检验芯棒。用百分表测量检验芯棒的测量母线上的径向圆跳动值。

表 7 检验钻轴

单位为毫米

钻夹头规格	检验芯棒尺寸	
	直 径	长 度
6	6	65
8	8	80
10	10	95
13	13	105
16	16	110

测量点位于距钻轴或检验芯棒外端约 5 mm 处，测量时，应使钻轴无轴向窜动，电钻通以低电压或以其他合适的方式，使其钻轴缓慢转动 3 周，百分表上 3 次最大值和最小值之差的平均值，即为径向圆跳动值。

测量结果应符合 4.4.1.2 或 4.4.2 的规定。

5.3 噪声试验

电钻的噪声试验按 GB/T 4583—2007 的规定进行。

试验结果应符合 4.6 的规定。

5.4 无线电和电视骚扰电平的测量

电钻对无线电和电视干扰电平的测量按 GB 4343.1—2003 的规定进行，骚扰电压、骚扰功率可以在一台试样上进行测量。测量时，电钻应带钻夹头连续空载运行。

试验结果应符合 4.7.1 的规定。

5.5 谐波电流测量

电钻的谐波电流测量按 GB 17625.1—2003 的规定进行。测量时，电钻应带钻夹头连续空载运行。

测量结果应符合 4.7.2 的规定。

5.6 电压波动和闪烁测量

电钻的谐波电流测量按 GB 17625.2—2007 的规定进行。

测量时，电钻应带钻夹头连续空载运行。

测量结果应符合 4.7.3 的规定。

5.7 输入功率、电流和性能参数测量

电钻在额定电压下，使施加的转矩达到表 1 规定的额定转矩的最低值，如果此时的输出功率还未达到表 1 规定的额定输出功率的最低值，则继续增加电钻的负载，使电钻的输出功率达到该值（当规定的额定输出功率和额定转矩大于表 1 规定的最低值，则用同样的方法按规定的额定输出功率或额定转矩加载）。

在电钻运行 15 min 后，测量电钻的输入功率、电流、转矩及输出功率。

对Ⅲ类电钻，测量时应注意保持插头处的电压为额定电压值，其输入功率应扣除插头至功率表之间的线路损耗。

试验结果应符合 3.1 和 4.8 的规定。

5.8 温升试验

5.8.1 施加的负载

电钻在额定电压下，按 5.7 所确定的负载施加转矩，如果此时的输入功率小于铭牌标明输入功率的 4/5 时，则增加转矩，使输入功率等于铭牌输入功率的 4/5 并以此转矩作为电钻温升试验的负载。

5.8.2 运行时间

在 5.8.1 规定的条件下，连续运行到电钻各部分温升达到实际稳定状态时为止。

5.8.3 温升测定的方法

在电钻各部分温升达到实际稳定以后，绕组温升用电阻法测量，其他部位的温升用温度计法测量。

试验结果应符合 4.9 的规定。

5.9 过转矩试验

在电钻温升达到实际稳定状态时，在额定电压下，使施加的转矩达到 5.7 所确定的负载转矩的 1.5 倍，试验历时 15 s。

试验结果应符合 4.10 的规定。

5.10 堵转试验

在实际冷态下，预先将电钻的转动部分堵住，然后施加额定电压，持续 3 s 后释放，再在额定电压下空载运行 30 s，检查电钻是否正常。

试验结果应符合 4.11 的规定。

5.11 最初起动电流的测量

在进行 5.10 堵转试验时，测量最初起动电流值。

测量结果应符合 4.5 规定。

5.12 耐久性试验

电钻在 1.1 倍额定电压下空载断续运行 24 h，然后在 0.9 倍额定电压下空载断续运行 24 h。

每一运行周期由 100 s 的“接通”期间和 20 s 的“断开”期间组成，断开期间包括在规定的运行时间内。

试验期间，电钻放在 3 个不同的位置，在每一个试验电压下，每个位置上运行 8 h。

试验过程中，过载保护器件不得动作，电钻应能承受耐电压试验，但试验电压减为规定值的 75%，联接件不应发生松动，不应有危及正常使用的损伤。

试验结果应符合 4.12 的规定。

5.13 Ⅱ类电钻插头的耐电压试验

在插头体外表面的捏手处贴附金属箔，然后在插脚和金属箔之间施加 3 750 V 试验电压，历时 1 min。

试验结果应符合 4.2.1 的规定。

5.14 电源线检查及长度测量

测量电钻的电源线进线孔到插头(不包括插脚)面的电源线长度，并检查电源线规格。

测量和检查结果应符合 4.13 和 4.2.2 的规定。

5.15 其余的试验方法

凡本标准中未作规定的其余试验方法均按 GB 3883.6—2007 的相应规定进行。

6 检验规则

6.1 每台电钻必须经质量检验部门试验合格后才能出厂，出厂时应附有证明产品质量合格的文件。

6.2 本标准规定的项目为型式试验项目，其中带“*”标记的为检查试验项目；带“**”标记的项目在产品定型后，如结构和材料没有变更，则在以后进行的型式试验时可不进行。检查试验中的耐电压试验项目，试验电压值和时间可与型式试验时不同。试验按如下顺序进行。

外观检查*

标志检查*

电击保护检查**

钻轴检查

噪声试验

无线电和电视骚扰电平测量

谐波电流测量

电压波动和闪烁测量

起动试验

输入功率、电流和性能参数测量

温升试验

过转矩试验

泄漏电流测量

堵转试验

最初起动电流测量

防潮试验

耐电压试验*

耐久性试验

不正常操作试验

机械危险检查**

机械强度检查

接地装置检查

结构检查**

内部布线检查

组件试验(及插头耐电压试验)**

电源线长度检查

电源联接检查

软电缆或软线提拉力和扭力试验

软电缆或软线及护套弯曲试验**

外接导线的接线端子检查**

螺钉及联接检查**

爬电距离、电气间隙和绝缘穿通距离检查

耐热性、耐燃性和耐漏电起痕迹性试验**

防锈试验

6.3 检查方法

6.3.1 试验按6.2所列试验项目的顺序进行。

6.3.2 试验项目应在同一台样机上进行,应通过全部试验,如果需要拆开样机做有关试验,可以另加一台样机。

7 标志和包装

7.1 电钻的铭牌应标有下列项目:

a) 产品名称,电钻;

b) 电钻型号;

c) 在钢材上钻孔的最大直径,mm;

d) 额定电压,V;

e) 电源种类符号;

f) 额定输入功率 W;或额定电流,A;

g) 额定空载转速 n_0,以 r/min 为单位;

h) Ⅱ类结构符号(仅用于Ⅱ类电钻);

i) 防潮程度符号(仅在有要求时标出);

j) 制造商名称、地址或商标;

k) 出厂批量代号。

7.2 出厂时,电钻的钻轴部分应采取临时性防锈涂封保护措施。

7.3 每台电钻出厂时应附有下列文件:

7.3.1 产品合格证。

7.3.2 使用维护说明书:

a) 对该型号电钻的特点和用途分别进行有关说明;

b) 应有独立的章节说明电钻使用的安全技术要求,其内容包括必须注意的事项、可能出现的危险和相应的预防措施,对Ⅰ类电钻应指明必须使用剩余电流动作保护器;

c) 有关维护保养事项;

d) 保修条款在产品使用中给出。

7.4 电钻的包装、运输及贮存应符合有关规定。

8 保修期限和附件

8.1 保修期限

用户按照电钻制造厂使用维护说明书的规定，在正确地运输、存放和使用电钻的情况下，电钻的保修期限由制造厂规定。如因制造质量不良而发生损坏或不能正常工作时，制造厂应免费为用户修理和调换。

8.2 附件

规格为 13 mm 及以下的电钻出厂时，均应附有相应规格的钻夹头。

ICS 29.035.99
K 15

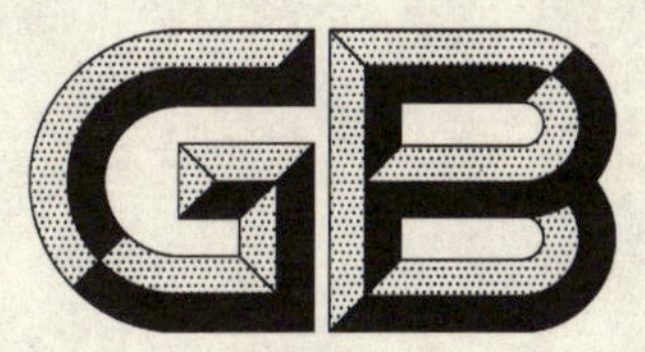

中华人民共和国国家标准

GB/T 5654—2007/IEC 60247:2004
代替 GB/T 5654—1985

液体绝缘材料
相对电容率、介质损耗因数和直流电阻率的测量

Insulating liquids—
Measurement of relative permittivity, dielectric dissipation factor and d. c. resistivity

(IEC 60247:2004, IDT)

2007-12-03 发布　　2008-05-20 实施

中华人民共和国国家质量监督检验检疫总局
中国国家标准化管理委员会 发布

前言

本标准等同采用IEC 60247:2004《液体绝缘材料　相对电容率、介质损耗因数和直流电阻率的测量》(英文版)。

为便于使用,本标准做了下列编辑性修改。

a) 用小数点符号'.'代替小数点符号',';

b) "本国际标准"一词改为"本标准";

本标准代替GB/T 5654—1985《液体绝缘材料工频相对介电常数、介质损耗因数和体积电阻率的测量》。

本标准与GB/T 5654—1985相比主要变化如下:

a) 本标准增加了"引言"及"规范性引用文件"章节;

b) 在直流电阻率测量中,将"试验电压使液体承受200 V~300 V/mm……"改为"试验电压应使液体承受250 V/mm……";将电化时间"60 s"改为"60 s±2 s";将"注试样15 min后开始测量"改为"不超过10 min开始测量";

c) 本标准增加了图2、图3、图4、图5。

本标准的附录A、附录B、附录C为资料性附录。

本标准由中国电器工业协会提出。

本标准由全国绝缘材料标准化技术委员会(SAC/TC 51)归口。

本标准起草单位:桂林电器科学研究所。

本标准主要起草人:王先锋。

本标准历次版本发布情况为:

——GB/T 5654—1985。

引　言

健康和安全：

警告：本标准不涉及所有与使用有关的安全问题，使用本标准的人员有责任建立合适的健康与安全规则，并在使用之前确定受规则限制的适用范围。

环境：

本标准会导致产生某些绝缘液体、化学品、使用过的样品容器和油污染固体等问题，对这些物品的处置应按相关法规进行，以减少对环境的影响和危害，并应作好一切预防措施以防止这些液体因遗弃而污染环境。

液体绝缘材料 相对电容率、介质损耗因数和直流电阻率的测量

1 范围

本标准规定了在试验温度下液体绝缘材料的介质损耗因数、相对电容率和直流电阻率的测量方法。

本标准主要是对未使用过的液体做参考性试验，但也适用于在运行中的变压器、电缆和其他电工设备中的液体。然而，本标准只适用于单相液体，当做例行测量时可以采用简化方法和附录C所述的方法。

对于非碳氢化合物绝缘液体，则要求采用其他清洗方法。

2 规范性引用文件

下列文件中的条款通过本标准的引用而成为本标准的条款。凡是注日期的引用文件，其随后所有的修改单(不包括勘误的内容)或修订版均不适用于本标准，然而，鼓励根据本标准达成协议的各方研究是否可使用这些文件的最新版本。凡是不注日期的引用文件，其最新版本适用于本标准。

GB/T 1409—2006　固体绝缘材料在工频、音频、高频(包括米波波长在内)下电容率和介质损耗因数的推荐方法(IEC 60250:1969,MOD)

GB/T 1410—2006　固体绝缘材料体积电阻率和表面电阻率试验方法(IEC 60093:1980,IDT)

GB/T 21216—2007　绝缘液体　测量电导和电容确定介质损耗因数的试验方法(IEC 61620:1998,IDT)

IEC 60475　液体电介质取样方法

3 术语和定义

下列术语和定义适用于本标准。

3.1

(相对)电容率　permittivity(relative)

绝缘材料的相对电容率是一电容器的两电极周围和两电极之间均充满该绝缘材料时所具有的电容量 C_x 与同样电极结构在真空中的电容量 C_0 之比。

用该电极在空气中的电容量 C_a 代替 C_0，对于测量相对电容率具有足够的精确度。

3.2

介质损耗因数(tanδ)　dielectric dissipation factor (tanδ)

绝缘材料的介质损耗因数(tanδ)是损耗角的正切。

当电容器的介质仅由一种绝缘材料组成时，损耗角是指外施电压与由此引起的电流之间的相位差偏离 $\pi/2$ 的弧度。

注：实际应用中，tanδ 测得值低于0.005时，tanδ 和功率因数(PF)基本上相同。可用一个简单的换算公式将两者进行换算。功率因数是损耗角的正弦，功率因数和介质损耗因数之间的关系可表达为下式：

$$PF = \frac{\tan\delta}{\sqrt{1+(\tan\delta)^2}} \qquad \cdots\cdots(1)$$

式中：

PF——功率因数；

tan δ——介质损耗因数。

3.3

直流电阻率(体积)　d.c. resistivity (volume)

绝缘材料的体积电阻率是在材料内的直流电场强度与稳态电流密度的比值。

注：电阻率的单位是欧姆米(Ω·m)。

4 概述

电容率、tan δ 和电阻率，无论是单一还是全部，都是绝缘液体的固有质量和污染程度的重要指标。这些参数都可用于解释所要求的介电特性发生偏离的原因，也可解释其对于使用该液体的设备所产生的潜在影响。

4.1 电容率和介质损耗因数(tan δ)

电气绝缘液体的电容率和介质损耗因数(tan δ)在相当大程度上取决于试验条件，特别是温度和施加电压的频率，电容率和介质损耗因数都是介质极化和材料电导的度量。

在工频和足够高的温度下，与本方法中推荐的一样，损耗可仅归因于液体的电导，即归因于液体中自由载流子的存在。因此，测量高纯净绝缘液体的介电特性，对判别电离杂质的存在很有价值。

介质损耗与测量频率成反比，且随介质粘度的变化而变化。试验电压值对测量损耗因数影响不大，它通常只是受电桥的灵敏度所限制。但是，应考虑到高的电场强度会引起电极的二次效应、介质发热、放电等影响。

较大的杂质所引起的电容率的变化相对较小，而其介质损耗则强烈地受极小量的可电离溶解杂质或胶体微粒的影响。某些液体有较大的极性，所以对杂质的敏感性较之碳氢化合物液体要强得多。极性还导致它有较高的溶解和电离的能力，因此在操作时要比对碳氢化合物液体更应小心。

通常认为初始值能较好地代表液体的实际状态，所以更希望能在一达到温度平衡时就测量介质损耗因数，介质损耗因数对温度的变化很敏感，通常是随温度的增加成指数式的增大，因此需要在足够精确的温度条件下进行测量。下面所述的方法使试样温度在很短的时间内达到与试验池平衡。

4.2 电阻率

用本标准的方法测得的电阻率通常并不是真正的电阻率。当施加直流电压后，由于电荷迁移，将使液体的起始特性发生随时间而变化。真正的电阻率只有在低电压下且在刚施加电压后才可得到。本标准使用比较高的电压且经较长时间，因此，其结果通常是与 GB/T 21216—2007 所得到的不同。

本标准中液体的电阻率测量结果与试验条件有关，主要有：

a)　温度

电阻率对温度的变化特别敏感，是按 1/K 指数变化。因此需要在足够精确的温度条件下进行测量。

b)　电场强度的值

给定试样的电阻率可受施加电场强度的影响。为了获得可比的结果，应在近似相等的电压梯度下进行测量，并应在相同极性下进行，此时应注明其梯度值和极性。

c)　电化时间

当施加直流电压时，由于电荷向两电极迁移，流经试样的电流将逐渐减少到一极限值。一般规定电化时间为 1 min，不同的电化时间可导致试验结果明显不同[某些高粘度的液体可能需要相当长的电化时间(见 14.2)]。

4.3 测量次序

将直流电压施加在试样上，会改变其随后测量的工频 tan δ 的结果。

当在同一试样上相继测量电容率、损耗因数和电阻率时,工频下测量应在对试样施加直流电压以前进行。工频试验后,应将两电极短路 1 min 后再开始测量电阻率。

4.4 导致错误结果的因素

虽然只有严重污染才会影响电容率。但微量的污染却能强烈地影响 tan δ 和电阻率。

不可靠的结果通常是由于不适当的取样或处理试样所造成的污染、由未洗净试验池或吸收了水份,特别是存在不溶解的水份所引起。

在贮藏期间长久暴露在强光线下会导致电介质劣化,采用所推荐液体样品贮存和运输以及试验池的结构和净化的标准化程序,可使由污染引起的误差减至最小。

5 仪器

5.1 试验池

同一试验池可用来测量电容率、介质损耗因数和直流电阻率。适合于这些用途的试验池应符合如下要求。

5.1.1 试验池应设计成能容易拆洗所有的部件,并易于重新装配而不致明显地改变空池的电容量。同时试验池还应能在所要求的恒定温度下使用,并提供以所需精确度来测量和控制液体温度的方法。外加热的炉(或浴)或内部电加热的试验池都可以使用。

5.1.2 用来制造试验池的材料应是无气孔的,并能经受所要求的温度,电极的中心对准应不受温度变化的影响。

5.1.3 与被试液体接触的电极表面应抛光如镜面,以便清洗容易。液体和电极之间应没有相互的化学作用,它们也不应受清洗材料的影响。用不锈钢制造的试验池(电极)对试验所有类型的绝缘液体都是适用的,不应使用铝和铝合金做电极,因为它们会被碱性的洗净剂腐蚀。

注:通常在表面上电镀不如一种金属制成的电极好。但表面镀金、镍或铑,只要镀得好并保持完好无损也可满意地使用。殷钢镀铑电极较好且具有较低热膨胀的优点。也可采用在黄铜上镀镍或金和在不锈钢上镀镍的电极。

5.1.4 用来支撑电极的固体绝缘材料应具有较低的介质损耗因数和较高的电阻率,这些固体绝缘材料不应吸收参照液体、被试液体以及清洗材料,也不应受它们的影响。

注:通常认为熔融石英是用作试验池合适的绝缘材料,由于普通金属和石英的线膨胀系数不同,它们接合面之间需要具有充分的径向间隙。但应注意到这间隙会减小电极间距的精度。

5.1.5 保护电极和测量电极之间横跨液面及固体绝缘材料的距离应足够大,以便能承受施加的试验电压。

5.1.6 符合 5.1.1 到 5.1.5 要求的任何试验池均可使用,用于低黏度液体和施加电压不超过 2 000 V 的试验池见图 1～图 5。

三端试验池提供了足以屏蔽测量电极的有效保护电极系统。当进行极精密的电容率测量时应选择三端试验池。在这种测量中,如有必要,还要求加上一个可拆卸的特殊屏蔽环,并与连接测量电极和电桥的同轴电缆的外层导体(屏蔽)相连接(见图 2)。

在用两端试验池时,引线屏蔽层通常是接到保护电极的。为了防止屏蔽层同任何其他表面接触,应将它牢牢地夹在电缆的绝缘层上。当用这样的试验池测量电阻率时,空池的绝缘撑环的电阻至少是被测液体电阻的 100 倍。同样,在交流下测量介质损耗因数也应有相应的比值。

对于较好的绝缘液体,可能由于绝缘撑环附加的损耗而改变测量值。为此,建议使用在两电极间无任何固体绝缘材料支撑的试验池,这样的空试验池的损耗因数在 50 Hz 时应低于 10^{-6}。

为了使与液体接触表面的污染影响减到最小,建议采用具有电极表面面积与液体体积之比小的试验池,例如小于 5/cm。

单位为毫米

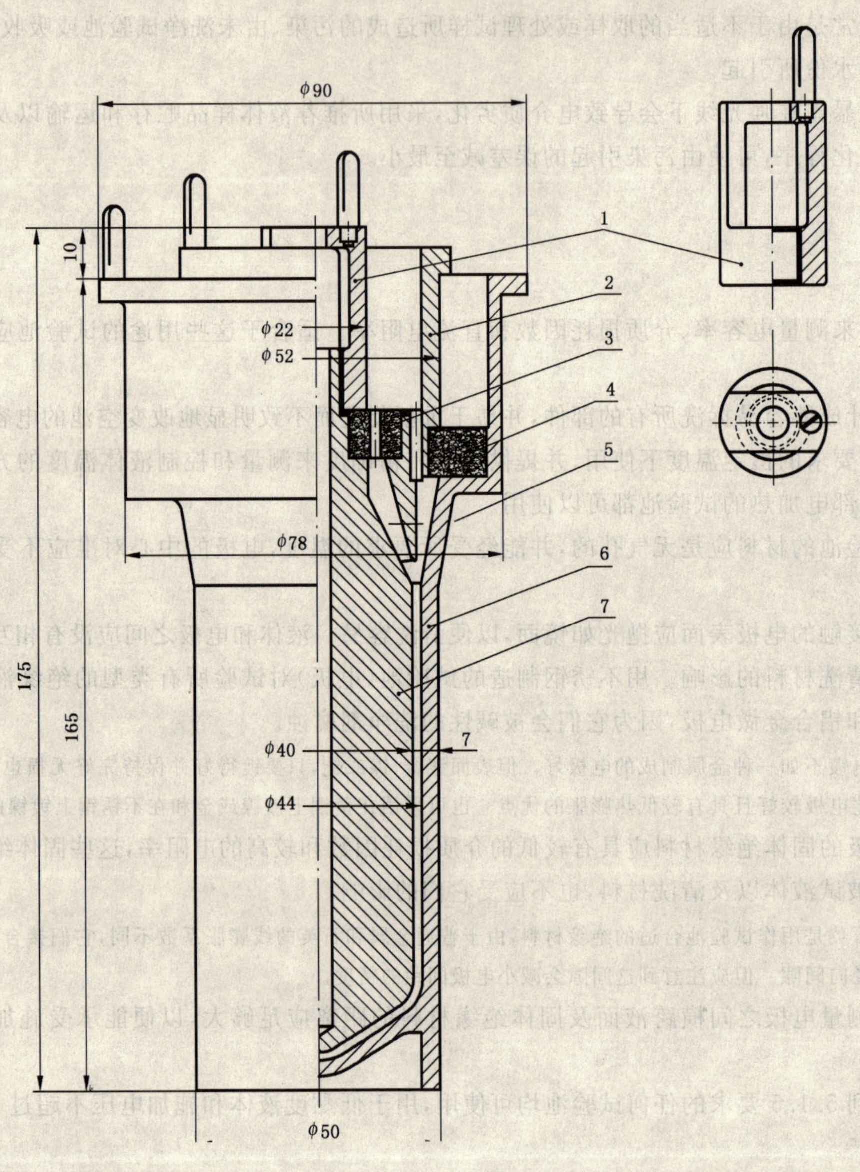

1——提升把手；

2——保护环；

3——石英垫圈；

4——石英垫圈；

5——液体最低水平线；

6——内电极；

7——外电极。

注1：液体容量约45 mL。

注2：所有与液体接触的面均应抛光。

图1 测量液体用三端试验池示图

1——屏蔽电缆；

2——可移动的屏蔽罩(不锈钢)；

3——内电极环；

4——保护环；

5——外电极。

图 2　图 1 试验池的屏蔽示图

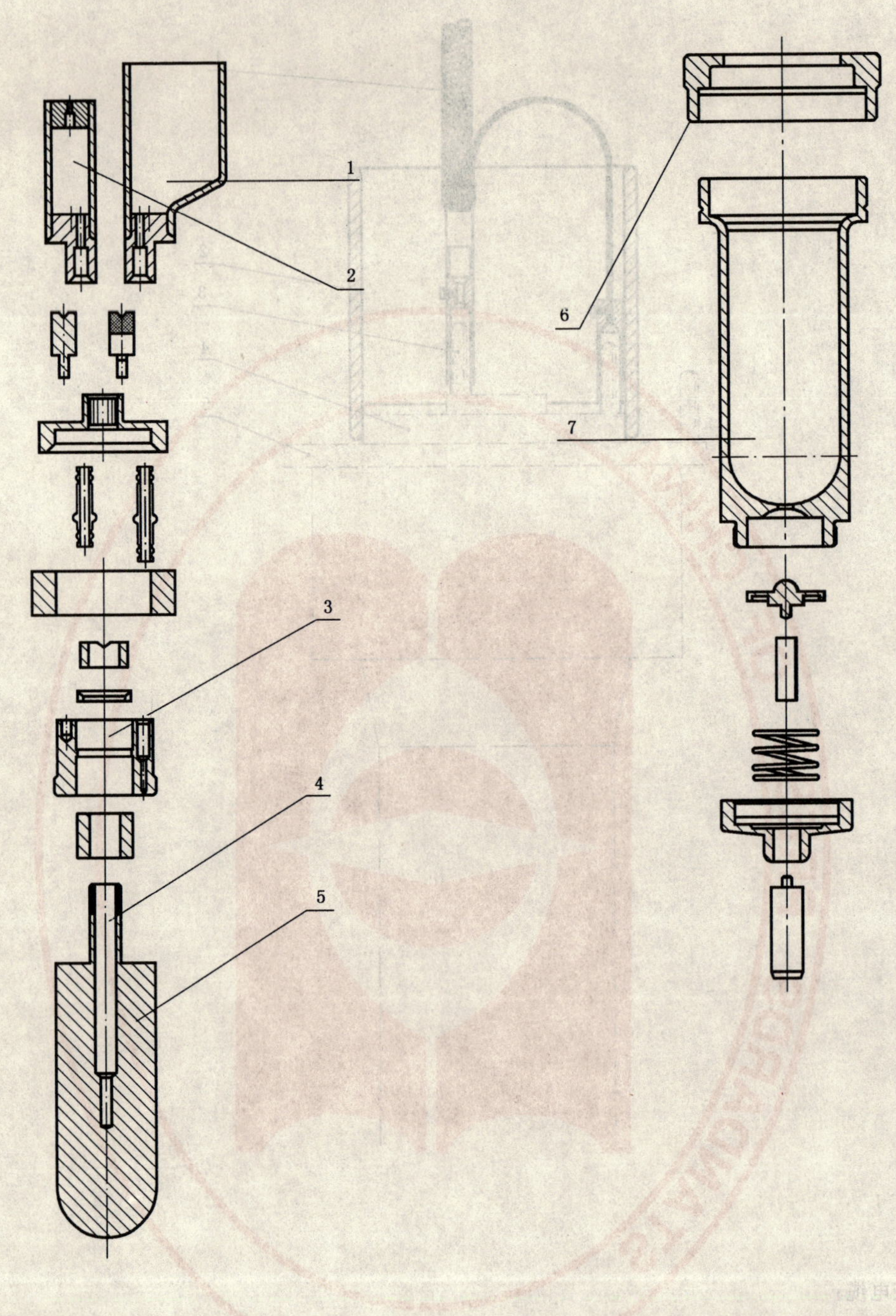

1——充液玻璃管；
2——排气玻璃管；
3——保护电极；
4——测温元件管；
5——测量电极；
6——箍紧联接环；
7——高压电极。

图 3　试验池的装配图

单位为毫米

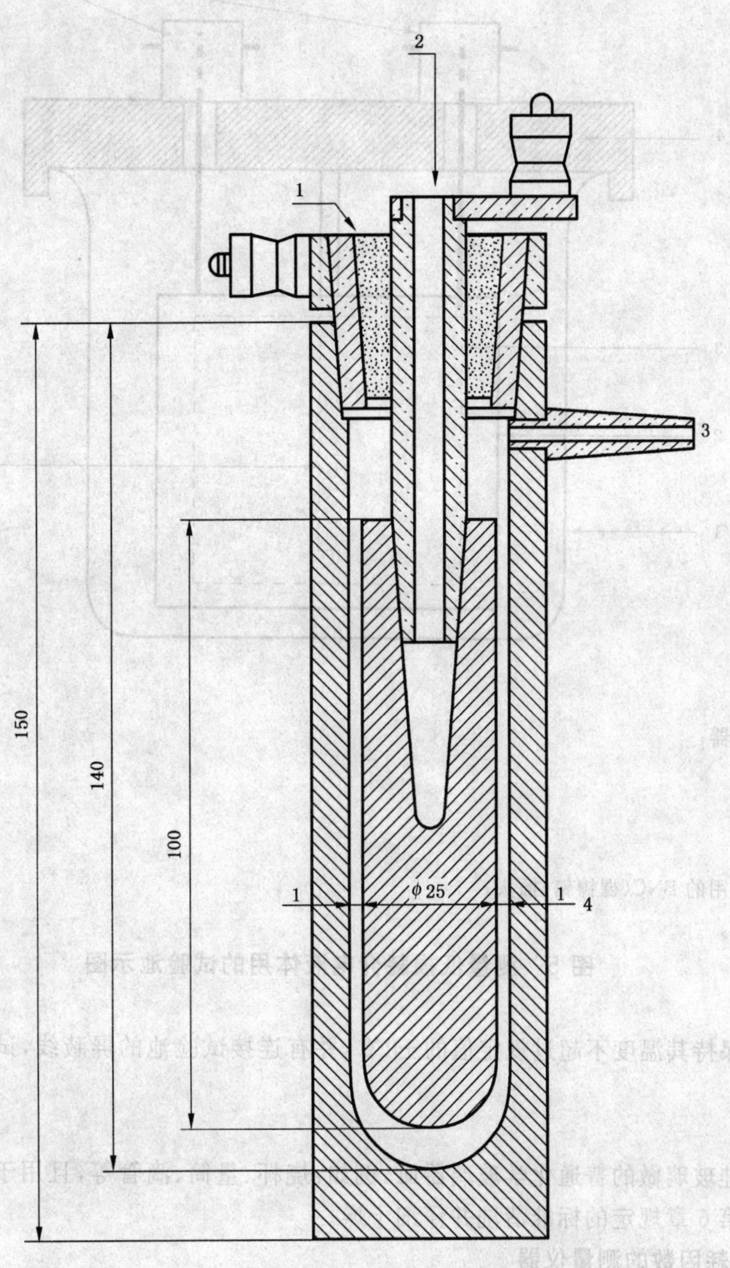

1——绝缘材料；

2——温度计插孔；

3——过剩液体的两个流出口；

4——间隙。

注：注满试验池的液体量：约 15 cm^3。

图 4 测量液体用两端试验池示图

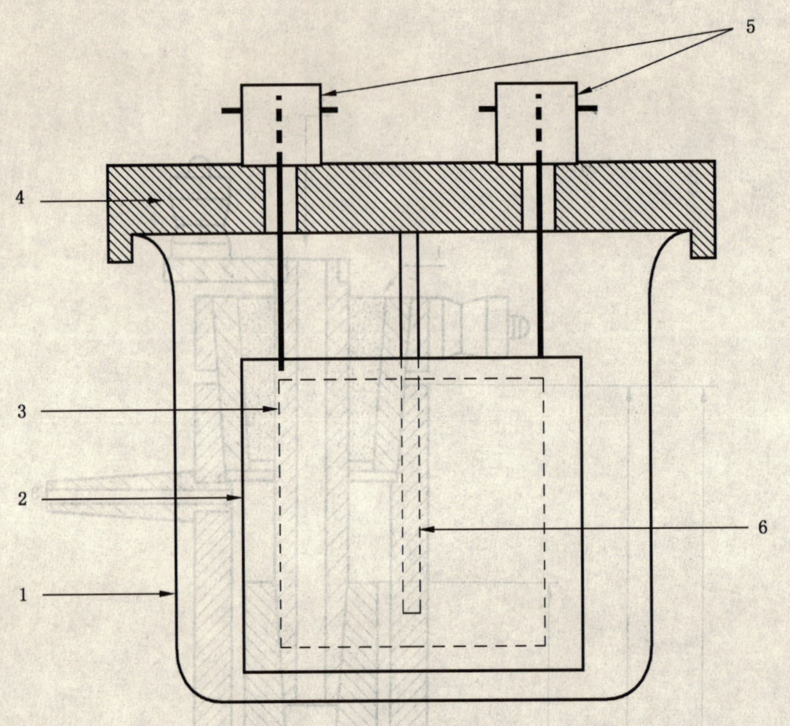

1——不锈钢容器；

2——外电极；

3——内电极；

4——盖子；

5——电气联接用的 BNC(裸镍铬)插头；

6——测温护套。

图 5 测量低损耗介电液体用的试验池示图

5.2 试验箱

试验箱应能保持其温度不超过规定值的±1℃，并有连接试验池的屏蔽线，试验池应完全与试验箱接地外壳绝缘。

5.3 玻璃器皿

应采用由硼硅玻璃做的普通化学玻璃器皿，例如：烧杯、量筒、滴管等，且用于操作试样的所有玻璃器皿至少都应按第 6 章规定的标准清洗并仔细干燥。

5.4 电容率和损耗因数的测量仪器

只要其测量精度和分辨率适合于被试样品，可采用任何交流电容和介质损耗因数测量仪器。

交流电容电桥及试验线路的示例与 GB/T 1409—2006 中规定一致。

5.5 直流电阻率的测量仪器

只要其精度和分辨率适合于被试样品，可采用任何仪器。合适的仪器和试验线路与 GB/T 1410—2006 中规定一致。

5.6 测时器

用于测量电化时间，准确到 0.5 s。

5.7 安全措施

危险警示——应确保设备的安全装置正常运行。

6 清洗用溶剂

用于清洗试验池的溶剂应至少是符合工业纯要求的,其对试验结果应无影响,溶剂应贮存在棕色的玻璃瓶里。

如果溶剂是以桶装交货的,应过滤,过滤后的溶剂应贮存在具有标记的茶色玻璃瓶里。

烃类溶剂,例如汽油(沸点 60℃~80℃)、正庚烷、环已烷和甲苯,对清洗烃类油是合适的。对于有机酯液体,推荐用酒精清洗,对于硅液体,则用甲苯清洗。其他的绝缘液体,可能需要专用的溶剂清洗。

7 清洗试验池

由于绝缘液体对极微小的污染的影响都极为敏感,因此测量介电性能时试验池的清洗是最为重要的。

在进行参考试验以前,清洗试验池。

在连续进行例行试验时,一定要经常清洗试验池。

在进行例行试验时,只要上一次测的液体特性在规定值范围内,且上一次和这次的被测液体的化学类型相似,就不必清洗试验池。但下一次试验前,应用一定体积的待测样品至少冲洗试验池三次。

当试验池定期用于试验具有相似化学类型和介电性能的液体时,则用一种清洁的液体样品充满后贮存起来,在下一次测量前用一定体积的待测样品至少冲洗试验池三次。

可使用许多不同类型的清洗程序,只要它们已被证明是有效的。

在附录 A 和附录 B 中介绍了另外清洗程序的实例。

当实验室之间有争议时,可采用以下清洗程序。

注:使用溶剂时应注意着火危险及对人员的有毒危害。

7.1 磷酸钠盐清洗程序

完全拆卸试验池。

彻底地洗涤所有的组成部件,并更换两次溶剂(见第 6 章)。用丙酮漂洗所有部件,然后用软性擦皂和洗洁剂洗涤。

磨料颗粒和磨擦动作不应损伤抛光的金属表面。

用 5%的磷酸钠盐蒸馏水溶液或去离子水溶液煮沸至少 5 min,然后用蒸馏水或去离子水漂洗几次。

将所有部件在蒸馏水或去离子水中煮沸至少 30 min。

因为某些材料可能会老化,在加热 105℃~110℃的烘箱中充分烘干各部件且不超过 120 min。干燥时间取决于整个试验池的结构,但通常用 60 min~120 min 已足以除去任何水份。

冷却前重新装好试验池,并确保不用裸手接触到其任何将要浸液体的表面。

7.2 试验池的存放

当试验池不用时,推荐使用经常试验且清洁的绝缘液体充满试验池后保存起来。或当试验不同液体时,用对试验池无损害的溶剂充满后保存。

不经常使用试验池时,则应将其清洗、干燥并装配好,存放在干燥无尘的容器里。

也可以按照制造商推荐的方法来操作。

8 取样

用于这些试验的绝缘液体取样应按 IEC 60475 的规定进行。

样品应在原先的容器内储存及运输,而且应避光。

9 样品制备

除非被试液体的规范中另有规定,否则无需进行过滤、干燥等处理。

当需要预热试样时，在倒出足够的样品用作其他试验时，应尽可能将余下的样品在原来的样品容器里预热，此时，应考虑液体的热膨胀而留有足够的空间，以避免容器破裂。

当试样必须移到其他容器内时，这些容器应是带盖烧杯或带塞子的锥形玻璃烧瓶，并按第7章要求进行清洗。

如果必须在室温下进行试验，则应将原来样品容器放在将要进行试验的室内，直至样品达到室温。当需在高温下进行试验而试样又不能在试验池内加热时，试样容器或辅助的容器要用塞子塞住，并保证在此容器内有合适的体积足以满足液体的热膨胀，在烘箱里把它加热到高于要求的试验温度5℃～10℃。

由于液体易氧化，因此加热时间应不超过1 h。

若必须在一个单独的烘箱内加热液体，为防止污染影响，最好保证一个烘箱只用于一种类型的液体。

为了取到有代表性的试样，在取样之前，应将容器倾斜并缓慢地旋转液体几次，以使试样均匀。

用干净的无绒布擦洗容器口，并倒出一部分液体样品擦洗容器的外表面。

10 条件处理及试验池充填试样

10.1 试验池的条件处理

在洗净并干燥完电极后，注意不要用裸手接触它们的表面，也应注意放置试验池部件的表面要很清洁，试验池上面不要有水蒸汽或灰尘。

为了使试验池的清洗程序对随后试验的影响减到最小，很重要的一点是要对干燥清洁的试验池进行预处理，即用下次的被试液体充满试验池两次。对于高粘度液体，可能需要更长时间的预处理。

10.2 试验池充填试样

用一部分液体试样刷洗试验池三次，然后倒出并倒掉液体。在刷洗试验池时，若需要取出内电极，应注意防止在任何表面剩留液体，并防止尘粒聚集在试验池的浸液表面。

重新充满试样，注意防止夹带气泡。将装有试样的试验池加热到所需试验温度，每个试验温度所需的时间取决于加热方法，通常可能在10 min～60 min范围。在达到所需试验温度的±1℃时，10 min内必须开始测试。

应特别注意防止液体或试验池的各部件与任何污染源相接触。

在一种液体内不呈活性的杂质可能在另一种液体内会因杂质的迁移而呈现活性，因此最好限制一试验池只用于一种类型的液体。

应尽可能地保证周围大气中不存在影响液体质量的水蒸汽或气体。

11 试验温度

这些试验方法适合于在一个很宽的温度范围内试验绝缘液体，除非在特定液体的规范中另有规定，一般试验应在90℃下进行。

测量温度的分辨率应在0.25℃以内。

12 介质损耗因数(tan*δ*)的测量

12.1 试验电压

通常采用频率40 Hz～62 Hz的正弦电压。施加交流电压的大小视被试液体而定，推荐电场强度为0.03 kV/mm～1 kV/mm。

注：通常在上述频率范围内，可用下列公式从一个频率的结果换算成另一个频率的对应值：

$$\tan\delta_{f1} = (\tan\delta_{f2})\frac{f_2}{f_1} \qquad \cdots\cdots(2)$$

12.2 测量

试验池非自动加热，当其温度达到所要求试验温度的±1℃时，应于10 min内开始测量损耗因数。在测量时施加电压。完成初次测量后(如果需要，也包括测量电容率和电阻率时)，倒出试验液体。再用第二份试样充满试验池，操作程序和第一次相同，但省去涮洗。重复测量，两次测得的tanδ值之差应不大于0.000 1加两个值中较大的25%。

注：只有鉴定tanδ值较小的产品时才需要重复测量，例行试验不需要重复测量。

如果不满足上述要求，则继续充填试样测量，直到相邻两次tanδ测量值之差不超过0.000 1加两个值中较大的25%为止，此时认为测量是有效的。

12.3 报告

报告两次有效测量值的平均值作为试样的损耗因数(tanδ)。

报告应包括：

a) 电场强度；

b) 施加电压的频率；

c) 试验温度。

13 相对电容率的测量

13.1 测量

首先测量以干燥空气为介质的干净试验池的电容量，然后测量装有已知相对电容率为ε_n的液体的电容量。按下式计算电极常数C_e和修正电容C_g：

$$C_e = \frac{C_n - C_a}{\varepsilon_n - 1} \quad \cdots\cdots (3)$$

$$C_g = C_a - C_e \quad \cdots\cdots (4)$$

式中：

C_e——电极常数；

C_n——充有已知相对电容率为ε_n的校准溶液的试验池的电容量；

C_a——以空气作为介质的试验池的电容量；

C_g——修正电容。

测量装有被试液体的试验池的电容量C_x并按下式计算相对电容率ε_x

$$\varepsilon_x = \frac{C_x - C_g}{C_a} \quad \cdots\cdots (5)$$

式中：

ε_x——被试液体的相对电容率；

C_x——被试液体的电容量；

C_a——以空气作为介质的试验池的电容量；

C_g——修正电容。

重复试验，直至相邻两次测试值的差不大于较大值的5%，则认为测量是有效的。

注1：如果在测定C_x值时已知C_a、C_n和ε_n值，则可获得最高的精度。

注2：当用设计很好并预先校正过的三端试验池时或当精度要求较低时，可以忽略C_g项，而相对电容率可按简化公式计算：

$$\varepsilon_x = \frac{C_x}{C_a} \quad \cdots\cdots (6)$$

式中：

ε_x——被试液体的相对电容率；

C_x——被试液体的电容量；

C_a——以空气作为介质的试验池的电容量。

13.2 报告

报告有效测量的平均值作为试样的相对电容率。

报告应包括：

a) 试验池的类型及以空气为介质时的电容量；

b) 电场强度；

c) 施加电压的频率；

d) 试验温度。

14 直流电阻率的测量

14.1 试验电压

除非另有规定，所施加的直流试验电压应使液体承受 250 V/mm 的电场强度。

14.2 电化时间

通常适宜的电化时间是 60 s±2 s。电化时间的改变可使试验结果有相当大的变化。

14.3 测量

如果在该试样上已测过损耗因数，则测量电阻率之前应短接两电极 60 s。

如果仅测量电阻率，那么在其温度达到所需试验温度值的±1℃后尽可能快地开始测量，即到温度不超过 10 min 就开始测量。

连接电极到测量仪器，使试验池的内电极接地。将直流电压加到外电极，在电化时间达到终点时记录电流和电压读数。

注 1：只要符合其他的一些要求(例如：电场强度为 250 V/mm)，也可用读取电阻的仪器。

将试验池的两电极短路 5 min。倒掉试验池里的液体，从样品中倒出第二份试样重复测量。

用下式计算电阻率：

$$\rho = K\frac{U}{I} \qquad \cdots\cdots(7)$$

式中：

ρ——电阻率，单位为欧姆米(Ω·m)；

U——试验电压读数，单位为伏特(V)；

I——电流读数，单位为安培(A)；

K——试验池常数，单位为米(m)。

注 2：K 值按下式计算：

$K = 0.113 \times C_a$

式中：

C_a——以空气作为介质的试验池的电容量；

0.113——10^{-12} 乘以空气的介电常数的倒数。

也可使用自动计算的直接读数的仪器。

相邻两次读数之差不应超过两值中较高的 35%。如果不满足该要求，则需继续充填试样测量，直到相邻两测量的电阻率值之差不超过两值中较高的 35% 为止。此时则认为测量是有效的。

注 3：对每一次充满的试样进行施加极性相反电压的第二次测量，可以观察到试验池是否干净和其他现象。必须注意到有些仪器是没有这样的反转开关的，不要用这样的仪器，以免得出有误差的结果。

14.4 报告

报告有效测量结果的平均值作为样品的电阻率。

报告应包括：

a) 电场强度；

b) 电化时间；

c) 试验温度。

附　录　A
（资料性附录）
清洗试验池的另一程序举例——超声波程序法

完全拆卸试验池。

用两份溶剂（见第 6 章）彻底清洗所有部件。

将所有的试验池部件，包括玻璃和橡皮“O”型环，浸在合适的超声波清洁浴内的溶剂中清洁 10 min。

将所有部件从浴中取出，用清洁的溶剂清洗。

允许溶剂在无灰尘的环境中自然蒸发，为保证其完全蒸发，可将试验池部件放置在已加热到 105℃～110℃的烘箱中干燥且不超过 120 min。

重新装配试验池时，确保不用裸手接触到任何将要浸液体的表面。

附　录　B
（资料性附录）
试验池的简易清洗程序举例

尽可能完全拆卸试验池。

用两份溶剂（见第 6 章）彻底地清洗所有部件。

首先用丙酮，然后用热自来水冲洗所有部件，接着再用蒸馏水清洗几次。

将试验池部件放置在已加热到 105℃～110℃的烘箱内充分干燥，因某些材料可能老化，干燥时间不应超过 120 min。

干燥时间取决于试验池的结构，通常干燥时间在 60 min～120 min 足以除去任何水份。

附 录 C
（资料性附录）
液体绝缘材料的介质损耗因数和电阻率例行试验的另一程序

C.1 概述

当试验一组样品来确定在电气设备使用中的烃类和其他液体或未使用过的绝缘液体的介质损耗因数和电阻率是否比某些规定值好坏时，采用该简化程序是有价值的。

该附录所述的试验方法的精确度比前面所述的试验方法低。但它可较快地测量，且其精确度仍可以接受。

C.2 试验池

改进为在替换液体时可不必打开就可使用试验池。

最好是限制一种类型的液体用一个试验池。

C.3 试验箱

强迫通风的烘箱，加热套或充满油（或甘油）的油浴箱，其能保持试验池有足够均匀的试验温度，即所要求的温度和内电极的温度差不超过 2℃。用加热板不能满足要求，因为整个试验池的温差太大，会导致不可靠的结果。

C.4 试验温度

当试样的温度在规定温度的±2℃之内时就可进行测量。

C.5 清洗试验池

在按第 7 章叙述的清洗方法不能使用的场合，为了获得重复性和合理的试验结果，每个实验室必须制定出一种清洗试验池的方法，使得试验结果的重复性和合理性可与按照第 7 章更完善程序所述相符合。

在选择溶剂时应同样谨慎地按第 6 章规定的要点进行。

以下清洗方法通常足以满足试验烃类液体：

——尽可能全部拆卸试验池；

——用两份溶剂（见第 6 章）彻底地清洗所有部件；

——首先用丙酮，然后用热自来水冲洗所有部件，接着用蒸馏水清洗几次；

——将试验池部件放置在已加热到 105℃～110℃的烘箱中彻底干燥且不超过 90 min。实际干燥时间取决于试验池的结构，通常 60 min～90 min 已足以除去任何潮气。

当连续试验一组同类的未用过的液体样品时，只要上一次试验过的样品的性能值优于规定值，则使用同一试验池时无需中间清洗。如果试验池的前一样品的性能值劣于规定值，那么应在用于下一个试验之前清洗试验池。

C.6 试样准备和充试样到试验池

应按第 9 章规定的方法贮存和操作试样。

如第 9 章和第 10 章所述准备、预热未用过的液体试样，并将其倒入试验池。允许在加热板上预热，但应连续搅拌试样，以免局部过热。

对低粘度烃类液体特别是矿物油的另一方法是在室温下将油样倒入冷的试验池，然后将其放到保持在规定温度的加热烘箱中。加热速度应按试验池里液体从起始加热到试验温度且不超过 1 h。

当试验池连续用于不同样品试验时，虽然每次试验之间无需中间清洗，但要用下一次被测的样品充满试验池，并冲洗三次。

老化的烃类油在高温加热或保存时要特别小心以避免进一步氧化。

关于外来的悬浮物质的影响可用 4＃多孔性熔融玻璃过滤器过滤，通过过滤前后的试样做试验来加以判断。

C.7 试验电压

通常介质损耗因数试验所施加的电场强度为 0.03 kV/mm～1 kV/mm。注意所选用实际的电场强度不应高到使电极引起次级效应。

测量电阻率时所施加直流试验电压应确保被测液体的电场强度在 50 V/mm～250 V/mm 范围内。

C.8 测量

当液体在试验池里不需加热，试样应保持 10 min～15 min，且内电极温度不超过规定温度的±2℃时进行测量。

如果液体在试验池是需加热的，此时该液体应在 1 h 内达到试验温度(温度偏差允许±2℃)，然后进行测量。

当要求做工频试验时，应在施加直流电压之前进行。

每个样品中可只取一个试样进行试验。

ICS 19.100;77.140.80;77.040.20
J 31

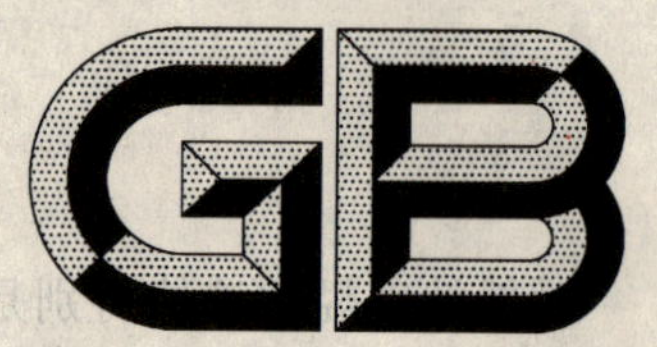

中华人民共和国国家标准

GB/T 5677—2007/ISO 4993:1987
代替 GB/T 5677—1985

铸钢件射线照相检测

Radiographic testing for steel castings

(ISO 4993:1987,Steel castings—Radiographic inspection,IDT)

2007-08-23 发布　　　　2008-01-01 实施

中华人民共和国国家质量监督检验检疫总局
中国国家标准化管理委员会　发布

前　言

本标准等同采用 ISO 4993:1987《铸钢件　射线照相检测》(英文版)。

本标准等同翻译 ISO 4993:1987。

为方便使用,本标准做了下列编辑性修改:

——“本国际标准”一词改为“本标准”;

——用“.5”代替分数“1/2”;

——在第 2 章插入 GB/T 1.1—2000 规定的引导语。

本标准代替 GB/T 5677—1985《铸钢件射线照相及底片等级分类方法》。

本标准与 GB/T 5677—1985 相比主要变化如下:

——增加了范围(见第 1 章);

——将 1985 年版的第 1 章“射线照相方法”调整至本版的第 1 章;

——增加了规范性引用文件(见第 2 章);

——增加了订货须知(见第 3 章);

——增加了检测时机(见第 4 章);

——增加了人员资格(见第 5 章);

——增加了透照工艺卡(见第 6 章);

——修改了验收准则(1985 年版的第 2 章;本版的第 7 章);

——增加了铸造厂的责任(见第 8 章);

——将 1985 年版的第 3 章“记录”调整为本版的第 9 章“检测报告”;

——删除了 1985 年版的附录 A。

本标准由中国机械工业联合会提出。

本标准由全国铸造标准化技术委员会(SAC/TC 54)归口。

本标准起草单位:沈阳铸造研究所。

本标准主要起草人:李兴捷、田世杰、孙春贵。

本标准所代替标准的历次版本发布情况为:

——GB/T 5677—1985。

引　言

为了说明射线照相检测和评定射线照相检测质量等级，有必要采用一套标准的参考射线照相底片。ASTM 参考射线照相底片是国际上唯一认可和采用的参考射线照相底片（见第 2 章）。

铸钢件射线照相检测

1 范围

本标准规定了按 GB/T 19803 和 GB/T 19943 指定的规程，进行铸钢件 X 和伽玛射线照相检测的一般要求。

本标准适用于用各种铸造方法生产的铸钢件的射线照相检测。

2 规范性引用文件

下列文件中的条款通过本标准的引用而成为本标准的条款。凡是注日期的引用文件，其随后所有的修改单(不包括勘误的内容)或修订版均不适用于本标准，然而，鼓励根据本标准达成协议的各方研究是否可使用这些文件的最新版本。凡是不注日期的引用文件，其最新版本适用于本标准。

GB/T 19803 无损检测 射线照相像质计 原则与标识(GB/T 19803—2005，ISO 1027:1983，IDT)

GB/T 19943 无损检测 金属材料 X 和伽玛射线照相检测 基本规则(GB/T 19943—2005，ISO 5579:1998，IDT)

ASTM E446 附件 厚度不超过 2 in(51 mm)铸钢件参考射线照相底片

ASTM E186 附件 壁厚[2 in～4.5 in(51 mm～114 mm)]铸钢件参考射线照相底片

ASTM E280 附件 壁厚[4.5 in～12 in(114 mm～305 mm)]铸钢件参考射线照相底片

ASTM E192 附件 航空用熔模铸钢件参考射线照相底片

3 订货须知

3.1 询价和订货单应注明射线照相检测的要求及相关信息，例如灵敏度、透照区域、验收等级。

3.2 除非在询价和订货单中另有规定，射线照相检测采取两种形式，即试样检测和正常的产品检测。制造工艺中应说明检测的区域和次数，同时在供需双方协议中注明。

3.3 若需实施国家或其他标准或文件不予认可的附加要求，应提供这类要求的详细规范。

4 检测时机

4.1 除非在询价和订货单中另有规定，射线照相检测可以在制造过程中最终热处理前或后的任何时刻进行。

4.2 如有必要，铸钢件表面应进行清理，不能让铸钢件表面不规则或多余物掩盖和混淆相关的不连续。

4.3 只要能达到需方指定的灵敏度等级，可使用任何类型的像质计。

5 人员资格

5.1 应由资格认证合格的人员进行检测。认证体系由需方与供方商定，同时列入技术规范中，或者在询价或投标书中注明。

6 透照工艺卡

6.1 试样射线照相检测的透照工艺卡

当询价或订货单中有规定时，供方应编制需方认可的铸钢件试样射线照相检测的透照工艺卡。工艺卡应注明铸钢件名称、材料、透照区域、射线照相技术和级别、设备型号，并包括下列每次曝光的内容。

6.1.1 伽玛源或管电压、源活度或管电流、曝光时间；

6.1.2 与透照区域和底片有关的照射位置；

6.1.3 射线源尺寸；

6.1.4 底片覆盖的区域；

6.1.5 底片和定位标记的布置；

6.1.6 焦距；

6.1.7 像质计的布置和像质值；

6.1.8 透照厚度；

6.1.9 胶片的类型和数量；

6.1.10 胶片标识；

6.1.11 增感屏的类型和厚度；

6.1.12 密度值；

6.1.13 几何不清晰度；

6.1.14 显影条件。

6.2 产品射线照相检测的透照工艺卡

6.2.1 根据供需双方的协议，铸钢件透照工艺卡可以在检测初始试样时进行修改。

6.2.2 产品检测应按最终修定的透照工艺卡，该卡应包括 6.1.1～6.1.14 的内容。

6.2.3 产品射线照相检测规范的任何改动都应注明，例如透照百分比或验收标准的变化。

7 验收准则

根据第 2 章中引用文件(ASTM E446、E186、E280、E192 的附件)，在订货单中规定验收等级。

8 铸造厂的责任

8.1 除非在询价或订货时另有规定，铸造厂(供方)的责任仅限于保证进行射线照相检测的铸钢件，达到订货单规定的标准。

8.2 不要求铸造厂(供方)进行射线照相检测的铸钢件，需方不应根据以后任何射线照相检测的结果，对铸钢件拒收。

8.3 射线照相检测验收合格的铸钢件，需方不应根据以后不按询价和订货时约定的射线照相技术或最终透照工艺卡(6.2)，重新进行射线照相检测的结果，对铸钢件拒收。

9 检测报告

除非供需双方另有协议，射线照相检测报告供方应至少保存 5 年。

ICS 77.100
H 11

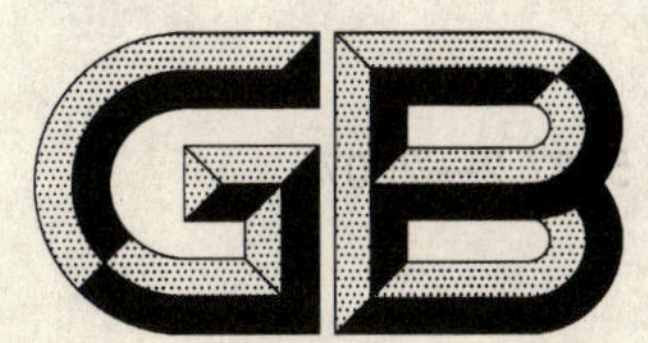

中华人民共和国国家标准

GB/T 5687.2—2007
代替 GB/T 4699.1—1984,GB/T 5687.2—1985

铬铁、硅铬合金和氮化铬铁 硅含量的测定 高氯酸脱水重量法

Ferrochromium, silicochromium and nitrogen-bearing ferrochromium—Determination of silicon content—The perchloric acid dehydration gravimetric method

2007-09-11 发布　　2008-02-01 实施

中华人民共和国国家质量监督检验检疫总局
中国国家标准化管理委员会　发布

前　言

GB/T 5687 的本部分代替 GB/T 4699.1—1984《硅铬合金化学分析方法　重量法测定硅量》和 GB/T 5687.2—1985《铬铁化学分析方法　重量法测定硅量》。

本部分与 GB/T 4699.1—1984 和 GB/T 5687.2—1985 比较，其主要变化如下：

——测定范围由铬铁的 1.00%～6.00%、硅铬合金的 8.00%～95.00%调整为 0.10%～60.00%；

——沉淀两次灼烧温度均由 1 100℃改为 1 050℃；

——对高碳铬铁，试样的粒度由通过 0.125 mm 筛孔改为通过 0.088 mm 筛孔；

——熔剂的用量、熔融温度和高氯酸的用量均作调整；

——滤液回收并进行二次脱水。

本部分由中国钢铁工业协会提出。

本部分由冶金工业信息标准研究院归口。

本部分起草单位：四川川投峨眉铁合金(集团)有限责任公司。

本部分主要起草人：唐华应、方艳。

本部分所代替标准的历次版本发布情况为：

——GB/T 4699.1—1984；

——GB/T 5687.2—1985。

铬铁、硅铬合金和氮化铬铁　硅含量的测定
高氯酸脱水重量法

警告——使用本部分的人员应有正规实验室工作的实践经验。本部分并未指出所有可能的安全问题。使用者有责任采取适当的安全和健康措施，并保证符合国家有关法规规定的条件。

1　范围

GB/T 5687的本部分规定了用高氯酸脱水重量法测定硅含量。

本部分适用于铬铁、真空微碳铬铁、氮化铬铁和硅铬合金中硅含量的测定，测定范围(质量分数)：0.10%～60.00%。

2　规范性引用文件

下列文件中的条款通过GB/T 5687的本部分的引用而成为本部分的条款。凡是注日期的引用文件，其随后所有的修改单(不包括勘误的内容)或修订版均不适用于本部分，然而，鼓励根据本部分达成协议的各方研究是否可使用这些文件的最新版本。凡是不注日期的引用文件，其最新版本适用于本部分。

GB/T 4010　铁合金化学分析用试样的采取和制备

3　原理

试料用盐酸溶解或碱熔后，熔融物以盐酸溶解，用高氯酸冒烟处理，使硅成为不溶性硅酸。经过滤洗涤后，将沉淀于1 050℃灼烧至恒量，加入氢氟酸使硅呈四氟化硅挥发除去，再灼烧至恒量，由氢氟酸处理前后的质量差，计算硅的百分含量。

4　试剂和材料

除非另有说明，在分析中仅使用确认为分析纯的试剂和蒸馏水或与其纯度相当的水。

4.1　过氧化钠，固体。

4.2　无水碳酸钠，固体。

4.3　氨水，ρ0.90 g/mL。

4.4　高氯酸，ρ1.67 g/mL。

4.5　盐酸，ρ1.19 g/mL。

4.6　盐酸，1+5。

4.7　盐酸，1+9。

4.8　过氧化氢，ρ1.10 g/mL。

4.9　氢氟酸，ρ1.15 g/mL，优级纯。

4.10　硫酸，1+1。

4.11　硫氰酸铵溶液，50 g/L。

4.12　硝酸银溶液，10 g/L。

5　取制样

按照GB/T 4010的规定进行取制样。高碳铬铁、氮化铬铁试样应通过0.088 mm筛孔，硅铬合金

试样应通过 0.125 mm 筛孔,中、低、微碳铬铁和真空微碳铬铁的试样(钻取)应通过 1.68 mm 筛孔。

6 分析步骤

6.1 试料量

称取 1.00 g 试样(硅铬合金称取 0.50 g 试样),精确至 0.000 1 g。

6.2 空白试验

随同试料进行空白试验。

6.3 测定

6.3.1 试料的分解

6.3.1.1 试料的酸溶分解法(中、低、微碳铬铁和真空微碳铬铁适用)

将试料(6.1)置于 300 mL 烧杯中,盖上表面皿,加入 60 mL 盐酸(4.6),低温加热使试样完全分解。加入 20 mL 高氯酸(4.4)。

6.3.1.2 试料的碱熔分解法Ⅰ(高碳铬铁、氮化铬铁适用)

将试料(6.1)置于已经盛有 10 g 过氧化钠(4.1)、3 g 无水碳酸钠(4.2)的镍坩埚中,搅匀。再在上面覆盖 2 g 过氧化钠(4.1)。徐徐加热使试样熔化后,于 750℃高温炉内熔融 15 min,取出。稍冷,用热水浸提于 300 mL 塑料杯中。将碱性溶液移入盛有 35 mL 盐酸(4.5)的 500 mL 烧杯内,并用热盐酸(4.7)洗净塑料杯,搅匀溶液,待盐类溶解后,加入 80 mL 高氯酸(4.4)。

6.3.1.3 试料的碱熔分解法Ⅱ(硅铬合金适用)

将试料(6.1)置于已经盛有 10 g～12 g 过氧化钠(4.1)的镍坩埚中,仔细搅匀。再在上面覆盖 3 g 无水碳酸钠(4.2)。将盛有试料及熔剂的坩埚置于 350℃～400℃的电热板上,加热至熔融物变黑。将坩埚取下置于 700℃高温炉内熔融 10 min,取出。稍冷,用热水浸提于 300 mL 塑料杯中。将碱性溶液移入盛有 30 mL 盐酸(4.5)的 500 mL 烧杯内,并用热盐酸(4.7)洗净塑料杯,搅匀溶液,待盐类溶解后,加入 100 mL 高氯酸(4.4)。

6.3.2 硅酸的脱水

低温加热蒸发至冒白烟,并继续加热,在高氯酸蒸汽沿烧杯壁回流状态下,持续加热约 15 min～20 min,取下。(硅铬合金:将烧杯置于高温电热板上加热至放出高氯酸白烟,并继续加热至发烟的残渣开始结晶并呈现粘稠状,取下放冷。)

6.3.3 沉淀的洗涤和过滤

自然冷却后,加入 150 mL 温水使可溶性盐类溶解,分次少量加入约 10 mL 过氧化氢(4.8)使铬还原,煮沸约 1 min,稍静置后,立即用中速定量滤纸过滤[硅铬合金用有棱沟的玻璃漏斗(直径 75 mm)过滤],将沉淀移入滤纸上,用温热盐酸(4.7)洗净烧杯内壁,洗涤沉淀至无铁离子[用硫氰酸铵溶液(4.11)检查],然后用热水洗至无氯离子[用硝酸银溶液(4.12)检查,滤纸必须充分洗净,以除去在灼烧时能引起燃烧的痕量高氯酸]。

6.3.4

将滤液及洗液移入最初脱水用的烧杯中,加热蒸发至约 250 mL 时,加入 10 mL 高氯酸(4.4)[硅铬合金加入 20 mL 高氯酸(4.4)],继续加热至冒烟,以下按 6.3.2 进行第二次脱水。再按 6.3.3 款用新滤纸进行过滤和洗涤沉淀,但最后洗涤是用冷水代替热水。

6.3.5 沉淀的灼烧与称量

将两次所得沉淀连同滤纸移入铂皿(容积 40 mL)或铂坩埚中。加入 4 滴氨水(4.3)于滤纸上,在不超过 400℃的高温炉中干燥并灼烧。放冷。加入 1 mL 硫酸(4.10),蒸发至干且无硫酸烟放出,置于 1 050℃的高温炉中灼烧(约 30 min)。取出稍冷,置于干燥器中,冷却至室温,称量,并反复灼烧至恒量(m_1)。

用数滴水润湿不纯的二氧化硅,向铂皿或铂坩埚中滴加 2 滴～3 滴硫酸(4.10),使之润湿,加入 5 mL氢氟酸(4.9)[硅铬合金加入 10 mL 氢氟酸(4.9)],加热蒸发至冒尽硫酸白烟[硅铬合金在同样条件下进行两次蒸发，但第二次用 2 mL 氢氟酸(4.9)]。在 1 050℃的高温炉中灼烧(约 15 min)。取出稍冷，置于干燥器中，冷却至室温，称量，并反复灼烧至恒量(m_2)。

7 分析结果的计算

按式(1)计算试样中硅的含量(质量分数)，数值以%表示：

$$w(\mathrm{Si})=\frac{[(m_1-m_2)-(m_3-m_4)]\times 0.4674}{m}\times 100 \quad \cdots\cdots(1)$$

式中：

m_1——氢氟酸处理前铂皿(或铂坩埚)和沉淀的质量，单位为克(g)；

m_2——氢氟酸处理后铂皿(或铂坩埚)和沉淀的质量，单位为克(g)；

m_3——氢氟酸处理前随同试样的空白和铂皿(或铂坩埚)的质量，单位为克(g)；

m_4——氢氟酸处理后随同试样的空白和铂皿(或铂坩埚)的质量，单位为克(g)；

m——试料量，单位为克(g)；

0.467 4——二氧化硅换算成硅的换算系数。

8 允许差

实验室之间分析结果的差值应不大于表 1 所列允许差。

表 1 允许差

%(质量分数)

硅含量	允许差
0.10～1.00	0.05
>1.00～2.00	0.10
>2.00～4.00	0.20
>4.00～6.00	0.25
>6.00～15.00	0.30
>15.00～30.00	0.35
>30.00～60.00	0.50

9 试验报告

试验报告应包括下列内容：

a) 鉴别试料、实验室和分析日期的资料；

b) 遵守本部分规定的程度；

c) 分析结果及其表示；

d) 测定中观察到的异常现象；

e) 对分析结果可能有影响而本部分未包括的操作或者任选的操作。

ICS 19.060
Q 61

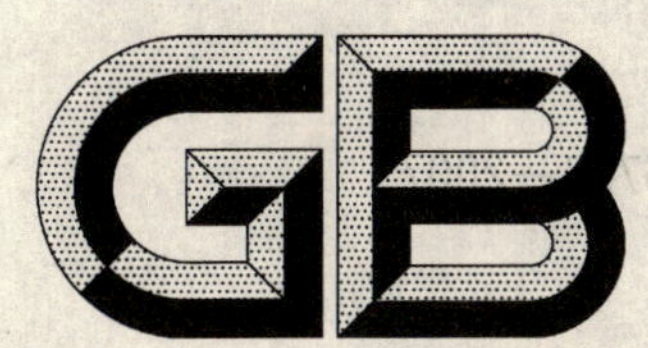

中华人民共和国国家标准

GB/T 5766—2007
代替 GB/T 5766—1996

摩擦材料洛氏硬度试验方法

Test method of Rockwell hardness for friction materials

2007-11-01 发布 2008-06-01 实施

中华人民共和国国家质量监督检验检疫总局
中国国家标准化管理委员会 发布

前　言

本标准与日本工业标准 JIS D4421—1996(2006)《汽车制动器衬片、衬垫和离合器面片硬度试验方法》的一致性程度为非等效。

本标准代替 GB/T 5766—1996《摩擦材料洛氏硬度试验方法》。

本标准与 GB/T 5766—1996 相比，主要变化如下：

——在 3.2 标尺中取消了 H、E、K 标尺；

——在 7.1.1 中增加了关于标尺选择原则的描述；

——在 7.1.3 中增加了试样托座图；

——在 7.2.1 中增加了关于硬度测定点数量和位置选择的描述；

——在 7.3.1.5 中增加了非直读式硬度计的试验方法；

——增加了电动洛氏硬度计的试验方法；

——增加了资料性附录“硬度测定点位置图”(附录 A)和“试验记录表”(附录 B)。

本标准附录 A、附录 B 均为资料性附录。

本标准由中国建筑材料工业协会提出。

本标准由咸阳非金属矿研究设计院归口。

本标准由东营信义汽车配件有限公司、咸阳非金属矿研究设计院、福建冠良汽车配件工业有限公司负责起草。

本标准主要起草人：石志刚、潘昱成、杜效德、张世绍。

本标准为首次发布于 1986 年 1 月，1996 年 5 月第一次修订，本次为第二次修订。

摩擦材料洛氏硬度试验方法

1 范围

本标准规定了测定摩擦材料洛氏硬度的试验方法。

本标准适用于干式摩擦材料制品。

2 规范性引用文件

下列文件中的条款通过本标准的引用而成为本标准的条款。凡是注日期的引用文件,其随后所有的修改单(不包括勘误的内容)或修订版均不适用于本标准,然而,鼓励根据本标准达成协议的各方研究是否可使用这些文件的最新版本。凡是不注日期的引用文件,其最新版本适用于本标准。

GB/T 8170 数值修约规则

JJG 884 塑料洛氏硬度计

3 术语与定义

下列术语和定义适用于本标准。

3.1

洛氏硬度 Rockwell hardness

用规定的钢球压头,在规定的条件下,对摩擦材料制品表面先后施加初试验力和主试验力,然后卸除主试验力,保留初试验力。用前后两次初试验力作用下的钢球压头压入深度残余增量 e 求得的值。e 的单位为 0.002 mm。

洛氏硬度 HR=130−e

3.2

标尺 scale

表示洛氏硬度钢球直径和试验力的组合符号。见表 1。

表 1 洛氏硬度标尺

初试验力/N	主试验力/N	总试验力/N	标尺	
			钢球直径/mm	
			6.350	12.700
98.07	490.3	588.4	L	R
	882.6	980.7	M	S
	1373	1471	P	V

4 试验环境

试验应在温度 23℃±2℃、相对湿度 50%±5%的条件下进行。

5 试验仪器

5.1 洛氏硬度计

洛氏硬度计应符合 JJG 884 规定,并根据使用频率,用相应标尺的标准块定期进行校验。

5.2 干燥器

在干燥器内放有干燥剂。

5.3 试样托座

根据样品形状选用相应的试样托座，试验样品和试样托座应保持紧密贴合。

6 试样准备

6.1 试样为整件摩擦材料制品，也可供需双方协商裁取其中一部分。试样的受试表面不允许有影响试验结果的缺陷。

6.2 试样厚度应保证在试验时不得使其压痕表面产生裂纹或背面变形。

6.3 试样状态调节：在干燥器内放置 24 h 以上。

7 试验步骤

7.1 试验前准备

7.1.1 根据摩擦材料的软硬程度按表 1 选择适宜的标尺，应使洛氏硬度值在 50～115 范围内。R 标尺适用于软的摩擦材料，P 标尺适用于硬的摩擦材料。如果一种摩擦材料按两种标尺来进行试验所得的硬度值都处在限值内，则宜选用较小硬度值的标尺。对相同材质的摩擦材料，应采用同一标尺。

7.1.2 硬度计要安放在水平台上，压头主轴应垂直于试样表面。钢球在压头轴套孔中应能自由滑动，且要求洁净无缺陷。

7.1.3 试样托座与硬度计试台应紧密贴合，试样托座支承面与硬度计试台应洁净(试样托座见图 1)。

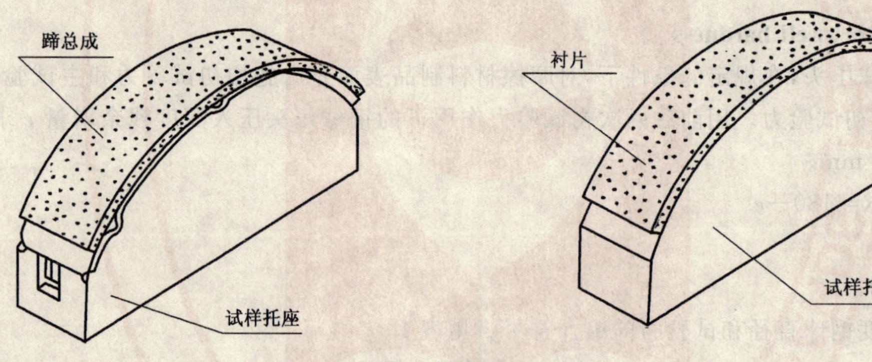

图 1 试样托座

7.1.4 更换钢球压头或试样托座时，要进行两次与硬度试验相同的准备试验。

7.2 选择测定点的位置

7.2.1 硬度测定点的数量根据试样的面积确定，一般不少于 4 个，不多于 10 个，要均布在整个试样表面，但必须避开孔和槽。汽车用摩擦材料硬度测定点的位置选择参见附录 A。

7.2.2 各测定点间距应不小于 $4d$(d 为压痕直径)，并离试样边缘(含孔、槽)的距离不小于 $2.5\ d$。

7.2.3 对弧形摩擦材料也可在其内弧面测定，应由供需双方商定。

7.3 试验步骤

7.3.1 手动洛氏硬度计

7.3.1.1 按 7.1.1 规定选择合适的标尺，按 5.3 和 7.1.3 规定选择合适的试样托座和试台。

7.3.1.2 将试样无冲击地与钢球压头接触，施加初试验力。

当使用度盘硬度计时，转动手轮使试样上升至指示器短指针指于红点，长指针垂直向上指向 B 度盘定位点(B30)，其偏移不得超过±5 个分度值〔若超过此范围，不得倒转，应改换测定点〕。再调整指示器外圈使长指针对准定位点(B30)。

7.3.1.3 在 2 s～4 s 内施加主试验力。从施加主试验力开始保持 15 s。

7.3.1.4 在2 s内平稳地复回原位,卸除主试验力。

7.3.1.5 卸除主试验力(初试验力仍保持)15 s时,即从直读式硬度计的刻度盘上读取洛氏硬度值。如不是直读式硬度计,则在卸除主负荷(初试验力仍保持)之后15 s测出压入深度,计算洛氏硬度值,精确到一位小数。

7.3.1.6 更换测定点,按7.3.1.1～7.3.1.5重复操作。

7.3.2 **电动洛氏硬度计**

7.3.2.1 按第7.1.1规定选择合适的标尺,按5.3和7.1.3规定选择合适的试样托座和试台。

7.3.2.2 将试样无冲击地与钢球压头接触,施加初试验力。

7.3.2.3 接通电源开关,进行试验,记录洛氏硬度值,精确到一位小数。

7.3.2.4 更换测定点,按7.3.2.2～7.3.1.3重复操作。

8 结果表示与计算

8.1 洛氏硬度值用所测的硬度值数字后缀洛氏硬度符号(HR)和所用标尺字母表示。

示例:80 HRM表示用M标尺测定的洛氏硬度值为80。

8.2 数显硬度计直接读取的数值即为硬度值。对度盘硬度计,将施加主试验力后长指针通过B度盘零点(B0)的次数减去卸除主试验力后长指针通过B度盘零点(B0)的次数,按下法读数:

差数是零,标尺读数加100为洛氏硬度值;

差数是1,标尺读数即为洛氏硬度值;

差数是2,标尺读数减100为洛氏硬度值。

8.3 试验结果以各个硬度测定值的算术平均值表示,并按GB/T 8170修约成整数。

8.4 标准偏差按式(1)计算:

$$S=\sqrt{\frac{\sum(X_i-\overline{X})^2}{n-1}} \qquad \cdots\cdots(1)$$

式中:

S——标准偏差;

X_i——每个硬度测定值;

$\overline{X}$——一组硬度测定值的算术平均值;

n——测定次数。

9 试验报告

摩擦材料洛氏硬度试验记录表格式参见附录B,试验报告应包括下列内容:

a) 注明本标准号;

b) 摩擦材料名称、尺寸规格及来源;

c) 洛氏硬度计型号;

d) 试验环境与试验状态调节状况;

e) 洛氏硬度试验结果和标准偏差;

f) 试验日期与人员;

g) 其他需要说明的情况。

附 录 A
（资料性附录）
硬度测定点位置图

汽车用摩擦材料硬度测量点的位置选择见图 A.1～图 A.3。

单位为毫米

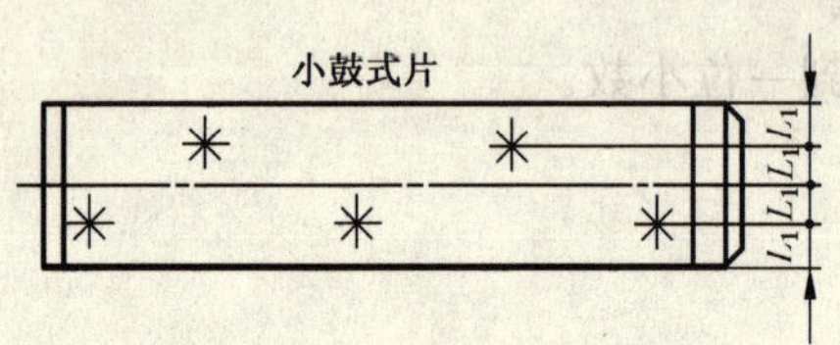

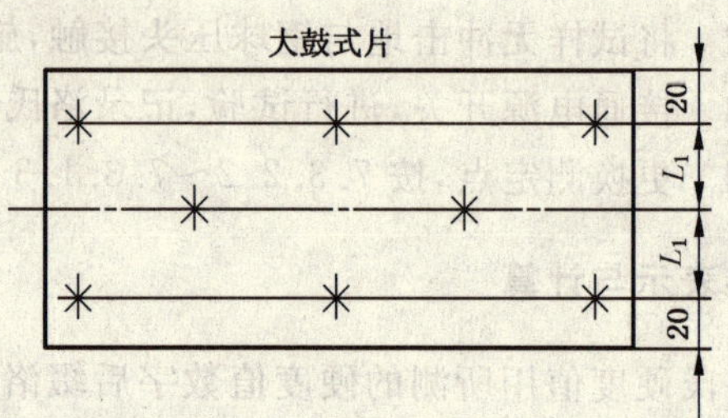

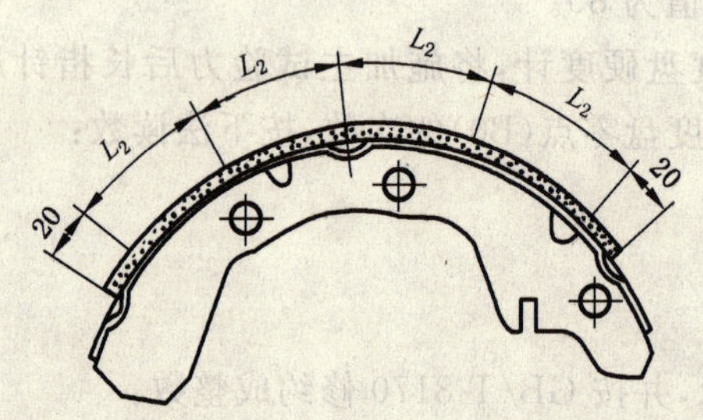

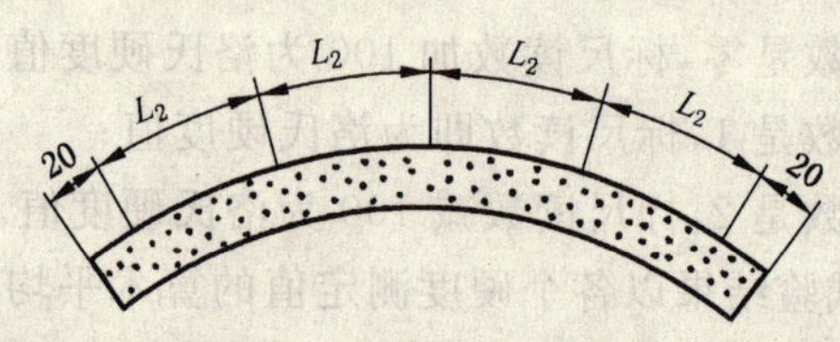

×——测量点位置；

L_1、L_2——测量点在试样上分布距离。

图 A.1 鼓式制动器衬片

单位为毫米

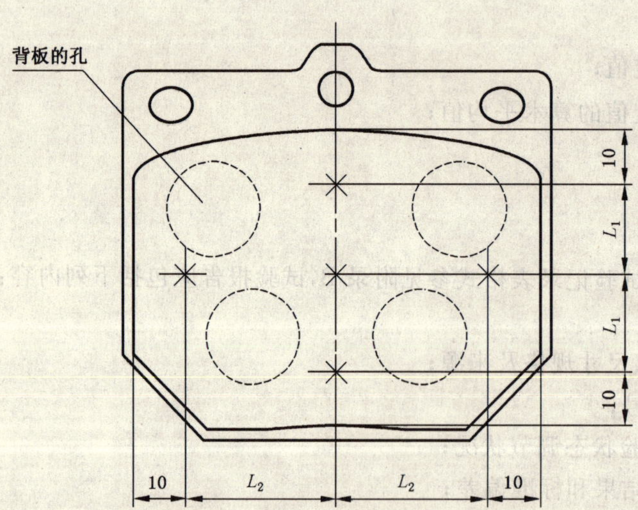

×——测量点位置；

L_1、L_2——测量点在试样上分布距离。

图 A.2 盘式制动器衬片

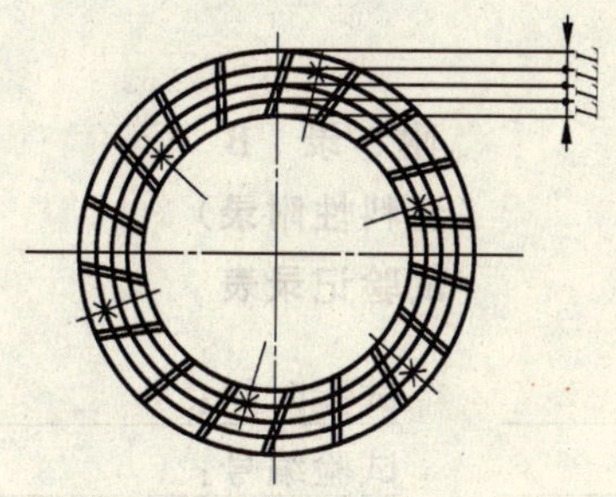

×——测量点位置；

L——测量点在试样上分布距离。

图 A.3　离合器面片

附　录　B
（资料性附录）
试验记录表

试样材质：　　　　　　　　　　　　　试验时间：　　　　年　　月　　日

产品类型：　　　　　　　　　　　　　试验编号：

试样尺寸：　　　　　　　　　　　　　试验室温度：

硬度标尺：L　M　P　R　S　V　　　　试验室湿度：

试样预处理情况：　　　　　　　　　　试验者：

样品编号	测定值										平均值
	1	2	3	4	5	6	7	8	9	10	
1											
2											
3											
4											
5											
6											
7											
8											
9											
10											
总平均值											
最大值											
最小值											
标准偏差											
备注											

ICS 25.180.10
K 60

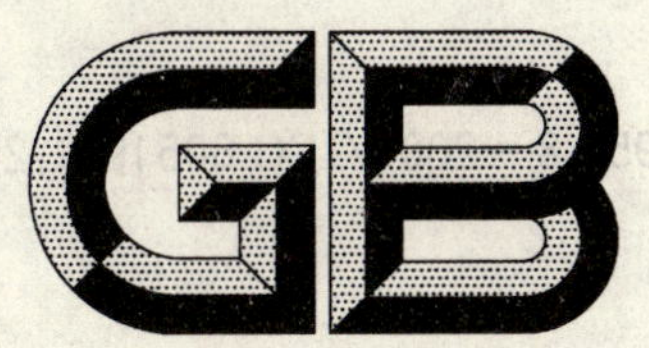

中华人民共和国国家标准

GB 5959.8—2007/IEC 60519-8:2005
代替 GB 5959.8—1989

电热装置的安全
第8部分:对电渣重熔炉的特殊要求

Safety in electroheat installations—
Part 8:Particular requirements for electroslag remelting furnaces

(IEC 60519-8:2005,IDT)

2007-01-23 发布　　　　2007-09-01 实施

中华人民共和国国家质量监督检验检疫总局
中国国家标准化管理委员会　发布

前　言

本部分除第16章外的全部技术内容为强制性。

GB 5959《电热装置的安全》有如下12个部分：

——第1部分：通用要求（GB 5959.1—2005，电热装置的安全　第1部分：通用要求）；

——第2部分：对电弧炉装置的特殊要求（GB 5959.2—1998，电热设备的安全　第二部分：对电弧炉设备的特殊要求）；

——第3部分：对感应和导电加热装置以及感应熔炼装置的特殊要求（GB 5959.3—1988，电热设备的安全　第三部分：对感应和导电加热设备以及感应熔炼设备的特殊要求）；

——第4部分：对电阻加热设备的特殊要求（GB 5959.4—1992，电热设备的安全　第四部分：对电阻炉的通用要求）；

——第41部分：对电阻加热装置——玻璃加热和熔化装置的特殊要求（GB 5959.41—2004 电热设备的安全　第41部分：对电阻加热装置——玻璃加热和熔化装置的特殊要求）；

——第5部分：等离子装置的安全规范（GB 5959.5—1991，电热设备的安全　第五部分：等离子设备的安全规程）；

——第6部分：工业微波加热装置的安全规范（GB 5959.6—1987，电热设备的安全　第六部分：对工业微波加热设备的特殊要求）；

——第7部分：对具有电子枪的装置的特殊要求（GB 5959.7—1987，电热设备的安全　第七部分：对具有电子枪的电热设备的特殊要求）；

——第8部分：对电渣重熔炉的特殊要求（GB 5959.8—2007，电热装置的安全　第8部分：对电渣重熔炉的特殊要求）；

——第9部分：对高频介质加热装置的特殊要求（GB 5959.9—1989，电热设备的安全　第九部分：对高频介质加热设备的特殊要求）；

——第10部分：对工商业用电阻伤形加热系统的特殊要求；

——第11部分：对金属液电磁搅拌、输送或浇注装置的特殊要求（GB 5959.11—2000，电热设备的安全　第十一部分：对液态金属电磁搅拌、输送或浇注设备的特殊要求）。

本部分为GB 5959的第8部分。

本部分与IEC 60519-8:2005《电热装置的安全　第8部分：对电渣重熔炉的特殊要求》（第二版，英文版）同时起草修改。

IEC 60519-8:2005根据本部分翻译起草。

本部分代替GB 5959.8—1989《电热设备的安全　第八部分：对电渣重熔炉的特殊要求》，与后者相比，主要技术变化如下（仅列项目名称）：

——根据GB 5959.1文本结构，将标准由原来的7章增加为对应的16章，编号、标题全部重新改排；全文“本标准”改为“本部分”；

——原标题“主题内容与适用范围”改为“范围”；增加“有关人身装置安全的特殊要求”规定；修改适用范围为“适用于通过直接加热导电炉渣来重熔或精炼金属的电热装置”；增加“本部分应与GB 5959.1—2005《电热装置的安全　第1部分：通用要求》配合使用”和“本部分中的试验方法按GB/T 10066.1—2004《电热装置的试验方法　第1部分：通用部分》和GB/T 10066.8—2006《电热装置的试验方法　第8部分：电渣重熔炉》中的相关规定”；

——增加“规范性引用文件”章，引用GB/T 2900.23、GB 5959.1和GB/T 10066.8；

——增加“3.1 多工位结构”的术语和定义；
——增加“电热装置按电压区段的分类”章，引用 GB 5959.1—2005 中的第 4 章，对其 4.1 补充“电压区段是指熔炼电源输出端开路额定电压”；
——增加“电热装置按频率区段的分类”章，引用 GB 5959.1—2005 中的第 5 章；
——在“6 一般要求”中，引用 GB 5959.1—2005 中的第 6 章；
——原第 6 章改为“6.1.2 补充”，文字修改为“化渣炉和结晶器的工作区域应配备有排烟和净化装置”；
——原标准 3.1.1 改为 6.2.13，保留 a)、b)项，删去 c)项；
——原标准 3.2.1 改为 6.2.14；a) 新增“对于单臂多工位的同轴电渣炉，推荐供电电源回路接地，不推荐用底盘接地。若主电路多重接地，应注意各接地点之间的电流和流经炉子构件的电流。在任何情况下禁止操作人员触及危险电压”；b)改为：“任何一台熔炼工位处于停止状态时，必须断开该供电回路，但仍要接地”；
——对 GB 5959.1—2005 中 6.4，增加“6.4.6 必须采用有效措施保证操作人员不受到超过国家标准的电磁场的侵害”；
——原标准 5.1 改为 6.6.7；
——原标准 5.2 改为 6.6.8，增加“冷却水入口温度不应低于环境的露点温度，以避免水冷部件表面结露”；
——原标准 5.3 改为 6.6.9；
——增加“隔离和开合”章，引用 GB 5959.1—2005 中的第 7 章；
——原标准 3.1.2 改为 7.3；
——原标准 3.2.3 改为 7.4；
——增加“与电网的连接和内部连接”章，引用 GB 5959.1—2005 第 8 章；
——增加“触电的防护”章，引用 GB 5959.1—2005 第 9 章；
——增加“过电流保护”章，引用 GB 5959.1—2005 第 10 章；
——增加“控制电路和控制功能”章，引用 GB 5959.1—2005 第 12 章；
——原标准 3.3.1 改为 12.3；
——原标准 3.3.2 改为 12.4；
——增加“热影响的防护”章，引用 GB 5959.1—2005 第 13 章；
——原标准 4.1 改为 13.6；
——原标准 4.3 改为 13.7；
——原标准 4.4 改为 13.8，增补“应该穿戴防护服，如手套、劳保鞋、防护镜和非金属安全帽等”；
——增加“防火和防爆”章，引用 GB 5959.1—2005 第 14 章；
——增加下列条文(仅列编号和标题)：
14.1 防止结晶器和底盘烧穿
14.2 炉渣的水分要求
14.3 结晶器与底盘的连接
14.4 防止熔炼站附近区域积水
14.5 具有密闭熔炼室电渣炉的要求
——增加“铭牌、标记和技术文件”章，引用 GB 5959.1—2005 第 15 章；
——增加“15.1.1 补充：l) 主电路连接的识别标记，如炉子主电路图的标号”；
——增加“15.1.3 补充：铭牌推荐置于炉子主控屏上。当装置的任何部分在细节上有重要的更改时，应更新铭牌”；
——增加“电热设备的检查和交付使用须知以及使用和维护说明”章，引用 GB 5959.1—2005 第

16 章；

——增加“16.1 补充:有关隔离的具体要求应在单独的说明书中规定。这些要求应张贴在开关操作区域和(或)给有关人员发放获得认可的说明书”；

——增加“16.5 在准备和熔炼阶段的附加要求”；

——原标准 7.1 改为 16.5.1；

——原标准 7.2 改为 16.5.2；

——原标准 7.3 改为 16.5.3；

——原标准 7.4 改为 16.5.4；

——增加“16.5.5 需要监视和维护的各种零部件,如电气绝缘件、电极横臂、电极夹持装置、水冷部件、伺服电机等应设置类似于梯子、平台、通道和其他一些设施使操作人员能容易接近”；

——原标准 7.5 改为 16.5.6；

——原标准 7.6 改为 16.5.7；

——增加“16.5.8 应警告工作人员与炉子有关的各种危险。应用警告牌警告他们不要接近炉子下面的任何危险区域以及载流导体的区域。这些危险区域的入口应用一个或多个栅栏挡住,尽量做到合理实用”；

——增加“16.5.9 只有当横臂不带电时,才能进行电极的松开和夹紧、交换电极等相关操作”；

——增加附录 A；

——原标准 4.2 改为 A.4。

本部分的附录 A 为规范性附录。

本部分由中国电器工业协会提出。

本部分由全国工业电热设备标准化技术委员会归口。

本部分起草单位:东北大学、西安电炉研究所、山东潍坊结晶器厂、长春电炉有限公司、辽宁特钢集团抚顺特殊钢股份有限公司、苏州振吴电炉有限公司、苏州工业园区星州变压器有限公司。

本部分主要起草人:姜周华、刘西萍、闫立懿、于景润、胡显坤、姜立新、薛永生、聂永铭。

本部分所代替标准的历次版本发布情况为:GB 5959.8—1989。

电热装置的安全
第8部分:对电渣重熔炉的特殊要求

1 范围

GB 5959 的本部分规定了对电渣重熔炉(以下简称电渣炉)有关人身装置安全的特殊要求。

本部分适用于通过直接加热导电炉渣来重熔或精炼金属的电热装置。

本部分应与 GB 5959.1—2005 《电热装置的安全 第1部分:通用要求》配合使用。

本部分中的试验方法按 GB/T 10066.1—2004《电热装置的试验方法 第1部分:通用部分》和 GB/T 10066.8—2006《电热装置的试验方法 第8部分:电渣重熔炉》中的相关规定。

2 规范性引用文件

下列文件中的条款通过 GB 5959 的本部分的引用而成为本部分的条款。凡是注日期的引用文件,其随后所有的修改单(不包括勘误的内容)或修订版均不适用于本部分,然而,鼓励根据本部分达成协议的各方研究是否可使用这些文件的最新版本。凡是不注日期的引用文件,其最新版本适用于本部分。

GB/T 2900.23 电工术语 工业电热装置(GB/T 2900.23—1995,neq IEC 60050-841:1983)

GB 5959.1—2005 电热装置的安全 第1部分:通用要求(IEC 60519-1:2003,IDT)

GB/T 10066.1—2004 电热装置的试验方法 第1部分:通用部分(IEC 60398:1999,MOD)

GB/T 10066.8—2006 电热装置的试验方法 第8部分:电渣重熔炉(IEC 60779:2005,IDT)

3 术语和定义

GB/T 2900.23、GB 5959.1—2005 和 GB/T 10066.8—2006 确立的以及下列术语和定义适用于本部分。

3.1

多工位结构 multi station configuration

具有一个以上熔炼工位的电渣炉布置方式。

4 电热装置按电压区段的分类

除下列补充外,按 GB 5959.1—2005 第4章。

4.1 补充:

电压区段是指熔炼电源输出端开路额定电压。

5 电热装置按频率区段的分类

按 GB 5959.1—2005 第5章。

6 一般要求

除下列补充外,按 GB 5959.1 第6章和本部分附录 A。

6.1.2 补充:

化渣炉和结晶器的工作区域应配备有排烟和净化装置。

6.2 补充：

6.2.13 为确保操作安全，电渣炉应满足下列要求：

a) 供电系统应能承受固渣起动时突然出现的电流波动；

b) 断路器应符合设计规定的频繁操作要求。

6.2.14 供电回路应满足下列要求：

a) 若几台炉子由同一个电源供电，则每台炉子应分别接地。主电路应接地，接地端子最好位于支撑钢锭的底盘上。对于单臂多工位的同轴电渣炉，推荐供电电源回路接地，不推荐用底盘接地。若主电路多重接地，应注意各接地点之间的电流和流经炉子构件的电流。在任何情况下禁止操作人员触及危险电压。

b) 任何一个熔炼工位处于停止状态时，必须断开该供电回路，但仍要接地。

6.4 补充：

6.4.6 必须采用有效措施保证操作人员不受到超过国家标准的电磁场的侵害。

6.6 补充：

6.6.7 应采取特殊的保护措施，以保证在发生停电故障时结晶器和底盘仍能继续得到冷却。

6.6.8 在设备重要冷却回路上，如结晶器、底盘和电极夹持器，应设有温度测量、流量监视及报警装置。当冷却水温度、流量超过规定值时，系统应自动报警并采取应急措施，直至切断主电路电源。

冷却水入口温度应不低于环境的露点温度，以避免水冷部件表面结露。

6.6.9 冷却系统的设计应满足下列要求：

a) 冷却水源应满足冷却系统要求，以防被冷却部件过热；

b) 铸造或焊接成型的结晶器，应没有气孔和裂纹等缺陷，以保证在运行时不漏水和不影响传热效果；

c) 应避免结晶器上使用的密封垫与熔融炉料接触。

7 隔离和开合

除下列补充外，按 GB 5959.1—2005 第 7 章。

补充：

7.3 高压断路器的合闸条件

a) 核对二次电压的设定值；

b) 完备电渣炉运行条件；

c) 闭合隔离开关。

注：推荐用灯光或其他信号显示电渣炉已完成启动准备，断路器可以合闸。

7.4 主电路接通条件

a) 熔炼工位转换开关应处于闭合位置，控制台上显示出熔炼工位处于工作状态。

b) 电极和结晶器对中并处于熔炼位置上。

c) 水冷底盘处于工作位置上。

d) 各个活动导电接触装置，特别是电极夹持器或接触夹板，应该接触良好。对于用液压或气动系统的活动导电接触装置，不仅要接触良好，并且至少应在不低于最低工作压力下工作。对于用机械操纵的活动导电接触装置，接合后还要锁住。水冷底盘的导电夹紧机构也应满足同样的要求。

e) 冷却系统连接正确，冷却水的流量、压力、温度应符合炉子的工作要求。

8 与电网的连接和内部连接

按 GB 5959.1—2005 第 8 章。

9 触电的防护

按 GB 5959.1—2005 第 9 章。

10 过电流保护

按 GB 5959.1—2005 第 10 章。

11 等电位连接

按 GB 5959.1—2005 第 11 章。

12 控制电路和控制功能

除下列补充外，按 GB 5959.1—2005 第 12 章。

补充：

12.3 控制室

下列指示和操作应集中在控制室内：

a) 结晶器和底盘冷却回路水流量、压力、温度指示；

b) 二次电流和电压的测量；

c) 在炉子熔炼期间对可能会有的某些动作的控制；

d) 运行参数的设定；

e) 报警；

f) 紧急停炉开关。

控制室应位于能观察到整台炉子的位置上。控制室和炉子应尽可能隔开，隔开距离应满足操作电渣炉安全运行的要求。

12.4 紧急停炉开关

操作紧急停炉开关时，应能导致电极自动提升到离开熔渣足够大的距离，并切断炉子的电源，但不应导致冷却水泵停止或关闭冷却水回路。

13 热影响的防护

除下列补充外，按 GB 5959.1—2005 第 13 章。

补充：

13.6 应该采取保护措施，以避免液态金属和熔渣喷溅到控制室和变压器房。

13.7 炉子的电气、机械、液压设备以及冷却回路的连接软管应加以保护，以防止来自熔渣和电极的直接热辐射以及热对流的加热作用，也要防止上述设备由于在电磁场的作用下发热，使其温度超过允许的范围。

所有处于强磁场下以及与油接触的金属件应由非磁性材料制造，安装时应避免形成闭合回路。

13.8 当炉子通电时，禁止人员在炉子熔炼区上方和下方的支撑构件上进出。对那些必须在运行的炉子上进行作业（例如测量温度、更换电极等）以及必须在带电或灼热零件附件工作的人员的保护，应该穿戴防护服，如手套、劳保鞋、防护镜和非金属安全帽等。

14 防火和防爆

除下列补充外，按 GB 5959.1—2005 第 14 章。

补充：

14.1 防止结晶器和底盘烧穿

结晶器和底盘烧穿会引起火灾或由于冷却水进入液态金属和熔渣而爆炸。因此在装置的设计和操作时要采取下列特别措施保护人身和装置的安全：

14.1.1 在热状态下要确保结晶器和底盘有足够的冷却水通过(见 6.6)。

14.1.2 相对于结晶器的电极尺寸设计和制造要保证结晶器和电极之间留有足够的安全距离以防止发生打弧现象。在熔炼过程，应实时监视电极与结晶器之间的相对位置并随时进行相应调整。

14.1.3 要保证石墨电极和自耗电极有足够强度，以避免在操作过程中由于电极断裂掉入结晶器内而引起电弧放电。不能使用表面有横向裂纹的电极。

14.1.4 自耗电极和假电极之间的焊接区域要保证有足够的强度，以防止使用时开裂。

14.1.5 在电渣操作的开始阶段，特别是当采用固态导电渣启动时，电压和电流的设定和控制应特别注意，其值要限制在一个较小的范围内，以防止电极打弧或与底盘短路而引起底盘烧穿。

14.2 渣料的水分要求

造渣原材料使用前必须充分干燥，以避免由于渣中水分过高导致化渣时结晶器中发生熔渣喷溅现象。

14.3 结晶器与底盘的连接

应固定结晶器与底盘的相对位置，两者之间的缝隙要足够小，以防止熔渣从缝隙中流出。

14.4 防止熔炼站附近区域积水

应避免熔工位站附近区域积水。当发生水泄漏时，要尽快采取措施将水排除。

14.5 具有密闭熔炼室电渣炉的要求

14.5.1 对于具有密闭熔炼室电渣炉，特别是加压熔炼室，应采取特别的防爆措施。

14.5.2 密闭熔炼室应具有足够的强度，以承受设计允许的压力。

14.5.3 密闭熔炼室内的压力应细心检测，并控制在一个允许的范围内。

14.5.4 密闭熔炼室应安装特殊装置，如安全阀或泄压阀，以防止异常过压。

15 铭牌、标记和技术文件

除下列补充外，按 GB 5959.1—2005 第 15 章。

15.1.1 补充：

l) 主电路连接的识别标记，如炉子主电路图的标号。

15.1.3 补充：

铭牌推荐置于炉子主控屏上。当装置的任何部分在细节上有重要的更改时，应更新铭牌。

16 电热设备的检查和交付使用须知以及使用和维护说明

除下列补充外，按 GB 5959.1—2005 第 16 章。

16.1 补充：

有关隔离操作的具体要求应在单独的说明书中规定。这些要求应张贴在开关操作区域和(或)给有关人员发放获得认可的说明书。

补充：

16.5 在准备和熔炼阶段的附加要求

16.5.1 工作区应该有畅通的安全门。出入通道应有标志，并保持清洁无阻，以便工作人员在紧急情况时能迅速撤离。

16.5.2 工作区应备有防火服、防火绝缘手套、防护鞋和工具以及能盖住整个脸部和颈部的防高温安全套和非金属制的安全帽，并能方便地取用。

16.5.3 与液态金属或熔渣接触的工具在使用前应保持清洁干燥。

16.5.4 工作区内应有合适的排水设施。

16.5.5 需要监视和维护的各种零部件，如电气绝缘件、电极横臂、电极夹持装置、水冷部件、伺服电机等应设置类似于梯子、平台、通道和其他一些设施使操作人员能容易接近。

16.5.6 在采用液渣起动工艺时，应采取预防措施避免与熔渣接触（相当于1 500℃～1 750℃的温度的预防措施），以确保人身安全。

16.5.7 盛放液体或气体的压力容器，禁止放在炉子和控制室周围的工作区域内。

16.5.8 应警告工作人员与炉子有关的各种危险。应用警告牌警告他们不要接近炉子下面的任何危险区域以及载流导体的区域。这些危险区域的入口应用一个或多个栅栏挡住，尽量做到合理实用。

16.5.9 只有当横臂不带电时，才能进行电极的松开和夹紧、交换电极等相关操作。

附 录 A
（规范性附录）
对炉子设备中非电气部件安全的附加要求

A.1 一般要求

下列安全要求是最低要求。

A.2 电极及其辅助设备

A.2.1 电极夹紧机构必须与驱动机构和炉架绝缘。驱动机构和炉架应接地。

A.2.2 应限位电极的上下移动距离。电极装卸时应细心谨慎。

A.2.3 电极夹持器和电极提升机构的设计应能防止电极下滑。

A.2.4 在提升机构发生故障时，其垂直运动的部件应能保持在原位或慢速下降。

A.3 密封熔炼室

A.3.1 在加压、保护气氛或真空电渣炉条件下，用于自耗电极熔化的密封熔炼室应该采用无磁钢板制成，工作时用水冷却。

A.3.2 密封熔炼室所用的材料、设计和制造必须满足在制造商和用户商定的运行条件下对人身和设备安全的要求。

A.3.3 在惰性气体容易聚集的区域必须安装氧浓度检测传感器，同时安装报警系统。当出现异常情况时能发出报警，提示操作人员不能进入相应区域。

A.4 振动

各种振动，特别是由于熔化电流突然波动而引起的振动，不应使结晶器的位置、锭子或电极夹持器处于危险状态。

ICS 81.080
Q 40

中华人民共和国国家标准

GB/T 5988—2007
代替 GB/T 5988—2004,GB/T 3997.1—1998

耐火材料　加热永久线变化试验方法

Refractory products—Determination of permanent change in dimension on heating

(ISO 2478:1987 & ISO 2477:2005,MOD)

2007-09-11 发布　　2008-02-01 实施

中华人民共和国国家质量监督检验检疫总局
中国国家标准化管理委员会　发布

前　言

本标准修改采用 ISO 2478:1987《致密定形耐火制品加热永久线变化试验方法》(英文版)及 ISO 2477:2005《定形隔热耐火制品加热永久线变化试验方法》(英文版)。在附录 A 中给出了本标准章条编号与 ISO 2478:1987 和 ISO 2477:2005 章条编号对照一览表。在附录 B 中给出了本标准与 ISO 2478:1987 和 ISO 2477:2005 技术性差异及其原因一览表,有关技术性差异已在标准所涉及的条款的页边空白处用垂直单线标识。主要修改内容如下:

——将 ISO 2478:1987 和 ISO 2477:2005 的内容合并编写;

——引用文件将 ISO 标准改为相应的我国标准;

——将氧化性气氛的试验炉修改为试验炉;

——将致密定型耐火制品试样高度(60±2)mm 修改为(65±2)mm;

——将体积变化率修改为与线变化率并用;

——将定形隔热耐火制品试样尺寸由 100 mm×114 mm×76(64)mm 修改为 100 mm×114 mm×75(65)mm。

本标准代替 GB/T 5988—2004《致密定形耐火制品　加热永久线变化试验方法》、GB/T 3997.1—1998《定形隔热耐火制品　重烧线变化试验方法》。本标准与 GB/T 5988—2004 主要差异如下:

——将标准名称修改为《耐火材料　加热永久线变化试验方法》;

——将标准名称由《致密定形耐火制品　加热永久线变化试验方法》修改为《耐火材料　加热永久线变化试验方法》;

——将氧化性气氛的试验炉修改为试验炉;

——将"如果试样加热过程中产生结瘤、鼓泡等缺陷时,试样作废"修改为 ISO 的表述"如果试样加热过程中产生结瘤、鼓泡等缺陷时,可以用附近未受影响的测量点代替";

——将 GB/T 3997.1—1998 和其他耐火材料线变化率试验方法的部分内容整合在本标准中。

本标准的附录 A、附录 B 均为资料性附录。

本标准由全国耐火材料标准化技术委员会提出并归口。

本标准起草单位:中钢集团洛阳耐火材料研究院、山西盂县西小坪耐火材料有限公司、中国建筑材料检验认证中心(国家建筑材料工业耐火材料产品质量监督检验测试中心)。

本标准主要起草人:王秀芳、章艺、郝良军、谢金莉、李丽萍、李春燕。

本标准所代替标准版本的历次发布情况:

——GB/T 5988—1986、GB/T 5988—2004;

——GB/T 3997.1—1983、GB/T 3997.1—1998。

耐火材料　加热永久线变化试验方法

1　范围

本标准规定了耐火材料加热永久线变化试验方法的原理、设备、试样、试验步骤、结果计算及试验报告。

本标准适用于耐火材料加热永久线变化的测定。

2　规范性引用文件

下列文件中的条款通过本标准的引用而成为本标准的条款。凡是注日期的引用文件，其随后所有的修改单(不包括勘误的内容)或修订版均不适用于本标准，然而，鼓励根据本标准达成协议的各方研究是否可使用这些文件的最新版本。凡是不注日期的引用文件，其最新版本适用于本标准。

GB/T 2997　致密定形耐火制品体积密度、显气孔率和真气孔率试验方法(GB/T 2997—2000，eqv ISO 5017:1998)

GB/T 7321　定形耐火制品试样制备方法

GB/T 8170　数值修约规则

GB/T 10325　定形耐火制品抽样验收规则

GB/T 17617　耐火原料和不定形耐火材料　取样(GB/T 17617—1998，neq ISO 8656-1:1988)

GB/T 18930　耐火材料术语(GB/T 18930—2002，ISO 836:2001，MOD)

3　术语和定义

GB/T 18930 所规定的术语和定义适用于本标准。

4　原理

将已测定长度或体积的长方体或圆柱体试样，置于试验炉内，按规定的加热速率加热到试验温度，并保持一定的时间，冷却至室温后，再次测量其长度或体积，并计算其加热永久线变化率或体积变化率。

5　设备

5.1　试验炉

满足 7.5～7.7 要求的电炉或其他类型的炉子。

5.2　热电偶

至少 3 支，测量温度和试样周围的温度分布。

5.3　温度记录和显示装置

与热电偶配套使用，能连续控制、记录和显示炉内温度。

5.4　长度测量装置

5.4.1　长度测量仪——适用于致密定型制品

由机架、底座和载样台组成。一个精度为 0.01 mm 的百分表装在机架上，机架垂直牢固地固定在表面光滑的底座上。百分表可上下自由移动，并可围绕支架作圆周运动。一个正方形的载样台放置在底座上(如图 1 所示)。测量试样时，将试样放置在载样台上，载样台由成等边三角形布置的三个支柱支撑试样，两个定位螺栓固定在底座上，使试样靠紧定位。载样台的底面是一个磨光的平面，测量时载样台可以自由地在光滑的底座表面上移动，在载样台面的一个角上刻有对角线标记，对准试样上的标记定位(如图 2 所示)。测量校准块可用不锈钢或经淬火、防锈处理的高硬度钢材制作,其尺寸为直径 50 mm,高度为 65 mm。

5.4.2 比较计——适用于定型隔热制品及不定形材料

能测量试样相对面距离的游标卡尺、数字比较计或电子数字比较计,其精度为 0.1 mm。

5.5 体积测量装置

适用于致密定型耐火制品,按 GB/T 2997 测量体积。

5.6 电热干燥箱

能鼓风,并具有有效通风能力的排风口,温度控制能满足 110℃±5℃。

单位为毫米

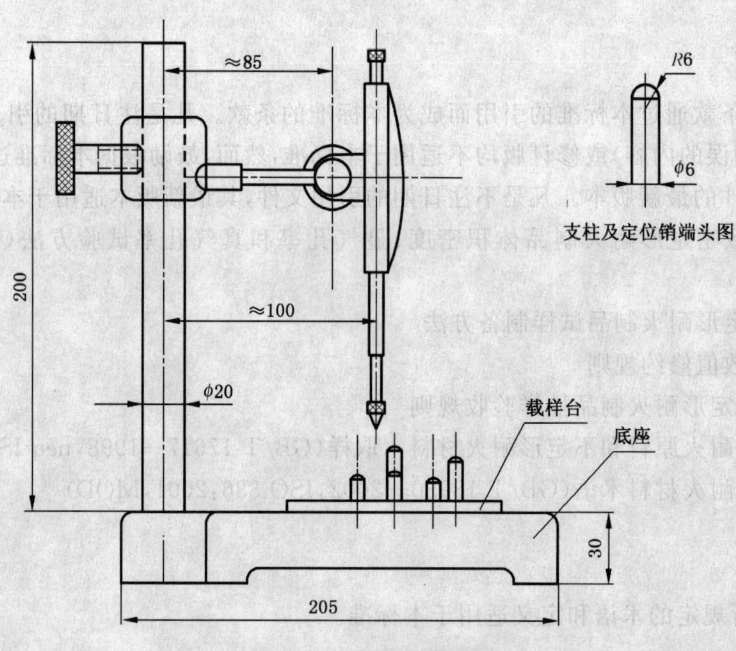

图 1 长度测量装置

单位为毫米

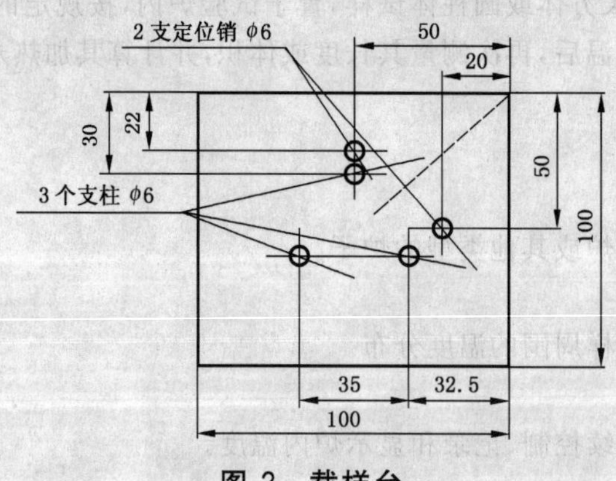

图 2 载样台

6 试样

6.1 取样

试验砖的数量应按 GB/T 10325 的规定或协商确定,不定形耐火材料应按 GB/T 17617 的规定或协商确定。

6.2 试样的制备

6.2.1 致密定形耐火制品

试样制备按 GB/T 7321 规定进行，一般从每块砖上制取 1 个试样，制备的每组试样应一致。

长方体试样为 50 mm×50 mm×(65±2)mm，圆柱体试样为直径 50 mm，高(65±2)mm。试样的 65 mm 尺寸应与砖的成型加压方向一致。长方体 50 mm×50 mm 面或圆柱体的端面在试验前要磨平并相互平行。体积测量法的试样尺寸按 GB/T 2997 的规定执行。

6.2.2 定型隔热耐火制品

从每个样品上制取 1 个试样，若样品尺寸允许，也可多于 1 个。试样尺寸：100 mm×114 mm×65 mm或 100 mm×114 mm×75 mm。

如果由于样品尺寸限制，不能制取上述试样时，应从样品上切取长度为 100 mm 的试样，记录其厚度和宽度。

试样相距 100 mm 的 2 个面应是平面且互相平行。

6.2.3 不定形耐火材料

试样的制备按相关规定进行。通常试样的尺寸为 160 mm×40 mm×40 mm。

每组试样数量不应少于 3 块。

7 试验步骤

7.1 试样干燥

将试样在电热干燥箱中于 110℃±5℃烘干至恒量，也可根据双方约定进行。

7.2 试样测量

7.2.1 致密定型耐火制品——长度测量仪法

用校准块校准长度测量装置。将试样按 65 mm 尺寸方向竖直地放置在底座的载样台上。对于长方体试样，以一个带标记的角对准载样台对角线标记，圆柱体试样以两条相互垂直的任一直径对准载样台上的对角线，并作上标记以便试样加热前后仍在同一位置进行测量。

在底座上移动装有试样的载样台，在试样顶面的 4 个位置上测量长度，准确到 0.01 mm。对于长方体试样，4 个位置在试样顶面对角线上距每个角 20 mm～25 mm 处，对圆柱体试样，4 个位置在试样顶面两条相垂直的直径上，距圆周 10 mm～15 mm 处。标记测量位置并记录每个测量点的长度 L_0。

7.2.2 致密定型耐火制品——体积测量法

按 GB/T 2997 测量试样的体积密度，按式(1)计算试样的体积 V_B，以立方厘米(cm^3)计：

$$V_B = \frac{m_2 - m_1}{\rho} \qquad \cdots\cdots(1)$$

式中：

m_1——饱和试样悬浮在浸液中的质量，单位为克(g)；

m_2——饱和试样在空气中的质量，单位为克(g)；

ρ——浸液的密度，单位为克每立方厘米(g/cm^3)。

7.2.3 定型隔热制品及不定形耐火材料——比较计法

在试样长度方向测量两相对面(泥浆试样为规定标记)的距离 L_0，共进行 4 次测量，精确到 0.2 mm。其中 2 次测量(EF 和 GH)沿着顶底面的中心线；另 2 次测量(AB 和 CD)沿试样前后面的中心线，测量点距测量面的边缘 15 mm，测量点用耐火涂料标记，如图 3 所示。

单位为毫米

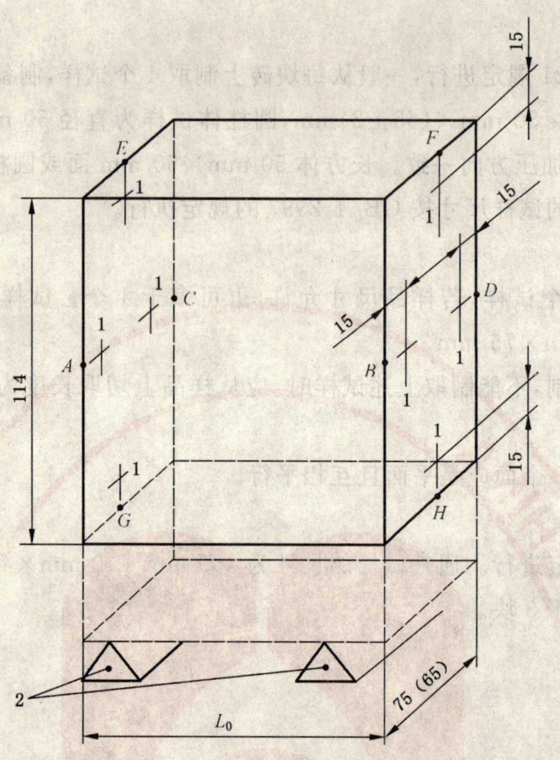

1——测量位置标记；

2——支撑块(7.3)。

图 3　尺寸的测量和放置(以定形隔热制品为例)

7.3　炉中试样的放置

试样放置在炉膛均温带，不得叠放且彼此分离，间距应不小于试样高度的一半。试样与炉壁之间的距离不应小于 50 mm，试样不能直接受到电炉的热辐射或燃气炉火焰的冲击。

试样应底面向下放置。致密定形耐火制品以未作记号的面为底面；定形隔热耐火制品以试样 100 mm×65 mm(或 100 mm×75 mm)的 1 个面为底面；不定形耐火材料以试样成型时的底面为底面。

试样要放在炉中 30 mm～65 mm 厚的砖上，砖与试样系同一材质，把砖放在两个高 20 mm～50 mm，距离 80 mm 的三角形断面的支承体上。

7.4　试验温度

按产品的技术条件规定或有关方协商确定。

7.5　温度分布和测量

至少采用 3 支热电偶测量和记录炉膛装样区温度，测温热电偶要离开炉壁且不能与发热体或火焰接触，热电偶之间测出的温度差不得大于±10℃。

7.6　加热速率

加热速率应符合表 1 的规定。

表 1　加热制度

试验温度	温度范围	试样类型	升温速率/(℃/min)
≤1 250℃	室温至低于试验温度 50℃	定形耐火制品	5～10
		不定形耐火材料	4～6
	最后 50℃	定形耐火制品	1～5
		不定形耐火材料	1～2

表 1（续）

试验温度	温度范围	试样类型	升温速率/(℃/min)
＞1 250℃	室温至 1 200℃	定形耐火制品	5～10
		不定形耐火材料	4～6
	1 200℃至低于试验温度 50℃		2～5
	最后 50℃		1～2(致密定形制品也可为 1～5)
燃气炉，≥1 500℃	室温至 1 200℃	定形耐火制品	5～20
		不定形耐火材料	4～10
	1 200℃至低于试验温度 50℃		2～5
	最后 50℃		1～2

7.7 保温

保温期间 3 支热电偶的任何一支所记录的温度都在试验温度±10℃之内，记下 3 支热电偶温度的平均值作为实际的试验温度。保温时间按产品的技术条件规定或有关方协商确定。

7.8 燃气取样

对于燃气炉，在 7.6 和 7.7 中规定的加热时间内抽取炉内试样附近的气体，并测定其氧含量以保证其氧化气氛。

7.9 冷却

停炉后，试样随炉自然冷却至室温。

7.10 烧后试样的测量

7.10.1 长度测量仪法

检查试样，如发现原测量位置上有加热过程中产生的结瘤、鼓泡等缺陷时，可以用附近未受影响的测量点代替。按 7.2.1 的规定测量试样原测量位置的长度 L_1。

7.10.2 比较计法

检查记录试样外观，按 7.2.3 的规定测量试样原测量位置的长度 L_1。

7.10.3 体积测量法

按 7.2.2 中同样的方法测量试样的体积。

8 结果计算

8.1 加热永久线变化(L_c)以试样加热前后的长度变化率计，数值以%表示。

8.1.1 对于定形耐火制品，长度测量仪法和比较计法按式(2)计算，以 4 个测量位置线变化的平均值为试样的加热永久线变化。体积测量法按式(3)计算。

$$L_c = \frac{L_1 - L_0}{L_0} \times 100 \qquad \cdots\cdots(2)$$

式中：

L_1——试样加热后各点测量的长度值，单位为毫米(mm)；

L_0——试样加热前各点测量的长度值，单位为毫米(mm)。

$$L_c = \frac{1}{3} \cdot \frac{V_1 - V_0}{V_0} \times 100 \qquad \cdots\cdots(3)$$

式中：

V_1——试样加热后的体积，单位为立方厘米(cm^3)；

V_0——试样加热前的体积，单位为立方厘米(cm^3)。

试样的加热永久体积变化率 $V_c = \frac{V_1 - V_0}{V_0} \times 100$。

8.1.2 对不定形耐火材料，以4个测量位置线变化的平均值为试样的加热永久线变化。

干燥线变化 L_d 按式(4)计算：

$$L_d = \frac{L_1 - L_0}{L_0} \times 100 \qquad \cdots\cdots(4)$$

式中：

L_1——试样烘干后冷却至室温的长度值，单位为毫米(mm)；

L_0——试样烘干前的长度值，单位为毫米(mm)。

烧后线变化 L_f 按式(5)计算：

$$L_f = \frac{L_t - L_1}{L_1} \times 100 \qquad \cdots\cdots(5)$$

式中：

L_t——试样烧后冷却至室温的长度值，单位为毫米(mm)；

L_1——试样烘干后冷却至室温的长度值，单位为毫米(mm)。

总的线变化 L_c 用式(6)计算：

$$L_c = \frac{L_t - L_0}{L_0} \times 100 \qquad \cdots\cdots(6)$$

式中：

L_t——试样烧后冷却至室温的长度值，单位为毫米(mm)；

L_0——试样烘干前的长度值，单位为毫米(mm)。

8.2 试样加热后长度或体积膨胀的以正(+)表示，收缩的以负(−)表示。报告每个试样的加热永久线变化的单值和一组试样的平均值。如果需要，也可报告加热永久体积变化率(V_c)。

如果一组试样加热后长度或体积变化值不是同"+"或同"−"，仅报告每个试样的加热永久线变化的单值，不报告平均值。

8.3 试验结果按 GB/T 8170 修约至1位小数。

9 试验报告

试验报告包括以下内容：

a) 试验项目的名称；

b) 试验日期；

c) 试验所依据的标准，即"按本标准的长度测量仪法或比较计法或体积测量法"；

d) 试验材料的说明(制造厂家、品种、批号等)；

e) 待测样品的数量；

f) 每块样砖的取样数量；

g) 试样尺寸及其在砖中的位置(6.2)；

h) 使用的长度测量装置的型号；

i) 使用的试验炉种类(5.1)；

j) 炉气的氧含量(如果需要)(7.8)；

k) 加热制度(7.6)；

l) 标称试验温度(7.4)；

m) 实际平均温度(7.7)；

n) 在实际平均温度下的保温时间(7.7)；

o) 烧后试样的外观(7.10.1)；

p) 每块试样和每块制品线性或体积变化的单值和平均值。

附　录　A
（资料性附录）
本标准章条编号与 ISO 2478:1987 和 ISO 2477:2005 章条编号对照

表 A.1 给出了本标准章条编号与 ISO 2478:1987 和 ISO 2477:2005 章条编号对照一览表。

表 A.1　本标准章条编号与 ISO 2478:1987 和 ISO 2477:2005 章条编号对照

本标准章条编号	ISO 2478:1987 章条编号	ISO 2477:2005 章条编号
1	1	1
2	2	2
3	3	3
4	4	4
5	5	5
5.1～5.4	5.1～5.4	5.1～5.4
5.4.1	5.4	—
5.4.2	—	5.4
5.5	5.5	—
5.6	5.6	5.5
6	6	6
6.1	6.1	6.1
6.2.1	6.2	—
6.2.2	—	6.2
6.2.3	—	—
7	7	7
7.1	7.1	7.1
7.2	7.2	7.2
7.2.1	7.2.1	—
7.2.2	7.2.2	—
7.2.3	—	7.2
7.3～7.10	7.3～7.10	7.3～7.10
7.10.1	7.10.1	—
7.10.2	—	7.10
7.10.3	7.10.2	—
8	8	8
9	9	9

附 录 B
(资料性附录)
本标准与 ISO 2478:1987 和 ISO 2477:2005 技术性差异及其原因

表 B.1 给出了本标准与 ISO 2478:1987 和 ISO 2477:2005 的技术性差异及其原因的一览表。

表 B.1 本标准与 ISO 2478:1987 和 ISO 2477:2005 技术性差异及其原因

本标准章条编号	技术性差异	原 因
2	引用标准改为我国标准。	方便使用。
3	术语和定义未一一列出,改为引用 GB/T 18930—2002。	术语和定义已广为人知,为与 ISO 标准相一致,本标准不再重复。
4	将氧化性气氛的试验炉修改为试验炉。	扩大标准的使用范围。
6.2.1	将试样高度由(60±2)mm 改为(65±2)mm。	方便使用,因为 65 mm 是我国标准砖的厚度。
6.2.2	将试样的 76 mm 或 64 mm 尺寸改为 75 mm或 65 mm。	方便使用,因为 75 mm 或 65 mm 是我国耐火砖的标准厚度。
6.2.3	增加了不定形耐火材料的规定。	扩大标准的使用范围。
7.4,7.7	将试验温度和保温时间的规定改为"按产品的技术条件规定或有关方协商确定。"	ISO 标准只是原则规定,一般产品技术条件中均有详细规定(或由有关方协商确定)。
7.6	将语言叙述改为表格,同时增加了不定形耐火材料的规定。	方便使用。
8	将结果计算的语言叙述改为计算公式。并增加了数字修约的规定。	方便使用。

ICS 39.040.20
Y 11

中华人民共和国国家标准

GB/T 6046—2007
代替 GB/T 6046—1992

指针式石英钟

Analogue quartz clocks

2007-12-05 发布　　　　2008-09-01 实施

中华人民共和国国家质量监督检验检疫总局
中国国家标准化管理委员会　发布

前　言

本标准代替 GB/T 6046—1992《指针式石英钟》。

本标准与 GB/T 6046—1992 的主要技术差异如下：

——调整了“平均瞬时日差”值(见 3.3)；

——将“耐冲击性”的内容调整至“包装”一章；

——增加了指针、数字双显石英钟的同步性内容(见 3.13)；

——增加了照明功能的内容(见 3.15)；

——调整了型式检验的样本量(见 5.2)；

——增加了石英钟包装箱的耐跌落要求(见 6.2)；

——修改了“日历”功能的条款(见 3.16)；

——修改了“附加闹时机构”的条款(见附录 A)；

——修改了“附加报时功能”的条款(见附录 B)；

——修改了“附加装饰摆”的条款(见附录 C)。

本标准的附录 A、附录 B、附录 C 为规范性附录。

本标准由中国轻工业联合会提出。

本标准由全国钟表标准化技术委员会(SAC/TC 160)归口。

本标准起草单位：广州市富达钟表工业有限公司、烟台北极星国有控股有限公司、福建昇邦电子科技有限公司、福建上润精密仪器有限公司、山东康巴丝钟表有限公司、轻工业钟表研究所。

本标准主要起草人：江天湘、罗建毅、何光先、林坚、苏方中、罗晓梅、秦苏东、田照珂。

本标准所代替标准的历次版本发布情况为：

——GB/T 6046—1985，GB/T 6046—1992。

指针式石英钟

1 范围

本标准规定了指针式石英钟(以下简称石英钟)的要求、试验方法、检验规则、标志、包装、运输、贮存。

本标准适用于具有石英谐振器、标称工作电压为DC1.50 V的指针式石英钟,石英钟机心及采用该类机心的其他计时装置亦可参照使用。

2 规范性引用文件

下列文件中的条款通过本标准的引用而成为本标准的条款。凡是注日期的引用文件,其随后所有的修改单(不包括勘误的内容)或修订版均不适用于本标准,然而,鼓励根据本标准达成协议的各方研究是否可使用这些文件的最新版本。凡是不注日期的引用文件,其最新版本适用于本标准。

GB/T 2828.1 计数抽样检验程序 第1部分:按接收质量限(AQL)检索的逐批检验抽样计划(GB/T 2828.1—2003,ISO 2859-1:1999,IDT)

GB/T 2829 周期检验计数抽样程序及表(适用于对过程稳定性的检验)

3 要求

3.1 工作温度

石英钟在−10℃~50℃的温度范围内应不停走。

3.2 电压范围

石英钟在DC1.70 V~DC1.25 V的工作电压范围内应不停走。

3.3 工作可靠性

3.3.1 石英钟在正常使用条件下应不停走,各功能键应灵活可靠,零、部、组件不应自行脱落。

3.3.2 石英钟在进行预运走和平均瞬时日差、平均温度系数试验时累计误差应不超过2 min。

3.3.3 石英钟时针和时符中心重合时,分针偏离"12"时符中心的角度不应大于90°。

3.4 平均瞬时日差 $\overline{m}$

石英钟连续运走3 d,3 d的平均瞬时日差 $\overline{m}$ 应符合表1规定。

表1 项目和指标

序号	项目	指标		
		优等	一等	合格
1	平均瞬时日差 $\overline{m}$/(s/d)	−0.5~0.5	−1.0~1.0	−2.0~2.0
2	电压系数 C_U/[s/(d·V)]	−1.5~1.5	−2.0~2.0	−2.5~2.5
3	平均温度系数 C_{t1}、C_{t2}/[s/(d·℃)]	−0.10~0.10	−0.15~0.15	−0.20~0.20

3.5 电压系数 C_U

石英钟的供电电压由DC1.50 V降至DC1.35 V时,电压每变化1 V引起石英钟的瞬时日差变化量为电压系数 C_U,C_U 应符合表1中规定。

3.6 平均温度系数 C_{t1}、C_{t2}

石英钟温度由23℃变化到8℃时,温度每变化1℃引起的瞬时日差变化的平均值为 C_{t1};石英钟温度由23℃变化到38℃时,温度每变化1℃引起瞬时日差变化量的平均值为 C_{t2}。C_{t1}、C_{t2} 应符合表1中规定。

3.7 功耗电流

石英钟走时功耗电流应符合表 2 规定。

表 2 功耗电流

<table>
<tr><th>输出频率/Hz</th><th>功耗电流/μA</th><th>适用电池型号</th></tr>
<tr><td rowspan="4">0.5</td><td>≤70</td><td>R03
扣式电池</td></tr>
<tr><td>≤130</td><td>R6</td></tr>
<tr><td>≤160</td><td>R14</td></tr>
<tr><td>≤180</td><td>R20</td></tr>
<tr><td rowspan="3">8</td><td>≤180</td><td>R6</td></tr>
<tr><td>≤250</td><td>R14</td></tr>
<tr><td>≤350</td><td>R20</td></tr>
</table>

3.8 低电压可靠性

石英钟在工作电压为 DC1.35 V 的条件下连续运走 24 h，试验期间不应停走，累计误差应不超过 1 min。

3.9 耐湿性能

石英钟经受温度为 40℃、相对湿度为 85%～95%的耐湿性能试验，试验期间不应停走，累计误差应不超过 1 min。

3.10 耐振动性能

石英钟经受加速度为 19.6 m/s^2、频率为 30 Hz～120 Hz、扫描周期为 1 min 的连续扫描振动试验，试验期间不应停走，累计误差应不超过 1 min，石英钟零部组件不应有因振动造成的松动、损坏现象。

3.11 拨针机构

石英钟拨针机构应灵活可靠，拨针过程中时、分针转动应协调，不应有卡滞现象。

3.12 时分针协调差

石英钟的时、分针指示应协调准确，当时针与时符中心重合时，分针偏离"12"时符中心位置应不大于 4 分格。

3.13 显示同步性

具有指针和数字双重显示时间的石英钟，指针和数字显示的时间误差应不大于 1min/d。

3.14 外观

3.14.1 石英钟盘面及钟针应整洁、色泽均匀，不应有泛色、污点、印迹、划痕等缺陷；盘面上各种字符和图案应准确、清晰。

3.14.2 石英钟玻璃或其他透明盖应光洁、清晰，无明显缺陷，钟盘面与透明盖间不应留有任何肉眼可见异物。

3.14.3 钟壳造型、型面应流畅，钟壳及装饰件不应有明显影响美观的划痕和缺陷。

3.14.4 表面外观具有覆盖层的石英钟，覆盖层应均匀、协调，色泽一致，不应有皱皮、脱皮和斑点等缺陷。

3.15 照明

具有照明功能的石英钟，在黑暗处开启照明按钮后应能看清石英钟的指示时刻。

3.16 日历

具有附加日历功能的石英钟，日历应完整、准确，换历可靠；数字显示不应有断划、缺划、闪烁等缺陷。

3.17 闹时

具有附加闹时机构的石英钟对闹时功能的要求见附录A。

3.18 报时

具有附加报时功能的石英钟对附加报时功能的要求见附录B。

3.19 装饰摆

具有附加装饰摆机构的石英钟对装饰摆功能的要求见附录C。

4 试验方法

4.1 试验条件

4.1.1 试验环境

除另有规定外，试验的环境温度应为18℃～25℃，在整个试验过程中温度波动应不大于2℃，相对湿度应不大于70%。

4.1.2 供电电源

除另有规定外，试验用走时供电电源应为DC1.50 V，闹时、报时和装饰摆用供电电源应为DC1.50 V或DC3.00 V。

4.1.3 预运走

石英钟进行试验前应在4.1.1规定的环境条件下运走2 h以上。

4.2 仪器设备

试验仪器设备分辨率及最大允许误差见表3。

表3 试验仪器设备

试验仪器设备		分辨率	最大允许误差
日差测试仪器		0.01 s/d	±0.05 s/d
标准钟		0.5 s	±0.5 s/d
电流测试仪器		0.1 μA	—
恒温恒湿箱		—	±1℃
振动试验台	工作台漏磁	—	800 A/m
	加速度允许偏差	—	±5%

4.3 试验项目

4.3.1 工作温度

将石英钟置于温度为50℃的环境中保持4 h，取出后置于4.1.1的环境中恢复至少2 h，然后置于温度为－10℃的环境中保持4 h(试验时也可先做低温)，石英钟在高、低温试验前后均与标准钟比对，误差超过2 min以停走计。

4.3.2 电压范围

将石英钟的供电电压分别调至DC1.70 V和DC1.25 V各保持1 min以上，检查石英钟的运走情况。

4.3.3 工作可靠性

4.3.3.1 在石英钟进行预运走和平均瞬时日差、平均温度系数试验前、后用标准钟比对，检查走时误差和各功能键。

4.3.3.2 将石英钟的时针分别与“3”、“6”、“9”、“12”时符中心位置重合，检查分针偏离“12”时符中心位置的角度。

4.3.4 平均瞬时日差 $\overline{m}$

将石英钟置于(23±1)℃的环境中保持至少 2 h 后,分别测出 3 d 的瞬时日差 m_1、m_2、m_3,$\overline{m}$ 按式(1)计算。

$$\overline{m}=\frac{m_1+m_2+m_3}{3} \quad \cdots\cdots(1)$$

式中:

$\overline{m}$——3 d 的平均瞬时日差,单位为秒每天(s/d);

m_1——第一天的瞬时日差,单位为秒每天(s/d);

m_2——第二天的瞬时日差,单位为秒每天(s/d);

m_3——第三天的瞬时日差,单位为秒每天(s/d)。

4.3.5 电压系数

分别测出石英钟在供电电压为 DC1.50 V 和 DC1.35 V 时的瞬时日差 $m_{1.50}$ 和 $m_{1.35}$,C_U 按式(2)计算。

$$C_U=\frac{m_{1.50}-m_{1.35}}{1.50-1.35} \quad \cdots\cdots(2)$$

式中:

C_U——电压系数,单位为秒每天伏[s/(d·v)];

$m_{1.50}$——电压为 1.50 V 时的瞬时日差,单位为秒每天(s/d);

$m_{1.35}$——电压为 1.35 V 时的瞬时日差,单位为秒每天(s/d);

1.50、1.35——电压,单位为伏(V)。

4.3.6 平均温度系数 C_{t1}、C_{t2}

将石英钟置于 23℃的环境中保持 2 h 后测量瞬时日差 m_{23},再置于温度为 8℃的环境中保持 2 h 后测量瞬时日差 m_8,测试后在 4.1.1 规定的环境中放置 1 h,再将石英钟置于 38℃的环境中保持 2 h 后测量瞬时日差 m_{38},C_{t1}、C_{t2} 分别按式(3)和式(4)计算。

$$C_{t1}=\frac{m_{23}-m_8}{23-8} \quad \cdots\cdots(3)$$

式中:

C_{t1}——23℃到 8℃的平均温度系数,单位为秒每天摄氏度[s/(d·℃)];

m_{23}——23℃时的瞬时日差,单位为秒每天(s/d);

m_8——8℃时的瞬时日差,单位为秒每天(s/d);

23、8——温度,单位为摄氏度(℃)。

$$C_{t2}=\frac{m_{38}-m_{23}}{38-23} \quad \cdots\cdots(4)$$

式中:

C_{t2}——38℃到 23℃的平均温度系数,单位为秒每天摄氏度[s/(d·℃)];

m_{38}——38℃时的瞬时日差,单位为秒每天(s/d);

m_{23}——23℃时的瞬时日差,单位为秒每天(s/d);

38、23——温度,单位为摄氏度(℃)。

4.3.7 功耗电流

用电流测试仪器测量石英钟供电电压为 1.50 V 时的走时功耗电流,连续测量 3 次取平均值。

4.3.8 低电压可靠性

将石英钟与标准钟比对后在 DC1.35 V 供电电压下运走 24 h,运走后再与标准钟进行比对。

4.3.9 耐湿性能

将石英钟与标准钟比对后置于 3.9 规定的试验环境中运走 24 h,试验后再与标准钟进行比对。

注:若石英钟整机无法进行耐湿性能试验,可用该石英钟机心进行。

4.3.10 耐振动性能

将石英钟与标准钟比对后置于固定振动试验台上，按3.10规定的振动条件进行60 min耐振动试验，试验后检查石英钟零部组件，再与标准钟进行比对。

注：若石英钟整机无法进行耐振动性能试验，可用该石英钟机心进行。

4.3.11 拨针机构

将石英钟按规定的拨针方向拨动时针一圈，对未规定拨针方向的石英钟，则按顺时针和逆时针两方向分别拨动时针一圈，检查石英钟拨针机构。

4.3.12 时分针协调差

将石英钟的时针分别与"3"、"6"、"9"、"12"时符中心位置重合，检查分针偏离"12"时符中心位置的偏差。

4.3.13 显示同步性

将指针、数字双显石英钟显示时间调整为同步，运走24 h后检查石英钟指针、数字的显示误差。

4.3.14 外观

将石英钟置于距40 W日光灯不小于120 cm处，检验者距石英钟40 cm以正常视力目测。

4.3.15 照明

对具有照明功能的石英钟，在黑暗的环境中揿按照明按钮，距钟面60 cm处观察指示时间。

4.3.16 日历

在瞬时日差试验期间观察日历工作情况。

4.4 闹时

石英钟闹时功能见附录A。

4.5 报时

石英钟报时功能见附录B。

4.6 装饰摆

石英钟装饰摆功能见附录C。

5 检验规则

5.1 出厂检验

5.1.1 出厂检验按GB/T 2828.1进行，采用一般检验水平Ⅱ的正常检验二次抽样方案，其不合格分类、检验项目和接收质量限AQL值见表4。

表4 出厂检验

不合格分类	检验项目	对应条款	接收质量限AQL
B	工作可靠性	3.3	1.0
	平均瞬时日差 m	3.4	1.5
C	拨针机构	3.11	2.5
	时分针协调差	3.12	4.0
	外观	3.14	6.5
注：石英钟闹时、报时及装饰摆功能见表A.2、表B.1及表C.2。			

注：出厂检验也可根据供需双方协商确定其他抽样方案。

5.1.2 批的组成、批量的大小由供需双方商定。

5.1.3 检验的实施、合格判定及检验后的处置按GB/T 2828.1的有关规定执行。

5.2 型式检验

5.2.1 检验按GB/T 2829进行，采用判别水平Ⅱ的一次抽样方案。其检验项目、不合格分类、样本量及不合格质量水平 RQL 值见表 5。

表 5 型式检验

不合格分类	检验项目	对应条款	样本量 n	不合格质量水平 RQL	合格判定数 Ac	不合格判定数 Re
B	工作可靠性	3.3	10	30	1	2
	平均瞬时日差 $\overline{m}$	3.4	10	30	1	2
C	工作温度	3.1	10	30	1	2
	电压范围	3.2	10	30	1	2
	电压系数	3.5	10	30	1	2
	平均温度系数	3.6	10	30	1	2
	功耗电流	3.7	10	30	1	2
	低电压可靠性	3.8	10	30	1	2
	耐湿性能	3.9	6	50	1	2
	耐振动性能	3.10	6	50	1	2
	拨针机构	3.11	10	40	2	3
	时分针协调差	3.12	10	40	2	3
	显示同步性	3.13	10	40	2	3
	外观	3.14	10	40	2	3
	照明	3.15	10	40	2	3
	日历	3.16	10	40	2	3
注：石英钟闹时、报时及装饰摆功能见表 A.3、表 B.2 及表 C.3。						

5.2.2 型式检验的样本，应从出厂检验合格的某个批或若干批随机抽取，备用样本由检验单位确定。

5.2.3 检验的实施、合格判定及检验后的处置按 GB/T 2829 的有关规定执行。

5.2.4 型式检验周期一般为一年一次，发生下列情况之一时应进行型式检验：

a) 产品停产一个生产周期以上又恢复生产时；

b) 产品的设计、结构、工艺、材料有较大变动时或产品转厂时；

c) 国家质量监督机构提出进行型式检验的要求时。

6 标志、包装、运输、贮存

6.1 标志

6.1.1 石英钟盘面应具有“商标”。

6.1.2 石英钟的产品合格证或使用说明书上应标明下列内容：

a) 产品名称、规格或型号、牌号或商标；

b) 生产者名称和地址；

c) 产品产地；

d) 采用标准的编号；

e) 生产日期；

f) 主要性能指标；

g) 检验合格印章；

h) 保修期限；

i) 生产者需要说明的其他事项。

6.2 包装

6.2.1 每只石英钟应具有独立包装，并附有产品合格证及使用说明书。

6.2.2 石英钟包装应保证产品不相互碰撞、不摩擦损坏，包装盒应具有防震、耐振动性能，并附有商标、标识等相关内容。

6.2.3 大包装箱应能保证以箱底与地面平行的状态从 0.65 m 高处自由落至水泥地面后对石英钟正常走时不受影响，外观及零部组件无松动损坏。

注：对于结构比较特殊的产品，包装如有其他要求可由供需双方商定。

6.2.4 大包装箱应具有防潮、防震性能，箱外要标明“小心轻放”、“防潮”的标志。

6.3 运输、贮存

6.3.1 石英钟在运输过程中应小心轻放，不能相互挤压，避免受到冲击、强烈振动，切忌受潮。

6.3.2 石英钟应避免与能产生腐蚀性气体的物品存放在一起。

6.3.3 石英钟贮存环境应保持通风干燥，环境温度宜在 5℃～35℃之间，相对湿度宜在 70％以下。

附　录　A
（规范性附录）
石英钟附加闹时功能

A.1　要求

A.1.1　闹时电压范围

A.1.1.1　闹时装置标称工作电压为1.50 V时，石英钟在DC1.25 V～DC1.70 V电压范围内应能正常闹时。

A.1.1.2　闹时装置标称工作电压为3.00 V时，石英钟在DC2.50 V～DC3.40 V电压范围内应能正常闹时。

A.1.2　闹时可靠性

石英钟定闹后应能可靠闹时，不应产生漏闹、误闹现象。

A.1.3　闹时偏差

石英钟闹时允许偏差应不超出±5 min。

A.1.4　闹时机构

石英钟闹时机构应平滑可靠、松紧适宜，止闹应灵活可靠；进行拨针机构调整时，定闹指针不应随动变位。

A.1.5　闹时音量

A.1.5.1　石英钟的闹时音量应不小于60 dB。

A.1.5.2　特殊闹时音响的闹时音量由供需双方商定。

A.1.6　闹时电流

A.1.6.1　石英钟的闹时电流应符合表A.1规定。

A.1.6.2　特殊闹时音响石英钟的闹时电流由供需双方商定。

表A.1　闹时电流

闹时方式	闹时电流/mA
蜂鸣式	≤10
电子音乐、仿声式	≤30
扬声器式	≤120
电动式电铃	≤130

A.2　试验方法

A.2.1　试验条件

试验条件见4.1。

A.2.2　闹时电压范围

将石英钟闹时装置处于开启状态，分别将供电电压调至闹时电压范围的上、下限，拨动时、分针至定闹时刻，检查石英钟的闹响状态。

A.2.3　闹时可靠性

将石英钟的定闹指针分别拨至“3”、“6”、“9”、“12”时符位置，拨动时、分针至石英钟定闹时刻，检查石英钟的闹响状态。

A.2.4 闹时偏差

在闹时可靠性试验期间检查石英钟闹响时刻与定闹时刻的偏差，取偏差最大值。

A.2.5 闹时机构

拨动定闹指针检查石英钟闹时机构；拨动时、分针检查定闹指针随动变位情况；在闹响状态下连续按动止闹按键不少于两次检查止闹情况。

A.2.6 闹时音量

在背景噪声不大于 40 dB 的环境条件下，距石英钟正前方 10 cm 处用声级计测试闹时音量的最大值，连续测量三次取平均值。

A.2.7 闹时电流

拨动石英钟定闹指针使其处于闹时状态，用电流测试仪器测量石英钟响闹期间的工作电流，连续测量三次取平均值。

A.3 检验规则

A.3.1 出厂检验

出厂检验规则见 5.1，检验的项目、不合格分类及接收质量限 AQL 值见表 A.2。

表 A.2 出厂检验

不合格分类	检验项目	对应条款	接收质量限 AQL
B	闹时可靠性	A.1.2	1.0
	闹时偏差	A.1.3	1.5
C	闹时机构	A.1.4	4.0

A.3.2 型式检验

型式检验规则见 5.2，检验项目、不合格分类、样本量、不合格质量水平 RQL 及 Ac、Re 见表 A.3。

表 A.3 型式检验

不合格分类	检验项目	对应条款	样本量 n	不合格质量水平 RQL	合格判定数 Ac	不合格判定数 Re
B	闹时可靠性	A.1.2	10	30	1	2
	闹时偏差	A.1.3	10	30	1	2
C	闹时电压范围	A.1.1	10	30	1	2
	闹时机构	A.1.4	10	40	2	3
	闹时音量	A.1.5	10	40	2	3
	闹时电流	A.1.6	10	30	1	2

附 录 B
（规范性附录）
石英钟附加报时功能

B.1 要求

B.1.1 报时电压范围

B.1.1.1 报时装置标称工作电压为1.50 V时，石英钟在DC1.25 V～DC1.70 V电压范围内应能可靠报时。

B.1.1.2 报时装置标称工作电压为3.00 V时，石英钟在DC2.50 V～DC3.40 V电压范围内应能可靠报时。

B.1.2 报时可靠性

B.1.2.1 石英钟应能可靠报时，不应产生漏报和误报；采用打点报时的石英钟，打点数应与时针指示一致。

B.1.2.2 石英钟报时开关应灵活可靠。

B.1.3 报时偏差

石英钟开始发出报时音响时，钟面指示时刻与报时时刻偏差应不超出1 min。

B.1.4 报时音量

石英钟报时音量应不小于70 dB。

B.1.5 报时音质

石英钟报时声音应和谐，不应有哑声及变调。

B.1.6 报时电流

B.1.6.1 报时装置标称工作电压为DC1.50 V的石英钟在发出报时音响期间工作电流应不大于35 mA。

B.1.6.2 报时装置标称工作电压为DC3.00 V的石英钟在发出报时音响期间工作电流由供需双方商定。

B.2 试验方法

B.2.1 报时电压范围

将石英钟报时开关处于开启状态，分别将供电电压调整至报时电压范围的上、下限，将钟面指示时间调至整点，检查石英钟的报时状态。

B.2.2 报时可靠性

B.2.2.1 整点报时石英钟，在平均瞬时日差试验期间任意12 h内检查报时情况。

B.2.2.2 开关报时石英钟，每隔1 min按动报时开关，连续进行五次。

B.2.3 报时偏差

石英钟指示时刻为“3”、“6”、“9”、“12”四个整点时，按动石英钟报时装置，检查钟面指示时刻与报时时刻的偏差。

B.2.4 报时音量

在背景噪声不大于40 dB的环境条件下，距石英钟正前方10 cm处，用声级计测量报时音量的最大值，连续测量三次取平均值。

B.2.5 报时音质

在石英钟报时期间检查石英钟报时声响时的音质。

B.2.6 报时电流

拨动石英钟指针，用电流测试仪器分别测试石英钟在6时和7时整点位置的报时工作电流，报时周期不足60 s时测试一个报时周期，超过60 s时测试时间为60 s，各测试三次取平均值。

注：如果报时装置与走时为共用电源，则测试石英钟整机工作电流。

B.3 检验规则

B.3.1 出厂检验

出厂检验规则见5.1，检验项目、不合格分类及接收质量限AQL值见表B.1。

表B.1 出厂检验

不合格分类	检验项目	对应条款	接收质量限AQL
B	报时可靠性	B.1.2	1.0
	报时偏差	B.1.3	1.5
C	报时音质	B.1.5	4.0

B.3.2 型式检验

型式检验规则见5.2，检验项目、不合格分类、样本量及不合格质量水平RQL值见表B.2。

表B.2 型式检验

不合格分类	检验项目	对应条款	样本量 n	不合格质量水平 RQL	合格判定数 Ac	不合格判定数 Re
B	报时可靠性	B.1.2	10	30	1	2
	报时偏差	B.1.3	10	30	1	2
C	报时电压范围	B.1.1	10	30	1	2
	报时音量	B.1.4	10	40	2	3
	报时音质	B.1.5	10	30	1	2
	报时电流	B.1.6	10	30	1	2

附 录 C
（规范性附录）
石英钟附加装饰摆功能

C.1 要求

C.1.1 装饰摆电压范围

C.1.1.1 装饰摆标称工作电压为 1.50 V 时，石英钟在 DC1.25 V～DC1.70 V 的电压范围内应不停摆（转）。

C.1.1.2 装饰摆标称工作电压为 3.00 V 时，石英钟在 DC2.50 V～DC3.40 V 的电压范围内应不停摆（转）。

C.1.2 装饰摆工作可靠性

装饰摆在石英钟运走期间应可靠摆（转）动，不应出现停摆（转）和摆（转）动不规则现象。

C.1.3 摆幅

装饰摆完成一个摆（转）动的动作后所摆（转）动的角度为摆幅，石英钟装饰摆的摆幅见表 C.1。

表 C.1 项目和指标

装饰摆类别	摆长/mm	摆幅/(°)	工作电流/μA	
			标称电压 1.50 V	标称电压 3.00 V
平摆	＜300	≥10	≤250	≤350
	300～500	≥8	≤340	
整体摆	＜300	≥10	≤250	
	≥300	≥6	≤340	
转摆	≥180	—	≤350	

注 1：摆长是摆的支承点到摆锤重心的直线长度。

注 2：如果装饰摆与走时机心共用电源，工作电流应为装饰摆工作电流与走时机心工作电流之和。

注 3：其他类型装饰摆的工作电流、摆幅，可由供需双方商定。

C.1.4 装饰摆工作电流

石英钟装饰摆的工作电流应符合表 C.1 规定。

C.1.5 装饰摆低电压可靠性

根据装饰摆的标称电压，石英钟分别在 DC1.35 V 或 DC2.70 V 的条件下运走 24 h，运走期间装饰摆应可靠摆（转）动，不应有停摆（转）现象。

C.1.6 装饰摆外观

C.1.6.1 石英钟装饰摆的表面应光洁，不应有泛色、污点、印迹、划痕等缺陷。

C.1.6.2 具有覆盖层的装饰摆覆盖层应均匀、协调，色泽一致，不应有皱皮、脱皮和斑点等缺陷。

C.2 试验方法

C.2.1 试验条件

C.2.1.1 试验环境条件见 4.1.1。

C.2.1.2 试验前装饰摆的转动轴线、装饰平摆及整体装饰摆支承与摆重心的连线均应垂直于水平面，不垂直度应不大于 2°。

C.2.1.3 如无特别规定，试验时装饰摆的供电电压均为标称工作电压，石英钟及装饰摆均处于工作状态。

C.2.2　装饰摆电压范围

分别将装饰摆的供电电压调整至装饰摆电压范围的上、下限并保持 5 min，保持期间观察装饰摆的工作状态。

C.2.3　装饰摆工作可靠性

在进行 4.3.4 规定的平均瞬时日差试验期间的任意 24 h 内检查装饰摆的摆(转)动情况。

C.2.4　摆幅

在装饰摆摆幅稳定后以正常视力目测或用角度测量仪器测量装饰摆的摆幅。

C.2.5　装饰摆工作电流

在装饰摆工作平稳的状态下，装饰摆装置独立电源的石英钟用电流测试仪器测量装饰摆的工作电流；装饰摆装置与走时机心共用电源的石英钟用电流测试仪器测量石英钟整机工作电流，采样时间为 5 s，连续测量三次取平均值。

注：由两个或两个以上装饰摆组成的复合装置，工作电流应按各自独立装饰摆工作电流之和。

C.2.6　装饰摆低电压可靠性

将石英钟按标称工作电压在装饰摆的供电电压为 DC1.35 V 或 DC2.70 V 的条件下连续运走 24 h，运走期间观察装饰摆的工作情况。

C.2.7　外观

见 3.14。

C.3　检验规则

C.3.1　出厂检验

出厂检验规则见 5.1，检验项目、不合格分类及出厂检验接收质量限 AQL 值见表 C.2。

表 C.2　出厂检验

不合格分类	检验项目	对应条款	接收质量限 AQL
B	装饰摆工作可靠性	C.1.2	1.0
C	装饰摆外观	C.1.6	4.0

C.3.2　型式检验

型式检验规则见 5.2，检验项目、不合格分类、样本量及不合格质量水平 RQL 值、Ac、Re 见表 C.3。

表 C.3　型式检验

不合格分类	检验项目	对应条款	样本量 n	不合格质量水平 RQL	合格判定数 Ac	不合格判定数 Re
B	装饰摆工作可靠性	C.1.2	10	30	1	2
C	装饰摆电压范围	C.1.1	10	30	1	2
	摆幅	C.1.3	10	30	1	2
	装饰摆工作电流	C.1.4	10	30	1	2
	装饰摆低电压可靠性	C.1.5	10	40	2	3
	装饰摆外观	C.1.6	10	40	2	3

ICS 23.160
J 78

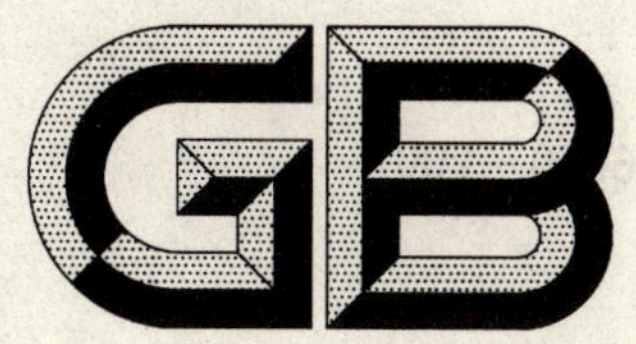

中华人民共和国国家标准

GB/T 6070—2007
代替 GB/T 6070—1995

真空技术 法兰尺寸

Vacuum technology—Flange dimensions

(ISO 1609:1986,MOD)

2007-12-02 发布 2008-06-01 实施

中华人民共和国国家质量监督检验检疫总局
中国国家标准化管理委员会 发布

前 言

本标准修改采用ISO 1609:1986《真空技术　法兰尺寸》(英文版)。

本标准根据ISO 1609:1986重新起草。在附录D中列出了本标准章条编号与ISO 1609:1986章条编号的对照一览表。

考虑到我国国情,在采用ISO 1609:1986时,本标准做了一些修改:删除了ISO 1609:1986的前言;有关技术性差异已编入正文中并在它们所涉及的条款的页边空白处用垂直单线标识。在附录E中给出了这些技术性差异及其原因的一览表以供参考。

本标准代替GB/T 6070—1995《真空法兰》。

本标准与GB/T 6070—1995的主要变化如下:

——根据GB/T 1.1—2000的要求增加了前言;

——根据GB/T 1.1—2000的要求增加了"2　规范性引用文件";

——根据ISO 1609:1986,将文本编辑内容中的2.1～2.5修改为3.1～3.9;

——增加了所有规格的法兰内径尺寸;

——修改了附录A、附录B、附录C,增加了附录D及附录E。

本标准的附录A、附录C为规范性附录,附录B、附录D及附录E均为资料性附录。

本标准由中国机械工业联合会提出。

本标准由全国真空技术标准化技术委员会(SAC/TC 18)归口。

本标准负责起草单位:北京北仪创新真空技术有限责任公司。

本标准参加起草单位:山东淄博真空设备厂有限公司、上海真空阀门制造有限公司、辽宁真龙真空设备制造有限公司、沈阳真空技术研究所。

本标准主要起草人:杨静、周毅、范立群、徐法俭、孙猛、章东林、林森、王学智。

本标准所代替标准的历次版本发布情况为:

——GB/T 6070.1～6070.5—1985、GB/T 6070—1995。

真空技术　法兰尺寸

1　范围

本标准规定了使用在真空技术中的低、中、高真空设备所用固定法兰、活套法兰和卡钳法兰的尺寸。适用于低、中、高真空设备连接法兰。

该尺寸可以保证固定法兰、活套法兰和卡钳法兰之间的互换性。

2　规范性引用文件

下列文件中的条款通过本标准的引用而成为本标准的条款。凡是注日期的引用文件，其随后所有的修改单(不包括勘误的内容)或修订版均不适用于本标准，然而，鼓励根据本标准达成协议的各方研究是否可使用这些文件的最新版本。凡是不注日期的引用文件，其最新版本适用于本标准。

GB/T 321—2005　优先数和优先数系(ISO 3:1973,IDT)

GB/T 1800.1—1997　极限与配合　基础　第1部分:词汇(neq ISO 286-1:1988)

GB/T 1800.2—1998　极限与配合　基础　第2部分:公差、偏差和配合的基本规定(eqv ISO 286-1:1988)

GB/T 1800.3—1998　极限与配合　基础　第3部分:标准公差和基本偏差数值表(eqv ISO 286-1:1988)

GB/T 1800.4—1999　极限与配合　标准公差等级和孔、轴的极限偏差表(eqv ISO 286-2:1988)

GB/T 3452.1—2005　液压气动用O形橡胶密封圈　第1部分:尺寸系列及公差(ISO 3601-1:2002,MOD)

GB/T 4982—2003　真空技术　快卸连接器　尺寸　第1部分:夹紧型(ISO 2861-1:1974,IDT)

GB/T 5277—1985　紧固件　螺栓和螺钉通孔(eqv ISO 273:1979)

GB/T 5286—2001　螺栓、螺钉和螺母用平垫圈　总方案(idt ISO 887:2000)

GB/T 17395—1998　无缝钢管尺寸、外形、重量及允许偏差(neq ISO 1127:1992、ISO 4200:1991、ISO 5252:1991)

3　尺寸

3.1　总则

3.1.1　固定法兰、活套法兰和卡钳法兰的尺寸应符合表1、表2和表3以及图2、图3和图4所示的规定。这些尺寸是加工成型的尺寸，不包括加工余量。在表1、表2中公称通径为10 mm～40 mm的法兰与GB/T 4982—2003相配合一致。

3.1.2　法兰用材料一般为Q 235A或20号钢，要求无磁或用于腐蚀介质的用奥氏体不锈钢。选用其他材料时应满足附录A法兰线密封载荷和焊接的要求。

3.2　公称通径

3.2.1　表中给出了一系列公称通径值，目的是作为法兰的标志。

3.2.2　公称通径都符合GB/T 321—2005中R10系列。

3.3　螺栓孔直径 C

螺栓孔直径 C 的值由螺栓直径 d 得到，与GB/T 5277—1985中间系列一致。

3.4　配合面

3.4.1　法兰配合面是一个环形平面，其表面粗糙度和平面度要保证连接处的密封性。

3.4.2　最小的密封面由表中的 D、D_2、D_3 值来决定。

3.5 固定法兰和活套法兰的外径 D_1

给出的外径尺寸应符合下列要求：即按照 GB/T 5286—2001 选用平垫圈，平垫圈的外径不能超出法兰的外圆周线的范围。

3.6 螺栓位置及孔数 *n*

螺栓孔位置应按图 1 所示排列，α 角是螺栓孔数的函数；螺栓孔数 n 根据在附录 A 中所列出的线密封载荷及给定的螺栓应力而得出。

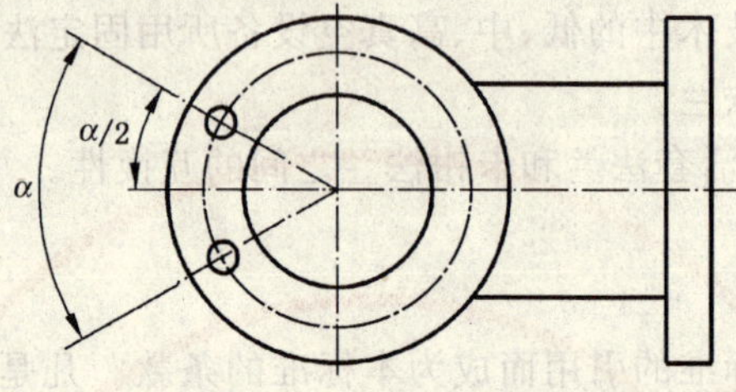

图 1 螺栓孔位置

3.7 夹紧装置接触面的内直径 D_4

考虑到所用的夹紧装置的差异，如焊接管径等，夹紧装置接触面的最大直径由 D_4 来决定。

3.8 夹紧装置接口宽度 *G*

宽度值取决于系统的接口用途，并且不应大于 2.5 mm。

3.9 配合尺寸

表 1、表 2 及表 3 中给出的一系列配合符号的尺寸，符合 GB/T 1800.1—1997、GB/T 1800.2—1998、GB/T 1800.3—1998、GB/T 1800.4—1999 的规定。

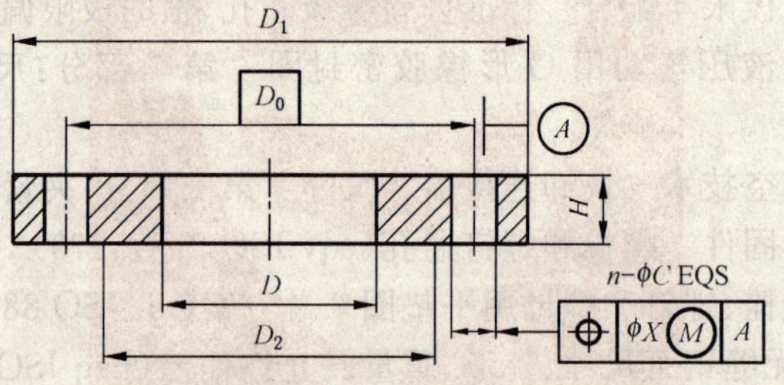

图 2 固定法兰

表 1 固定法兰尺寸

单位为毫米

公称通径 DN	D^{a}	D_0	D_1	D_2^{a}	H js16	C H13	X	螺栓 d	螺栓 n
10	12.2	40	55	30	8	6.6	0.6	6	4
16	17.2	45	60	35	8	6.6	0.6	6	4
20	22.2	50	65	40	8	6.6	0.6	6	4
25	26.2	55	70	45	8	6.6	0.6	6	4
32	34.2	70	90	55	8	9	1	8	4
40	41.2	80	100	65	12	9	1	8	4
50	52.2	90	110	75	12	9	1	8	4
63	70	110	130	95	12	9	1	8	4
80	83	125	145	110	12	9	1	8	8
100	102	145	165	130	12	9	1	8	8
125	127	175	200	155	16	11	1	10	8
160	153	200	225	180	16	11	1	10	8
200	213	260	285	240	16	11	1	10	12
250	261	310	335	290	16	11	1	10	12

表 1（续） 单位为毫米

公称通径 DN	D^a	D_0	D_1	D_2^a	H js16	C H13	X	螺栓 d	螺栓 n
320	318	395	425	370	20	14	2	12	12
400	400	480	510	450	20	14	2	12	16
500	501	580	610	550	20	14	2	12	16
630	651	720	750	690	24	14	2	12	20
800	800	890	920	860	24	14	2	12	24
1 000	1 000	1 090	1 120	1 060	24	14	2	12	32
1 250	1 250	1 404	1 440	1 340	28	19	2.5	16	32
1 600	1 600	1 755	1 790	1 705	30	19	2.5	16	32
1 800	1 800	1 940	1 980	1 920	32	24	2.5	20	32
2 000	2 000	2 205	2 245	2 140	32	24	2.5	20	32

a 见 3.4.2。

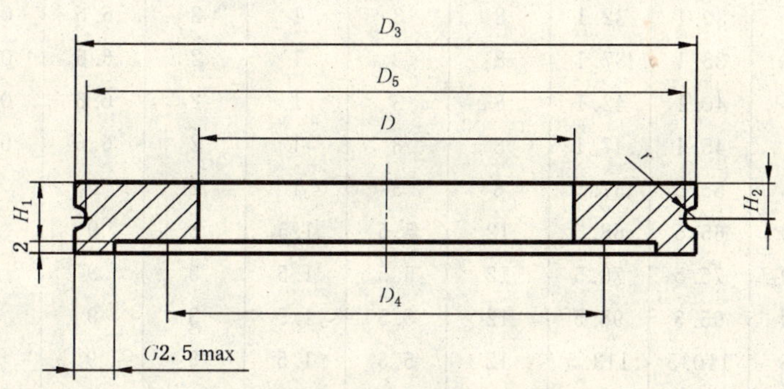

图 3 卡钳法兰

表 2 卡钳法兰尺寸 单位为毫米

公称通径 DN	D^a	H_1 js16	H_2 H14	r B10	D_3^a h11	D_4^b	D_5 h11
10	12.2	6	3	1	30	15	28
16	17.2	6	3	1	35	20	33
20	22.2	6	3	1	40	25	38
25	26.2	6	3	1	45	30	43
32	34.2	6	3	1	55	40	53
40	41.2	10	5	1.5	65	50	62
50	52.2	10	5	1.5	75	60	72
63	70	10	5	1.5	95	80	92
80	83	10	5	1.5	110	95	107
100	102	10	5	1.5	130	115	127
125	127	10	5	2.5	155	140	150
160	153	10	5	2.5	180	165	175
200	213	10	5	2.5	240	225	235
250	261	10	5	2.5	290	275	285
320	318	15	7.5	2.5	370	355	365
400	400	15	7.5	4	450	435	442
500	501	15	7.5	4	550	535	542
630	651	20	10	5	690	660	680

a 见 3.4.2。
b 见 3.7。

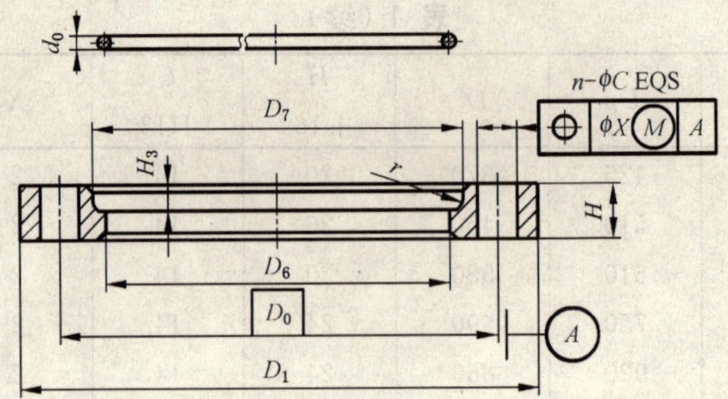

注：卡环的外径应与 V 的数值一致。

图 4 活套法兰

表 3 活套法兰尺寸

单位为毫米

公称通径 DN	D_0	D_1	D_6 H11	D_7 H14	H js16	H_3	r B10	d_0^{a}	C H13	X	螺栓	
											d	n
10	40	55	30.1	32.1	8	3	1	2	6.6	0.6	6	4
16	45	60	35.1	37.1	8	3	1	2	6.6	0.6	6	4
20	50	65	40.1	42.1	8	3	1	2	6.6	0.6	6	4
25	55	70	45.1	47.1	8	3	1	2	6.6	0.6	6	4
32	70	90	55.5	57.5	8	3	1	2	9	1	8	4
40	80	100	65.5	68.5	12	5.5	1.5	3	9	1	8	4
50	90	110	75.5	78.5	12	5.5	1.5	3	9	1	8	4
63	110	130	95.5	98.5	12	5.5	1.5	3	9	1	8	4
80	125	145	110.5	113.5	12	5.5	1.5	3	9	1	8	8
100	145	165	130.5	133.5	12	5.5	1.5	3	9	1	8	8
125	175	200	155.7	160.7	16	6.5	2.5	5	11	1	10	8
160	200	225	180.7	185.7	16	6.5	2.5	5	11	1	10	8
200	260	285	240.7	245.7	16	6.5	2.5	5	11	1	10	12
250	310	335	290.7	295.7	16	6.5	2.5	5	11	1	10	12
320	395	425	370.8	375.8	20	8.5	2.5	5	14	2	12	12
400	480	510	450.8	458.8	20	10	4	8	14	2	12	16
500	580	610	550.8	558.8	20	10	4	8	14	2	12	16
630	720	750	691	701	24	12	5	10	14	2	12	20

[a] 卡环直径 d_0 建议用下列公差：

d_0=2 mm 为±0.02 mm；

d_0=3 mm～5 mm 为±0.025 mm；

d_0=8 mm～10 mm 为±0.030 mm。

附 录 A
（规范性附录）
法兰线密封载荷

在下列使用条件下，法兰的线密封载荷为δ值（见图 A.1 和表 A.1）。

$$\delta = \frac{200\ nS}{\pi(d_1 + d_2)}$$

式中：

δ——n 个螺栓以 200 N/mm^2 应力均布施压在胶圈上的线密封载荷，单位为牛顿每毫米（N/ mm）；

n——螺栓数目；

S——螺栓截面面积，单位为平方毫米（mm^2）；

d_1——密封圈内径，单位为毫米（mm）；

d_2——密封圈压缩前截面直径，单位为毫米（mm）。

图 A.1 1个螺栓与O形圈组合

表 A.1 法兰线密封载荷及对应O形圈

公称通径 DN mm	δ[b] 常用值 N/mm	采用O形圈 GB/T 3452.1	公称通径 DN mm	δ[b] 常用值 N/mm	采用O形圈 GB/T 3452.1
10	273.18	15×2.65	200	188.24	218×5.3
16	212.88	20×2.65	250	155.51	265×5.3
20	174.38	25×2.65	320	185.31	325×5.3
25	147.67	30×2.65	400	194.77	412×7
32	214.28	38.5×2.65	500	156.34	515×7
40	185.06	45×2.65	630	153.20	658.88×6.99[a]
50	148.07	56×3.55	800	149.83	810×7[a]
63	112.26	75×3.55	1 000	160.49	1010×7[a]
80	193.69	87.5×3.55	1 250	240.97	1260×10[a]
100	158.45	106×5.3	1 600	188.91	1610×10[a]
125	204.10	132×5.3	1 800	262.52	1810×12[a]
160	169.52	160×5.3	2000	236.55	2010×12[a]

a 在 GB/T 3452.1—2005 中没有此规格，该尺寸作为参考。

b 该值作为指导用，根据所选用密封圈而不同。

附 录 B
（资料性附录）
密封槽结构及法兰连接形式

B.1 密封槽结构形式及尺寸要求

密封槽结构形式为法兰开槽或平法兰加内定位圈用圆形密封圈密封。密封槽应开在迎着气流方向的法兰平面上。密封槽所用密封圈规格见表A.1，密封槽尺寸见表B.1。内定位圈所用密封圈截面直径分别为5.3 mm、7 mm、10 mm三种规格，内定位圈尺寸见表B.1。

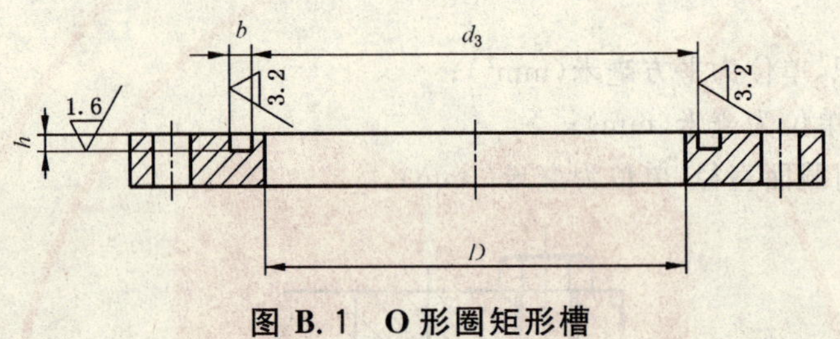

图 B.1 O形圈矩形槽

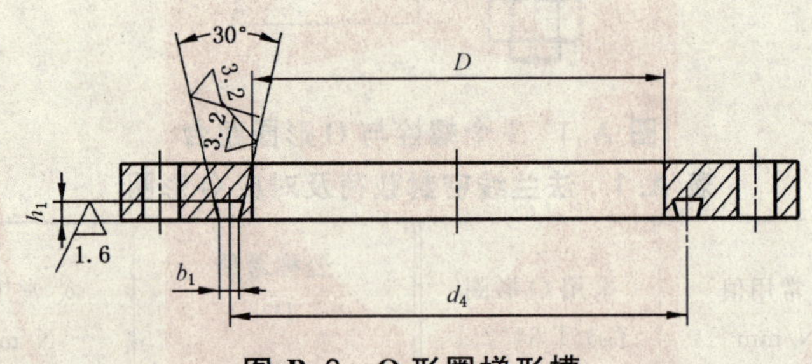

图 B.2 O形圈梯形槽

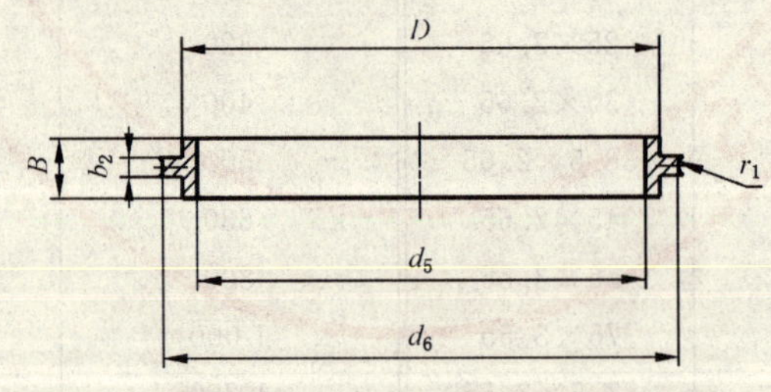

图 B.3 O形圈内定位圈

表 B.1　密封槽、内定位圈尺寸

单位为毫米

公称通径 DN	D	矩形密封槽					梯形密封槽					内定位圈				
		d_3	b		h		d_4	b_1		h_1		d_5 max	d_6	b_2	B	r_1
			尺寸	公差	尺寸	公差		尺寸	公差	尺寸	公差					
10	12.2	15	2.7		2		18	2.4		1.9		10	15.3	3.9	8	2.6
16	17.2	20	2.7		2		23	2.4		1.9		16	18.5	3.9	8	2.6
20	22.2	25	2.7		2		28	2.4		1.9		20	25	3.9	8	2.6
25	26.2	30	2.7		2		33	2.4		1.9		25	28.5	3.9	8	2.6
32	34.2	39	2.7	+0.1 0	2	0 −0.1	42	2.4	+0.1 0	1.9	0 −0.1	32	36.5	3.9	8	2.6
40	41.2	45	2.7		2		48	2.4		1.9		40	43	3.9	8	2.6
50	52.2	56	3.6		2.6		60	3.2		2.6		50	55	3.9	8	2.6
63	70	76	3.6		2.6		80	3.2		2.6		67	76	3.9	8	2.6
80	83	88	3.6		2.6		92	3.2		2.6		80	88	3.9	8	2.6
100	102	107	5.3		4		113	4.8		4		99	107	3.9	8	2.6
125	127	133	5.3		4		140	4.8		4		124	132	3.9	8	2.6
160	153	161	5.3		4		168	4.8		4		150	159	3.9	8	2.6
200	213	220	5.3		4		226	4.8		4		210	219	3.9	8	2.6
250	261	268	5.3		4		274	4.8		4		258	267	3.9	8	2.6
320	318	328	5.3	+0.2 0	4	0 −0.2	334	4.8	+0.2 0	4	0 −0.2	314	328	5.6	12	3.5
400	400	415	7		5.2		422	6.3		5.2		396	409	5.6	12	3.5
500	501	518	7		5.2		525	6.3		5.2		496	511	5.6	12	3.5
630	651	663	7		5.2		670	6.3		5.2		646	663	5.6	12	3.5
800	800	815	7		5.2		822	6.3		5.2		796	815	5.6	12	3.5
1 000	1 000	1 015	7		5.2		1 022	6.3		5.2		996	1 010	5.6	12	3.5
1 250	1 250	1 265	10		7.5		1 275	9		7.5		1 246	1 265	7.8	15	5
1 600	1 600	1 616	10	+0.3 0	7.5	0 −0.3	1 626	9	+0.3 0	7.5	0 −0.3	1 596	1 615	7.8	15	5
1 800	1 800	1 816	12		7.5		1 826	11		9.5		1 796	1 815	7.8	15	5
2 000	2 000	2 016	12		7.5		2 026	11		9.5		1 996	2 015	7.8	15	5

B.2　法兰连接形式

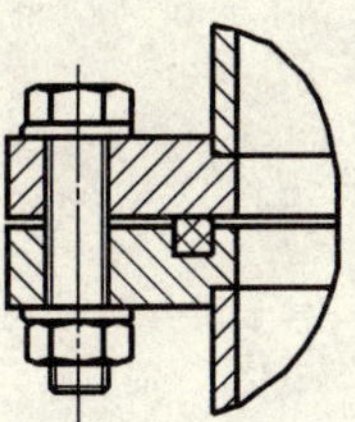

图 B.4　固定法兰与固定法兰连接

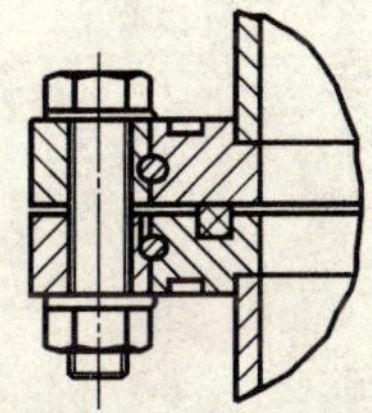

图 B.5　活套法兰与活套法兰连接

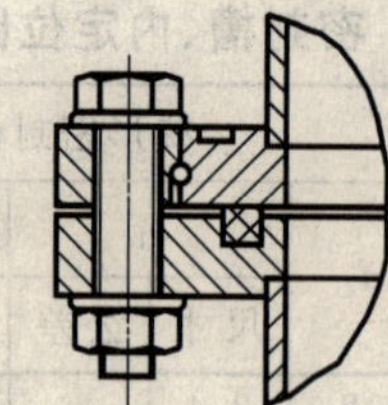

图 B.6 固定法兰与活套法兰连接

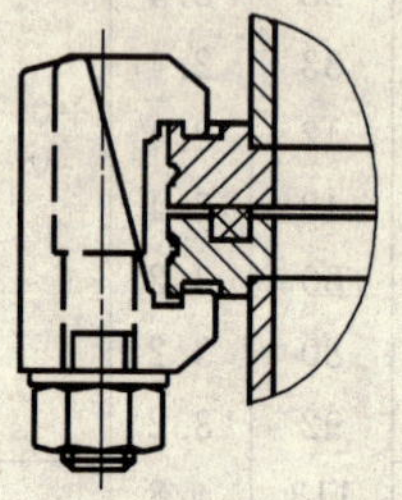

图 B.7 活套法兰用钩头螺栓连接

附 录 C
（规范性附录）
真空法兰内径及所需接管外径

此附录给出了真空法兰的内径及所需接管外径。

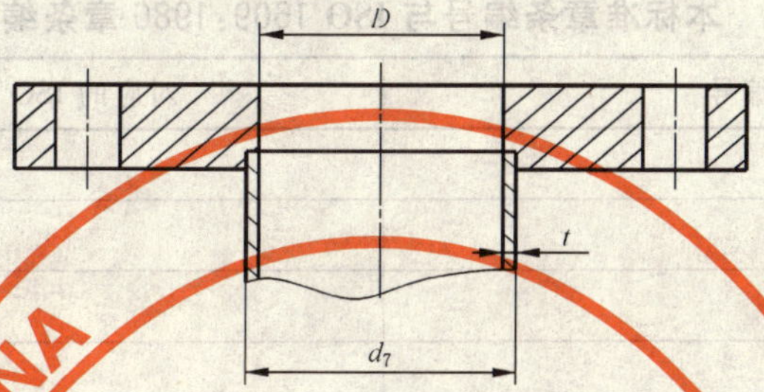

图 C.1 真空法兰与接管

表 C.1 真空法兰内径、接管外径及管壁厚度

单位为毫米

公称通径 DN	D	d_7[a]	t[a]
10	12.2	16	2
16	17.2	20	2
20	22.2	25	2
25	26.2	30	2
32	34.2	38	2
40	41.2	45	2
50	52.2	57	3
63	70	76	3
80	83	89	3
100	102	108	3
125	127	133	3
160	153	159	3
200	213	219	3
250	261	267[b]	3
320	318	325	3
400	400	406	3
500	501	509[b]	4
630	651	660[b]	5
800	800	812[b]	6
1 000	1 000	1 016[b]	8
1 250	1 250	1 274[b]	12
1 600	1 600	1 628[b]	14
1 800	1 800	1 832[b]	16
2 000	2 000	2 036[b]	18

a d_7、t 数值取自 GB/T 17395—1998，作为指导用。

b 在 GB/T 17395—1998 中没有此规格，该尺寸作为参考。

附 录 D
（资料性附录）
本标准章条编号与 ISO 1609:1986 章条编号对照

表 D.1 给出了本标准章条编号与 ISO 1609:1986 章条编号对照一览表。

表 D.1 本标准章条编号与 ISO 1609:1986 章条编号对照

本标准章条编号	对应的 ISO 1609:1986 章条编号
—	3.1.3
—	3.2.3
—	3.2.4
—	3.4
3.4	3.5
3.4.1	3.5.1
3.4.2	3.5.2
—	3.5.3
3.8	3.6
3.5	3.7
3.6	3.8
图 1	—
3.7	3.9
3.9	—
图 2	图 1
图 3	图 2
图 4	图 3
表 A.1	表 4
图 A.1	图 4
附录 B	—
表 C.1	表 5、表 6、表 7
图 C.1	图 5、图 6
附录 D	—
附录 E	—

附 录 E
（资料性附录）
本标准与 ISO 1609:1986 技术性差异及其原因

表 E.1 给出了本标准与 ISO 1609:1986 的技术性差异及其原因的一览表。

表 E.1 本标准与 ISO 1609:1986 技术性差异及其原因

本标准的章条编号	技术性差异	原 因
2	在“规范性引用文件”一章中直接写入引用的国家标准，并增加了 GB/T 3452.1—2005，而 ISO 1609:1986 中的参考材料内容毫无改变的保留了下来	以适应我国引用标准的规范。 增加附录 A 中的引用文件
3	删除了 ISO 1609:1986 中的 3.1.3、3.2.3、3.2.4、3.4、3.5.3	这五项内容在表 1、表 2、表 3 及图 2、图 3、图 4 中已表示清楚。 适应我国标准体制和语言习惯，并简化采用国际标准的方法
3.6	增加了螺栓孔位置图示	根据实际应用情况，更完善互换性
3.9	增加了 3.9“ 配合尺寸”	国际标准中，对于配合尺寸的引用标准情况没有做出说明。 根据 GB/T 1.1—2000 的要求而增加
表 1	增加了 1 250、1 600、1 800、2 000 规格的法兰各项尺寸	根据我国国情，扩大标准的使用范围
附录 A	采用 GB/T 3452.1—2005 对线密封载荷 δ 值重新计算。 增加 1 250、1 600、1 800、2 000 规格的线密封载荷值 δ	根据我国国情选用国标 GB/T 3452.1—2005，计算得到 δ 值
附录 B	增加了密封槽结构及法兰连接形式	根据我国国情及使用单位应用标准的习惯，使本标准使用更方便、实用
附录 C	将表 5、表 6、表 7 合并成本标准的表 C.1。图 5、图 6 合并成本标准的图 C.1。 增加 1 250、1 600、1 800、2 000 规格的真空法兰内径及所需接管外径	简化附录中的图与表的结构，使内容更清楚、方便使用。 根据我国国情，选用国标 GB/T 17395—1998 作为真空接管外径的参考值
附录 D	作为资料性附录，列出了本标准与 ISO 1609:1986 条款的对照一览表	根据 GB/T 20000.2—2001 的要求，增加了附录 D
附录 E	作为资料性附录，给出了本标准与 ISO 1609:1986 技术性差异及其原因的一览表	根据 GB/T 20000.2—2001 的要求，增加了附录 E

ICS 17.160
J 04

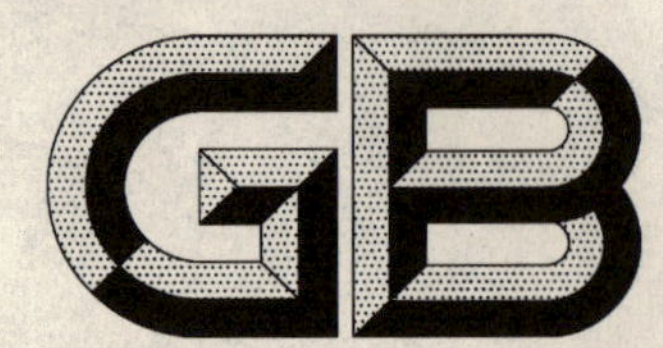

中华人民共和国国家标准

GB/T 6075.2—2007/ISO 10816-2:2001
代替 GB/T 6075.2—2002

在非旋转部件上测量和评价机器的机械振动 第2部分:50 MW以上,额定转速1 500 r/min、1 800 r/min、3 000 r/min、3 600 r/min陆地安装的汽轮机和发电机

Mechanical vibration—Evaluation of machine vibration by measurements on non-rotating parts—Part 2: Land-based steam turbines and generators in excess of 50 MW with normal operating speeds of 1 500 r/min, 1 800 r/min, 3 000 r/min and 3 600 r/min

(ISO 10816-2:2001, IDT)

2007-04-30 发布 2007-11-01 实施

中华人民共和国国家质量监督检验检疫总局
中国国家标准化管理委员会 发布

前言

GB/T 6075《在非旋转部件上测量和评价机器的机械振动》分为以下六部分：

——第1部分：总则；

——第2部分：50 MW以上，额定转速1 500 r/min、1 800 r/min、3 000 r/min、3 600 r/min陆地安装的汽轮机和发电机；

——第3部分：额定功率大于15 kW额定转速在120 r/min至15 000 r/min之间的在现场测量的工业机器；

——第4部分：不包括航空器类的燃气轮机驱动装置；

——第5部分：水力发电厂和泵站机组；

——第6部分：功率大于100 kW的往复式机器。

本部分是GB/T 6075的第2部分。

本部分等同采用ISO 10816-2:2001《在非旋转部件上测量和评价机器的机械振动　第2部分：50 MW以上，额定转速1 500 r/min、1 800 r/min、3 000 r/min、3 600 r/min陆地安装的汽轮机和发电机》(英文版)。

本部分等同翻译ISO 10816-2:2001。

为便于使用，本部分与ISO 10816-2:2001相比，编辑上做了如下修改：

——将“本国际标准”一词改为“本部分”；

——删除国际标准的前言；

——用小数点符号“.”代替小数点符号“,”；

——修改了原标准名称；

——将国际标准修正案并入文本中。

本部分是对GB/T 6075.2—2002《在非旋转部件上测量和评价机器的机械振动　第2部分：50 MW以上陆地安装的大型汽轮发电机组》的修订。

本部分与GB/T 11348.2—2007《旋转机械转轴径向振动的测量和评定　第2部分：50 MW以上，额定转速1 500 r/min、1 800 r/min、3 000 r/min、3 600 r/min陆地安装的汽轮机和发电机》协调一致。

本部分与GB/T 6075.2—2002相比，主要技术内容变化如下：

——增加了范围内容。

——增加了用于瞬态运行(例如升速、降速、超速、通过共振转速等)的评价准则。

本部分自实施之日起代替GB/T 6075.2—2002。

本部分的附录A是规范性附录，附录B是资料性附录。

本部分由全国机械振动与冲击标准化技术委员会提出并归口。

本部分起草单位：郑州机械研究所、西安热工研究院有限公司、上海发电设备成套设计研究院、哈尔滨大电机研究所、河南电力试验研究院、东方电机股份有限公司、上海汽轮发电机股份有限公司。

本部分主要起草人：姜元峰、张学延、孙庆、姚大坤、罗建斌、陈昌林、耿文骥、张刚。

本部分于2002年首次发布，本次是第一次修订。

引　言

GB/T 6075.1 规定了在非旋转部件上进行振动测量时，对不同型式机器振动评价的一般要求。GB/T 6075 的本部分适用于汽轮机和发电机。

在以往经验基础上提出的评价准则，可作为此类机器振动状态评价的指南。但该准则不是评价机器振动状态的唯一基础，对于汽轮机和发电机，转轴振动测量和评价的准则也同时应用。转轴振动测量和评价的要求和准则见 GB/T 11348.1 和 GB/T 11348.2。

本部分提出的评价方法基于宽带测量，然而，随着技术进步，窄带测量或频谱分析的使用越来越普遍，特别是应用于振动评价、状态监测和故障诊断。对于这类测量的准则和说明已超出本部分的现有范围，它们在机器振动状态监测的系列标准 GB/T 19873 中涉及，此系列标准目前正在制定中。

在非旋转部件上测量和评价机器的机械振动 第2部分:50 MW以上,额定转速1 500 r/min、1 800 r/min、3 000 r/min、3 600 r/min陆地安装的汽轮机和发电机

1 范围

本部分规定了陆地安装的汽轮机和发电机轴承座径向宽带振动的现场测量方法及评价准则。针对:

——正常稳态运行工况下的振动;

——瞬态运行期间的振动,包括升速或降速通过共振转速时;

——在正常稳态运行期间产生的振动变化。

这些准则也适用于在推力轴承上测量的轴向振动。

本部分适用于额定工作转速1 500 r/min、1 800 r/min、3 000 r/min、3 600 r/min,输出功率大于50 MW陆地安装的汽轮机和发电机,也包括直接与燃气轮机联接的汽轮机和(或)发电机(例如联合循环应用),在这种情况下,本部分的准则仅适用于汽轮机和发电机,而燃气轮机振动的评价应依照GB/T 11348.4和GB/T 6075.4进行。

本部分适用于在汽轮机轴承和发电机轴承上测量和评价由不同振源激起的振动。可是,第4章中的准则和附录A的内容仅适用于由于旋转部件激起的振动。这些准则不适用于评价由电磁振动激起的2倍频(即2倍于电气系统频率)振动,该振动由发电机定子线圈激起并传给轴承。对这种振动的容许值取决于发电机的具体结构特征,现有的行业知识尚不能提供确定其通用值的基础。这种振动的许用准则可能需经供货方与用户同意并依据相似设备的经验而定。

2 规范性引用文件

下列文件中的条款通过GB/T 6075的本部分的引用而成为本部分的条款。凡是注日期的引用文件,其随后所有的修改单(不包括勘误的内容)或修订版均不适用于本部分,然而,鼓励根据本部分达成协议的各方研究是否可使用这些文件的最新版本。凡是不注日期的引用文件,其最新版本适用于本部分。

GB/T 6075.1 在非旋转部件上测量和评价机器的机械振动 第1部分:总则(GB/T 6075.1—1999,idt ISO 10816-1:1995)

GB/T 11348.2 旋转机械转轴径向振动的测量和评定 第2部分:50 MW以上,额定转速1 500 r/min、1 800 r/min、3 000 r/min、3 600 r/min陆地安装的汽轮机和发电机(GB/T 11348.2—2007,ISO 7919-2:2001,MOD)

3 测量方法

测量方法和使用的仪器应符合GB/T 6075.1的规定。

测量系统应具有测量频率范围从10 Hz到至少500 Hz的宽带振动的能力。如果该测量系统也用于诊断或者在启动、停机或超速期间的监测,可能需要更宽的频率范围。在某些可能有显著的低频振动传至机器的特殊场合(例如在地震区),有必要衰减仪器的低频响应。

振动测量的传感器应安装在结构上对机器动态力有足够灵敏度的刚性部件上,通常选在每个轴承

的相互垂直的两个径向方向，如图1所示。虽然传感器可以安装在轴承上任意角度位置，但通常选择垂直方向和水平方向。

当已知在轴承径向上用单个传感器能提供机器振动足够信息的前提下，也可用单个传感器来代替常用的相互垂直的一对传感器。但是，使用单个传感器进行评价时要小心，因为一个测量平面上的单个传感器可能不会提供该平面振动最大值的理想近似值。

连续运行监测时，通常不监测汽轮机和发电机径向承载主轴承的轴向振动。轴向振动测量主要在定期振动检查期间或者诊断时使用。本部分没有提供轴向振动的评价准则。在推力轴承上测量轴向振动时，其振动烈度可以用和径向振动相同的准则来评价。

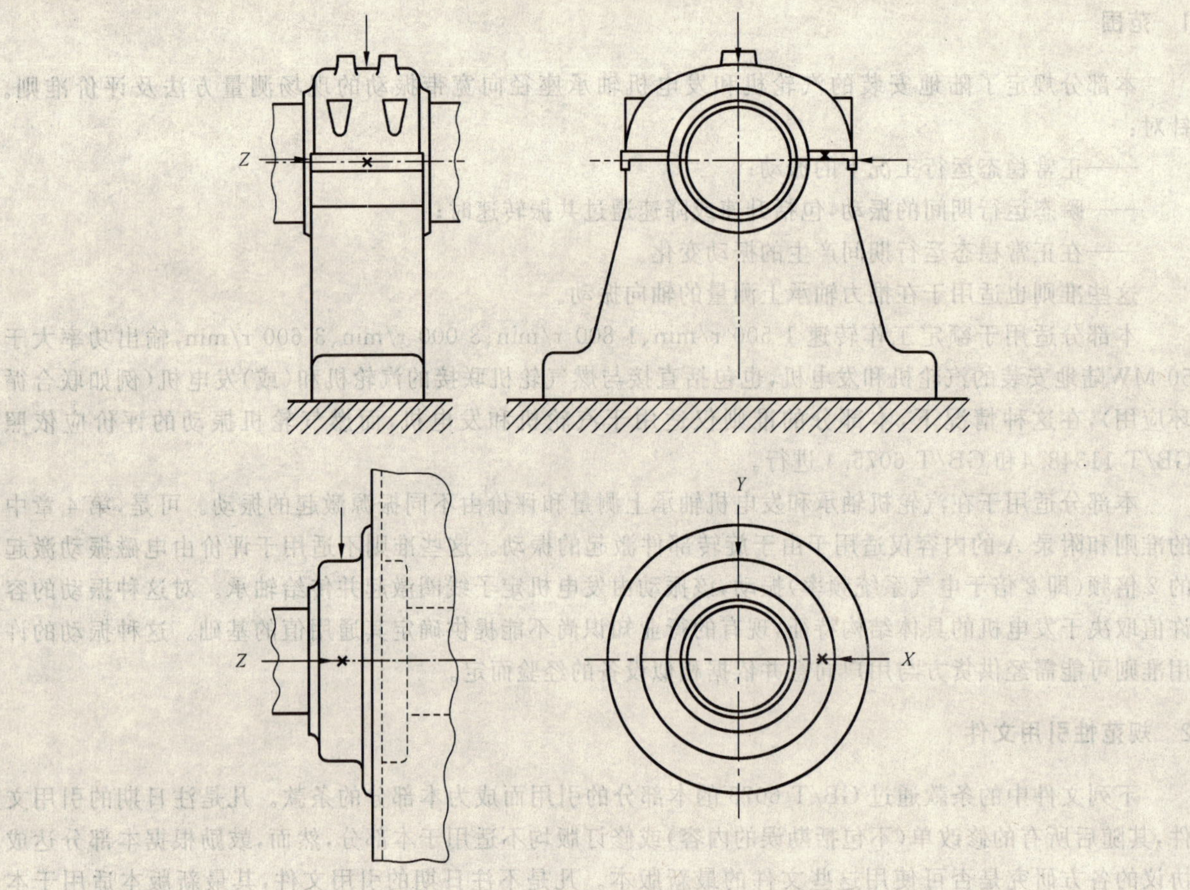

注：本部分的准则适用于所有轴承径向振动测量和推力轴承轴向振动测量。

图1 轴承上测点的推荐方向和位置

4 评价准则

4.1 概述

GB/T 6075.1 提供了评价各种机器振动烈度的两个评价准则的一般描述。准则Ⅰ用于所测量的宽带振动幅值，准则Ⅱ用于振动幅值的变化，而不管是增大还是减小。

提供的准则用于在规定的转速和负荷范围内稳态运行工况，包括发电机电负荷正常的缓慢变化。也提供瞬态运行振动幅值。

4.2 准则Ⅰ：振动幅值

4.2.1 概述

这一准则确定绝对振幅限值，该振幅限值与轴承的许用动载荷和传至支承结构及基础的许用振动协调一致。

4.2.2 正常稳态工况下额定转速时的振动幅值

4.2.2.1 概述

在每个轴承座处测量到的最大振动值，按照由经验建立的四个评价区域进行评价。测得的最大振动幅值规定为振动烈度。

4.2.2.2 评价区域

下列评价区域用于具体机器振动的定量评价，并提供可能的操作指南：

区域 A：新投产的机器，振动通常在此区域内。

区域 B：通常认为振动在此区域内的机器，可不受限制地长期运行。

区域 C：通常认为振动在此区域内的机器，不适宜长期连续运行。一般来说，在有适当机会采取补救措施之前，机器在这种状况下可以运行有限的一段时间。

区域 D：振动在此区域内一般认为其剧烈程度足以引起机器损坏。

注：上述评价区域适用于额定转速正常稳态运行工况。4.2.4 提供了瞬态运行时的指南。

4.2.2.3 评价区域边界

各区域边界的推荐值在附录 A 中给出。这些边界值适用于在额定转速、稳态工况下，所有轴承的径向振动测量和推力轴承的轴向振动测量。

推荐的区域边界值是由制造厂和用户提供的有代表性的数据制定的，因为数据有较大的离散性，这些区域边界值是指导性的。

这些推荐值不打算作为验收规范，验收规范应由制造厂商和用户协商一致。但这些推荐值提供了指南，以保证避免过大的缺陷或不切实际的要求。

通常，表 A.1 中给出的值与允许传至轴承、支承结构和基础的动载荷是一致的。有特殊性能或有运行经验的具体机器可能要求使用不同的区域边界值（较低或较高），例如：

a) 对于载荷较轻的轴承（例如励磁机转子的稳定轴承）或其他更柔性的轴承，可能需要基于机器详细设计提供的其他准则。

b) 某些转子和轴承支承在柔性底板或支承结构上的机器，（绝对的）轴承振动值可能比轴承支承结构刚性较大的汽轮机和发电机要大。若有成功的运行经验，则可增大附录 A 中给出的区域边界值。

在 4.2.3.2 和附录 B 中给出了对具有不同支承刚度轴承的机器的振动值设定的建议。

一般来说，当采用较高的边界值时，可能需要技术论证证明在较高振动值下运行时，机器的可靠性不会受到危害。例如，根据结构设计和支承类似的机器成功运行经验等。在瞬态工况时，例如启动和停机期间，也可以允许有较高的振动值（见 4.2.4）。

本部分没有对安装在刚性和柔性基础上的汽轮机和发电机提供不同的区域边界值。这和同类机器轴振动标准 GB/T 11348.2 是一致的。然而，本部分和 GB/T 11348.2 今后可能修订，如果在这类机器上观测到的数据补充分析表明采用不同的区域值正确，将对安装在大块式混凝土基础上和安装在轻型、可调频率钢结构基础上的汽轮机和发电机给出不同的准则。

评价机器振动烈度常用的测量参数是振动速度。表 A.1 给出了基于宽带的均方根速度（v_{rms}）测量的各区域边界值。在很多情况下，习惯于用具有峰值读数而不是均方根值读数的仪器测量振动。如果振动波形基本上是正弦的，则峰值和均方根值之间有一个简单的关系，表 A.1 的各区域边界值可很容易地用峰值表示。

对于汽轮机和发电机，有的机组主要是机器旋转频率的振动，在这种情况下，当测量的是振动峰值而不是振动的均方根值时，可以构造一张相当于表 A.1 的表。由表 A.1 的各区域边界值乘以因子$\sqrt{2}$得到一张当量表以评价峰值振动烈度，也可以将测量的振动峰值除以$\sqrt{2}$，按照表 A.1 的均方根准则评价。

当使用测量真峰值的仪器时，可能需要不同的系数。

4.2.3 稳态运行的限值

4.2.3.1 概述

为了长期稳定运行，通常的做法是规定运行的振动限值。这些限值采取“报警”和“停机”的形式。

报警：振动达到规定的限值或者振动发生显著变化可能有必要采取补救措施时，进行报警。如发生报警，可继续运行一段时间进行研究以识别振动变化的原因和确定采取什么补救措施。

停机：规定一个振动幅值，超过此值再运行可能会引起机器破坏。如果超过停机限值，应立即采取措施减少振动或停机。

不同的测量位置和方向，反映动载荷和支承刚度有差异，运行限值的规定也不相同。

4.2.3.2 报警的设定

不同的机器，报警值可能上下变动很大。选定的此值通常是相对于基线值来设定。而基线值是由具体机器上测量位置或方向的经验来确定的。

建议把报警值设定得比基线高某个数量，高出的量等于区域 B/C 值的 25%。如果基线低，报警值可能在区域 C 以下。

在没有建立基线的场合，例如，新机器的最初报警值可根据其他类似机器的经验或者已经认可的容许值来设定。在一段时间之后，可以建立稳态基线值而对报警的设定作相应的调整。在基线信号是非稳态和非重复性的场合，要用时间平均的某些方法来确定基线值，这可借助于计算机来实现。

建议报警值一般不要超过区域 B/C 限值的 1.25 倍。

如果该稳态基线改变(例如：机器大修后)，报警的设定可相应地修改。对于机器上不同的轴承，动载荷和轴承支座刚度不一样，运行的报警设定也可以不相同。

推荐报警值一般应不超过区域边界 B/C 值的 1.25 倍。

设定报警值的例子在附录 B 中给出。

4.2.3.3 停机的设定

停机值通常与机器的机械牢固性有关，并且取决于机器能承受异常动载荷的设计特性。因此，类似设计的所有机器一般采用相同的停机值，而通常与设定报警用的稳态基线值没有关系。

不同设计的机器，停机值可能不一样，并且不可能对绝对的停机值给出更精确的指南。一般来说，停机限值在区域 C 或 D 内。推荐停机限值应不超过区域边界 C/D 的 1.25 倍。

4.2.4 瞬态运行的振动幅值

4.2.4.1 概述

附录 A 规定了汽轮机和(或)发电机在额定稳态运行工况下长期运行的振动值。而在瞬态运行期间可以允许较高的振动值。瞬态运行包括在额定转速下的瞬态运行以及在启动、停机，特别是通过共振转速时的瞬态运行。瞬态运行允许的较高振动值可能超过 4.2.3 中规定的报警值。

和稳态运行一样，验收限值应该由制造厂商和用户协商一致，不过下面给出的导则将保证避免过大的缺陷和不切实际的要求。

4.2.4.2 额定转速下瞬态运行时的振动幅值

额定转速下瞬态运行工况包括同步空载、快速加载或功率因数变化及其他相对短期的任何运行工况。对于这种瞬态工况，通常振动应不超过区域边界 C/D。

4.2.4.3 升速、降速和超速时的振动幅值

升速、降速和超速期间振动限值的规定可以不同，这取决于具体机器的结构特性或者特定的运行要求。例如，对于带基本负荷、启动次数很少的机组，可允许有较高的振动限值；而对于需两班制运行的机组和需在规定的时间内强制达到特定输出功率的机组，可采用较严格的振动限值。此外，在启动和停机期间通过共振转速时，振动会受到阻尼和转速变化率的剧烈影响，例如，由于停机时的转速变化率一般低于启动时转速变化率，停机期间通过共振转速时的振动值可能比启动期间通过共振转速时的振动值大(见 GB/T 19874 有关机器不平衡灵敏度的资料)。

本部分仅能提供一般性导则。如果没有适用于类似机器的基线值(见附录B),可使用本部分的导则。在启动、停机或超速期间为避免机器损坏,轴承座振动速度应不超过区域边界C/D。还应该注意,在启动或停机期间,对轴承座振动速度规定一个简单的限值可能会导致在低速下太大的振动位移。在这种情况下,可能有必要规定其他的低速准则。

这种关系用图形表示在图2中。

最大振动值一般在通过共振转速时发生。为避免过大的振动,推荐在达到共振转速之前,对振动进行评估并与在以往各次运转良好时相同条件下获得的有代表性的振动矢量相比较,如果有明显的不同,在处理之前可采取进一步的措施(例如,保持转速直至振动稳定或回到原先的数值,进行更详细的研究或检查运行参数等)。

像在正常稳态工况下测量振动的情况一样,在启动、停机和超速期间的任何报警值一般应相对于基线值来设定,而基线值由具体机器的经验确定。推荐在启动、停机或超速期间的报警值应设定在基线值之上某个数值,该值等于区域边界B/C值的25%,在没有可靠的基线数据可用的情况下,推荐最大的报警值应不大于区域边界C/D。

大多数情况下,规定启动、停机和超速运行时停机值是不实际的。例如,如果在启动时产生了过大的振动,可能降低转速比停机更为合适。另外,在停机期间,采用高的停机值意义不大,因为它不会改变已经采取的措施(也就是停机)。

4.3 准则Ⅱ:振动幅值的变化

本准则提供了评价振动幅值偏离以前建立的基线值的变化。宽带振动幅值可能明显地增大或减小,甚至在未达到准则Ⅰ的区域C时,就要求采取某种措施。这种变化可以是瞬时的或者随时间而发展的,它可能表明已产生损坏,或者是故障即将来临的警告,或发生某些其他异常。准则Ⅱ是在稳态工况下宽带振动幅值变化的基础上规定的。这些工况允许发电机在正常工作转速下输出功率有小的变化。

在应用准则Ⅱ时,每次测量时传感器位置和方向都应相同,机器工况相近似。偏离正常振动幅值的明显变化应予研究以避免危险。如果振动幅值变化某个明显的数量(一般为区域边界B/C值的25%),不管振动幅值是增大或者减小都宜查明变化的原因和确定进一步采取的措施。

25%是作为振动幅值显著变化的导则提出的,当然也可以根据具体机器的经验,采用其他的数值。

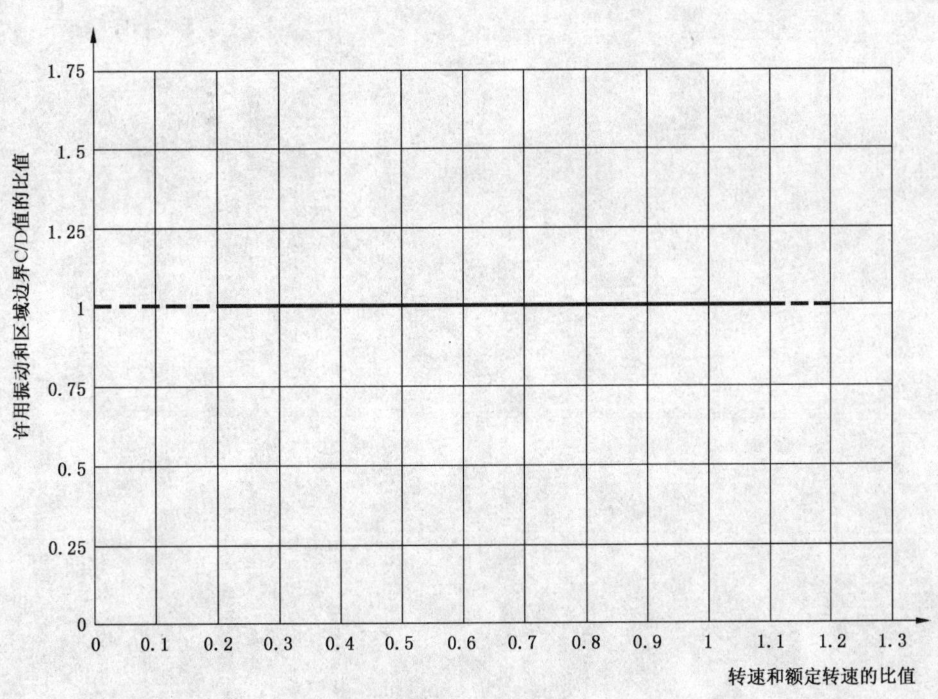

图2 在启动、停机或超速期间允许的轴承座振动

4.4 补充的方法和准则

本部分给出的振动测量与评价准则可以由 GB/T 11348.2 中的轴振动测量和评价准则补充或替代。重要的是要认识到，轴承振动和轴振动没有简单的关系，反之亦然。转轴绝对振动测量和相对振动测量之间的差异和轴承振动有关，但在数值上可能不等于轴承振动，因为相位角不同。因此，当本部分和 GB/T 11348.2 都用于机器振动的评价时，应分别进行轴振动测量和轴承振动的测量。如果应用不同的准则导致不同的评定结果，一般应采用限制较严格的级别。

4.5 基于振动矢量信息的评价

本部分的评价限于宽带振动幅值而不考虑频率分量或相位。在大多数情况下，这对于验收试验和运行监测是合适的。而对于长期机器状态监测和诊断，使用振动矢量信息对发现和确定机器动态的变化特别有用，在某些情况下，只测量宽带振动可能不会发现这种变化(参见 GB/T 6075.1)。

振动相位和频率信息越来越多地用于状态监测和诊断。然而，这种准则规范已超出了本部分的现有范围。

附 录 A
（规范性附录）
评价的区域边界

在大多数情况下表 A.1 中给的值可以保证满意的运行。但是，有时一些特别的机器可能需要使用不同的区域边界（见 4.2.2.3）。

表 A.1 汽轮机和发电机轴承座振动速度评价区域边界的推荐值

区域边界	轴转速/(r/min)	
	1 500 或 1 800	3 000 或 3 600
	振动速度均方根值/(mm/s)	
A/B	2.8	3.8
B/C	5.3	7.5
C/D	8.5	11.8

注 1：这些数值相应于在额定转速稳态运行工况下在推荐的测量位置（见图 1）上适用于所有轴承的径向振动测量和推力轴承的轴向振动测量。

注 2：这些数值适用于刚性基础和挠性基础上安装的汽轮机和发电机。当然，通常在大块式混凝土基础上的机器上测得的振动要比在较挠性的基础上的机器上测得的振动小。

附 录 B
（资料性附录）
报警设定和停机设定的例子

某台额定转速为 3 000 r/min 的大型汽轮发电机组，没有其轴承振动的测量经验，通常将运行的报警值设定在区域 C 内，具体数值通常由用户和制造厂商共同商定。对于本例，假定对每个轴承，最初设定在靠近区域边界 B/C，例如其速度均方根值为 8.0 mm/s。

在机器运行一段时间之后，要考虑改变报警的设定以反映每个轴承振动稳态基线值的影响。使用 4.2.3.2 中的方法，以此为基础，每个轴承的报警值可设定为稳态基线值与区域边界 B/C 值的 25%之和。因此，如果某个轴承的稳态基线值为 4.0 mm/s（均方根值），新的报警值设定为 5.9 mm/s（即 4.0 mm/s+0.25×7.5 mm/s）（见表 A.1），它位于区域 B 内。如另一个轴承，稳态基线值为 6.0 mm/s，应用 4.2.3.2 的方法，第二个轴承报警值为 7.9 mm/s，这与初始设定的报警值差异不大，因此，报警值可保持不变，位于区域 C 内。

对于每个轴承，机器停机值根据准则Ⅰ，定为振动速度的均方根值 11.8 mm/s，因为停机值是相应于机器能承受的最大振动，它是一个固定的值。

参 考 文 献

[1] GB/T 13824 对振动烈度测量仪的要求(GB/T 13824—1992,eqv ISO 2954:1987).

[2] GB/T 11348.1 旋转机械 转轴径向振动的测量和评定 第1部分:总则(GB/T 11348.1—1999,idt ISO 7919-1:1996).

[3] GB/T 11348.3 旋转机械 转轴径向振动的测量和评定 第3部分:耦合的工业机器(GB/T 11348.3—1999,eqv ISO 7919-3:1996).

[4] GB/T 11348.4 旋转机械 转轴径向振动的测量和评定 第4部分:燃气轮机组(GB/T 11348.4—1999,eqv ISO 7919-4:1996).

[5] GB/T 19874 机械振动 机器不平衡敏感性和不平衡灵敏度(GB/T 19874—2005,ISO 10814:1996,IDT).

[6] GB/T 6075.3 在非旋转部件上测量和评价机器的机械振动 第3部分:额定功率大于15 kW额定转速在120 r/min至15 000 r/min之间的在现场测量的工业机器(GB/T 6075.3—2001,idt ISO 10816-3:1998).

[7] GB/T 6075.4 在非旋转部件上测量和评价机器的机械振动 第4部分:不包括航空器类的燃气轮机驱动装置(GB/T 6075.4—2001,idt ISO 10816-4:1998).

[8] GB/T 19873.1 机器状态监测与诊断 振动状态监测 第1部分:总则(GB/T 19873.1—2005,ISO 13373-1:2002,IDT).

ICS 59.060.10
B 32

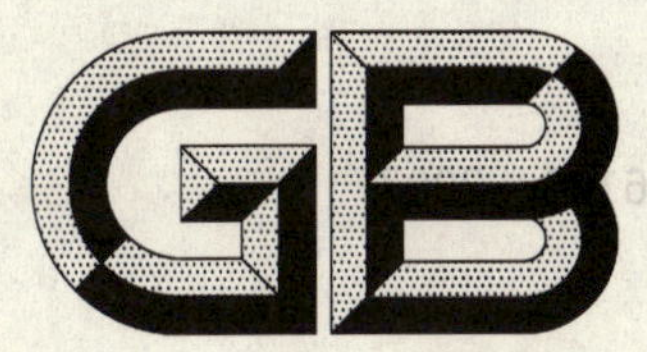

中华人民共和国国家标准

GB/T 6100—2007
代替 GB/T 6100—1985

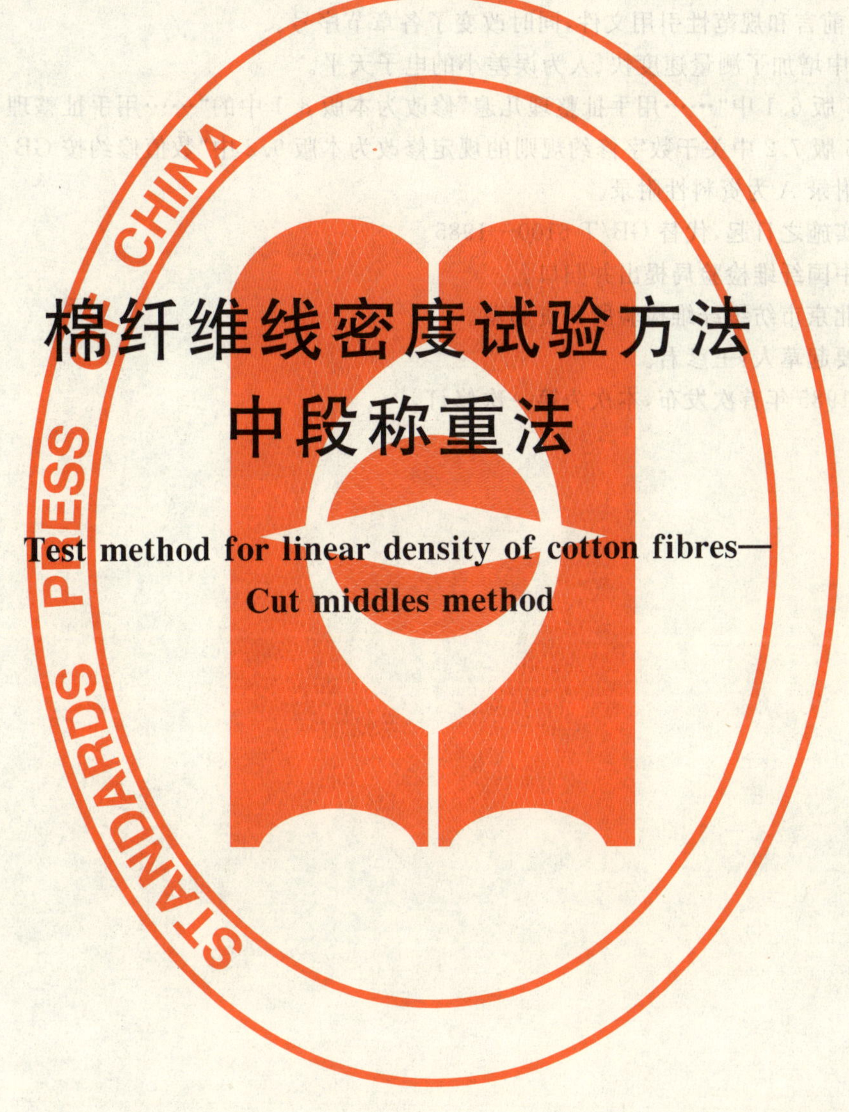

棉纤维线密度试验方法 中段称重法

Test method for linear density of cotton fibres—Cut middles method

2007-08-31 发布　　　　2007-12-01 实施

中华人民共和国国家质量监督检验检疫总局
中国国家标准化管理委员会　发布

前 言

本标准对 GB/T 6100—1985《棉纤维线密度试验方法　中段称重法》进行了修订，修订时保留了原标准中仍适用的技术内容，本标准对 GB/T 6100—1985 主要修订了如下内容：

1. 根据 GB/T 1.1—2000《标准化工作导则　第 1 部分：标准的结构和编写规则》，修改了封面及编写格式，增加了前言和规范性引用文件，同时改变了各章节序号。

2. 在 5.3 中增加了测量速度快、人为误差小的电子天平。

3. 将 1985 版 6.1 中"……用手扯整理几遍"修改为本版 8.1 中的"……用手扯整理 2 遍～3 遍"。

4. 将 1985 版 7.2 中关于数字修约规则的规定修改为本版 9.2 中"数值修约按 GB/T 8170 进行"。

本标准的附录 A 为资料性附录。

本标准从实施之日起，代替 GB/T 6100—1985。

本标准由中国纤维检验局提出并归口。

本标准由北京市纺织纤维检验所负责起草。

本标准主要起草人：王彦君。

本标准于 1985 年首次发布，本次为第一次修订。

棉纤维线密度试验方法
中段称重法

1 范围

本标准规定了采用中段称重法测试棉纤维线密度的试验方法。

本标准适用于试验室测定棉纤维的线密度。

2 规范性引用文件

下列文件中的条款通过本标准的引用而成为本标准的条款。凡是注日期的引用文件，其随后所有的修改单(不包括勘误的内容)或修订版均不适用于本标准，然而，鼓励根据本标准达成协议的各方研究是否可使用这些文件的最新版本。凡是不注日期的引用文件，其最新版本适用于本标准。

GB/T 6097 棉纤维试验取样方法

GB/T 8170 数值修约规则

3 术语和定义

下列术语和定义适用于本标准。

3.1

线密度 linear density

纤维或纱线单位长度的质量。

3.2

特克斯 tex

表示线密度的一种单位，为 1 000 m 纤维或纱线所具有的质量(g)。

4 原理

根据棉纤维线密度定义，切取一束定长的一段纤维，称出质量，计数其根数，从而计算出棉纤维线密度的平均值。

5 试验仪器及工具

5.1 10 mm 切断器

精确度为(10±0.1)mm。

5.2 显微镜或投影仪

放大倍数为 150 倍～200 倍。

5.3 扭力天平

最大称量 10 mg，分度值 0.02 mg；或电子天平，感量 0.01 mg。

5.4 其他工具

烘箱、计数器、限制器绒板、稀梳(10 针/cm)、密梳(20 针/cm)、一号夹子、压板、镊子、50 mm 纤维钢尺和载玻片等。

6 调湿和试验用标准大气

6.1 试验样品应放入 45℃～50℃烘箱中进行预调湿处理，时间为 0.5 h。若试验样品的回潮率低于标准平衡回潮率，可不进行预调湿。

6.2 将预调湿后的试验样品置于温度(20±2)℃，相对湿度(65±3)%的条件下调湿。时间不少于2 h。

6.3 试验应在温度(20±2)℃，相对湿度(65±3)%的条件下进行。

7 试验试样的制备

按 GB/T 6097 制备试验棉条，从中取出一定数量的棉纤维作为试验试样。试验试样质量根据纤维的长短粗细决定，一般为 8 mg～10 mg，以保持中段根数在 1 500 根～2 000 根左右。

8 试验步骤

8.1 整理棉束

试验试样先用手扯整理 2 遍～3 遍，使纤维成为比较平直的棉束，然后握住棉束整齐一端，用一号夹子从棉束尖端分层夹取纤维，依次将全部纤维移置于限制器绒板上，并反复移置两次，使纤维平行伸直成一端整齐的棉束，宽约 5 mm～6 mm。

8.2 梳理

将上述整理好的棉束，从限制器绒板上夹起，然后用一号夹子夹住棉束整齐一端 5 mm～6 mm 处，先用稀梳后用密梳从棉束尖端开始，逐步靠近夹持线进行梳理，梳去棉束中的游离纤维。然后将棉束移置于另一夹子上，使整齐一端露出于夹子外。根据棉花的类别不同，细绒棉梳去露出于夹子外的16 mm及以下的短纤维，长绒棉梳去露出于夹子外的 20 mm 及以下的短纤维。梳理方法如前所述。

8.3 切断

将切断器夹板抬起，使上下夹板分开，然后将梳理好的棉束平放在切断器上下夹板中间且与切刀垂直。细绒棉的棉束，整齐端露出夹板外 5 mm；长绒棉的棉束，整齐端露出夹板外 7 mm。棉束平放于下夹板上时，双手握持棉束两端，使纤维平行伸直，所受张力均匀，然后合上夹板，切断全部纤维。

8.4 称重

8.4.1 称重以前，应按 6.2 规定，将切断的全部纤维进行调湿处理。

8.4.2 用扭力天平或电子天平称取棉束中段质量，精确至 0.01 mg。

8.5 制片

夹持中段棉束的一端，然后用镊子从另一端每次夹出若干根纤维，依次移置于涂有薄层甘油或水的载玻片上，纤维排列要均匀，一端要紧靠载玻片边缘。一块载玻片上可排两行，排完后用另一片载玻片盖上。

8.6 计数根数

将排好纤维的载玻片放在 150 倍～200 倍显微镜或投影仪下计数，记下每片的纤维根数。也可不经过制片，直接目测计算中段棉束的纤维根数。

8.7 试验次数

每根试验棉条测定两次，取平均值。两次测定结果的差值应符合第 10 章精密度的规定。

9 试验结果计算

9.1 线密度计算

见式(1)。

$$\rho_l = m_1 \times 10^6 / (L \times n) \quad \cdots\cdots (1)$$

式中：

ρ_l——线密度，单位为毫特(mtex)；

m_1——中段纤维质量，单位为毫克(mg)；

L——切断纤维长度($L=10$ mm/根);

n——纤维数,单位为根。

9.2 数值修约

线密度值修约至整数。数值修约按 GB/T 8170 进行。

10 精密度

10.1 重复性

用本标准的试验方法,对同一试验室样品,在相同条件下(同一试验室、同一操作者、同一设备和在短时间间隔内)所完成的两个单次试验,线密度结果之间差值的绝对值,在 95%概率水平下应小于重复性 r_1 值。r_1 值等于 8.7 mtex。

用本标准的试验方法,对同一试验棉条,制作两个试验试样,在相同条件下(同一试验室、同一操作者、同一设备和在短时间间隔内)进行试验,线密度结果之间差值的绝对值在 95%概率水平下,应小于重复性 r_2 值。r_2 值等于 6.3 mtex。

如果同一试验室内,对同一试验棉条,在重复性条件下试验的两个试验试样,试验结果差值的绝对值大于 6.3 mtex,则应增试一次。用格拉布斯(Grubbs)法对三个试验试样的试验结果进行异常值检验。若有异常值,以剔除异常值后余下的两个结果的平均值作为最终试验结果。若无异常值,则以临界值 7.6 mtex 进行判断。若三个试验试样试验结果的极差小于此临界值,则以这三个结果的平均值作为最终试验结果;若大于此临界值,则继续增试一次,再用格拉布斯法对试验结果进行异常值检验,以剔除异常值后的所有结果的平均值作为最终试验结果。

10.2 再现性

用本标准的试验方法,对于同一试验室样品,在不同的条件下(不同的试验室、不同的操作者和不同的设备)各完成一个单次试验,线密度结果之间差值的绝对值,在 95%概率水平下,应小于再现性 R_1 值。R_1 值等于 20.4 mtex 。

用本标准的试验方法,对于同一试验棉条,在不同的条件下(不同的试验室、不同的操作者和不同的设备)制备单个试验试样进行试验,线密度结果之间差值的绝对值,在 95%概率水平下,应小于再现性 R_2 值。R_2 值等于 16.4 mtex。若两试验室试验结果所包含的试验试样数各有两个,则这两个试验室试验结果之间差值的绝对值应小于 15.8 mtex 。

11 试验报告

试验报告包括试验结果,并写明批样来源、品级长度、品种、样品编号、试验日期和温湿度等。试验报告单如下:

棉纤维线密度中段试验报告单

批样来源__________ 样品编号__________

品级长度__________ 试验日期__________

品　　种__________ 温、湿度__________

项　目	试验次数				线密度平均值
	第一次	第二次	第三次	第四次	
棉束中段纤维质量/mg					
棉束纤维根数/根					
线密度/mtex					
备注					

复核:　　　　　　　　　　　　　　　　试验员:

附 录 A
（资料性附录）
棉纤维公制支数、每毫克根数计算方法

A.1 本标准在测定棉纤维线密度的同时，也可计算出纤维的公制支数值，见式(A.1)。

$$N_m = L \times n/m_1 \quad \cdots\cdots (A.1)$$

式中：

N_m——纤维公制支数。

其他符号同本标准式(1)。

A.2 本标准在测定棉纤维线密度的同时，用扭力天平或电子天平分别称取棉束中段和两端纤维的质量(精确至 0.01 mg)，也可计算出每毫克棉纤维的根数，见式(A.2)。

$$M = n/(m_1 + m_2) \quad \cdots\cdots (A.2)$$

式中：

M——每毫克纤维的根数，单位为根每毫克(根/mg)；

m_2——切断棉束两端的纤维质量和，单位为毫克(mg)。

其他符号同本标准式(1)。

A.3 纤维公制支数修约至十位数，每毫克纤维根数修约至整数。数值修约方法按 GB/T 8170 进行。

ICS 33.100.20
L 06

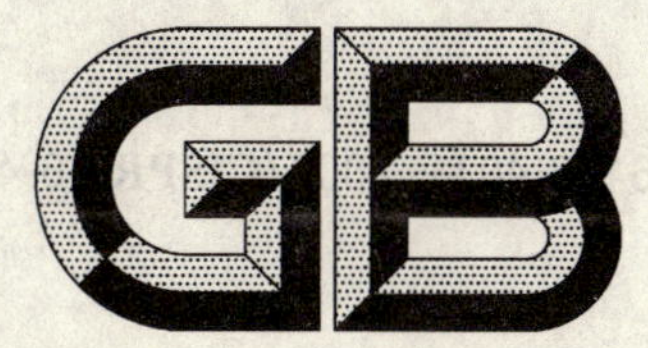

中华人民共和国国家标准化指导性技术文件

GB/Z 6113.401—2007/CISPR 16-4-1/TR:2005

无线电骚扰和抗扰度测量设备和测量方法规范 第4-1部分:不确定度、统计学和限值建模 标准化的EMC试验不确定度

Specification for radio disturbance and immunity measuring apparatus and methods—Part 4-1:Uncertainties,statistics and limit modelling—Uncertainties in standardized EMC tests

(CISPR 16-4-1/TR:2005,IDT)

2007-09-05 发布

中华人民共和国国家质量监督检验检疫总局
中国国家标准化管理委员会 发布

前　言

GB/Z 6113.401 等同采用国际技术报告 CISPR 16-4-1/TR:2005《无线电骚扰和抗扰度测量设备和测量方法规范　第 4-1 部分:不确定度、统计学和限值建模　标准化的 EMC 试验不确定度》(英文版),本部分的全部内容为指导性。

鉴于 IEC/CISPR 16 为电磁兼容系列基础标准,且篇幅大,内容多,为了方便标准的制定、维护和使用,2002 年 IEC/CISPR A 分会决定对该标准的结构进行重大调整,将原来的 4 个分部分拆分为现在的 14 个分部分,2006 年增至 15 个分部分,并从 2003 年 11 月起陆续发布。我国依据等同原则,将陆续完成相应国标的制修订工作。该系列标准中的新、旧国家标准及其与 IEC/CISPR 16 系列标准/出版物的对应关系如下:

<table>
<tr><th>旧标准编号和名称</th><th>新标准编号和名称</th></tr>
<tr><td rowspan="5">GB/T 6113.1—1995
(eqv CISPR 16-1:1993)*
无线电骚扰和抗扰度测量设备</td><td>GB/T 6113.101(idt CISPR 16-1-1)
第 1-1 部分:无线电骚扰和抗扰度测量设备测量仪器</td></tr>
<tr><td>GB/T 6113.102(idt CISPR 16-1-2)
第 1-2 部分:无线电骚扰和抗扰度测量设备
辅助设备——传导骚扰</td></tr>
<tr><td>GB/T 6113.103(idt CISPR 16-1-3)
第 1-3 部分:无线电骚扰和抗扰度测量设备
辅助设备——骚扰功率</td></tr>
<tr><td>GB/T 6113.104(idt CISPR 16-1-4)
第 1-4 部分:无线电骚扰和抗扰度测量设备
辅助设备——辐射骚扰</td></tr>
<tr><td>GB/T 6113.105(idt CISPR 16-1-5)
第 1-5 部分:无线电骚扰和抗扰度测量设备
30 MHz～1 000 MHz 天线校准场地</td></tr>
<tr><td rowspan="4">GB/T 6113.2—1998
(eqv CISPR 16-2:1996)*
无线电骚扰和抗扰度测量方法</td><td>GB/T 6113.201(idt CISPR 16-2-1:2003)
第 2-1 部分:无线电骚扰和抗扰度测量方法
传导骚扰测量</td></tr>
<tr><td>GB/T 6113.202(idt CISPR 16-2-2:2004)
第 2-2 部分:无线电骚扰和抗扰度测量方法
骚扰功率测量</td></tr>
<tr><td>GB/T 6113.203(idt CISPR 16-2-3:2004)
第 2-3 部分:无线电骚扰和抗扰度测量方法
辐射骚扰测量</td></tr>
<tr><td>GB/T 6113.204(idt CISPR 16-2-4:2004)
第 2-4 部分:无线电骚扰和抗扰度测量方法
抗扰度测量</td></tr>
<tr><td>CISPR 16-3:2000
Reports and recommendations of CISPR</td><td>GB/Z 6113.3—2006(idt CISPR 16-3:2003)
第 3 部分:无线电骚扰和抗扰度测量技术报告</td></tr>
</table>

<table>
<tr><th>旧标准编号和名称</th><th>新标准编号和名称</th></tr>
<tr><td rowspan="5">CISPR 16-4:2002
Uncertainty in EMC measurements</td><td>GB/Z 6113.401—2007(idt CISPR 16-4-1:2005)
第 4-1 部分:不确定度、统计学和限值建模
标准化的 EMC 试验不确定度</td></tr>
<tr><td>GB/T 6113.402—2006(idt CISPR 16-4-2:2003)
第 4-2 部分:不确定度、统计学和限值建模
测量设备和设施的不确定度</td></tr>
<tr><td>GB/Z 6113.403—2007(idt CISPR 16-4-3:2004)
第 4-3 部分:不确定度、统计学和限值建模
批量产品的 EMC 符合性确定的统计考虑</td></tr>
<tr><td>GB/Z 6113.404—2007(idt CISPR 16-4-4:2003)
第 4-4 部分:不确定度、统计学和限值建模
抱怨的统计和限值的计算模型</td></tr>
<tr><td>GB/Z 6113.405(idt CISPR 16-4-5:2006)**
第 4-5 部分:不确定度、统计学和限值建模
替换试验方法的使用条件</td></tr>
<tr><td colspan="2">注 1：* 修订中，** 待制定；黑体字为该标准的本部分。
注 2：表中除 GB/Z 6113.401 以外的国家标准名称以制定或修订后发布的标准名称为准。
注 3：CISPR16 系列标准调整之前没有与 CISPR 16-3 和 CISPR 16-4 相对应的国家标准。</td></tr>
</table>

根据 GB/T 1.1 和 GB/T 20000.2，所作的主要的编辑性修改和错误修改如下：

1. 为了符合 GB/T 1.1 的要求和所涉及的内容，将 CISPR 16-4-1 中的 1.2 条有关章节结构编排的内容，移至 GB/Z 6113.401 的引言中，同时把 CISPR 16-4-1 1.1 条中“本部分的目的”编为 GB/Z 6113.401 中的 1.2，由于原文表 1 的内容移至引言中，对本部分其余的表的序号进行了重新编排；

2. 第 4.2.2 条“3.17”应为“3.19”，特作更正；

3. 原文全篇公式个别编号重复，且未统一编号等，本部分对公式进行了重新编号；

4. 第 6.4.6.5 条中，删去了标题 a) U_{dm} 和 U_{cm}、b) U_{ind} 和 c) Z_t，对其注解的内容保持不变，删去的理由是编排重复；

5. 原文附录 6-B 第 2 段中“6.2.2”应为“5.2.2”，特作更正；

6. 第 6 章中“meander”统一译为“折叠”；第 7 章中“original method”统一译为“原始法”；

7. 表 7 中影响量“电源耦合(coupling)装置的应用”应为“电源去耦(decoupling)装置的应用”，特作更正；

8. 表 8 中“附录 F 的表 F.1 和表 F.2”应为“附录 D 的表 D.1 和表 D.2”，特作更正。

本部分的附录 6-A、附录 6-B、附录 A、附录 B、附录 C 和附录 D 为资料性附录。

本部分由全国无线电干扰标准化技术委员会(SAC/TC 79)提出并归口。

本部分起草单位：信息产业部电子工业标准化研究所、北京交通大学、中国计量科学研究院、上海电器科学研究所(集团)有限公司。

本部分主要起草人：陈俐、张林昌、闻映红、席德熊、崔强、周凯、寿建霞、谢鸣。

引　言

本部分旨在给那些 CISPR 电磁兼容标准的制定者和修订者提供关于处理不确定度的指南。此外，本部分还为在实践中应用标准和不确定度方面的人员提供有用的背景信息。本部分仅限于与电磁兼容标准符合性试验有关的所有不确定度的考虑。

本部分共分 10 章，第 1 章至第 3 章分别给出了标准的适用范围、制定的目的、规范性引用文件以及定义和术语。第 4 章和第 5 章分别给出了发射测量中和抗扰度试验中不确定度的基本考虑。第 6 章给出了 CISPR 标准化电压测量的模型及其有关的不确定度考虑。第 7 章给出了吸收钳测量方法和吸收钳校准方法的标准符合性不确定度的考虑。有关抗扰度符合性试验的不确定度目前正在考虑中，因此在本版中只保留了相应的目录，待日后补充完善。它们是：第 5 章“抗扰度试验中不确定度的基本考虑”，第 8 章“辐射发射测量”，第 9 章“传导抗扰度测量”和第 10 章“辐射抗扰度测量”。

无线电骚扰和抗扰度测量设备和测量方法规范 第4-1部分:不确定度、统计学和限值建模 标准化的EMC试验不确定度

1 总则

1.1 范围

本部分旨在给那些CISPR电磁兼容标准的制定者和修订者提供关于处理不确定度的指南。此外,还为那些实际应用本部分有关不确定度内容的人员提供有用的背景信息。

本部分仅限于与电磁兼容标准的符合性试验有关的所有不确定度的考虑。

1.2 目的

a) 识别与"给定的产品符合CISPR推荐物规定的要求"的声明有关的影响不确定度(标准符合性不确定度)(缩写为SCU,见3.16)的参数或源;

b) 给出关于标准符合性不确定度大小的评估指南;

c) 给出将标准符合性不确定度应用到CISPR标准化符合性试验的符合性判据的指南。

因此,本部分可作为手册使用,可以帮助标准的编写者考虑如何对那些涉及不确定度的现行或将要制定的"CISPR标准"作必要的补充、引用或协调。本部分也为管理机构、认可机构和试验工程师对判断从事CISPR标准化符合性试验的电磁兼容检测实验室的工作质量提供指导。当对使用不同的替换试验方法获得的试验结果(和其不确定度)进行比较时,本部分给出的不确定度方面的考虑也可作为指导。

符合性试验的不确定度也与在实践中电磁干扰(EMI)问题发生的概率有关。本部分承认这种观点并作了简要介绍。然而,本部分未予考虑。

2 规范性引用文件

下列文件中的条款通过本部分的引用而成为本部分的条款。凡是注日期的引用文件,其随后所有的修改单(不包括勘误的内容)或修订版均不适用于本部分,然而,鼓励根据本部分达成协议的各方研究是否可使用这些文件的最新版本。凡是不注日期的引用文件,其最新版本适用于本部分。

GB/T 4365—2003 电工术语 电磁兼容(idt IEC 60050(161):1990+A1:1997+A2:1998)

GB/T 6113.1—1995 无线电骚扰和抗扰度测量设备规范(eqv CISPR 16-1:1993)

GB/Z 6113.3—2006 无线电骚扰和抗扰度测量设备和测量方法规范 第3部分:无线电骚扰和抗扰度测量技术报告(idt CISPR 16-3:2003)

GB/T 6113.402—2006 无线电骚扰和抗扰度测量设备和测量方法规范 第4-2部分:不确定度、统计学和限值建模 测量设备设施的不确定度(idt CISPR 16-4-2:2003)

GB/Z 6113.403—2007 无线电骚扰和抗扰度测量设备和测量方法规范 第4-3部分:不确定度、统计学和限值建模 批量产品的EMC符合性确定的统计考虑(CISPR 16-4-3/TR:2004)

GB/Z 6113.404—2007 无线电骚扰和抗扰度测量设备和测量方法规范 第4-4部分:不确定度、统计学和限值建模 抱怨的统计和限值的计算模型(CISPR 16-4-4/TR:2003)

GB/T 15481—2000 检测和校准实验室能力的通用要求

IEC 60050-300:2001 国际电工词汇 电气测量与测量仪表 第311章:测量的通用术语 第312

章:电气测量的通用术语　第 313 章:电气测量仪表的类型　第 314 章:各种类型仪表的专用术语

IEC 60359:2001　电工和电子测量设备性能表示

CISPR 16-1(所有部分)　无线电骚扰和抗扰度测量设备规范　无线电骚扰和抗扰度测量设备

CISPR 16-2-1:2003　无线电骚扰和抗扰度测量设备和测量方法规范　第 2-1 部分:无线电骚扰和抗扰度测量方法　传导骚扰测量

CISPR 16-2-2:2004　无线电骚扰和抗扰度测量设备和测量方法规范　第 2-2 部分:无线电骚扰和抗扰度测量方法　骚扰功率测量

CISPR 16-2-3:2004　无线电骚扰和抗扰度测量设备和测量方法规范　第 2-3 部分:无线电骚扰和抗扰度测量方法　辐射骚扰测量

CISPR 16-2-4:2004　无线电骚扰和抗扰度测量设备和测量方法规范　第 2-4 部分:无线电骚扰和抗扰度测量方法　抗扰度测量

ISO Guide:1995　Guide to the expression of uncertainty in measurement(GUM)(测量不确定度的评定与表示)

ISO VIM:1993　International vocabulary of basic and general terms in metrology,1993(the VIM)(计量学基本术语和通用术语国际词汇)

3　术语和定义

下列术语和定义适用于本部分。

注 1:只要可能,第 2 章规范性引用文件中所列标准中的术语也会被使用。未包括在这些标准中的术语和定义如下。

注 2:以黑体表示在本章中定义的术语。

3.1

电磁骚扰　electromagnetic(EM) disturbance

任何可能引起装置、设备或系统性能降低或者对生物或非生物产生不良影响的电磁现象。

[GB/T 4365—2003,161-01-05]

3.2

发射电平　emission level

用规定方式测量到的,由某装置、设备或系统发射所产生的**电磁骚扰电平**。

[GB/T 4365—2003,161-03-11]

3.3

发射限值　emission limit

规定的**电磁骚扰**源的最大**发射电平**。

注:在 IEC 标准中,此发射限值已被定义为"可允许的最大发射电平"。

[GB/T 4365—2003,161-03-12]

3.4

影响量　influence quantity

不是**被测量**、但对测量结果有影响的量。

注 1:在标准化符合性试验中,影响量分为确定的和未确定的影响量(含义见 4.2.4)。确定的影响量优先包括允差数据。

注 2:"确定的影响量"的一个例子是人工电源网络的测量阻抗。"未确定的影响量"的一个例子是电磁骚扰源的内部阻抗。

[ISO GUM, B.2.10]

3.5

干扰概率　interference probability

符合电磁兼容要求的产品在其正常使用的电磁环境中(从电磁兼容角度)能满意地运行的概率。

3.6

被测量的固有不确定度　intrinsic uncertainty of the measurand

在被测量的量的描述中能被赋值的最小不确定度。理论上，如果测量被测量时所使用的测量系统中的**测量设备和设施的不确定度**可以被忽略，那么就可以得到该被测量的固有不确定度。

注1：没有量能在持续较低的不确定度条件下被测量，也就是要在给定的不确定度水平上定义或识别给定的量。如果要想在低于其固有不确定度的条件下测量某个给定的量，那么必须更详细地重新定义该量，这样实际上就是在测量另一个量。参见 GUM D.1.1。

注2：以被测量的固有不确定度测量得到的结果称为被测量的最佳测量。

[IEC 60359,3.1.11]

3.7

测量设备和设施的固有不确定度　intrinsic uncertainty of the measurement instrumentation

处于**参考条件**下所使用的测量设备的不确定度。理论上，如果**被测量的固有不确定度**可忽略，那么就可得到测量设备和设施的固有不确定度。

注：应用参考 EUT 是建立参考条件的一种方法，目的是获得测量设备和设施的固有不确定度(4.5.5)。

[IEC 60359,3.2.10,经过修改]

3.8

电平　level

用规定方式在规定时间间隔内测得的和/或计算得到的量值，如场强和功率等。

注：某个量的电平可用其相对于某一参考值的对数来表示，例如单位为 dB。

[GB/T 4365—2003,161-03-01]

3.9

被测量　measurand

作为测量对象的特定量。

例如，距离给定的样品 3 m 处测得的电场。

注：被测量的规范可能要求对有关影响量作出陈述。(见 GUM,B.2.9)

[ISO VIM 2.6]

3.10

测量设备和设施的不确定度　measurement instrumentation uncertainty(MIU)

与测量结果有关的参数，用来表征合理地赋予**被测量**的值的分散性，它是由所有与测量设备相联系的有关的影响量引起的。

[ISO VIM 3.9 和 IEC 60359 的 3.1.4,经过修改]

3.11

测量链　measuring chain

构成测量信号从输入到输出路径的一系列的测量设备或测量系统。

[ISO VIM 4.4, IEV 311-03-07]

3.12

测量的兼容性　measurement compatibility

同一被测量的所有测量结果所满足的特性，由这些测量结果间隔的适当的重叠部分来表示。

[IEV 311-01-14]

3.13

参考条件　reference conditions

对测量系统允许的，在影响量的不确定度或误差限值最小的情况下，影响量的规定值的集合和/或值的范围。

[IEV 311-06-02]

3.14

电磁兼容测量结果的复现性　reproducibility of results of EMC measurements

在测量条件(由一个或多个确定的影响量决定)变化的情况下,对同一被测量进行连续测量时,其测量结果表现出的接近程度。

注:一般来说,这种复现性同时由未确定的影响量决定,因此这种一致性只能依据概率来表示。

[ISO VIM 3.7,ISO GUM B.2.16]

3.15

灵敏系数　sensitivity coefficient

用于表述由确定的或未确定的影响量的变化而引起的物理量的变化系数。

注1:在数学表达上,灵敏系数通常是相关物理量对变化的影响量的偏导数。

注2:该术语和定义基于GUM里对灵敏系数的定义和引用文件[5]中给出的描述。

3.16

标准符合性不确定度　standards compliance uncertainty(SCU)

与标准中所描述的符合性测量的结果有关的参数,用来表征合理地赋予被测量的值的分散性。

[基于ISO GUM B.2.18和ISO VIM 3.9]

3.17

允差　tolerance

针对某一给定的确定的影响量,由技术规范、规程等所允许的值的最大变化量。

[此定义与ISO VIM5.21所给的定义有差异]

3.18

[量的]真值　true value(of a quantity)

与给定的特定量的定义一致的值。

[ISO GUM B.2.3, ISO VIM 1.19]

3.19

不确定度源　uncertainty source

对被测量的值的不确定度有贡献且能被分解成一个或多个相关的影响量的(描述性的,非定量的)源。

注:不确定度源也能被定义为不确定度源的定性描述。实践中,测量结果的不确定度产生于源的许多可能类别,包括的例子有试验人员、抽样、环境条件、测量仪器、测量标准和包含在测量方法和测量程序中的近似和假设。有关的不确定度源被"转化"成一个或多个的影响量。

[见4.2.2和参考文献[9]的K3]

3.20

电磁兼容(EMC)测量结果的可变性　variability of results of EMC measurements

在改变由一个或多个非确定的影响量所决定的测量条件的情况下,对同一被测量进行连续测量所得到的测量结果的一致性的接近程度。

注1:此术语和定义基于ISO VIM3.7。

注2:这里所谓的"一致性的接近程度"只能用"概率"来表达。

4　对发射测量中不确定度的基本考虑

4.1　介绍

在标准化的发射符合性测量中,当对电气或电子产品的发射电平进行测量后,才可对其进行限值符合性的判定。由于"影响量"(3.4)引起的不确定度,测得的电平仅近似于被测的真实电平。在传统的计量中，所有有关的影响量是已知的，且因为“被测量的固有不确定度”一般来说是非常小的，所以不确定度主要来源于传统的“测量设备和设施的不确定度”。然而，在电磁兼容符合性试验中，与受试设备相关的主要影响量正好是未确定的[1]，并且也得不到关于其值的定量信息。因此，对于电磁兼容测量而言，与由测量设备和设施引起的不确定度相比，与被测量有关的固有不确定度也是很重要的。所以，引入术语“标准符合性不确定度”（SCU）来区分在实际的电磁兼容符合性试验中遇到的所有不确定度和测量设备和设施的不确定度(MIU)。测量设备和设施的不确定度是标准符合性不确定度的子部分。对于传统的计量问题，一般来说，仅考虑测量设备和设施的不确定度就足够了。第3章给出了标准符合性不确定度(SCU)的定义和其他有关电磁兼容和不确定度的专用术语。图1给出了在不同情况下，被测量的总不确定度、测量设备和设施的不确定度和被测量的固有不确定度三者之间的关系。应指出的是，图1中的求和符号“Σ”是一象征性符号。这种不确定度求和的方法依赖于所涉及的两种不确定度源的概率分布和相关性。

注：将来有可能把传统的计量和电磁兼容学科作一定程度的合并，那样也就不再需要不同的术语和方法。例如，在条件许可的情况下，利用CISPR的研究结果将直接把测量设备和设施的不确定度[3]和标准符合性不确定度进行合并。

4.2更详细地陈述了在电磁兼容试验中可能遇到的不确定度的不同分类和标准符合性不确定度、被测量的固有不确定度及测量设备和设施的不确定度三者之间的差别。4.3简要地讨论了在实践中符合性试验的不确定度和干扰风险之间的关系。4.4叙述了对标准化的发射测量进行不确定度分析所采取的步骤。4.5给出了验证不确定度预评估的有效性的方法。4.6给出了关于如何报告不确定度的评估和关于如何表示测量结果及其不确定度的信息。4.7提供了在符合性判据中应用不确定度的一般性指南。目前，有关不确定度在合格/不合格的判据中更多的、特定的应用指南正在考虑之中。

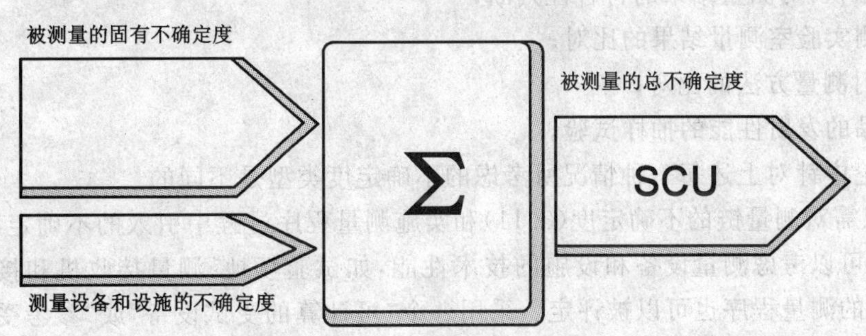

图1a 典型的发射测量

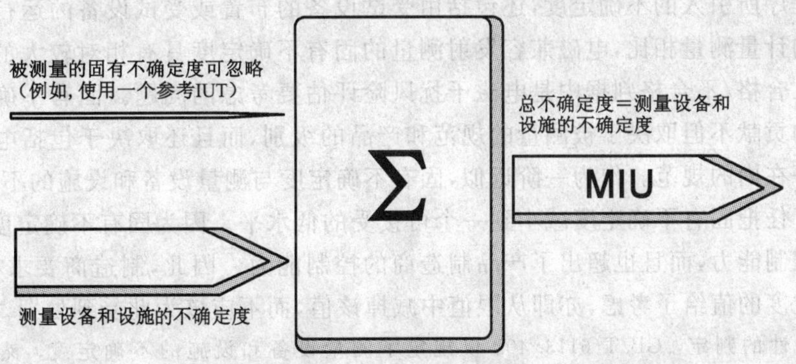

图1b 在被测量的固有不确定度可忽略条件下的发射测量

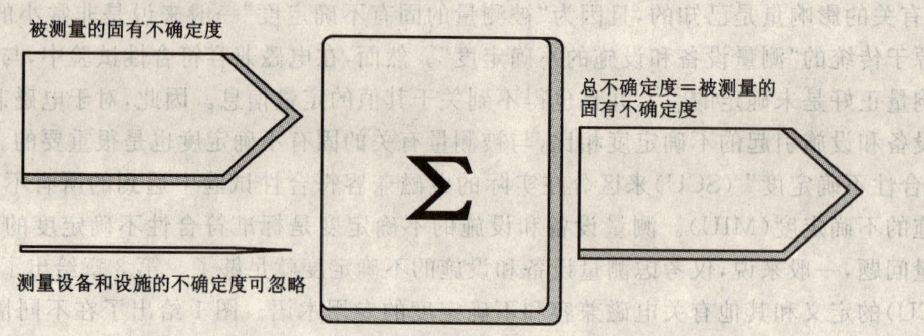

图 1 由测量设备和设施的不确定度引起的被测量的总的不确定度与被测量的固有不确定度之间的关系说明

4.2 发射测量中不确定度的类型

在 4.2 中，首先要讨论的是在发射测量中考虑不确定度因素时的不同目的。目的不同对不同类型的不确定度分析的要求也不同。根据要达到的目的，可以以不同的方式包含符合性判据。随后，介绍与发射测量有关的不确定度的源和相应的影响量。最后，给出关于发射测量中不同类别的不确定度的定义和与此有关的更详尽的讨论。

4.2.1 不确定度考虑的目的

电磁兼容发射的测量结果受到不确定度的影响，因此以不同的理由定量地考虑不确定度。可以针对以下的 5 种情况来考虑：

a) 检测实验室(技术)测量能力的资质；

b) 相对于限值，对测量结果的符合性判断；

c) 不同检测实验室测量结果的比对；

d) 不同发射测量方法的比对；

e) 批量产品的发射性能的抽样试验。

在下面的讨论中针对上述每一种情况所考虑的不确定度类型是不同的。

情况 a)中，只需对测量链的不确定度(3.11)和实施测量程序过程中引入的不确定度进行考虑可能就足够了。例如，可以考虑测量设备和设施的技术性能，如试验场地、测量接收机和接收天线；由人员和/或软件来实施的测量程序也可以被评定。采用一个“可计算的受试设备”或“参考受试设备”的方法来评价由测量设备和设施所引入的不确定度(见图 1b)。

在情况 b)中，可以依据给定的限值来对发射符合性试验结果进行判定。试验结果的不确定度包括由测量链和测量程序所引入的不确定度，还包括由受试设备的布置或受试设备的运行所引入的固有不确定度。与传统的计量测量相比，电磁兼容发射测量的固有不确定度具有相对较大的值。如何把这种总的不确定度融入合格/不合格判据中是电磁干扰风险评估要考虑的问题。固有不确定度的一种属性是这种不确定度的贡献不但取决于被测量的规范和产品的级别，而且还取决于包括电缆的布置和端接的受试设备布置等在内的规范。作为一阶近似，固有不确定度与测量设备和设施的不确定度相互独立。标准的编写者有责任把固有不确定度减小到一个可接受的低水平。因为固有不确定度的大小不仅超出了检测实验室的控制能力，而且也超出了产品制造商的控制能力。因此，制造商要求在合格/不合格判据中对固有不确定度的值给予考虑，亦即从限值中减掉该值，而不应该为此受到处罚。

注 1：对于符合性的判定，GB/T 6113.402 仅规定了测量设备和设施的不确定度。然而，应指出的是在 GB/T 6113.402的制定过程中，除了测量设备和设施的不确定度外，其他不确定度类别在某种程度上也影响符合性判定。这也是为什么会在 GB/T 6113.402 标准名称中特别使用了“测量设备和设施不确定度”的原因。因为 GB/T 6113.402 包含了 GB/Z 6113.3，而后者是指导性技术文件，前者是推荐性标准，所以必须解决这种差异。因此，出于一致性的考虑，或许应考虑将来对 GB/T 6113.402 进行必要的修订。

情况 c)的例子是权威机构对某个产品进行市场监管。在这种情况下，(制造商和权威机构所选择的)两个检测实验室依据所适用限值对各自测量结果的符合性进行判断,并且可以将这两个结果直接进行比较。认可权威机构和产品的制造商可以使用同一批产品中的不同样本。在这种情况下,由于生产过程和部件的性能存在允差,所以相同类型产品的发射性能易产生离散。这就意味着产品本身也是不确定度源。再者,在这种情况下,固有不确定度是存在的,也就是说,受试设备的布置和受试设备电缆的摆放以及端接的不同都会在测量结果中产生显著的差异。受试设备的运行状态和内部的测量程序对于上述两个检测实验室来说都是不同的。不同的程序(例如,手动控制与软件控制的测量程序)也会导致不同的结果。

注2:CISPR 发射测量要求对发射电平进行测量,发射电平为来自于特定的器件、设备或系统所发射的给定的电磁骚扰的电平,并以特定的方式对其测量。因此,被测量的值受到这种"特定的测量方式"的影响,也就是说,受到实际测量中测量布置的影响。出于符合性测量的目的,不确定度的考虑应当反映这一点。例如在 GB/T 6113.402和 LAB34[11]中,不确定度的考虑仅限于测量设备和设施的不确定度,而未包含由受试设备的差异所引起的不确定度。

情况 d)的一个例子是,把在 10 m 法的开阔场或 3 m 法的半电波暗室用传统的辐射发射测量方法得到的测量结果进行比对。由于测量方法的不同,在比较 3 m 法和 10 m 法的测量结果时需要考虑一些额外的不确定度。一般来说,把 10 m 法的测量结果转换成 3m 法的结果并不容易。这种转换依赖于受试设备的类型(尺寸的大小,台式或落地式)及有关的不确定度。

情况 e)中,制造过程产生的允差也是符合性判据中应该给予考虑的一种不确定度源,这已经包括在 GB/Z 6113.403 的第 4 章中,也就是所谓的 80%/80%准则。由于存在制造允差,批量生产的产品,其发射性能的结果具有离散性。对于此类批量产品的型式试验,从不确定度的观点来看,这种离散性可以通过下面两种 CISPR 方法来检验(见 GB/Z 6113.403):

1) 对产品中的单个具有代表性的样品进行试验,然后,对其进行周期性的质量保证试验,或者

2) 对具有代表性的有限数量的样品进行试验,然后,根据 80%/80%准则,利用测量结果进行统计评估。

上述两种情况中的符合性判据是不同的。在第一种方法中(单个样品的周期性试验),只要不超过限值,此产品就是合格的。在第 2 种方法中,补偿的余量已包含在依赖于样品的数量(学生分布-t 分布)的符合性判据中,或者,可将测量结果与限值直接进行比较,依赖于样品的总数(二项式分布),允许有一定数量的样品不符合。

注3:产品的符合性判定只能根据在GB/Z 6113.403 第 4 章中描述的 80%/80%准则来进行。根据 GB/T 6113.402 的要求,也应当应用测量设备和设施的不确定度的符合性判据(GB/T 6113.402)。如果两种判据都适用,仍需要决定怎样合并 80%/80%准则的符合性判据(GB/Z 6113.403 中给出的)和 GB/T 6113.402 的测量设备和设施的不确定度符合性判据(按一定的优先顺序)。如何合成这两种符合性判据是 CISPR/A 分会进一步要研究的课题。

注4:应指出的是,抽样和生产过程中的不确定度对于单个受试设备的测量不确定度没有贡献。然而,在型式批准方案中(GB/Z 6113.403 第 4 章所描述的),整个系列产品的符合性判据基于一个或多个样品的测量,这些因素确实对符合性不确定度有贡献。产生这种额外的不确定度的原因是由于在生产过程中的变化和抽样的数量有限的事实。在 GUM(E.4.3)中,也承认由于整个产品中的抽样个数有限,将产生额外的不确定度。GUM 的 E.4.3 表明:由于抽样个数有限,出于纯粹的统计原因,这种"不确定度的不确定度"可能非常大。GUM 中的表 E.1 给出了例子。

示例:对于一组样品,相对于从早期的产品中选择的样品,在更成熟的生产过程中抽取的样品具有更小的允差,所关心的产品性能也会有更小的标准差,因此两者的符合性判定是不同的。

从以上讨论的情况 a)到情况 e)的解释中清楚地表明,对所需要考虑的不确定度类别显然更取决于其特定的应用目的。不确定度及其在符合性判据中的体现通常对这些目的的依赖性更强。在以下的段落中,将以更加系统的方式对不同种类和类型的不确定度进行区分。

4.2.2 不确定度源的种类

图 2 给出了发射符合性测量一般过程的流程。首先,从一个特定的产品总体中抽取一个或多个

EUT 作为样本。在前面章节的讨论中，由于生产的离散性和抽样，会在测量结果中引入不确定度(生产和抽样过程引起的不确定度)。接下来，标准规定了被测量和测量被测量的方法、手段和条件。由于不同的不确定度源，在这种标准化测量的过程中，将会产生额外的不确定度。总之，不确定度源是对测量结果的不确定度有贡献的因素(见 3.19)。不确定度源也可以定义为对不确定度源的定性描述。表 1 列举了图 2 中给出的在发射符合性测量一般过程中能加以区分的不确定度源的可能种类。

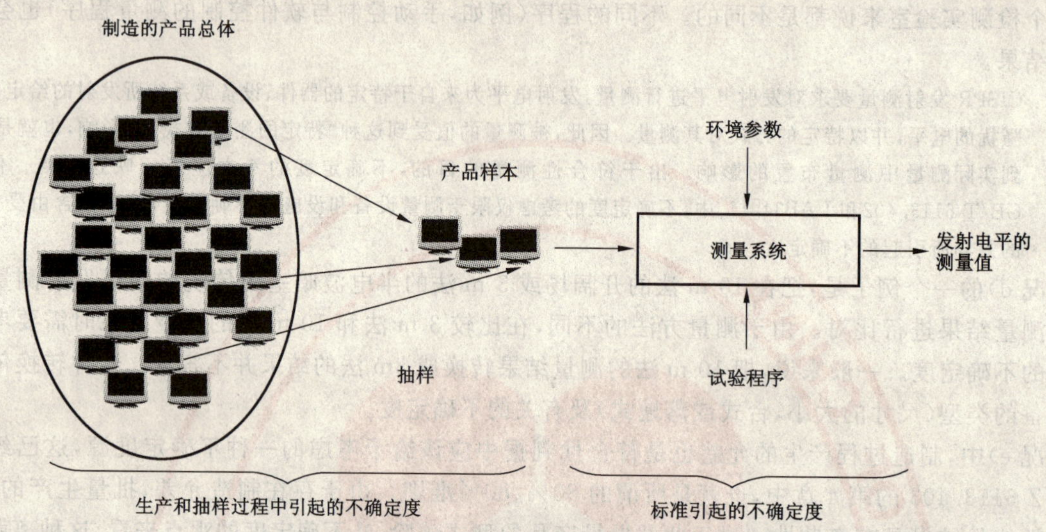

图 2 发射符合性测量的过程和相关不确定度源的种类

表 1 在标准化发射测量中不确定度源的种类

由检测实验室引起的	由标准引起的	由生产和抽样过程引起的
· 试验人员的技能 · 分析和计算 · 报告的出具 · 按测量程序和测试软件来实施标准 · 质量管理体系	· 被测量的特性 · 经过校准和检定的测量设备和设施 · 测量程序的描述 · 环境条件 · EUT 的布置 · EUT 的运行 · EUT 的类型	· 生产过程的允差 · 抽样 · 非代表性的抽样

正如前面章条中所解释的，可能有不同的原因需要考虑测量结果的不确定度问题。依据不确定度评估的目的，应当对不同种类的不确定度源进行考虑。对于任意 EUT 依据标准进行的符合性测量，表 1中所给的不确定度源的所有种类是非常重要的。与这种情况有关的因素导致的不确定度称为“标准符合性不确定度”。在实际中，由检测实验室引起的不确定度是次要的，而且它可由检测实验室的质量保证体系来控制和维持。应该指出的是，检测实验室必须使用现行有效的标准，以某种方式解释该标准并在测量过程中确保它的实施。质量体系仅确保建立的过程以某种方式被评估并得到持续地运行。然而，由于标准存在不完善或规定不明确的地方，所以质量体系并不能减少这种误差。在本章的剩余部分将假设：(额外的)由检测实验室引起的不确定度可忽略不计，不必包含在符合性判据中。由生产过程和抽样引起的不确定度源将会被考虑到 GB/Z 6113.403 第 4 章中所介绍的 CISPR 80%/80%准则中。因此，在本条中，将不再提及这种类别的不确定度。然而，列举在表 1 中的这种不确定度源是为了对在 CISPR 骚扰符合性测量中可能涉及的所有“拟考虑的”不确定度源作一个完整的描述。

当不同的检测实验室测量同一个 EUT 时，标准引起的不确定度源的影响是非常重要的。如果在不同的试验场地、使用不同的测量设备，但使用相同的试验人员、相同的程序和几乎完全相同的布置对该 EUT 进行测量，那么这时的不确定度主要受到包括试验场地在内的测量设备和设施的影响。这种情况表明，孤立地考虑测量设备和设施的不确定度(如 GB/T 6113.402 或者 LAB34[11]所述)仅对特定的情况有效,因此,它仅适用于评估某个特定的发射测量设施的技术能力(测量链)的情况。

由表1中的标准所引起的不确定度源的种类可以被进一步分成几个子类。不确定度源子类的例子在表2中进行了详细的描述。表2还列举了对于辐射发射测量结果总不确定度有贡献的、典型的、定性的不确定度源。

一般来说,对任何一种新的测量方法的不确定度评估都是从确定所有可能的不确定度源开始的。把这些不确定度源分成几个子类可以方便进一步的工作。进一步寻找不确定度源的方法可参见4.4.3。这些不确定度源可称为"已识别的不确定度源"。在最终的不确定度预评估经过实验验证之后,实际的不确定度和评估的不确定度之间可能会出现偏差,原因之一就是可能有一种或更多的有关不确定度源在最初就被忽略了,这样的不确定度源被称为"未识别的不确定度源"。当然,对一种新的标准化测量方法进行不确定度评估时,主要精力应集中在确定所有有关的不确定度源。

示例:以前一直被忽视的不确定度源的例子是EUT电缆的共模端接和接收天线的升降杆结构。放置EUT桌子的材料和结构的影响是一种可识别的不确定度源。然而,目前很明显的是在CISPR标准里仅规定桌子应当是非导电性的和非反射性的,即木质的,并没有充分地考虑这种不确定度源。

表2 由标准的具体规定引起的辐射发射测量的不确定度源的例子

测量设备和设施	测量步骤	环境条件	EUT的布置和运行	EUT的类型
·场地的性能 ·接收天线的性能 ·接收机的性能 ·电缆的性能	·高度扫描 ·放置EUT桌子的旋转 ·接收机设置(正确信号的截获)	·辐射环境 ·传导环境 ·温度、湿度	·测量距离和高度的允差 ·单元布置 ·电缆布置 ·端接的电缆 ·运行的模式	·台式或落地式 ·尺寸

4.2.3 不确定度类型的总结

先前,不同类型的不确定度已经在CISPR里被定义和使用。这些不同类型的不确定度在表3中做了总结。

表3 目前在CISPR里使用的不确定度的不同类型

不确定度的类型	不确定度源的有关类别	应　用
测量设备和设施的不确定度(MIU)	测量设备和设施	测量设备和设施的质量评估(例如GB/T 6113.402给出的U_{CISPR})
标准符合性不确定度(SCU)	·标准引入的(包括测量设备和设施,见表1) ·由生产和抽样引起的	符合性测量
与测量方法相关的不确定度(参考4.2.1的情形d)	·由标准引入的(包括测量设备和设施,见表1)	可替代测量法的比对
批量生产的产品的发射性能的不确定度	由生产过程和抽样引入的	批量产品的符合性测量(质量保证,GB/Z 6113.403中的80%/80%准则)

4.2.4 影响量

实践中,标准化测量的结果中的不确定度来自于许多可能的"不确定度源"。在一个测量标准中,每一种不确定度源应采用一个或多个影响量以定量的方式规定。一个"影响量"可能会以不同的方式来规定。例如,"电磁环境"是一种可以量化的不确定度源。例如,可以用测量系统测得的作为频率函数的电场强度来限制环境信号的绝对值以量化该不确定度源。另一个更间接的"影响量"是试验场地的屏蔽性能指标。

把一个定性的不确定度源转化为一个或多个定量的影响量并不总是很容易。在实践中，完全量化一个不确定度源是不可能的。不确定度源中能由影响量来确定的这部分被称为“确定的影响量”。很难量化但可被识别的相关影响量的那部分被称为“未确定的影响量”。

示例：

1. “接收天线的高度扫描”是一种不确定度源(表 2 中测量程序类别中的一部分)。这种不确定度源可以通过两个影响量来加以量化，“扫描窗”和“最大的扫描步长”。在 CISPR 16-2-3 中，仅给出扫描窗(作为测量距离的函数的上限和下限)。“扫描窗”是一个“确定的影响量”。然而，在 CISPR 16-2-3 中，尽管清楚的表明最大步长(与天线杆的扫描速度有关)影响场的最大化，但是高度扫描的步长却并未明确地给出。在这种情况下，影响量“高度扫描最大步长”就是一个“未确定的影响量”。只有当以一定的步长进行高度扫描时，这种不确定度源才适用。总之，连续的扫描将消除这种不确定度源。

2. 在 CISPR 16-2 中，不确定度源“环境条件”是一种可识别的不确定度源(见 CISPR 16-2-3:2004 的 7.2.5.1 和 CISPR 16-2-4:2004 的4.3.1 的“测量环境”)。这种不确定度源能容易地转化成影响量，如“温度范围”、“湿度范围”和“大气压力的范围”。在 CISPR 16-2 所提到的条款中，“温度”和“湿度”都认为是与受试设备有关的影响量。而不认为“大气压力”是一个有关的不确定度源。然而，上面所提到的环境条件并未被规定，甚至在有关测量设备，如测量接收机的操作说明中也未被提及。因此，“温度范围”和“湿度范围”属于未确定的影响量。一般来说，期望这些环境的影响量对骚扰测量结果只有很小的影响，这种影响已包含在由重复测量(复现性的贡献)所带来的不确定度的贡献中。

3. “电缆的布线”是一众所周知的、可识别的“不确定度源”(见表 2 中关于 EUT 的布置和运行类别中的一部分)。在 CISPR 16-2-3:2004 的 7.2.5.2 中，给出了关于电缆布线的一些要求。确定的影响量包括“电缆的位置”和“电缆的长度”。然而，对于当前这些电缆布置影响量的描述是否足够充分，以使由测量结果的“重复性”引入的不确定度减小到一定值还是存有疑问的。

表 4 中列举了更多的在辐射发射测量中把“不确定度源”转化成“影响量”的例子。这些例子表明判定一个影响量是否已恰当地包含了某些不确定度源时，有时是十分困难的。同时我们还看到，某些影响量没有被确定或没有被充分地确定。例如，归一化场地衰减(NSA)是用来表征辐射发射测量场地特性的品质值。经常使用宽带发射天线和典型的接收天线(通常同一类型的宽带天线用于发射)来评估归一化场地衰减特性。这个典型的天线可能不同于在实际发射测量中使用的接收天线，因此，NSA 的评估结果是一个有代表性的品质值，可能并不适用于所有类型(大小，台式或落地式)的 EUT 和用于实际发射试验中的所有类型的接收天线。

表 4　根据 GB 9254 在开阔场试验场所进行的发射测量中，“不确定度源”转化为“影响量”的一些示例

不确定度源	影响量	在 GB 9254 中规定否？	给出允差否？
场地性能	归一化场地衰减	是	是
辐射环境	环境噪声电平	否	否
传导环境	LISN 的滤波器性能	是	否
接收天线的性能	天线系数 不平衡 交叉极化	间接，通过 GB/T 6113.1—1995 的 14.1 是 是	是 是 是
EUT 单元布置和电缆的布置	单元的位置和方向以及电缆的几何位以及电缆的几何位置	是，部分地规定	否
EUT 电缆的端接	共模阻抗	否	否
EUT 的运行模式	EUT 的运行模式	部分地(定性地)	否

对每一个可识别的不确定度源，可以确定一个或多个适当的影响量。从表 4 和以上的示例能观察到列举的不确定度源并不总是能够被适当的影响量所覆盖，而且影响量经常不能通过含有允差的量来规定。这将导致实际的不确定度与基于确定的影响量列表中的不确定度的贡献所评估出来的扩展不确定度之间存在差异。

4.2.5 被测量和固有不确定度

以上的段落已经讨论了被测量的不确定度是由各式各样的不确定度源决定的，这些不确定度源可以用影响量来定量描述。在测量标准的制定过程中，通常目标是在该标准中规定一些技术要求以使得“测量结果的不确定度预评估”与实际的不确定度相符合。对于一个新提出来的标准，实际的不确定度经常还是未知的。在符合性测量中，实际的不确定度，可通过诸如比对试验或检测实验室之间的比对来验证。在EUT引起的不确定度源已被排除的情况下，如果实际得到的不确定度和预算的不确定度之间出现差异，这就表明一个或更多的有关的不确定度源没有被识别或影响量未能对不确定度源给予充分的描述。然而，还受到一个基本的限制，即如果没有充分的信息，被测量就不可能被完全描述(见GUM D.1.1)。换句话说，如果测量系统的不确定度可忽略，测量量仍然受到不完全描述的被测量的最小不确定度的影响。这个最小的不确定度被定义为被测量的“固有不确定度”(见定义3.6)。

如上所述，固有不确定度在发射测量中是相当显著的。例如，由于一个任意的EUT单元的布置、其电缆的布线以及运行模式的精确描述都受到限制的事实。相反地，如果被测量的固有不确定度可被忽略，那么对于标准化测量得到的不确定度可以完全归结到一些确定的影响量中去，如测量系统的规范、环境规范和测量程序规范。在GB/T 6113.402中考虑了这一子部分的不确定度，并简称为“测量设备和设施的不确定度”。必须指出的是在发射测量的标准中，缺少与EUT有关的影响量的规定是被测量的固有不确定度之所以这么显著的重要原因。

示例：下面两种不同规定被测量的方法将引起测量结果的显著差异：

1) 天线在1 m～4 m的高度扫描，对位于导电接地平板0.8 m以上，距离接收天线3 m的EUT进行发射的最大电场强度的测量。

2) 对位于导电接地平板0.8 m以上，距离接收天线3m的EUT在以下条件下对其发射的最大电场强度进行测量：

——天线以0.1 m的最大步长在1 m～4 m范围内进行高度扫描

——天线分别处于水平和垂直极化方向

——EUT放置在不影响测量结果的桌子上

——EUT以不大于15°的步长水平旋转

——接收天线在每一频率均为调谐偶极子

尽管应当对被测量进行足够详细的定义，以期由其不充分的定义所引起的不确定度与测量要求的精确度相比可以忽略不计，但必须承认这经常是不切实际的。该定义已经不合理地假设有可忽略的影响，或者暗示其条件不能完全得到满足，且其不完善之处很难被考虑进去。被测量规范的不充分可导致在不同检测实验室对同一个量测得的测量结果之间存在差异(见GUM的附录D)。

示例：例如，一般来说，很难在标准里规定EUT所具有的运行状态。在寻找作为频率的函数的最高发射时，要求EUT的所有运行状态和电缆所有可能的布线不但会引起不切实际的长的测量时间，而且会产生一个显著的固有不确定度。

图3表明了不确定度源、相应的影响量和由此导致的不确定度之间的关系。由于某些影响量不能被识别以及由于对影响量的特性了解的局限性，该图只强调了发射测量的固有不确定度是被测量具有的所能确定的绝对最小的不确定度。

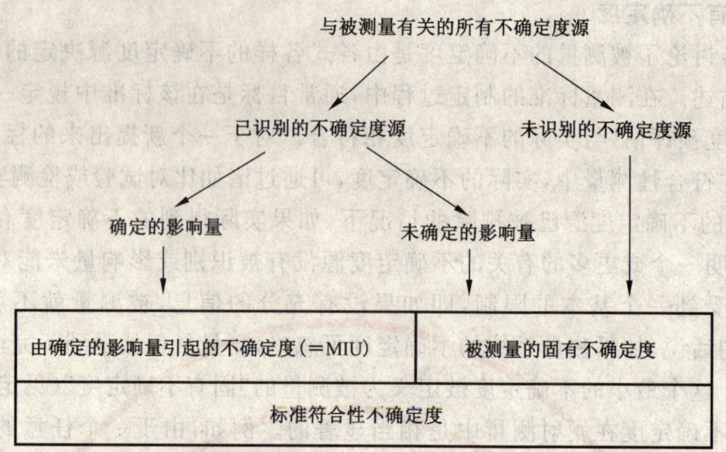

图 3 不确定度源、影响量和不确定度类别之间的关系

4.3 标准符合性不确定度和干扰概率之间的关系

制定 CISPR 发射测量方法是为了确保由特定的产品或产品类所引起的特定的干扰问题的发生概率合理地低。从概率的意义上讲,测得的电平仅代表干扰电势的品质值。因此,引入术语"干扰概率"并定义为"符合 EMC 要求的产品在其正常使用的电磁环境中能够满意地运行的概率(从电磁兼容的角度)"。一般来说,干扰概率的确定是十分复杂的。本条描述了干扰概率如何受到被测发射量的选择、其限值电平以及被测量的量的标准符合性不确定度的影响。

4.3.1 被测量和相关限值

与传统的计量问题相比,在 EMC 领域,一向强调要使用规定的和标准化的方法进行测量,而不是确保溯源到定义的标准或 SI 单位。由此导致使用标准化的测量方法,如 CISPR 标准,其目的是满足法规和贸易的要求。因此,EMC 试验的结果更依赖于所使用的方法。这些方法经常被认为是经验方法(见 [13])。此外,被测量通过所使用的测量方法来定义。

示例:在 CISPR 16-2-2:2004 第 7 章中,描述了骚扰功率的测量方法。这一测量的结果(实际是电压测量)依赖于 EUT 的布置、吸收钳的扫描方法和测量接收机的设置。测量结果并不能溯源到定义的骚扰功率参考标准。

在 EMC 符合性试验中,测量诸如电压、电流、场强等直接感兴趣的物理量不是目的。相反,被测量是一个导出量或间接量,亦即,是为预期场所使用的产品的 EMC 等级提供一个品质值的量。

被测量,它的不确定度和相关限值的电平均与干扰概率有关。附录 A 更加详细地阐述了标准符合性的不确定度和干扰概率之间的关系。因为实际量化的数据是可用的,附录 A 本质上是描述性的和定性的。除了在附录 A 中的描述,因为 CISPR/H 分会负责该课题,与 SCU 和干扰概率有关的课题不再在此作进一步的描述。CISPR/H 分会的任务是负责寻找合适的被测量、限值电平和对限值电平的不确定度的限制。

从实际的 EMC 观点出发,所选择的被测量应该是一个相应的品质值。对于允许的发射电平(限值电平)同样也可以这样理解;低的发射限值将导致低的干扰概率,反之亦然。同时被测量的不确定度也影响干扰概率。因此,对于一个特定的被测量,它的不确定度和相关限值的"干扰概率"的评估应该由 CISPR/H 分会来完成。

为了表明所选的被测量和干扰概率的相关性,CISPR 符合性试验应当包括(在附录 A 中的示例)定义的被测量和相关限值的基本原理,或者应该参考国际报告和可使用的出版物。附录 A 提供了一个关于被测量、其不确定度和相应的限值电平如何影响"干扰概率"的例子。

4.3.2 不确定度的确定和应用过程

图 4 总结了确定和应用不确定度的主要步骤以及 CISPR/A 分会和 CISPR/H 分会在此过程中各自承担的工作。

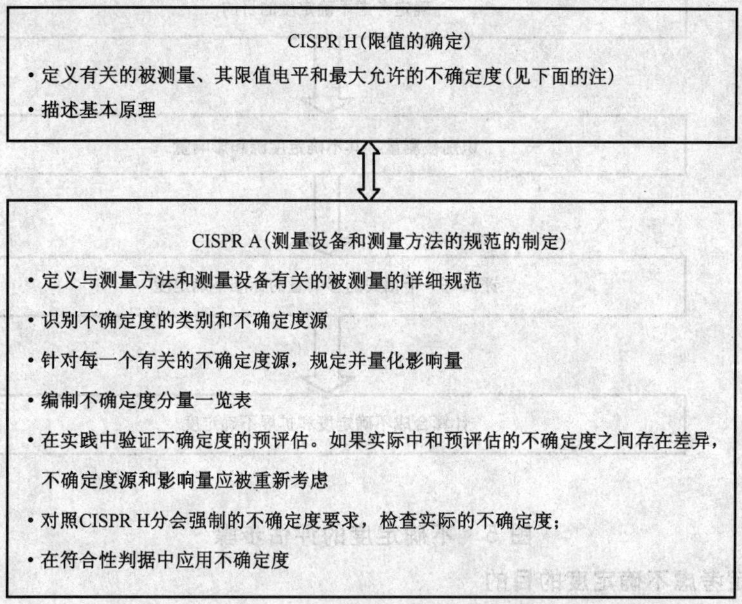

CISPR H(限值的确定)

• 定义有关的被测量、其限值电平和最大允许的不确定度(见下面的注)

• 描述基本原理

⇕

CISPR A(测量设备和测量方法的规范的制定)

• 定义与测量方法和测量设备有关的被测量的详细规范

• 识别不确定度的类别和不确定度源

• 针对每一个有关的不确定度源，规定并量化影响量

• 编制不确定度分量一览表

• 在实践中验证不确定度的预评估。如果实际中和预评估的不确定度之间存在差异，不确定度源和影响量应被重新考虑

• 对照CISPR H分会强制的不确定度要求，检查实际的不确定度；

• 在符合性判据中应用不确定度

注：理想情况下，在确定限值时，应当同时规定可允许的最大不确定度。这可能还只是目前所能提供的研究方法，但在将来，CISPR/H 分会应当负责决定限值和有关的最大允许不确定度。

图 4　在评定被测量和应用不确定度的过程中，CISPR/H 分会和 CISPR/A 分会各自涉及的部分

总而言之，认识到以下方面是重要的：

a) 被测量的不确定度影响干扰概率。

b) 当进行“干扰概率评估”时，应该对 SCU 有贡献的所有不确定度类别予以考虑。

c) CISPR/H 分会的任务是为 CISPR/A 分会提供关于被测量、限值电平和最大不确定度的要求。

d) CISPR/A 分会的任务是对某个被测量制定适当的测量方法和测量设备的规范，目的是限值电平能以可重复的方式来决定，并且实际的不确定度的大小符合由 CISPR/H 分会提出的不确定度的允差。

4.4　标准化发射测量中的不确定度的评定

4.4.1　不确定度评估的过程

原理上，不确定度的评估是简单的。以下条款总结了为得到与测量结果有关的不确定度的评估所需完成的任务。步骤如下：

第 1 步：确定考虑不确定度的目的；

第 2 步：识别被测量、其不确定度源和影响量；

第 3 步：评估每一个相关的影响量的标准不确定度；

第 4 步：计算合成不确定度和扩展不确定度。

图 5 总结了这些步骤。

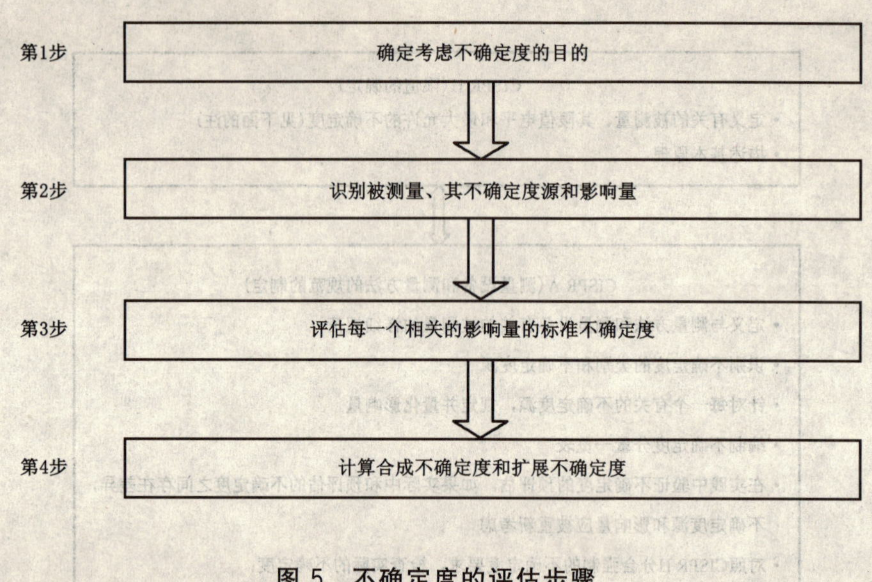

图 5　不确定度的评估步骤

4.4.2　第 1 步:确定考虑不确定度的目的

如 4.2.1 所述,可能有不同的理由要对不确定度进行分析。在表 3 中给出了不同类型的不确定度的一些示例。在本条的剩余部分,假设进行不确定度分析是为了确定"标准符合性的不确定度"。然而,原则上,如果要确定"测量设备和设施的不确定度",图 5 的第 1 到第 4 步也是适用的。在这种情况下,所考虑的"不确定度源"和"影响量"是适用于"标准符合性不确定度"的"不确定度源"和"影响量"的子集。

4.4.3　第 2 步:识别被测量、其不确定度源和影响量

对被测量的定义要求对被测的量的表述要清晰、明确,并且被测量的值和它依赖的影响量的参数之间的关系要能够量化。这些参数可能是其他被测量、间接测量的量或者是常量。

示例:假设辐射发射测量的被测量作如下描述:

对位于导电接地平板 0.8 m 以上、距离接收天线 3 m 处的 EUT 用测量天线在 1 m～4 m 的高度扫描来测量发射的最大电场强度。

这里对被测量的描述仍然是模糊不清的,因为数个有关的参数,像接收天线的扫描步长、接收天线的极化方向、EUT 和电缆的布置、接收天线的类型、环境条件以及试验场地等的要求等并没有一一给出。

必须清楚地表明在这个过程里是否包括抽样。如果包括,那么就应考虑将抽样程序与不确定度的评估联系起来。(80%/80%准则的应用见 GB/Z 6113.403)。

应对有关不确定度源汇总列表。在这个阶段,不必关心量化单个分量。

为了识别不确定度源和影响量,把标准或技术文件中的每一个技术要求和表述作为一种可能的不确定度源或影响量是有益的。同时,原则上,在测量步骤中的每一步代表一种可能的不确定度源。

因果图(有时称为"鱼骨"图[13])用来列举不确定度源,表明它们之间的相互关系和对测量结果的不确定度的影响。这种图示方式同时有助于避免不确定源的重复计算。尽管不确定度源的列表可以以其他的形式来编制,但因果图应是首选的。图 6 给出了鱼骨图的一个例子。这张图显示了几个不同的与吸收钳测量方法有关的不确定度源。这些不确定度源可分成几种类别,类似于表 2 中给出的类别。

对于发射测量,典型的不确定度源的类别的其他例子在 4.2.2 中的表 1 和表 2 中给出。

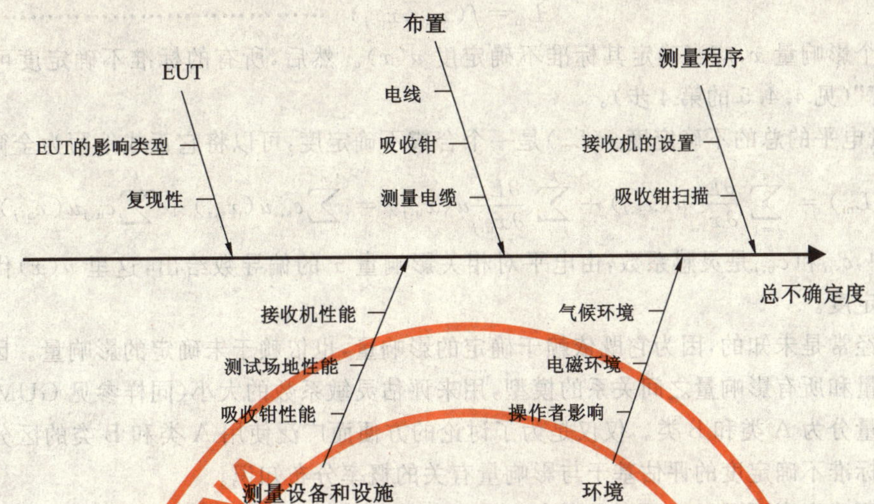

图 6　根据 GB/T 6113.2 用吸收钳进行的符合性测量中各种不确定度源用鱼骨图表示的一个示例

下一步要把每一个不确定度源转化为一个或多个影响量。在 4.2.4 中给出了把不确定度源和影响量联系起来的方法。在 4.2.4 和表 4 中给出了一些示例，更详细的示例在下面给出。

示例：对于辐射发射的测量结果来说，支撑和放置 EUT 的桌子是一个"不确定度源"。这个不确定度源可能以不同的方式与一个或多个影响量相关联。

1. 有关材料的类型和结构的详细规范，如桌子的材料应是干燥的橡木板，桌子的最大厚度应为 10 mm 并无金属结构部分。
2. 有关桌子材料的电气性能的详细规范，如规定相对电介质介电常数以及损耗因数的最大值。
3. 对用于辐射发射测量的设施和设备，要求试验桌是试验场地的有效性中不可分割的一部分，如在场地衰减测量过程中，桌子应放置在它的正常位置。

要满足上面的第一个规定是受条件限制的。在世界各地，要找到相同的干燥的橡木板是不可能的，且什么程度才能被认为是"干燥的"也需要做出规定。对于这种不确定度源，水分的含量就应算是一个"影响量"。对于上述第二个规定，即转化为影响量有局限性。由于仍然需要给出结构限制的条件，并且这种方法很难直观地给出电气性能对辐射发射测量结果的影响，因此也有其局限性。第三个规定允许桌子的摆放有尽可能多的实现方法。该影响量可以借助于对试验场地的 NSA 降级的贡献来予以确立。与前两种规定相比，第 3 种规定的方法比较完整，测量结果的数值与实际的测量不确定度的相关程度更高。

尽管困难，还是应将很难或几乎不能确定(未确定的影响量)的影响量同时包括在不确定度的预评估当中。对这些影响量引起的不确定度，可以通过假定所考虑的影响量的值的范围或者通过考虑不确定度源的可能范围来加以评估。例如，要详细说明"电缆的布线"的不确定度(表 2 中的第 4 列)可能是困难的。为了得到与这种不确定度源有关的不确定度，可以通过对不同级别的 EUT 的实验进行统计变化研究来实现。

识别确定的和未确定的影响量和相关的允差后，测量结果的不确定度便可随之确定。这可通过标准化测量方法的建模或通过实验来实现。

4.4.4　第 3 步：评估每一个相关影响量的标准不确定度

得到与影响量有关的不确定度的方法在 GUM 和[9]或[11]中有详细的叙述。为了方便起见，对这些方法的主要方面重复如下。

不确定度源和影响量对被测量的影响，原则上可通过一个正规的测量模型来表示。这种模型把每一个影响都作为参数和变量包括进去。根据影响测量结果的每个因素，这样的等式表示了一种测量过程的理想模型。对于 EMC 测量，这个函数可能是非常复杂的，且几乎不能被明确地描述。但如果可能，还是应该建立这个模型，因为表达式的形式通常能够确定合成单个不确定度的贡献的方法。

一般来说，测量的发射电平 L_m(输出量)取决于多个确定的影响量 $x_{s,i}$($i=1,2,\cdots,k$)和多个未确定的影响量 $x_{u,j}$($j=1,2,\cdots,k$)。

$$L_{\mathrm{m}}=f(x_{\mathrm{s},i},x_{\mathrm{u},j}) \quad \cdots\cdots (1)$$

对于每一个影响量 x,应当确定其标准不确定度 $u(x)$。然后,所有的标准不确定度可以被合成为“合成不确定度”(见 4.4.5 的第 4 步)。

因而,测量电平的总的不确定度 $u(L_{\mathrm{m}})$是一个合成不确定度,可以将它正式地写为全微分的形式

$$u(L_{\mathrm{m}})=\sum_{i=1}^{n}\frac{\partial L_{\mathrm{m}}}{\partial x_{\mathrm{s},i}}u(x_{\mathrm{s},i})+\sum_{j=1}^{k}\frac{\partial L_{\mathrm{m}}}{\partial x_{\mathrm{u},j}}u(x_{\mathrm{u},j})=\sum_{i=1}^{n}c_{\mathrm{s},i}u(x_{\mathrm{s},i})+\sum_{j=1}^{k}c_{\mathrm{u},j}u(x_{\mathrm{u},j}) \quad \cdots\cdots (2)$$

在式(2)中,$c_{\mathrm{s},i}$和 $c_{\mathrm{u},j}$是灵感系数,由电平对相关影响量 x 的偏导数给出,这里 $u(x)$代表与该影响量有关的不确定度。

灵敏系数经常是未知的,因为它既依赖于确定的影响量,也依赖于未确定的影响量。因此需要建立一个描述被测量和所有影响量之间关系的模型,用来评估灵敏系数的大小(同样参见 GUM)。

可将影响量分为 A 类和 B 类。仅仅是为了讨论的方便而广泛使用 A 类和 B 类的区分。对两种类型的影响量的标准不确定度的评估基于与影响量有关的概率分布知识。

A 类标准不确定度可通过一系列的重复测量使用统计方法计算出来。A 类标准不确定度适用于重复测量的平均值的标准偏差。B 类影响量的标准不确定度通过可利用的知识来评估。例如,来自校准证书的数据、以前的测量数据、制造商提供的规范或其他有关的数据。

在符合性发射的测量中,测量结果的不确定度以被测量的实际测量值为中心的区间来表示。不确定度的评估仅仅是建立在描述被测量和所有有关确定的和未确定的影响量之间关系的模型的基础上来确定的。只有当模型建立后,才能知道第 i 个影响量 x_i 与被测量 L_{m} 的总的不确定度贡献 $u(L_{\mathrm{m}})$有关的不确定度 $u(x_i)$是如何传递的。从数学分析上来说,$u_i(L_{\mathrm{m}})=c_i\cdot u(x_i)$一定是已知的。$c_i$ 称为“灵敏系数”。在其他参数中,c_i 可能取决于频率,亦参见 4.4.5。所需的模型可能是解析的或数值的模型。然而,应指出的是,对于 EMC 测量,一般来说精确的模型是得不到的。因此,更便捷的方法是用重复测量和统计方法来评估与 A 类影响量有关的标准不确定度的大小。目前存在一些不确定度的指南,像 LAB 34,M3003 和 GUM[9][11],均在此方面给出了详细的指导。人们注意到,使用特定的 EUT,如“参考”EUT,或者用可建立数值模型的 EUT,如“可计算的”的 EUT,对于统计性的实验的不确定度的研究也是不错的实践方法。

4.4.5 第 4 步:合成和扩展不确定度的计算

在 GUM 和[9]或[11]详细地叙述了获得被测量的合成和扩展不确定度所应采取的步骤。为了方便介绍,这些步骤重复如下。

如同式(2)所假设的一样,如果 $u(L_{\mathrm{m}})$可写为不确定度贡献$\pm c_p u(x_p)$的线性和,每一个贡献(量)的符号一般来说是未知的(仅围绕 x_p 的区间是已知的),那么,“合成标准不确定度”$u_{\mathrm{c}}(L_{\mathrm{m}})$可写为:

$$u_{\mathrm{c}}(L_{\mathrm{m}}(f))=\sqrt{\sum_{p=1}^{m}\{c_p(f)\cdot u(x_p(f))\}^2} \quad \cdots\cdots (3)$$

这里 $m=n+k$。需要强调的是,$u_{\mathrm{c}}(L_{\mathrm{m}})$实际上是频率 f 的函数,与频率的依存关系已经在式(3)中有明确表示。

注 1:在 GB/T 6113.402 中,已经假设 $u_{\mathrm{c}}(L_{\mathrm{m}})$与频率无关,但并没有阐述这种假设的理由,并且假设式(3)总是适用的。一般来说,这与已经在 6.4.4 中证明过的情况并不相同。

扩展不确定度 $U(L_{\mathrm{m}})$可通过式(3),得到的合成不确定度和式(4)来确定:

$$U(L_{\mathrm{m}})=k\cdot u_{\mathrm{c}}(L_{\mathrm{m}}) \quad \cdots\cdots (4)$$

式中,k 为包含因子。对于 EMC 测量,通常的惯例是,当自由度大的时候,使用包含因子 $k=2$,对应的置信概率为 95%。这个置信概率为 95%的扩展不确定度将用于所有不确定度的更进一步的讨论。例如,如果使用了术语“测量设备和设施的不确定度”,这意味着“扩展不确定度”是由测量设备和设施的不确定度源引起的。

如在 4.3 所讨论的,考虑了干扰概率后,就可以得到合成不确定度 $U(L_{\mathrm{m}})$的最大允许值。这种考

虑将产生对于符合性判定的限值电平 L_{lim} 的规范，它反映了干扰概率可接受的电平。$U(L_m)$ 应当以对干扰概率的影响较低的方式来定义。如果做不到，L_{lim} 不得不被调整到能提供相同干扰概率的电平上。

4.5 不确定度预评估的验证

4.5.1 介绍

当制定新的标准或提出修正案/修改通知单时，应按 4.4 所给出的步骤得到的不确定度评估结果进行有效性验证。对“测量兼容性”的验证通过以下的实验方法来进行：

a) 对两个不同的检测实验室得到的测量结果和不确定度的预评估进行比对；或者通过

b) 进行多个检测实验室之间的测量结果的比对和统计评估。

同时，“可计算的”EUT 或“参考”EUT 的应用对于评价不确定度的预评估的某些方面是有用的。以下条款更详细地描述这些验证的方法、其目的以及应用的情况。

4.5.2 检测实验室的比对和测量兼容性的要求

测量结果的不确定度可通过包含发射电平 L_t 的真值的一个区间 ΔL_m 来表示。在计量领域里，这个区间通常与其置信概率一起表述。如果 L_u 为区间的上界，L_l 为区间的下界，$\Delta L_m = L_u - L_l$，那么只有以一定的置信概率满足下面的简单关系时，区间 ΔL_m 才有相应的含义。

$$L_l \leqslant L_t \leqslant L_u \qquad (5)$$

同样，如果 L_m 是测量的发射电平，必须以一定的置信概率满足关系式 $L_l \leqslant L_m \leqslant L_u$。该区间 ΔL_m 包括有关确定的和未确定的影响量的不确定度的(加权的)贡献，可以用扩展不确定度来表示：

$$\Delta L_m = 2 \cdot U(L_m) \qquad (6)$$

通过检查测量兼容性，可以用被测量 L_m 的电平和相关的不确定度的区间 ΔL_m 来验证不确定度评估的有效性：当完全按照同一个标准对相同的产品进行两次独立测量时，被测量的电平分别以 $\Delta L_{m1} = L_{u1} - L_{l1}$ 和 $\Delta L_{m2} = L_{u2} - L_{l2}$ 为扩展不确定度，落在 $L_{l1} \leqslant L_{m1} \leqslant L_{u1}$ 和 $L_{l2} \leqslant L_{m2} \leqslant L_{u2}$ 范围内，这里 ΔL_{m1} 和 ΔL_{m2} 有相同的置信概率，下式一定可以满足：

$$L_{l1} \leqslant L_{u2} \text{ 和 } L_{l2} \leqslant L_{u1} \qquad (7)$$

作为例证，图 7 表明了当使用$\{L_{l1}, L_{u1}\}$和$\{L_{l2}, L_{u2}\}$时同时满足这两个关系式的情形。既然区间 ΔL_{m1} 和 ΔL_{m2} 有所重叠，且具有相应的置信概率，那么与假设的测量有关的区间就有实际的意义，发射电平的真值就有可能同时落在这两个区间内。此外，图 7 还表明，区间 ΔL_{MIU1} 和 ΔL_{MIU2}(见注 2)由测量设备和设施的不确定度 U_{MIU} 来确定，这两个区间仅仅包含了测量设备和设施的不确定度，与在[3]中得到的一样。既然后者的不确定度形成了在符合性试验中有关不确定度的总集合的子集，那么可以期望区间 ΔL_{MIU} 小于与标准符合性不确定度有关的区间 ΔL_m。在图 7 的例子中，没有由 ΔL_{MIU} 决定的区间重叠。因此，发射电平的真值不可能同时落在两个区间 ΔL_{MIU} 内。也就是说，这些区间 ΔL_{MIU} 不能满足将其作为实际不确定度区间的最基本要求。

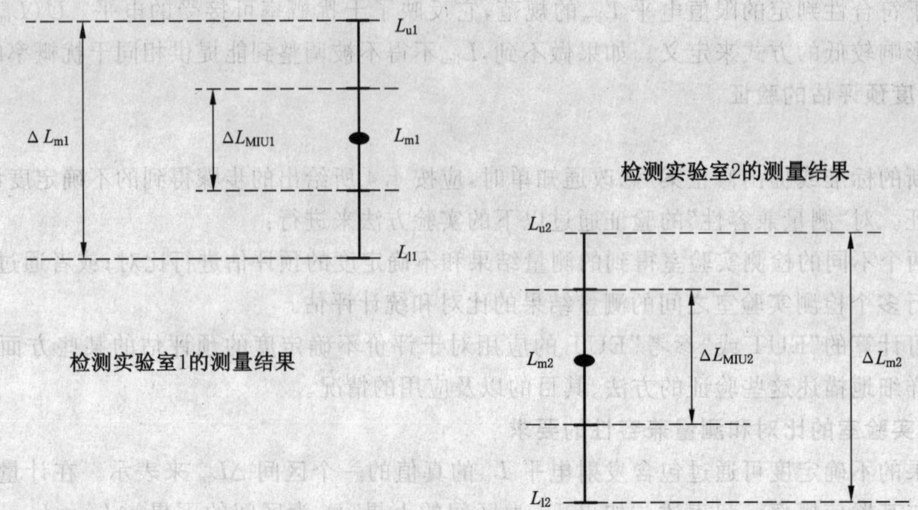

注：当使用标准符合性不确定度区间 ΔL_{m1} 和 ΔL_{m2} 时，满足式(7)。但是，当使用由 ΔL_{MIU1} 和 ΔL_{MIU2} 确定的测量设备和设施区间时，式(7)则得不到满足。

图7　标准符合性不确定度的最基本要求(区间兼容性的要求)的示例

关于未确定的影响量，对于需要把未确定因素考虑进去的每一个标准来说，其标准制定者的任务是提供定量确定 ΔL_m 的具体步骤。

注1：如果标准为不确定度区间规定了一个固定的值，该值可以让检测实验室用来验证其符合 CISPR 确定影响量的规定允差，如同 CISPR 16-1-5 中的 4.5.2.3，那么此时这些步骤就没必要包含在标准中了。

注2：ΔL_{MIU1} 与在参考文献[3]中出版的测量设备和设施的不确定度 U_{CISPR} 之间的关系由式(6)给出，即 $\Delta L_{MIU}=2U_{CISPR}$。

结果的相关性

有效的测量结果的不确定度应当能够确保相同的被测量和相同 EUT 的所有其他有效测量的兼容性。其兼容性通过区间的重叠来表明。对于两个测量结果之差的不确定度来说，其兼容性判据可以通过应用不确定度合成的判据来得到。当两测量结果满足式(8)时，则可认为它们彼此是兼容的。

$$U_{12}=\sqrt{(U_{m1}^2+U_{m2}^2-2rU_{m1}U_{m2})} \quad \cdots\cdots (8)$$

这里 U_{12} 是两次测量之差的不确定度，r 是两次测量的相关系数。如果两次测量完全不相关，那么 $r=0$，且两区间对于兼容性一定是部分重叠。如果它们之间是完全的正相关，那么，$r=1$ 且 $U_{12}=U_1-U_2$，兼容性要求它们完全重叠。如果它们是负相关的关系，则 $r=-1$，$U_{12}=U_1+U_2$，且两区间的重叠对于兼容性可能减少到一公共的部分。因此，兼容性的评估与几次测量之间相关性的判定有关。进行几次测量可能是困难的，而且需要更加关注数据的统计分析。

从两个不同的检测实验室得到的且应用于这些检测实验室的测量结果的不确定度区间的最基本要求是重叠。假如不存在重叠，则可推断并不是所有的不确定度源和影响量都作了考虑，这意味着相关的影响量的规范还不够完善。在这种情况下，必须修订标准来避免这些复现性的问题。

4.5.3　检测实验室之间的比对和统计评估

从统计学的观点出发，在几个试验场地进行验证测量，并且使用统计方法而不是比较来自于两个实验室的结果(在 4.5.2 所描述的)来分析结果是有利的。这样一系列的测量往往涉及多个检测实验室之间的比对、场地的复现性计划或循环试验(Round Robin Test-RRT)。在本条中的其余部分将用“循环试验”这种方式来表示。RRT 是一种用来验证标准化发射测量的不确定度预评估的统计的实验性方法。本条可为循环试验组织(RRT)提供验证程序的指导。

关于 RRT 的组织的一般性信息可在 EAL 出版物 EAL-P7 中找到(见[12])。此文献提供了关于 RRT 的基本原理、计划编制、准备、实施和报告等方面的信息。在参考文献[3]中包括了一个 RRT 的特定例子：此文献提供了 RRT 的结果和 GB 9254 在 30 MHz～300 MHz 频率范围内规定的辐射发射测量的不确定度源的研究方法。

为了达到验证辐射发射测量不确定度预评估的目的，详细规定 RRT 的目标和所用的受试设备是很重要的。基本上，对于所关注的受试设备有两种选择：

1) 参考受试设备：非常稳定并且有着尽可能小的固有不确定度的受试设备。一个由非常稳定的信号源和刚性的、且重复性好的辐射部分所组成的光能供电或传统电池供电的参考辐射器经常被用于实现这个目的。使用参考受试设备主要可以得到正在考虑当中的标准（草案）中有关测量设备和设施不确定度的信息。

2) 真实的受试设备：非常稳定、但在某种意义上是实际的受试设备。例如，有代表性的典型的落地式设备或典型的台式设备。当使用真实的受试设备时，应尽可能多地收集关于产品类别的标准符合性不确定度方面的信息，其中包括所选 EUT 的类型：尺寸大小、落地式还是台式、单个单元还是多个单元、电池供电等。

循环传递 EUT 的试验计划应当与需要验证的标准（草案或修正案）是相同的。

为了保证能正确分析试验的结果，为试验参与者编制标准的数据格式来报告结果是重要的。此外，还要求提供附加的（例如，关于设备和自动软件的）信息，以验证提交结果的有效性。

除了测量数据，要求参加者提交其不确定度预评估也是重要的。附录 B 提供的例子表明怎样分析 RRT 数据和比较不确定度评估的结果（评估是参照 4.4 中给出的步骤进行的）。

4.5.4 “可计算的受试设备”的应用

为了验证不确定度评估，本条提供了可计算的受试设备使用方面的一些指导。应当规定“可计算的受试设备”的所有相关的影响量并且可以遵循 GUM 给出的传统计量学方法来确定相关的不确定度。正因为如此，可计算的受试设备可用于验证不确定度预评估。

使用可计算装置的方法被成功地应用于天线校准场地的有效性的评估（见 GB/T 6113.105 中第 4 章）。在这种情况下，所谓的可计算的偶极子天线被用于校准试验场地（CALTS）的验证。

同样，可计算的受试设备也可用来对从事 CISPR 标准化符合性测量的检测实验室的能力进行定量的评估。这种方法也在参考文献[3]中的 CISPR/A 分会辐射发射 RRT 试验中得到了应用。

使用可计算的 EUT 的一个重要条件是所进行的测量的有效的仿真模型的适用性。

缺少有效的模型给一些实际中的 EMC 发射测量带来了问题。如果有效的仿真模型是可以得到的，那么可通过使用这种模型对影响量的一些方面进行参数研究和分析。测量布置的建模和可计算的 EUT 的使用可以提供与标准化测量的物理方面有关联的固有不确定度的信息。应指出的是，一般来说，这样的建模不能提供关于在测量链的某些部分的不确定度的信息，如测量接收机。

4.5.5 “参考 EUT”的应用

“参考 EUT”是具有规定的和稳定的发射性能的发射源。参考 EUT 经常被用来作检测实验室之间比对试验中的 EUT（见 4.5.3），也可用于对试验设施的特性进行快速、整体的确认。整体的确认意味着将测量链（电缆，天线，试验场地等）中的单个部分的特性合在一起进行评估。例如，在辐射发射测量的设施中，测量链由场地、接收天线、天线电缆和接收机/分析仪组成。各种 CISPR 规范均涉及测量链的这些部分，为了对这些规范进行周期性的确认则需要投入更多的精力。因此，参考 EUT 可作为一个传递标准来验证测量链的所有部分。该测量结果可为特定的测量建立内部参考。这种方法的有效性依赖于参考 EUT（内部源）的稳定性和测量设施中布置和配置的可重复性。

针对经过严格筛选的参考 EUT 测量得到的“参考”结果应予以记录。用参考 EUT 所进行的测量可重复进行。用周期性地获得的数据与上述的参考结果进行比较；由于与这些测量有关的固有不确定度小，所以它可以提供关于测量设备和设施不确定度的信息（见图 1b）。因此，合格/不合格的判据是适用的，这个判据与被测量的测量设备和设施的不确定度的大小有关（见 4.7.4）。

4.6 不确定度的报告

本条为以下两种情况的不确定度报告提供了指导：

1) 不确定度评估结果的报告作为标准制定过程的一部分；或者为了满足诸如 ISO/IEC 17025/CNALAC01认可的要求，检测实验室需要确定对自己的不确定度预评估；

2) 由检测实验室进行的，且与常规的发射符合性测量有关的不确定度的报告。

4.6.1 不确定度评定结果的报告

需要报告的关于不确定度分析的结果的信息取决于其预期的用途。指导的原则是，当获取了新的信息或数据时，要提供足够的信息来重新考虑评估结果。

如果对不确定度分析的细节，包括确定的方法依赖于出版的文献时，则必须清晰地注明该文献的出处。

关于不确定度的评定的完整报告，应包含 4.4 和 4.5 有关的信息，具体如下：

1) 关于不确定度分析目的的陈述和说明；

2) 被测量的识别、其不确定度源和影响量；

3) 通过建立数学模型或实验的方式来确定每一个相关影响量的不确定度的大小，如，以不确定度的大小作为某些(例如频率，EUT 类型等)参数的函数；

4) 合成不确定度和扩展不确定度的计算；

5) 不确定度预算的验证；

6) 参考文献的列表(如果适用)。

对不确定度的大小的评估(项目 3)应当包括：

• 从实验观察、输入数据计算得到测量结果及其不确定度的方法的描述；

• 用于计算和不确定度分析的所有修正和常量的值和源；

• 所有组成不确定度的分量的列表和对其评估的详细描述。

提供数据和分析的方法应使其主要的步骤很容易被识别，而且，必要时可以进行重复计算。

4.6.2 常规的符合性测量结果中的不确定度的说明

当检测实验室报告发射测量的结果时，仅表明扩展不确定度的值和 k 值，再附上一份所用的内部不确定度的评定报告就足够了。

4.6.3 扩展不确定度的报告

除非另有要求，否则发射测量的结果 L_m 应当与用包含因子 $k=2$(如在 4.4.5 的式(4)中所描述的)计算的扩展不确定度 $U(L_m)$ 一起来表明。推荐使用下面的报告格式：

〈测量结果〉:〈$L_m \pm U(L_m)$〉〈单位〉

这里报告的不确定度是扩展不确定度，与在 GUM 里定义中的一样。计算出的扩展不确定度取包含因子 $k=2$，置信概率近似为 95%

当然，包含因子的取值应当可以被调整以表示实际所用的值。然而，对于 EMC 试验，通常的做法是取包含因子 $k=2$，其相应的置信概率近似为 95%。

示例：最大的骚扰功率：((39.5±4.3)dBpW)*。

* 所报告的不确定度是扩展不确定度，具有近似 95%的置信概率，取包含因子 $k=2$ 来计算。

测量结果的数值和其不确定度应当使用合适的有效数字来表示；应当避免使用太多位数的数字。对于发射测量的扩展不确定度，以 dB 表示的不确定度如果多于一位有效数字，那就是多余的。应当将测量结果四舍五入，与所给的不确定度的有效位数相一致。

4.7 不确定度在符合性判据中的应用

4.7.1 介绍

技术规范/标准符合性一般需要一个被测量，如 EUT 的发射电平，要低于所规定的限值。发射测量结果的不确定度会影响对合格/不合格的判定。以下两种情况应当给予考虑：

1) 进行符合性判定时，可能需要考虑测量发射电平的不确定度；或者

2) 在进行符合性判定的过程中，制定的限值已经在某种程度上考虑了不确定度。

假设制定骚扰限值时没有考虑不确定度(上面的情况1)，当判定测量结果与发射限值的符合性时，可能出现以下四种情况：

a) 测量结果超过了限值与扩展不确定度之和。

b) 测量结果超过了限值，但小于限值与扩展不确定度之和。

c) 测量结果小于限值，但大于限值与扩展不确定度之差。

d) 测量结果小于限值与扩展不确定度之差。

情况a)通常被认为"不符合"，情况d)被认为"符合"，情况b)和c)则要视具体情况具体分析，例如，可依据那些和某些用户、EUT的制造商或负责认可的政府机构所签定的协议来作出判定。双方可以依据评估的目标和涉及的风险，采用不同的符合性判据；对于发射测量，类似的符合性考虑在LAB34[11]中给出。

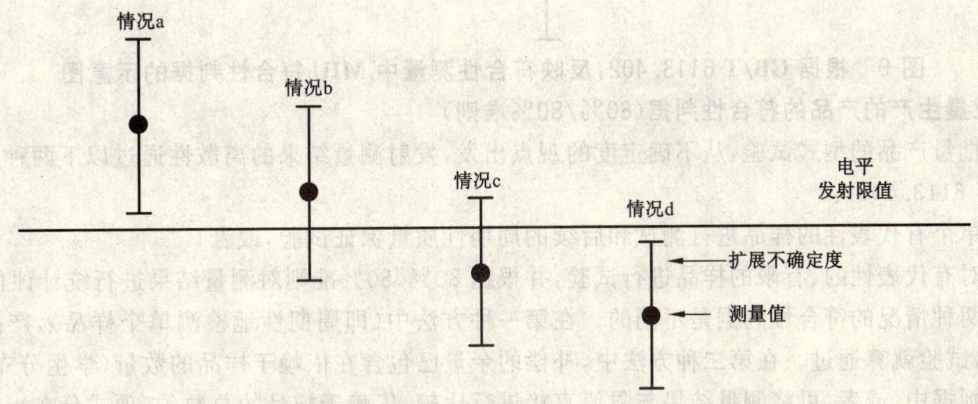

图8 在符合性判定过程中的四种情况的示意图

如果已知制定的发射限值在某种程度上已经考虑了不确定度，那么另一种符合性的判定方法(上面的情况2)也可以使用。仅根据限值电平中所包含的不确定度的大小，就可以对符合性做出合理的判断。如先前已在4.3中所讨论过的，CISPR/H分会应当确定这种不确定度的允许量。当判定产品的符合性时，如果由检测实验室确定的测量扩展不确定度超过了这个允许量，那么超出的部分也应当被考虑进去。

CISPR/A分会正在对有关发射测量的符合性判据作更详细的考虑。在此背景下，由于制造商和市场的监督者(如政府机构)对此的解释存有差异，所以下一步工作的主题是研究制造商和认可机构能够应用的不同的符合性方法。进一步研究课题是对那些包含在符合性判据中的不同的不确定度的类别进行确定。在4.2中已概述了不确定度的不同类型，以及它们与不同用途之间的关系。因此，针对这些不同的用途，也需要应用不同的符合性判据。

应考虑应用以下的符合性(合格/不合格)判据：

a) 符合性测量的符合性判据(GB/T 6113.402)；

b) 批量产品的符合性判据(GB/Z 6113.403:80%/80%准则)；

c) 质量保证试验的符合性判据。

4.7.2 符合性测量中制造商的符合性判据

在GB/T 6113.402中，使用如下的符合性判据：

如果满足式(9)

$$L_m \leqslant L_{lim} \text{且} L_m + U(L_m) \leqslant L_{lim} + U_{CISPR} = L_{eff} \qquad (9)$$

那么，测得的电平符合限值的要求。

图 9 中以图解的形式说明了这个判据，这里 U_{CISPR} 是一个协议量(默认值)。对于不同类型的骚扰测量，GB/T 6113.402—2006 表 1 中做出了规定。

这种符合性判据意味着如果检测实验室的不确定度超过了 U_{CISPR}，当与限值 L_{lim} 比较，进行合格/不合格判定时，就应当把超额部分 $U(L_m)-U_{CISPR}$ 也考虑进去。

U_{CISPR} 的大小应当反映出检测实验室设备、设施和程序的使用状态，典型情况下，可以直接进行"符合/不符合"判定，而不用考虑"补偿因子"$U(L_m)-U_{CISPR}$ 的影响。应该指出的是 U_{CISPR} 的值仅仅考虑了测量设备和设施的影响量。

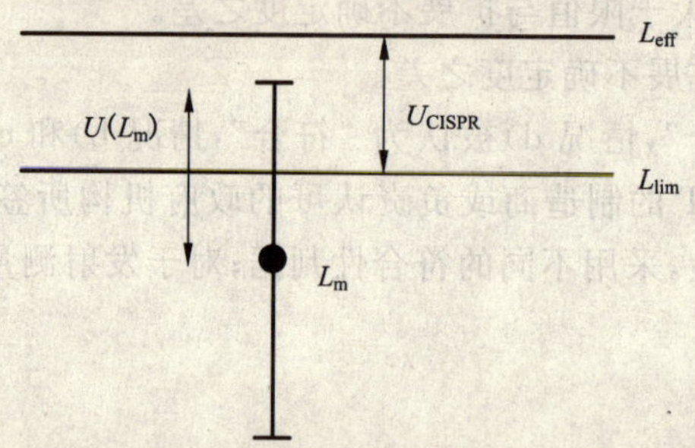

图 9　根据 GB/T 6113.402，反映符合性测量中 MIU 符合性判据的示意图

4.7.3　批量生产的产品的符合性判据(80%/80%准则)

对于批量产品的型式试验，从不确定度的观点出发，发射测量结果的离散性通过以下两种方法表述(见 GB/T 6113.403)：

1)　单个有代表性的样品进行测试和后续的周期性质量保证试验，或者

2)　对有代表性的、有限的样品进行试验，并根据 80%/80%准则对测量结果进行统计评估。

上述两种情况的符合性判据是不同的。在第一种方法中(即周期性地检测单个样品)，产品只要不超过限值，试验就算通过。在第二种方法中，补偿的余量已包含在依赖于样品的数量(学生分布-t 分布)的符合性判据中，或者，可将测量结果与限值直接进行比较，依赖于样品的总数(二项式分布)，允许有一定数量的样品不符合。

80%/80%符合性判据基于被测量的测量值与限值的直接比较，MIU 并没有被考虑在内。

注：目前仍然没有解决的问题是如果在 GB/Z 6113.403 提出的 80%/80%准则的符合性判据和 GB/T 6113.402 的 MIU 符合性判据两者都适用的情况下如何协调，这是 CISPR/A 分会将进一步研究的课题。

4.7.4　参考 EUT 用于质量保证试验时的符合性判据

将周期性的质量保证试验得到的数据或者通过专门(ad-hoc)的检查来与"参考结果"(见 4.5.5)直接进行比较。这时，与被测量的测量设备和设施的不确定度有关的合格/不合格判据应当适用，因为当使用参考 EUT 时，固有不确定度一般来说是较小的，因此并没有包含在质量保证试验当中。关于 MIU，20%的最大偏差被认为是可接受的合格/不合格判据。

5　对抗扰度试验中不确定度的基本考虑

关于在抗扰度试验中对不确定度的基本考虑，目前正在考虑中。

从特定的观点出发，抗扰度试验中的不确定度的基本考虑(SCU)不同于发射试验中的 SCU，例如，被测量经常是 EUT 属性的函数而不是一个量。

6　电压测量

6.1　介绍

本章关注对 CISPR 标准化的电压测量的建模，旨在识别对标准符合性不确定度所有可能的贡献，但不包括

a)　由 CISPR 80%/80%抽样程序所覆盖的产品变化，和

b） 由检测实验室引入的不确定度(见第4章)。

在讨论了6.2.2条中电压测量的基本原理后，在6.3中讨论了使用电压探头的电压测量方法。对于仅带有电源电缆的Ⅱ类设备来说，使用V型人工电源网络进行的电压测量在6.4条中讨论。其他的电压测量，例如，对于装有保护接地的设备、多于一根连接电缆的设备和连接辅助装置的设备的电压测量正在考虑当中。

6.2 电压测量(概述)

6.2.1 介绍

6.2.2首先给出了电压测量原理的基本考虑，其次就使用电压探头(6.3)所进行的电压测量进行了讨论。最后，又讨论了最经常使用的传导发射测量，也就是使用V型人工电源网络(6.4)进行的发射测量。在整个讨论中，均假设EUT是两端子的装置：仅有一根两线的电源电缆连接到EUT。有或者没有与辅助设备相连的N端($N>2$)设备的电压测量正在考虑中。

6.2.2 电压测量原理

6.2.2.1 测量回路的规定

总是在两个特定的端子之间进行电压测量。图10举例说明了这样的测量。U_{12}是所关心的电压。测量导线传输信号到由电压表的输入阻抗所构成的负载阻抗Z_L的两端3和4，U_{34}就是实际的被测电压。由EUT、测量导线和电压表的负载阻抗形成的回路，其周长用C表示，环路面积用S表示。

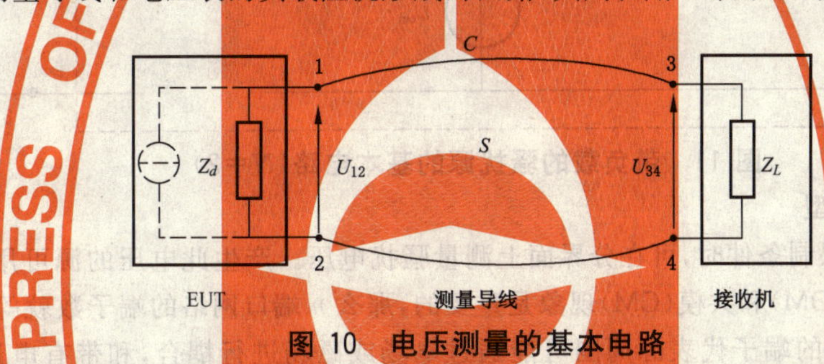

图10 电压测量的基本电路

特别是当骚扰源的内阻抗未知时(在符合性试验当中经常遇到这种情况)，应当注意使$Z_L \gg Z_d$，否则测量电压将会以不确定的方式取决于Z_L，进而对标准符合性的不确定度产生巨大的影响。因此，对这类EUT，必须从估计或者测得的Z_d值来规定Z_L。

注1：仅规定一个"高电位"端子，同时假定其他端子可以是仅在静电学中允许任意"接地"的点，即在直流(零频率)(见6.3)时的情况。

注2：寄生电容可能会限制Z_L的最大值(见6.3)。

6.2.2.2 测量回路的限制

如果测量回路的周长C是电小的，即测量回路的周长与信号或者被测量的信号分量的波长相比很小时，那么电压测量的结果才有意义。

如果这个条件得不到不满足，那么将产生谐振效应，从而产生较大的、未确定的不确定度贡献。当负载阻抗靠近拟测量电压的终端，并通过传输线(如同轴电缆)将测量信号传输到接收机时，这些不确定度可减小到可接受的程度。传输线的特性阻抗应与接收机的输入阻抗相匹配。可能的失配通常用电压驻波比($VSWR$)来表示。

如果满足"C是电小的"的这个条件，就允许使用集中参数元件的等效电路来描述电压测量。除非另有说明，否则，就认为这个条件已经得到满足。

6.2.2.3 被测量的电压

法拉第定律对于电压回路测量总是适用的。对于图10中的回路，可表示为

$$\oint_C \overline{E} \cdot \mathrm{d}\overline{l} = \frac{\partial}{\partial t}\iint_S \overline{B} \cdot \mathrm{d}\overline{s} \quad \cdots\cdots (10)$$

式中，电场$\overline{E}$和磁感应强度$\overline{B}$由EUT内部的骚扰源或由某些环境骚扰源产生。除非另有说明，环

境骚扰源的影响可忽略不计;例如,测量环境屏蔽得足够好。

由式(10),电压 U_{34} 可由下式给出

$$U_{34}=\int_{3}^{4}\overline{E}\cdot \mathrm{d}\overline{l}=U_{12}-\int_{1}^{3}\overline{E}\cdot \mathrm{d}\overline{l}-\int_{4}^{2}\overline{E}\cdot \mathrm{d}\overline{l}-\frac{\partial}{\partial t}\oiint_{S}\overline{B}\cdot \mathrm{d}\overline{s} \quad \cdots\cdots\cdots\cdots (11)$$

式中,U_{12} 是被测电压。在式(11)中,磁场项对 U_{34} 的贡献经常是占主要地位的。因此,电压测量方法应包括对测量导线的布置足够确切的描述。在附录 6-A 中给出的示例表明由法拉第定律描述的物理影响对被测量的重要性。

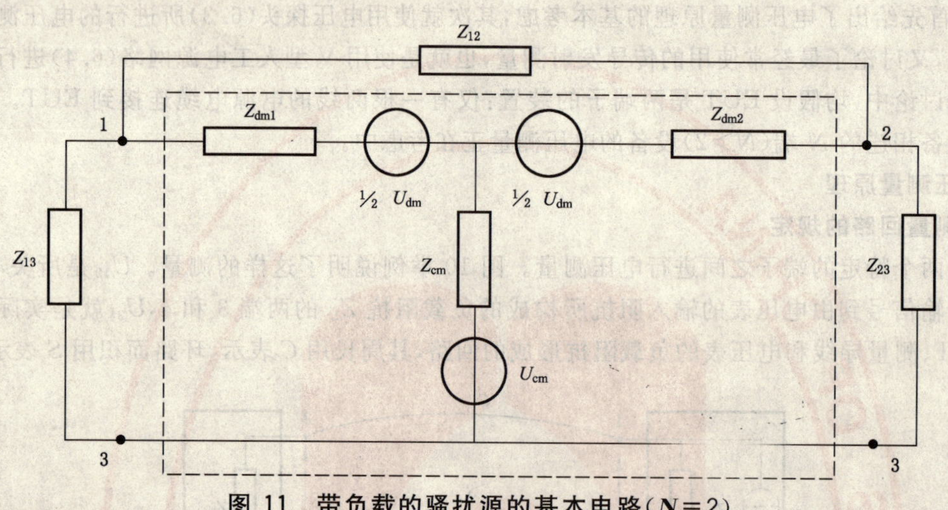

图 11　带负载的骚扰源的基本电路($N=2$)

6.2.3　骚扰源和电压类型

当满足测量回路的限制条件时,可在分界面上测量骚扰电压。产生此电压的源可用集总参数端口网络来描述。既然差模(DM)和共模(CM)现象是重要的,那么 n 端口网络的端子数就等于 $N+1$,这里 n 是实际的端子数。额外的端子代表源周围可能通过电场或磁场进行耦合,和带有电连接的骚扰源。标准制定者应这样来定义环境,使该额外端子在电压的测量中是一个相关的参考点。

这里假设 $N=2$,因此是三端网络,可用图 11 所示的等效电路来表示。$N=2$ 的骚扰源的 EUT 例子是

a)　双线电源线设备;

b)　在电源连接器端子上进行电压测量。

在图 11 中,原则上,所有的元件都是依赖于频率的。Z_{dm1} 和 Z_{dm2} 表示具有开路电压 U_{dm} 的等效 DM 源的内部阻抗。一般来说,由于在关注的频率上电路很少是对称的,所以 $Z_{\mathrm{dm1}}\neq Z_{\mathrm{dm2}}$。$Z_{\mathrm{cm}}$ 表示具有开路电压 U_{cm} 的等效 CM 源的内部阻抗。用实际端子 1 和端子 2,端子 2 和参考点 3 之间的阻抗 Z_{13} 和 Z_{23} 及实际端子之间的阻抗 Z_{12} 表示负载。Z_{13} 和 Z_{23} 两端的电压由 U_{13} 和 U_{23} 表示,这些电压和 U_{dm} 及 U_{cm} 之间的关系在图 12 中给出。

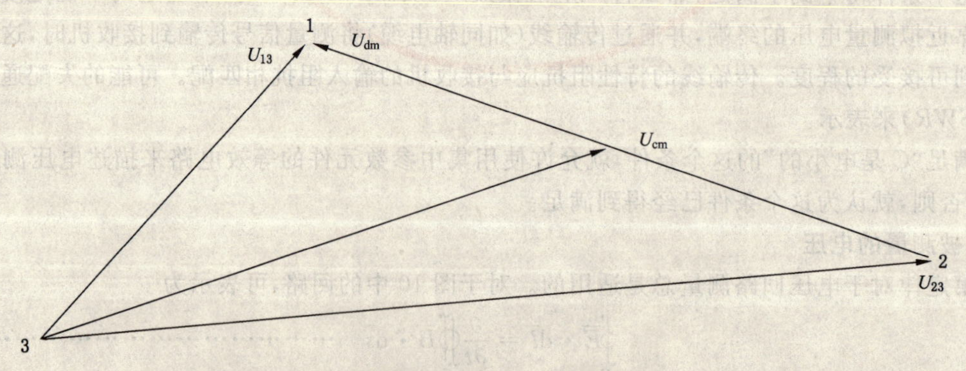

图 12　电压之间的关系

6.2.3.1 干扰概率

当对受害者的干扰的主要耦合机制是串扰时，一般来说，DM 和 CM 传导发射电压电平可用来很好地表征设备的潜在干扰品质值。此外，当主要的耦合机制是（远场）辐射时，CM 传导发射电压电平一般也可用来很好地表征设备的潜在干扰品质值。然而，在后面这种情况下，CM 电流一般可更直接地表征设备的潜在干扰品质值（见 6-B5）。所谓的非对称传导发射电平 U_{13} 或 U_{23} 一般不能给出有关设备潜在干扰的信息。U_{13} 和 U_{23} 之间关于相角的额外信息需要用来将这些电压转化为有关的电压 U_{dm} 和 U_{cm}。因此在符合性概率研究中，必须考虑骚扰信号的 DM 和 CM 特性。

6.2.3.2 CM/DM 和 DM/CM 转换

电压测量设备的寄生特性，例如，寄生电容和寄生电感，可能导致 DM 骚扰到 CM 骚扰的非期望的转换，反之亦然。因此，电压测量设备的 DM/CM 或 CM/DM 的转换特性在不确定度研究中起着重要的作用，尤其是人工或阻抗模拟网络的转换特性。当这些特性在实际情况中支配着符合性概率时，转换特性也是期望的。给出一些例子：

a) 如果设备用于模拟用户的电话线，那么转换性能应当与这些线的实际转换性能相联系。

b) 如果设备用于研究用户电话线的转换性能，设备的转换性能不应影响研究结果。

c) 如果设备用于表征给定的 EUT 通过用户电话线端口发射的 CM 骚扰信号，设备的 DM/CM 转换性能不应影响测量结果。此外，发射试验中连接到该端口的辅助设备的 DM/CM 转换性能也不应影响测量结果。

6.3 使用电压探头的电压测量

当使用电压探头时，规定被测电压的两个端子是非常重要的。正如在 6.2.2.1 的注 1 中已提到的，仅规定一个端子为“高电位”端子，同时假设另一端子是仅在静电学中允许的“接地端”，也就是直流（零频率）。在两端子骚扰源的情形下，应用图 11 所示的电路，其中 Z_{13}，Z_{12} 和 Z_{23} 代表一般的源的未知的和不相等的负载阻抗，例如，由电源网络形成的骚扰源。举例来说，如果测量端子 1 和端子 3 之间的电压，那么电压探头的输入阻抗就与 Z_{13} 并联，同时也与 $Z_{12}+Z_{23}$ 并联。

此外，由于谐振效应对电压测量不确定度的贡献，所以必须规定测量回路的布置以确保满足测量回路的限制条件（6.2.2.2）。这样规定的目的是为了将 EUT 本身发射的磁场的感应电压减到最小。该电压对被测电压的不确定度有贡献。一个数值例子在附录 6-A 中给出。

在 CISPR 的规范里[3]，电压探头是一种输入阻抗很大的设备（例如，1 500Ω）。因此，必须注意探头“高电位”输入端子和其周围物体之间的寄生电容的可能影响。这种电容会降低探头的有效输入阻抗（Z_{13}），因此导致不确定度。此外，如果输入阻抗不是远大于源阻抗（在符合性试验中预先是未知的），那么额外的不确定度将被引入分压系数的不确定度结果中。而且，作为负载的电压探头的输入阻抗不足够大的话，将导致骚扰源的负载不平衡。由于一般情况下，$Z_{dm1} \neq Z_{dm2}$，所以当测量端子 2 和端子 3 之间的电压时，与测量端子 1 和端子 3 之间的电压相比，这种不平衡是不同的。

最后，由探头测量的不对称电压不能直接表征 EUT 的潜在干扰品质值。因此，它不能给出关于干扰概率的信息，所以应当尽量少用电压探头。

总之，在已制定的标准里，在电压探头测量中，应详细规定 EUT 的两个端子，同时也应详细规定 EUT 这两个端子和探头的两个端子之间的测量导线的布置。而且，还应当注意与 EUT 骚扰源的实际负载阻抗有关的探头的输入阻抗的大小。在附录 6-B 中，注意到了 CISPR 标准的可能改进。

6.4 使用 V 型人工电源网络的电压测量

6.4.1 介绍

V 型人工网络（V-AMN）实质上形成了骚扰源的 T 型网络或 π 型网络负载。在整个 6.4 中，假设 EUT 是一两端子设备：仅由一根双线电源电缆与 EUT 相连。假设一个 π 型网络负载应用在测量阻抗的界面上，其具有阻抗 Z_{13}，Z_{23} 和 Z_{12} 的基本电路如图 11 所示。CISPR 16-1-1[3]中的 4.1 规定了两个非对称的阻抗 Z_{13} 和 Z_{23}，包括这些阻抗绝对值的允差。CISPR 16-1-1[3]的 4.1 中，并联阻抗 Z_{12} 是一未确定的影响量，就象 CISPR 假定 Z_{12} 始终为“无限”大一样。

基本电路在图 13 中描述。测量电路和电源端子之间的滤波和隔离某种程度上也在 CISPR 16-1-1 [3]中规定。Z_{13} 和 Z_{23} 两端的不对称电压必须要测量(见 GB/Z 6113.403 的 5.3.1 关于干扰概率的注解)。

与这种类型的测量有关的也可能影响 V-AMN 的校准的不确定度的有用信息可在参考文献[9]和[12]中找到。

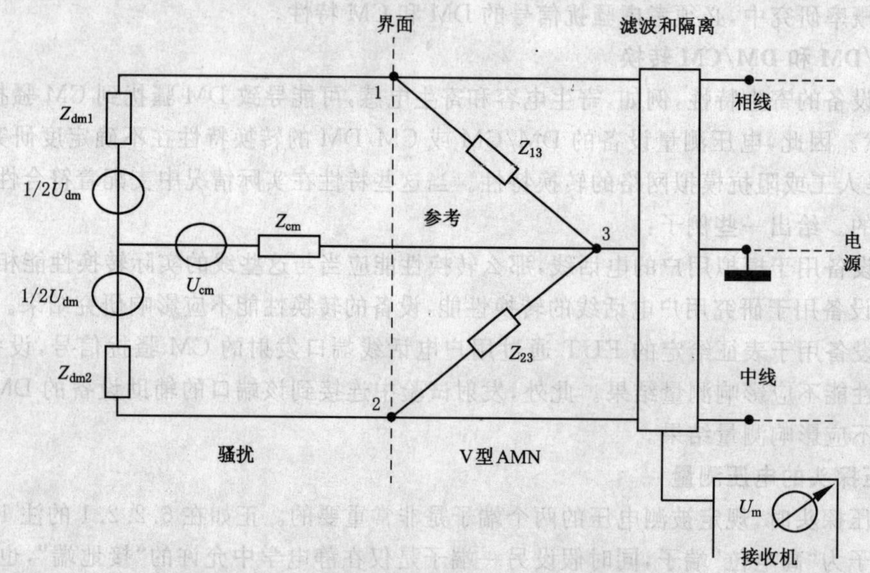

图 13　V 型 AMN 电压测量的基本电路($N=2$)

6.4.2　电压测量的基本电路图

当在 CISPR 接收机上读电平 U_m 时，图 13 中的电路可简化为图 14 中的电路。在图 14 中，未确定的影响量 U_d 和 Z_d 代表由 V-AMN 的主要非对称输入端和电压测量配置的参考面所形成的界面上的有效骚扰源。后者经常是 V-AMN 的金属外壳。Z_{in}是由骚扰源形成的测量配置中的输入阻抗，它是一确定的影响量，可能受到未确定的或没有完全确定的影响量的影响(见 6.4.6)。系数 $\alpha=U_m/U_{in}$，其中 U_{in}是 Z_{in}两端的电压。这个系数在很大程度上被确定了。在没有不确定度时，即在理想情况下，例如，等于 50Ω 并联 50 μH，$\alpha=1$，$Z_{in}=Z_{13}=Z_{23}$。

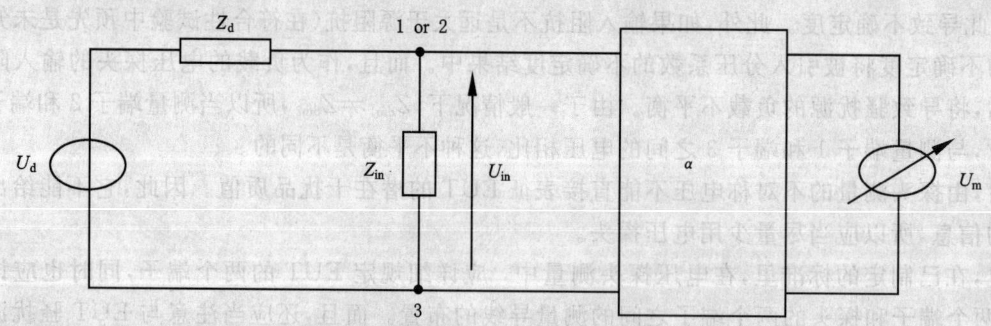

图 14　在测量电压 U_m 的读取过程中 V 型 AMN 的基本电路(参考图 13 中的序号)

6.4.3　电压测量和标准符合性不确定度

如果 U_{mt}是在理想情况下 CISPR 接收机电压读数的真值电平，那么 U_{mt}由式(12)给出：

$$U_{mt}=\frac{\alpha_0 Z_{13}}{Z_{d0}+Z_{13}}U_{d0} \quad \cdots\cdots (12)$$

其中，α_0 是 α 的真值。当骚扰源的负载是理想阻抗 Z_{13}时，Z_{d0}和 U_{d0}是骚扰源参数的真值。然而，在实际配置中，实际参数是 α，Z_{in}，Z_d 和 U_d，因此电压读数 U_m 由下式给出：

$$U_{\mathrm{m}}=\alpha\frac{Z_{\mathrm{in}}}{Z_{\mathrm{d}}+Z_{\mathrm{in}}}U_{\mathrm{d}} \quad \cdots\cdots (13)$$

将 $U_{\mathrm{m}}=U_{\mathrm{mt}}+\Delta U_{\mathrm{m}}$，$\alpha=\alpha_0+\Delta\alpha$，$Z_{\mathrm{in}}=Z_{13}+\Delta Z_{\mathrm{in}}$，$Z_{\mathrm{d}}=Z_{\mathrm{d0}}+\Delta Z_{\mathrm{d}}$ 和 $U_{\mathrm{d}}=U_{\mathrm{d0}}+\Delta U_{\mathrm{d}}$ 代入式(12)和(13)，如果以 Δ 表示的较高阶项可忽略，那么可得

$$\frac{\Delta U_{\mathrm{m}}}{U_{\mathrm{mt}}}=\frac{Z_{\mathrm{d0}}+Z_{13}}{Z_{\mathrm{d}}+Z_{\mathrm{in}}}\left(\frac{\Delta\alpha}{\alpha_0}+\frac{\Delta U_{\mathrm{d}}}{U_{\mathrm{d0}}}\right)+\frac{Z_{\mathrm{d0}}}{Z_{\mathrm{d}}+Z_{\mathrm{in}}}\left(\frac{\Delta Z_{\mathrm{in}}}{Z_{13}}-\frac{\Delta Z_{\mathrm{d}}}{Z_{\mathrm{d0}}}\right) \quad \cdots\cdots (14)$$

如果实际值和偏差已知，那么就有可能使用修正[6]。例如，从独立测量可得出结论，Z_{13} 的实际值显示了与其理想值的系统差，这个差值在 Z_{13} 允许的允差范围内，实际值可以代入式(14)。

在式(14)中，ΔU_{m} 被认为是符合性不确定度的裕量，其依赖于未确定的影响量 Z_{d} 和 U_{d} 以及确定的影响量 α 和 Z_{in}(也就是从独立测量中确定的不依赖于 EUT 性能的影响量)。此外，可得到两个灵敏系数：

$$c_1=\frac{Z_{\mathrm{d0}}+Z_{13}}{Z_{\mathrm{d}}+Z_{\mathrm{in}}}\approx\frac{Z_{\mathrm{d0}}+Z_{13}}{Z_{\mathrm{d0}}+Z_{13}}=1 \quad \cdots\cdots (15)$$

$$c_2=\frac{Z_{\mathrm{d0}}}{Z_{\mathrm{d}}+Z_{\mathrm{in}}}\approx\frac{Z_{\mathrm{d0}}}{Z_{\mathrm{d0}}+Z_{13}}=\frac{1}{1+\rho e^{\mathrm{j}\varphi}} \quad \cdots\cdots (16)$$

显然，系数 c_2 依赖于未确定的影响量 Z_{d}。

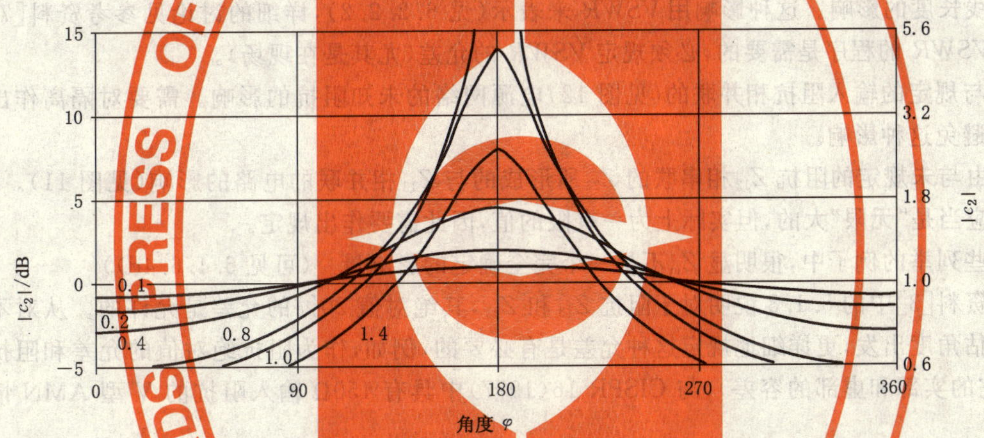

图 15　对于 $|Z_{13}/Z_{\mathrm{d0}}|$ 的不同值，作为阻抗 Z_{13} 和 Z_{d0} 的相角差 φ 的函数的灵敏系数 c_2 的绝对值

在式(16)中，$\rho=\rho_{13}/\rho_{\mathrm{d0}}$ 和 $\varphi=\varphi_{13}-\varphi_{\mathrm{d0}}$，其来自于 $Z_{13}=\rho_{13}\exp(\mathrm{j}\varphi_{13})$ 和 $Z_{\mathrm{d0}}=\rho_{\mathrm{d0}}\exp(\mathrm{j}\varphi_{\mathrm{d0}})$。图 15 表示对于 ρ 的不同值作为 φ 函数的 c_2 的绝对值。很明显，评估 c_2 需要关于 Z_{d0} 的额外信息。然而，在标准化符合性试验中这些信息一般很难得到。因此，当标准制定者起草某些类别设备的标准时，必须作出评估，例如，在标准的编写过程中进行统计分析研究。

6.4.4　合成不确定度

应指出的是在式(14)中所有的量都用线性单位。因此，合成不确定度可写为部分不确定度平方和的平方根(RSS)。在标准化 EMC 符合性试验中，这些量和它们的不确定度裕量一般用对数单位。转换为对数单位，由式(12)和(13)可得：

$$\frac{U_{\mathrm{m}}}{U_{\mathrm{mt}}}(\mathrm{dB})=\frac{\alpha}{\alpha_0}(\mathrm{dB})+\frac{Z_{\mathrm{in}}}{Z_{13}}(\mathrm{dB})+\frac{U_{\mathrm{d}}}{U_{\mathrm{d0}}}(\mathrm{dB})-\frac{Z_{\mathrm{d}}+Z_{\mathrm{in}}}{Z_{\mathrm{d0}}+Z_{13}}(\mathrm{dB}) \quad \cdots\cdots (17)$$

因此，

$$\Delta U_{\mathrm{m}}(\mathrm{dB})=\Delta\alpha(\mathrm{dB})+\Delta Z_{\mathrm{in}}(\mathrm{dB})+\Delta U_{\mathrm{d}}(\mathrm{dB})-\Delta(Z_{\mathrm{d}}+Z_{\mathrm{in}})(\mathrm{dB}) \quad \cdots\cdots (18)$$

问题是式(17)和式(18)右边的最后一项因为不可能分成 Z_{d} 和 Z_{in}，所以在这种情况下，不同的 Δs 之间不存在线性关系，像式(14)一样使用 RSS 就不正确了。需要用与 Z_{13} 有关的 Z_{d0} 的额外信息来避开这个问题。然而，在标准化符合性试验中一般得不到这种信息。因此，对于某些类别的设备，标准制定者必须给出一个解决此问题的程序。

6.4.5 符合性判据

符合性判据一般不能用 U_{m} 来表达，而是用 Z_{in} 两端的电压 U_{in} 来表达。真值 U_{int} 由 $U_{int}=U_{mt}/\alpha_0$ 给出。如果符合性不确定度裕量用 ΔU_{in} 表示，则 $\Delta U_{in}/U_{int}$ 可由 $U_{int}+\Delta U_{in}=(U_{mt}+\Delta U_{m})/(\alpha_0+\Delta\alpha)$ 计算得到。

6.4.6 影响量

6.4.6.1 介绍

本条中将更详细地考虑在 6.4.3～6.4.5 中所讨论的在 CISPR V 型端子电压测量中起重要作用的影响量，尤其是从讨论这种类型测量的 CISPR 标准的可改进的角度来考虑。注意这些影响量可能不是独立的（例如，见 6.4.6.4d）和 e)），因此并未讨论与每个影响量有关的所有现象。

对使用 V 型人工电源网络测量两端子 EUT 电压的标准符合性不确定度的研究应当从图 17 所描述的最终模型（电路描述）开始。

6.4.6.2 输入阻抗 Z_{in}

在理想情况下，输入阻抗 $Z_{in}=Z_{13}$（或 Z_{23}），其中 Z_{13} 是 V 型 AMN 规定的输入阻抗[3]，电阻 $R_{13}=50\Omega$ 并联电感 $L_{13}=50\ \mu H$。然而，实际实现 V 型 AMN 时，实际的输入阻抗可能受到以下影响：

a） 在实际中，假设 R_{13} 代表测量接收机输入阻抗的实际值加上 V 型 AMN 和接收机之间的传输线长度的影响。这种影响用 *VSWR* 来表示（见 6.2.2.2），详细的讨论见参考资料[7]。表征 *VSWR* 的程序是需要的，必须规定 *VSWR* 的允差（尤其是在现场）。

b） 与规定的输入阻抗相并联的（见图 12）电源网络的未知阻抗的影响。需要对隔离作出规定以避免这种影响。

c） 由与未规定的阻抗 Z_{12} 相串联的 Z_{23} 所形成的与 Z_{13} 相并联的电路的影响（见图 11）。阻抗 Z_{12} 应当是“无限”大的，但实际上为一有限的值，因此需要作出规定。

从这些列举的例子中，很明显 Z_{in} 不是一个完全确定的影响量。（可见 6.4.6.4d））

参考资料[3]中的 5.1.3 说明对于阻抗 Z_{13} 和 Z_{23}，其绝对值 20％的允差是允许的。从对不确定度贡献的评估角度出发，更详细地规定这种允差是有必要的，例如，作为阻抗绝对值的允差和阻抗相角的允差（或它的实部和虚部的容差），与 CISPR 16(1977) 中具有 150Ω 输入阻抗的 V 型 AMN 情况是一样的。

6.4.6.3 衰减因子 α

衰减因子 α 是一未确定的影响量。然而，一般来说，它是一个可能从独立测量导出的可确定的量。因此，对于一个已知的和固定的 V 型端子电压测量配置，其中 α 已经被确定，可认为是确定的影响量。

$\Delta\alpha$ 的贡献可从 V 型 AMN 的损耗（也可由在 6.4.6.2 中提到的某些方面来确定）及 V 型 AMN 和接收机之间的信号电缆损耗导出。因此，必须规定确定 α 的程序（尤其是在现场）。

6.4.6.4 有效的骚扰源阻抗 Z_d

计量测量和 EMC 符合性测量之间的显著差异是在后者的测量中源阻抗 Z_d 是一个未确定的影响量。

从图 13 和图 14 所示的电路之间的比较可知，如果测量 U_{13}，用戴维南定理容易得到 Z_d 为：

$$Z_d=Z_{dm1}+\frac{Z_{cm}(Z_{23}+Z_{dm2})}{Z_{cm}+Z_{23}+Z_{dm2}} \quad \cdots\cdots (19)$$

式中，Z_{dm1}，Z_{dm2} 和 Z_{cm} 是未确定的影响量。观察到 Z_d 也依赖于共模阻抗 Z_{cm} 是很重要的。因此，EUT 对环境的耦合在测量结果中起着很重要的作用。在图 16 中，这种耦合用与 EUT 有关的（电子）部分（例如，不是指 EUT 的塑料外壳）和规定的参考平面之间的寄生电容 C_{p1} 来表示。在图 17 中也包括磁场耦合，其中互感 M 也起作用。依据 EUT 的特性（例如，EUT 导电部分的尺寸），可能有必要包含其他的寄生效应。这里给出的如下两个示例（由 C_{p1} 表征的电场耦合和由 M 表征的磁场耦合）假定在所有情况下都是相关的。

将考虑五种可能的不确定度贡献。

a) 寄生电容的变化

发射标准规定了 EUT 的外壳和参考平面之间的距离，例如，40 cm。然而，标准没有规定 EUT 的哪一面必须面向这个平面。在图 16 中的虚线代表另一个距离 EUT 外壳适当距离上的参考平面的允许位置。

但在这种情况下寄生电容 $C_{p2} \neq C_{p1}$。因此，寄生电容的(可允许的)变化对标准符合性不确定度是有贡献的。

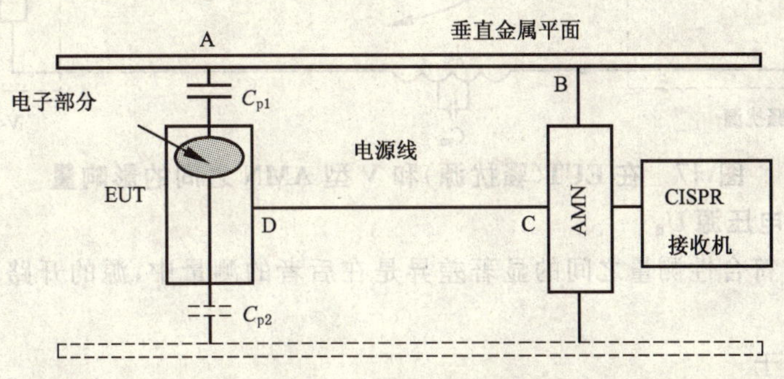

图 16 由参考平面位置的变化(非导电的 EUT 外壳)引起的寄生电容的变化和由此引起共模阻抗的变化

通过用放置在测试布置下面的、在规定距离上的水平参考平面来代替垂直参考平面，并且始终保持 EUT 在通常的高度上就有可能减小 C_p 的变化。

b) 测量回路的限制

图 13 适用于规定的测量阻抗界面上。为了弄清楚有关的不确定度贡献，必须考虑完整的测量配置，其中包括电源电缆，规定 EUT 和 AMN 之间的距离，例如，80 cm。因此在实际中存在共模回路，如图 16 中的回路 ABCDA。对于足够高的频率和充分延伸的 EUT，例如，照明设备中的荧光灯管，可能突破了测量回路的限制(6.2.2.2)，因此产生类似于谐振的现象和有关的不确定度贡献。

c) LC 串联电路

在图 16 中，环路 ABCDA 也可看成是 LC 串联电路。电感的主要贡献来源于电源电缆和 V-AMN 及参考平面之间规定的接地搭接带。在图 16 中，电容用 C_{p1} 表示，更一般地，如图 17 中用 C_p 表示。这个电路在共模阻抗中起着重要作用(见式(19))。因此，Z_d 也对总的回路电感敏感，所以它对 EUT 和 V 型 AMN 之间的电源电缆的实际布置很敏感。尤其当电源电缆需要捆扎时，电路回路性能的变化可能是巨大的。当捆扎的方法变化时，实验结果[10]显示有几个 dB 的变化。因此，捆扎是另一个不确定度源，对捆扎方法作出详细规定是必要的。见 6.4.6.5b)和 c)。

d) LC 并联电路

实际中，是 V 型 AMN 和参考平面之间的寄生电容(见图 17 中的 C_{AMN})在起作用。接地搭接带的电感和这种寄生电容在测量频率范围内可能会发生并联谐振，以未知的方式影响着 CM 阻抗。换句话说，这种影响可能会使测量结果的变化达到几个 dB[9]。此外，电压测量的参考点和接地搭接带与参考平面的连接点之间的电压差不再是零，就如在 CISPR 标准里已经默认的那样。因此之前提到的变化也可解释为 Z_{in} 的变化(6.4.6.2)。后者是 6.4.6.1 所描述的影响量并不总是独立的一个例子。

通过规定一种在现场的测量方法可以避免对标准符合性不确定度的变化的贡献，例如，基于参考资料[9]的方法改进测试布置，可能的谐振会落在符合性试验中考虑的频带以外。

e) 并联电流环的磁场耦合

6.4.6.1 所描述的影响量并不总是独立的，另一个例子是环路 1 和环路 2 的磁场耦合(见图 17)。同时影响有效共模阻抗的这种耦合在 6.4.6.5 中与 U_d 相结合来讨论。

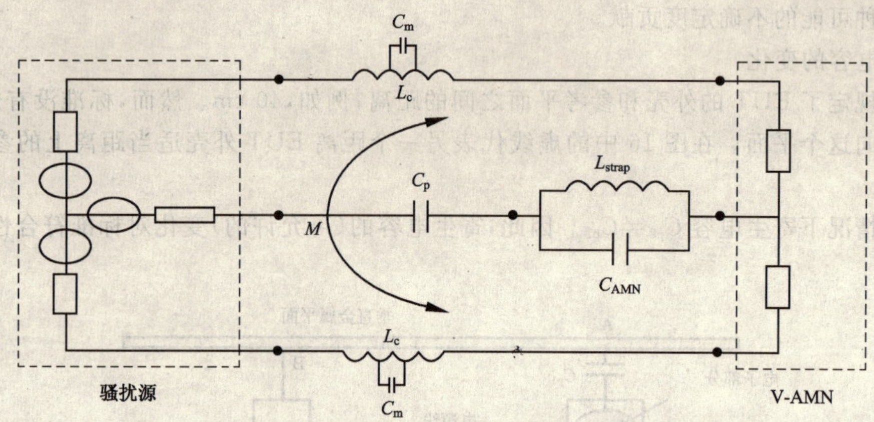

图 17 在 EUT(骚扰源)和 V 型 AMN 之间的影响量

6.4.6.5 有效的开路电压源 U_d

计量测量和 EMC 符合性测量之间的显著差异是在后者的测量中，源的开路电压是一个未确定的影响量。

开路电压 U_d 取决于

a) 未确定的开路电压 U_{dm} 和 U_{cm}(见图 13)；

b) 由受试产品的发射场感应的可由法拉第定律描述的 U_{ind}(见 6.2.2.3 和附录 6-A)；

c) 由受试产品和 V 型 AMN 之间的电缆的转移阻抗 Z_t 和 V 型 AMN 内部电路的转移阻抗 Z_t 引起的 U_{Zt}，即，与 CM/DM 和 DM/CM 转换有关的影响量。

上述内容中，开路电压 U_{dm} 和 U_{cm} 是未确定的影响量，它们的长期稳定性是非常差的。这里的"长期"必须是相对于发射测量的测量时间而言。一方面像预热时间和起动周期以未知的方式会影响这种稳定性，因而会产生不确定度。另一方面，这种长期稳定性也可能是足够的，但与 EUT 不同的操作模式所导致的与模式有关的 U_{dm} 和 U_{cm} 的值的可能变化相比，测量时间又很短。进而，会再次导致不确定度。

当源连接负载时，反馈机制会引起源的性能的变化。例如，这种现象在晶体管电路中是众所周知的，在晶体管的 h 参数描述中由反参数 h_r 来定量。在谐振电路中这种影响一般被称为"牵引"。这种影响可能会引起骚扰信号的幅度和/或频率特性的变化。没有实际理由可以假定这种反馈机制对于骚扰源的 DM 和 CM 分量是不存在的。因此，反馈效应产生了不确定度 ΔU_{dm} 和 ΔU_{cm}。当进行专门的测量时，这种效应仅能定量确定。在计量学中，开路电压、源阻抗和负载阻抗都是确定的影响量，只要源的负载在规定的值内，这种影响一般可以忽略不计。

对于 U_{ind}，由于图 16 中由 ABCDA 表示的 CM 回路在电压测量中起着特别重要作用，因此当回路有着相对较大面积时，考虑非期望的感应电压(6.2.2.3)的影响是很重要的。该面积和感应电压 U_{ind} 依赖于测试配置的布局、电源电缆的布置以及可能的捆扎方法。也可见附录 6-A。

而 U_{Zt} 则来源于 DM 骚扰到 CM 骚扰的转换，取决于产品和 V 型 AMN 之间的电源电缆的性能和 V 型 AMN 内部的电路。CISPR16-1-2 中通过对 V 型 AMN 规定适当的 DM/CM 和 CM/DM 转换限值，使后者的贡献小到可忽略不计。

可以用电缆的转移阻抗来表示电源电缆的影响，在双线电源电缆的情况下可写为[11]

$$Z_t = R_c + j\omega(L_c - M) = R_c + j\omega(1-k)L_c \qquad (20)$$

其中，R_c 是 Z_t 的电阻部分(大约为 10 mΩ/m)，L_c 是 Z_t 的电感部分(大约为 1 μH/m)。常数 $k=M/L_c$，其中，M 是两导线之一、部分骚扰源、接地平面和部分 V 型 AMN(见图 17)所形成的两回路之间的互电感。这个常数的范围从 0.6(相对较宽的间隔)～0.8(相对较小的间隔)。由于受试产品和 V 型 AMN 之间的电缆的转移阻抗一般是未确定的影响量，对 ΔU_{Zt} 的贡献一般也是未知的，因此会导致不确定度。对图 17 中的电路运用基尔霍夫等式，两个回路之间的磁耦合也会影响有效的 CM 阻抗是显而易见的。

注：由于有用信号在周围环境中的泄露一般很小以致于难以测量，所以电缆转移阻抗的影响几乎在通常的计量测量中不起作用。另一方面，非常小的泄露也可能很容易地大到足以引起产品不符合发射限值。

当 EUT 和 V 型 AMN 之间的电缆折叠时，折叠的方式会影响 L_c 和 M。此外，在较高的频率，电源电缆捆扎部分的容性串扰（在图 17 中由 C_m 表示）也会起作用。正如已经提到的，非规定的捆扎方式会引起有关的不确定度[10]。

6.5 引用文件

[1] Uncertainties in standardized EMC compliance testing, J. J. Goedbloed, Proc. Intern. Symp. on EMC, Zurich, Switzerland, February 1999, Supplement pp. 161-178.

[2] Characterization and classification of the asymmetrical disturbance source induced in telephone-subscriber lines by AM broadcasting transmitters in the LW, MW and SW bands, Report CISPR/A(Secr)128, 1992, to be published in CISPR 16-3.

[3] Specifications and validation procedures for a test site to be used to calibrate antennas in the frequency range of 30 MHz to 1000 MHz, CISPR 16-1, Ed. 2, 1999.

[4] Accounting for measurement uncertainty when determining compliance with a limit, CISPR/A/256/CD, Dec. 1999.

[5] IEEE Standard Dictionary of Electrical and Electronics Terms, IEEE, New York, 1984

[6] Guide to the expression of uncertainty in measurement, ISO, 1st Ed., 1993

[7] Mains simulation network (LISN or AMN) Uncertainty. How good are your conducted emission measurements?, E. Bronaugh, Zurich Intern. Symp. on EMC, February 1999, pp. 521-526.

[8] Specification for radio disturbance and immunity measuring apparatus and methods, Part 2: Methods of measurement of disturbances and immunity, CISPR 16-2, 1993.

[9] Calibration and use of artificial mains networks and absorbing clamps, T. Williams, G. Orford, Report DTI-NMSPU Project FF2.6, 1999, Published by Schaffner-Chase EMC-Ltd and the National Physical Laboratory, UK.

[10] The effect of cable geometry on the reproducibility of EMC measurements, L. van Wershoven, Proc. IEEE EMC Symp., Seattle, August 1999, pp. 780-785.

[11] Electromagnetic compatibility, J. J. Goedbloed, Kluwer, The Netherlands, (formally printed by Prentice Hall)

[12] P. Tomasin et al, Undesired uncertainty in conducted full-compliance measurements: A proposal for verification of conformity of LISN parameters according to the requirements of CISPR 16-1, Proceedings IEEE EMC Symposium Montreal, August 2001, p. 7.

附 录 6-A
（资料性附录）
应用法拉第定律的数值例子

为了举例说明在6.2.2.3中讨论的尤其是当使用电压探头时，法拉第定律所描述的物理意义的重要性，假定EUT必须同时符合：

a) CISPR 15[5-A1]的表2b中所给出的负载和控制端上的电压限值，利用电压探头的测量来验证，和

b) CISPR 15[5-A1]的表3中给出的辐射电磁骚扰限值，利用大环天线(LLA)系统来验证。

为了使计算简单，假设由EUT的高电位端、电压探头端、探头输入电路到EUT第二个端子的探头接地线和EUT两端之间的电路所形成的回路可以用圆环面积来描述。

假设环境场很低可忽略不计，由EUT本身发射的不可忽略的可能影响测量结果的磁场(见式(11))来源于小磁偶极子的近场。假设这种偶极子位于EUT的中心和所提及的圆面积的中心，偶极矩矢量垂直于该平面。如果EUT在环天线的中心，测量环天线中的电流 I_m，那么在LLA系统里，这个偶极矩 m_H 则是非直接测量的量。m_H 和 I_m 之间的关系可以很好地近似为[6-A2]。

$$I_m=\frac{\mu_0 m_H}{D_a L_a} \quad 或\ m_H=\frac{D_a L_a I_m}{\mu_0} \qquad (6\text{-A1})$$

式中：

D_a——大环天线的直径；

L_a——该环天线的电感。

圆环中感应电压的大小为 $U_i=\omega\Phi$，其中 Φ 是通过圆环的磁通量。如果圆环由 $\{\phi_0, R_1, R_2\}$ 定义，其中 ϕ_0 是弧度角，R_1 是圆环的内半径，R_2 是外半径，则磁场近场分量由下式给出

$$H_\theta=\frac{m_H}{4\pi r^3}e^{j\omega t} \qquad (6\text{-A2})$$

U_i 可写为

$$U_i=\frac{\mu_0\omega m_H}{4\pi}\int_0^{\phi_0}\int_{R_1}^{R_2}\frac{r}{r^3}d\phi dr=\frac{\omega D_a L_a I_m \phi_0}{4\pi}\left(\frac{1}{R_1}-\frac{1}{R_2}\right) \qquad (6\text{-A3})$$

注意由于假设偶极矩的方向与圆环面积有关，所以仅 H_θ 对 U_i 有贡献。

假设 I_m 具有在引用文件[6-A1]的表3中所给出的限值 I_L(见图6-A1)，而 U_i 正好等于在[6-A1]的表2b中所给出的限值 U_L(见图6-A1)，那么 $U_i=U_L$ 时相应于圆环参数 $\{\phi_0, R_1, R_2\}$ 的因子 K_s 由下式给出：

$$K_s=\phi_0\left(\frac{1}{R_1}-\frac{1}{R_2}\right)=\frac{2}{D_a L_a f}\frac{U_L}{I_L}\approx\frac{1.06\times10^5}{f}\frac{U_L}{I_L} \qquad (6\text{-A4})$$

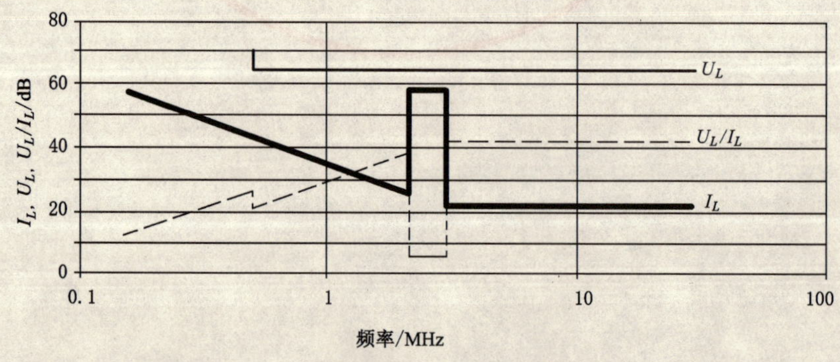

图6-A1 CISPR 15的表2b和表3中所给出的电压和电流限值以及 U_L/I_L 的比值

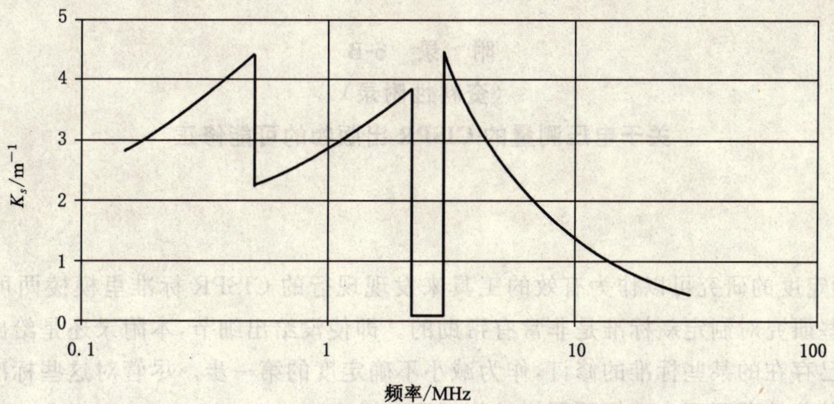

图 6-A2 由图 6-A1 和式(6-A4)中的数据所得到的因子 K_s

其中,$f=\omega/2\pi$。当取 $D_a=2$ m、L_a 的近似值取 $L_a=1.5\pi D_a$ 时求数值 K_s。图 6-A2 给出了作为频率函数的 K_s 的结果。

从式(6-A4)或图 6-A2 可得到 K_s,例如,频率为 10 MHz 时,K_s 为 1.34。假设 $\Phi_0=30°\equiv\pi/6$(弧度)和 $R_1=10$ cm,则得到 $R_2=13$ cm。产生非期望的感应电压等于电压限值时的圆环面积仅为 21 cm^2。这清楚地表明有必要详细规定测量回路。

附录 6-A 的引用文件

[6-A1] Limits and methods of measurement of radio disturbance characteristics of electrical lighting and similar equipment, CISPR 15, 1996

[6-A2] A large loop antenna for magnetic field measurements, J. R. Bergervort, H. vanVeen, Proc. Intern. Symp. on EMC, Zurich, March 1989, pp. 29-34. (The antenna proposed in this paper has been standardized by CISPR-see CISPR 16-1, Ed. 2, 1999, annex P)

附　录　6-B
（资料性附录）
关于电压测量的 CISPR 出版物的可能修正

6-B1　介绍

符合性不确定度的研究可以作为有效的工具来发现现行的 CISPR 标准里模棱两可和错误的技术要求。此外，这些研究对制定新标准是非常有帮助的。即使没给出细节，本附录还是给出一些示例用以表明对 2001 年已存在的某些标准的修订，作为减小不确定度的第一步。尽管对这些标准的应用并没有受到限制，但在某些情况下理应选择更严格的修正案。

6-B2　电压测量原理

在 CISPR 16-2[6-B2] 中包含关于电压测量原理的条款（在 6.2.2 中所讨论的）是恰当的，在讨论基本原理时参考这个条款也是恰当的，例如，在[6-B2]中的 2.3 和 2.4 条。包含在 CISPR 16-2 中的这些内容允许对已有的条款作更确切地描述，并且导致相关的新增条款。例如：

a）从干扰概率（6.2.3.1）的观点出发，需要对引用文件[6-B2]中的 2.4.1 条进行完善，这说明在没有附加的信息或假设的条件下，不对称模电压不能作为发射设备潜在干扰的品质值。6-B5 中给出了改进测量结果和干扰概率之间的关系的严格方法。

b）在引用文件[6-B2]中加入关于测量回路限制的条款（6.2.2.2 和在 6.4.6.4b）中提到的照明灯具中的荧光管的例子）。

c）在引用文件[6-B1，6-B2]中加入关于磁场感应电压（6.2.2.3）重要性的条款，尤其是在使用电压探头进行测量的情况下（6.3 和附录 6-A）。

6-B3　使用电压探头的电压测量

一般来说，目前对电压探头测量没有给出很好的定义，尤其是电压测量中对“接地端”的规定。关于干扰概率，至少在引用文件[6-B2]中应指出最好不使用电压探头测量。

本部分 6.3 中的讨论使得[6-B1]中的 5.2.2 的描述得以改进，同时也使[6-B1]中图 10 得以改进。特别是，该图必须表明该面积，可能使磁场在其中感应过大的电压。同时也必须重新考虑[6-B2]中的 2.4.3.2，尤其是配置布局的有关方面必须讨论。

在[6-B1]中的子条款 5.2.2 也应当重新考虑这样的陈述“…使得电源线与地之间的总的阻抗为 1 500 Ω。”像在 a.c.-d.c. 转换器这类装置的情况下，这个值就不足够大。因此至少必须给出警告，单纯要求阻抗大于1 500 Ω可能会导致寄生电容的有害效应（6.3）。此外，源的不对称负载也应提及。

除了 CISPR 16 标准[6-B1，6-B2]，还有类似的标准需要修改完善，例如下列标准中的相应条款：

a）CISPR 11（1997），6.2.3 和图 4；

b）CISPR 14（1993），5.2.4、图 5 和图 5a；

c）CISPR 15（1996），8.1.2 和图 5。

6-B4　使用 V 型人工电源网络的电压测量

尤其是有关影响量的条款 6.4.6 可能会导致[6-B1，6-B2]中的描述加以改进。

示例：

a）由接收机加上其信号电缆（6.4.6.2a））的可能失配所导致的 Z_{in} 的不确定度，可通过在 V 型 AMN[6-B3]的输出端加上 10dB 的衰减器来减小。

b) 由与V型AMN相连的电网的未知阻抗(6.4.6.4b))所引入的Z_{in}的不确定度可通过定量规定测量阻抗和未知的电网阻抗之间的隔离来减小。隔离的验证应加入到[6-B4]中。

c) 正如6.4.6.2的末尾所提到的,需要对测量阻抗$Z_{13}(Z_{23})$作出适当的规定,即不仅需要规定阻抗绝对值的允差,也需要规定相角的允差。

d) 对衰减因子α在6.4.6.3中的验证程序[6-B4]必须注意α值在现场(在实际测量布置中)的确定,因此V型AMN、信号电缆和接收机不必分开测量。该程序也应表明在什么条件下α是一个确定的影响量。此外,应给出确定$\Delta\alpha$的程序。

e) 正如在6.4.6.4a)中所提到的,由于EUT和参考平面之间的寄生电容所导致的Z_d的不确定度的问题可通过[6-B2]中的规定来解决,即参考平面总是水平的,EUT始终保持位于其通常高度上。这样,可以消除C_{p1}和C_{p2}的影响。

f) 如前所述,由测量回路的限制(6.4.6.4b))所导致的Z_d的不确定度已经讨论过了。当不是仅考虑单个EUT,而是考虑带有辅助设备的EUT时,在[6-B2]的2.4.4.2.6中所讨论的测量回路限制变得日益重要。

g) 由LC并联电路所导致的Z_d的不确定度。正如在6.4.6.4d)中所提到的,这些不确定度可以通过制定某一程序来避免。例如,在[6-B4]中,对在现场所有V型AMN性能的验证。这个程序可以和在上面例子d)中提到的相结合。出于这个目的,有必要规定一个特殊的骚扰源(例如,具有特殊性能的梳状发生器[B5])。

h) 由DM/CM和CM/DM转换(6.4.6.5c))带来的不确定度。通过规定转换系数的最大值可将来源于V型AMN的不确定度减小到忽略不计。也可见本章的最后一段。

i) 由电源电缆的折叠部分导致的不确定度(6.4.6.5c))。现有的研究[6-B6]为折叠的布置的改善奠定了良好的基础。

6-B5 由电流测量代替电压测量

在使用电压探头进行电压测量的情况下,[6-B2]应表明从干扰概率的角度出发,V型端子电压(非对称模电压)对于没有附加信息或假设条件的发射设备的潜在干扰并不是一个很好的品质值。

改进的品质值可以用相当容易的方式得到。现在不是测量两个非对称电压,而是测量两个电流,但对测量阻抗的规定并没有改变。在如图6-B.1所示的示意图中,在开关的其中一个位置,接收机测量两次DM电流,在另一位置测量CM电流。也可见6.2.3和6.2.3.1。

当传导发射测量到较高频率时,例如,80 MHz而不是在传导电压发射测量中的30 MHz,如图6-B1所示的方法也是有意义的。测量阻抗的不确定度比测量电压的不确定度更小,这时接收机加上它的电缆的*VSWR*起着更主要的支配作用。直到80 MHz的传导发射测量和从80 MHz开始的辐射发射测量也在辐射发射和吸收钳测量中解决了一些不确定度问题。此外,选择80 MHz在发射和抗扰度试验(IEC/SC77B)中会使传导/辐射测量的“转换频率”相同。

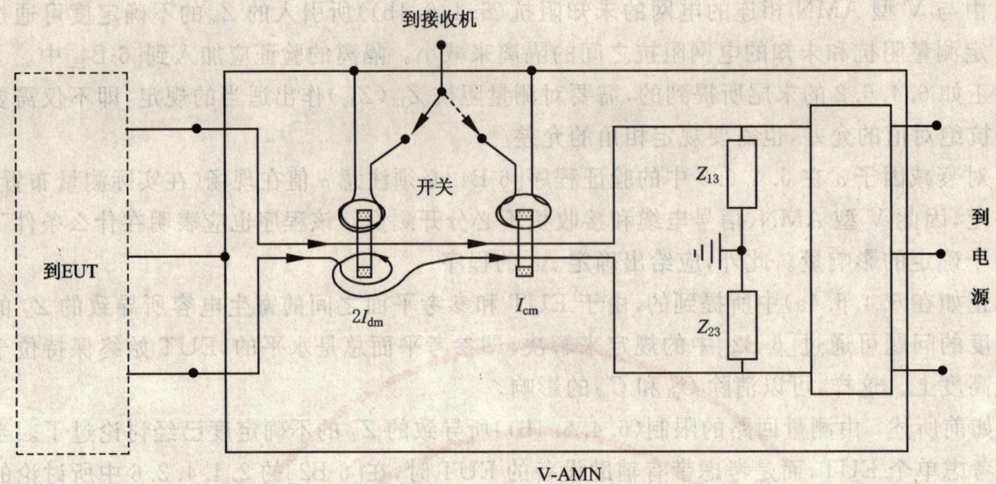

图 6-B1　使用两电流探头后实际符合性概率的品质值得到改善后的 V 型 AMN 的原理图

6-B6　引用文件

[6-B1] Specification for radio disturbance and immunity measuring apparatus and methods, Part 1: Radio disturbance and immunity measuring apparatus, CISPR 16-1, Ed. 2, 1999.

[6-B2] Specification for radio disturbance and immunity measuring apparatus and methods, Part 2: Methods of measurement of disturbances and immunity, CISPR 16-2, 1993.

[6-B3] Mains simulation network(LISN or AMN) Uncertainty-How good are your conducted emission measurements?, E. Bronaugh, Zurich Intern, Symp. on EMC, February 1999, pp. 521-526.

[6-B4] Calibration and measurement of the voltage division factor of an artificial mains V-network, Clause 11.10, Annex F8, CISPR 16-1, 2nd edition, 1999-10.

[6-B5] Calibration and use of artificial mains networks and absorbing clamps, T. Williams, G. Orford, Report DTI-NMSPU Project FF2.6, 1999, Published by Schaffner-Chase EMC-Ltd and the National Physical Laboratory, UK.

[6-B6] The effect of cable geometry on the reproducibility of EMC measurements, L. van Wershoven, Proc. IEEE EMC Symp., Seattle, August 1999, pp. 780-785.

7　吸收钳测量

7.1　概述

7.1.1　目的

本条的主要目的是提供确定与吸收钳的测量和校准方法有关的不确定度的信息和指导。本条给出了在 CISPR 16 几个部分中描述的与吸收钳有关的几个不同的不确定度方面的原理，即：

- 吸收钳的校准方法(见 CISPR 16-1-3 中的第 4 章)；
- 吸收钳的测量方法(见 CISPR 16-2-2 中的第 7 章)。

本条款给出的原理是与吸收钳有关的 CISPR 16 中所提到的几个部分的背景信息，这在将来修改 CISPR 16 这些部分时是有用的。此外，本条还为那些使用吸收钳测量和校准方法并不得不自己进行不确定度评估的人员提供了有用信息。

7.1.2　介绍

本条提供了与 CISPR 16-2-2 中描述的吸收钳测量方法(ACTM)和 CISPR 16-1-3 中描述的吸收钳校准方法有关的不确定度的信息。在 GB/T 6113.402 或在 LAB34[15]中所描述的关于 ACTM 的不确定度预评估并不适合于依据 CISPR 16-2-2 给出的 CISPR 规范进行的实际的符合性试验。其原因是这种不确定度预评估仅局限于测量设备和设施的不确定度(MIUs),并没有考虑包括受试线(LUT)在内的受试设备(EUT)的布置和测量程序引起的不确定度。然而,本条中对于吸收钳测量法的不确定度考虑,则考虑了所有与依据标准(标准符合性不确定度(SCU))所进行的符合性试验有关的不确定度源。对于这些不确定度的计算假定 EUT 是相同的。换句话说,我们考虑的 ACTM 的不确定度是在不同的检测实验室中使用不同的测量仪器、不同的试验场地、不同的测量程序和不同的操作者对相同的 EUT 进行测量。因此,这种“相同的”EUT 的重复性是一重要的不确定度源。如果检测实验室不得不用“相同”类型的电缆延长测量线,那么 LUT 的长度和电缆的类型也可能会稍有不同。

在本条描述的不确定度的评定是依据第 4 章给出的发射测量中的不确定度的基本考虑进行的。接下来的 7.2 给出了与吸收钳校准有关的不确定度考虑,而 7.3 给出了与吸收钳测量方法有关的不确定度考虑。

7.2 与吸收钳校准有关的不确定度

CISPR 16-1-3 规定了吸收钳三种不同的校准方法,即原始法、夹具法和参考设备法。

本部分描述了最初吸收钳校准方法的不确定度的评定。对于夹具法和参考设备法的不确定度的预评估将在今后讨论。

为方便起见,图 18 给出了最初吸收钳校准方法的示意图。

7.2.1 被测量

使用最初的吸收钳校准方法来校准吸收钳,被测量是吸收钳的修正因子 CF_{org},单位为 dB(pW/μV)。

最初的吸收钳校准方法实际上是测量插入损耗(见 CISPR 16-1-3 的第 4 章):

$$CF_{org}=A_{org}-17\text{dB}(\text{pW}/\mu\text{V}) \quad \cdots\cdots (21)$$

其中,A_{org} 为测得的插入损耗,以 dB 为单位。

7.2.2 不确定度源

本条给出了与吸收钳的修正因子测量有关的不确定度源。

吸收钳的修正因子的不确定度和测得的插入损耗的不确定度相等(见式(21))。

对于插入损耗的不确定度源由测量链的不确定度源给出。与测量链有关的不确定度源是 EUT(在这种情况下为受试吸收钳)、测量设备和设施、测量布置、测量程序和环境条件。图 19 给出了使用鱼骨图表示的所有有关不确定度源的示意图。鱼骨图给出了对吸收钳的修正因子的总不确定度有贡献的不确定度源的类别。

7.2.3 影响量

对于图 19 给出的大多数定性不确定度源,可用一个或多个影响量来说明不确定度源。表 6 给出了不确定度源和影响量之间的关系。如果没有给出影响量,在不确定度预评估中,就使用原始的不确定度源。

下面分别对每一个不确定度源/影响量作出说明。

7.2.3.1 与 EUT 有关的影响量

钳的稳定性:吸收钳是一种机械上很坚硬且典型地随时间十分稳定的装置。然而,老化的影响会导致铁氧体芯之间的不良接触,从而降低电流探头的功能和去耦作用。这将导致吸收钳的修正因子的“降低”和去耦系数的降低。如果出于质量保证原因,那么检测实验室对该吸收钳进行定期校准是特别重要的。如果制造商校准的是新的吸收钳,则不存在老化问题。如果制造商进行型式试验,那么制造商将使用同类型吸收钳的不同样品重复校准。依赖于使用的样品数量,A 类不确定度必须计入不确定度预评估。如果制造商进行特定单元的校准,校准结果仅对这个特定单元有效,因此由型式试验带来的不确定度不应计入。

7.2.3.2 与布置有关的影响量

a) 受试线的横截面

对于吸收钳的校准，应使用直径为 4 mm 的线。线直径的允差没有规定。然而，由其导致的不确定度却可考虑忽略不计。

b） 受试线的长度

受试线的长度应为 7 m，其中 6 m 通过吸收钳的滑轨，1 m 垂落并连接到参考面上的 CDN 上。由于使用辅助吸收装置，所以由受试线的长度和受试线布线的变化引起的不确定度可认为是低的。

c） 参考面上受试线的高度

受试线应布置在距参考平面 0.8 m 高的吸收钳滑轨表面上，高度允差是 5 cm。

受试线与 CDN 相连。由剩余走线的变化所引起的不确定度可认为是小的。

d） 吸收钳中受试线的位置允差

对于校准程序，中心定位导向装置用于控制受试线的位置使其在吸收钳参考点（CRP）处的中心位置的±1 mm 之内。此时可使用在参考文献[16]中报告的不确定度。

e） 起始和终止位置的允差

CRP 的起始位置距离垂直参考面（等于 SRP）100 mm，CRP 的终止位置距离垂直参考面（SRP）5.1 m。起始位置的允差决定了不确定度。其假设允差为±5 mm，则导致的不确定度可认为是小的。

f） 测量电缆的导轨和走线

应对测量电缆到接收机的导轨和走线作出规定。仍然保留一定的自由度对其不确定度有贡献。

7.2.3.3 与测量程序有关的影响量

吸收钳扫描的步长、扫描速度和频率步长都作了规定。由于有限的扫描步长，仍然会有剩余的不确定度。

7.2.3.4 与环境有关的影响量

a） 温度和湿度允差

如果校准是在室内的试验场地进行，那么这些环境的影响量对测量结果的影响被认为是忽略不计的。对于室外的试验场地，应当包含湿度和温度对不确定度的影响。

b） 信号和环境电平之比

对于校准，测量信号电平应高于环境电平 40 dB。在这种情况下，最终的不确定度可以忽略不计。对于较低的信噪比，应当考虑额外的不确定度。

c） 操作者和布置之间的距离

假设吸收钳的扫描可以通过某种方式自动进行（例如通过绳子和滑轮装置），操作者不在试验布置的附近。然而，如果操作者需要用手移动吸收钳，那么由此引入的不确定度则是显著的，尤其是当频率低于 100 MHz 时[16]。当操作者从不同的侧面（如从吸收钳滑轨的左面和右面）接近和接触吸收钳时，可通过在吸收钳的某些固定位置测量吸收钳的输出信号来实验性地研究由操作者引起的不确定度。可以在吸收钳的几个位置进行重复测量，由于操作者的存在和接触吸收钳所引起的最大变化可通过使用频谱分析仪的最大值保持和最小值保持功能来确定。最大变化量可作为不确定度预评估的 B 类输入。

7.2.3.5 与测量设备和设施有关的影响量

a） 信号源的稳定性

对于被测场地衰减的不确定度，频谱或网络分析仪系统信号源的稳定性是重要的。

b） 接收机/分析仪的线性特性

该不确定度可从测量系统的校准信息中得到。不确定度依赖于分析仪的扫描模式或步进模式。

c） 输入端的失配

连接在输入电缆上的衰减器应至少为 10 dB。所引入的失配不确定度可从参考文献[16]得到。

d） 输出端的失配

在测量电缆上的衰减器应至少为 6dB。引入的失配不确定度可从参考文献[16]中得到。

e) 衰减器(可选的)

如果用单独的信号源来测量吸收钳的修正因子,那么直接测量信号源的输出时,可使用额外的衰减以免接收机过载和产生非线性的效应。在这种情况下,应分别在式(21)和不确定度预评估中将衰减器的绝对值和它的不确定度考虑进去。

f) 测量系统的读数

接收机读数的不确定度依赖于接收机的噪声和表刻度的内插误差。后者对具有电子显示(显著的数字抖动最少)的测量系统的不确定度的贡献应不是那么显著。对于传统的模拟显示仪表,这种不确定度的因素则需要考虑。

g) 信噪比

对于吸收钳的校准,本底噪声通常相对于校准的被测信号电平足够低。噪声的影响取决于所使用的测量系统类型(网络分析仪与频谱分析仪相比)

h) 吸收钳试验场地的偏差

吸收钳的校准结果对周围环境十分敏感。试验场地的性能依赖于地面材料和附近的障碍物。用作校准的试验场地依据规定的有效性验证程序应当是有效的。因此,在不确定度预评估中可以使用试验场地衰减和 CISPR 16-1-3 给出的参考场地衰减之间的偏差的合格/不合格判据。

i) 吸收钳滑轨的材料

一般来说,在吸收钳场地的有效性验证和吸收钳校准程序中应使用同样的吸收钳滑轨。如果吸收钳滑轨材料是非射频透明的,那么应当考虑该吸收钳滑轨材料可能产生的干扰效应。

j) 辅助吸收装置的去耦因子

辅助吸收装置的去耦性能规定了 LUT 的远端相对于近端的去耦。应给出辅助吸收装置的最基本的去耦因子的要求。

k) CDN 阻抗的允差

对于吸收钳校准,规定 CDN 在靠近参考平面处端接 LUT。在较低的频率范围(30 MHz～230 MHz)内给定的共模终端阻抗约为 150Ω。230 MHz 以上则没有规定。CDN 的共模阻抗的允差会影响 LUT 中的共模电流。然而,这种影响也依赖于来自于 EUT、LUT 和 SAD(第二个吸收装置)的共模阻抗。无法得到有关引入不确定度的定量信息。估计由 CDN 共模阻抗的允差带来的影响很小。

7.2.3.6 测量的重复性

"测量系统的重复性"是一个影响量,该影响量通常是不确定度预评估的基本部分。

校准的重复性由在使用相同的测试配置和测量设备进行的一系列重复校准测量中得到的标准偏差决定。用这种方法可获得关于多个影响量的统计信息,即吸收钳的稳定性、分析仪信号源的稳定性、测量系统的读数、起始/终止位置的允差和吸收钳的扫描。因此,如果"测量的重复性"作为不确定度预评估的基本项被包含在内,那么重要的是保证上述某些影响量不会被两次重复计及。

7.2.4 不确定度预评估的应用

一般来说,吸收钳的修正因子的扩展不确定度可被测试实验室用作导出吸收钳测量法的扩展不确定度的输入量。注意为了这个目的,标准不确定度必须从扩展不确定度导出。如果假设吸收钳的修正因子的不确定度具有正态分布,那么吸收钳修正因子的扩展不确定度必须除以系数 $k=2$。因此,吸收钳的制造商也可直接提供标准不确定度,而不给出扩展不确定度。

正如上述所讨论的,吸收钳的修正因子的不确定度可能是特定单元的值,也可能是适用于某种类型的吸收钳的值。与某类吸收钳校准有关的不确定度一般来说大于特定单元的不确定度。原因是对于某种类型吸收钳的测试使用了这一类型吸收钳有限数量的样品,并把单个吸收钳源的平均值作为这种特定类型吸收钳的修正因子。因此由平均吸收钳的修正因子的离散性导致的不确定度会导致不确定度的增加。

7.2.5 不确定度预评估的典型例子

附录C中的表C.1和C.2分别给出了30 MHz～300 MHz和300 MHz～1 000 MHz两个频带内最初吸收钳校准法的典型不确定度预评估。对于夹具校准法和参考设备校准法的不确定度预评估目前仍在考虑当中。

根据第4章给出的程序对不确定度进行预评估。每项预评估贡献由A类和B类评估确定。A类不确定度评估使用重复测量的统计分析,B类不确定度评估为非统计分析法。

实际中,EMC的符合性测量一般只对某一类EUT进行一次。使用相同的EUT进行重复性测量并不常见。因此,不确定度预评估大多使用B类评估来确定。

这也是附录E描述的预评估的情形,即大多数的预评估采用B类评估并使用来自于校准证书、仪器手册、制造商提供的技术指标、以前的测量数据和测量方法的模型或者对测量方法的一般性理解。在附录C中给出的不同不确定度源/影响量的概率分布和不确定度值可从不同的信息源得到[16][17][20]。

遗憾的是被测量和不同的影响量之间的关系没有模型。所能确定的只是被测量是表6中给出的影响量的函数。每个影响量的大多数的标准不确定度值不得不从规范或试验数据中获得。更进一步地假设所有的灵敏系数等于1。然而,由于缺少现实模型,灵敏系数的真值是未知的。

从附录C给出的吸收钳校准的不确定度预评估可得到结论:30 MHz～1 000 MHz频段内的扩展不确定度近似为3 dB。该值也使用在附录D的表格中。注意该值也用在GB/T 6113.402—2006的表A.3给出的骚扰功率不确定度预评估中。

7.2.6 不确定度预评估的验证

两次循环测试(RRT)已经作为修改吸收钳校准法时CISPR工作的一部分。最终RRT的结果见参考文献[18]。6个检测实验室对这次RRT作出了贡献。30 MHz～1 000 MHz频段内的标准偏差大约小于1 dB,产生的扩展不确定度近似为2 dB。

7.3 与吸收钳测量法有关的不确定度

本条描述了CISPR 16-2-2的第7章所描述的吸收钳测量法(ACTM)的不确定度的预评估。为了方便起见,图20给出了吸收钳测量法的示意图。

7.3.1 被测量

对于吸收钳测量法,被测量是骚扰功率。在每一个测量频点对应于被测电压V的骚扰功率P通过使用在CISPR 16-1-3中描述的吸收钳校准程序中得到的吸收钳的修正因子CF来计算。

$$P = V + CF \qquad (22)$$

式中:

P——骚扰功率,单位dB(pW);

V——被测电压,单位dB(μV);

CF——吸收钳的修正因子,单位dB(pW/μV)。

7.3.2 不确定度源

本条给出了与吸收钳测量法有关的不确定度源。从式(22)可知不确定度由电压测量的不确定度和吸收钳的修正因子的不确定度决定。

电压测量的不确定度由EUT、测试配置、测量程序、测量设备和设施以及环境引起的不确定度来决定。

图20给出了所有有关不确定度源的示意图。图21给出了影响骚扰功率总不确定度的不确定度源的类别。从该图可知大多数与试验配置有关的不确定度源和应用于吸收钳校准的不确定度源是相同的,只是增加了一个重要的"试验配置"引入的不确定度源,即EUT布置的重复性。对于测量设备和设施的不确定度,现在接收机的绝对不确定度和吸收钳的修正因子的不确定度是一个重要的不确定度源,而与吸收钳的校准无关。

7.3.3 影响量

在图 20 中给出的大多数不确定度源,没有实际的影响量被定义为所讨论的定性不确定度源。表 7 给出了不确定度源和影响量之间的关系。如果没有给出影响量,那么在不确定度预评估中,将使用原始的不确定度源。

对于每个新的或偏离校准情况下(见 7.2.3)的不确定度源或影响量,给出如下的一些解释。

7.3.3.1 与 EUT 有关的影响量

a) EUT 的尺寸

各种各样的影响量依赖于 EUT 的类型,即大的或小的 EUT,仅有一根或多根电缆的 EUT。这些不同类型 EUT 的电磁性能将引起不确定度量级的变化。

b) 骚扰的特征

骚扰的特征(宽带,窄带)将影响由接收机引起的不确定度的大小。

c) 产品抽样(可选的)

如果因为质量保证的原因,制造商进行重复测量或应用 80%/80%准则,那么产品抽样则显得尤其重要。如果制造商进行型式试验,那么制造商有可能使用同类型 EUT 的不同样品进行重复测量。在政府机构进行市场监控使用同一类型的 EUT 不同样品的情况下,应采用 80%/80%准则。

d) EUT 单元和电缆的布置

尽管在产品标准里给出了 EUT 布置的规范,但是如果同样的 EUT 由不同的操作者和检测实验室准备和布置的话,该影响量会导致显著的不确定度。尤其是当 EUT 由不同的单元和一些连接电缆组成,那么由 EUT 布置的许多自由度引起的不确定度将更为显著。此外,EUT 的电缆还必须通过使用具有代表性的电缆来延长以使吸收钳的测量成为可能。不同类型(直径尺寸/屏蔽性能等)的延长电缆也可能导致结果的不同。

e) EUT 的运行模式

在测量过程中应选择有实际意义的运行模式。如果没有规定测试的运行模式,那么不同的操作者/检测实验室可能选择不同的模式和不同的接收机设置以及扫描速度。

7.3.3.2 与测量程序有关的影响量

• 接收机的设置

接收机的设置(人工或软件控制)仍留下了一些自由度。这将导致依赖于 EUT 的骚扰类型(宽带/窄带)的不确定度。

7.3.3.3 与环境有关的影响量

a) 信号与环境电平之比

由于 EUT 与电源相连,因此额外由环境引入的传导骚扰信号应被认为是一影响量。

b) 电源电压的变化

电源电压偏离额定电压会导致不确定度,因为骚扰功率依赖于电源电压。

c) 电源去耦装置的应用

不同的检测实验室使用不同的电源去耦装置如 CDN、去耦变压器、自耦变压器、LISN 或它们的组合。这些不同的去耦装置产生不同的骚扰电平,同时也依赖于 EUT 的类别(有或没有保护地的电源连接)。

7.3.3.4 与测量设备和设施有关的影响量

a) 接收机的准确度

准确度来自于接收机的规范和校准证书。如果有必要,要考虑不同种类的信号/响应的不确定度,即连续波的准确度、脉冲幅度响应准确度、脉冲重复率响应准确度。

b) 吸收钳的修正因子的不确定度

吸收钳的修正因子的不确定度应来自于由吸收钳的供应商所提供的或检测实验室自己获得的吸收

钳校准的不确定度预评估。(见 7.2.4 和附录 C。)

c) 吸收钳的去耦因子

(标准)规定了对吸收钳的去耦因子的基本要求。去耦因子决定了 EUT 受试线的远端相对于 EUT 受试线近端的去耦大小。尽管不同的吸收钳都能满足该基本要求,但因其去耦性能可能不同,所以也可能会导致测量结果的不同。

d) 接收机的去耦

(标准)同样给出了 LUT 和测量系统的共模去耦的基本要求。可以预期的是剩余不确定度很小。

7.3.4 不确定度预评估的应用

一般来说,获得吸收钳测量法的扩展不确定度有两个目的,即为了确定测量设备和设施的不确定度和/或标准符合性不确定度。

7.3.4.1 测量设备和设施的不确定度(MIU)考虑

首先,出于检测实验室认可目的应计算 MIU。为了这个目标考虑仅由检测实验室引起的不确定度就足够了,即与测量设备和设施,环境和测量程序有关的不确定度。由此引入的不确定度可用来与在 GB/T 6113.402 中给出的最小 MIU 值比较。

7.3.4.2 标准符合性不确定度(SCU)考虑

测量方法结合产品的典型类型可以计算 SCU。SCU 这个值可用来与某一确定的限值相比作出不符合的风险评估。对于使用"相同的"EUT 进行"相同的"测量的两个检测实验室之间测量一致性的讨论、由 EUT 引入的不确定度也必须包含在预评估中。对于市场监督还应考虑所涉及的两个检测实验室的 SCU。

7.3.5 不确定度预评估的典型例子

附录 D 的表 D.1 和表 D.2 给出了吸收钳测量法的典型不确定度预评估。两个表的频率范围分别为 30 MHz～300 MHz 和 300 MHz～1 000 MHz。

根据第 4 章给出的程序进行不确定度的预评估。

对于附录 D 给出的预评估,大多数预评估是 B 类评估,使用的数据来自于校准证书、仪器手册、制造商给出的技术要求,以前的测量和测量方法的模型或者对测量方法的一般性理解。附录 F 给出的不同的不确定度源/影响量的概率分布和不确定度值可从不同的信息源导出[16][17][20]。

遗憾的是被测量(骚扰功率)和不同的影响量之间的关系没有模型可用。所有可说的只是被测量是表 8 中给出的影响量的函数。每个影响量的大多数标准不确定度值使用 B 类评估得到。此外,假设所有的灵敏系数等于 1。然而,由于缺少现实模型,灵敏系数的真值是未知的。

表 D.1 和表 D.2 都提供了 MIU 和 SCU 的计算结果。来自于这些表中的 MIU 和 SCU 的典型值汇总在表 9 中。MIU 的典型值为 5 dB～6 dB,而 SCU 近似为 8 dB。

7.3.6 不确定度预评估的验证

已进行的四次循环测试(RRTs)已经作为 CISPR 修订吸收钳校准和吸收钳测量法工作的一部分。

第二次 RRT 的结果见参考资料[18]。在这次 RRT 中,有四个检测实验室参加,参考辐射体(基于梳状信号源)作为 EUT。同时每个检测实验室也使用相同的吸收钳。因此,来自于此 RRT 的不确定度结果仅代表 MIU 的一部分。小于 300 MHz 时,此 RRT 的测量结果的标准差近似为 1 dB,小于 1 GHz 时标准差近似为 2 dB。这分别对应于近似为 2 dB 和 4 dB 的扩展不确定度。

第三次 RRT 的结果见参考资料[19]。6 个认可的检测实验室对这次 RRT 作出了贡献,使用两种不同类型的真实 EUT,即电钻和吹风机。对于在这次 RRT 中使用的两种 EUT,扩展的 SCU 分别是 16 dB和 8.1 dB。电钻的测量结果作为例子在图 22 中给出。对于电钻的 SCU 的较大值是由于电钻的可重复性的问题引起的。但是,其中 1 个检测实验室的测量结果是这个较大的不确定度的主要贡献者(见图 22 中的曲线 6a)。当该检测实试验室的结果从数据库中剔除时,扩展的 SCU 值分别减小到 6.3 dB 和5.3 dB。

1998 年，在德国进行了一次骚扰功率的 RRT。6 个检测实验室参加了这次 RRT，真空吸尘器的通用电机作为 EUT。结果在表 5 中给出。4 dB 的扩展不确定度(见表 8)是从标准差的最大值估计得到的。从不同的 RRT 结果可以得出结论；SCU 极大地依赖于 EUT 的类型和其固有不确定度。

为了比较，GB/T 6113.402—2006 的表 A.3 给出的典型 MIU(4.45 dB)值也包含在表 8 中。

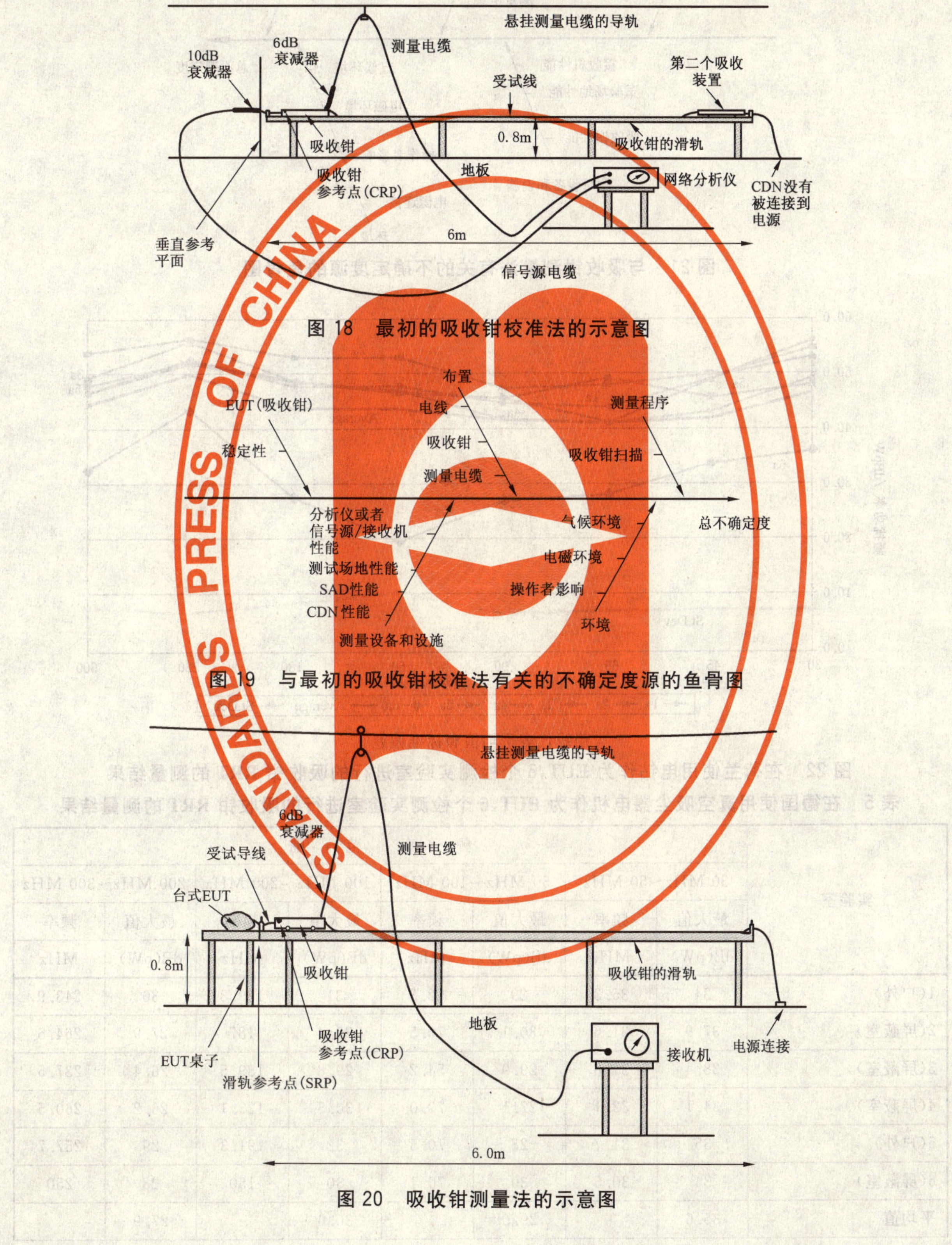

图 18 最初的吸收钳校准法的示意图

图 19 与最初的吸收钳校准法有关的不确定度源的鱼骨图

图 20 吸收钳测量法的示意图

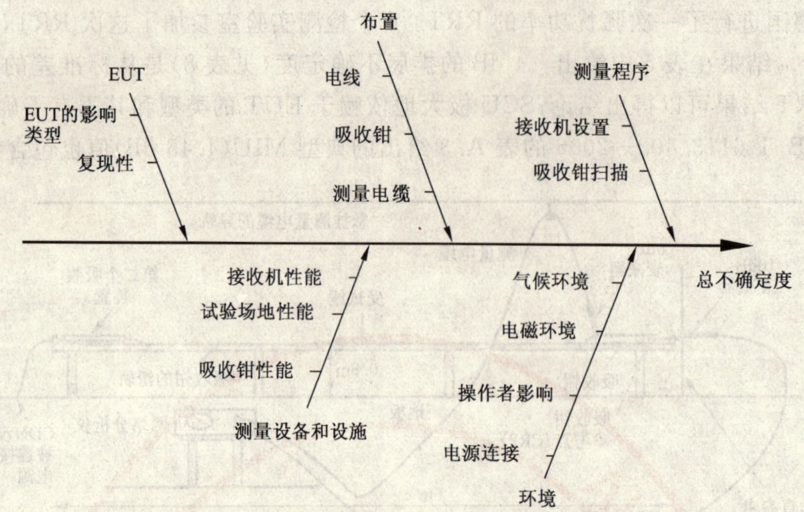

图 21 与吸收钳测量法有关的不确定度源的鱼骨图

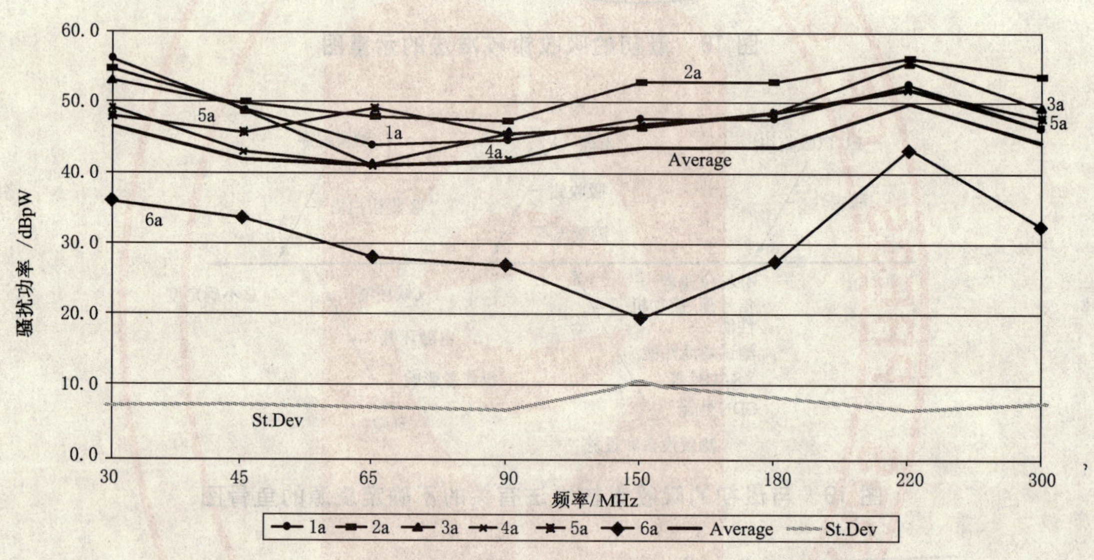

粗线代表平均值和标准偏差

图 22 在荷兰使用电钻作为 EUT，6 个检测实验室进行的吸收钳 RRT 的测量结果

表 5 在德国使用真空吸尘器电机作为 EUT，6 个检测实验室进行的吸收钳 RRT 的测量结果

实验室	频率范围							
	30 MHz～50 MHz		50 MHz～100 MHz		100 MHz～200 MHz		200 MHz～300 MHz	
	最大值	频率	最大值	频率	最大值	频率	最大值	频率
	dB(pW)	MHz	dB(pW)	MHz	dB(pW)	MHz	dB(pW)	MHz
1(户外)	34	35.3	29	52.3	31	189.3	30	243.9
2(屏蔽室)	37.9	31.6	30.1	70.5	30.4	187	27.9	264.5
3(屏蔽室)	38.4	31.8	29.9	54.2	29.8	189.5	26.4	237.5
4(屏蔽室)	34.1	32.1	27.1	73.0	30.5	123.1	26.2	260.5
5(户外)	35	31.7	28	70.5	32	191.3	29	257.7
6(屏蔽室)	34	30.5	30	70.1	30	150	28	250
平均值	35.6		29.0		30.6		27.9	

表 5(续)

实验室	频率范围							
	30 MHz～50 MHz		50 MHz～100 MHz		100 MHz～200 MHz		200 MHz～300 MHz	
	最大值	频率	最大值	频率	最大值	频率	最大值	频率
	dB(pW)	MHz	dB(pW)	MHz	dB(pW)	MHz	dB(pW)	MHz
标准偏差	2.0		1.2		0.8		1.5	
与平均值的最大偏差	+2.8		−1.9		+1.4		+2.1	
最大和最小之间的最大差	4.4		3.0		2.2		3.8	

表 6　对于最初的吸收钳校准法与图 19 中给出的不确定度源有关的影响量

不确定度源	影响量
与 EUT 有关的	
吸收钳的稳定性	吸收钳的稳定性
与布置有关的	
受试导线(LUT)的布置	横截面
	长度
	吸收钳中 CRP 处的位置允差
	参考平面上的高度
吸收钳的布置	起始和终止位置的允差
测量电缆的布置	测量电缆的导轨和走线
与测量程序有关的	
吸收钳扫描	吸收钳的扫描步长
与环境有关的	
气候环境	温度和湿度允差
电磁环境	信号和环境电平之比
操作者的影响	操作者和布置之间的距离
与测量设备和设施有关的	
分析仪或信号源/接收机的性能	信号源的稳定性
	接收机/分析仪的线性特性
	输入端的失配
	输出端的失配
	测量系统的读数
	信噪比
试验场地性能	吸收钳试验场地的偏差
	吸收钳滑轨的材料
SAD 性能	SAD 的去耦因子
CDN 性能	CDN 阻抗的允差

表 7 对于吸收钳测量法与图 21 中给出的不确定源有关的影响量

不确定度源	影响量
与 EUT 有关的	
涉及其他不确定度源的 EUT 的影响类型	EUT 的尺寸
	骚扰的特征
EUT 的复现性	EUT 单元和电缆的布置
	运行模式
与布置有关的	
受试导线(LUT)的布置	横截面
	长度
	吸收钳中 CRP 处的位置允差
	参考平面上的高度
吸收钳的布置	起始和终止位置的允差
测量电缆的布置	测量电缆的导轨和走线
与测量程序有关的	
接收机的设置	接收机的设置
吸收钳的扫描	吸收钳的扫描步长
与环境有关的	
气候环境	温度和湿度的允差
电磁环境	信号与环境电平之比
操作者的影响	操作者和布置之间的距离
电源连接	电源电压的变化
	电源去耦装置的应用
与测量设备和设施有关的	
接收机的性能	准确度
	输出端的失配
	测量系统的读数
	信噪比
试验场地的性能	吸收钳试验场地的偏差
	吸收钳滑轨的材料
吸收钳的性能	吸收钳的修正因子的不确定度
	吸收钳的去耦因子
	接收机的去耦

表 8　从不同信息源导出的吸收钳测量法的不同 MIU 和 SCU 值(扩展不确定度)汇总表

参考文献	不确定度种类	扩展不确定度值/dB	
		30 MHz～300 MHz	300 MHz～1 000 MHz
附录 D 的表 D.1 和表 D.2	MIU	6.2	5.1
CISPR 16-4-1	MIU	4.45	不适用
附录 D 的表 D.1 和表 D.2	SCU	7.9	8.4
RRT 结果:电钻[19]和图 22(包含所有实验室)	SCU	16.0	不适用
RRT 结果:吹风机[19](包含所有实验室)	SCU	8.1	不适用
RRT 结果:电钻[19](把一个实验室除外)	SCU	6.3	不适用
RRT 结果:吹风机[19](把一个实验室除外)	SCU	5.3	不适用
RRT 结果:真空吸尘器电机[21]	SCU	4.0	不适用

8　辐射发射测量

正在考虑中。

9　传导抗扰度测量

正在考虑中。

10　辐射抗扰度测量

正在考虑中。

附 录 A
（资料性附录）
符合性不确定度和干扰概率

A.1 介绍

本部分的第 A.1 条讨论了在标准化试验中与符合性判据相联系的“标准符合性不确定度”的使用和通过这个试验与要避免的干扰问题发生的概率相联系的“干扰概率”。此外，第 A.1 条解释了试验中测量的电平是被测产品潜在干扰的品质值。因此，为了判断不确定度的可能影响，必须考虑全部的电磁干扰问题，测量数据必须转化为干扰概率数据。

确定干扰概率需要的基础研究的例子在参考文献[2]中给出。应为与此试验有关的可允许的 SCU 设置干扰概率的最大值。如果超过这个最大值，应改进试验。另一个研究的例子在 A.2 中给出。最后，A.3 讨论了减小符合性不确定度不一定会导致干扰概率的减小。

因为没有得到实际的定量数据，A.2 和 A.3 是描述性的和定性的。本附录的目的是举例说明符合性试验的不确定度以某种方式影响“干扰概率”。除了本附录的描述，因为 CISPR/H 分会负责此课题，所以与 SCU 和“干扰概率”有关的课题将不在 CISPR 16 的本部分中作进一步讨论。

A.2 应用于辐射发射的示例

在图 A.1 中，假设，分布 X1 代表对满足限值 30 dBμV/m 要求的大量的不同设备所进行的辐射发射测量得到的结果，该试验是依据如 GB 4824（ISM 设备）或 GB 9254（IT 设备）、按 10 m 法进行的。所要避免的问题是由那些设备的发射场所造成的对 TV 接收的干扰。当大小为 6 dBμV/m 的骚扰场以适当的频率和极化方式到达 TV 的天线时，TV 的接收将出现降级。注意，在这种情况下保护电平低于发射限值 24dB！假定对于给定的 TV 接收频率，场强分布 X1 是从测量结果得到的。分布 X1 具有较大的宽度可通过如下几个因素来解释：

a） 并不是所有设备需要在选定的 TV 接收频率上发射；

b） 未确定的影响量受到与设备相连的电缆布局的影响；

c） 与接收天线性能有关的不确定度，例如天线系数、平衡和交叉极化；

d） 在 CISPR 16-1 中规定的 CISPR 接收机和试验场地的允差。

注意，分布 X1 超过了限值，这是由于不确定度包括固有不确定度和在批量产品的情形下应用 CISPR80％/80％准则得到的结果。

相应的干扰概率分布用 X2 表示。由于受到诸如下面的许多影响量的影响，该分布比 X1 要宽。

a） 场强的最大值（在辐射发射测量中要求的）不必在受扰天线的方向上；

b） 在受扰天线上场极化的失配，一般地，在该天线处没有直接的和非直接的场的叠加；

c） 场的散射和建筑物的衰减；

d） 与 10 m 的固定测量距离相比，源和受扰者之间的实际距离的概率分布。

结论是骚扰源和受扰天线之间的实际耦合因子显著地不同于在辐射发射测量中源和接收天线之间的耦合因子。实际耦合因子的扩展导致分布 X2 的较大宽度。从过去几十年的实践中知道干扰抱怨的数量是可接受的，因此在分布 X2 中超过保护电平的只能是很小一部分。从干扰概率的角度出发，由上述表明标准符合性不确定度应足够小以保证其对从分布 X1 向分布 X2 的过渡的影响可忽略不计。

A.3 减小符合性不确定度

如果合成不确定度的裕量减小了，那么有可能把设备设计成使图 A.1 中的分布 X1 沿限值电平的方向移动而产生分布 Y1。在 X1⇒X2 的条件下使用相同的转换数据产生分布 Y2。从图 A.1 显而易见在这种情况下可能导致大量抱怨的产生。因此不确定度的减小不能自动引起干扰概率的改进。换句话说，当减小不确定度时，可能需要选择更严格的限值来达到相同的干扰概率。目前，已经选择的限值使在与 CISPR 辐射发射测量有关的不确定度条件下干扰概率相当大。

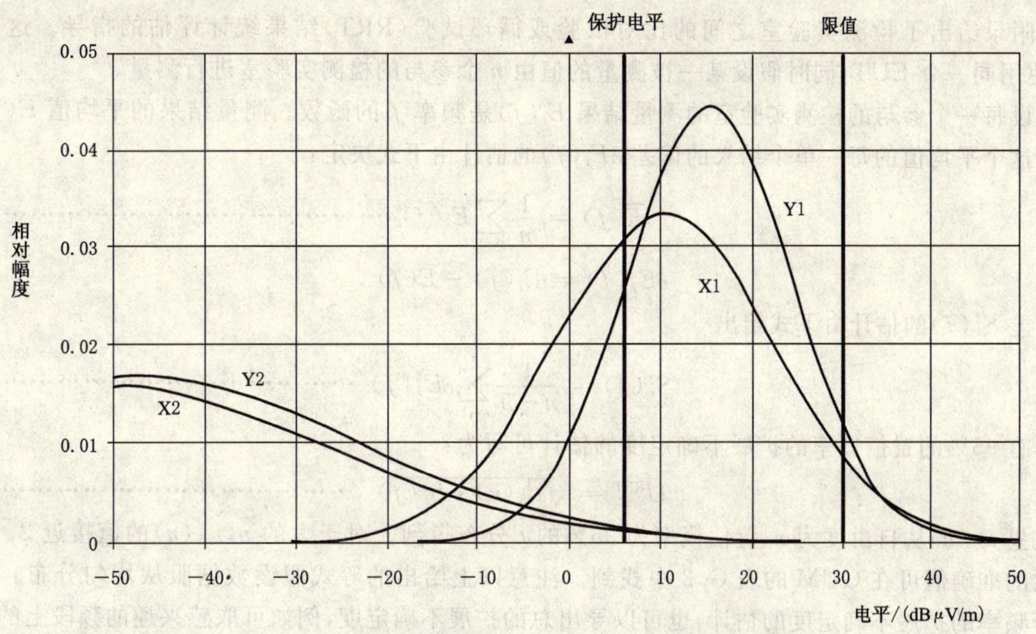

图 A.1 被测场强分布 X1 和 Y1，辐射限值和由分布 X2 和 Y2 决定的与相应干扰概率的确定有关的保护电平

附　录　B
（资料性附录）
检测实验室之间的试验结果的分析方法

本附录给出了检测实验室之间的比对试验或循环试验(RRT)结果统计评估的指导。这里假设RRT使用同一个EUT,同时假设某一被测量的值由 n 个参与的检测实验室进行测量。

假设每一个参与的检测实验室的测量结果 $E_i(f)$ 是频率 f 的函数。测量结果的平均值 $\overline{E}(f)$ 和对来自于这个平均值的每一单个结果的偏差 $\delta E_i(f)$ 的估计由下式决定：

$$\overline{E}(f) = \frac{1}{n}\sum_{i=1}^{n} E_i(f) \qquad \text{(B.1)}$$

$$\delta E_i(f) = E_i(f) - \overline{E}(f)$$

对于方差 $S_i^2(f)$ 的估计由下式给出

$$S_i^2(f) = \frac{1}{n-1}\sum_{i=1}^{n} \delta E_i^2(f) \qquad \text{(B.2)}$$

对于具有95%的置信概率的扩展不确定度的估计可写为：

$$U_i^{\mathrm{RRT}} = \sqrt{t_{95}^2(n) \cdot S_i^2(f)} \qquad \text{(B.3)}$$

这里 $t_{95}(n)$ 从自由度为 n、置信概率为95%的 t 分布得到。对于大的 n,$t_{95}(n)$ 的值接近2。作为 n 的函数的准确值可在GUM的表G.2中找到。注意以上给出的等式假设数据服从均匀分布。从这些依赖于频率的扩展不确定度的估计,也可以导出总的扩展不确定度,例如可取感兴趣的频段上的扩展不确定度的最大值。然后,将从RRT得到的这个值与从不确定度预评估得到的值进行比较。

附 录 C
（资料性附录）
吸收钳校准法的不确定度预评估

本附录给出了对于最初的吸收钳校准法典型的不确定度预评估的例子。表 C.1 适用于 30 MHz～300 MHz 的频率范围，表 C.2 适用于 300 MHz～1 000 MHz 的频率范围。

对于夹具校准法和参考设备校准法的不确定度预评估仍然在考虑中。

表 C.1 30 MHz～300 MHz 频率范围内最初的吸收钳校准法的不确定度预评估

不确定度源 （不确定度因素/影响量）	不确定度值 （+/−dB）	概率分布	因子	标准不确定度
与 EUT 有关的				
稳定性	0.1	正态	2.00	0.05
与布置有关的				
导线的横截面	0.1	矩形	1.73	0.06
导线的长度	0.2	矩形	1.73	0.12
吸收钳中 CRP 处导线的位置	0.2	矩形	1.73	0.12
参考平面上导线的高度	0.1	矩形	1.73	0.06
起始和终止位置的允差	0.5	矩形	1.73	0.29
测量电缆的导轨和走线	1.0	矩形	1.73	0.58
与试验程序有关的				
吸收钳扫描的重复性	0.1	矩形	1.73	0.06
与环境有关的				
温度和湿度	0.1	矩形	1.73	0.06
信号与环境电平之比	0.1	正态	2.00	0.05
操作者的影响	1.0	矩形	1.73	0.58
与测量设备和设施有关的				
信号源的稳定性	0.1	正态	2.0	0.05
接收机/分析仪的线性特性	0.5	矩形	1.73	0.29
输入端的失配	0.4	U-形	1.41	0.28
输出端的失配	0.4	U-形	1.41	0.28
测量系统的读数	0.1	矩形	1.73	0.06
信噪比	0.1	矩形	1.73	0.06
吸收钳试验场地的偏差	2.5	正态	2.0	1.25
吸收钳滑轨的材料	0.2	矩形	1.73	0.12
辅助吸收装置的去耦因子	0.1	矩形	1.73	0.06
耦合去耦网络的性能	0.1	矩形	1.73	0.06
合成的标准不确定度				1.62
扩展不确定度		正态	2.00	3.24

表 C.2　300 MHz～1 000 MHz 频率范围内最初的吸收钳校准法的不确定度预评估

不确定度源 (不确定度因素/影响量)	不确定度值 (+/-dB)	概率分布	因子	标准不确定度
与 EUT 有关的				
稳定性	0.2	正态	2.00	0.10
与布置有关的				
导线的横截面	0.1	矩形	1.73	0.06
导线的长度	0.2	矩形	1.73	0.12
吸收钳中 CRP 处导线的位置	1.0	矩形	1.73	0.58
参考平面上导线的高度	0.1	矩形	1.73	0.12
起始和终止位置的允差	1.0	矩形	1.73	0.58
测量电缆的导轨和走线	0.5	矩形	1.73	0.29
与试验程序有关的				
吸收钳扫描的重复性	0.5	矩形	1.73	0.29
与环境有关的				
温度和湿度	0.1	矩形	1.73	0.06
信号与环境电平之比	0.1	正态	2.00	0.05
操作者的影响	0.3	矩形	1.73	0.17
与测量设备和设施有关的				
信号源的稳定性	0.1	正态	2.00	0.05
接收机/分析仪的线性特性	0.5	矩形	1.73	0.29
输入端的失配	0.4	U-形	1.41	0.28
输出端的失配	0.4	U-形	1.41	0.28
测量系统的读数	0.1	矩形	1.73	0.06
信噪比	0.3	矩形	1.73	0.17
吸收钳试验场地的偏差	2.0	正态	2.00	1.00
吸收钳滑轨的材料	0.5	矩形	1.73	0.29
辅助吸收装置的去耦因子	0.1	矩形	1.73	0.06
耦合去耦网络的性能	0.1	矩形	1.73	0.06
合成的标准不确定度				1.51
扩展不确定度		正态	2.00	3.02

附　录　D
（资料性附录）
吸收钳测量法的不确定度预评估

本附录给出了吸收钳测量法典型的不确定度预评估。表 D.1 适用于 30 MHz～300 MHz 的频率范围，表 D.2 适用于 300 MHz～1 000 MHz 的频率范围。

表 D.1　30 MHz～300 MHz 频率范围内吸收钳测量法的不确定度预评估

不确定度源 （不确定度因素/影响量）	不确定度值 （＋/－dB）	概率分布	因子	标准不确定度	参考
与 EUT 有关的					
EUT 的尺寸	0.0	矩形	1.73	0.0	注 1
骚扰的特征	0.0	矩形	1.73	0.0	注 1
EUT 单元和电缆的布置	3.0	矩形	1.73	1.7	
运行模式	3.0	矩形	1.73	1.7	注 2
与布置有关的					
导线的横截面	0.1	矩形	1.73	0.1	
导线的长度	0.2	矩形	1.73	0.1	
吸收钳中 CRP 处的位置	0.2	矩形	1.73	0.1	
参考平面上导线的高度	0.1	矩形	1.73	0.1	
起始和终止位置的允差	0.5	矩形	1.73	0.3	
测量电缆的导轨和走线	1.0	矩形	1.73	0.6	
与测量程序有关的					
接收机的设置	1.0	矩形	1.73	0.6	
吸收钳的扫描步长	0.1	矩形	1.73	0.1	
与环境有关的					
温度和湿度	0.1	矩形	1.73	0.1	
信号与环境电平之比	0.1	正态	2.00	0.1	
操作者的影响	1.0	矩形	1.73	0.6	
电源电压的变化	0.2	矩形	1.73	0.1	
电压去耦装置的应用	3.0	矩形	1.73	1.7	
与测量设备和设施有关的					
准确度	2.0	矩形	1.73	1.2	
输出端的失配	0.6	U-形	1.41	0.4	
测量系统的读数	0.1	矩形	1.73	0.1	
信噪比	0.1	矩形	1.73	0.1	
吸收钳试验场地的偏差	2.5	正态	2.00	1.3	
吸收钳滑轨的材料	0.2	矩形	1.73	0.1	

表 D.1(续)

不确定度源 (不确定度因素/影响量)	不确定度值 (+/−dB)	概率分布	因子	标准不确定度	参考
吸收钳的修正因子的不确定度	3.0	正态	2.00	1.5	
吸收钳的去耦因子	0.1	矩形	1.73	0.1	
接收机的去耦	0.1	矩形	1.73	0.1	
合成的标准不确定度(SCU)				3.9	注3
扩展不确定度(SCU)		正态	2.00	7.9	
合成的标准不确定度(MIU)				3.1	注4
扩展不确定度(MIU)		正态	2.00	6.2	

注1:由于EUT的布置,这些影响量不直接影响不确定度。
注2:对于复杂的EUT,不同的运行模式可能引起显著的不确定度。
注3:这种标准符合性不确定度(SCU)包含所有的影响量。
注4:这种测量设备和设施的不确定度(MIU)包含除了与EUT有关的所有影响量。

表 D.2 300 MHz~1 000 MHz 频率范围内吸收钳测量法的不确定度预评估

不确定度源 (不确定度因素/影响量)	不确定度值 (+/−dB)	概率分布	因子	标准不确定度	参考
与EUT有关的					
EUT的尺寸	0.0	矩形	1.73	0.0	注1
骚扰的特征	0.0	矩形	1.73	0.0	注1
EUT单元和电缆的布置	5.0	矩形	1.73	2.9	
运行模式	3.0	矩形	1.73	1.7	注2
与布置有关的					
导线的横截面	0.1	矩形	1.73	0.1	
导线的长度	0.2	矩形	1.73	0.1	
吸收钳中CRP处的位置	1.0	矩形	1.73	0.6	
参考平面上导线的高度	0.2	矩形	1.73	0.1	
起始和终止位置的允差	1.0	矩形	1.73	0.6	
测量电缆的导轨和走线	0.5	矩形	1.73	0.3	
与测量程序有关的					
接收机的设置	1.0	矩形	1.73	0.6	
吸收钳的扫描步长	0.1	矩形	1.73	0.1	
与环境有关的					
温度和湿度	0.1	矩形	1.73	0.1	
信号与环境电平之比	0.1	正态	2.00	0.1	
操作者的影响	0.3	矩形	1.73	0.2	
电源电压的变化	0.2	矩形	1.73	0.1	

表 D.2(续)

不确定度源 (不确定度因素/影响量)	不确定度值 (+/−dB)	概率分布	因子	标准不确定度	参考
电压去耦装置的应用	0.5	矩形	1.73	0.3	
与测量设备和设施有关的					
准确度	2.0	矩形	1.73	1.2	
输出端的失配	0.6	U-形	1.41	0.4	
测量系统的读数	0.1	矩形	1.73	0.1	
信噪比	0.3	矩形	1.73	0.2	
吸收钳试验场地的偏差	2.0	矩形	1.73	1.2	
吸收钳滑轨的材料	0.5	正态	2.00	0.3	
吸收钳的修正因子的不确定度	3.0	正态	2.00	1.5	
吸收钳的去耦因子	0.1	矩形	1.73	0.1	
接收机的去耦	0.1	矩形	1.73	0.1	
合成的标准不确定度(SCU)				4.2	注 3
扩展不确定度(SCU)		正态	2.00	8.4	
合成的标准不确定度(MIU)				2.5	注 4
扩展不确定度(MIU)		正态	2.00	5.1	

注 1:由于 EUT 的布置,这些影响量不直接影响不确定度。

注 2:对于复杂的 EUT,不同的运行模式可能导致显著的不确定度。

注 3:这种标准符合性不确定度(SCU)包含所有的影响量。

注 4:这种测量设备和设施的不确定度(MIU)包含除了与 EUT 有关的所有影响量。

参考文献

[1] J. J. Goedbloed, 'Uncertainties in standardized EMC compliance testing', Proc. Intern. Symp. on EMC, Zurich, Switzerland, February 1999, Supplement pp. 161-178.

[2] Characterisation and classification of the asymmetrical disturbance source induced in telephone-subscriber lines by AM broadcasting transmitters in the LW, MW and SW bands, CISPR 16-3, 4.4, p. 72.

[3] J. J. Goedbloed, 'Analysis of the results of the CISPR/A radiated emission round robin test', Philips Research Unclassified Report 2002/811, May 2002.

[4] IEEE Standard Dictionary of Electrical and Electronics Terms, IEEE, New York, 1984

[5] E. Bronaugh, 'Mains simulation network (LISN or AMN) Uncertainty. How good are your conducted emission measurements?', Zurich Intern. Symp. on EMC, Febr. 1999, pp 521-526.

[6] T. Williams, G. Orford, 'Calibration and use of artificial mains networks and absorbing clamps', Report DTI-NMSPU Project FF2.6, 1999, Published by Schaffner-Chase EMC-Ltd and the National Physical Laboratory, UK.

[7] L. van Wershoven, 'The effect of cable geometry on the reproducibility of EMC measurements', Proc. IEEE EMC Symp., Seattle, August 1999, pp 780-785.

[8] J. J. Goedbloed, 'Electromagnetic compatibility', Kluwer, The Netherlands, (formally printed by Prentice Hall)

[9] NAMAS Report M3003, 'The expression of uncertainty and confidence in measurement', ed. 1, Dec. 1997.

[10] NAMAS Publication NIS 81, 'The treatment of Uncertainty in EMC Measurements', Edition 1, May 1994.

[11] UKAS Publication LAB34, 'The expression of Uncertainty in EMC testing', Edition 1, August 2002.

[12] EAL Publication no EAL-P7, 'EAL Interlaboratory comparisons', Ed. 1, March 1996.

[13] Eurachem/CITAC Guide QUAM: 2000. P1, 'Quantifying Uncertainty in Analytical Measurement, 2nd ed.

[14] B. M. Wood, R. J. Douglas, 'Quantifying demonstrated equivalence, IEEE Transactions on Instrumentation and Measurements, vol. 48, no. 2, pp. 162-165, April 1999.

[15] NAMAS Report LAB34, The expression of uncertainty in EMC testing. Edition 1, August 2002

[16] WILLIAMS, T. and ORFORD, G. Calibration and use of artificial mains networks and absorbing clamps. DTI-NMSPU Project FF2.6, Dec. 1998

[17] CISPR/A/WG1(ad hoc absorbing clamp/Ryser) 00-1, Systematic compilation of influence factors in calibration and measurement with the absorbing clamp. May 2000.

[18] CISPR/A/WG1(ad hoc AB-CL/Dunker) 01-03, Report of the 2nd RRT for calibration of the absorbing clamp, verification of the test sites and further activities of the ad hoc group. May 2001

[19] CISPR/A/WG2(Beeckman)03-01, Results of the absorbing clamp Round Robin Test carried out in The Netherlands. February 2003 NOTE This RRT was initiated and managed by the Dutch Radio Agency in 2002.

[20] RYSER, H. Experience with new calibration and test site validation methods for the absorbing clamp. Proceedings Zurich EMC Symposium 2003, pp. 689-694

[21] Results of RRT disturbance power measurements according to CISPR 14-1, carried out in Germany in 1998 (no official report available)

ICS 33.100.20
L 06

中华人民共和国国家标准化指导性技术文件

GB/Z 6113.403—2007/CISPR 16-4-3/TR:2004

无线电骚扰和抗扰度测量设备和测量方法规范 第4-3部分:不确定度、统计学和限值建模 批量产品的EMC符合性确定的统计考虑

Specification for radio disturbance and immunity measuring apparatus and methods—Part 4-3: Uncertainties, statistics and limit modelling—Statistical considerations in the determination of EMC compliance of mass-produced

(CISPR 16-4-3/TR:2004,IDT)

2007-09-05 发布

中华人民共和国国家质量监督检验检疫总局
中国国家标准化管理委员会 发布

前　言

GB/Z 6113.403 等同采用国际技术报告 CISPR 16-4-3/TR:2004《无线电骚扰和抗扰度测量设备和测量方法规范　第 4-3 部分:不确定度、统计学和限值建模　批量产品的 EMC 符合性确定的统计考虑》(英文版),本部分的全部内容为指导性。

鉴于 IEC/CISPR 16 为电磁兼容系列基础标准,且篇幅大,内容多,为了方便标准的制定、维护和使用,2002 年 IEC/CISPR A 分会决定对该标准的结构进行重大调整,将原来的 4 个分部分拆分为现在的 14 个分部分,2006 年增至 15 个分部分,并从 2003 年 11 月起陆续发布。我国依据等同原则,将陆续完成相应国标的制修订工作。该系列标准中的新、旧国家标准及其与 IEC/CISPR 16 系列标准/出版物的对应关系如下:

<table>
<tr><th>旧标准编号和名称</th><th>新标准编号和名称</th></tr>
<tr><td rowspan="5">GB/T 6113.1—1995
(eqv CISPR 16-1:1993)*
无线电骚扰和抗扰度测量设备</td><td>GB/T 6113.101(idt CISPR 16-1-1)
第 1-1 部分:无线电骚扰和抗扰度测量设备　测量仪器</td></tr>
<tr><td>GB/T 6113.102(idt CISPR 16-1-2)
第 1-2 部分:无线电骚扰和抗扰度测量设备
辅助设备——传导骚扰</td></tr>
<tr><td>GB/T 6113.103(idt CISPR 16-1-3)
第 1-3 部分:无线电骚扰和抗扰度测量设备
辅助设备——骚扰功率</td></tr>
<tr><td>GB/T 6113.104(idt CISPR 16-1-4)
第 1-4 部分:无线电骚扰和抗扰度测量设备
辅助设备——辐射骚扰</td></tr>
<tr><td>GB/T 6113.105(idt CISPR 16-1-5)
第 1-5 部分:无线电骚扰和抗扰度测量设备
30 MHz～1 000 MHz 天线校准场地</td></tr>
<tr><td rowspan="4">GB/T 6113.2—1998
(eqv CISPR 16-2:1996)*
无线电骚扰和抗扰度测量方法</td><td>GB/T 6113.201(idt CISPR 16-2-1:2003)
第 2-1 部分:无线电骚扰和抗扰度测量方法
传导骚扰测量</td></tr>
<tr><td>GB/T 6113.202(idt CISPR 16-2-2:2004)
第 2-2 部分:无线电骚扰和抗扰度测量方法
骚扰功率测量</td></tr>
<tr><td>GB/T 6113.203(idt CISPR 16-2-3:2004)
第 2-3 部分:无线电骚扰和抗扰度测量方法
辐射骚扰测量</td></tr>
<tr><td>GB/T 6113.204(idt CISPR 16-2-4:2004)
第 2-4 部分:无线电骚扰和抗扰度测量方法
抗扰度测量</td></tr>
</table>

旧标准编号和名称	新标准编号和名称
CISPR 16-3:2000 Reports and recommendations of CISPR	GB/Z 6113.3—2006(idt CISPR 16-3:2003) 第3部分:无线电骚扰和抗扰度测量技术报告
CISPR 16-4:2002 Uncertainty in EMC measurements	GB/Z 6113.401—2007(idt CISPR 16-4-1:2003) 第4-1部分:不确定度、统计学和限值建模 标准化 EMC 试验的不确定度
	GB/T 6113.402—2006(idt CISPR 16-4-2:2003) 第4-2部分:不确定度、统计学和限值建模 测量设备和设施的不确定度
	GB/Z 6113.403—2007(idt CISPR 16-4-3:2004) **第4-3部分:不确定度、统计学和限值建模** **批量产品的 EMC 符合性确定的统计考虑**
	GB/Z 6113.404—2007(idt CISPR 16-4-4:2003) 第4-4部分:不确定度、统计学和限值建模 抱怨的统计和限值的计算模型
	GB/Z 6113.405(idt CISPR 16-4-5:2006)** 第4-5部分:不确定度、统计学和限值建模 替换试验方法的使用条件
注1:*修订中 **待制定;黑体字为该标准的本部分。 注2:表中除 GB/Z 6113.403 以外的国家标准名称以制定或修订后发布的标准名称为准。 注3:CISPR 16 系列标准调整之前没有与 CISPR 16-3 和 CISPR 16-4 相对应的国家标准。	

本部分的附录A、附录B和附录C为资料性附录。

本部分由全国无线电干扰标准化技术委员会(SAC/TC 79)提出并归口。

本部分起草单位:信息产业部电子工业标准化研究所、北京交通大学、上海电器科学研究所(集团)有限公司。

本部分主要起草人:陈俐、张林昌、闻映红、崔强、寿建霞。

引　言

本部分内容主要涉及确定批量产品电磁兼容符合性的统计考虑，其目的旨在为确定批量生产的电子及电器产品的电磁兼容符合性提供基于统计技术上的指导。本部分共分6章，其主要内容包括范围、规范性引用文件、术语、定义和符号、80%/80%准则的一般要求、发射试验中80%/80%准则应用的特定要求和抗扰度试验中80%/80%准则应用的指导。此外，附录A给出了确定无线电干扰限值的统计考虑。附录B给出了不完全样本的情况下对无线电骚扰统计参数的分析评估。附录C叙述了基于附加的可接受限值的试验方法的数学理论。

无线电骚扰和抗扰度测量设备和测量方法规范 第4-3部分:不确定度、统计学和限值建模 批量产品的EMC符合性确定的统计考虑

1 范围

本部分论及了确定批量产品电磁兼容符合性的统计考虑。

对该统计考虑的原因有:

a) 降低干扰的目的在于使大多数合格的产品不再引起干扰;

b) CISPR(国际无线电干扰特别委员会)的限值不仅要适合单个产品的型式批准,而且要适合批量生产的产品的型式批准;

c) 必须应用统计技术以保证批量生产的产品符合 CISPR 的标准;

d) 当应用到每一个国家时,对限值意义的理解应该是相同的,这一点对国际贸易是重要的;

e) 参与 CISPR 合作的 IEC 的各国家委员会应努力寻求它们所在国家权威机构的认可。

因此,本部分基于统计技术规定了要求并提供了指导。批量产品的电磁兼容符合性应当基于统计技术的应用,此技术必须向消费者确保所研究类型的产品的80%、以80%的置信度符合发射或抗扰度要求。第4章给出了这种所谓的80%/80%准则的一般要求。第5章给出了80%/80%准则应用于发射试验更多的特定要求。第6章给出了 CISPR 80%/80%准则应用于抗扰度试验的指南。80%/80%准则保护消费者不会获得不符合的产品,但是这并不表示来自于抽样的一批产品将被接受的概率。这种接受的概率对制造商是非常重要的。附录A,给出了更多关于接受概率(制造商的风险)的信息。

2 规范性引用文件

下列文件中的条款通过本部分的引用而成为本部分的条款。凡是注日期的引用文件,其随后所有的修改单(不包括勘误的内容)或修订版均不适用于本部分,然而,鼓励根据本部分达成协议的各方研究是否可使用这些文件的最新版本。凡是不注日期的引用文件,其最新版本适用于本部分。

GB/T 4365—2003 电工术语 电磁兼容(idt IEC 60050(161):1990+A1:1997+A2:1998)

GB/T 6113.402—2006 无线电骚扰和抗扰度测量设备和测量方法规范 第4-2部分:不确定度、统计学和限值建模 测量设备和设施的不确定度(CISPR 16-4-2:2003,IDT)

3 术语、定义和符号

GB/T 4365—2003 中确立的术语、定义和符号均适用于本部分。

4 一般要求

下面有关对 CISPR 限值和使批量生产的产品符合该限值的统计抽样方法的解释是适用的。

4.1 限值

4.1.1 CISPR 限值是一种推荐给各国权威机构,以便纳入其国家标准、相关法规以及官方规范当中使用的限值。同时,也建议国际组织使用这些限值。

4.1.2 对于产品的型式批准,限值的含义是:在统计学的基础上,至少以80%的置信度、批量生产的产品至少有80%符合限值。

4.2 型式试验的方法

可以使用如下两种方法进行型式试验：

4.2.1 同类型产品样本的使用

当使用这种方法时，同类型产品样本应根据第5章（发射试验）和第6章（抗扰度试验）所叙述的方法进行统计评估。

与限值的符合性的统计评估应根据第5章和第6章所叙述的方法或根据某些其他确保符合4.1.2要求的方法进行。

4.2.2 具有后续质量保证试验的单个产品的使用

为简便起见，最初的型式试验只对一个产品进行。然而，经常从生产过程中随机抽取产品进行跟踪试验是必要的。

4.2.3 型式批准的撤销

当撤销型式批准可能引起异议的情况下，只有按照上述4.2.1在对足够的样本进行试验后，才能考虑撤销与否。

5 发射测量

应按照下述5.1、5.2或5.3的三种试验之一，或者根据保证符合4.1.2要求的其他试验来作出与发射限值的符合性的统计评估。

5.1 基于非中心 t 分布的试验

该试验的样本大小应该不小于5；但是如果在特殊情况下无法获得大小为5的样本，此时样本大小可以取3。通过下式来判断是否符合限值：

$$\bar{x}_n + kS_n \leq L \quad \cdots\cdots (1)$$

式中：

$\bar{x}_n$——容量为 n 的样本电平的算术平均值(dB(μV)，dB(μV/m)或者 dB(pW))；

$$S_n^2 = 1/(n-1)\sum(x-\bar{x}_n)^2 \quad \cdots\cdots (2)$$

x——单个样本的电平(dB(μV)，dB(μV/m)或者 dB(pW))。

k——以80%的置信度认为80%的产品低于限值时，从非中心 t 分布表中所查得的因子；k 取决于样本大小 n。k 与 n 的关系如表1所示。

L——允许的限值(dB(μV)，dB(μV/m)或者 dB(pW))。

表1 系数 k 与样本大小 n 的关系

n	3	4	5	6	7	8	9	10	11	12
k	2.04	1.69	1.52	1.42	1.35	1.30	1.27	1.24	1.21	1.20

x、$\bar{x}_n$、S_n、L 的值是用对数来表示的。

如果由于测量设备灵敏度不够而导致样本中的一件或几件设备不能够被测量，那么用附录B叙述的方法加以解决。

5.1.1 子频段试验

5.1.1.1 概述

80%/80%准则应用于样本的每一个EUT在特定的频率或频率范围的特定发射。现代计算机控制的测量设备通常在完成全频段扫描后再在整个发射频谱的某些频率上测量数量有限的最高骚扰电平。因为在相同频率上的骚扰电平或(即)最高发射频率上的骚扰电平会因EUT的不同而不同，所以在样本中最高骚扰电平所对应的测量频率，通常也会随着EUT的不同而变化。因此很难在相同的频率上获得每一个EUT的骚扰测量电平来计算其平均值和标准差，这些测量结果也就不能应用80%/80%准则。基于这个原因，将整个频率范围划分成一定数量的子频段是有用的，它允许在每一子频段通过取最高的测量电平后再在整个频率范围内进行发射频谱的统计分析。

为了在80%/80%准则中使用非中心 t 分布，有必要对测量值进行归一化。这样就可以使这些归一化的测量值在子频段内使用80%/80%准则，而与子频段内的限值是否变化无关。

应将整个频率范围在对数频率轴上分成数个子频段。如果产品委员会规定了变化的限值，那么子频段的起止点可以对应于限值变化的频率点。

注：子频段仅适用于基于非中心 t 分布的试验。

5.1.1.2 子频段的数量

建议将那些尚在考虑中的骚扰测量方法的频率范围划分成多个子频段。每一子频段的宽度作为频率的函数以对数方式减小。对于不同的骚扰测量方法，建议按以下数量划分子频段：

——对于骚扰电压的测量，在不超过30 MHz的频率范围内至少划分成8段；

——对于骚扰功率的测量，在30 MHz～300 MHz的频率范围内至少划分成4段；

——对于骚扰场强的测量，在30 MHz～1 000 MHz的频率范围内划分成8段左右。

注1：子频段数量的确定应使得骚扰特性的频率依赖性能被评估。当子频段的数量减小时，如果限值对发射平均值与标准差之和的比在子频段内不减小即可认为满足这个条件。

注2：根据不同产品的骚扰特性，产品委员会应确定子频段的数量。

注3：所推荐的子频段数量基于GB 4343.1和GB 9254的装置/设备的抽样研究。

注4：子频段的过渡频率应使用下式计算：

$$f_i = f_{\text{low}} \times 10^{\frac{i}{N}\lg\left(\frac{f_{\text{upp}}}{f_{\text{low}}}\right)}$$

式中：

$i=1-N$，f_i 表示第 i 个子频段的过渡频率；

f_{low}，f_{upp}——分别是整个频率范围的低端、高端频率；

N——子频段的数量。

注5：对于主要是窄带发射，有可能通过预先检查选择那些单个的窄带发射，使用非中心 t 分布而无需再划分子频段。

5.1.1.3 测得的骚扰电平的归一化

应将子频段内测量值的平均值和标准差与限值进行比较。因为限值在整个子频段内有可能不是常量，所以测量值的归一化是必须的。

为了归一化，需要确定最高测量电平所对应的特定频率 f 处被测电平 x_f 与限值电平 L_f 之间的差值 d。只要测量值低于限值，则差值为负。

$$d_f = x_f - L_f \quad \cdots\cdots (3)$$

式中：

d_f——在特定的频率处的测量值与限值的差值(dB)；

x_f——测量电平(dB(μV)、dB(pW)或dB(μV/m))；

L_f——在特定频率处的限值(dB(μV)、dB(pW)或dB(μV/m))。

5.1.1.4 基于非中心 t 分布的子频段试验

对于每一子频段样本中所有样品的测量结果，应计算差值 d_f 的平均值和标准差。差值的平均值是

$$\overline{d_f} = \frac{1}{n}\sum_n d_f \quad \cdots\cdots (4)$$

式中：

n——所抽样的样本数量；

$\overline{d_f}$——子频段内差值的平均值。

标准差由下式计算：

$$S_{df} = \frac{1}{\sqrt{n-1}}\sqrt{\sum_n (d_f - \overline{d_f})^2} \quad \cdots\cdots (5)$$

式中：

S_{df}——在子频段内的标准差。

符合性由下式作出判断：

$$\overline{d_f}+k\cdot S_{df}\leq 0 \quad\cdots\cdots(6)$$

式中：

k——见5.1。

5.2 基于二项式分布的试验

试验样本的大小应该不小于7。产品的符合性通过以下条件来判断：当样本大小为 n 时，骚扰电平超过限值的产品数量不大于 c(见表2)。

表2 所允许的不符合产品数量 c 与样本大小 n 的关系

n	7	14	20	26	32
c	0	1	2	3	4

5.3 基于附加的可接受限值的试验

该试验应在特定类型、至少5个样品上进行，假如在特殊情况下不能得到5个样品，至少也要3个样品。关于这种方法在5.5中有详细叙述。如果每一个测得的骚扰电平 x_i 满足下式就可判定其符合限值。

$$x_i\leq AL=L-\sigma_{\max}\cdot k_E \quad\cdots\cdots(7)$$

式中：

AL——可接受的限值；

L——允许的限值；

$\sigma_{\max}$——产品期望的最大标准差，它是期望标准差的两倍，该值由产品技术委员会按5.3.1的步骤来确定，或者针对不同类型的骚扰测量使用以下的保守估值：

骚扰电压：$\sigma_{\max}$=6 dB(见注1)

骚扰功率：$\sigma_{\max}$=6 dB(见注1)

骚扰场强：$\sigma_{\max}$=××dB(见注2)

注1：保守估值“6 dB”是通过对大量不同类型EUT(每一种类型包括3个或5个样品)的测量来确定的(骚扰电压130个、骚扰功率40个)。然后，又经过对“应用非中心 t 分布的试验”和“使用附加裕量试验”这两种试验方法的比较对6 dB的值进行了评估。两种试验给出了相同的认可百分比。

注2：骚扰场强的值正在考虑中。

k_E——某一“产品类”的产品的80％以80％的置信度低于限值时，从正态分布表中得到的因子；k_E 取决于样本大小 n，具体数值见下表(相关信息见第C.1章)：

n	3	4	5	6
k_E	0.63	0.41	0.24	0.12

x、L、k_E 和 $\sigma_{\max}$ 用对数表示，单位可为dB(μV)、dB(μV/m)或dB(pW)。

注：当 $\sigma_{\max}$=6 dB时，可以计算得到下面附加的可接受限值：

抽样的数量	3	4	5	6
附加的可接受限值[dB]	3.8	2.5	1.5	0.7

5.3.1 最大期望标准差的评估

骚扰发射的期望标准差应由有效数量的产品样品来确定。建议按以下程序评估最大期望标准差：

对于所关注的样本，在每一个所关注的频率上或子频段内，测量得到的最大发射 x_i 与限值 L 之差 $x_{\min}$ 由下式确定：

$$x_{min}=(x_i-L)_{max} \quad (8)$$

其标准差 S_{sub} 由下式确定：

$$S_{sub}=\frac{1}{\sqrt{n-1}}\sqrt{\sum_n (x_{min}-\bar{x}_{min})^2} \quad (9)$$

式中：

n——样本中样品的数量。

对每个样本应确定在各个子频段内的平均标准差 $\bar{S}_{sample}$。期望标准差 $\bar{S}_{expect}$ 是所有样本 S_{sample} 的平均值。

最大期望标准差是期望标准差的两倍。

注：通过比较 5.1“基于非中心 t 分布的试验”和 5.3“基于附加的可接受限值的试验”这两种方法来选择因子为 2。因为因子为 2 时，两种试验方法有相同的样品拒绝接受率。

产品技术委员会可以确认其产品的期望标准差。

5.4 在不符合情况下的附加抽样

如果样本试验的结果不符合 5.1、5.2 或 5.3 的要求，可以对二次抽样的样本进行试验，并与第一次抽样的样本试验结果相结合，检查组合后这个较大的样本的符合性。5.3 的方法仅适用于 7 件样品或更少样品组成的样本。

5.5 上述 4 种不同方法的特点

对于大批量产品的符合性评估，可用的四种试验方法是：

——使用单个产品；

——非中心 t 分布（见 5.1）；

——二项式分布（见 5.2）；

——附加的余量（见 5.3）。

上述的每一种方法都以不同的统计方法论为基础，因此制造商或权威机构在具体实施这些方法时，每一种方法都具有不同的特点（优势或缺陷）。

a) 使用单个产品

选择单个产品/设备来进行试验的方法由制造商采用。这种方法要求对产品进行定期检验。

b) 非中心 t 分布

这种试验方法基于非中心 t 分布并包含总体服从正态分布的条件。只要满足这个条件，这种方法就能针对样本的批准给出正确的结果。但是如果一个或两个测量结果远低于限值，而其余的测量结果接近于（但低于）限值，则测量结果有可能表明该批量产品得不到批准。

如果不合格是由于远低于限值的测量结果带来的大的标准差引起的，那么可以选择附加的余量试验方法来对不符合的样本进行试验。如果样本合格，则该批量产品就可获得批准。

在未获得型式批准的情形下，可在较大的样本中选择更多相同批次的产品、将不合格的样品和新选择的样品进行重新组合。

这种试验方法的优点是样本相对较小。

c) 二项式分布

这种方法仅基于二项式分布但不包含总体正态分布的条件。这种试验方法针对样本的批准与不批准均能给出正确的结果。

在未获得型式批准的情形下，可在较大的样本中选择更多相同批次的产品、将不合格的样品和新选择的样品进行重新组合。

这种试验方法的缺点是样品的数量至少要 7 件。

d) 附加的可接受限值

这种方法基于总体正态分布的条件和期望标准差的估值。这种试验方法对于样本的批准能给出正确的结果。

如果不合格是由接近于限值的测量结果引起的,那么可以针对不合格的样本进行基于非中心 t 分布抽样的附加试验。如果样品合格,这种产品就获得通过。

在未获得型式批准的情形下,可在较大的样本中选择更多相同批次的产品、将不合格的样品和新选择的样品进行重新组合。这种方法仅适用于样品数量小于 7 的样本。

5.6 符合性判据和测量设备/设施的不确定度

对于产品符合性的要求包含两个部分:一个是 80%/80% 准则的要求,另一部分是在 GB/T 6113.402中规定的测量设备/设施的不确定度。

因此只要满足 GB/T 6113.402 的要求,就表明试验结果在 80%/80%准则的意义上符合限值。这就意味着 U_{Lab}小于或等于 U_{CISPR}。

如果 U_{Lab}大于 U_{CISPR},应用 80%/80%准则的测量结果必须增加一个 Δ 值:

$$\Delta=[U_{\text{Lab}}-U_{\text{CISPR}}]_{U_{\text{CISPR}}<U_{\text{Lab}}} \quad \cdots\cdots (10)$$

6 抗扰度试验

6.1 在抗扰度试验中 CISPR 80%/80%准则的应用

在评估批量生产的产品和设备的抗扰度时,必须考虑 CISPR 抽样方案中所用的统计方法。已经有两种标准化的方法:一种使用二项式分布,另一种使用非中心 t 分布。

利用二项式分布的方法实质上是采用计数抽样。因此,这种方法应该应用在那些抗扰度电平不能确定的抗扰度试验中;其结果只能用来判断产品或设备是否符合抗扰度标准,也就是说,试验结果只能表明产品或设备对于一个特定的抗扰度电平合格或不合格。

利用非中心 t 分布的方法实质上是利用计量抽样。这种方法适合于抗扰度电平或者引起产品或设备性能降低的试验信号电平能够确定的抗扰度试验。在应用非中心 t 分布方法以前,上述的信号电平应该以对数单位来表示。

6.2 CISPR 80%/80%准则的应用指南

6.1 只给出关于如何选择在评估批量生产的产品和设备的抗扰度时使用的统计试验方法。当相关的产品技术委员会决定有必要进行统计评估时应按 6.1 进行。产品技术委员会也可以决定只做型式试验就足够了。

6.2.1 计数抽样

在受试设备(EUT)进行抗扰度试验时,如果骚扰信号超过了抗扰度电平,EUT 的敏感器件可能会受到骚扰信号的影响,使 EUT 遭到破坏。在这种情况下,只能进行基于"合格/不合格"或者"通过/不通过"的抗扰度试验;也就是说,试验结果只有两种可能,即 EUT 是否符合抗扰度限值的要求。"合格"和"不合格"都是 EUT 的本质属性,因此必须使用基于二项式分布的方法。

基于"合格/不合格"的抗扰度试验并不一定会导致对 EUT 的破坏。如果只用一个固定的电磁骚扰电平进行试验,那么有可能只需要进行"合格/不合格"的判别。同样地,在这种情况下也要使用基于二项式分布的抽样方法。

对无线电电信设备所进行的雷电瞬态的抗扰度试验是基于"合格/不合格"并且有可能会损坏 EUT 的一个例子。对(数字)信息技术设备进行的静电放电抗扰度试验则是采用固定骚扰电平的例子。

6.2.2 计量抽样

如果 EUT 及其所选择的抗扰度试验允许确定抗扰度电平或性能降级的信号电平(这些电平将是可变的),那么,产品技术委员会将会决定选择计量抽样。此时,必须使用基于非中心 t 分布的抽样方法。

由于产品技术委员会可能总是决定采用基于"合格/不合格"的试验,上面的表述使用的是"将会决定"。另外,如果 EUT 具有足够的抗扰度,也许不能够确定上述电平。但是,也不排除采用计量抽样的可能性。与上述情况完全类似的是当发射电平低于测量接收机的噪声电平时的辐射发射试验。

一般来说，抗扰度试验的抗扰度电平的确定并不总是实际可行的。这样做总是会使 EUT 遭受太强的骚扰信号，而且很容易导致不可预见的结果。尽管如此，没有必要在事前省略确定抗扰度电平这一步骤。

造成 EUT 性能降级的试验信号可以通过计量抽样的方法来获得。例如，对多个 EUT(音频设备)样品以恒定电平和恒定频率的调幅射频信号进行抗扰度试验时的解调信号。此时，解调信号的电平是通过测试 EUT 的性能降级来得到的。另一个例子是进行数字通信设备抗扰度试验时的比特误码率。

附 录 A
（资料性附录）
确定无线电干扰限值时的统计考虑

A.1 概述

批量生产的产品符合无线电干扰限值应基于统计技术的应用。也就是以80％的置信度向消费者保证：被测的一类产品中有80％的无线电干扰值都低于规定的限值，这就是所谓的80％/80％准则，其能够使消费者避免使用无线电干扰电平过高的产品，但是它并没有指明被抽样产品的接受概率。接受概率对于制造商来说是非常重要的，因为制造商只知道如果一批产品中有20％的无线电干扰值高于相关限值，那么这批产品的接受概率就是20％。制造商还有必要了解产品的接受概率与样本大小以及其中无线电干扰超过限值的产品的比例有关。以样本大小为参数，接受概率与无线电干扰超过限值的不合格产品之间的关系曲线叫做运算特征曲线。这些曲线可以用非中心 t 分布（计量抽样）或者二项式分布（计数抽样）来计算。

由于泊松(Possion)分布要求样本中无线电干扰超过限值的比例非常小（＜1％），且样本非常大（超过20），因此不能使用泊松(Possion)分布。除了对产品进行抽样外，采用控制图技术也可以保证产品的一致性。这种方法要对所需信息，例如，正在生产的产品的无线电干扰电平，进行连续记录。

A.2 基于非中心 t 分布（计量抽样）的试验

下列条件必须满足：

$$\overline{X}+kS_n\leq L \qquad \text{(A.1)}$$

式中：

$\overline{X}$——大小为 n 的样本的无线电干扰电平的平均值，$\overline{X}$ 已知；

S_n——大小为 n 的样本的无线电干扰电平的标准差，S_n 已知；

同时，必须以80％的置信度保证：在大规模生产的产品中有80％的产品无线电干扰低于限值 L。

$$\overline{X}=\frac{1}{n}\sum_{i=1}^{n}X_i \qquad \text{(A.2)}$$

$$S_n=\sqrt{\frac{\sum(X_i-\overline{X})^2}{n-1}} \qquad \text{(A.3)}$$

式中：

k——待定常数，必须满足上述公式；

L——所允许的无线电干扰限值，L 是一个上限。

A.2.1 常数 k 的确定

假设被测产品的无线电干扰符合正态分布，其参数如下：

μ：所有产品的无线电干扰电平的平均值，μ 未知；

σ：所有产品的无线电干扰电平的标准差，σ 未知；

假定：比例为 p 的产品的无线电干扰电平超过限值 L（次品部分），比例为 $(1-p)$ 的产品其无线电干扰电平低于限值。

定义常数 K_p：

$$p=\int_{K_p}^{\infty}\frac{1}{\sqrt{2\pi}}\mathrm{e}^{-\frac{y^2}{2}}\mathrm{d}y \qquad \text{(A.4)}$$

式中，$f(y)=\frac{1}{\sqrt{2\pi}}e^{-\frac{y^2}{2}}$是标准正态分布的密度函数。

K_p 可以从适当的正态分布函数表中查得。

从 K_p 的定义以及图 A.1，可以得到：

$$L=\mu+K_p\sigma \quad \cdots\cdots (A.5)$$

由于 L 是上限，因此 $K_p>0$。

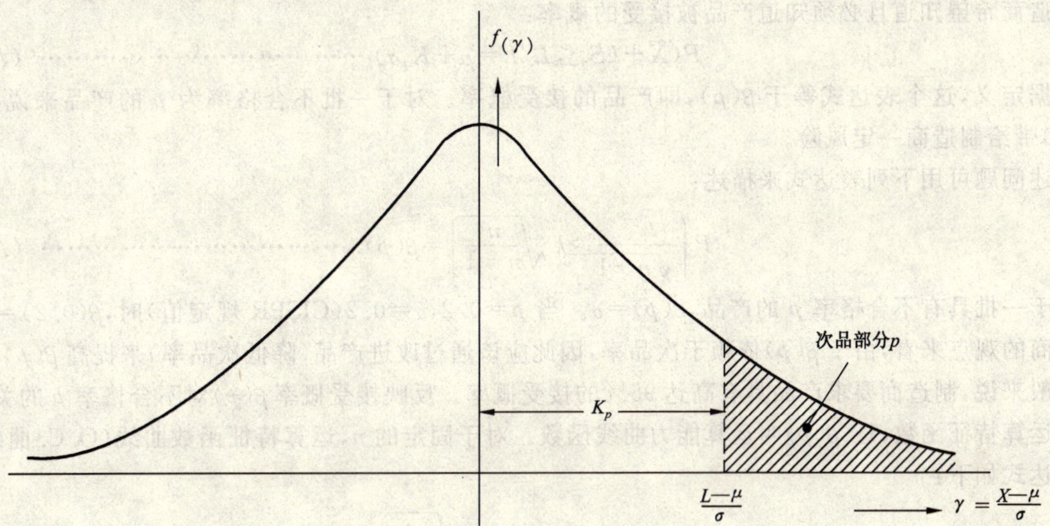

图 A.1 正态分布概率密度函数

根据 CISPR 规定，当 $p=0.2$ 时，$K_p=0.84$，那么可以从下面公式得到有关的试验方法：

$$P(\overline{X}+kS_n\geq L/L=\mu+K_p\sigma)=1-\alpha \quad \cdots\cdots (A.6)$$

对于一批不合格率为 p 的产品来说，概率 α 的接受会给客户带来风险。因此，对于 CISPR 而言，规定当 $\alpha=0.2(1-\alpha=0.8\rightarrow 80\%)$ 时，$K_p=0.84$。

为了确定常数 k，上述各式重列如下：

$$P(\overline{X}+kS_n\geq L/L=\mu+K_p\sigma)=1-\alpha \quad \cdots\cdots (A.7)$$

$$=P\left(\frac{\overline{X}-\mu}{\sigma/\sqrt{n}}-\frac{L-\mu}{\sigma/\sqrt{n}}\geq-\frac{kS_n}{\sigma/\sqrt{n}}/L=\mu+K_p\sigma\right) \quad \cdots\cdots (A.8)$$

$$=P\left[\frac{-\frac{\overline{X}-\mu}{\sigma/\sqrt{n}}+\frac{L-\mu}{\sigma/\sqrt{n}}}{S_n/\sigma}\leq k\sqrt{n}/L=\mu+K_p\sigma\right] \quad \cdots\cdots (A.9)$$

定义：

$$t_{n.c.}=\frac{-\frac{\overline{X}-\mu}{\sigma/\sqrt{n}}+\frac{L-\mu}{\sigma/\sqrt{n}}}{S_n/\sigma}$$

式中，$t_{n.c.}$ 指的是非中心 t 分布，带有非中心 t 分布参数：

$$\frac{L-\mu}{\sigma/\sqrt{n}}=K_p\sqrt{n} \quad \cdots\cdots (A.10)$$

其自由度为$(n-1)$。

非中心 t 分布参数是根据以下条件得出的，即在抽样的产品中，无线电干扰电平超过允许限值的产品的比例不超过 P。

$$P(t_{n.c.}\leq k\sqrt{n})=1-\alpha \quad \cdots\cdots (A.11)$$

$$P\left[\frac{t_{n.c.}}{\sqrt{n-1}}\leq k\sqrt{\frac{n}{n-1}}\right]=1-\alpha \quad \cdots\cdots (A.12)$$

上述概率函数见参考文献[1]和[2]。其中一些数据在下面给出。

当 $\alpha=0.2$，$p=0.2(1-\alpha=80\%,1-p=80\%)$时，对于不同样本大小的 k 值如下：

n	4	5	6	7	8	9	10	11	12
k	1.68	1.51	1.42	1.35	1.30	1.27	1.24	1.21	1.20

A.2.2 样本大小 n 的确定

制造商希望知道且必须知道产品被接受的概率：

$$P(\overline{X}+kS_n\leq L/L=\mu+K_p\sigma) \quad\cdots\cdots (A.13)$$

根据定义，这个表达式等于 $\beta(p)$，即产品的接受概率。对于一批不合格率为 p 的产品来说，概率 $1-\beta(p)$ 带给制造商一定风险。

上述问题可用下列表达式来描述：

$$P\left(\frac{t_{n.c.}}{\sqrt{n-1}}\geq k\sqrt{\frac{n}{n-1}}\right)=\beta(p) \quad\cdots\cdots (A.14)$$

对于一批具有不合格率 p 的产品，$\beta(p)=\alpha$。当 $p=0.2$，$\alpha=0.2$（CISPR 规定值）时，$\beta(0.2)=0.2$。从制造商的观点来看，由于 $\beta(p)$ 依赖于次品率，因此应该通过改进产品（降低次品率）来提高 $\beta(p)$。

一般来说，制造商要求产品具有高达95%的接受概率。反映接受概率 $\beta(p)$ 对不合格率 p 的关系函数叫做运算特征函数，$1-\beta(p)$ 叫运算能力曲线函数。对于固定的 n，运算特征函数曲线（O.C.曲线）的数学表达式如下：

$$\beta(p)=P\left(\frac{t_{n.c.}}{\sqrt{n-1}}\geq k\sqrt{\frac{n}{n-1}}\right) \quad\cdots\cdots (A.15)$$

在图 A.2 中给出了当 $\alpha=0.2$ 时的一些曲线。从这些曲线可以看出，为了确定相同的接受概率 $\beta(p)$，不合格率将随着样本的增大而增大。这种所谓的运算特征曲线的判别能力将随着样本的增大而加强；当样本大小 n 等于产品的总数时，运算特征曲线的判别能力是最理想的。

A.2.3 举例（见图 A.2）

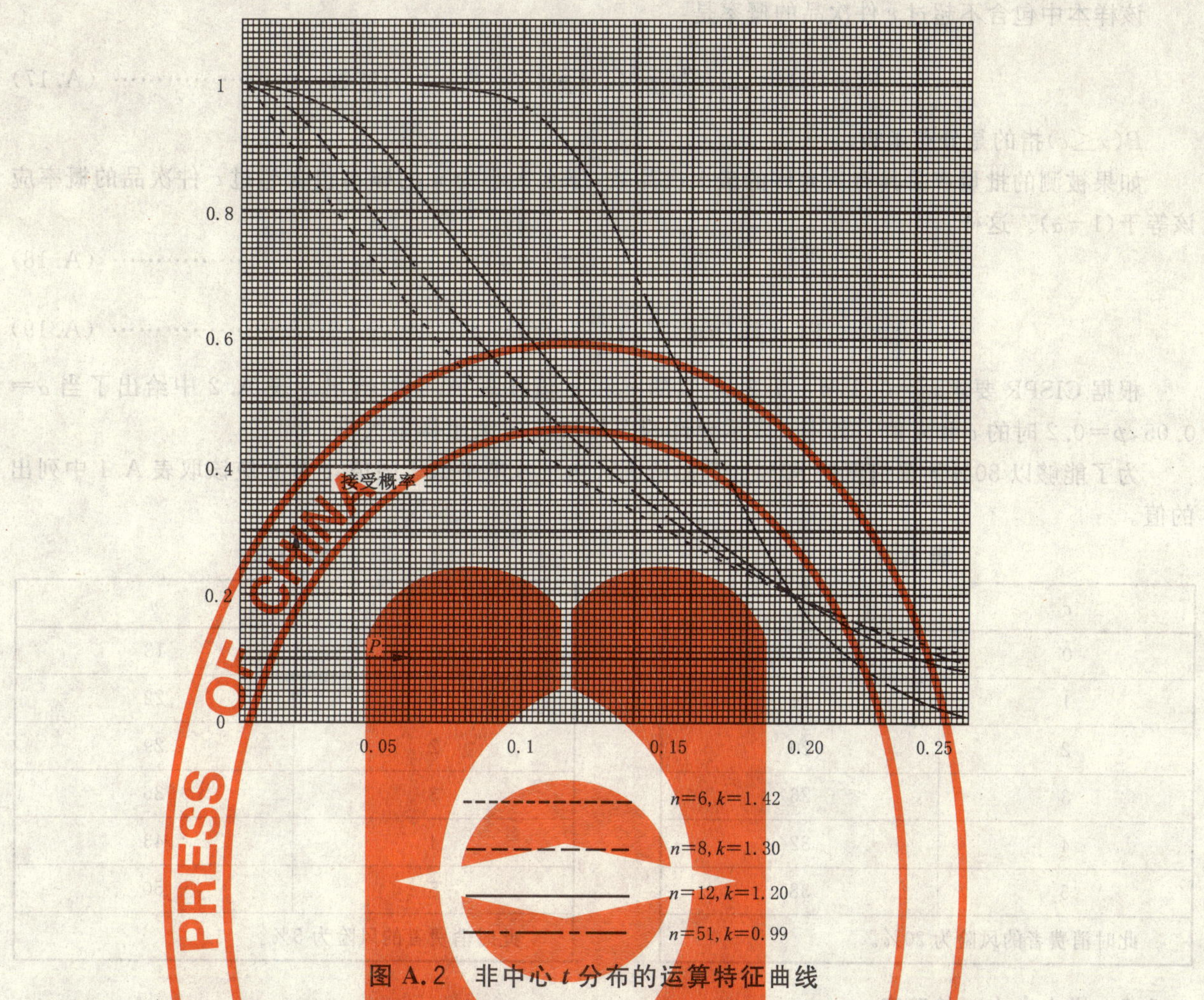

图 A.2　非中心 t 分布的运算特征曲线

根据 80%/80% 准则，有一批样本大小 $n=6$ 的产品要被检测，这时 $k=1.42$。顾客能以 80% 的置信度认为 80% 的产品其无线电干扰电平低于限值。

当 $p=0.2$ 时（80% 的产品无线电干扰电平在限值以下），接受概率 $\beta(p)=20\%$。为了获得更高的接受概率，应该降低不合格率 p。当 $p=0.035$ 时（96.5% 的产品无线电干扰电平在限值以下），接受概率为 80%。即如果 $p=0.035$，则在每 10 个样本（每个样本包含 6 个样品）中，平均有 8 个样本的无线电干扰电平是合格的。当 $p=0.009$ 时（99.1% 的产品无线电干扰电平在限值以下），接受概率为 95%。在后一个例子中，生产商必须采用满足表达式 $\mu+2.4\sigma\leqslant L$ 中的 μ 和 σ。

A.3　基于二项式分布（计数抽样）的试验

在大小为 n 的样本中，不合格产品的数量 c 必须以 80% 的置信度确保在批量生产的产品中，80% 产品的无线电干扰电平在规定的限值 L 以下。一旦某一产品的无线电干扰电平超过限值 L，就必须把它视为次品。

A.3.1　常数 c 的确定

在一批产品的抽样样本中，次品的出现应该满足这样的要求：次品的出现是统计独立的，而且在同一时刻不会有超过 1 个次品出现。

二项式分布的特征参数是被检测的批量产品的不合格率 p 和样本大小 n。

大小为 n 的样本正好具有 c 件次品的概率为：

$$P(x=c)=\binom{n}{c}p^{c}(1-p)^{n-c}\quad n,c\ 为整数 \quad\cdots\cdots\cdots\cdots\cdots\cdots\ (\text{A}.16)$$

该样本中包含不超过 c 件次品的概率是：

$$P(x\leq c)=\sum_{x=0}^{c}\binom{n}{x}p^{x}(1-p)^{n-x}\quad n,x,c\text{ 为整数} \qquad \cdots\cdots\cdots\cdots (A.17)$$

$P(x\leq c)$指的是分布函数。

如果被测的批量产品具有所允许的最大次品数，那么大小为 n 的样本包含超过 c 件次品的概率应该等于$(1-\alpha)$。这样：

$$P(x\geq c/p)=1-\alpha \qquad \cdots\cdots\cdots\cdots (A.18)$$

$$P(x\leq c/p)=\sum_{x=0}^{c}\binom{n}{x}p^{x}(1-p)^{n-x}=\alpha \qquad \cdots\cdots\cdots\cdots (A.19)$$

根据 CISPR 要求，$\alpha=0.2$，$p=0.2$，相应的 c 和 n 值在表 A.1 中给出。表 A.2 中给出了当 $\alpha=0.05$，$p=0.2$ 时的 c 和 n 值。其中 c 表示允许的次品数量，n 表示样本大小。

为了能够以 80%的置信度使 80%的产品的无线电干扰电平低于限值，c 和 n 应该取表 A.1 中列出的值。

表 A.1

c	n
0	7
1	14
2	20
3	26
4	32
5	38
此时消费者的风险为 20%。	

表 A.2

c	n
0	13
1	22
2	29
3	36
4	43
5	50
此时消费者的风险为 5%。	

A.3.2 样本大小 n 的确定

与 A.2.2 类似，接受概率用下式来计算：

$$P(x\leq c/p)=\beta(p) \qquad \cdots\cdots\cdots\cdots (A.20)$$

如果 $p=0.2$，那么 $\beta(0.2)=\alpha=0.2$。在一批产品中有 $1-\beta(0.2)$的产品被淘汰的概率为 0.8。运算特征曲线由下式给出：

$$P(x\leq c)=\sum_{x=0}^{c}\binom{n}{x}p^{x}(1-p)^{n-x} \qquad \cdots\cdots\cdots\cdots (A.21)$$

运算特征曲线图见图 A.3。

A.3.3 控制图

运用控制图[3]可以获得有关采用统计方法来控制生产过程的数据，同时也可以指出这些数据与原始数据的偏差，用这种方法可以观察生产过程的效能。

一般来说，用样本平均值 $\overline{X}$ 和样本标准差 S_n 就能对所研究的产品质量进行很好的估计。对于批量生产的产品来说，只要样本足够大，就可以保证 $\overline{X}$ 和 S_n 与所要求的平均值 μ 和标准差 σ 相一致。从上述数据可以预测生产过程中不同阶段产品的置信区间。

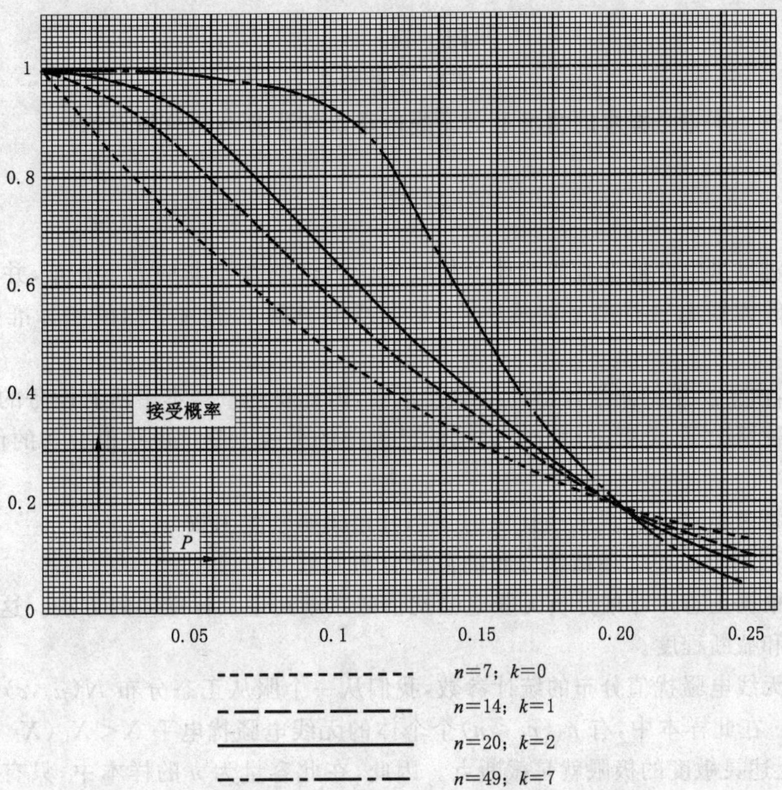

图 A.3 二项式分布的运算特征曲线

控制图技术可以很容易地通过下述方法来应用：消费者要求 80％的产品的无线电干扰电平低于允许的限值的置信度为 80％，而同时要避免使用小样本。

A.3.4 引用文件

[1] Tables of the non-Central t-distribution，Resnikoff，G. J. 和 Lieberman，G. J.，Stanford University，Califormina，1957。

[2] CISPR/WG 8(Groenveld/Neth.)1972.3.1。

[3] Statistics and Experimental Design I，pp 298-348，Johnson，N. L. 和 Leone，F. C，Wiley and Sons，New York，1964。

附 录 B
（资料性附录）
不完全样本的情况下对无线电骚扰统计参数的分析评估

B.1 理论

第5章规定了对批量生产的设备的统计评估要求。该评估基于非中心t分布，并且要求测量样本中每个样品所产生的无线电骚扰电平。然后，根据无线电骚扰电平的平均值和标准差来评估其可接受性。

在许多情况下，由于所用的测量仪器的灵敏度不够，因此要测量样本中所有设备的无线电骚扰电平是不可能的。在这种情况下，要截去用分贝表示的已测得的无线电骚扰电平值分布的低端，得到不完全的单边分布。

图B.1示出了截去低端的无线电骚扰值的正态分布概率密度函数 $\varphi(\gamma;\gamma_0)$。

图B.2示出了可用于描述上述截断分布的截断分布函数 $\Phi(\gamma;\gamma_0)$。

本附录提供了根据正态律评估分析无线电骚扰值的数学期望及标准差的方法。这些方法是基于截断分布的已知参数和截断程度。

假设为了确定无线电骚扰值分布的统计参数，我们从一个服从正态分布 $N(\mu_x,\sigma)$ 的总体中抽取了 n 个个体作为样本。在此样本中，有 $n_0(n_0<n)$ 个个体的无线电骚扰电平 $X<X_L$（X_L 指的是测量仪器灵敏度的极限）。上述灵敏度的极限就是截断点。因此，在此容量为 n 的样本中，只有 $n-n_0$ 个个体的无线电骚扰值超过 X_L，所以能够测量无线电骚扰值的也只有这 $n-n_0$ 个个体。可以把这 $n-n_0$ 个无线电骚扰值作为以截断度 $\Phi(\gamma_0)$ 截去低端的统计分布的测量值。n_0/n 就是对截断度 $\Phi(\gamma_0)$ 的评估。

无线电骚扰测量值的平均值 $\overline{X}$ 和标准差 S 分别作为设备总体的数学期望 μ_x 和总体标准差 σ 的估计值。$\overline{X}$ 和 S 由下式决定：

$$\overline{X}=\overline{X}_y-\frac{S_y}{\left[\frac{1-\Phi(\gamma_0)}{\varphi(\gamma_0)}\left(\frac{1-\Phi(\gamma_0)}{\varphi(\gamma_0)}+\gamma_0\right)-1\right]^{1/2}} \qquad \text{(B.1)}$$

$$S=\frac{S_y}{\left[\frac{\varphi(\gamma_0)}{1-\Phi(\gamma_0)}\left(\gamma_0-\frac{\varphi(\gamma_0)}{1-\Phi(\gamma_0)}\right)+1\right]^{1/2}} \qquad \text{(B.2)}$$

式中：

γ_0——特定的截断点，$\gamma_0=(X_L-\mu)/\sigma$；

$\Phi(\gamma_0)$——正态分布函数在截断点的值；

$$\Phi(\gamma)=\frac{1}{\sqrt{2\pi}}\int_{-\infty}^{\gamma}e^{-\frac{x^2}{2}}dx;$$

$\varphi(\gamma_0)$——正态分布概率密度函数在截断点的值；

$$\varphi(\gamma)=\frac{1}{\sqrt{2\pi}}e^{-\frac{\gamma^2}{2}}$$

公式(B.1)和(B.2)中所包含的截断分布函数的抽样参数值 $\overline{X}_y$ 和 S_y 由下面公式决定：

$$\overline{X}_y=\frac{1}{n-n_0}\sum_{i=1}^{n-n_0}X_i \qquad \text{(B.3)}$$

$$S_y=\left(\frac{1}{n-n_0-1}\sum_{i=1}^{n-n_0}(X-\overline{X}_y)^2\right)^{1/2} \qquad \text{(B.4)}$$

设备总体的无线电骚扰值服从正态分布，它的数学期望和标准差由不完全样本的统计参数值来确定。步骤如下：

a） 测量大小为 n 的样本中每一个个体的无线电骚扰值；

b） 确定截取度 $\Phi(\gamma_0)=n_0/n$；

c） 基于已知值 $\Phi(\gamma_0)$，根据正态分布函数表确定截断点 γ_0；

d） 从正态分布函数的概率密度表中查得 $\varphi(\gamma_0)$；

e） 根据式(B.3)、(B.4)，确定大小为 $n-n_0$ 的新样本无线电骚扰测量值截断后的正态分布的统计参数值；

f） 根据式(B.1)、(B.2)，确定大小为 n 的样本的无线电骚扰电平的完整的正态分布的统计参数值。

注：第 B.2 章给出了一个计算例子。

参数 $\overline{X}$ 的置信区间(置信度为 $1-\alpha$)由下式决定：

$$\overline{X}-U_pS\sqrt{\frac{\mu_x(\gamma_0)}{n}}<\mu_x<\overline{X}+U_pS\sqrt{\frac{\mu_x(\gamma_0)}{n}} \quad \cdots\cdots\cdots\cdots \text{(B.5)}$$

式中：

$U_p=U_{1-\frac{\alpha}{2}}$——标准正态分布 N(0,1)的四分位数；

$\mu_x(\gamma_0)$——截取度函数，可以从下面的表 B.1 查得：

表 B.1 作为 γ_0 函数的 $\mu_x(\gamma_0)$

γ_0	−3.0	−2.5	−2.1	−2.0	−1.9	−1.8	−1.7	−1.6	−1.5	−1.4
$\mu_x(\gamma_0)$	1.000	1.001	1.002	1.003	1.004	1.005	1.006	1.009	1.011	1.015
γ_0	−1.3	−1.2	−1.1	−1.0	−0.9	−0.8	−0.7	−0.6	−0.5	−0.4
$\mu_x(\gamma_0)$	1.019	1.025	1.032	1.042	1.054	1.069	1.089	1.114	1.147	1.189
γ_0	−0.3	−0.2	−0.1	0	0.1	0.2	0.3	0.4	0.5	0.6
$\mu_x(\gamma_0)$	1.243	1.312	1.401	1.517	1.667	1.863	2.118	2.453	2.893	3.473
γ_0	0.7	0.8	0.9	1.0	1.1	1.2	1.3	1.4	1.5	1.6
$\mu_x(\gamma_0)$	4.241	5.261	6.623	8.448	10.90	14 022	18.73	24.89	33.34	44.99
γ_0	1.7	1.8	1.9	2.0						
$\mu_x(\gamma_0)$	61.13	83.64	115.2	159.7						

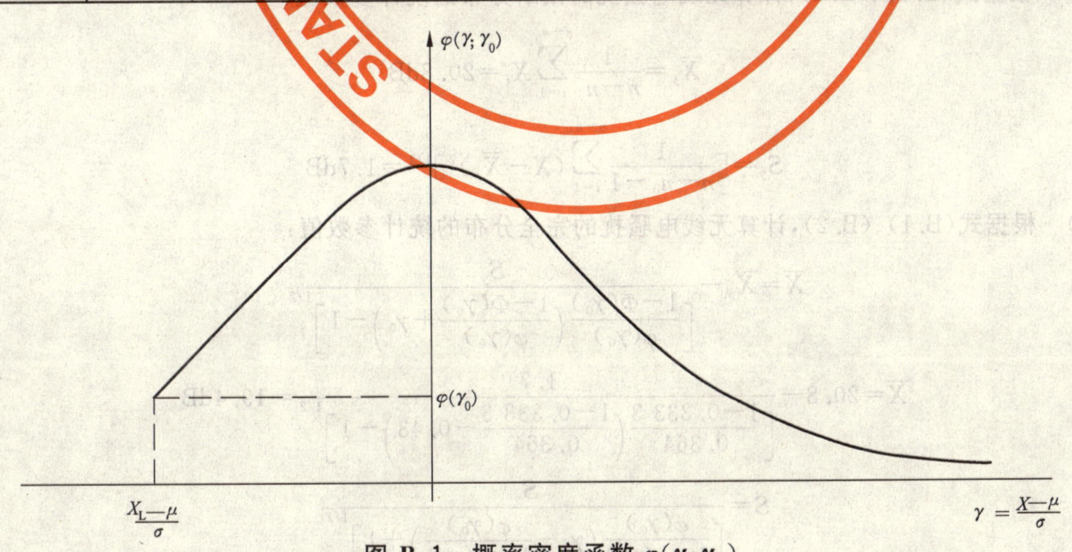

图 B.1 概率密度函数 $\varphi(\gamma;\gamma_0)$

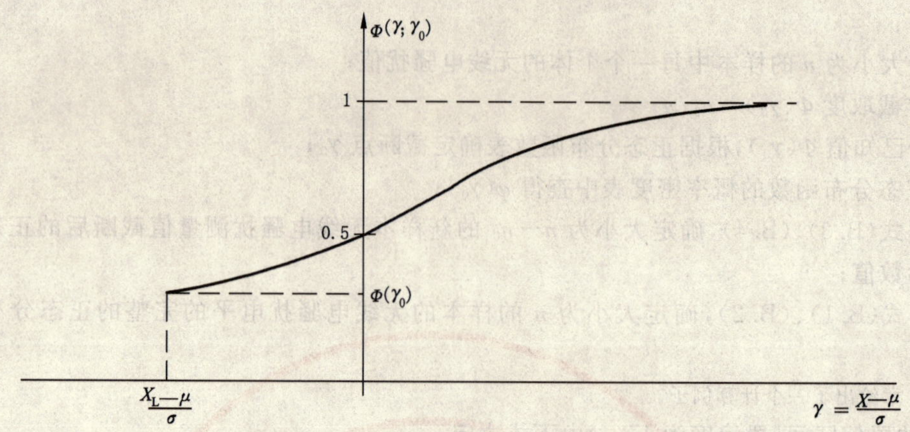

图 B.2 截断分布函数 $\Phi(\gamma;\gamma_0)$

B.2 数值例子

给出一个计算不完全样本的无线电骚扰电平的平均值 $\overline{X}$ 和标准差 S 的例子。在本例的计算中，样本大小是 6($n=6$)，其中有 2 个个体($n_0=2$)的无线电骚扰值低于测量设备的灵敏度极限($X<X_L$)。

如正文所述，计算过程按下列步骤进行：

a) 测量样本中 6 个个体的无线电骚扰值，结果见下表：

样品编号	1	2	3	4	5	6
无线电骚扰值/dB	19	23	20	21	$X<X_L$	$X<X_L$

$$\Phi(\gamma_0)=\frac{n_0}{n}=\frac{2}{6}=0.333$$

b) 计算截取度：

c) 根据已知值 $\Phi(\gamma_0)=0.333$，从正态分布函数表查得归一化的截断点：$\gamma_0=-0.43$。

d) 根据正态分布的概率密度函数

$$\varphi(\gamma)=\frac{1}{\sqrt{2\pi}}\mathrm{e}^{-\frac{\gamma^2}{2}}$$

查表得：$\varphi(\gamma_0)=0.364$。

e) 根据式(B.3)、(B.4)，计算无线电骚扰的截断分布的统计参数值：

$$\overline{X}_y=\frac{1}{n-n_0}\sum_{i=1}^{n-n_0}X_i=20.8\text{dB}$$

$$S_y=\left[\frac{1}{n-n_0-1}\sum_{i=1}^{n-n_0}(X-\overline{X}_y)^2\right]^{1/2}=1.7\text{dB}$$

f) 根据式(B.1)、(B.2)，计算无线电骚扰的完全分布的统计参数值：

$$\overline{X}=\overline{X}_y-\frac{S_y}{\left[\frac{1-\Phi(\gamma_0)}{\varphi(\gamma_0)}\left(\frac{1-\Phi(\gamma_0)}{\varphi(\gamma_0)}+\gamma_0\right)-1\right]^{1/2}}$$

$$\overline{X}=20.8-\frac{1.7}{\left[\frac{1-0.333\ 3}{0.364}\left(\frac{1-0.333\ 3}{0.364}-0.43\right)-1\right]^{1/2}}=19.4\text{dB}$$

$$S=\frac{S_y}{\left[\frac{\varphi(\gamma_0)}{1-\varphi(\gamma_0)}\left(\gamma_0-\frac{\varphi(\gamma_0)}{1-\varphi(\gamma_0)}\right)+1\right]^{1/2}}$$

$$S=\frac{1.7}{\left[\frac{0.364}{1-0.333}\left(-0.43-\frac{0.364}{1-0.333}\right)+1\right]^{1/2}}=2.5\text{dB}$$

然后，按照非中心 t 分布的要求，采用下面的公式来判断设备样品是否符合限值要求：

$$\overline{X}+kS<L$$

在本例中，要求：$19.4+1.42\times2.5<L$。

附　录　C
（资料性附录）
基于附加的可接受限值的试验

C.1　本方法的数学理论

本附录给出了使用附加的可接受限值试验的数学基础。

在大批量的生产中，基于样本的结果，控制图用于识别生产过程中的变化。这些“接受控制图”旨在确认生产过程中超出规范的个体所占的百分比是否超过了可接受的程度。这些控制图之一是使用每个样本的最大值来作出能否接受的决定[2]。总体（即生产过程符合正态分布）标准差认为是已知的。这些观点应用到下面无线电频率干扰符合性试验中。由于在这种情形下总体标准差是未知的，所以用标准差的最大期望值 σ_{max} 代替总体标准差是合理的。σ_{max} 是保守值，它依赖于产品和测量的类型。以下表明即使使用保守值 σ_{max}，在实际应用中所计算的附加裕量也是合理的。

本试验的基本思想是取 n 个个体的样本以确定它们的骚扰发射值 $x_1,x_2,\cdots,x_n$。如果所有 n 个值都低于附加的接受限值 AL，则试验通过。AL 低于干扰限值 L。AL 和 L 之差依赖于样本 n 和标准差 σ，并从 80％/80％准则计算得到。

80％/80％准则要求生产的产品中以 80％（即 $\alpha=0.2$）的置信度至少有 80％低于规定的无线电干扰限值 L。这意味着生产过程中具有 80％合格个体的样本还不得不具有 80％被拒绝的概率。当然，来自于较好总体的样本将以较低的概率被拒绝。供应商总是努力达到这样一个目标：使合格个体远大于 80％以降低被拒绝概率。80％/80％准则仅是本试验运算特征的一个指标。

下面的计算假设产品的骚扰电平是有着已知标准差 σ 的正态分布，由两部分组成：

1）　要求总体平均值 μ^* 多大（相对于 L）可得到 80％的接受率？

2）　接受限值 AL 多大（相对于 μ^*）可导致 80％的拒绝率？

消去 μ^* 来得到 AL 小于 L 的值（即 μ^* 仅用于计算，别无他用）。

图 C.1 表明如果平均值 μ^* 比干扰限值 L 足够低，总体的 80％是可接受的质量指标：

如果满足下式

$$\frac{L-\mu^*}{\sigma}=u_{0.8}=0.841\,6=80\% \quad \text{（正态分布的分位数）} \cdots\cdots\cdots\cdots \text{(C.1)}$$

则假设以标准差 $\sigma=1$ 进行归一化。

式中，$u_{0.8}$ 是标准正态分布概率密度 80％分位数的横坐标。如果限值 $L=0$，μ^* 就变为 $-0.841\,6$。图 C.1 示出了 $\mu^*=-0.8416$ 时的概率密度 $g(x)$ 和累积概率分布 $G(x)$，该概率是总体的 80％低于限值的概率。

取不同大小 n 的符合该分布的样本。由于大小为 n 的样本互相独立，所以，所有大小为 n 的样本取 x 为积分上限时的累积概率是 $(G(x))^n$。这是 n 取最大值时的累积分布函数。图 C.2 示出了 $n=5$ 时的累积概率分布。

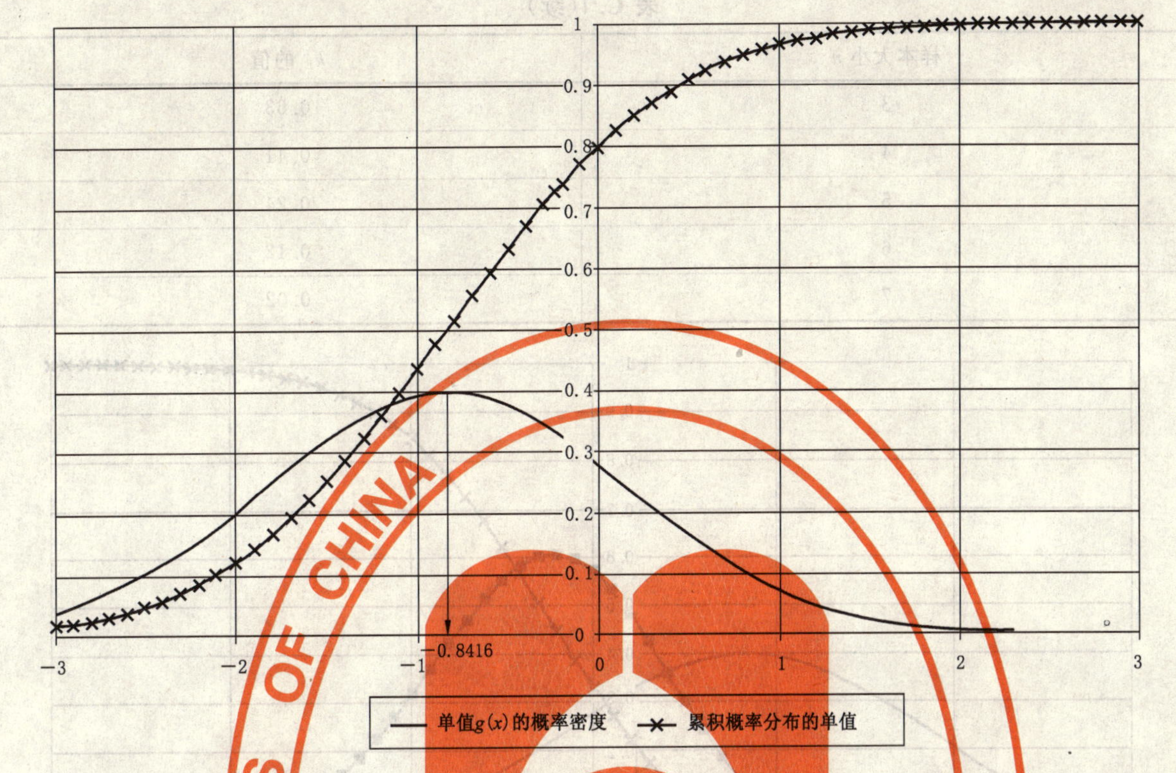

图 C.1　80%低于限值"0"，$\mu=-0.8416$ 和 $\sigma=1$ 时的概率密度 $g(x)$ 和累积概率分布 $G(x)$

80%的置信度(80%/80%准则的第二个 80%)要求的试验是对 $\alpha=20\%$ 的全部样品进行的，这意味着样本中的所有测量值 $x_1, x_2, \cdots, x_n$ 均低于可接受限值 AL 的概率是 20%。如果全部样品低于限值达不到 80%，那么被拒绝的概率为 $80\%=1-\alpha$。如果置信度有效的话，满足 80%/80%准则中第一个 80%的样本要求有 80%(接受概率 $\alpha=0.2$)的拒绝概率，这意味着所选择的附加接受限值不得不如此低以致于样本中所有 n 个样品低于 AL 的概率仅为 20%：

$$P((x_1 \leq AL) \cap (x_2 \leq AL) \cap (x_3 \leq AL) \cap \cdots (x_n \leq AL)) = 0.2 = \alpha \qquad (C.2)$$

由于单个值是互相独立的并且服从相同的正态分布，$\alpha=0.2$ 的分布函数可描述为：

$$G(x_n) = (P(x_i \leq AL))^n = 0.2 \qquad (C.3)$$

在此条件下，下式对于总体的概率分布是有效的：

$$(G(AL))^n = 0.2 \qquad (C.4)$$

或

$$\frac{AL-\mu}{\sigma} = u_{\sqrt[n]{0.2}} = \sqrt[n]{0.2} \quad (\text{正态分布的分位数}) \qquad (C.5)$$

$$(P(x_1 \leq AL))^n = 0.2 \text{ 或 } P(x_1 \leq AL) = \sqrt[n]{0.2} \text{ 或 } \frac{AL-\mu^*}{\sigma} = u_{\sqrt[n]{0.2}} \qquad (C.6)$$

联立式(C.5)和(C.1)，并且令式(C.1)中的 $\mu^*=L-u_{0.8}\sigma$，消去 μ^* 可得到：

$$AL = L - u_{0.8}\cdot\sigma + u_{\sqrt[n]{0.2}}\cdot\sigma = L - k_E\cdot\sigma \qquad k_E = u_{0.8} - u_{\sqrt[n]{0.2}} \qquad (C.7)$$

式中，u 是正态分布的分位数，k_E 可从表 C.1 中得到。

表 C.1　k_E 的值

样本大小 n	k_E 的值
1	1.68
2	0.97

表 C.1(续)

样本大小 n	k_E 的值
3	0.63
4	0.41
5	0.24
6	0.12
7	0.02

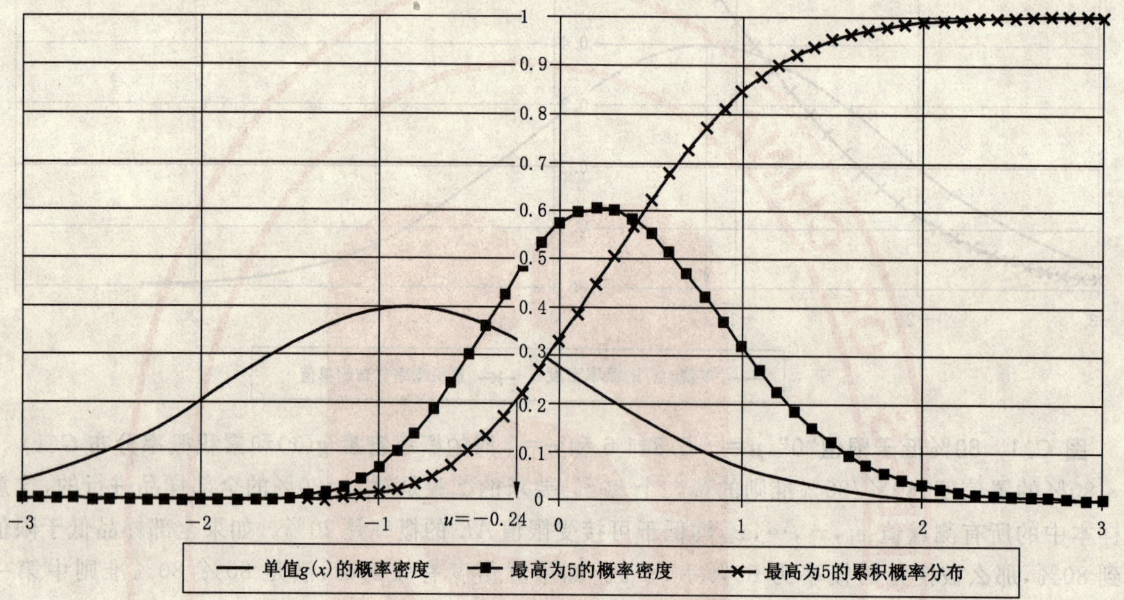

累积概率分布函数表明对于 $p=0.2$,$u=-0.24$ 是有效的,这意味着如果总体满足

$\mu=-0.841\ 6$ 和 $\sigma=1$,那么 5 个样品中的每一个值期望都低于 $u=-0.24$。

图 C.2　样本大小 n 最高为 5 的概率密度

· 举例

设所推荐的骚扰电压测量的 $\sigma_{max}=6$dB,则必须应用以下表中限值的附加裕量:

样本数量	3	4	5	6
附加裕量/dB	3.8	2.5	1.5	0.7

为了举例说明,计算大小为 5 的样本的概率密度并画出了累积概率分布函数。

用式(C.3)计算累积概率分布函数 $G(x)$。用下式计算概率密度由:

$$g(x)=\frac{\mathrm{d}}{\mathrm{d}x}\cdot G(x) \quad\cdots\cdots\cdots\cdots (C.8)$$

图 C.2 示出了附加接受限值 AL 的确定方法。具有 5 个样品的样本的累积概率分布与 $\alpha=0.2$ 的交点确定了样本单个最大期望值的附加接受限值 AL。这给出了 80%的置信度。

附加接受限值 AL 或因子 k_E 也可由式(C.5)计算出来。已知 $u_{0.8}=0.841\ 6$,$u_{\sqrt[n]{0.2}}=u_{\sqrt[5]{0.2}}=u_{0.7248}=0.6$,那么 $k_E=0.841\ 6-0.6=0.24$。

C.2　引用文件

[1] JOHNSON,NL. and LEONE,FC. Statistics and Experimental Design/I. Wiley and Sons,New York,1964,p298-348.

[2] WILRICH, P-Th. Qualitätsregelkarten bei vorgegebenen Grenzwerten. Qualität und Zuverlässigkeit,Munich-Vienna:Carl Hanser Verlag,1979,24 pp. 260-271.

[3] DETER et al. New mothod for the statistical evaluation of RFI measurements. EMC Zurich/2003.

参 考 文 献

CISPR 14 (all parts),Electromagnetic compatibility-Requirements for household appliances,electric tools and similar apparatus

CISPR 22,Information technology equipment-Radio disturbance characteristics-Limits and methods of measurement

International Vocabulary of Basic and General Terms in Metrology,International Organization for Standardization,Geneva,2nd edition,1993

ICS 33.100.20
L 06

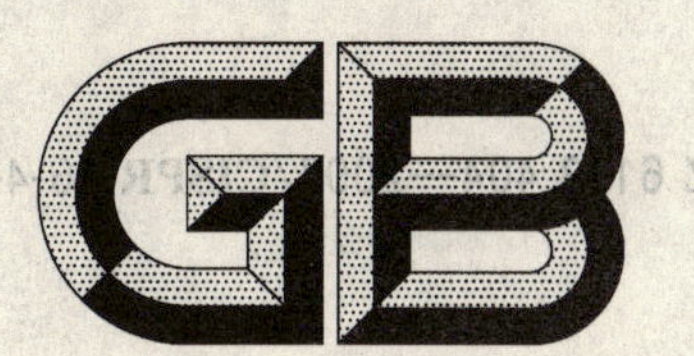

中华人民共和国国家标准化指导性技术文件

GB/Z 6113.404—2007/CISPR 16-4-4/TR:2003

无线电骚扰和抗扰度测量设备和测量方法规范 第4-4部分:不确定度、统计学和限值建模 抱怨的统计和限值的计算模型

Specification for radio disturbance and immunity measuring apparatus and methods—Part 4-4: Uncertainties, statistics and limit modelling—Statistics of complaints and a model for the calculation of limits

(CISPR16-4-4/TR:2003,IDT)

2007-09-05 发布

中华人民共和国国家质量监督检验检疫总局
中国国家标准化管理委员会 发布

前　言

GB/Z 6113.404 等同采用国际技术报告 CISPR 16-4-4/TR:2003《无线电骚扰和抗扰度测量设备和测量方法规范　第 4-4 部分:不确定度、统计学和限值建模　抱怨的统计和限值的计算模型》(英文版),本部分的全部内容为指导性。

鉴于 IEC/CISPR 16 为电磁兼容系列基础标准,且篇幅大,内容多,为了方便标准的制定、维护和使用,2002 年 IEC/CISPR A 分会决定对该标准的结构进行重大调整,将原来的 4 个分部分拆分为现在的 14 个分部分,2006 年增至 15 个分部分,并从 2003 年 11 月起陆续发布。我国依据等同原则,将陆续完成相应国标的制修订工作。该系列标准中的新、旧国家标准及其与 IEC/CISPR 16 系列标准/出版物的对应关系如下:

<table>
<tr><th>旧标准编号和名称</th><th>新标准编号和名称</th></tr>
<tr><td rowspan="5">GB/T 6113.1—1995
(eqv CISPR 16-1:1993)*
无线电骚扰和抗扰度测量设备</td><td>GB/T 6113.101(idt CISPR 16-1-1)
第 1-1 部分:无线电骚扰和抗扰度测量设备　测量仪器</td></tr>
<tr><td>GB/T 6113.102(idt CISPR 16-1-2)
第 1-2 部分:无线电骚扰和抗扰度测量设备
辅助设备——传导骚扰</td></tr>
<tr><td>GB/T 6113.103(idt CISPR 16-1-3)
第 1-3 部分:无线电骚扰和抗扰度测量设备
辅助设备——骚扰功率</td></tr>
<tr><td>GB/T 6113.104(idt CISPR 16-1-4)
第 1-4 部分:无线电骚扰和抗扰度测量设备
辅助设备——辐射骚扰</td></tr>
<tr><td>GB/T 6113.105(idt CISPR 16-1-5)
第 1-5 部分:无线电骚扰和抗扰度测量设备
30 MHz～1 000 MHz 天线校准场地</td></tr>
<tr><td rowspan="4">GB/T 6113.2—1998
(eqv CISPR 16-2:1996)*
无线电骚扰和抗扰度测量方法</td><td>GB/T 6113.201(idt CISPR 16-2-1:2003)
第 2-1 部分:无线电骚扰和抗扰度测量方法
传导骚扰测量</td></tr>
<tr><td>GB/T 6113.202(idt CISPR 16-2-2:2004)
第 2-2 部分:无线电骚扰和抗扰度测量方法
骚扰功率测量</td></tr>
<tr><td>GB/T 6113.203(idt CISPR 16-2-3:2004)
第 2-3 部分:无线电骚扰和抗扰度测量方法
辐射骚扰测量</td></tr>
<tr><td>GB/T 6113.204(idt CISPR 16-2-4:2004)
第 2-4 部分:无线电骚扰和抗扰度测量方法
抗扰度测量</td></tr>
<tr><td>CISPR 16-3:2000
Reports and recommendations of CISPR</td><td>GB/Z 6113.3—2006(idt CISPR 16-3:2003)
第 3 部分:无线电骚扰和抗扰度测量技术报告</td></tr>
</table>

<table>
<tr><th>旧标准编号和名称</th><th>新标准编号和名称</th></tr>
<tr><td rowspan="5">CISPR 16-4:2002
Uncertainty in EMC measurements</td><td>GB/Z 6113.401—2007(idt CISPR 16-4-1:2003)
第 4-1 部分:不确定度、统计学和限值建模
标准化 EMC 试验的不确定度</td></tr>
<tr><td>GB/T 6113.402—2006(idt CISPR 16-4-2:2003)
第 4-2 部分:不确定度、统计学和限值建模
测量设备和设施的不确定度</td></tr>
<tr><td>GB/Z 6113.403—2007(idt CISPR 16-4-3:2003)
第 4-3 部分:不确定度、统计学和限值建模
批量产品的 EMC 符合性确定的统计考虑</td></tr>
<tr><td>GB/Z 6113.404—2007(idt CISPR 16-4-4:2003)
第 4-4 部分:不确定度、统计学和限值建模
抱怨的统计和限值的计算模型</td></tr>
<tr><td>GB/Z 6113.405(idt CISPR 16-4-5:2006)**
第 4-5 部分:不确定度、统计学和限值建模
替换试验方法的使用条件</td></tr>
<tr><td colspan="2">注 1:*修订中,**待制定;黑体字为该标准的本部分。
注 2:表中除 GB/Z 6113.404 以外的国家标准名称以制定或修订后发布的标准名称为准。
注 3:CISPR 16 系列标准调整之前没有与 CISPR 16-3 和 CISPR 16-4 相对应的国家标准。</td></tr>
</table>

为国内读者方便,按 GB/T 20000.2 的相应规定,本部分中的引用标准用 GB/T 6113.1 和 GB/T 6113.2替代了等效标准中的 CISPR 16-1(all parts)和 CISPR 16-2(all parts)。

本部分的附录 5.6-A 为资料性附录。

本部分由全国无线电干扰标准化技术委员会(SAC/TC 79)提出并归口。

本部分起草单位:信息产业部电子工业标准化研究所、北京交通大学、上海电器科学研究所(集团)有限公司。

本部分主要起草人:陈俐、张林昌、闻映红、崔强、寿建霞。

引　言

本部分内容主要涉及基于辐射耦合和电源耦合产生骚扰的模型，在试验场地上骚扰场强和骚扰电压测量限值的计算，其目的旨在对抱怨的统计和限值的计算模型提供技术上和理论上的指导。本部分共分5章，其主要内容包括范围、规范性引用文件、定义、抱怨的统计和干扰源和限值的计算模型。

无线电骚扰和抗扰度测量设备和测量方法规范 第4-4部分:不确定度、统计学和限值建模 抱怨的统计和限值的计算模型

1 范围

本部分分别基于辐射耦合和电源耦合产生骚扰的模型,给出了在试验场地上骚扰场强和骚扰电压测量限值的计算。

2 规范性引用文件

下列文件中的条款通过本部分的引用而成为本部分的条款。凡是注日期的引用文件,其随后所有的修改单(不包括勘误的内容)或修订版均不适用于本部分,然而,鼓励根据本部分达成协议的各方研究是否可使用这些文件的最新版本。凡是不注日期的引用文件,其最新版本适用于本部分。

GB 4824—2004 工业、科学和医疗(ISM)射频设备 电磁骚扰特性 限值和测量方法(CISPR11:2003,IDT)

GB/T 6113.1—1995 无线电骚扰和抗扰度测量设备规范(eqv CISPR 16-1:1993)

GB/T 6113.2—1998 无线电骚扰和抗扰度测量方法(eqv CISPR 16-2:1996)

GB/Z 6113.3—2006 无线电骚扰和抗扰度测量设备和测量方法规范 第3部分:无线电骚扰和抗扰度测量技术报告(CISPR 16-3:2003,IDT)

GB/Z 6113.401—2007 无线电骚扰和抗扰度测量设备和测量方法规范 第4-1部分:不确定度、统计学和限值建模 标准化的EMC试验不确定度(CISPR 16-4-1/TR:2005,IDT)

GB/Z 6113.403—2007 无线电骚扰和抗扰度测量设备和测量方法规范 第4-3部分:不确定度、统计学和限值建模 批量产品的EMC符合性确定的统计考虑(CISPR 16-4-3/TR:2004,IDT)

GB/T 4365—2003 电工术语 电磁兼容(idt IEC 60050(161):1990+A1:1997+A2:1998)

3 定义

GB/T 4365—2003确立的术语和定义适用于本部分。

4 抱怨的统计和干扰源(引自CISPR推荐物2/3)

CISPR考虑到:

a) 许多管理部门定期发布了有关干扰抱怨的统计数据;

b) 如果能够比较某种类别的数据,那将是非常有用的;

c) 目前各种各样、模棱两可的表述经常导致比较上的困难。

因而建议:

1 各国家委员会提供的统计表应该采用特定的统一格式,以保证能够比较容易地提取以下信息:

1.1 以占电视和声音广播及其他业务的接收许可总量的百分比来表示的抱怨的数量;

1.2 不同干扰源在不同频段上的相对干扰特性;

1.3 同一干扰源在不同频段上所产生的干扰的比较;

1.4 在1.1、1.2和1.3中所涉及的限值(CISPR或各国家的)和其他对策的有效性。

2 第3章中推荐的干扰抱怨统计数据发布时所使用的术语应有以下含义：

2.1 抱怨：由于受到干扰导致接收性能的降低，由收听者或收看者针对干扰业务所提出的寻求帮助的要求。为了便于统计，接收到且被证实的抱怨应分频段记录；

2.2 干扰源：干扰源是指引起干扰的设备或装置。干扰也可能由一组设备引起，例如，接在一个电路上的许多荧光灯。在这种情况下，解决干扰的部门应该确定统计中所涉及的干扰源的数量。

注：为了便于比较统计，应该说明用来确定干扰源数量的方法。

一个干扰源可能导致很多抱怨，一个问题也可能由多个干扰源产生。因此，很显然对于任何分类代码，干扰源的数量和导致抱怨的数目可能是不相关的。

为了统计需要，应包含有源的电能发生器及通过二次效应（二次调制）产生干扰的装置和设备。详细列表见表3。

2.3 产生抱怨的原因（并非直接针对干扰源）：在没有可关注的干扰源的场合下，人们对接收效果不满意的原因。详细列表见表3。

3 应以年为单位进行统计。只要有可能，这些数据就应该用表1来描述，并不需要使用如表3所示的详细分类。这并非不允许进行更深入的细分，实际上，这种细分是需要的，但是它们应该满足标准格式的要求。

有关项目的代码列在表2和表3中。

表1 干扰抱怨的统计

<table>
<tr><td colspan="5">干扰源或其他的抱怨原因</td><td colspan="6">来自每一种干扰源的每种业务的抱怨数量</td></tr>
<tr><td colspan="3">分类代码</td><td rowspan="3">描述</td><td rowspan="3">每一类别的总数</td><td colspan="5">广播[a]</td><td rowspan="3">其他业务[b]</td></tr>
<tr><td colspan="3" rowspan="2"></td><td colspan="2">声音[c]</td><td colspan="3">电视[c]</td></tr>
<tr><td>LF/MF/HF</td><td>Ⅱ</td><td>Ⅰ</td><td>Ⅲ</td><td>Ⅳ/Ⅴ</td></tr>
<tr><td>A</td><td>1
2</td><td>1
1
…
等在表2和表3中</td><td></td><td></td><td></td><td></td><td></td><td></td><td></td><td></td></tr>
<tr><td></td><td></td><td></td><td></td><td>总计</td><td></td><td></td><td></td><td></td><td></td><td></td></tr>
</table>

a LF＝低频（长波）；
MF＝中频（中波）；
HF＝高频（短波）。
这三个波段可以归为一组，也可以分别处理。
Ⅱ＝频段Ⅱ（VHF/FM）
Ⅰ＝频段Ⅰ（VHF/电视）
Ⅲ＝频段Ⅲ（VHF/电视）；
Ⅳ/Ⅴ＝频段Ⅳ/Ⅴ（UHF/电视）。

b 应该说明受影响的业务和频段。

c 在接到抱怨时，如果对这些抱怨做全面调查之前，不能将这些抱怨准确归于各种广播业务，那么就应分别描述“声音广播”和“电视”的抱怨数量。

表2 干扰源以及其他引起抱怨的原因的分类(CISPR 推荐物 2/3 的附录 I)的主要类别

分类代码	干扰源的描述
A	工业、科学、医疗射频设备(ISM 设备)
A.1	工业、科学射频设备
A.1.1	调谐到自由辐射频率上的设备
A.1.2	未调谐到自由辐射频率上的设备
A.2	医疗射频设备
A.2.1	调谐到自由辐射频率上的设备
A.2.2	未调谐到自由辐射频率上的设备
A.3	产生火花放电的设备(不包括点火装置)
B	供电、配电和牵引
B.1	100 kV 以上的交流
B.1.1	架空送电线
B.1.2	发电站和配电站
B.2	100 kV 以上的直流
B.2.1	架空送电线
B.2.2	变电所
B.3	1 kV～100 kV 之间的电压(参照 B.1)[a]
B.4	450 V～1 kV 之间的电压(参照 B.1)[a]
B.5	低压供电和配电(＜450 V)
B.5.1	架空送电线
B.5.2	发电站和配电站
B.6	电力牵引
B.6.1	铁路
B.6.2	有轨电车
B.6.3	无轨电车
C	用电用户的设备(工业上及类似方面的)
C.1	发电机
C.2	电动机(P＞700 W)
C.2.1	额定功率 P:700 W＜P≤1 000 W
C.2.2	额定功率 P:1 000 W＜P≤2 000 W
C.2.3	额定功率 P:2 000 W＜P
C.3	接触器
C.4	点火装置
C.5	整流器
C.6	变换器
C.7	晶闸管控制设备
C.8	电栅栏
D	通常用于家庭、办公室和小型车间的低功率设备
D.1	电动机(≤700 W)
D.2	接触器
D.3	晶闸管控制设备(＜1 000 W)

表 2(续)

分类代码	干扰源的描述
E	气体放电和其他照明灯
E.1	荧光灯
E.2	霓虹灯
E.3	白炽灯
F	接收装置
F.1	声音广播接收机
F.2	电视接收机
F.3	用于广播的共用天线接收系统和放大器
F.4	非广播接收机
G	内燃机的点火系统
H	规定之外的可识别的干扰源
I	引起抱怨的其他原因
I.1	电信方面
I.1.1	无线通信发射机
I.1.1.1	基波辐射
I.1.1.2	谐波辐射
I.1.1.3	乱真辐射
I.1.2	有线通信
I.2	接收装置的故障
I.3	接收机特性
I.4	微弱或错误信号
I.5	大气扰动
I.6	不确定的干扰源
I.7	未发现的干扰源
J	信息技术设备
J.1	数据处理设备(DPE)
J.1.1	计算机房中的大型数据处理设备
J.1.2	未放入专用房间的可插接的小型数据处理设备
J.1.3	家用计算机和家用视频游戏机
J.2	局域网
J.3	商业视频游戏机
J.4	电话交换机和其他数字通信设备

* 为了便于分析,相同的分类适用于所有电压范围。在不能进行分类的情况下,例如,低压电晕,类别一栏应保持空白。

表3　干扰源以及其他引起抱怨的原因的分类(CISPR 推荐物 2/3 的附录Ⅱ)的详细类别

分类代码	干扰源的描述
A	工业、科学、医疗射频设备
A.1	工业、科学射频设备
A.1.1	调谐到自由辐射频率上的设备
A.1.1.1	非金属的烘干
A.1.1.2	塑料制品的预热
A.1.1.3	塑料接缝的焊接
A.1.1.4	木胶的烘干
A.1.1.5	微波加热
A.1.1.6	微波烹调
A.1.1.7	超声波焊接和清理
A.1.1.8	食物处理加热(例如,鱼的解冻)
	……
A.1.1.20	其他
A.1.2	未调谐到自由辐射频率上的设备
A.1.2～A.1.2.20	参照 A.1.1.1～A.1.1.20
A.2	医疗射频设备
A.2.1	调谐到自由辐射频率上的设备
A.2.1.1	透热疗法
A.2.1.2	超声波医疗
A.2.1.3	烧灼
	……
A.2.1.20	其他
A.2.2	未调谐到自由辐射频段上的设备
A.2.2.1～A.2.2.20	参照 A.2.1.1～A.2.1.20
A.3	产生火花放电的设备(不包括点火装置)
A.3.1	射频激励电弧焊
A.3.2	塑料的表面腐蚀
A.3.3	金属的表面腐蚀
A.3.4	摄谱仪
A.3.5	火花放电透热疗法
	……
A.3.20	其他
B	供电、配电和牵引
B.1	100 kV 以上的交流电压
B.1.1	架空送电线
B.1.1.1	电晕效应
B.1.1.2	绝缘子
B.1.1.3	粘有异物的导线
	……
B.1.1.20	其他

表 3(续)

分类代码	干扰源的描述
B.1.2	发电站和配电站
B.1.2.1	发电站
B.1.2.2	配电站
B.1.2.3	变电所
B.1.2.4	饱和变压器
	……
B.1.2.20	其他
B.2	100 kV 以上的直流电压
B.2.1	参照 B.1.1
B.2.2	变电所
B.3	1 kV～100 kV 之间的电压(参照 B.1)[a]
B.4	450 V～1 kV 之间的电压(参照 B.1)[a]
B.5	低压供电和配电(<450 V)
B.5.1	架空送电线
B.5.1.1	粘有异物的导线
B.5.1.2	设备故障
	……
B.5.1.20	其他
B.5.2	发电站和配电站
B.5.2.1～B.5.2.20	
B.6	电力牵引
B.6.1	铁路
B.6.1.1	架空高压线
B.6.1.2	架空中压线
B.6.1.3	轨道配电
B.6.1.4	火车机车
	……
B.6.1.20	其他
B.6.2	有轨电车
B.6.3	无轨电车
C	用电用户的设备(工业上及类似方面的)
C.1	发电机
C.2	电动机(P>700 W)
C.2.1	额定功率 P:700 W<P≤1 000 W
C.2.1.1	电梯
C.2.1.2	中央供暖系统
	……
C.2.1.20	其他
C.2.2	额定功率 P:1 000 W<P≤2 000 W
C.2.2.1	电梯

表 3(续)

分类代码	干扰源的描述
C.2.2.2	中央供暖系统
	……
C.2.2.20	其他
C.2.3	额定功率 P:2 000 W<P
C.2.3.1	电梯
C.2.3.2	中央供暖系统
	……
C.2.3.20	其他
C.3	接触器
C.3.1	电梯
C.3.2	中央供暖系统
	……
C.3.20	其他
C.4	点火装置
C.4.1	中央供暖系统
	……
C.4.20	其他
C.5	整流器
C.6	变换器
C.7	晶闸管控制设备
C.8	电栅栏
	……
C.20	其他装置
D	通常用于家庭、商店、办公室和小型车间的低功率设备
D.1	电动机(≤700 W)*
D.1.1	工具
D.1.1.1	便携式设备
D.1.1.2	固定设备
D.1.2	家用电器
D.1.3	商店和办公室用具
	……
D.1.20	其他
D.2	接触器**
D.2.1	恒温器
D.2.2	其他接触器
D.3	晶闸管控制设备(<1 000 W)
E	气体放电和其他照明灯
E.1	荧光灯
E.2	霓虹灯
E.3	白炽灯

表 3(续)

分类代码	干扰源的描述
E.3.1	真空型
E.3.2	充气型
	……
E.20	其他
F	接收装置
F.1	声音广播接收机
F.1.1	AM 接收机
F.1.2	FM 接收机
F.2	电视接收机
F.2.1	本地振荡器
F.2.1.1	基波
F.2.1.2	谐波
F.2.2	中频辐射
F.2.3	时基振荡器
F.2.4	时基寄生振荡,例如,巴克豪森(Barkhausen)振荡
	……
F.2.20	其他
F.3	用于广播的共用天线接收系统和放大器
F.4	非广播接收机
G	内燃机的点火系统
G.1	机动车辆
G.2	艇
G.3	动力设备(如割草机)
	……
G.20	其他引擎
H	规定以外但可识别的干扰源
I	引起抱怨的其他原因
I.1	电信方面
I.1.1	无线通信发射机
I.1.1.1	基波辐射
I.1.1.1.1	广播站
I.1.1.1.2	业余无线电爱好者的电台
I.1.1.1.3	陆基移动站
	……
I.1.1.1.20	其他
I.1.1.2	谐波辐射
I.1.1.2.1	广播站
I.1.1.2.2	业余无线电爱好者的电台
I.1.1.2.3	陆基移动站
I.1.1.3	乱真辐射

表 3(续)

分类代码	干扰源的描述
I.1.1.3.1～I.1.1.3.20	参照 1.1.1.1
I.1.2	有线通信
I.2	接收装置的故障
I.2.1	低效天线装置
I.2.2	有故障的接收机
I.2.3	接收机的失调
I.2.4	低电压电源
I.3	接收机特性
I.3.1	第二(镜像)信道响应
I.3.2	其他乱真响应
I.3.3	互调
I.3.4	抗扰度不够的接收机
I.4	微弱或错误信号
I.4.1	服务区以外
I.4.2	阴影区
I.4.3	多径接收
I.4.3.1	电源线
I.4.3.2	其他
I.5	大气扰动
I.6	不确定的干扰源
I.7	未发现的干扰源
J	信息技术设备
J.1	数据处理设备(DPE)
J.1.1	计算机房中的大型数据处理设备
J.1.2	未放入专用房间的可插接的小型数据处理设备
J.1.3	家用计算机和家用视频游戏机
J.2	局域网
J.3	商业视频游戏机
J.4	电话交换机和其他数字通信设备

* CISPR 推荐物 22/3 的附录 A 给出了这种设备的列表。(CISPR 推荐物 22/3:《带电动机的电器所产生的干扰测量》)。

** 见 CISPR 推荐物 50 的附录Ⅲ。(CISPR 推荐物 50:《家用电器和类似电器的开关操作所产生的 0.15～300 MHz频段内无线电噪声的测量和评价》)。

5 限值的计算模型

5.1 概述

无论对国家委员会采用的 CISPR 限值进行有效地讨论还是采用 CISPR 推荐物，一致的计算方法都是一个很重要的先决条件。

5.1.1 电磁骚扰的产生

CISPR 提出的建议是为了保护无线电通信。通常几种类型的无线电网络都是用单一的发射限值来保护的。

大多数电工设备都有可能干扰无线电通信。电磁骚扰源可以通过辐射、感应、传导或这些方式的组合耦合到无线电通信装置。可以通过限制源的电磁骚扰电平(电压,电流或场强)来控制无线电频谱的污染。可根据耦合机理、骚扰对无线电通信装置的影响和可测量手段来选择适当的骚扰量。

5.1.2 电磁骚扰抗扰度

大多数电子设备都可能因受到电磁骚扰的影响而产生故障。

对骚扰途径采取防护措施可以保护设备。可根据耦合机理、骚扰对电子设备的影响和可测量手段来选择加固措施。

5.1.3 无线电业务规划

在规划无线电通信业务之前,很有必要对预先确定的接收质量的可靠性作出决定。这个条件可以用在接收机输入端的实际信干比大于或等于最小允许信干比的概率来表示,即:

$$P[R(\mu_R,\sigma_R)\geq R_P]=\alpha$$

式中:

$P[\ ]$——概率函数;

$R(\mu_R,\sigma_R)$——实际的信干比,它是均值 μ_R 和标准差 σ_R 的函数;

R_P——允许的最小信干比;

α——表征通信可靠性的特定值。

这个概率条件是确定限值的方法的基础。

5.2 干扰概率

为了提出建议以充分保护ITU(国际电信联盟)关注的无线电通信系统,CISPR十分注意干扰发生的概率。以下摘自ITU-R报告829。

5.2.1 干扰概率的推导

ITU的无线电规则第160条把干扰定义为"在一个无线电通信系统中由于辐射、传导或两者的组合使接收器产生的非期望偏离,可用以下方法来表示:性能降级,误释,或者丢失在没有无用能量存在时可提取的信息。"

5.2.1.1 瞬时干扰概率

令:

事件A表示"有用的发射机正在发射";

事件B表示"在没有无用信号影响时有用信号能够被令人满意地接收";

事件C表示"另一个设备产生无用能量";

事件D表示"在无用信号存在时有用信号被令人满意地接收"。

所有这些陈述都是指相同的短时间段。那么根据定义,干扰指"$A\cap B\cap C\cap D^*$",其中 D^* 是 D 的非。用 $P(x)$ 表示 x 的概率,$P(x|y)$ 表示 y 发生时 x 的概率,那么,在短时间段内的干扰概率是:

$$P(I)=P(A\cap B\cap C\cap D^*) \quad (5.1)$$

还可以用已知的或可计算的量来表示:

$$P(I)=[P(B\mid A)-P(D\mid A\cap C)]P(A\cap C) \quad (5.2)$$

优先考虑仅在有用发射机正在发射期间的干扰概率,该概率为:

$$P'(I)=P(B\cap C\cap D^*\mid A) \quad (5.3)$$

上式可以简化为:

$$P'(I)=P[P(B\mid A)-P(D\mid A\cap C)]P(C\mid A) \quad (5.4)$$

5.2.1.2 式(5.2)和(5.4)的讨论

首先,考虑式(5.2)和(5.4)的差异。干扰概率可以解释为干扰存在的时间比例。在式(5.2)中,这个比例等于一段时间内干扰存在的秒数除以在这段时间内发射机工作的秒数。除非发射机在整段时间

内都工作，否则由式(5.4)算出的概率要大于由式(5.2)算出的概率。$P(B|A)$指没有干扰时有用信号被正确接收的概率，经常表示为$S/N \geqslant R$的概率，这里，S是信号功率，N是噪声功率，R是满意的业务所要求的信噪比。在一些业务里，这个概率又称为可靠性，经常在设计系统时需要计算。如果系统参数(如发射机和接收机的位置、功率、需要的S/N)已知，则利用有关传输损耗的统计数据(如建议370号)和无线电噪声的统计数据(如报告322和670)就可以计算。

注：建议370号可从ITU-R Rec. P. 370-7获得，报告322基本上在ITU-R Rec. P. 372-7中。其他报告(例如，报告670和656)在CCIR以前的出版物中。

许多系统设计的$P[B|A]$接近于1，如卫星和微波中继点对点通信系统。在其他系统中$P[B|A]$非常小，如远距离的电离层点对点通信系统，或者是在覆盖区域边缘的移动通信系统。在后面这种情况下，如果不考虑其他概率，干扰概率都不会很小。

$P(D|A \cap C)$是指当存在无用信号时有用信号被正确接收的概率。如果知道无用信号源足够多的信息，如位置、频率、功率等，则可以计算这个概率。

应注意假设$P(D|A \cap C) \leq P(B|A)$，也就是说，如果无用信号存在时有用信号能够被满意地接收，那么在无用信号不存在时有用信号也一定能被满意地接收。因此，$P(I)$不可能是负的。

$P(A \cap C)$是有用信号和无用信号同时存在时的概率。在有些情况下，有用发射机和无用能量源可以独立工作。例如，它们可以位于相邻信道，或超过一个可协调的距离。在这种情况下，$P(A \cap C)=P(A)P(C)$，$P(A)$是一段时间内有用发射机正在发射的时间比例的概率，$P(C)$是一段时间内无用信号存在的时间比例的概率。

在其他情况下，两者是紧密相关的。例如，在一个移动系统中，发射机可能是共信道的基站。在这种情况下，$P(A \cap C)$很小，但是可能不为零，因为基站所处的位置即使收不到其他发射机的信号也可能会产生干扰。

两个发射机可以连续同时工作。例如，一个是微波点对点通信系统，另一个是卫星通信系统，它们共用相同的频段，此时，$P(A \cap C)=1$，干扰概率完全取决于式(5.2)中方括号中的部分。

同样，如果发射机独立工作，则$P(C|A)=P(C)$。如果两个发射机是陆地移动通信系统的共信道基站，则$P(C|A)$很小。如果无用信号一直存在，则$P(C|A)=1$。

总之，即使在不同的业务中它们相关的重要性是不同的，但式(5.2)和(5.4)中的所有项都会影响干扰概率。

5.3 干扰环境

本部分为制定射频干扰限值规定了通用准则。在这种情况下，对噪声源与被干扰设备之间存在的近耦合区和远耦合区作出了区分。

5.3.1 近耦合和远耦合

虽然近耦合区和远耦合区之间的界限存在含糊的定义，但这些概念还都在以下术语中得到应用。

近耦合指噪声源与接收天线之间的距离很短(如3 m～30 m)。例如在居民区内，骚扰源对广播和地面移动接收机产生的干扰。一般地，频率低于300MHz就需要考虑近耦合。

远耦合指特殊区域里专业的或半专业的骚扰源和接收机之间的距离较长(一般是30 m～300 m)。相关频谱宽得多，为10kHz～18GHz。

从上述可知，在近耦合与近场辐射条件以及远耦合与远场辐射条件之间存在着一些相似之处。然而，这些概念并不完全对应。因为1MHz频率以下在近场条件下可能发生远耦合，30MHz以上在远场条件下可能发生近耦合。然而在大多数实际情况下，近/远耦合和近场/远场条件的良好对应关系对于评估耦合性质是十分有用的。

应注意的是常用于评估远耦合特性的场强，在频率范围的低端实际上都是在近场条件下测得的。

而近耦合和远耦合一般利用电场、磁场或辐射场来描述噪声源与接收天线之间的直接耦合途径。另外一种耦合方式是传导耦合。在这种情况下，噪声通过电源网络从骚扰源的电源输出端传导到接收机的电源输入端。在接收机内部,噪声从电源端耦合到接收机的敏感电路上。

近场辐射特性和远场辐射特性之间存在着一些明显的不同,因此近耦合和远耦合之间也同样。

——对于在远场条件下自由空间传播的电场和磁场分量的关系是固定的且能明确定义的,而在近场条件下这种关系则完全不明确。

——在远场条件下衰减因子的计算公式是:

$$y = kd^x \quad \cdots\cdots (5.5)$$

式中:

y——衰减因子;

d——距离;

x——传播系数,在自由空间传播时为1,在非自由空间稍大一些为1~1.5。

在近场条件下,传播系数 x 十分复杂,它取决于电场分量或磁场分量,值在2~3之间。

因为这个原因,远耦合建模比近耦合和传导耦合建模要简单得多。建模对于推导一般干扰环境的发射限值是必要的。

5.3.2 测量方法

对于射频干扰限值的规定,测量方法是十分重要的。下面介绍了一些测量方法并给出简单的评价。在所有的测量中,测量仪器是对相关频段作出规定的选频射频干扰仪(CISPR 接收机)。

5.3.2.1 电源端的干扰电压

在 30MHz 以下的低频范围内,电源网络可以把任何注入的射频能量传导到连接在电源网络上的附近用户和/或通过电场、磁场感应或辐射的方式把部分射频能量耦合到附近的天线上。然而在这个频率范围内,大多数情况下电场和磁场耦合比通过电源网络的传导耦合小得多,因为射频输出电压主要是通过电源网络进行耦合的。电源端的射频输出电压可以用来度量这个频段内源的干扰电动势。

电源端的射频干扰电压可以通过人工电源网络来测量,人工电源网络能在射频范围内隔离被测骚扰源和电源网络,并为被测电源提供一个标准射频负载。通常由 CISPR 推荐的人工电源网络是 50Ω/50μH 的 V 型网络,它在每个电源端子和参考地之间提供一个 50Ω/50μH 的并联阻抗。

虽然 CISPR 没有建议,但也可用电流探头测量的电源线上的非对称电流来度量源的辐射能力。

5.3.2.2 信号端的干扰电压

载有有用对称信号的不完善的对称电路,在终端将产生无用的非对称信号。在非对称同轴终端,因为不完全的屏蔽,在屏蔽层上会产生无用的外部电流。这些不对称信号和外部屏蔽层上的电流通过感应或辐射场可以耦合到附近或远处的天线上。

可以用人工电源网络来测量不对称电压。在这种情况下使用△型网络而不是 V 型网络。

5.3.2.3 用功率吸收钳测量射频干扰功率

在导线内或者屏蔽电缆的屏蔽层外表面上流过的非对称射频电流会向附近或远处的天线辐射能量,这取决于频率、连接电缆的长度和布置。这在甚高频和超高频频段当设备的外导线长度达到半个波长左右或更长时尤为显著。

功率吸收钳是这样一种装置:它的测量结果能与设备的外导线向外辐射的干扰功率很好地对应。

吸收钳的主要部分是一个铁氧体圆柱体,它环绕着带有干扰的导线,并通过吸收来衰减不对称传导电流。在圆柱体的输入端装设一个电流探头。

铁氧体圆柱体将电源与噪声源之间的射频干扰信号隔离,并在电流探头处为导线提供了一个规定的阻抗。因此电流探头的输出电压就可以表示进入吸收钳的射频功率。

吸收钳环绕着导线并沿着导线移动到输出电压读数的最大值处。位置移动实际上是为了通过改变骚扰源和吸收钳之间的导线长度来调整骚扰源阻抗和吸收钳输入阻抗,使射频干扰输出功率最大。

在这种条件下沿电源线传导的、并可被吸收钳测得的射频干扰功率可以度量潜在的骚扰。如果源的尺寸和波长相比不是很小，很大一部分射频干扰能量就会被直接辐射出去，用吸收钳测量就不是很准了。

因为宽带骚扰在300 MHz频率以上不是很重要，因此原先推荐用吸收钳来测量小型设备30 MHz～300 MHz的骚扰。但现在倾向于吸收钳测量频率上限扩展到1 000 MHz。

因为铁氧体材料在低频段的吸收性能较差，所以吸收钳在低频段的使用受到限制，因此建议在30 MHz以上使用。

5.3.2.4 场强测量

射频干扰信号产生的场强可能是射频干扰源潜在的干扰最直接的评判标准，因为它可以更直接地与无线电接收机的天线所接收到的有用信号的场强相比较，因此尤其适合于远耦合分析。

如果噪声源与外部机壳之间存在耦合途径，而机壳的尺寸达到一个波长的数量级时，骚扰源就能向外辐射射频干扰能量。因为一些实际原因，频率高于30 MHz时测电场分量(用偶极子天线)；频率低于30 MHz时测磁场分量(用环天线)。

场强测量有许多缺点。通常利用开阔试验场地测量就可以减小周围反射的影响，但这种测试场地又会因为测试人员和地面引起的反射(湿度和季节的影响)以及周围发射机的干扰而引入一些误差，还会因为恶劣的天气和其他天气状况而减少能工作的时间。可以用30 MHz以上的电波暗室来部分地克服这些缺点。

场强测量的另一个缺点是它具有复杂的辐射特性，以及依赖于要求在不同方向上的测量和详尽规定的测试配置。

5.3.2.5 替代法辐射测量

在场强测量中为了减少周围反射的影响，被测源可以用一个具有指定特性和输出电平可调的辐射体(通常是一个偶极子天线加一个经校准的射频发生器)来代替，并在相同环境条件下产生相同的场强。设备的射频干扰可以用替代辐射体产生的相同功率来表示。这种方法通常用于1 GHz以上的频率。

5.3.2.6 用混响室测量射频干扰功率

混响室法就是在一个屏蔽壳内的辐射替代法，且用于微波波段。通过使用旋转反射板，可以连续改变壳体内驻波的模，使场强的时间平均值几乎与在壳体内的位置无关。因此，被测源和替代源不需要放在完全相同的位置，辐射功率的校准步骤比普通的替代法要简单得多。

5.3.2.7 与测量方法有关的频率范围的选择

如前所述，设备的辐射和连接电缆(特别是电源线)的传导和辐射取决于设备的尺寸和电缆长度与波长(频率)的比值。表4给出了不同频段(根据CISPR的推荐物)应采用的不同测量方法。需要注意的是所引用的频率范围只是作为参考。

表4 射频干扰测量方法的选择参考

频率/MHz	端电压	不对称电流	吸收钳	场强	辐射替代测量	混响室
0.01～0.15	+	+	—	○	—	—
0.15～30	+	+	—	○	—	—
30～300	—	○	+	+	○	—
300～1 000	—	○	○	+	+	—
1 000以上	—	—	—	+	+	+

其中：
"+"表示推荐；"○"表示可用；"—"表示一般不可用。

5.3.3 射频干扰信号波形和相关频谱

与信号波形有关的射频干扰频谱是很重要的一方面。由于大多数无线电业务使用相对较窄的信道,因此,与波形(时域)相比,频谱(频域)重要得多,所以作了以下的区分。

当骚扰信号的带宽小于关注的无线电信道或测量接收机的带宽时,将产生窄带射频干扰。骚扰信号的频谱有可能只包含一个单一频率,它可由中功率正弦波振荡器或大功率射频设备或低功率设备(电子电路、接收机振荡器)产生。振荡器可以被电源频率调制,所产生的振荡频率可以覆盖整个可用频谱。CISPR 所考虑的窄带骚扰的影响的频率范围从 10 kHz 到 18 GHz。

——宽频谱的窄带射频干扰——数字时钟振荡器所产生的脉冲波形在很宽的频率范围(宽频带)内包含离散的谐波分量。由于基频(时钟)刚好高于无线电信道的带宽,因此,不会有多于一根的离散谱线落在无线电信道内,这样一根谱线就被认为是窄带射频干扰。

——连续宽带射频干扰——由气体放电设备(照明)产生的高斯噪声在设备工作时所产生的频谱是连续平坦的。重复脉冲所产生的宽频谱包含各种离散谱线。当脉冲的重复率比无线电信道的带宽低得多时,许多谱线就会落在信道内(宽带射频干扰)。例如,从电源频率衍生的脉冲(整流子电机,晶闸管调压器)。重复脉冲的频率曲线取决于脉冲的形状,在频率的转折点处(脉冲宽度的倒数)每 10 倍频下降 20dB 或 40dB。CISPR 考虑的连续宽带干扰的频率范围从 150 kHz到 300 MHz。

——非连续宽带射频干扰——由硬接触的开关操作(打火)产生的短时猝发噪声。短时猝发射频干扰与长时猝发干扰相比,前者的干扰轻得多。但是,这还要取决于猝发脉冲的平均重复率。

因为这个原因,CISPR 允许放宽持续时间小于 200 ms、重复率 N 小于每分钟 30 个喀呖声的短时猝发的连续干扰的限值,这个放宽系数等于 20 lg30/N。这种喀呖声的频谱在本质上与连续宽带干扰的频谱并没有什么不同。

5.3.4 被干扰无线电业务的特性

与射频干扰有关的被干扰的无线电业务的特性也是很重要的。在居民区内会受到射频干扰的主要无线电业务是广播和陆地移动通信。声音调幅广播工作在低于 30 MHz(在我国是 29.7 MHz)的频率上;调频立体声广播的频段为 64 MHz～108 MHz(在我国是 87.5 MHz～108 MHz)。电视广播使用 50 MHz～900 MHz(在我国是 48.5 MHz～870 MHz)中的不同信道,采用调幅-残留边带调制的图象信号,和调幅亦或调频伴音信号取决于电视的使用标准。在 11 GHz～13 GHz 中也可以有广播信号。

在带有私人接收天线的居民区内,从噪声源和电源线辐射出来的射频干扰是主要干扰。电缆分配系统中的广播信号不易被干扰是因为可以给共用接收天线选择更加合适的位置。但是一旦射频干扰耦合到这样的天线上,那么干扰就会遍布所有的用户。

因为宽带干扰源的频谱有限,所以 12 GHz 的卫星广播信号一般不会被宽带干扰源所干扰。主要的威胁取决于接收机第一中频的选择。

广播信号的被干扰情况取决于射频干扰的波形。窄带干扰源和宽带干扰源产生不同类型的厌烦。主观测试表明,对于等效的主观评价来说,在 0.15 MHz 到 30 MHz 频率范围内窄带射频干扰幅度远小于宽带射频干扰(准峰值测量)。

快速脉冲的重复率对广播信道的影响用准峰值检波器的特性来衡量。对于低重复率脉冲(喀呖声)的干扰限值可以放宽至 20 lg30/N。在移动通信中(主要是窄带调频),交通噪声源(点火干扰)是主要的射频干扰源。对于射频干扰来说,在这方面基站天线的位置比移动天线更有利,因为它的位置较高。另一方面移动天线连续不断地改变位置,因此不易受到固定噪声源的干扰。

广播和移动业务也会受到窄带噪声源(ISM 设备、数据处理设备、接收机的振荡器等)的干扰。虽然噪声源(工业区)与被干扰接收机之间的距离通常较远,但 ISM 设备辐射的射频功率还是比宽带噪声源的辐射水平高出几个数量级。然而,其骚扰能量主要集中在一个很窄的频带内,因此,许多频带都留给典型的 ISM 设备使用。

其他的专用无线电业务(导航、固定业务、卫星和微波通信)一般都不太容易受到无线电干扰,因为它们使用了较高的频率(高于 1 000 MHz,宽带干扰可以忽略)、更有利的天线位置、精密复杂的系统(调制、编码、天线方向性)和技术(屏蔽、滤波)。

5.3.5 操作方面

住宅区的噪声源主要包括批量生产的家用和专用设备。这些设备根据统计程序来试验意味着在限定置信度为百分之 q 的情况下,有百分之 p 的设备符合限值。小批量的生产会降低 p 和 q 的值,而 CISPR 建议 p 和 q 的值都取 80%(80%/80%准则)。这个准则一般来说足以保护诸如广播和大多数陆地移动通信这样的非关键性无线电业务。

然而,对于关键的或是安全性业务,更高的置信度则是必要的。实际中令人烦恼的是,一个被干扰的无线电业务不仅取决于射频干扰场强,也取决于有用信号电平。有用信号与无用信号输入电平的比值称为射频保护比,它决定了无线电业务的性能质量。有用信号电平取决于远高于接收机噪声电平的自然噪声,特别是在较低频率范围内。

在建立各种类型的噪声源限值时,重要的是要争取选择那些对受保护的无线电业务具有相同影响的限值。这些业务的用户对射频干扰源的类型并不感兴趣,因此所有噪声源应当尽可能抑制在相等的噪声输出电平上。

但是在某些情况下,这可能与其他抑制措施的要求相矛盾,比如由于物理条件或电气安全原因而并非出于经济的考虑所导致的不可行性。

5.3.6 确定限值的准则

5.3.6.1 远耦合

在远耦合的情况下,距噪声源一定距离处的场强可用来衡量噪声源的潜在干扰特性。建立下面的模型是为了导出带内干扰(在调谐信道内)情况下的辐射限值(见图 1)。在已指配频带内的有关无线电业务的保护比已被确定。ITU 文件中给出了具有相同调制方式的无线电业务的保护比。这个保护比对任何骚扰源的辐射都有可能不同。

利用保护比和最小或标称有用信号场强(被保护的场强)可以计算出在接收天线输入端的可接受骚扰场强。这意味着不同调制方式的骚扰场强要考虑 ITU 文件中给出的不同保护比。规定了噪声源与接收天线之间的最小工作距离以后,用估计的或经验的传播因子就可以计算出在规定测试距离处的可接受的骚扰场强。进而要为建筑物的屏蔽因子和在工作条件下的实际干扰概率引入一些额外的因子,即应当考虑天线的方向性(有用发射机和干扰源的方向上)、距离偏差、传播偏差、时间同步等的统计特性。

该程序的最后结果是得到一个计算出来的限值,它是在统计基础(实际案例的 x%)上提供满足保护比要求的具有可操作性的限值的良好基础。应该注意的是,上面所提到的大多数参数的可靠的统计值还没有得到。在这种情况下,采用粗略的估计值。

此外,由于接收机的选择性和非线性特性在不同情况下的差异使得带外信号的干扰更加复杂。

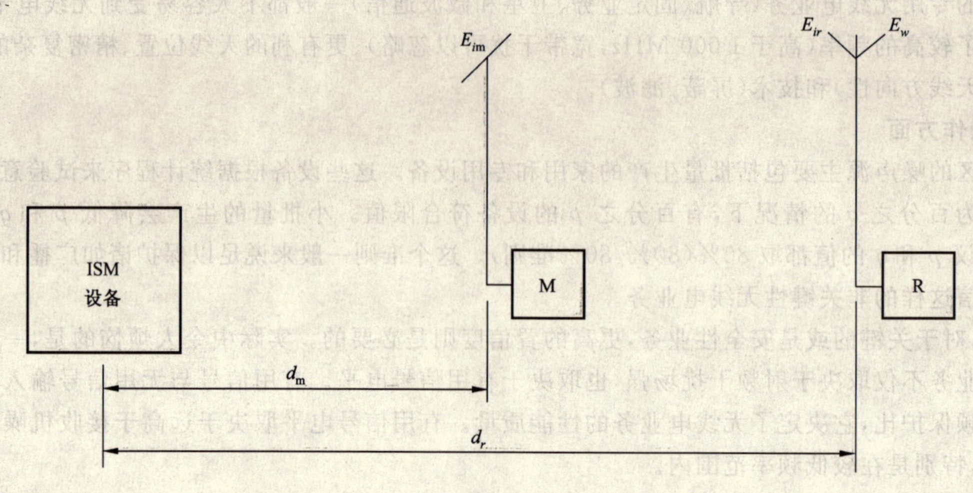

$$E_{ir}=E_w/S$$

式中：

E_w——被保护的有用信号场强；

S——保护比。

$$E_{im}=E_{ir}\alpha p(d_r/d_m)^x$$

式中：

E_{im}——测试距离为 d_m 处的限定干扰场强；

α——建筑物屏蔽因子；

p——统计概率因子；

x——传播系数。

图 1 远耦合情况下在接收距离 d_r 处骚扰场强 E_{ir} 的推导模型

5.3.6.2 近耦合

图 2 给出了近耦合的简单模型。噪声源可认为是一个射频信号发生器，它的电动势为 U_S，每一个电源接头或接地点的内部阻抗为 Z_S（为了简单起见只示出了一个电源接头）。电源网络连接在噪声源和被干扰的接收机之间。电源网络为噪声源提供了一个射频阻抗 Z_m，并将能量从噪声源传递到接收机的电源输入端。

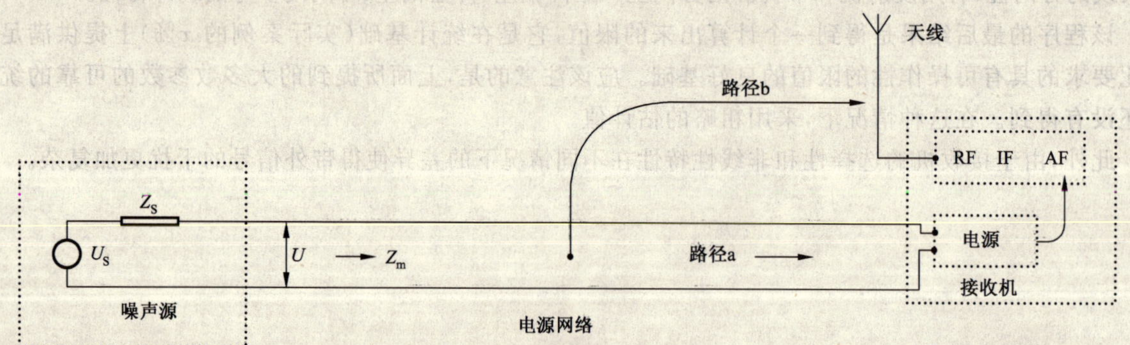

图 2 近耦合模型

此外，部分传导的射频能量以电场和磁场的方式传播。通常对于近耦合情况，近场是存在的（电场分量和磁场分量的比不确定）。

在噪声源和接收天线之间存在着两种耦合途径：

a) 骚扰沿电源网络、接收机的主电源电路和接收机内部的电源电路与天线或射频电路之间通过传导进行耦合。

b） 骚扰沿电源网络传导或辐射出去，并直接耦合到接收机内部或外部的接收天线上。

对外部天线，通过外部路径 b 耦合的射频功率明显超过通过路径 a 耦合的功率。而内部耦合取决于接收机电源的抗扰度特性。现在已知将接收机电源的抗扰度控制到足够高的水平并不困难，因此主要需要注意途径 b。对于内部(铁氧体)天线，路径 a 和路径 b 之间并没有明显的区别。

开始建模时所用的方法与远耦合相同。根据在有关频带内的保护比和保护场强计算出接收天线处的可接受骚扰场强。进而测量从电源输入端的射频电压到天线端场强的耦合系数。但是更常用的是将注入到电源的射频电压与天线的输出电压(对于一个特定天线)之比定义为一个转换系数，这个系数就是电源的去耦系数。由于实际情况涉及面很广，因此需要大量的统计资料作为从电源去耦系数导出限值的基础。

基于这种概念，计算限值的另一个统计学方面是电源输入端的射频阻抗的变化。虽然某一具体电源的去耦系数取决于测量电压，与实际的电源阻抗无关，但为了得到具有重复性的测量结果，干扰限值还是针对固定的模拟阻抗(人工电源网络的阻抗)而定义。如果噪声源耦合到实际电源网络中，那么该电源网络的负载阻抗将随位置和时间的不同而变化。从电源去耦系数的测量数据推导限值时应考虑这方面的因素。

5.3.6.3 一般情况

从假设模型推导限值需要引用在该模型下的各种实验数据。正如前面所指出的一样，由于这些数据是基于在不同实际环境下的统计意义上的测量，这些数据在通常情况下的实用性经常引起异议。

另一方面，采用抑制措施时，应当从物理、操作、制造方面来考虑，而并非只考虑经济方面。因此模型的利用应当是一个有价值的起始点。但是，最后的限值常常是经过有关各方广泛的考虑和协商后，一致同意的结果。

5.4 基本模型

本条的内容包含所使用的基本数学模型，从满足条件的概率不等式出发，并假设参数服从对数正态分布。

5.4.1 电磁骚扰的产生

从数学的观点看，任何限值必须在以下的不等式满足某一概率 α 的条件下来计算。

$$z=x/y\geq 1 \quad \cdots\cdots (5.6)$$

如果式(5.6)中 x 和 y 是随机变量，它们服从参数为 μ_x(dB)，μ_y(dB)，σ_x(dB)和 σ_y(dB)的对数正态分布 X(dB)和 Y(dB)，那么 z 服从参数为 $\mu=\mu_x-\mu_y$ 和 $\sigma=[\sigma_x^2+\sigma_y^2]^{1/2}$ 的正态分布。

这种情况下，

$$\alpha=F(\mu/\sigma)z=0 \quad \cdots\cdots (5.7)$$

相对于 μ_x 和 μ_y，求解(5.7)式，得

$$\mu_x=\mu_y+t_\alpha\sigma \quad \cdots\cdots (5.8)$$

$$\mu_y=\mu_x-t_\alpha\sigma \quad \cdots\cdots (5.9)$$

式中：

t_α——对应于概率水平 α 的正态分布的分位数。

CISPR 限值 L 是针对 x 或 y 值概率分布中的某些分位数 t_β 确定并建立的。在这种情况下，以下等式是成立的：

$$L_x=\mu_x+t_\beta\sigma_x \quad \cdots\cdots (5.10)$$

$$L_y=\mu_y-t_\beta\sigma_y \quad \cdots\cdots (5.11)$$

式中：

t_β——对应于概率水平 β 的分位数。

将式(5.8)代入式(5.10)，式(5.9)代入式(5.11)，得

$$L_x=\mu_y+t_\alpha\sigma+t_\beta\sigma_x \quad \cdots\cdots (5.12)$$

$$L_y=\mu_x-t_\alpha\sigma-t_\beta\sigma_y \quad (5.13)$$

用所得到的等式可以计算对应于不同参数的限值,它可以确保无线电的接收质量。

5.4.2 电磁骚扰的抗扰度

不等式(5.6)有如下形式:$x/y\geq 1$

式中:

x——接收机的抗扰度参数;

y——与建立抗扰度限值有关的电磁环境的参数。

如果 X(dB)和 Y(dB)的值令人满意地近似服从参数为 $\mu_x,\mu_y,\sigma_x,\sigma_y$ 的正态分布,那么

$$\sigma=[\sigma_x^2+\sigma_y^2]^{1/2} \quad (5.14)$$

在这种情况下,根据式(5.12),用下式计算接收机的抗扰度限值:

$$L_x=\mu_y+t_\alpha[\sigma_x^2+\sigma_y^2]^{1/2}+t_\beta\sigma_x \quad (5.15)$$

5.5 基本模型的应用

5.5.1 辐射耦合

本条描述当电磁骚扰源和无线电天线之间存在辐射耦合的情况下,希望保护无线电业务时所采用的基本模型。实际的信干比 R 可以用有用信号、骚扰信号、传播损耗和天线增益表示如下:

$$R=E_W(\mu_W,\sigma_W)+G_W(\mu_{GW},\sigma_{GW})-E_i(\mu_i,\sigma_i)-G_i(\mu_{Gi},\sigma_{Gi})+L_0(\mu_{L0},\sigma_{L0})+L_b(\mu_{Lb},\sigma_{Lb}) \quad \text{dB} \quad (5.16)$$

式中:

E_W——有用信号的实际值,它是均值(μ_W)和标准差(σ_W)的函数;

E_i——在试验场地预先设定的测量距离处的骚扰信号场强值,它是均值(μ_i)和标准差(σ_i)的函数;

G_W——接收有用信号的天线的实际增益,它是均值(μ_{GW})和标准差(σ_{GW})的函数;

G_i——接收骚扰信号的天线的实际增益,它是均值(μ_{Gi})和标准差(σ_{Gi})的函数;

L_0——骚扰信号在没有障碍的自由空间中传播时场强衰减的实际值,它是均值(μ_{L0})和标准差(σ_{L0})的函数;

L_b——骚扰信号由传播路径中的障碍所引起的场强衰减的实际值,它是均值(μ_{Lb})和标准差(σ_{Lb})的函数。

假设式(5.16)中等号右侧的所有变量均服从正态分布,则分布参数可以表示为:

$$\mu_R=\mu_W+\mu_{GW}-\mu_i-\mu_{Gi}+\mu_{L0}+\mu_{Lb} \quad \text{dB} \quad (5.17)$$

$$\sigma_R^2=\sigma_W^2+\sigma_{GW}^2+\sigma_i^2+\sigma_{Gi}^2+\sigma_{L0}^2+\sigma_{Lb}^2 \quad (5.18)$$

在正态分布条件下,要达到业务预期质量的可靠性可以用以下正态概率分布函数来表示:

$$\Phi[-(R_P-\mu_R)/\sigma_R]=\alpha \quad (5.19)$$

因此,

$$\mu_R=R_P+t_\alpha\sigma_R \quad (5.20)$$

式中:

$t_\alpha=\Phi^{-1}(\alpha)$

联立式(5.17)、(5.18)和(5.20),可导出离骚扰源一定距离处允许的骚扰场强的平均值:

$$\mu_i=\mu_W+\mu_{GW}-\mu_{Gi}+\mu_{L0}+\mu_{Lb}-R_P-t_\alpha[\sigma_W^2+\sigma_i^2+\sigma_{GW}^2+\sigma_{Gi}^2+\sigma_{L0}^2+\sigma_{Lb}^2]^{1/2} \quad (5.21)$$

骚扰的均值应低于限值,可用下式来规定:

$$E=\mu_i+t_n\sigma_i \quad (5.22)$$

式中:

E——在试验场地规定距离处所测得的骚扰的限值;

t_n——分布函数的归一化自变量,对应于符合限值的概率水平。

自由空间的衰减因子(μ_{L0})可用下式来估算:

$$\mu_{L0}=20\ \lg[r^x/d] \quad (5.23)$$

式中：

r——骚扰源和接收天线之间的平均距离；

d——在试验场地规定的测试距离；

x——决定自由空间实际衰减率的指数。

联立公式(5.21)、(5.22)和(5.23)，可计算出限值为：

$$E=\mu_W+\mu_{GW}-\mu_{Gi}+20\lg[r^x/d]+\mu_{Lb}-R_P+t_n\sigma_i-t_\alpha[\sigma_W^2+\sigma_i^2+\sigma_{GW}^2+\sigma_{Gi}^2+\sigma_{L0}^2+\sigma_{Lb}^2]^{1/2} \quad\cdots(5.24)$$

CISPR 推荐物 46/1(见 GB/Z 6113.403)规定批量生产的设备中应有 80%的设备以 80%的置信度满足骚扰限值，在这种情况下 $t_n=0.84$。

5.5.2 电源耦合

当实际的信干比水平大于最小可接受的概率超过规定值时，可认为满足了无线电通信所要求的质量，也就是

$$P(R>R_P)\geq\alpha \quad\cdots\cdots(5.25)$$

式中：

R——信干比；

R_P——可接受的最小信干比；

α——代表通信可靠性的特定的值。

信干比和所产生的电磁骚扰之间的关系为：

$$R=V_W-V_i+K \quad \text{dB} \quad\cdots\cdots(5.26)$$

式中：

V_W——接收机输入端有用信号的有效值；

V_i——使用规定设备(如准峰值检测器)以规定方法测得的电磁骚扰规定量的值(如电压、场强、功率等)；

K——由 V_i 与接收机输入端电磁骚扰信号有效值的比值来定义的去耦系数。

在骚扰主要以传导方式进行耦合的情况下(频率低于 30 MHz)：

$$K=K_m+l \quad \text{dB} \quad\cdots\cdots(5.27)$$

式中：

K_m——将骚扰源处(用人工电源网络)测得的 V_i 与接收设备电源输入端处的骚扰联系起来的电源去耦系数。

l——将电源输入端的骚扰值与等效骚扰联系起来的电源抗扰度系数。所谓等效骚扰是指如果该骚扰加在接收设备的天线输入端，那么它具有相同的干扰效果。

对于任意选择的骚扰源、无线电接收设备和它们之间的距离，V_W、V_i 和 K 的概率分布经实验证明很好地接近于正态分布。

在 E_i 的概率分布函数中，有了确定的分位数 $E_i(p)$ 就可规定电磁骚扰的限值。对应 $E_i(p)$，要这样选择允许值 L，当 $E_i(p)=L$ 时，保证质量为 $R\geq R_P$ 的无线电接收的可靠性等于规定值 τ：

$$L_{pr}(V_i)=U_{EW}+U_K+R_P+t_P\sigma_{Ei}-t_r[\sigma_{EW}^2+\sigma_{Ei}^2+\sigma_K^2]^{1/2} \quad\cdots\cdots(5.28)$$

式中：

U、σ^2——相应分量的期望和方差；

$t_r=\Phi^{-1}$，$t_p=\Phi^{-1}$——正态分布函数的变量，分别等于 t_r 和 t_p。

对于批量生产的产品，CISPR 建议 $p=0.8$ 时，$t_p=0.84$。τ 值则根据无线电网络的类型(无线电广播，空中导航等)在 0.8 至 0.99 之间选择。当 $\tau=0.95$ 时，$t_r=1.64$。

经实验发现，σ_K 是最重要的参数。σ_K 随着 E_i 的限值的变化有相应的变化，这使得规定的无线电业务质量和无线电性能的可靠性反而没有变化。因此，要计算处于类似条件下的与给定无线电网络的无线电接收设备有关的设备的限值。例如，为了保护在住宅区内的无线电广播接收，只考虑以下两组设备

就够了：

——在住宅区房屋内或与它们的供电电源相连的设备；

——在住宅区房屋外的设备。

基于经济方面的考虑和相隔距离，第二组设备还可以继续进行如下分组：电力线、电力运输、机动车辆、辖区内的工业设备等。

5.6 用于ISM设备测量的替代法

5.6.1 概述

本条的目的是回顾CISPR关于保护通信业务免受来自ISM设备的干扰的限值推导的研究，并总结那些符合CISPR和ITU目标的推荐方法。本条仅介绍由ITU所规定的ISM设备使用频带以外发生的辐射。

5.6.2 限值的推导

在推导限值过程中要考虑的全部参数列于表5，同时列出的还有需要保护的主要业务。附录5.6-A提供了计算限值的模型。

5.6.2.1 受保护的通信业务

受保护的有用信号场强、不同类型的ISM设备要求的保护比、有必要受保护的通信业务与源之间的距离以及在计算中所使用的衰减规律都是很重要的。在这些方面得到ITU的支持是必要的。

5.6.2.2 计算骚扰限值所推荐的模型

模型中传统上所包含的用于预测无线电干扰的系数列在表5中的第1到第10列。通过对每个参数分配合适的值，例如被保护的场强、保护比等，可以确定在最坏情况下用于保护各种通信业务免受ISM设备的干扰的限值。但是由于忽略了这样一个事实：有时几乎不存在由ISM设备引起的干扰，所以基于最坏情况下的参数的模型在技术上和经济上都是不切实际的。因此考虑这方面的经验至关重要。所以虽然如5.6.2.3所述，由于涉及到很多复杂的因素，目前概率只能是一个估计值，但在这方面广泛的经验所带来的好处仍包含在内。对确定各种业务的概率值的要求是很急迫的，目前许多国家正在进行这些研究工作。

5.6.2.3 概率因子

负面因素同时发生的概率：

$$P = P_1 \times P_2 \times \cdots \times P_{10}$$

式中：

P_1——ISM设备辐射的主波瓣在被干扰接收机方向的概率；

P_2——定向接收天线接收端在骚扰源方向上有最大接收的概率；

P_3——被干扰的接收机处于固定状态的概率；

P_4——ISM设备在关键频率上产生骚扰信号的概率；

P_5——相关谐波低于限值的概率；

P_6——产生的骚扰信号类型对接收系统产生重大影响的概率；

P_7——ISM骚扰源和接收系统同时工作的概率；

P_8——骚扰源处在可能发生干扰的距离内的概率；

P_9——ISM设备辐射限值与被保护业务的服务区域的边缘场强相符合的概率；

P_{10}——建筑物引起衰减的概率。

5.6.3 限值的应用

CISPR传统的观点认为，对每种类型的电器应当只有一种限值。这种方法在过去具有很突出的优点，但是越来越难以维持。因此，对ISM设备引用几种限值是非常有用的(见GB 4824)。

表 5　在 0.15 MHz～960 MHz 范围内确定 ISM 设备限值的方法表

频段/MHz	被保护的业务	被保护的信号/dB(μV/m)	保护比/dB	接收天线处允许的干扰场强/dB(μV/m)	信号的保护距离/m	衰减规律	距设备 30 m[1]的近似等效干扰场强/dB(μV/m)	建筑物衰减/dB	概率裕量/dB	距边界 30 m 处相应的实际限值/dB(μV/m)	距边界 30 m 处相应的限值/dB(μV/m)	建议修改 CISPR 30 m 处的限值/dB(μV/m)
(1)	(2)	(3)	(4)	(5)	(6)	(7)	(8)	(9)	(10)	(11)	(12)	(13)
0.150 到 0.285	低频广播、航空信标											
0.285 到 0.490	航空信标											
0.490 到 1.605	中频广播、航空信标											
1.605 到 4.00	固定链路空中移动											
4.00 到 15.00	固定链路空中移动											
15.00 到 20.00	固定链路空中移动											
20.00 到 30.00	固定链路空中移动											
30.00 到 68.00	电视广播、陆地移动											
68.00 到 100.00[2]	陆地移动											
100.00 到 156.00	FM 广播、仪表着陆系统、空中移动 陆地移动											

采用说明：[1]20 m 应为 30 m，原文误印；[2]854.00～960.00 应为 68.00～100.00，原文误印。

表 5(续)

频段/MHz	被保护的业务	被保护的信号/dB(μV/m)	保护比/dB	接收天线处允许的干扰场强/dB(μV/m)	信号的保护距离/m	衰减规律	距设备 30 m[1]的近似等效干扰场强/dB(μV/m)	建筑物衰减/dB	概率裕量/dB	距边界 30 m 处相应的实际限值/dB(μV/m)	距边界 30 m 处相应的限值/dB(μV/m)	建议修改 CISPR 30 m 处的限值/dB(μV/m)
(1)	(2)	(3)	(4)	(5)	(6)	(7)	(8)	(9)	(10)	(11)	(12)	(13)
156.00 到 174.00	陆地移动											
174.00 到 216.00	电视广播、陆地移动											
216.00 到 400.00	仪表着陆系统											
400.00 到 470.00	固定链路陆地移动											
470.00 到 585.00	电视广播											
585.00 到 614.00	海空 电视广播											
614.00 到 854.00	电视广播											
854.00 到 960.00	陆地移动											

注：

(3) 在服务区边界被保护的场强中值：由相应的 ITU 规则和 ITU 建议书导出。

(4) 保护比：保护业务免受具有由 ISM 设备产生的信号特征(例如频率稳定性等)的干扰的信干比。在推导限值时要用到这个值，但不必与 ITU 建议的规划中所要求保护比相同。

(6) 距 ISM 设备的平均最小距离，在该距离上相关业务的接收设备可以正常安装。就概率而言，其他距离也是允许的。

(9) 安装 ISM 设备的建筑物造成的衰减。经验表明通常的实际值是 10dB。

附 录 5.6-A
（资料性附录）
对确定限值建议的总结

5.6-A.1 经验法

这种方法的倡导者明确指出他们国家的实际经验已经证明所应用的限值能提供足够的保护。

这是一个不容忽视的有力论据。对干扰源与通信业务之间的耦合作技术评估是非常复杂的，而且实际不可能用数学方法或切实可行的方法来精确地控制各种参数，并且测量值的分散性很大。因此，经验是有价值的。不幸的是，使经验变得有价值的同样因素，也妨碍了这种方法被接受，除非有足够多的国家的经验都得到相似的结论。然而，在这种情况下，即使没有足够多的国家支持无条件地采用实际限值，很明显仍然需要支持这种办法作为考虑限值的一种因素。

5.6-A.2 用户与制造商抑制干扰的责任

在许多国家中强制实施用户规则。

对用户的限制可采取以下几种形式之一：

i) 如果干扰发生，规则要求用户使用的设备满足一定的限值；

ii) 如果干扰发生，规则要求 ISM 设备的用户停止操作直到干扰得到缓解；

iii) 规则是基于本类设备的许可。

这些办法就它们自身而言，既不满足 ITU/CISPR 避免干扰的标准，也不满足 CISPR 避免贸易技术壁垒的要求。在许多国家中，由于用户在法律上、经济上和技术上都处于不利的位置，因此，对用户的限制很可能在任何情况下都是不可接受的。

将制造商的规则利用户规则合起来就是另外一回事了。这时要求用户对干扰进行抑制以满足新设备的标准，因此他们在经济上、法律上和技术上的义务也非常明确。

现行的仅对用户执行限制的例子是英国对 0.15 MHz～1 000 MHz 频率范围内工业用射频加热器执行的限值。这与目前 CISPR 规定的限值大致一致，但对涉及人身安全的设施的限值加严了 10 dB。

其他例子是美国的规定和德国的规定。美国的规定采用了如条款 ii)所述的形式，德国的规定采用了条款 iii)的形式。在美国，这些限值很大程度上不如 CISPR 建议的限值苛刻。

5.6-A.3 基于最坏情况的限值计算

获得限值的方法旨在为所有无线电通信业务提供高度保护。用被保护的最小场强值、高保护比、骚扰源和无线电接收机之间的最大耦合以及骚扰信号随距离变化的最小衰减值来计算限值。

初看起来这种方法似乎是理想的。因为如果实施的话，这将产生一个人为射频环境噪声非常低的理想情况。然而采用这种限值的社会成本将很昂贵，并且为了使那些用于人类健康福利方面的电气设备继续运行，在当前技术条件下采用这种限值是不可能的。

5.6-A.4 统计评价方法

这种方法规定，必须以统计方法来处理射频干扰的控制问题，因为所涉及的许多因素都不在工程师的控制之下，而且能进行测量的那些测量值有相当大的分散性。

统计评价法必须克服这些困难。为使通信者对通信业务在正确使用情况下得到足够的保护感到满意，同时使电气设备的用户和制造商在电气设备的经济性、安全性和操作方面也感到满意，应给予足够的考虑。

ICS 25.100.20
J 41

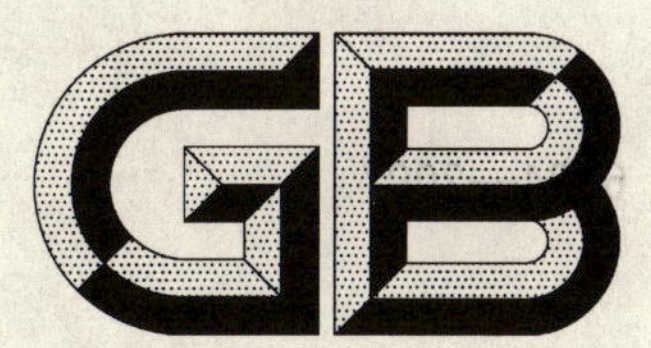

中华人民共和国国家标准

GB/T 6124—2007
代替 GB/T 6124.1—1996,GB/T 6124.2—1996

T型槽铣刀 型式和尺寸

T-slot cutters—Types and sizes

(ISO 3337:2000,T-slot cutters with cylindrical shanks and with Morse taper shanks having tapped hole,MOD)

2007-07-26 发布 2007-12-01 实施

中华人民共和国国家质量监督检验检疫总局
中国国家标准化管理委员会 发布

前言

本标准修改采用ISO 3337:2000《直柄和莫氏锥柄T型槽铣刀》(英文版)。

本标准根据ISO 3337:2000重新起草。

本标准与ISO 3337:2000相比有下列差异:

——删除了国际标准的前言,增加了前言;

——“本国际标准”改为“本标准”;

——规范性引用文件中的国际标准用我国国家标准替代;

——标准名称《直柄和莫氏锥柄T型槽铣刀》改为《T型槽铣刀　型式和尺寸》;

——用小数点“.”代替作为小数点的逗号“,”;

——增加了标记示例。

本标准代替GB/T 6124.1—1996《T型槽铣刀　第1部分:直柄T型槽铣刀的型式和尺寸》和GB/T 6124.2—1996《T型槽铣刀　第2部分:莫氏锥柄T型槽铣刀的型式和尺寸》。

本标准与GB/T 6124.1—1996和GB/T 6124.2—1996相比主要变化如下:

——两个部分合并为一个标准;

——修改了规范性引用文件;

——删除了符号说明;

——尺寸标注符号变化;

——改变了l尺寸的标注部位和大小;

——增加了螺纹柄T型槽铣刀。

本标准由中国机械工业联合会提出。

本标准由全国刀具标准化技术委员会(SAC/TC 91)归口。

本标准起草单位:成都工具研究所。

本标准主要起草人:曾宇环、查国兵、樊英杰。

本标准所代替标准的历次版本发布情况为:

——GB 6123—85、GB 6124—85、GB/T 6124.1—1996;

——GB 1126—85、GB/T 6124.2—1996。

T 型槽铣刀　型式和尺寸

1　范围

本标准规定了普通或削平直柄 T 型槽铣刀、螺纹柄 T 型槽铣刀和带螺纹孔的莫氏锥柄 T 型槽铣刀的型式和尺寸。

本标准适用于加工 GB/T 158 规定的 T 型槽宽度为 5 mm～54 mm 的 T 型槽铣刀。

2　规范性引用文件

下列文件中的条款通过本标准的引用而成为本标准的条款。凡是注日期的引用文件，其随后所有的修改单(不包括勘误的内容)或修订版均不适用于本标准，然而，鼓励根据本标准达成协议的各方研究是否可使用这些文件的最新版本。凡是不注日期的引用文件，其最新版本适用于本标准。

GB/T 158　机床工作台　T 型槽和相应螺栓(GB/T 158—1996，eqv ISO 299:1987)

GB/T 1443　机床和工具柄用自夹圆锥(GB/T 1443—1996，eqv ISO 296:1991)

GB/T 6131.1　铣刀直柄　第 1 部分：普通直柄的型式和尺寸(GB/T 6131.1—2006，ISO 3338-1:1996，IDT)

GB/T 6131.2　铣刀直柄　第 2 部分：削平直柄的型式和尺寸(GB/T 6131.2—2006，ISO 3338-2:2000，IDT)

GB/T 6131.4　铣刀直柄　第 4 部分：螺纹柄的型式和尺寸(GB/T 6131.4—2006，ISO 3338-3:1996，IDT)

3　型式和尺寸

3.1　普通直柄、削平直柄和螺纹柄 T 型槽铣刀

型式和尺寸见图 1 和表 1。

普通直柄、削平直柄和螺纹柄的柄部尺寸和公差分别按照 GB/T 6131.1、GB/T 6131.2 和 GB/T 6131.4 的规定。

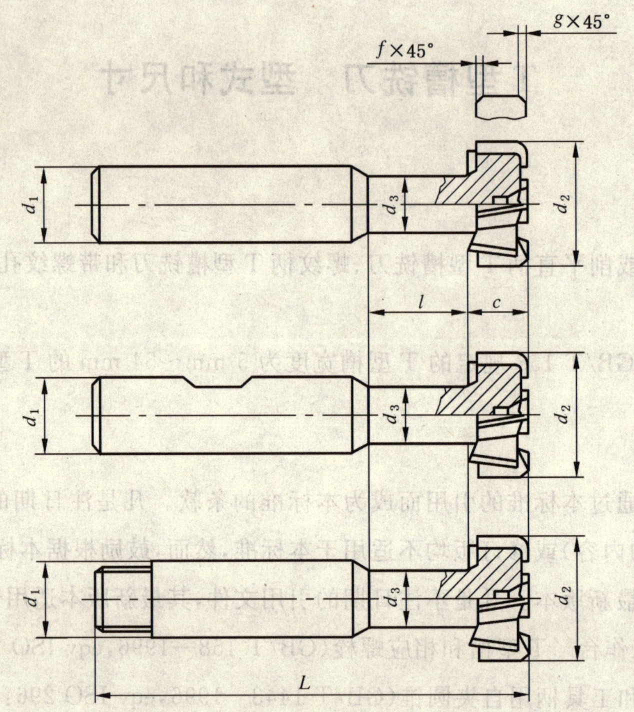

注：倒角 f 和 g 可用相同尺寸的圆弧代替。

图 1

表 1

单位为毫米

<table>
<tr><th>d_2
h12</th><th>c
h12</th><th>d_3
max</th><th>l
$^{+1}_{0}$</th><th>d_1 [a]</th><th>L
js18</th><th>f
max</th><th>g
max</th><th>T 型槽宽度</th></tr>
<tr><td>11</td><td>3.5</td><td>4</td><td>6.5</td><td rowspan="3">10</td><td>53.5</td><td rowspan="6">0.6</td><td rowspan="5">1</td><td>5</td></tr>
<tr><td>12.5</td><td>6</td><td>5</td><td>7</td><td>57</td><td>6</td></tr>
<tr><td>16</td><td rowspan="2">8</td><td>7</td><td>10</td><td>62</td><td>8</td></tr>
<tr><td>18</td><td>8</td><td>13</td><td rowspan="2">12</td><td>70</td><td>10</td></tr>
<tr><td>21</td><td>9</td><td>10</td><td>16</td><td>74</td><td>12</td></tr>
<tr><td>25</td><td>11</td><td>12</td><td>17</td><td rowspan="2">16</td><td>82</td><td rowspan="2">1.6</td><td>14</td></tr>
<tr><td>32</td><td>14</td><td>15</td><td>22</td><td>90</td><td rowspan="4">1</td><td>18</td></tr>
<tr><td>40</td><td>18</td><td>19</td><td>27</td><td>25</td><td>108</td><td rowspan="3">2.5</td><td>22</td></tr>
<tr><td>50</td><td>22</td><td>25</td><td>34</td><td rowspan="2">32</td><td>124</td><td>28</td></tr>
<tr><td>60</td><td>28</td><td>30</td><td>43</td><td>139</td><td>36</td></tr>
</table>

[a] d_1 的公差(按照 GB/T 6131.1,GB/T 6131.2,GB/T 6131.4)：

——普通直柄适用 h8；

——削平直柄适用 h6；

——螺纹柄适用 h8。

3.2 带螺纹孔的莫氏锥柄 T 型槽铣刀

型式和尺寸见图 2 和表 2。

带螺纹孔的莫氏锥柄的柄部尺寸和公差按照 GB/T 1443。

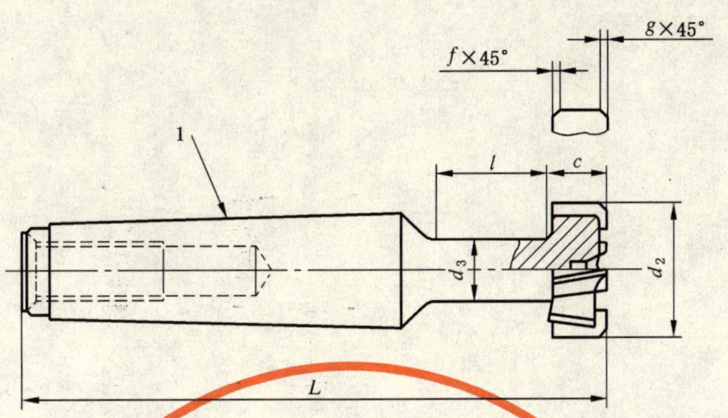

1——莫氏圆锥。

注：倒角 f 和 g 可用相同尺寸的圆弧代替。

图 2

表 2

单位为毫米

d_2 h12	c h12	d_3 max	l $^{+1}_{0}$	L	f max	g max	莫氏圆锥号	T 型槽宽度
18	8	8	13	82	0.6	1	1	10
21	9	10	16	98			2	12
25	11	12	17	103		1.6		14
32	14	15	22	111	1		3	18
40	18	19	27	138		2.5	4	22
50	22	25	34	173				28
60	28	30	43	188				36
72	35	36	50	229	1.6	4	5	42
85	40	42	55	240	2	6		48
95	44	44	62	251				54

3.3　标记示例

加工 T 型槽的宽度为 10 mm 的普通直柄 T 型槽铣刀为：

直柄 T 型槽铣刀 10　GB/T 6124—2007

加工 T 型槽的宽度为 10 mm 的削平直柄 T 型槽铣刀为：

削平直柄 T 型槽铣刀 10　GB/T 6124—2007

加工 T 型槽的宽度为 10 mm 的螺纹柄 T 型槽铣刀为：

螺纹柄 T 型槽铣刀 10　GB/T 6124—2007

加工 T 型槽的宽度为 12 mm 的莫氏锥柄 T 型槽铣刀为：

莫氏锥柄 T 型槽铣刀 12　GB/T 6124—2007

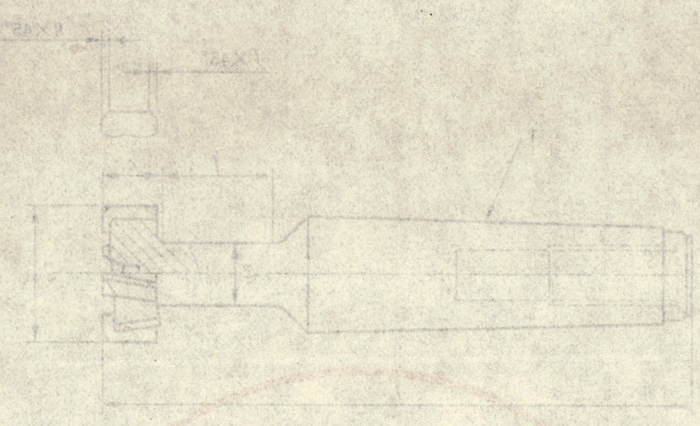

ICS 25.100.20
J 41

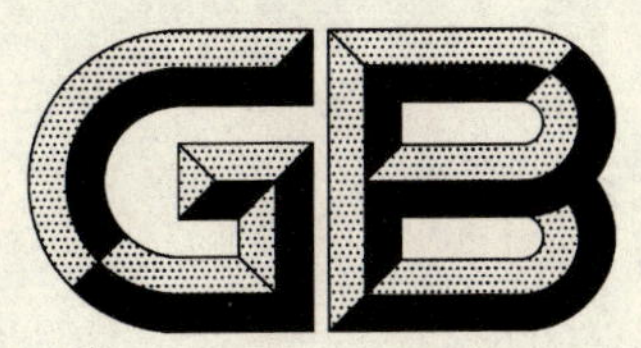

中华人民共和国国家标准

GB/T 6125—2007
代替 GB/T 6125—1996

T 型槽铣刀　技术条件

T-slot cutters—Technical specifications

2007-07-26 发布　　2007-12-01 实施

中华人民共和国国家质量监督检验检疫总局
中国国家标准化管理委员会　发布

前　言

本标准代替 GB/T 6125—1996《T 型槽铣刀　技术条件》。

本标准与 GB/T 6125—1996 相比主要变化如下：

——修改了规范性引用文件；

——删除了性能试验；

——删除了符号说明。

本标准附录 A 为规范性附录。

本标准由中国机械工业联合会提出。

本标准由全国刀具标准化技术委员会(SAC/TC 91)归口。

本标准起草单位：成都工具研究所。

本标准主要起草人：曾宇环、查国兵、樊英杰。

本标准所代替标准的历次版本发布情况为：

——GB 6125—85、GB/T 6125—1996。

T型槽铣刀 技术条件

1 范围

本标准规定了T型槽铣刀的位置公差、材料和硬度、外观和表面粗糙度、标志和包装的技术要求。

本标准适用于按GB/T 6124生产的T型槽铣刀。根据供需双方协议，其他T型槽铣刀也可参照使用。

2 规范性引用文件

下列文件中的条款通过本标准的引用而成为本标准的条款。凡是注日期的引用文件，其随后所有的修改单(不包括勘误的内容)或修订版均不适用于本标准，然而，鼓励根据本标准达成协议的各方研究是否可使用这些文件的最新版本。凡是不注日期的引用文件，其最新版本适用于本标准。

GB/T 6124 T型槽铣刀 型式和尺寸(GB/T 6124—2007，ISO 3337:2000，MOD)

3 位置公差

位置公差按表1。

表1

单位为毫米

项目		公差
圆周刃对柄部轴线的径向圆跳动	一转	0.05
	相邻齿	0.03
端刃对柄部轴线的端面圆跳动	一转	0.05
	相邻齿	0.03
注：T型槽铣刀的圆跳动检测方法见附录A。		

4 材料和硬度

4.1 材料

T型槽铣刀用W6Mo5Cr4V2或同等性能的高速钢制造。

4.2 硬度

T型槽铣刀工作部分：63 HRC～66 HRC。

T型槽铣刀柄部：普通直柄和锥柄，不低于30 HRC；

削平直柄，不低于50 HRC；

螺纹柄，不低于30 HRC。

5 外观和表面粗糙度

5.1 T型槽铣刀表面不应有裂纹，切削刃应锋利，不应有崩刃、钝口以及磨退火等影响使用性能的缺陷。焊接铣刀在焊缝处不得有砂眼和未焊透现象。

5.2 T型槽铣刀表面粗糙度的上限值按以下规定：

——前面和后面：Rz 6.3 μm；

——普通直柄柄部外圆：Ra 1.25 μm；

——削平直柄和锥柄柄部外圆：Ra 0.63 μm；

——螺纹柄：Ra 1.25 μm。

6 标志和包装

6.1 标志

6.1.1 产品上应标志：

a) 制造厂或销售商商标；

b) 加工 T 型槽的宽度；

c) 高速钢代号(HSS)。

6.1.2 包装盒上应标志：

a) 制造厂或销售商名称、地址和商标；

b) T 型槽铣刀的标记；

c) 高速钢的牌号或代号；

d) 件数；

e) 制造年月。

6.2 包装

T 型槽铣刀在包装前应经防锈处理。包装必须牢固，并能防止运输过程中的损伤。

附　录　A
（规范性附录）
T型槽铣刀圆跳动的检测方法

A.1　检测方法

直柄T型槽铣刀圆跳动的检测示意图按图A.1，锥柄T型槽铣刀圆跳动的检测示意图按图A.2。

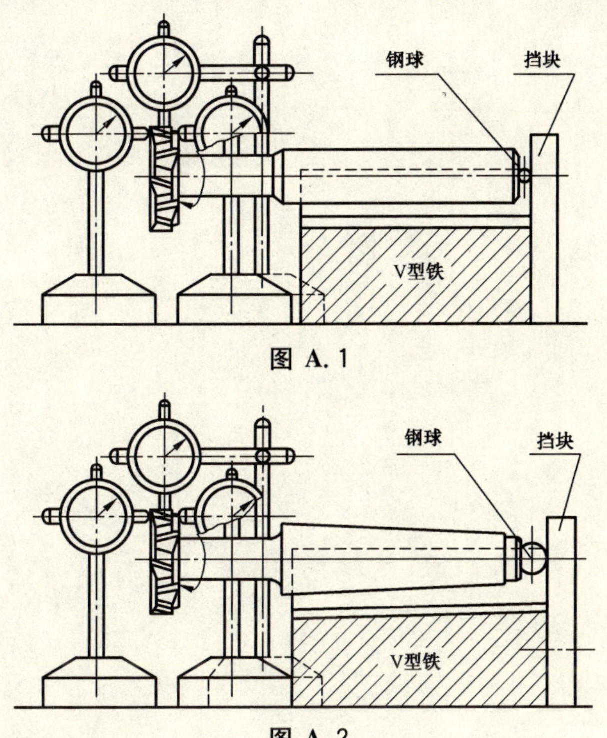

图A.1

图A.2

A.1.1　周刃对柄部轴线的径向圆跳动

指示表触头垂直触靠在圆周刃上，旋转铣刀一周，读取同位齿上指示表指针最大值与最小值之差及最大相邻齿的差值。

A.1.2　端刃对柄部轴线的端面圆跳动

指示表触头垂直在靠近外径的端刃上，旋转铣刀一周，读取同位齿上指示表指针最大值与最小值之差及最大相邻齿的差值。

A.2　检测器具

a)　分度值为0.01 mm的指示表或0.002 mm的杠杆指示表；

b)　磁力表架；

c)　普通V型铁，斜度V型铁；

d)　检验平板；

e)　钢球，钢球直径的选用按表A.1。

表A.1　　单位为毫米

T型槽铣刀中心孔	1.00	1.6	2.00	2.50	3.15	4.00	6.30	10.00
选用钢球直径	1.5	2.0	3.0	4.0	5.0	6.0	10.0	15.0

ICS 25.100.20
J 41

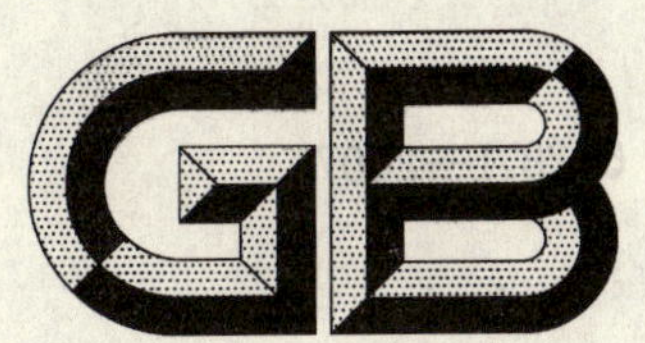

中华人民共和国国家标准

GB/T 6128.1—2007
代替 GB/T 6128.1—1996,GB/T 6128.2—1996

角度铣刀
第1部分:单角和不对称双角铣刀

Angle milling cutter—Part 1:The single and double unequal-angle cutters

2007-06-25 发布 2007-11-01 实施

中华人民共和国国家质量监督检验检疫总局
中国国家标准化管理委员会 发布

前言

GB/T 6128《角度铣刀》分为两个部分：

——第1部分：单角和不对称双角铣刀；

——第2部分：对称双角铣刀。

本部分为GB/T 6128的第1部分。

本部分代替GB/T 6128.1—1996《角度铣刀　第1部分：单角铣刀的型式和尺寸》和GB/T 6128.2—1996《角度铣刀　第2部分：不对称双角铣刀的型式和尺寸》。

本部分与GB/T 6128.1—1996和GB/T 6128.2—1996相比主要变化如下：

——将GB/T 6128.1和GB/T 6128.2合并为一个部分；

——增加了“前言”；

——取消了“第3章　符号”；

——图1：取消了r尺寸局部放大图和r尺寸标识；

——表1：取消了r_{max}系列尺寸。

本部分由中国机械工业联合会提出。

本部分由全国刀具标准化技术委员会(SAC/TC 91)归口。

本部分起草单位：成都工具研究所。

本部分主要起草人：夏千。

本部分所代替标准的历次版本发布情况为：

——GB/T 6128.1—1996；

——GB/T 6128.2—1996。

角度铣刀
第1部分：单角和不对称双角铣刀

1 范围

本部分规定了单角和不对称双角铣刀的型式和尺寸。

本部分适用于外圆直径40 mm～100 mm的单角和不对称双角铣刀。

2 规范性引用文件

下列文件中的条款通过GB/T 6128的本部分的引用而成为本部分的条款。凡是注日期的引用文件，其随后所有的修改单(不包括勘误的内容)或修订版均不适用于本部分，然而，鼓励根据本部分达成协议的各方研究是否可使用这些文件的最新版本。凡是不注日期的引用文件，其最新版本适用于本部分。

GB/T 6132 铣刀和铣刀刀杆的互换尺寸(GB/T 6132—2006,ISO 240:1994,IDT)

3 型式和尺寸

3.1 单角铣刀的型式按图1所示，尺寸由表1给出。不对称双角铣刀的型式按图2所示，尺寸由表2给出。铣刀键槽的尺寸按GB/T 6132的规定。

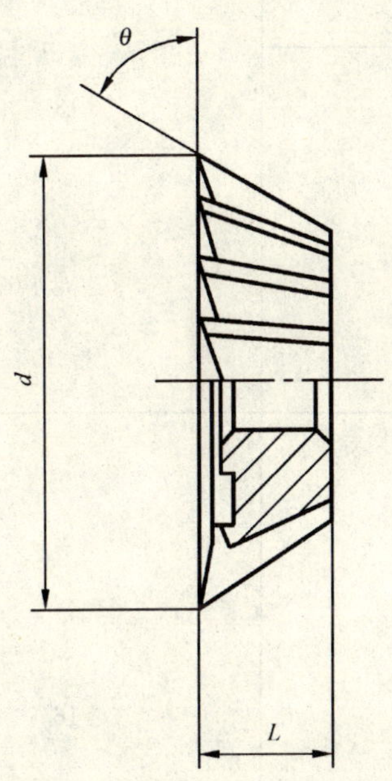

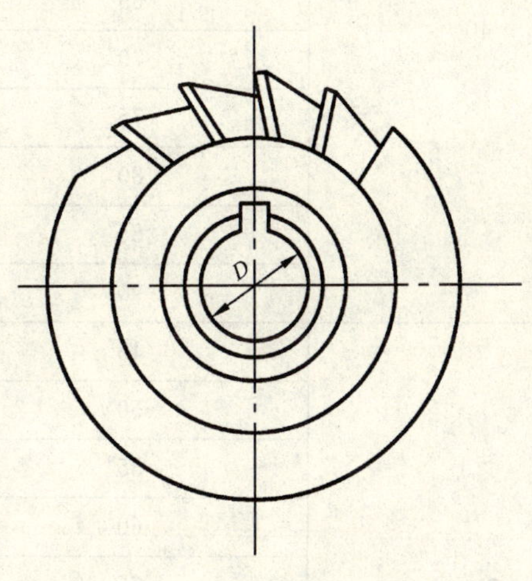

图1

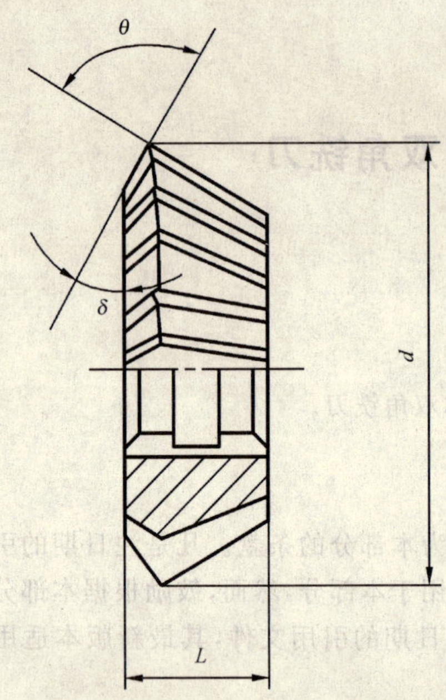

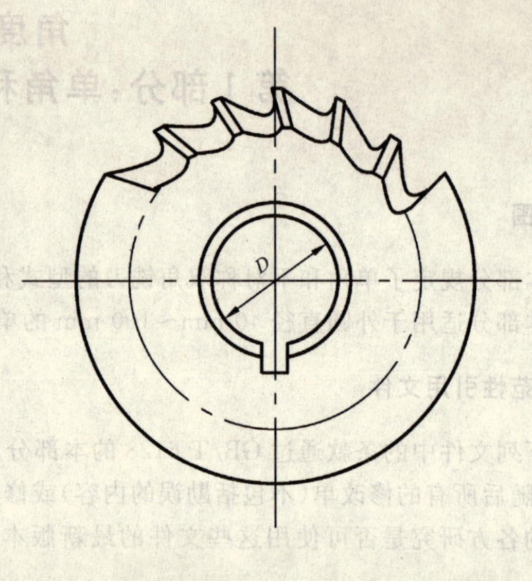

图 2

表 1

单位为毫米

<table>
<tr><th>d
js16</th><th>θ
±20′</th><th>L
js16</th><th>D
H7</th></tr>
<tr><td rowspan="10">40</td><td>45°</td><td rowspan="4">8</td><td rowspan="10">13</td></tr>
<tr><td>50°</td></tr>
<tr><td>55°</td></tr>
<tr><td>60°</td></tr>
<tr><td>65°</td><td rowspan="6">10</td></tr>
<tr><td>70°</td></tr>
<tr><td>75°</td></tr>
<tr><td>80°</td></tr>
<tr><td>85°</td></tr>
<tr><td>90°</td></tr>
<tr><td rowspan="10">50</td><td>45°</td><td rowspan="10">13</td><td rowspan="10">16</td></tr>
<tr><td>50°</td></tr>
<tr><td>55°</td></tr>
<tr><td>60°</td></tr>
<tr><td>65°</td></tr>
<tr><td>70°</td></tr>
<tr><td>75°</td></tr>
<tr><td>80°</td></tr>
<tr><td>85°</td></tr>
<tr><td>90°</td></tr>
</table>

表 1(续)

单位为毫米

d js16	θ ±20′	L js16	D H7
63	18°	6	22
	22°	7	
	25°	8	
	30°	9	
	40°		
	45°	16	
	50°		
	55°		
	60°		
	65°		
	70°		
	75°	20	
	80°		
	85°		
	90°		
80	18°	10	
	22°	12	
	25°	13	
	30°	15	
	40°		
80	45°	22	27
	50°		
	55°		
	60°		
	65°		
	70°		
	75°	24	
	80°		
	85°		
	90°		
100	18°	12	32
	22°	14	
	25°	16	
	30°	18	
	40°		
单角铣刀的顶刃允许有圆弧,圆弧半径尺寸由制造商自行规定。			

表 2

单位为毫米

<table>
<tr><th>d
js16</th><th>θ
±20′</th><th>δ
±30′</th><th>L
js16</th><th>D
H7</th></tr>
<tr><td rowspan="9">40</td><td>55°</td><td rowspan="7">15°</td><td rowspan="3">6</td><td rowspan="9">13</td></tr>
<tr><td>60°</td></tr>
<tr><td>65°</td></tr>
<tr><td>70°</td><td rowspan="2">8</td></tr>
<tr><td>75°</td></tr>
<tr><td>80°</td><td rowspan="3">10</td></tr>
<tr><td>85°</td></tr>
<tr><td>90°</td><td>20°</td></tr>
<tr><td>100°</td><td>25°</td><td>13</td></tr>
<tr><td rowspan="9">50</td><td>55°</td><td rowspan="7">15°</td><td rowspan="3">8</td><td rowspan="9">16</td></tr>
<tr><td>60°</td></tr>
<tr><td>65°</td></tr>
<tr><td>70°</td><td rowspan="2">10</td></tr>
<tr><td>75°</td></tr>
<tr><td>80°</td><td rowspan="2">13</td></tr>
<tr><td>85°</td></tr>
<tr><td>90°</td><td>20°</td><td rowspan="2">16</td></tr>
<tr><td>100°</td><td>25°</td></tr>
<tr><td rowspan="9">63</td><td>55°</td><td rowspan="7">15°</td><td rowspan="3">10</td><td rowspan="9">22</td></tr>
<tr><td>60°</td></tr>
<tr><td>65°</td></tr>
<tr><td>70°</td><td rowspan="2">13</td></tr>
<tr><td>75°</td></tr>
<tr><td>80°</td><td rowspan="4">16</td></tr>
<tr><td>85°</td></tr>
<tr><td>90°</td><td>20°</td></tr>
<tr><td>100°</td><td>25°</td></tr>
<tr><td rowspan="9">80</td><td>50°</td><td rowspan="8">15°</td><td rowspan="2">13</td><td rowspan="9">27</td></tr>
<tr><td>55°</td></tr>
<tr><td>60°</td><td rowspan="2">16</td></tr>
<tr><td>65°</td></tr>
<tr><td>70°</td><td rowspan="3">20</td></tr>
<tr><td>75°</td></tr>
<tr><td>80°</td></tr>
<tr><td>85°</td><td rowspan="2">24</td></tr>
<tr><td>90°</td><td>20°</td></tr>
</table>

表 2(续)

单位为毫米

<table>
<tr><th>d
js16</th><th>θ
±20′</th><th>δ
±30′</th><th>L
js16</th><th>D
H7</th></tr>
<tr><td rowspan="7">100</td><td>50°</td><td rowspan="7">15°</td><td rowspan="2">20</td><td rowspan="7">32</td></tr>
<tr><td>55°</td></tr>
<tr><td>60°</td><td rowspan="2">24</td></tr>
<tr><td>65°</td></tr>
<tr><td>70°</td><td rowspan="3">30</td></tr>
<tr><td>75°</td></tr>
<tr><td>80°</td></tr>
<tr><td colspan="5">不对称双角铣刀的顶刃允许有圆弧,圆弧半径尺寸由制造商自行规定。</td></tr>
</table>

3.2 标记示例

d=50 mm、θ=45°的单角铣刀为:

单角铣刀 50×45° GB/T 6128.1—2007

d=50 mm、θ=55°的不对称双角铣刀为:

不对称双角铣刀 50×55° GB/T 6128.1—2007

ICS 25.100.20
J 41

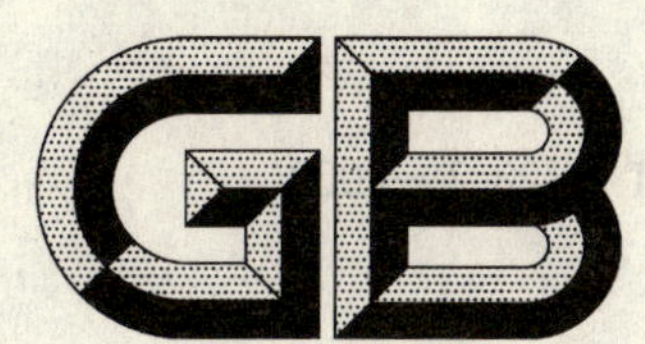

中华人民共和国国家标准

GB/T 6128.2—2007
代替 GB/T 6128.3—1996

角度铣刀　第2部分：对称双角铣刀

Angle milling cutter—Part 2: The double equal-angle cutters

(ISO 6108:1978, Double equal angle cutters with plain bore and key drive, MOD)

2007-06-25 发布　　　　2007-11-01 实施

中华人民共和国国家质量监督检验检疫总局
中国国家标准化管理委员会　发布

前　言

GB/T 6128《角度铣刀》分为两个部分：

——第1部分：单角和不对称双角铣刀；

——第2部分：对称双角铣刀。

本部分为GB/T 6128的第2部分。

本部分修改采用ISO 6108:1978《带孔和键传动的对称双角铣刀》。

本部分与ISO 6128:1978相比有下列技术差异和编辑性修改：

——规范性引用文件一章中，ISO 240用GB/T 6132标准代替；

——用“本部分”代替“本国际标准”；

——删除了国际标准前言；

——增加了对称双角铣刀的规格尺寸；

——图1和表1：对应尺寸所用的符号不同；

——增加了标记示例。

本部分代替GB/T 6128.3—1996《角度铣刀　第3部分：对称双角铣刀的型式和尺寸》。

本部分与GB/T 6128.3—1996相比主要变化如下：

——增加了“前言”；

——取消了“第3章　符号”；

——图1：取消了r的尺寸标识；

——表1：取消了r_{max}系列尺寸。

本部分由中国机械工业联合会提出。

本部分由全国刀具标准化技术委员会(SAC/TC 91)归口。

本部分起草单位：成都工具研究所。

本部分主要起草人：夏千。

本部分所代替标准的历次版本发布情况为：

——GB 6128—1985、GB/T 6128.3—1996。

角度铣刀　第2部分:对称双角铣刀

1　范围

本部分规定了对称双角铣刀的型式和尺寸。

本部分适用于外圆直径 50 mm～100 mm 的对称双角铣刀。

2　规范性引用文件

下列文件中的条款通过 GB/T 6128 的本部分的引用而成为本部分的条款。凡是注日期的引用文件,其随后所有的修改单(不包括勘误的内容)或修订版均不适用于本部分,然而,鼓励根据本部分达成协议的各方研究是否可使用这些文件的最新版本。凡是不注日期的引用文件,其最新版本适用于本部分。

GB/T 6132　铣刀和铣刀刀杆的互换尺寸(GB/T 6132—2006,ISO 240:1994,IDT)

3　型式和尺寸

3.1　对称双角铣刀的型式按图 1 所示,尺寸由表 1 给出。铣刀键槽的尺寸按 GB/T 6132 的规定。

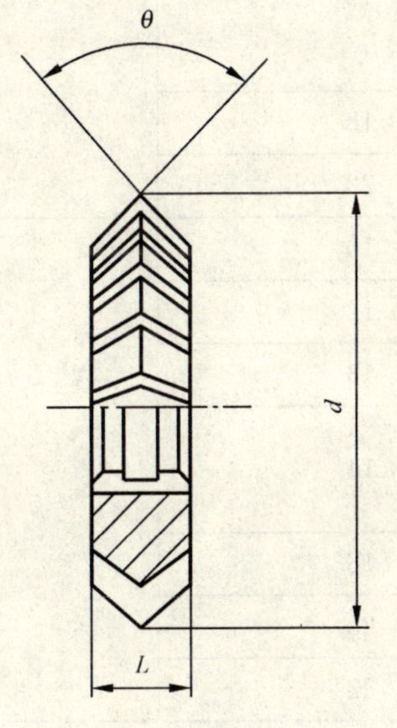

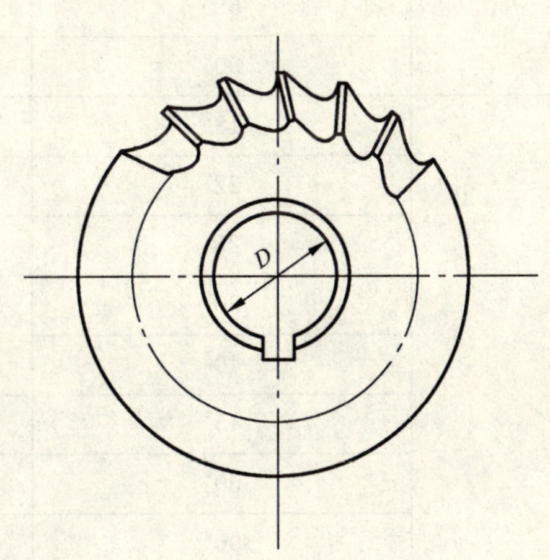

图 1

表 1

单位为毫米

d js16	θ ±30′	L js16	D H7
50	45°	8	16
	60°	10	
	90°	14	

表 1(续)

单位为毫米

<table>
<tr><th>d
js16</th><th>θ
±30′</th><th>L
js16</th><th>D
H7</th></tr>
<tr><td rowspan="9">63</td><td>18°</td><td>5</td><td rowspan="9">22</td></tr>
<tr><td>22°</td><td>6</td></tr>
<tr><td>25°</td><td>7</td></tr>
<tr><td>30°</td><td rowspan="2">8</td></tr>
<tr><td>40°</td></tr>
<tr><td>45°</td><td rowspan="2">10</td></tr>
<tr><td>50°</td></tr>
<tr><td>60°</td><td>14</td></tr>
<tr><td>90°</td><td>20</td></tr>
<tr><td rowspan="8">80</td><td>18°</td><td>8</td><td rowspan="8">27</td></tr>
<tr><td>22°</td><td>10</td></tr>
<tr><td>25°</td><td>11</td></tr>
<tr><td>30°</td><td rowspan="3">12</td></tr>
<tr><td>40°</td></tr>
<tr><td>45°</td></tr>
<tr><td>60°</td><td>18</td></tr>
<tr><td>90°</td><td>22</td></tr>
<tr><td rowspan="8">100</td><td>18°</td><td>10</td><td rowspan="8">32</td></tr>
<tr><td>22°</td><td>12</td></tr>
<tr><td>25°</td><td>13</td></tr>
<tr><td>30°</td><td rowspan="2">14</td></tr>
<tr><td>40°</td></tr>
<tr><td>45°</td><td>18</td></tr>
<tr><td>60°</td><td>25</td></tr>
<tr><td>90°</td><td>32</td></tr>
<tr><td colspan="4">对称双角铣刀的顶刃允许有圆弧，圆弧半径尺寸由制造商自行规定。</td></tr>
</table>

3.2 标记示例

d=50 mm，θ=45°的对称双角铣刀为：

对称双角铣刀 50×45° GB/T 6128.2—2007

ICS 25.100.20
J 41

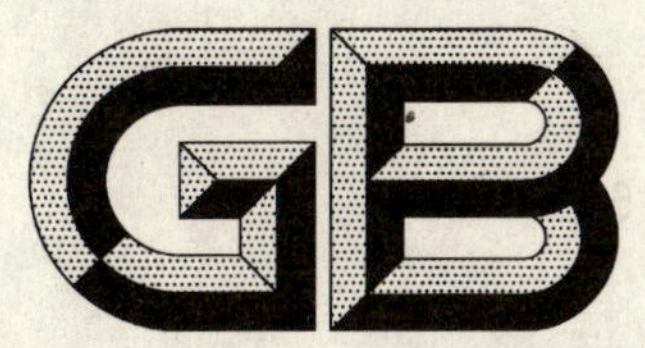

中华人民共和国国家标准

GB/T 6129—2007
代替 GB/T 6129—1996

角度铣刀 技术条件

Technical specifications for angle cutters

2007-06-25 发布 2007-11-01 实施

中华人民共和国国家质量监督检验检疫总局
中国国家标准化管理委员会 发布

前言

本标准代替GB/T 6129—1996《角度铣刀　技术条件》。

本标准与GB/T 6129—1996相比主要变化如下：

——增加了“前言”；

——“1　范围”：将“本标准适用于金属切削用的角度铣刀”改为“本标准适用于按GB/T 6128.1、GB/T 6128.2生产的角度铣刀”；

——取消了“3　符号”；

——表2：内孔表面、两支承端面的表面粗糙度值由“*Ra* 1.25 μm”改为“*Ra* 1.6 μm”；

——将附录A由“参考件”改为“规范性附录”。

本标准的附录A为规范性附录。

本标准由中国机械工业联合会提出。

本标准由全国刀具标准化技术委员会(SAC/TC 91)归口。

本标准起草单位：成都工具研究所。

本标准主要起草人：夏千。

本标准所代替标准的历次版本发布情况为：

——GB 6129—1985、GB/T 6129—1996。

角度铣刀　技术条件

1　范围

本标准规定了角度铣刀的尺寸、材料和硬度、外观和表面粗糙度、标志和包装的技术要求。

本标准适用于按 GB/T 6128.1、GB/T 6128.2 生产的角度铣刀。

2　规范性引用文件

下列文件中的条款通过本标准的引用而成为本标准的条款。凡是注日期的引用文件，其随后所有的修改单(不包括勘误的内容)或修订版均不适用于本标准，然而，鼓励根据本标准达成协议的各方研究是否可使用这些文件的最新版本。凡是不注日期的引用文件，其最新版本适用于本标准。

GB/T 6128.1　角度铣刀　第1部分：单角和不对称双角铣刀

GB/T 6128.2　角度铣刀　第2部分：对称双角铣刀(GB/T 6128.2—2007，ISO 6108:1978，Double equal angle cutters with plain bore and key drive，MOD)

3　尺寸

3.1　角度铣刀的位置公差由表1给出。

表 1

单位为毫米

<table>
<tr><th colspan="2" rowspan="2">项　目</th><th colspan="2">公　差</th></tr>
<tr><th>$d≤80$</th><th>$d>80$</th></tr>
<tr><td rowspan="2">顶刃对内孔轴线的径向圆跳动</td><td>一转</td><td>0.050</td><td>0.060</td></tr>
<tr><td>相邻</td><td>0.025</td><td>0.030</td></tr>
<tr><td rowspan="2">锥刃对内孔轴线的斜向圆跳动</td><td>一转</td><td>0.050</td><td>0.060</td></tr>
<tr><td>相邻</td><td>0.025</td><td>0.030</td></tr>
<tr><td rowspan="2">单角铣刀端刃对内孔轴线的端面圆跳动</td><td>一转</td><td colspan="2">0.060</td></tr>
<tr><td>相邻</td><td colspan="2">0.030</td></tr>
<tr><td colspan="4">注：角度铣刀圆跳动的检验方法见附录 A。</td></tr>
</table>

4　材料和硬度

4.1　角度铣刀用 W6Mo5Cr4V2 或同等性能的其他高速钢制造。

4.2　角度铣刀的硬度为 63HRC～66HRC。

5　外观和表面粗糙度

5.1　角度铣刀表面不应有裂纹，切削刃应锋利，不应有崩刃、钝口以及磨削烧伤等影响使用性能的缺陷。

5.2　角度铣刀表面粗糙度的上限值由表2中给出。

表 2

单位为微米

项　　目	表面粗糙度
前面、后面	Rz 6.3
内孔表面	Ra 1.6
两支承端面	Ra 1.6

6　标志和包装

6.1　标志

6.1.1　产品上应标志：

a)　制造厂或销售商商标；

b)　角度铣刀的外圆直径和角度；

c)　高速钢代号。

6.1.2　包装盒上应标志：

a)　制造厂或销售商名称、地址、商标；

b)　角度铣刀的名称、外圆直径×铣刀角度、标准编号；

c)　高速钢代号或牌号；

d)　件数；

e)　制造年月。

6.2　包装

角度铣刀包装前应进行防锈处理。包装必须牢固，防止运输过程中的损坏。

附 录 A
（规范性附录）
角度铣刀圆跳动的检测方法

A.1 检测器具

分度值为 0.01 mm 的指示表、表座、带凸台的芯轴、铣刀跳动检测仪。

A.2 检测方法

A.2.1 顶刃对内孔轴线的径向圆跳动

将铣刀装在带凸台的芯轴上（芯轴应与铣刀内孔选配）置于铣刀跳动检查仪两顶尖之间，见图 A.1。指示表测头触及刀齿，并与铣刀内孔轴线垂直。旋转铣刀芯轴一周，取表读数的最大与最小值之差为一转跳动，取相邻刀齿读数差绝对值的最大值为相邻齿跳动。

A.2.2 锥刃对内孔轴线的斜向圆跳动

将铣刀装在带凸台的芯轴上（芯轴应与铣刀内孔选配）置于铣刀跳动检查仪两顶尖之间，见图 A.2。指示表测头垂直触及锥面刃上，旋转铣刀一周，取表读数的最大与最小值之差为一转跳动，取相邻刀齿读数差绝对值的最大值为相邻齿跳动。分别测量两侧锥刃，取最大值为锥刃对内孔轴线的斜向圆跳动。

A.2.3 单角铣刀端刃对内孔轴线的端面圆跳动

将铣刀装在带凸台的芯轴上（芯轴应与铣刀内孔选配）置于铣刀跳动检查仪两顶尖之间，见图 A.2。指示表测头垂直触及端刃上，旋转铣刀一周，取表读数的最大与最小值之差为一转跳动，取相邻刀齿读数差绝对值的最大值为相邻齿跳动。

图 A.1　　　　图 A.2

ICS 25.100.30
J 41

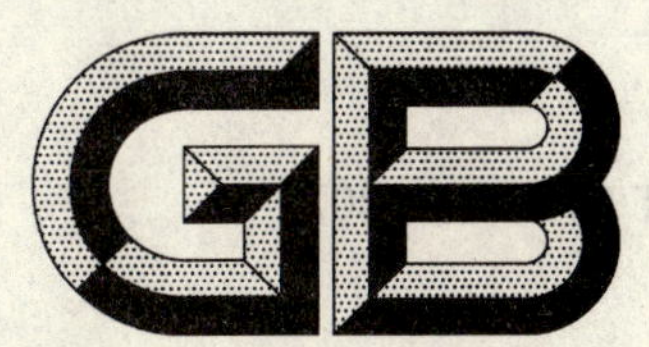

中华人民共和国国家标准

GB/T 6138.1—2007
代替 GB/T 6138.1—1997

攻丝前钻孔用阶梯麻花钻 第1部分:直柄阶梯麻花钻的型式和尺寸

Subland twist drills for holes prior to tapping screw threads—Part 1:The types and dimensions of subland twist drills with cylindrical shanks

(ISO 3439:2003,Subland twist drills with cylindrical shanks for holes prior to tapping screw threads,MOD)

2007-06-25 发布　　2007-11-01 实施

中华人民共和国国家质量监督检验检疫总局
中国国家标准化管理委员会
发布

前言

GB/T 6138《攻丝前钻孔用阶梯麻花钻》分为两个部分：

——第 1 部分：直柄阶梯麻花钻的型式和尺寸；

——第 2 部分：莫氏锥柄阶梯麻花钻的型式和尺寸。

本部分为 GB/T 6138 的第 1 部分。

本部分修改采用 ISO 3439:2003《攻丝前钻孔用直柄阶梯麻花钻》。

本部分根据 ISO 3439:2003 重新起草。

本部分与 ISO 3439:2003 相比有下列技术差异和编辑性的修改：

——规范性引用文件中的国际标准用我国标准替代；

——取消了国际标准的前言；

——"本国际标准"改为"本部分"；

——增加了标记示例；

——增加了普通级与精密级分类。

本部分代替 GB/T 6138.1—1997《攻丝前钻孔用阶梯麻花钻　第 1 部分：直柄阶梯麻花钻的型式和尺寸》。

本部分与 GB/T 6138.1—1997 相比主要变化如下：

——删除了规范性引用文件中的 GB/T 6139；

——增加了普通级和精密级的分类；

——取消了 GB/T 6138.1—1997 中 4.2、4.3 条，将 4.2 条的要求写入 GB/T 6139 技术条件标准中，将 4.3 条合并入 4.1 条中；

——增加了 d_2 的选择尺寸；

——增加了 ϕ 的角度值。

本部分由中国机械工业联合会提出。

本部分由全国刀具标准化技术委员会(SAC/TC 91)归口。

本部分起草单位：河南一工工具有限公司、上海工具厂有限公司。

本部分主要起草人：赵建敏、孔春艳、潘爱国、励政伟、陈丽萍、华建荣、王焯林、赵健斌、张振刚。

本部分所代替标准的历次版本发布情况为：

——GB 6138—1985、GB/T 6138.1——1997。

攻丝前钻孔用阶梯麻花钻
第1部分：直柄阶梯麻花钻的型式和尺寸

1 范围

本部分规定了攻丝前钻孔用直柄阶梯麻花钻(普通级和精密级)的型式和尺寸。

本部分适用于M3～M14普通螺纹攻丝前钻孔用直柄阶梯麻花钻。

2 规范性引用文件

下列文件中的条款通过GB/T 6138的本部分的引用而成为本部分的条款，凡是注日期的引用文件，其随后所有的修改单(不包括勘误的内容)或修订版均不适用于本部分，然而，鼓励根据本部分达成协议的各方研究是否可使用这些文件的最新版本。凡是不注日期的引用文件，其最新版本适用于本部分。

GB/T 1442 直柄工具用传动扁尾及套筒 尺寸(GB/T 1442—2004，ISO 4203:1978，MOD)

3 符号

d_1——阶梯麻花钻钻孔部分直径；

d_2——阶梯麻花钻锪孔部分直径；

l——阶梯麻花钻总长度；

l_1——阶梯麻花钻沟槽长度；

l_2——阶梯麻花钻钻孔部分长度；

ϕ——阶梯麻花钻锪孔部分角度。

4 型式和尺寸

4.1 攻丝前钻孔用直柄阶梯麻花钻的型式和尺寸按图1和表1、表2；制造带扁尾的攻丝前钻孔用直柄阶梯麻花钻时，扁尾的尺寸和偏差按GB/T 1442的规定。

图1

表 1

单位为毫米

d_1[a]	d_2[a]	l	l_1	l_2	ϕ	适用的螺纹孔
2.5	3.4	70	39	8.8	90° (120°) (180°)	M3
3.3	4.5	80	47	11.4		M4
4.2	5.5	93	57	13.6		M5
5.0	6.6	101	63	16.5		M6
6.8	9.0	125	81	21.0		M8
8.5	11.0	142	94	25.5		M10
10.2	13.5 (14.0)	160	108	30.0		M12
12.0	15.5 (16.0)	178	120	34.5		M14

注：根据用户需要选择括号内的直径和角度。

[a] 阶梯麻花钻钻孔部分直径(d_1)公差为：普通级 h9，精密级 h8；锪孔部分直径(d_2)公差为：普通级 h9，精密级 h8。

表 2

单位为毫米

d_1[a]	d_2[a]	l	l_1	l_2	ϕ	适用的螺纹孔
2.65	3.4	70	39	8.8	90° (120°) (180°)	M3×0.35
3.50	4.5	80	47	11.4		M4×0.5
4.50	5.5	93	57	13.6		M5×0.5
5.20	6.6	101	63	16.5		M6×0.75
7.00	9.0	125	81	21.0		M8×1
8.80	11.0	142	94	25.5		M10×1.25
10.50	14.0	160	108	30.0		M12×1.5
12.50	16.0	178	120	34.5		M14×1.5

注：根据用户需要选择括号内的角度。

[a] 阶梯麻花钻钻孔部分直径(d_1)公差为：普通级 h9，精密级 h8；锪孔部分直径(d_2)公差为：普通级 h9，精密级 h8。

5 标记示例

钻孔部分直径 d_1=5.0 mm，钻孔部分长度 l_2=16.5 mm，右旋攻丝前钻孔用直柄阶梯麻花钻：

直柄阶梯麻花钻 5×16.5 GB/T 6138.1—2007。

钻孔部分直径 d_1=5.0 mm，钻孔部分长度 l_2=16.5 mm，左旋攻丝前钻孔用直柄阶梯麻花钻：

直柄阶梯麻花钻 5×16.5-L GB/T 6138.1—2007。

ICS 25.100.30
J 41

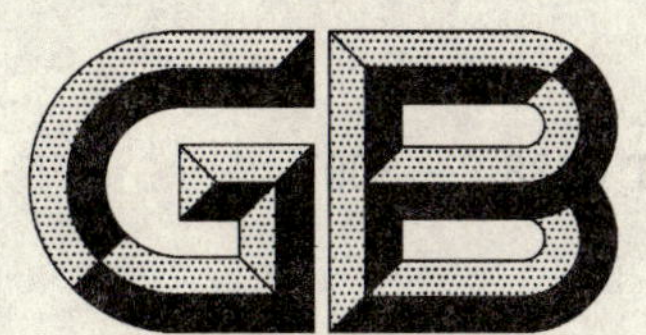

中华人民共和国国家标准

GB/T 6138.2—2007
代替 GB/T 6138.2—1997

攻丝前钻孔用阶梯麻花钻 第2部分:莫氏锥柄阶梯麻花钻的型式和尺寸

Subland twist drills for holes prior to tapping screw threads—Part 2:The types and dimensions of subland twist drills with Morse typer shanks

(ISO 3438:2003,Subland twist drills with Morse typer shanks for holes prior to tapping screw threads,MOD)

2007-06-25 发布　　2007-11-01 实施

中华人民共和国国家质量监督检验检疫总局
中国国家标准化管理委员会　发布

前　言

GB/T 6138《攻丝前钻孔用阶梯麻花钻》分为两个部分：

——第1部分：直柄阶梯麻花钻的型式和尺寸；

——第2部分：莫氏锥柄阶梯麻花钻的型式和尺寸。

本部分为GB/T 6138的第2部分。

本部分修改采用ISO 3438:2003《攻丝前钻孔用莫氏锥柄阶梯麻花钻》。

本部分根据ISO 3438:2003重新起草。

本部分与ISO 3438:2003相比有下列技术差异和编辑性的修改：

——规范性引用文件中的国际标准用我国国家标准替代；

——取消了国际标准的前言；

——“本国际标准”改为“本部分”；

——增加了标记示例；

——增加了普通级与精密级分类。

本部分代替GB/T 6138.2—1997《攻丝前钻孔用阶梯麻花钻　第2部分：莫氏锥柄阶梯麻花钻的型式和尺寸》。

本部分与GB/T 6138.2—1997相比主要变化如下：

——增加了普通级和精密级的分类；

——删除了规范性引用文件中的GB/T 6139；

——取消了GB/T 6138.2—1997中4.2条，将4.2条的要求写入GB/T 6139技术条件标准中，将4.3条合并入4.1条中；

——增加了d_2的选择尺寸；

——增加了ϕ的角度值。

本部分由中国机械工业联合会提出。

本部分由全国刀具标准化技术委员会(SAC/TC 91)归口。

本部分起草单位：河南一工工具有限公司、上海工具厂有限公司。

本部分主要起草人：赵建敏、孔春艳、潘爱国、励政伟、陈丽萍、华建荣、王焯林、赵健斌、张振刚。

本部分所代替标准的历次版本发布情况为：

——GB 6138—1985、GB/T 6138.2—1997。

攻丝前钻孔用阶梯麻花钻
第2部分:莫氏锥柄阶梯麻花钻的
型式和尺寸

1 范围

本部分规定了攻丝前钻孔用莫氏锥柄阶梯麻花钻(普通级和精密级)的型式和尺寸。

本部分适用于M8～M30普通螺纹攻丝前钻孔用莫氏锥柄阶梯麻花钻。

2 规范性引用文件

下列文件中的条款通过GB/T 6138的本部分的引用而成为本部分的条款,凡是注日期的引用文件,其随后所有的修改单(不包括勘误的内容)或修订版均不适用于本部分,然而,鼓励根据本部分达成协议的各方研究是否可使用这些文件的最新版本。凡是不注日期的引用文件,其最新版本适用于本部分。

GB/T 1443　机床和工具柄用自夹圆锥(GB/T 1443—1996,eqv ISO 296:1991)

3 符号

d_1——阶梯麻花钻钻孔部分直径;

d_2——阶梯麻花钻锪孔部分直径;

l——阶梯麻花钻总长度;

l_1——阶梯麻花钻沟槽长度;

l_2——阶梯麻花钻钻孔部分长度;

ϕ——阶梯麻花钻锪孔部分角度。

4 型式和尺寸

4.1　攻丝前钻孔用莫氏锥柄阶梯麻花钻的型式和尺寸按图1和表1、表2,莫氏锥柄的尺寸和偏差按GB/T 1443的规定。

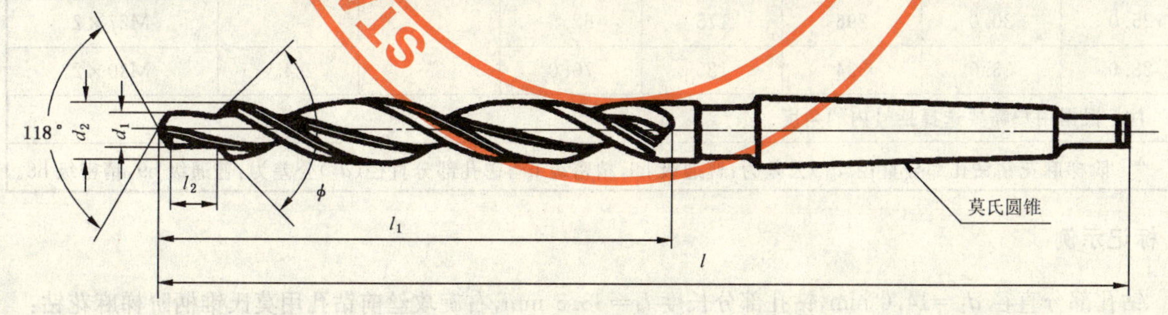

图1

表 1

单位为毫米

d_1[a]	d_2[a]	l	l_1	l_2	ϕ	莫氏圆锥号	适用的螺纹孔
6.8	9.0	162	81	21.0	90° (120°) (180°)	1	M8
8.5	11.0	175	94	25.5			M10
10.2	13.5(14.0)	189	108	30.0			M12
12.0	15.5(16.0)	218	120	34.5		2	M14
14.0	17.5(18.0)	228	130	38.5			M16
15.5	20.0	238	140	43.5			M18
17.5	22.0	248	150	47.5			M20
19.5	24.0	281	160	51.5		3	M22
21.0	26.0	286	165	56.5			M24
24.0	30.0	296	175	62.5			M27
26.5	33.0	334	185	70.0		4	M30

注：根据用户需要选择括号内的直径和角度。

[a] 阶梯麻花钻钻孔部分直径(d_1)公差为：普通级 h9，精密级 h8；锪孔部分直径(d_2)公差为：普通级 h9，精密级 h8。

表 2

单位为毫米

d_1[a]	d_2[a]	l	l_1	l_2	ϕ	莫氏圆锥号	适用的螺纹孔
7.0	9.0	162	81	21.0	90° (120°) (180°)	1	M8×1
8.8	11.0	175	94	25.5			M10×1.25
10.5	14.0	189	108	30.0			M12×1.5
12.5	16.0	218	120	34.5		2	M14×1.5
14.5	18.0	228	130	38.5			M16×1.5
16.0	20.0	238	140	43.5			M18×2
18.0	22.0	248	150	47.5			M20×2
20.0	24.0	281	160	51.5		3	M22×2
22.0	26.0	286	165	56.5			M24×2
25.0	30.0	296	175	62.5			M27×2
28.0	33.0	334	185	70.0		4	M30×2

注：根据用户需要选择括号内的角度。

[a] 阶梯麻花钻钻孔部分直径(d_1)公差为：普通级 h9，精密级 h8；锪孔部分直径(d_2)公差为：普通级 h9，精密级 h8。

5 标记示例

钻孔部分直径 d_1=14.0 mm，钻孔部分长度 l_2=38.5 mm，右旋攻丝前钻孔用莫氏锥柄阶梯麻花钻：

锥柄阶梯麻花钻 14×38.5 GB/T 6138.2—2007

钻孔部分直径 d_1=14.0 mm，钻孔部分长度 l_2=38.5 mm，左旋攻丝前钻孔用莫氏锥柄阶梯麻花钻：

锥柄阶梯麻花钻 14×38.5-L GB/T 6138.2—2007

ICS 25.100.30
J 41

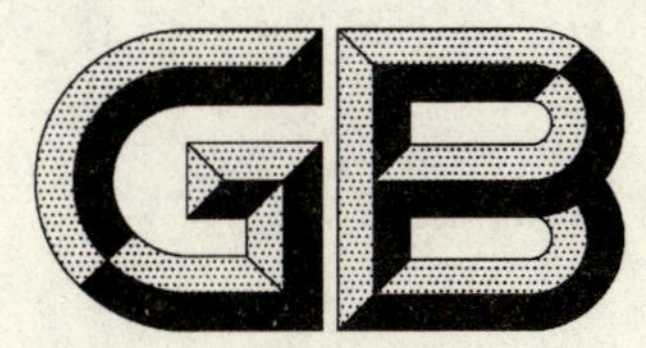

中华人民共和国国家标准

GB/T 6139—2007
代替 GB/T 6139—1997

阶梯麻花钻 技术条件

Subland twist drills—Technical specifications

2007-07-26 发布 2007-12-01 实施

中华人民共和国国家质量监督检验检疫总局
中国国家标准化管理委员会 发布

前言

本标准代替 GB/T 6139—1997《阶梯麻花钻　技术条件》。

本标准与 GB/T 6139—1997 相比主要变化如下：

——取消了性能试验部分；

——增加了普通级和精密级的分类；

——增加了精密级钻孔部分直径公差；

——增加了精密级直柄阶梯麻花钻柄部直径公差；

——增加了 4.4 的要求，即：制造带扁尾的攻丝前钻孔用直柄阶梯麻花钻时，扁尾的尺寸和公差按 GB/T 1442；

——增加了阶梯麻花钻精密级钻孔部分钻芯对锪孔部分轴线的对称度；

——增加了阶梯麻花钻精密级切削刃对锪孔部分轴线的斜向圆跳动；

——补充规定了阶梯麻花钻钻孔部分 l_2 的公差类别；

——增加了整体高性能高速钢(HSS-E)柄部的硬度要求；

——增加了阶梯麻花钻精密级表面粗糙度的数值。

本标准由中国机械工业联合会提出。

本标准由全国刀具标准化技术委员会(SAC/TC 91)归口。

本标准起草单位：河南一工工具有限公司、上海工具厂有限公司。

本标准主要起草人：赵建敏、孔春艳、潘爱国、励政伟、陈丽萍、华建荣、王焯林、赵健斌、张振刚。

本标准所代替标准的历次版本发布情况为：

——GB 6139—85、GB/T 6139—1997。

阶梯麻花钻　技术条件

1　范围

本标准规定了阶梯麻花钻(普通级和精密级)的尺寸、材料和硬度、外观和表面粗糙度、标志和包装的技术要求。

本标准适用于按 GB/T 6138.1 和 GB/T 6138.2 生产的攻丝前钻孔用阶梯麻花钻及其他阶梯麻花钻。

2　规范性引用文件

下列文件中的条款通过本标准的引用而成为本标准的条款,凡是注日期的引用文件,其随后所有的修改单(不包括勘误的内容)或修订版均不适用于本标准,然而,鼓励根据本标准达成协议的各方研究是否可使用这些文件的最新版本。凡是不注日期的引用文件,其最新版本适用于本标准。

GB/T 1442　直柄工具用传动扁尾及套筒的尺寸和公差(GB/T 1442—2004,ISO 4203:1978,MOD)

GB/T 1443　机床和工具柄用自夹圆锥(GB/T 1443—1996,eqv ISO 296:1991)

GB/T 1804　一般公差　线性尺寸的未注公差(GB/T 1804—2000,eqv ISO 2768-1:1989)

GB/T 6138.1　攻丝前钻孔用阶梯麻花钻　第 1 部分:直柄阶梯麻花钻的型式和尺寸(GB/T 6138.1—2007,eqv ISO 3439:2003)

GB/T 6138.2　攻丝前钻孔用阶梯麻花钻　第 2 部分:莫氏锥柄阶梯麻花钻的型式和尺寸(GB/T 6138.2—2007,eqv ISO 3438:2003)

3　符号

d_1——阶梯麻花钻钻孔部分直径;

d_2——阶梯麻花钻锪孔部分直径;

l——阶梯麻花钻总长;

l_1——阶梯麻花钻沟槽长度;

l_2——阶梯麻花钻钻孔部分长度。

4　尺寸

4.1　阶梯麻花钻钻孔部分直径(d_1)公差为:普通级 h9,精密级 h8;锪孔部分直径(d_2)公差为:普通级 h9,精密级 h8。

4.2　阶梯麻花钻钻孔部分直径倒锥度:每 100 mm 长度上为 0.02 mm～0.08 mm。

4.3　直柄阶梯麻花钻柄部直径公差为:普通级为 h11,精密级为 h10;其夹持部分的圆柱度公差为 0.02 mm。

4.4　制造带扁尾的直柄阶梯麻花钻时,扁尾的尺寸和公差按 GB/T 1442。

4.5　锥柄阶梯麻花钻的锥柄为带扁尾的莫氏锥柄,莫氏锥柄尺寸和公差按 GB/T 1443。

4.6　阶梯麻花钻总长 l 及沟槽长度 l_1 的公差按 GB/T 1804 最粗级的规定;钻孔部分长度 l_2 的公差:普通级为 js16,精密级为 js13。

特殊情况下,根据供需双方协议,阶梯麻花钻总长和沟槽长度的极限尺寸允许是上、下相邻阶梯麻花钻长度的基本尺寸。

4.7 阶梯麻花钻位置公差按表1的规定。

表 1

单位为毫米

项　目	$d_1 \leqslant 3$	$d_1 > 3 \sim 6$	$d_1 > 6 \sim 10$	$d_1 > 10 \sim 18$	$d_1 > 18$
钻孔部分轴线对锪孔部分轴线的同轴度	0.08(0.04)				
钻孔部分钻芯对锪孔部分轴线的对称度	0.16	0.20	0.24	0.30	0.36
切削刃对锪孔部分轴线的斜向圆跳动	0.08(0.05)	0.12(0.06)		0.16(0.08)	
注：括号内为精密级选用的数值。					

4.8 阶梯麻花钻角度按下列规定：

a) 螺旋角：由制造厂自定，也可按供需双方的协议制造。

b) 顶角：通常阶梯麻花钻钻孔部分的顶角角度为118°，公差为±3°，适用于不同顶角角度的阶梯麻花钻。阶梯麻花钻锪孔部分的锥角角度和公差可按供需双方的协议制造。

5 材料和硬度

5.1 材料

阶梯麻花钻工作部分用W6Mo5Cr4V2或同等以上性能的其他牌号高速钢制造，直径 $d_1 \geqslant 3$ mm 的阶梯麻花钻应经蒸汽表面处理或其他表面强化处理（如阶梯麻花钻未经表面强化处理，沟槽表面须磨光或抛光）。焊接阶梯麻花钻柄部用45钢或同等以上性能的其他钢材制造。

5.2 硬度

5.2.1 淬硬范围：整体阶梯麻花钻在离钻尖 $(4/5)l_1$ 的长度上，允许整体淬硬；

焊接阶梯麻花钻在离钻尖 $(3/4)l_1$ 的长度上。

5.2.2 工作部分硬度：普通高速钢(HSS)：780 HV～900 HV；

高性能高速钢(HSS-E)：820 HV～950 HV。

硬度试验载荷根据阶梯麻花钻直径选择，在刃带或靠近刃带的刃背上测量。

5.2.3 柄部硬度：整体阶梯麻花钻不低于240 HV；

焊接阶梯麻花钻不低于170 HV。

整体高性能高速钢(HSS-E)柄部硬度不低于650 HV。

柄部的最高硬度不应大于工作部分硬度。

硬度试验载荷根据阶梯麻花钻直径选择。

5.2.4 锥柄扁尾硬度($d_1 > 10$ mm)：不低于220HV30。

6 外观和表面粗糙度

6.1 阶梯麻花钻切削刃不应有崩刃、钝口、裂纹、显著的凹凸以及磨削烧伤等影响使用性能的缺陷，焊接阶梯麻花钻在焊缝处不应有砂眼和未焊透现象。

6.2 阶梯麻花钻的表面粗糙度的上限值按表2的规定。

表 2

单位为微米

部　位	普通级阶梯麻花钻	精密级阶梯麻花钻	
		$d \leqslant 15$ mm	$d > 15$ mm
后面	$Rz6.3$	$Rz3.2$	$Rz6.3$
刃带			
沟槽	$Rz12.5$		
柄部	$Ra0.8$	$Ra0.8$	

7 标志和包装

7.1 标志

7.1.1 产品上应标志：

a) 制造厂或销售商的商标；

b) 阶梯麻花钻的尺寸（$d_1 \times l_2$）；

c) 高速钢代号；

d) 阶梯麻花钻等级（精密级阶梯麻花钻标志“H”，普通级阶梯麻花钻不标志）。

7.1.2 包装盒上应标志：

a) 制造厂或销售商的名称、地址和商标；

b) 阶梯麻花钻的标记；

c) 高速钢的牌号或代号；

d) 件数；

e) 制造年月。

7.2 包装

阶梯麻花钻在包装前应经防锈处理，包装必须牢靠并能防止运输过程中的损伤。

ICS 91.140.30
P 46

中华人民共和国国家标准

GB/T 6167—2007
代替 GB/T 6167.1～6167.2—1985

尘埃粒子计数器性能试验方法

Methods for testing the performance of airborne particle counter

2007-09-11 发布　　　　2008-02-01 实施

中华人民共和国国家质量监督检验检疫总局
中国国家标准化管理委员会　发布

前言

本标准自实施之日起代替 GB/T 6167.1—1985《尘埃粒子计数器性能试验方法　转换灵敏度》和 GB/T 6167.2—1985《尘埃粒子计数器性能试验方法　颗粒数浓度》。

本标准与 GB/T 6167.1—1985、GB/T 6167.2—1985 相比主要变化如下：

——用 PSL 和多通道脉冲幅度分析仪(PHA)获得各粒径档的响应电压；

——用信号发生器做出粒径档对应的电压关系；

——用试验方法确定尘埃粒子计数器的计数响应、计数效率和最大饱和浓度。

本标准的附录 A、附录 B 均为规范性附录。

本标准由中华人民共和国建设部提出。

本标准由全国暖通空调及净化设备标准化技术委员会归口。

本标准负责起草单位：中国建筑科学研究院。

本标准参加起草单位：天津大学、江苏苏净集团有限公司、苏州华达仪器设备有限公司、苏州市百神科技有限公司、苏州宏瑞净化科技有限公司、苏州市华宇净化设备有限公司、加野麦克斯仪器(沈阳)有限公司。

本标准主要起草人：王君山、宋业辉、刘俊杰、朱能。

本标准所代替标准的历次版本发布情况为：

——GB/T 6167.1～6167.2—1985。

尘埃粒子计数器性能试验方法

1 范围

本标准规定了试验用标准粒子的发生装置原理以及尘埃粒子计数器的性能试验方法。

本标准适用于利用光散射原理，对采样空气中粒径为0.1 μm～10.0 μm悬浮微粒大小和粒子数量进行测量的尘埃粒子计数器。该类尘埃粒子计数器主要用于洁净室的洁净度检测和空气过滤器及滤材的性能检测。

2 规范性引用文件

下列文件中的条款通过本标准的引用而成为本标准的条款。凡是注日期的引用文件，其随后所有的修改单(不包括勘误的内容)或修订版均不适用于本标准，然而，鼓励根据本标准达成协议的各方研究是否可使用这些文件的最新版本。凡是不注日期的引用文件，其最新版本适用于本标准。

GB/T 16803 采暖、通风、空气净化设备 术语

GB 50073 洁净厂房设计规范

3 术语和定义

GB/T 16803、GB 50073确定的以及下列术语和定义适用于本标准。

3.1

悬浮微粒 airborne particle

悬浮在空气中的固体和液体粒子。

3.2

标准粒子 standard particle

为试验尘埃粒子计数器而采用的一种粒径和折射率都是已知的、且粒径均匀的球形单分散粒子，其几何标准偏差小于1.15。常用的为聚苯乙烯胶乳(PSL)。

3.3

粒径档 particle size division

即仪器显示屏上标明的粒子粒径值。

3.4

最大饱和浓度 maximum rated particle concentration

尘埃粒子计数器能够准确测量的最大粒子浓度，由尘埃粒子计数器结构本身决定。

3.5

计数效率 counting efficiency

尘埃粒子计数器采样口所吸入的采样空气中，尘埃粒子计数器所显示的粒子浓度(C)与悬浮微粒的实际粒子浓度(C_0)之比。

3.6

粒径分辨率 resolving power of particle size

尘埃粒子计数器分辨具有相近粒径粒子的能力。

3.7

粒径档准确度 accuracy of particle size division

尘埃粒子计数器显示粒径与标准粒子粒径的差值与标准粒子粒径之比。

3.8

预热时间　preheating time

接通电源后，尘埃粒子计数器达到稳定工作所需时间。

3.9

试验用气溶胶　aerosol for test

试验尘埃粒子计数器所使用的气溶胶，该气溶胶中含有粒径已知的聚苯乙烯的胶乳(PSL)标准粒子。

4　尘埃粒子计数器的原理及构成

4.1　尘埃粒子计数器的原理

采样空气经尘埃粒子计数器的采样口以稳定的气流流速通过光学系统的光敏感区，空气中的悬浮微粒通过光敏感区时，会产生光的散射现象，其散射光的强度与微粒粒径成一定的比例关系，粒子产生的散射光由光学系统进行收集，并通过光电转换器将之转换成不同强度的电脉冲信号，然后再由电路部分将该脉冲信号进行分析、计算、比较后，从而显示不同粒径和粒子的数量。

4.2　尘埃粒子计数器的构成

尘埃粒子计数器主要由空气采样系统、光源、光电系统、电路分析系统、试验用输入端、输出端和显示打印部分构成，如图1所示。

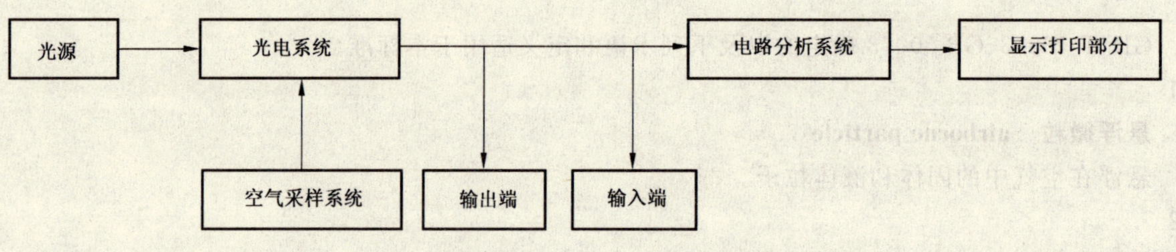

图1　尘埃粒子计数器的构成示意图

5　试验用单分散标准粒子发生装置及原理

5.1　试验用单分散标准粒子发生装置

试验用单分散标准粒子发生装置如图2所示：

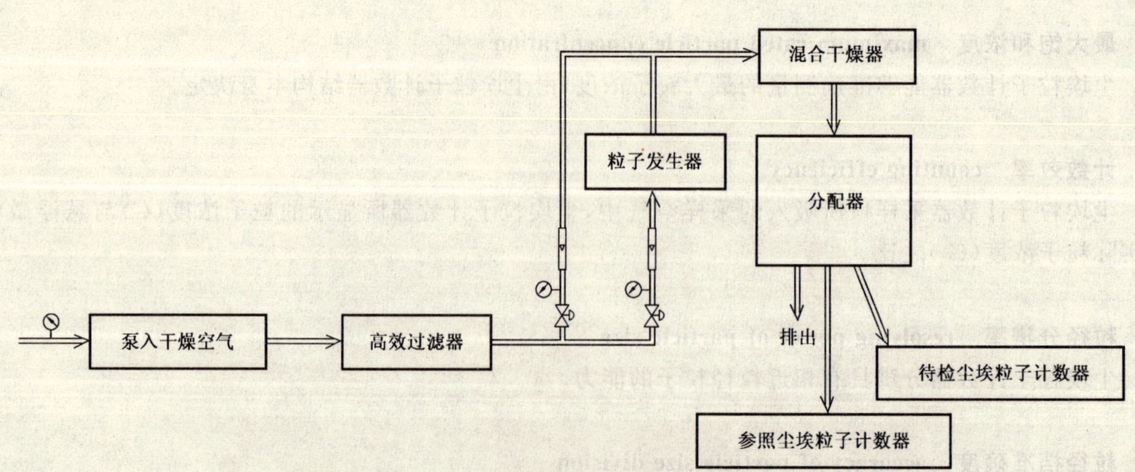

图2　试验用单分散标准粒子发生装置原理示意图

5.2　试验原理

泵入的干燥空气通过0.1 μm、效率为99.999%的高效过滤器后，成为洁净空气，部分洁净空气进入粒子发生器，利用泵入空气的引射作用，使标准粒子稀释液从粒子发生器中喷出，并被高速气流雾化，形成雾滴，雾滴在混合干燥器中与其余洁净空气混合，形成的试验用气溶胶进入分配器。尘埃粒子计数器的采样管通过从分配器内吸入试验用气溶胶来测量悬浮微粒粒径大小和数量。

5.3　试验用发生装置各部件的技术要求

5.3.1　粒子发生装置的结构与容量应保证雾化成为单分散标准粒子。所装稀释液容量应能满足装置稳定工作的要求。

5.3.2　干燥器应能够保证雾化的雾滴与干燥空气充分混合，并保证标准粒子表面的水分完全蒸发。

5.3.3　分配器应保持洁净、干燥，容积以每分钟采样量的1倍以上为宜。

5.3.4　混合干燥器出口的空气应是干燥的，相对湿度宜小于50%。其压力和流量应满足喷雾器和混合干燥器正常工作的要求。压力宜在0.04 MPa可调，流量不小于10 L/min。

5.3.5　发生装置的粒子发生器更换标准粒子前应用纯水清洗干净。发生装置使用一段时间后应全部用纯水清洗，避免沉积粒子对试验结果造成影响。

5.3.6　在试验时，应保持分配器对外界环境为正压，尘埃粒子计数器的采样管应尽量短，且采样的尘埃粒子计数器宜放置在分配器的下方。

5.3.7　标准粒子(PSL)的贮存应符合附录A的规定。

6　尘埃粒子计数器性能试验

6.1　试验条件

试验条件如表1所示：

表1　试验条件

环境要求	试验条件
室内环境温度	5℃～35℃
室内环境湿度	20%～80%
电源电压	220 V±22 V

6.2　粒径档响应电压的确定方法

6.2.1　将多通道脉冲幅度分析仪连接到待检尘埃粒子计数器的输出端(前置放大器的输出端或放大器的输入端)。

6.2.2　用标准粒子发生装置发适合不同粒径档的标准粒子的试验用气溶胶，由尘埃粒子计数器的采样管吸入。

6.2.3　分析不同粒径档对应的脉冲信号，做出脉冲频率曲线。

6.2.4　根据脉冲频率曲线，按照下述方法确定不同标准粒子(PSL)的响应电压。

a)　输出脉冲的频率与噪声完全分开的情况

根据脉冲频率曲线做出累积频率曲线，把对应于累积频率曲线50%的电压值作为该粒径档的响应电压，如图3所示。

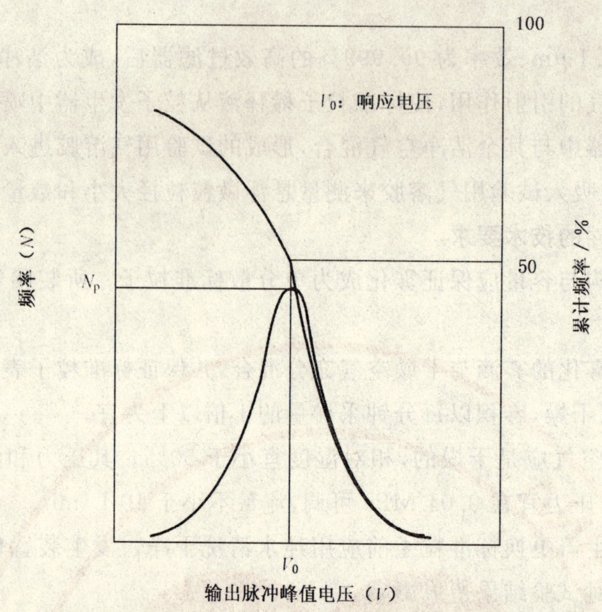

图 3 输出脉冲的频率与噪声完全分开

b) 输出脉冲的频率与噪声没有完全分开，且噪声与峰值小于等于 10%的情况

根据脉冲频率曲线做出半区的累积频率曲线，把对应于累积频率曲线 50%的电压值作为该粒径档的响应电压，如图 4 所示。

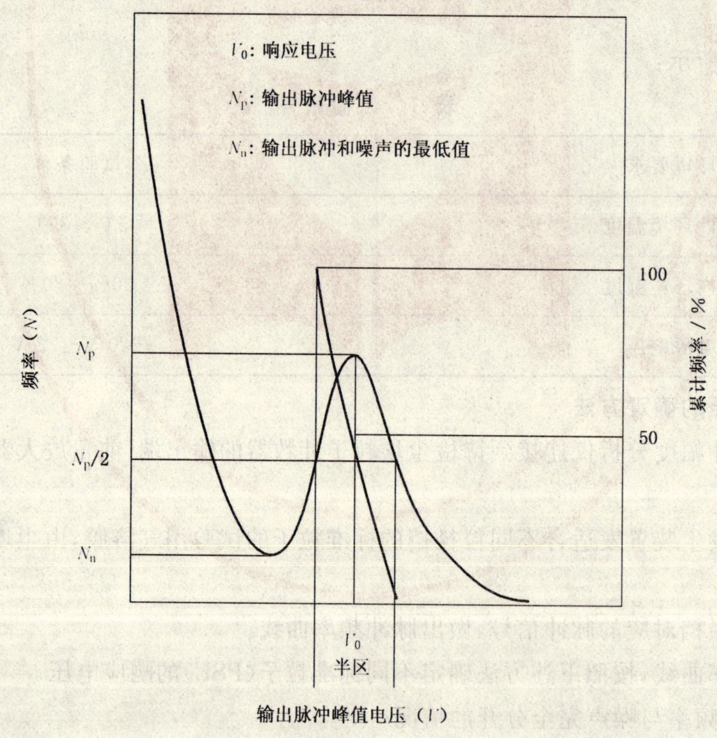

图 4 噪声与脉冲峰值之比不大于 10%

c) 输出脉冲的频率与噪声没有完全分开，在噪声与峰值之比大于 10%且小于等于 50%的情况把脉冲频率曲线最高值时的电压值作为该粒径档的响应电压，如图 5 所示。

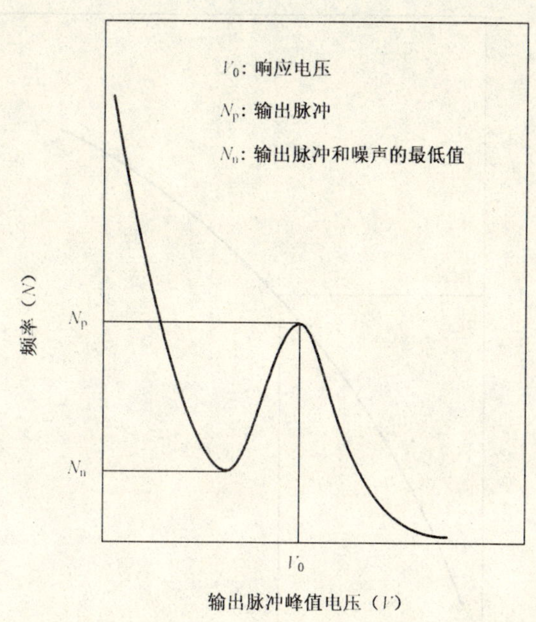

图 5　噪声与脉冲峰值之比大于 10%但不超过 50%

6.3　试验步骤

6.3.1　按仪器规定的预热时间进行预热

6.3.2　采样空气的流量

a)　对于自带流量计的尘埃粒子计数器

将流量相对误差小于等于 2%的标准流量计连接在尘埃粒子计数器的采样吸入口，待流量稳定后，在 3 min 内分别读取 6 次标准流量计和尘埃粒子计数器流量计的读数，将两者平均值进行比较，其相对误差不应超过 5%。

b)　对于不带流量计的尘埃粒子计数器

将流量相对误差小于等于 2%的标准流量计连接在尘埃粒子计数器的采样吸入口，待流量稳定后，在 3 min 内读取 6 次标准流量计的读数，尘埃粒子计数器正常运行 1 h 后，再读取 6 次标准流量计的读数，将两次读数的平均值与仪器的标称值进行比较，其相对误差不应超过 5%。

6.3.3　伪计数

将尘埃粒子计数器的采样管插入仪器自备的自净过滤器上，运行 20 min 后，再连续采样三次，每次 1 min。尘埃粒子计数器显示应为 0，如尘埃粒子计数器有计数，视为伪计数。

6.3.4　计数响应

利用标准粒子发生装置发生含标准粒子的试验用气溶胶，标准粒子的粒径为待检尘埃粒子计数器的最小可测粒径，其浓度接近最大饱和浓度，待读数稳定后，记录待检尘埃粒子计数器最小粒径档读值，立即改换为测量洁净空气，测量 10 s 后，再测量 1 min 含标准粒子的试验用气溶胶，记录被测计数器最小粒径档读值，两次读数的相对误差不应超过 10%。

6.3.5　对电路分析部分的试验

利用信号发生器，将其产生的脉冲信号输入到待检尘埃粒子计数器的输入端，通过调节脉冲信号幅度，在测量脉冲数的同时测量电压，从电路上确定每个粒径档对应的响应电压，做出各粒径档 D_i 对应于电压 V_i 的曲线，如图 6 所示。

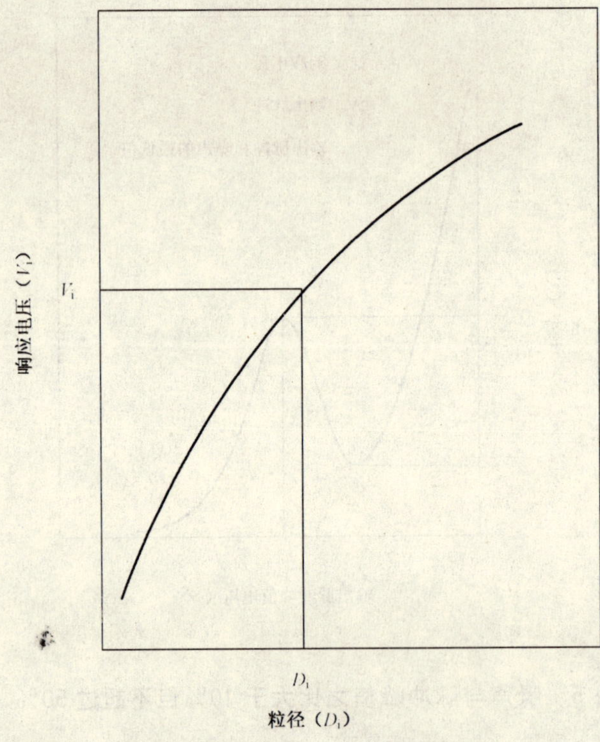

图 6　电路峰值分析部分曲线

a）　信号发生器频率按式(1)确定：

$$f = \frac{1}{10} n_0 Q \qquad \cdots\cdots(1)$$

式中：

n_0——最大饱和粒子浓度，粒子个数/m^3；

Q——采样空气流量，m^3/s；

f——信号发生器频率。

b）　信号发生器脉冲高度的精度为±10%。

c）　将信号发生器的频率提高到 f 等于 $20n_0Q$，检查是否存在因电路延迟，而造成的计数损失。

6.3.6　粒径档准确度的试验

按照下述步骤对粒径档准确度进行试验：

a）　将试验用气溶胶由待检尘埃粒子计数器的采样吸入口吸入，其浓度为最大饱和浓度的 1/10，其所含标准粒子的粒径宜选用小于待检尘埃粒子计数器标明的粒径档的±5%。

b）　将多通道脉冲幅度分析仪连接到待检尘埃粒子计数器的输出端，按照 6.2 规定的方法，得到对应于粒径 d_i 的响应电压值 V_i 和半区值 ΔV_i，如图 7 所示。

c）　重复上述测量步骤，得到至少三个粒径所对应的电压值和半区值，绘制粒径 d_i 与电压 V_i 的关系曲线，如图 8 所示。

d）　根据式(2)计算粒径档准确度：

$$\varepsilon = \frac{D'_i - d_i}{d_i} \times 100 \qquad \cdots\cdots(2)$$

式中：

ε——粒径档准确度，%，ε 应优于 5%；

d_i——试验用气溶胶中粒子的标准粒径，μm；

D'_i——根据 6.3.6 中用粒子的标准粒径确定的 V_i 值用图 6 查得的粒子粒径，μm。

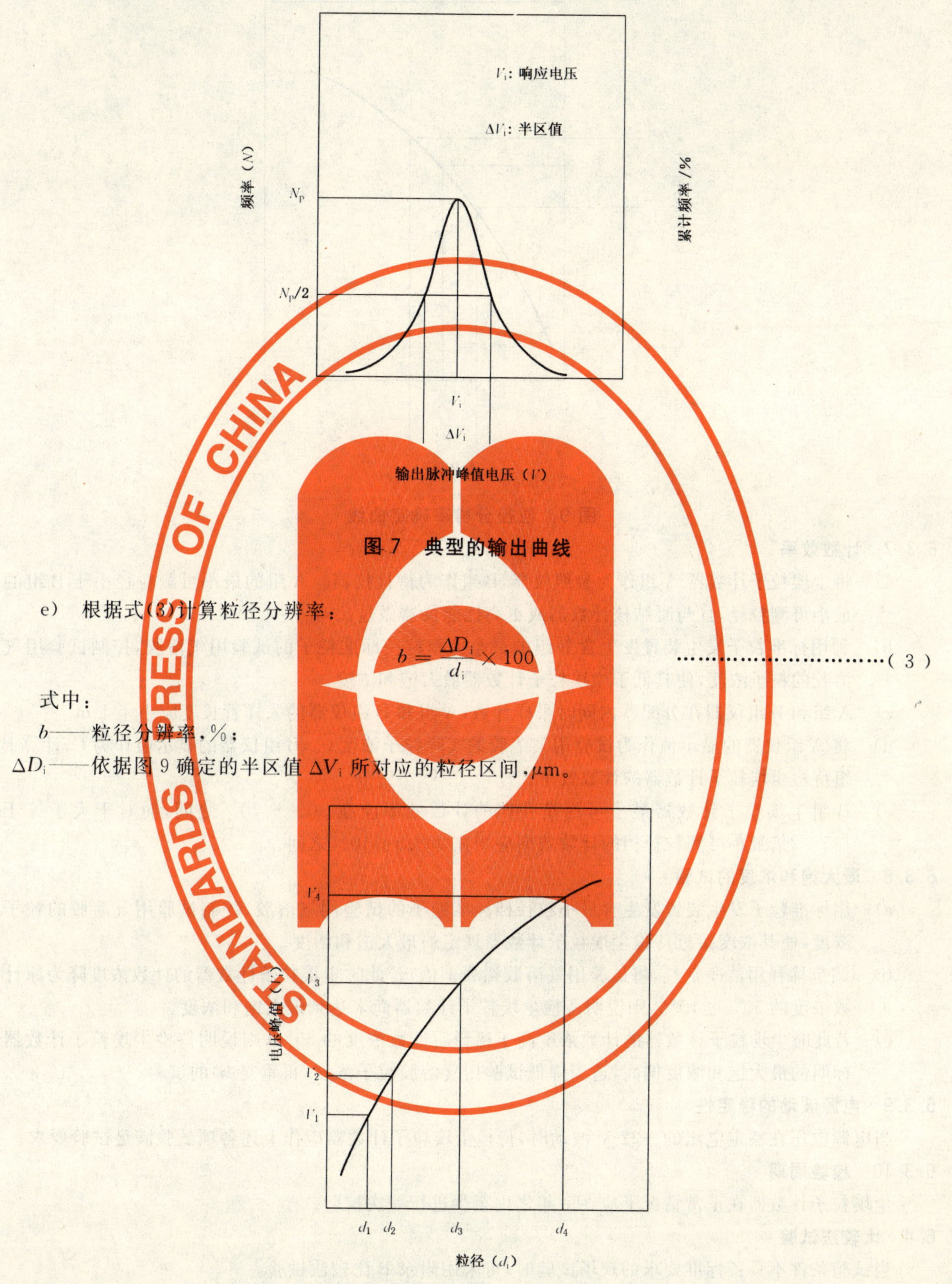

图 7 典型的输出曲线

e) 根据式(3)计算粒径分辨率：

$$b = \frac{\Delta D_i}{d_i} \times 100 \quad \cdots\cdots\cdots\cdots\cdots\cdots\cdots\cdots\cdots\cdots (3)$$

式中：

b——粒径分辨率，%；

ΔD_i——依据图 9 确定的半区值 ΔV_i 所对应的粒径区间，μm。

图 8 粒径与电压关系曲线

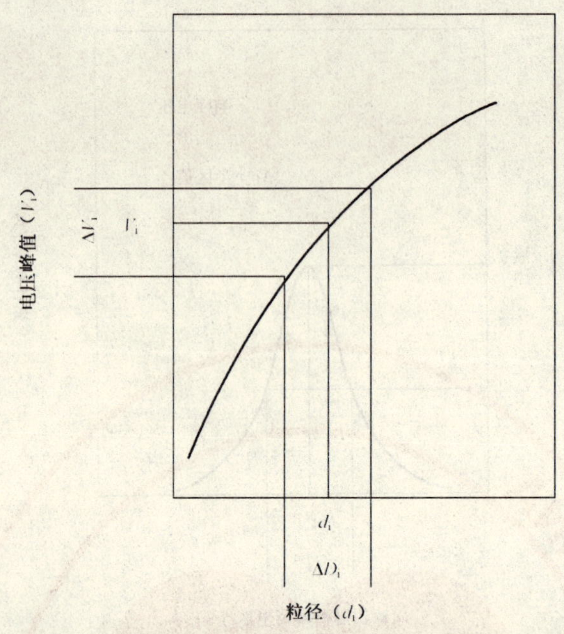

图 9　粒径分辨率确定曲线

6.3.7　计数效率

a）将尘埃粒子计数器 A 组作为参照仪器，B 组作为待检仪器。A 组的最小可测粒径小于 B 组的最小可测粒径，且与凝结核计数器或更高性能仪器做过比对。

b）利用标准粒子发生装置发生含 B 组的最小可测粒径标准粒子的试验用气溶胶，控制试验用气溶胶的粒子浓度，使其低于尘埃粒子计数器最大饱和浓度。

c）A 组和 B 组仪器在分配器内同时采样计数，A 组和 B 组仪器的采样管长度应小于 1 m。

d）将 A 组仪器的显示值作为试验用气溶胶的实际粒子浓度 C_0，B 组仪器的显示值作为 C，计算 B 组待检尘埃粒子计数器的计数效率。

e）B 组尘埃粒子计数器最小可测粒径档的计数效率应在 30％～70％之间，而对于大于等于 1.5～2倍最小可测粒径档的计数效率应当在 90％～110％之间。

6.3.8　最大饱和浓度的试验

a）用标准粒子发生装置发生含最小粒径档标准粒子的试验用气溶胶，控制试验用气溶胶的粒子浓度，使其浓度接近待检尘埃粒子计数器规定的最大饱和浓度。

b）调节稀释用洁净空气，将试验用气溶胶稀释 1 倍，若此时尘埃粒子计数器的计数浓度降为原计数浓度的 50％±10％，则说明待检尘埃粒子计数器尚未达到最大饱和浓度。

c）若此时尘埃粒子计数器的计数浓度高于稀释后计数浓度的 60％，则说明待检尘埃粒子计数器标明的最大饱和浓度偏高，适当降低试验用气溶胶粒子浓度，再重复 b）的试验。

6.3.9　电源波动的稳定性

当电源电压在额定电压的±22 V 波动时，待检尘埃粒子计数器应作上述各项试验满足试验要求。

6.3.10　校验周期

尘埃粒子计数器在正常情况下应在一年之内至少进行一次校验。

6.4　比较法试验

当试验条件不具备标准要求的现场试验时，可采用附录 B 比较法试验。

附 录 A
（规范性附录）
标准粒子的贮存及标准粒子稀释液的制备方法

A.1 贮存液的处理和贮存方法

A.1.1 聚苯乙烯胶乳为标准粒子(PSL)，用纯水稀释为1%、10%或50%(质量分数)的溶液贮存或根据标准粒子的说明贮存。

A.1.2 贮存环境温度为5℃～10℃，避光。

A.1.3 如遇有凝聚等情况，若仍要继续使用应加以处理，但要用电子显微镜重新拍片确认其平均粒径的标准差未发生变化，才能使用。

A.1.4 当标准粒子一旦干涸、冻结则禁止使用。

A.2 纯水的处理和贮存

稀释标准粒子的贮存液及洗涤发生器等各部件均需用纯水，因此其制备与贮存就很重要。

A.2.1 纯水的制备

a) 纯净水通过离子交换器后经过0.1 μm的微孔滤膜过滤；

b) 纯净水至少经过三次蒸馏。

A.2.2 为了防止杂质和微生物的混入，应在洁净室或洁净工作台内进行处理。

附　录　B
（规范性附录）
比较法试验

B.1　范围

本附录描述了利用比较法对尘埃粒子计数器进行试验的方法，该方法仅适用于试验条件不具备标准要求的现场试验。比较法采用一台按照标准要求试验过的尘埃粒子计数器作为参照仪器，参照仪器与待检仪器同时对混合箱内的多分散气溶胶进行采样，根据参照仪器的读值对待检仪器进行调整，来保证待检仪器和参照仪器的一致性。

B.2　仪器设备

B.2.1　参照尘埃粒子计数器

参照仪器 6 个月之内至少用标准粒子做一次试验，且该仪器只能作为比较试验的参照仪器，不能用作其他用途。为了防止杂质和微生物的混入，参照仪器平时应放置在洁净室或洁净工作台内。

B.2.2　连接管

连接管管径应与采样尘埃粒子计数器吸入口尺寸相同，内部表面应平整光滑，长度不超过 1 m，水平管路不应超过 0.5 m，其材料宜采用金属（不锈钢、铜、合金等）、玻璃或聚氯乙烯。

B.2.3　风机

风机风量约为 2 m^3/min，静压至少 50 Pa，且有风量调节手段。

B.2.4　混合箱

混合箱的体积应是尘埃粒子计数器每分钟采样量的 1～2 倍。

B.2.5　洁净空气

洁净空气流量应大于待检尘埃粒子计数器和参照尘埃粒子计数器采样量的总合。

B.3　准备工作

B.3.1　如图 B.1 所示，将混合箱的一端与风机相连，将洁净空气供给管放置在风机出风口的中央，以保证洁净空气与风机出风均匀混合。

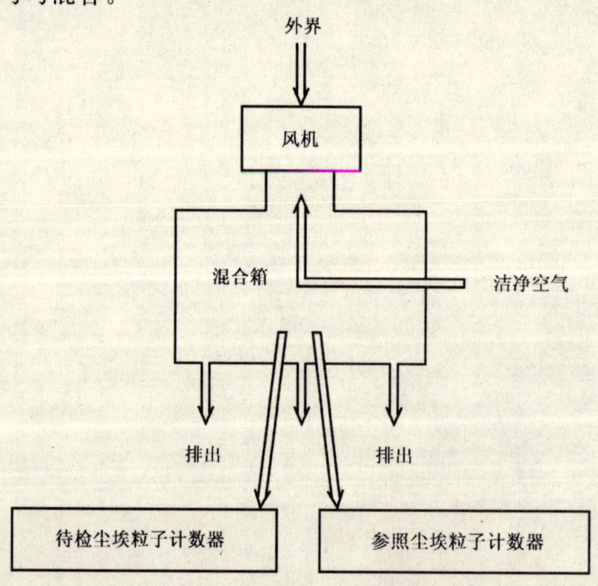

图 B.1　试验用气溶胶发生装置原理示意图

B.3.2 把待检尘埃粒子计数器和参照尘埃粒子计数器的采样管插入混合箱的另一端，并确保两根采样管尽量靠近。

B.4 试验步骤

B.4.1 将两根采样管分别与待检仪器和参照仪器相连，调整仪器达到额定采样流量，并记录流量值。

B.4.2 按待检仪器规定的预热时间进行预热。

B.4.3 打开洁净空气供给系统，并确认其流量大于2台仪器采样量的总和。注意此时不要开风机。

B.4.4 用洁净空气清洁混合箱，直到2台仪器的读值均为0。

B.4.5 打开风机，将含有多分散气溶胶的环境空气送入混合箱，通过调节风机风量，使待检仪器的读值接近最大饱和浓度的1/10。

B.4.6 调节待检仪器各通道的响应电压，直到待检仪器和参照仪器读值的偏差在20%之内。调整期间应保证混合箱内最小粒径粒子浓度的波动不超过15%。

B.4.7 上述调整完成后，重复做至少6次比对试验，并交换2台仪器的采样管，直到比对结果满足规定要求。

ICS 65.060.10
T 61

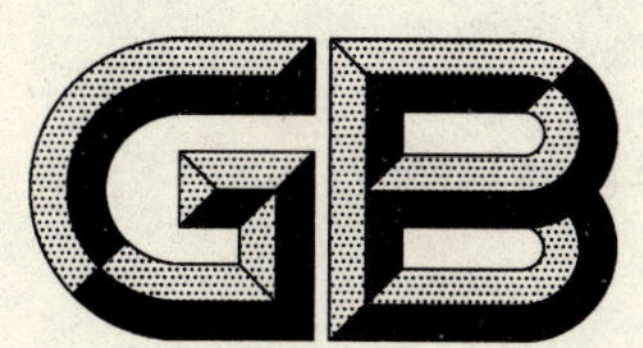

中华人民共和国国家标准

GB/T 6229—2007
代替 GB/T 6229—1995

手扶拖拉机 试验方法

Test methods for walking tractors

2007-06-25 发布 2007-11-01 实施

中华人民共和国国家质量监督检验检疫总局
中国国家标准化管理委员会 发布

前言

本标准是对 GB/T 6229—1995《手扶拖拉机试验方法》的修订。

本标准与 GB/T 6229—1995 相比，主要技术内容变化如下：

——将引用标准调整为现行有效标准；

——增加了 JB/T 7282《拖拉机用油品种　规格的选用》；

——将“试验仪器设备及参数测量准确度”改为“试验仪器设备及参数测量允许误差”；

——增加了在试验中拖拉机用油品种规格选用的要求；

——增加了各项试验开始时，轮胎胎纹高度应不低于新轮胎 65% 的要求；

——增加了在动力输出轴功率(或发动机台架)试验和牵引功率试验时，对燃油压力的要求；

——对原标准 8.2.1 噪声测量试验条件进行了修改；

——对原标准中 8.3.1 动态环境噪声测量内容进行了修改；

——对试验报告进行了部分修改，并将试验报告格式放到附录 A 中；

——将原附录 A 中质心高度坐标测定移到附录 B 中，并增加了用质量周期法测定质心高度的方法。

本标准自实施之日起代替 GB/T 6229—1995。

本标准的附录 A 为规范性附录，附录 B 为资料性附录。

本标准由中国机械工业联合会提出。

本标准由全国拖拉机标准化技术委员会归口。

本标准起草单位：洛阳拖拉机研究所、国家拖拉机质量监督检验中心。

本标准主要起草人：李京忠、李乐臣、解志桥、柳玲文。

手扶拖拉机　试验方法

1　范围

本标准规定了手扶拖拉机试验的通用要求、整机参数测定、动力输出轴试验、操纵试验、坡道驻车制动试验、噪声测量、牵引功率试验、低温起动试验、高温适应性试验、使用试验等。

本标准适用于手扶拖拉机(以下简称拖拉机)。

2　规范性引用文件

下列文件中的条款通过本标准的引用而成为本标准的条款。凡是注日期的引用文件,其随后所有的修改单(不包括勘误的内容)或修订版均不适用于本标准,然而,鼓励根据本标准达成协议的各方研究是否可使用这些文件的最新版本。凡是不注日期的引用文件,其最新版本适用于本标准。

GB/T 9480—2001　农林拖拉机和机械、草坪和园艺动力机械　使用说明书编写规则(eqv ISO 3600:1996)

JB/T 7278　手扶拖拉机动力输出轴

JB/T 7282　拖拉机用油　品种规格的选用

3　通用要求

3.1　验收

3.1.1　拖拉机在试验前应由试验负责单位根据随机技术文件的要求进行验收。

3.1.2　下列各项必须与随机技术文件相符:

a)　拖拉机机型及出厂编号;

b)　拖拉机各总成、附件及选装件的技术规格;

c)　拖拉机所用燃油、润滑油和冷却液。

3.1.3　拖拉机外部紧固件,应连接牢固,如有松动,应予紧固,并记入报告中。

3.1.4　各操纵机构动作情况及各部分运行情况,如有异常,应予以排除并记入报告中。

3.2　磨合

试验前,拖拉机应按使用说明书的规定进行磨合。磨合期间,除按使用说明书的规定进行维护保养外,不应做任何保养、检修或更换零部件。如确有需要,应经试验负责单位同意,并在其监督下将详情记入报告中。

3.3　通用试验要求

3.3.1　各试验中,拖拉机的装备状态应保持与验收时相同(配重除外)。

3.3.2　试验期间,应按照使用说明书的要求进行维护保养与调整,试验用的燃油应为标准柴油,润滑油应符合 JB/T 7282 的规定,冷却液应符合随机技术文件规定。在每项试验开始前,均应加注到规定的最高液面。

3.3.3　除另有规定外,被试拖拉机所装用的轮胎应为使用说明书规定的常用型号的轮胎,轮胎气压应符合使用说明书的规定,如果规定值是一个范围,则用中间值。各项试验开始时,轮胎胎纹高度应不低于新轮胎的 65%。

3.3.4　除另有规定外,被试拖拉机的轮距及其他可调整安装位置的外部零件,均为符合使用说明书规定的常用状态。

3.3.5　试验所用仪器设备,试验前应进行校准,并在检定有效期内。

3.3.6 对拖拉机行驶中或发动机运转中所进行的各项试验,试验前均应预热达到正常工作温度。

3.3.7 试验期间出现的一切异常和故障,均应排除,并记入报告中。

4 整机参数测定

4.1 试验仪器设备及参数测量允许误差

4.1.1 试验仪器设备

主要有:磅秤或其他称重装置、直尺或其他线性尺寸测量装置、角度计和轮胎气压表等。

4.1.2 参数测量允许误差

应满足如下要求:距离±0.5%、角度±0.5°、质量±0.5%、力±1.0%及轮胎气压±5.0%。

4.2 试验条件

4.2.1 被试拖拉机的技术状态和试验通用要求均应符合第3章的规定。

4.2.2 拖拉机以出厂时的单机状态进行测定。驱动型手扶拖拉机带旋耕机测定。

4.2.3 乘座型手扶拖拉机应在座位上放置质量为75 kg±5 kg的重块。

4.2.4 测定时拖拉机应停放在坚硬的水平地面上,并处于直线行驶位置。

4.3 试验方法

4.3.1 整机尺寸

使拖拉机处于水平状态(卧式发动机机架为水平或立式发动机曲轴中心线为水平)。

测定项目见A.1,参数测定见图1。

纵向尺寸和横向尺寸测量是分别在平行于拖拉机纵向中心平面和驱动轮轴轴线方向上进行。高度尺寸是指距拖拉机支撑面的垂直高度。

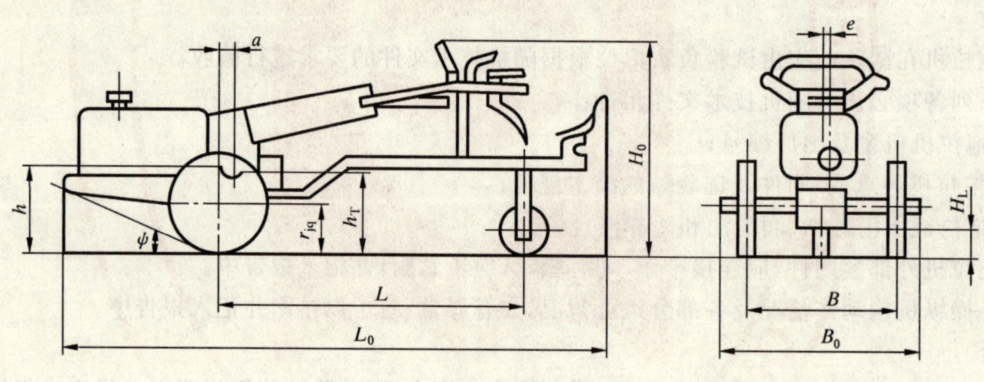

a)

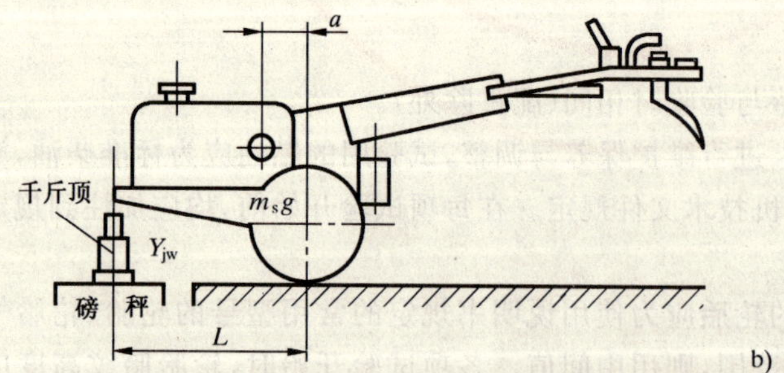

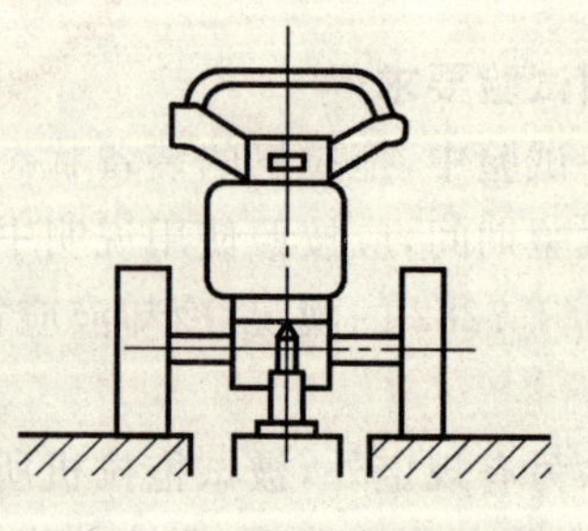

b)

图1 手扶拖拉机整机参数测定示意图

4.3.2 灌注量

测量如表A.1所列各个部件的灌注量时,用清洁容器接收各被测部件及其管路中能放出的全部液体,然后分别测出其质量或容积。

4.3.3 质量及质心坐标

拖拉机质量和质心坐标是在不带配重和带配重的两种状态下分别进行测定，测定项目见表 A.1。

拖拉机质心坐标用 a、e、h 来表示，见图 1a)。a 为质心的纵向坐标，即质心距驱动轮轴线的水平距离，质心在该轴线之前规定 a 为正值，反之为负值。e 为质心的横向坐标，即质心到拖拉机纵向中心平面距离，顺拖拉机前进方向看，质心在该平面的左侧规定 e 为正值，反之为负值。h 为质心的高度坐标，即质心至刚性支承平面的垂直距离。

拖拉机质量，可以用各种称重装置直接测出，见图 1b)。质心坐标 a 和 e，是根据测量结果用 4.4.1 条所列公式计算出。质心坐标 h，测量方法参见附录 B。

4.4 试验结果及报告

4.4.1 用下列公式计算拖拉机质心坐标

a) 拖拉机质心纵向坐标

$$a=\frac{Y_{jw}}{m_s g}\times L \quad \cdots\cdots\cdots\cdots(1)$$

式中：

a——拖拉机质心纵向坐标，单位为毫米(mm)；

L——拖拉机水平状态时，尾轮中心(或支承点)到驱动轮轴之水平距离，支承点在驱动轮轴线之前时规定 L 为正值，反之为负值，单位为毫米(mm)；

Y_{jw}——拖拉机水平状态时，尾轮(或支承点)的地面支承反力，单位为牛顿(N)；尾轮或支承点均应在拖拉机纵向中心平面内；

m_s——拖拉机使用质量，单位为千克(kg)；

g——重力加速度，单位为米每二次方秒(m/s²)。

b) 拖拉机质心横向坐标

$$e=\left(\frac{Y_{jz}}{m_s g}+\frac{Y_{jw}}{2m_s g}-0.5\right)\times B \quad \cdots\cdots\cdots\cdots(2)$$

式中：

e——拖拉机质心横向坐标，单位为毫米(mm)；

Y_{jz}——拖拉机水平状态时，左侧驱动轮的地面支承反力，单位为牛顿(N)；

B——拖拉机轮距，单位为毫米(mm)。

c) 拖拉机质心高度坐标

注：计算公式随测试方法而异，附录 B 介绍了两种测量方法和计算公式。

4.4.2 将各项测定及计算结果记入表 A.1。

5 动力输出轴功率(或发动机台架)试验

5.1 试验仪器设备及参数测量允许误差

5.1.1 试验仪器设备

主要有：测功器、油耗仪、转速计、计时器、温度计、湿度计和气压计等。

5.1.2 参数测量允许误差

参数测量允许误差为：质量±0.5%、转矩±1.0%、转速±1.0%、时间±0.2 s、油耗±1.0%、干湿球温度±0.5℃、其余温度±2.0℃、大气压力±0.2 kPa。

5.2 试验条件

5.2.1 被试拖拉机的技术状态和试验通用要求均应符合第 3 章的规定。试验时要求发动机调速器操纵手柄(油门)全开下进行。

5.2.2 拖拉机应停放在水平地面上。拖拉机动力输出轴与测功器相连的传动轴，在任何方向上的歪斜均应不大于 2°。

5.2.3 试验场所的环境温度应为 23℃±7℃，大气压力应不低于 96.6 kPa。如受海拔高度条件限制，不能满足对大气压力的要求时，为改善发动机工作状况，允许调整喷油泵，但应将调整情况记入报告。

5.2.4 若被试拖拉机同试验室的废气排放装置相连，则该装置不应影响发动机的性能。

5.2.5 整个试验期间，燃油温度应与拖拉机满负荷工作 2 h 后时从油箱供油情况下的温度相当，并在整个试验期间尽可能保持不变。

5.2.6 安装燃油测量装置时，应使燃油压力相当于拖拉机油箱一半燃油时所具有的压力。

5.2.7 各种温度的测量部位规定如下：

a) 环境温度：在发动机空气滤清器同侧，风扇进气口的前方，距空气滤清器中心线 1.5 m 远，离地高 1.2 m 处测量；

b) 燃油温度：在喷油泵进油口处的油流中测量；

c) 润滑油温度：在发动机油底壳内油液深度一半处测量；

d) 冷却液温度：在发动机出水口处测量（对风冷发动机，在厂方指定部位测量），蒸发式发动机不测；

e) 进气温度：在离空气滤清器进口外壁 5 cm，并远离发动机机体一侧测量，温度感应头应有防辐射热装置。

5.3 试验方法

5.3.1 最大功率试验

发动机预热达到稳定运转工况后，对动力输出轴连续平稳加载，使其达到最大功率工况，在此工况下连续运转 2 h，每隔 20 min 测量下列各参数：转矩、转速、油耗、燃油温度、润滑油温度、冷却液温度、进气温度、环境温度、大气压力及相对湿度等。

如果每次功率测得结果同其平均值比较，变化超过±2%，则整个试验应重做。如果重做结果仍然超差，则应将其偏差情况记入报告中。

5.3.2 全负荷变速试验

试验紧接 5.3.1 进行，负荷由该工况下逐级增加，以约 10% 的转速递减间隔，直至得出最大转矩点。每增加一次负荷，待工况稳定后，测取一次 5.3.1 所列各参数。试验尽可能进行到发动机转速比最大转矩的转速再低约 15% 为止。

5.3.3 变负荷试验

改变负荷。使其分别达到下列工况，待每种工况稳定后连续运转 20 min，分别在其开始和结束时，各测取一次 5.3.1 所列参数。取其平均值。

a) 标定转速最大功率工况；

b) a)项转矩的 85%；

c) b)项转矩的 75%；

d) b)项转矩的 50%；

e) b)项转矩的 25%；

f) 空负荷[如果测功器剩余转矩大于 b)项转矩的 5%，则应将测功器脱开]。

5.3.4 发动机台架试验

对装有符合 JB/T 7278 所规定动力输出轴的拖拉机，进行动力输出轴功率试验，对无动力输出轴，或动力输出轴不能够传输发动机全部功率的拖拉机，将动力输出轴功率试验改为发动机台架试验。

试验时，将发动机曲轴直接与测功器相连，并应在发动机常规位置处装上拖拉机正常工作时所应带的发动机附件（如空气滤清器、消声器和水箱等），然后进行 5.3.1～5.3.3 所规定的各项试验。试验仪器设备及参数测量允许误差、试验条件和测量参数与动力输出轴试验相同。

5.4 试验结果及报告

5.4.1 按下列公式计算试验结果(不对大气条件及其他因素进行修正)。

5.4.1.1 发动机曲轴转速

$$n_e = i \times n_d \quad \cdots\cdots(3)$$

式中：

n_e——发动机曲轴转速，单位为转每分(r/min)；

i——由发动机到动力输出轴的传动比；

n_d——动力输出轴转速，单位为转每分(r/min)。

5.4.1.2 动力输出轴功率

$$P_d = \frac{\pi T_d n_d}{3 \times 10^4} \quad \cdots\cdots(4)$$

式中：

P_d——动力输出轴功率，单位为千瓦(kW)；

T_d——动力输出轴转矩，单位为牛顿米(N·m)。

5.4.1.3 发动机等效曲轴转矩

$$T_{ed} = \frac{T_d}{i} \quad \cdots\cdots(5)$$

式中：

T_{ed}——发动机等效曲轴转矩，单位为牛顿米(N·m)。

5.4.1.4 小时燃油耗量

$$G_f = \frac{3.6 \times \Delta G}{t} \quad \cdots\cdots(6)$$

式中：

G_f——发动机小时燃油耗量，单位为千克每小时(kg/h)；

t——测量时间，单位为秒(s)；

ΔG——测量时间内消耗的燃油量，单位为克(g)。

5.4.1.5 动力输出轴燃油消耗率

$$g_{ed} = \frac{1\,000\, G_f}{P_d} \quad \cdots\cdots(7)$$

式中：

g_{ed}——动力输出轴燃油消耗率，单位为克每千瓦小时[g/(kW·h)]。

5.4.1.6 转矩储备系数

$$\mu = \frac{T_{d\max} - T_{db}}{T_{db}} \times 100 \quad \cdots\cdots(8)$$

式中：

μ——转矩储备系数，%；

$T_{d\max}$——动力输出轴最大转矩，单位为牛顿米(N·m)；

T_{db}——发动机标定转速时动力输出轴转矩，单位为牛顿米(N·m)。

5.4.1.7 动力输出轴变负荷平均燃油消耗率

$$g_{dp} = \frac{\sum G_f}{\sum G P_d} \times 1\,000 \quad \cdots\cdots(9)$$

式中：

g_{dp}——动力输出轴变负荷平均燃油消耗率，单位为克每千瓦小时[g/(kW·h)]；

$\sum G_f$——5.3.3 项试验所测小时燃油耗量之和，单位为千克每小时(kg/h)；

$\sum GP_d$——5.3.3 项试验所测动力输出轴功率之和，单位为千瓦(kW)。

5.4.1.8 每升燃油所作功

$$E_S = \frac{1\,000 \times \gamma}{g_{ed}} \quad \cdots\cdots\cdots\cdots (10)$$

式中：

E_S——每升燃油所做功，单位为千瓦小时每升(kW·h/L)；

γ——温度为 15℃时燃油的密度，单位为克每立方厘米(g/cm³)。

5.4.2 分别计算出各种工况下测量结果的算术平均值，以此作为试验结果记入表 A.2。试验时的大气条件等参数亦记入其中，并绘制如图 2 所示的动力输出轴特性曲线。

5.4.3 将 5.3.4 项试验的测试结果算术平均值记入表 A.2 并绘制发动机的调速特性曲线，曲线的内容和图 2 相同，所不同的是将动力输出轴功率 P_d、转矩 T_{ed} 和燃油消耗率 g_{ed} 分别换成发动机的功率 P_e、转矩 T_e 和燃油消耗率 g_e，图的名称换成“发动机特性曲线”。

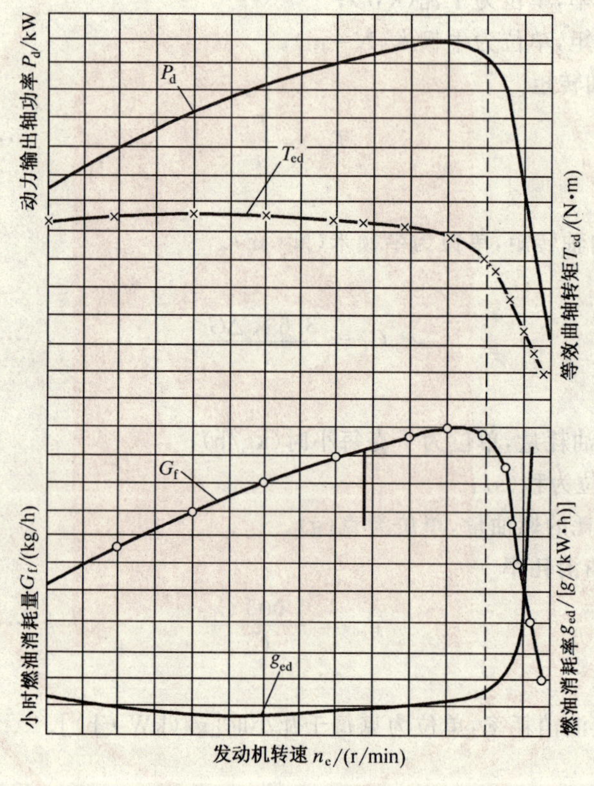

图 2 动力输出轴特性曲线

6 操纵试验

6.1 试验仪器设备和参数测量允许误差

6.1.1 试验仪器设备

主要有：操纵力测量装置，钢卷尺和铅锤等。

6.1.2 参数测量允许误差

应满足如下要求：距离±1.0%、操纵力±5%、轮胎气压±5%。

6.2 试验条件

6.2.1 被试拖拉机的技术状态和试验通用要求，均应符合第 3 章的有关规定。

6.2.2 试验场地应是足够大的坚实、干燥、清洁的平整路面，在各个方向上的坡度均不大于3%。

6.2.3 拖拉机以出厂时的单机状态进行试验。

6.3 试验方法

6.3.1 测量最小转向圆半径和最小水平通过半径

手扶拖拉机以最低速度稳定行驶，将其一侧转向手柄捏至转向位置，有尾轮的将尾轮转至该侧某一位置(以获得最小转向圆为准)，等手扶拖拉机驶完一个整圆圈后就地停车，并保持转向位置不变。然后在圆周上均布的三个直径方向上，测量最外轮辙中心所画出的圆半径 R_y，并测得圆心至手扶拖拉机最外端点的水平距离 R_s(见图3)。试验应分别在向左转和向右转两种状态下进行。

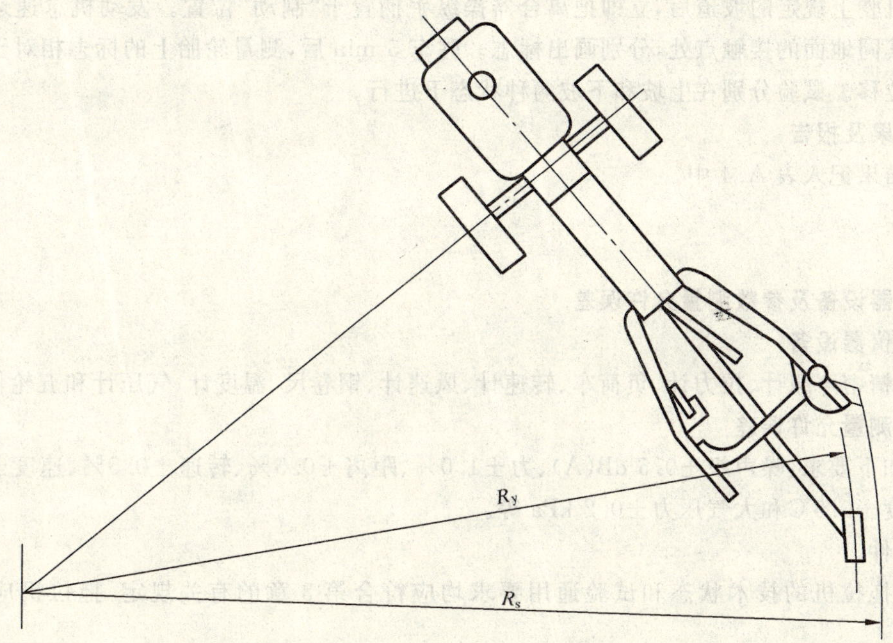

图3 操纵试验尺寸示意图

6.3.2 测量操纵力

手扶拖拉机静置不动，变速杆能顺利地挂挡时，测量将变速杆由空挡位置平缓地移至各个工作挡位时，在手柄中点处所需的最小操纵力，然后测量将离合器手柄分别拉至“分离”和“制动”位置时，在手柄中点处的最小操纵力。

对有乘座尾轮的手扶拖拉机，以最低速度直线行驶，测量转向手柄平稳捏至转向位置时手柄中点处的切向操纵力。试验应分别在向左转和向右转两种状态下进行，对无乘座尾轮的手扶拖拉机，试验应在9.2.5状态(但不带调节配重)下进行。

本项试验应重复进行三次，取其平均值。

6.4 试验结果及报告

将各项测量结果及试验条件记入表A.3。

7 坡道驻车制动试验

7.1 试验仪器设备及参数测量允许误差

7.1.1 试验仪器设备

主要有：角度计、轮胎气压表、钢卷尺、计时器和试验坡道等。

7.1.2 参数测量允许误差

应满足如下要求：角度±1°、时间±1 s、长度±1%、轮胎气压±5%。

7.2 试验条件

7.2.1 被试拖拉机的技术状态和试验通用要求均应符合第3章要求。

7.2.2 试验坡道应是足够长的平直、干燥、清洁、坡度均匀、附着性能良好的混凝土或沥青路面，纵向坡度为20%的坡道。

7.2.3 拖拉机以出厂时单机状态进行试验。驱动型手扶拖拉机，带旋耕机进行试验，其他无乘座尾轮的手扶拖拉机应在9.2.5状态(但不带调节配重)下进行试验。

7.2.4 轮胎气压为随机技术文件所规定的运输作业工况时气压。

7.3 试验方法

将拖拉机驶上规定的坡道后，立即把离合器操纵手柄置于“制动”位置。发动机怠速运转。随后在驱动轮上及其同地面的接触点处，分别画出标志。驻车5 min后，测量轮胎上的标志相对于轮胎接地点处的转角和位移。试验分别在上坡和下坡两种状态下进行。

7.4 试验结果及报告

将测量结果记入表A.4中。

8 噪声测量

8.1 试验仪器设备及参数测量允许误差

8.1.1 试验仪器设备

主要有：精密声级计、拉力计、负荷车、转速计、风速计、钢卷尺、温度计、气压计和五轮仪等。

8.1.2 参数测量允许误差

应满足如下要求：噪声级±0.5 dB(A)、力±1.0%、距离±0.5%、转速±0.5%、速度±3.0%、风速±5.0%、温度±0.5℃和大气压力±0.2 kPa等。

8.2 试验条件

8.2.1 被试拖拉机的技术状态和试验通用要求均应符合第3章的有关规定，拖拉机应处不带配重状态。

8.2.2 试验应在一个足够宁静、开阔的场地上进行，该场地可以是紧邻试验跑道至少20 m范围内水平的开阔地。

8.2.3 试验跑道的路面不应使充气轮胎产生过大的噪声，跑道路面应是由混凝土、沥青或类似的材料构成。路面上不得覆盖有粉状雪、杂草、碎土及灰渣。

8.2.4 测量应在微风或无风的良好天气情况下进行，环境噪声和风声应比被测噪声至少低10 dB(A)。记录时，任何与被测噪声无关的外界干扰噪声均不予考虑。

8.2.5 对拖拉机施加牵引负荷时，负荷车(加载装置)应远离被使拖拉机，以消除对拖拉机噪声测量的干扰。

8.2.6 测量动态环境噪声时，在声级计的传声器和被试拖拉机之间，不应有人或其他障碍物，观测人员应在不影响声级计读数的地方。

8.2.7 每次测量前后，均要用一个频率范围为250 Hz～1 000 Hz，精度在±0.5 dB(A)以内的发音器来校准声级计，若前后相差大于1 dB(A)，则该试验无效，应重新试验。

8.3 试验方法

8.3.1 通用要求

本试验除驱动型手扶拖拉机外，均是在挂上使用说明书中规定型号的拖车呈运输机组空车状态下进行本项试验。驱动型手扶拖拉机不做8.3.2项试验。

在8.3.2和8.3.3项试验开始和结束时，应对气温、风速、大气压力和背景噪声进行测量。

8.3.2 动态环境噪声测量

8.3.2.1 试验场地的布置如图4所示，在地面上标出跑道中心线 *CC*、测区起始线 *AA*、终止线 *BB* 和测

试中心点 M，分别在 M 点的两侧 P_1 和 P_2 处安放仪器。

8.3.2.2 在 P_1、P_2 处分别用三角架固定一个声级计，它的传声器膜片置于 P_1、P_2 点距地面高 1.2 m 处，并对准 M 点，传声器的轴线垂直于 CC 线，并同地面平行。

8.3.2.3 用声级计的"A"计权和"快"挡进行测量。

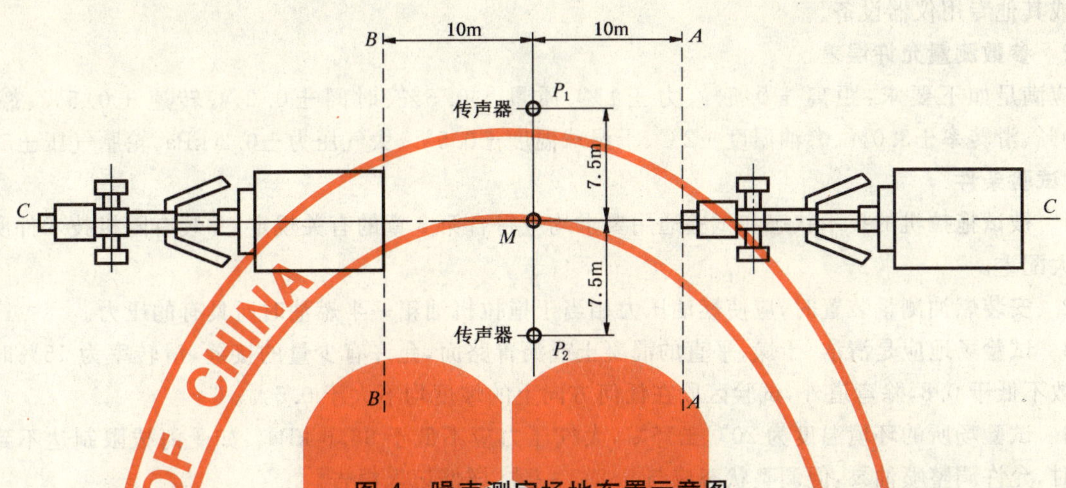

图 4 噪声测定场地布置示意图

8.3.2.4 试验开始前应首先确定被试拖拉机油门位置，此时发动机转速应与动力输出轴功率（或发动机台架）试验的 5.3.3 变负荷试验中 e）项试验时发动机转速的 3/4 相同。

8.3.2.5 试验时，拖拉机挂最高挡、空车以 8.3.2.4 确定的油门位置沿跑道中心线 CC 匀速行驶至 AA 线，当拖拉机前端抵达 AA 线时，立即把油门加到最大，并保持至拖拉机前端离开 BB 线后，尽快将油门减至最低位置。记录拖拉机通过测区时声级计的最大读数和拖拉机前端抵达 AA 线及 BB 线时发动机转速和拖拉机的行驶速度。若拖拉机前端抵达 BB 线时，拖拉机行驶速度未达到最高速度，则将 AA 线到达 M 点的距离延长 1 m 后，重新试验。如果拖拉机前端抵达 BB 线时，仍未达到最高速度，则将 AA 线到达 M 点的距离再次延长 1 m，重新试验。依次类推。

试验往返各进行二次，在拖拉机噪声大的一侧连续二次测量结果的差异应不大于 2 dB(A)，否则应重测。

8.3.3 驾驶员操作位置处噪声测量

8.3.3.1 测量期间，传声器膜片安放在驾驶员的头盔架上，传声器朝前水平地固定在噪声大的一侧，与眼眉等高，距头盔架中心平面 250 mm±20 mm 的耳旁处。

8.3.3.2 用声级计的"A"计权网络和"慢"档进行测量。

8.3.3.3 测量期间，调速器操纵手柄（油门）至于全开位置。在带有负荷测量时，每次加载后，应保持一定的时间使噪声稳定，然后进行测定，加载条件按 9.3.1 项试验时的规定进行。

8.3.3.4 测量程序

a) 拖拉机依次挂上做 9.3.1 项试验时所使用的挡位及其他更高挡位（对驱动型手扶拖拉机为旋耕作业挡）。在每个挡位上，逐渐加大负荷至声级计上出现最大噪声值，待其稳定后读取声级值和相应的牵引力及速度。

b) 最后，在拖拉机的最高挡及速度最接近 4 km/h 的挡位上，测定拖拉机空车行驶的最大噪声值。

8.4 试验结果及报告

各项试验结果及其条件均记入表 A.5，对 8.3.1 和 8.3.3 的测量结果，取最大值记入表 A.5 中，对 8.3.3 的测量结果，只记入各挡的最大噪声及其工况。

9 牵引功率试验(仅限牵引型和兼用型)

9.1 试验仪器设备和参数测量允许误差

9.1.1 试验仪器设备

主要有:拉力计、负荷车、油耗计、转速计、计时器、计数器、钢卷尺、温度计、气压计、湿度计、轮胎气压表或其他专用仪器设备。

9.1.2 参数测量允许误差

应满足如下要求:距离±0.5%、力±1%、质量±0.5%、时间±0.2 s、转速±0.5%、燃油耗±2.0%、滑转率±3.0%、燃油温度±2℃、干湿球温度±0.5℃、大气压力±0.2 kPa、轮胎气压±5%。

9.2 试验条件

9.2.1 被试拖拉机的技术状态和试验通用要求均应符合第3章的有关规定,并装有随机技术件所规定的最大配重。

9.2.2 安装燃油测量装置时,应使燃油压力相当于拖拉机油箱一半燃油时所具有的压力。

9.2.3 试验场地应是清洁、干燥、平直的混凝土或沥青路面,允许有少量的接缝,滑转率为15%时的附着系数不低于0.8,除弯道外,试验区段在任何方向上的坡度均不大于0.5%。

9.2.4 试验场所的环境温度为20℃±15℃,大气压力应不低于96.6 kPa。如受海拔限制达不到这一要求时,允许调整喷油泵,但调整状态应与5.2.3一致,详情记入报告。

9.2.5 对无乘座尾轮的拖拉机,试验时为保持拖拉机总体平衡,被试拖拉机应与一个专用的牵引装置相连,它由牵引架、支撑尾轮及配重组成,如图5所示。尾轮为胶轮,尾轮轴线位于拖拉机扶手把端部的正下方(当拖拉机机架或曲轴中心线处于水平状态时),牵引架及尾轮中心平面均位于拖拉机纵向中心平面内,牵引架与拖拉机在牵引点处水平铰接相连(垂直方向不允许有晃动)。试验时的整机质量(包括牵引装置质量)应与被试拖拉机犁耕机组质量一样,调整配重位置,使尾轮的地面支承静反力为总重的2%~3%。对有乘座尾轮的拖拉机,按出厂单机状态进行试验。

9.2.6 试验开始时,驱动轮胎胎纹高应不低于新轮胎胎纹高的65%。

9.2.7 为使被试机充分发挥出其牵引性能,试验所用牵引点位置,离地高度为100 mm,并在整个试验期间保持不变。除在弯道上行驶外,牵引力线应在拖拉机纵向中心平面内,且与地面平行而无明显的歪斜。

9.2.8 测量时间不小于20 s或测量区段长度不少于20 m(取时间较长者)。

单位为毫米

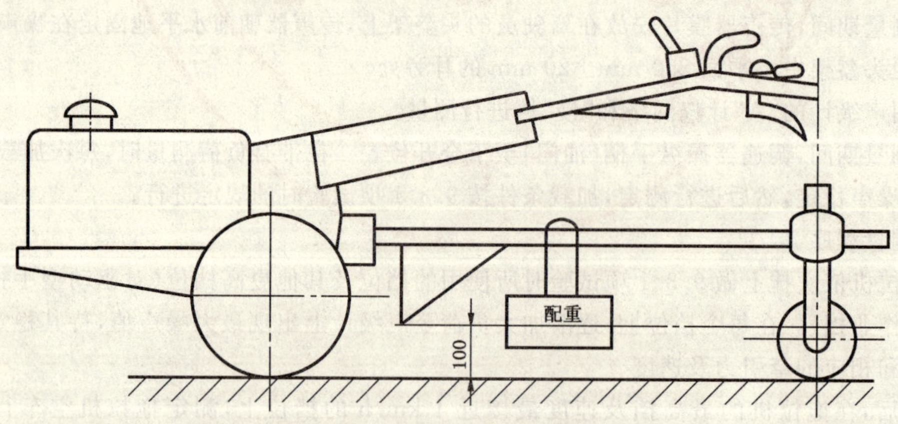

图5 牵引试验专用牵引装置示意图

9.3 试验方法

各项试验开始和结束时,分别测记气温、气压及大气相对湿度等。

每项试验开始前，应测定拖拉机以约 3.5 km/h 的速度空车行驶 50 m 距离时驱动轮转数，以此作为计算驱动轮滑转率的基准。

9.3.1 **最大牵引功率试验**

拖拉机挂上被试挡位，牵引负荷逐级加大，每次加载达到稳定工况后驶过测区，测量通过测区时的牵引功率、牵引力、速度、燃油耗、燃油消耗率、发动机转速、滑转率等参数，试验一直进行到出现下列情况之一时止：

a) 得出最大牵引功率；

b) 驱动轮滑转率达到 15%；

c) 达到规定的其他限制工况。

应对试验样机的每一个田间牵引作业挡进行试验。

9.3.2 **极限牵引能力试验**

对一个主要的犁耕作业挡(步耕速度为 4 km/h 或坐耕速度为 6 km/h 左右的挡)还应同时测定其极限牵引能力。试验是从获得最大牵引功率开始，继续加载，使发动机转速以约 10% 的差值减少(相对标定转速)，直至牵引力达到最大值，或 9.3.1 中 b)、c)项规定的限制工况(以先达到者为限)，每增加一次负荷，记录 9.3.1 所列各参数。

9.4 **试验结果及报告**

9.4.1 试验结果用下列公式进行计算，不对大气条件及其他因素进行修正。

9.4.1.1 拖拉机行驶速度

$$v=\frac{3.6s}{t} \qquad \cdots\cdots(11)$$

式中：

v——拖拉机行驶速度，单位为千米每小时(km/h)；

s——测量区段长，单位为米(m)；

t——拖拉机驶过测区时间，单位为秒(s)。

9.4.1.2 拖拉机牵引功率

$$P_{\mathrm{T}}=\frac{F_{\mathrm{T}}\cdot s}{t} \qquad \cdots\cdots(12)$$

式中：

P_{T}——拖拉机牵引功率，单位为千瓦(kW)；

F_{T}——拖拉机牵引力，单位为千牛(kN)。

9.4.1.3 拖拉机小时燃油耗量

$$G_{\mathrm{T}}=\frac{3.6\Delta G}{t} \qquad \cdots\cdots(13)$$

式中：

G_{T}——拖拉机小时燃油耗量，单位为千克每小时(kg/h)；

ΔG——拖拉机驶过测区的燃油消耗量，单位为克(g)。

9.4.1.4 拖拉机牵引燃油消耗率

$$g_{\mathrm{T}}=\frac{1\,000\,G_{\mathrm{T}}}{P_{\mathrm{T}}} \qquad \cdots\cdots(14)$$

式中：

g_{T}——拖拉机牵引燃油消耗率，单位为克每千瓦小时［g/(kW·h)］。

9.4.1.5 拖拉机驱动轮滑转率

$$\delta=\left(1-\frac{n_0}{n_1}\right)\times 100 \qquad \cdots\cdots(15)$$

式中：

δ——拖拉机驱动轮滑转率，%；

n_0——拖拉机以 3.5 km/h 左右的速度空载驶过测区时，左右驱动轮转过的总圈数；

n_1——拖拉机负载驶过测区时，左右驱动轮转过的总圈数。

9.4.2 将各挡最大牵引功率点的各项指标计算结果和试验条件记入表 A.6。

10 低温起动试验

10.1 试验仪器设备及参数测量允许误差

10.1.1 试验仪器设备

主要有：低温试验室、测温设备、计时器、气压计等。

10.1.2 参数测量允许误差

应满足如下要求：时间±0.2 s、温度±0.5℃、大气压力±0.2 kPa。

10.2 试验条件

10.2.1 被试拖拉机的技术状态及试验通用要求，均应符合第 3 章的有关规定。

10.2.2 若试验前被试拖拉机使用的不是试验温度下适用的燃油、润滑油和冷却液，则应按以下程序更换：

a) 在常温下起动并运转发动机，待其达到正常工作温度后停机；

b) 立即分别将各个系统中的燃油、润滑油和冷却液排放干净，换上新滤芯；

c) 分别用预期试验的最低试验温度下适用的燃油、润滑油和冷却液彻底清洗各个系统，随后加注到规定液面，再起动发动机，以确信各个系统正常。

10.2.3 温度传感器的安放位置规定如下：

a) 环境温度：在拖拉机前、后、左、右大致均布的四处，离地高 1.5 m，离拖拉机外廓 1 m 处，以四处测得的平均值为试验时的环境温度；

b) 燃油温度：在拖拉机燃油箱中油液深度一半处；

c) 发动机润滑油温度：在发动机油底壳中油液深度一半处；

d) 冷却液温度：在发动机散热器上水室中液体深度一半处；对风冷发动机，在厂方规定点测量气缸盖温度。

10.2.4 在低温试验室进行试验时，应将发动机的排气管同试验室的废气排放装置密封相连，但该装置应对起动性能无影响。

10.3 试验方法

10.3.1 将被试拖拉机移放到低温室中，连接好各种测试设备后降温，在预定试验温度下保温停放足够长时间，直至拖拉机被“冷透”，此时各处测得的温度之差异应不大于 1.0℃。

10.3.2 将发动机油门置于最适宜起动的位置，离合器操纵手柄置于“分离”位置，按照使用说明书中规定的起动操作程序进行起动，并使用被试拖拉机上所装有的一切辅助起动装置（如减压装置、起动加浓装置、起动液加注器等）。在 5 min 内允许至多起动 5 次。若起动后，发动机能够连续稳定运转至少 10 s，则认为起动成功，反之认为失败。

10.3.3 当起动成功后，随即将试验温度依次降低 5℃，每降低一次温度，按上述同样程序继续试验，直至不能起动为止。以最后一个起动成功的温度，作为被试拖拉机的极限冷起动温度。

开始试验的起始温度及最后一次试验温度，可由拖拉机制造厂选定。

10.3.4 在每次起动试验中，至少应测量表 A.7 中所列各参数。

10.4 试验结果及报告

将各项测试结果及试验条件记入表 A.7 中。

对每一个试验温度档，若经多次才起动成功，或未起动成功，则只将首末两次测量结果记入表 A.7 中。

11 高温适应性试验

11.1 试验仪器设备及参数测量允许误差

11.1.1 试验仪器设备

主要有：高温试验室、加载设备(驱动轴或动力输出轴测功装置)、测温设备、钢卷尺、转速计和气压计等。

11.1.2 参数测量允许误差

应满足如下要求：转矩±1.0%、转速±0.5%、时间±0.2 s、温度±0.5℃、大气压力±0.2 kPa。

11.2 试验条件

11.2.1 被试拖拉机的技术状态及试验通用要求均应符合第3章的有关规定。发动机润滑油应为夏季用油。

11.2.2 高温试验室的温度应能从常温到最高试验环境温度无级调节。

11.2.3 各温度传感器安放位置如下：

a) 环境温度：在被试拖拉机前、后、左、右大致均布的四处，离地高1.5 m，离拖拉机外廓1 m处，取四处测值平均值为环境温度；

b) 燃油温度：在喷油泵进油口处；

c) 发动机润滑油温度：在发动机油底壳油液深度一半处；

d) 传动箱润滑油温度：在箱体放油塞处；

e) 冷却液温度：在散热器上水室中液体深度一半处；

f) 进气温度：在离空气滤清器进气口5 cm、远离机体一侧处；

g) 排气温度：在发动机排气岐管中；

h) 气缸盖温度(仅对风冷发动机)：在工厂规定点。

11.2.4 被试拖拉机的排气管应同试验室的废气排放装置密封相连，且该装置不应对拖拉机的性能有明显影响。

11.3 试验方法

11.3.1 将拖拉机移放到试验室内规定位置，连接好加载装置及各种测试设备。

11.3.2 在无风环境下，拖拉机挂上如下试验挡位：如果是用驱动轮轴加载，应采用使用说明书规定的相应于发挥标定牵引力的工作挡；如果是用动力输出轴测功装置加载，应采用拖拉机得到标准动力输出轴转速的挡位。发动机油门全开，逐渐加载，直至发动机达到标定转速、驱动轮(或动力输出轴)功率为最大的工况，待各个温度稳定(隔5 min测一次，连续测三次之差异不大于0.5℃)后，测取表A.8所列各参数。

试验从环境温度为30℃开始，每次提高5℃进行一次试验，一直进行到接近允许的最高工作环境温度。最后一个试验温度，应控制到工厂规定的下列限制工况之一或拖拉机上的警示器报警，此温度即为最高工作环境温度：

a) 发动机油温达到规定的上限；

b) 排气温度达到规定的上限；

c) 传动系油温达到规定的上限。

11.4 将各项试验条件、测得的各个性能参数平均值记入表A.8。

12 使用试验

12.1 定义

12.1.1 工作时间

拖拉机完成各种作业的时间，它包括拖拉机负荷作业时间，地头转弯时间和拖拉机空行折算工作时间(规定按 5 h 空行时间折算 1 h 工作时间),但不包括拖拉机磨合时间、性能试验时间和发动机空转时间。

12.1.2 维护保养工作时间

为完成使用说明书规定的维护保养所需要的工作时间。它包括班保养和各级保养所用的时间,但不包括人为或自然因素所耽误的时间。

12.1.3 故障修复工作时间

为排除拖拉机故障所需要的修复工作时间。它包括故障诊断、修复及调试所用时间,但不包括人为或自然因素所耽误的时间。

12.1.4 平均负荷系数

拖拉机完成作业时的发动机平均利用功率与其标定功率的比率。

12.2 试验仪器设备及参数测量允许误差

12.2.1 试验仪器设备

主要有:动力输出试验台(或发动机测功设备),油耗测量设备、各类零件精密测量设备、计时器、绳尺、钢卷尺、磅秤、气压计和温度计等。

12.2.2 参数测量允许误差

在进行零件精密测量和调整配合间隙时,测量准确度应与被测尺寸的精度要求一致,其他各参数的测量准确度应满足如下要求:质量 ±0.5%、距离 ±1.0%、力 ±1.0%、时间 ±0.2 s、转矩 ±1.0%、转速 ±1.0%、油耗 ±1.0%、速度 ±3.0%、油温 ±2.0℃、干湿球温度 ±0.5℃、大气压力 ±0.2 kPa、轮胎气压 ±5.0%。

12.3 试验条件

12.3.1 试验开始时,被试拖拉机的技术状态及试验通用要求应符合第 3 章的有关规定。

12.3.2 进行试验的地区,应是被试验拖拉机作业适用的地区。

12.3.3 被试拖拉机完成各种作业所用的农机具,应是与该型拖拉机相配套的机具,其技术状态良好。

12.3.4 拖拉机所加配重情况,应根据作业项目、配带的机具和作业区的自然特点来确定。

12.4 试验方法

12.4.1 试验前精密测量

对新产品的型式试验,应在样机磨合前对有关文件规定的主要零件的磨损部位尺寸进行精密测量,并记入表 A.15 中。

12.4.2 性能试验

每台被试拖拉机都应分别在磨合后投入使用试验前及试验结束后分别按 5.3.1 和 5.3.3 的有关规定进行动力输出试验或 5.3.4 进行发动机台架试验,结果记入表 A.9 中。

12.4.3 使用试验

将被试拖拉机在实际使用条件下投入正常使用,严格按照使用说明书的规定进行使用和保养。

12.4.3.1 试验样机台数:每种型号 2 台。

12.4.3.2 被试拖拉机在负荷下的工作时间每台各试 1 500 h。整个试验期间拖拉机的空行折算工作时间不应超过试验时间的 10%。

12.4.3.3 拖拉机完成各项作业时的作业质量,必须满足当地农艺要求。各项作业时间所占总时间的比例为:田间作业项目(耕耙、播、收等)不少于 65%,运输作业不大于 30%,其他作业为 5%。各项作业的负荷系数不限,但试验期间田间作业的平均负荷系数应不低于 50%,运输作业载质量为额定载质量。

12.4.3.4 按表 A.10 详细记录每台试验样机的工作情况。根据拖拉机进行各种作业的实际情况,对拖拉机的一些主要性能:如操纵性、稳定性、牵引附着性、发动机的起动性能、高温工作适应性、拖拉机密封性、运输作业的制动性、爬坡性以及试验过程中维修、保养的方便性等性能进行使用考察,并在记事栏作记录。按表 A.11 要求,做好班次汇总工作。

12.4.3.5　分别在试验初期、中期和末期，在试验地区有代表性的作业场地上，对被试拖拉机完成的几种主要作业进行生产查定。每个时期对同一种作业的查定不少于2次。运输作业查定时，沥青(或混凝土)路和土路各占一半。对各个作业测量结果，分别在表A.12中记录。

12.4.3.6　按表A.14记录试验过程中(包括磨合和性能试验期间)发生的一切故障及各种异常情况，并及时进行技术分析，妥善保存损坏件。对试验中发生的一切本质故障，要进行认真分析和分类，并记入表A.14中。

12.4.3.7　拖拉机的故障定义、分类及其判断规则，应按有关标准规定执行，对大批量生产的定型产品进行试验，故障排除以后重复出现的同一故障，应分别统计其故障次数，并记入表A.13中。对新产品型式试验中发生的重复故障。如果是在未改进设计或制造质量情况下换用原样制造的零件后再次发生，则只统计一次故障(时间按最初出现时计)，其余应如实记入报告表A.13中。

12.5　最终检查

在最后性能试验结束后，应对每台被试拖拉机进行外部检查和解体检查，发现的一切故障及尚未失效但磨损量已超过规定极限值三分之一的零件应在有代表性的磨损处进行精密测量，对新产品，应按12.4.1条中精密测量部位再次测量，将结果分别记入表A.14和表A.15，其累计工作时间均以试验结束时间计。

实测尺寸和图纸尺寸的中值之差为名义磨损值。试验前后两次精密测量值之差为实际磨损值，各零件的磨损限值，按有关标准或工厂技术文件的规定。

12.6　试验结果及报告

12.6.1　按下列公式计算试验结果，并检查 T_0、ε 和 ξ_{fp} 三个指标是否符合12.4.3的规定。

12.6.1.1　拖拉机总工作时间

$$T_0 = \sum (t_y - t_t - 0.8 t_{k1} - t_{k2}) \qquad \cdots\cdots (16)$$

式中：

T_0——拖拉机总工作时间，单位为小时(h)；

t_y——每班作业的延续时间，单位为小时(h)；

t_t——每班作业的各种停机时间，单位为小时(h)；

t_{k1}——每班作业中的拖拉机的空行时间，单位为小时(h)；

t_{k2}——每班作业中发动机空转时间，单位为小时(h)。

12.6.1.2　各项作业时间比例

田间作业时间所占比例

$$\varepsilon = \frac{\sum t_f}{T_0} \times 100 \qquad \cdots\cdots (17)$$

式中：

ε——田间作业时间所占比例，%；

t_f——各种田间作业(耕、耙、播、收等)时间，单位为小时(h)。

12.6.1.3　总工作量

按作业种类分别汇总。

$$Q_{so} = \sum Q_s \qquad \cdots\cdots (18)$$

式中：

Q_{so}——完成某种作业的总工作量，单位为公顷(ha)或吨千米(t·km)；

Q_s——完成某种作业的班工作量，单位为公顷(ha)或吨千米(t·km)。

12.6.1.4　平均生产率

按作业种类分别汇总。

$$q_{sp}=\frac{\sum Q_s}{\sum t_s} \qquad \cdots\cdots(19)$$

式中：

q_{sp}——拖拉机进行某种作业的平均生产率，单位为公顷每小时(ha/h)或吨千米每小时(t·km/h)；

t_s——完成某种作业的班工作时间，$t_s=t_y-t_t-0.8t_{k1}-t_{k2}$，单位为小时(h)。

12.6.1.5 平均小时油耗

$$G_{fp}=\frac{G_s-G_{fk}\sum t_{k2}}{\sum t_s} \qquad \cdots\cdots(20)$$

式中：

G_{fp}——拖拉机进行某一种作业的平均小时油耗，单位为千克每小时(kg/h)；

G_s——拖拉机进行某种作业的总耗油量，单位为千克(kg)；

G_{fk}——拖拉机发动机空转小时油耗，单位为千克每小时(kg/h)。

12.6.1.6 平均单位工作量油耗

$$G_d=\frac{G_s}{Q_{so}} \qquad \cdots\cdots(21)$$

式中：

G_d——拖拉机进行某种作业的平均单位工作量油耗，单位为千克每公顷(kg/ha)或千克每吨千米[kg/(t·km)]。

12.6.1.7 平均负荷系数

$$\xi_{fp}=\frac{p_{dp}}{P_{db}}\times 100 \qquad \cdots\cdots(22)$$

式中：

ξ_{fp}——拖拉机进行某种作业的平均负荷系数，%；

p_{dp}——由 G_{fp} 值在动力输出轴特性曲线上查得的平均利用功率近似值，单位为千瓦(kW)；

P_{db}——标定转速时动力输出轴最大功率，单位为千瓦(kW)。

对做发动机台架试验的拖拉机，P_{dp} 和 P_{db} 分别由 G_{fp} 在发动机调速特性曲线上查得相应功率与发动机标定功率代替。

12.6.1.8 下列可靠性评定指标应用有关标准规定的公式进行计算：平均故障间隔时间 MTBF、平均停机故障间隔时间 DTMTBF、无故障性综合评分值 Q 和工厂平均保修费用率 PWC。在计算 PWC 指际时，每台拖拉机排除故障的平均修理费用，应当采用相当于一年保修期(平均工作时间为 1 500 h)的试验时间内的修理费。

12.6.2 对各项测试结果，分别处理汇总后记入表 A.9、表 A.14、表 A.15 和表 A.16。对多次测量的参数，均记入其算术平均值。

12.6.3 对 12.4.3.4 中提到的被试拖拉机的无定量检测之主要使用性能，应将试验人员的评价记入报告中。

13 试验报告编制

试验结束后，应按下列格式及要求编写综合试验报告或单项试验报告。

13.1 报告封面

封面的形式内容及尺寸要求见图 A.1，试验报告名称应根据试验内容或试验性质来确定。

13.2 报告扉页

报告扉页的形式及内容见图 A.2。

13.3 报告正文

依次列出下列各项内容：

a) 目录中应将试验报告的主要内容及其对应的页码列出；

b) 如果拖拉机进行本标准中各项试验，应列出 GB/T 9480 所规定的内容，如进行单项或某几项试验，可以省略其中无关内容；

c) 根据试验内容，依次列出被试拖拉机验收和磨合结果及本标准中所规定的各项试验结果或针对某一项(或几项)试验结果编入报告中；

d) 附件。

附 录 A
（规范性附录）
手扶拖拉机试验报告格式

单位为毫米

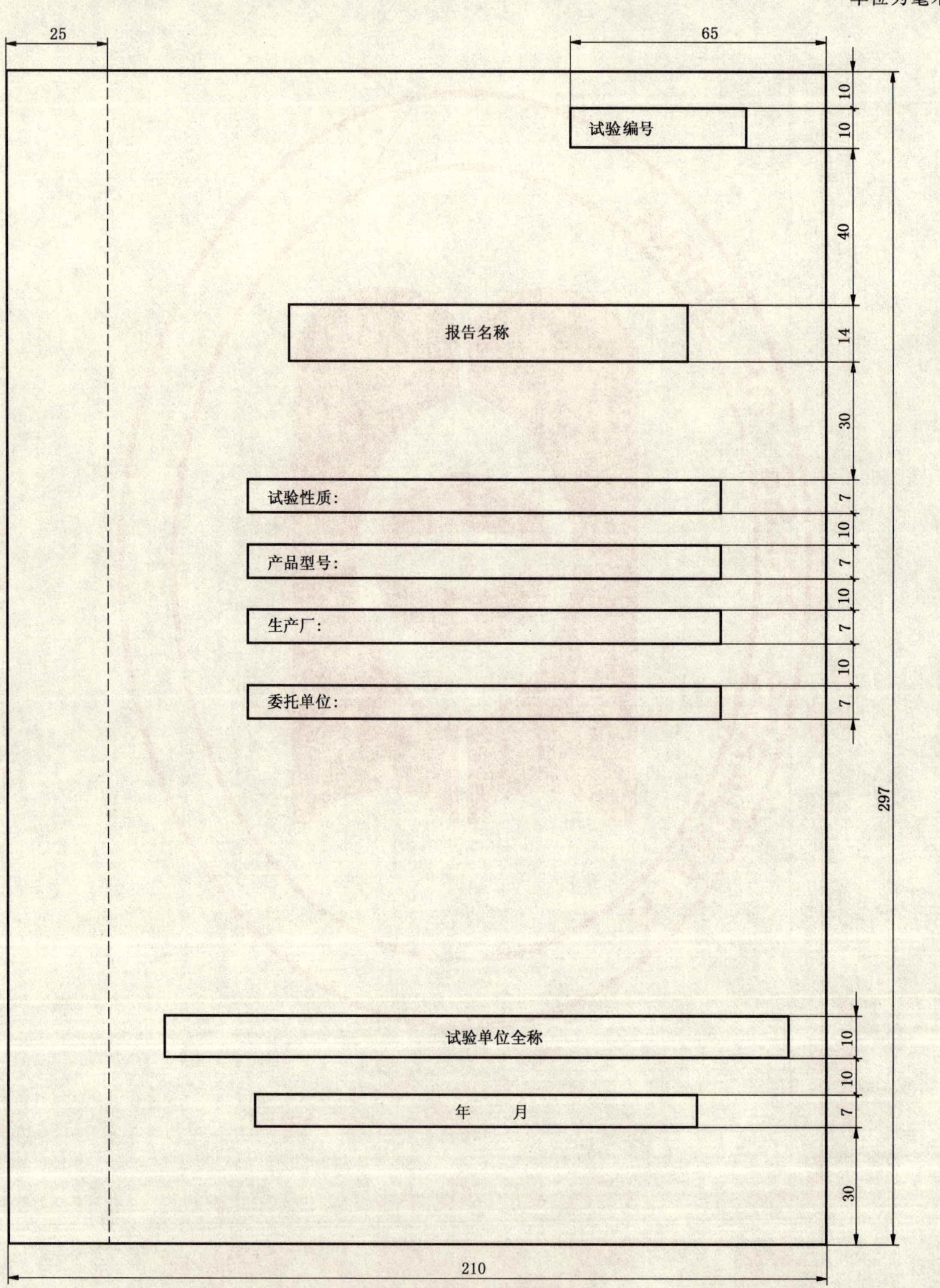

图 A.1 试验报告封面格式

单位为毫米

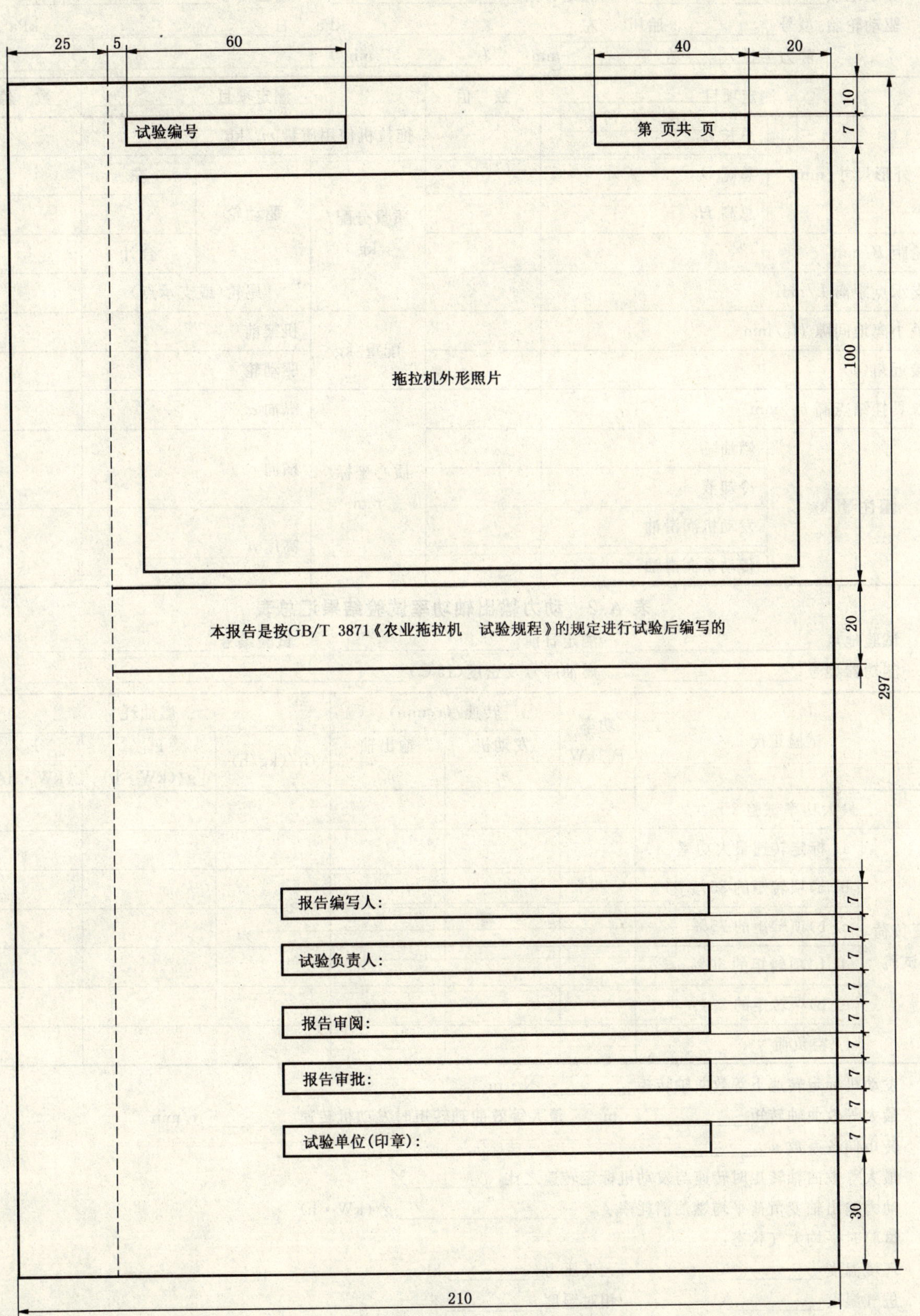

图 A.2 试验报告扉页格式

表 A.1　整机参数测定结果汇总表

测定地点＿＿＿＿＿＿　测定日前＿＿＿＿＿＿　试验编号＿＿＿＿＿＿

驱动轮胎：型号＿＿＿＿胎压　左＿＿＿＿＿＿ kPa　右＿＿＿＿＿＿ kPa

静力半径 r_{jq}　左＿＿＿＿ mm　右＿＿＿＿ mm

测定项目		数　值	测定项目			数　值
外形尺寸/mm	总长 L_0		拖拉机使用质量 m_s/kg			
	总宽 B_0		质量分配/kg	驱动轮	左	
	总高 H_0				右	
轮距 B/mm					合计	
支承点距离 L/mm				尾轮(或支承点)		
最小离地间隙 H_L/mm			配重/kg	机架前		
接近角(ψ)				驱动轮		
农具挂结点高 h_T/mm			质心坐标/mm	纵向 a		
灌注量/kg	燃油			横向 e		
	冷却液					
	发动机润滑油			高度 h		
	传动系润滑油					

表 A.2　动力输出轴功率试验结果汇总表

试验地点＿＿＿＿＿＿　测定日前＿＿＿＿＿＿　试验编号＿＿＿＿＿＿

测功器型号＿＿＿＿＿＿　燃油牌号及密度(15℃)＿＿＿＿＿＿＿＿＿＿

试验工况		功率 P_d/kW	转速/(r/min)		燃油耗		
			发动机 n_c	输出轴 n_d	G_f/(kg/h)	g_{ed}/[g/(kW·h)]	E_S/(kW·h/L)
最大功率试验 2 h							
变负荷试验	a) 标定转速最大功率						
	b) a)项转矩的 85%						
	c) b)项转矩的 75%						
	d) b)项转矩的 50%						
	e) b)项转矩的 25%						
	f) 空负荷						

发动机标定转速下等效曲轴转矩＿＿＿＿ N·m

最大等效曲轴转矩＿＿＿＿ N·m　最大等效曲轴转矩时发动机转速＿＿＿＿ r/min

转矩储备系数 μ＿＿＿＿%

最大等效曲轴转矩时转速与发动机标定转速之比＿＿＿＿%

动力输出轴变负荷平均燃油消耗率 g_{dp}＿＿＿＿＿＿ g/(kW·h)

试验时平均大气状态：

环境温度＿＿＿＿℃　大气压力＿＿＿＿ kPa

进气温度＿＿＿＿℃　相对湿度＿＿＿＿%

试验时最高温度：

燃油＿＿＿＿℃　冷却液＿＿＿＿℃

进气＿＿＿＿℃　发动机润滑油＿＿＿＿℃

表 A.3 操纵试验结果汇总表

试验地点__________ 测定日前__________ 试验编号__________

转向机构型式__________ 驱动轮轮距__________ mm 驱动轮胎气压__________ kPa

拖拉机总质量__________ kg 试验路面类型__________

1 转向性能

最小转向圆半径		最小水平通过半径	
左 转	右 转	左 转	右 转

2 操纵装置操纵力 N

离合器手柄		转向手柄		变 速 杆							
分离	制动	左	右	F1	F2	F3	F4	F5	F6	R1	R2

驾驶员评语及附记：

表 A.4 坡道停车制动试验结果汇总表

试验地点__________ 试验日前__________ 试验编号__________

试验道路类型__________ 气 温__________℃ 风速__________ m/s

状 态	试验坡度 %		
	可否停住	轮胎转角/(°)	位移/mm
上坡			
下坡			

表 A.5 噪声测量结果汇总表

试验地点__________ 测定日前__________ 试验编号__________

声级计型号__________ 使用的附件名称__________

风速__________ m/s 气温__________℃ 大气压力__________ kPa

动态环境噪声测量

挡次	初速度/(km/h)	环境噪声级/dB(A)	背景噪声/dB(A)

驾驶员操作位置处噪声测量 背景噪声__________ dB(A)

挡次	①	②						
最大噪声时的牵引力/N	空行驶时							
速度/(km/h)								
噪声级/dB(A)								

注：① 为最高挡，② 为速度最接近 4 km/h 的挡。

表 A.6 牵引功率试验结果汇总表

试验地点________ 测定日前________ 试验编号________

试验路面类型________ 牵引点离地高 h_T ________mm 轮胎气压________kPa

测量项目		最大牵引功率试验—各挡最大牵引功率				极限牵引能力试验		
挡次								
牵引功率 P_T/kW								
牵引力 F_T/kN								
速度 v/(km/h)								
发动机转速 n_e/(r/min)								
滑转率 δ/%								
燃油耗 G_T/(kg/h)								
燃油消耗率 g_T/[g/(kW·h)]								
大气状态	气温/℃							
	气压/kPa							
	相对湿度/%							

表 A.7 低温起动试验结果汇总表

试验地点________ 试验日期________ 试验编号________

辅助起动装置名称及型号________

低温室参数:

可利用空间尺寸/mm 长______ 宽______ 高______ 可达到的最低温度______℃

试验用燃油牌号________凝点______℃

试验用润滑油________凝点______℃

试验用冷却液牌号________凝点______℃

各过程试验要求温度/℃	起动次数	各部分温度/℃					摇动时间/s	所有辅助起动装置		起动结果	备注
		环境	燃油	润滑油	冷却液	气缸盖(风冷)		名称	使用时间		

试验结果:极限冷起动温度________℃

表 A.8　高温适应性能试验结果汇总表

试验日期＿＿＿＿＿＿＿＿　试验地点＿＿＿＿＿＿＿＿　试验编号＿＿＿＿＿＿＿＿

试验用油料及冷却液：

燃油牌号＿＿＿＿＿＿　15℃时密度＿＿＿＿＿＿　冷却液牌号＿＿＿＿＿＿　沸点＿＿＿＿＿＿℃

发动机润滑油牌号＿＿＿＿　粘度/温度＿＿＿＿/＿＿＿＿℃

传动系润滑油牌号＿＿＿＿　粘度/温度＿＿＿＿/＿＿＿＿℃

加载方式＿＿＿＿＿＿＿＿

试验时变速箱挡位＿＿＿＿＿＿＿＿　理论速度＿＿＿＿＿＿ km/h　动力输出轴转速＿＿＿＿＿ r/min

工厂规定的限制工况：

环境温度/℃	功率/kW	发动机转速/r/min	各部位温度/℃						大气压力/kPa
			进气	排气	燃油	冷却液	润滑油		
							发动机	传动箱	

最高工作环境温度＿＿＿＿＿℃　受限工况＿＿＿＿＿

表 A.9　使用试验前、后性能试验结果汇总表

试验地点＿＿＿＿＿＿＿＿　试验日期:使用试验前＿＿＿＿＿＿＿＿　使用试验后＿＿＿＿＿＿＿＿

试验编号＿＿＿＿＿＿＿＿

1　动力输出轴试验

试验时平均大气状况：

使用试验前：

①号样机：气温＿＿＿＿＿℃　气压＿＿＿＿＿kPa　相对湿度＿＿＿＿＿%

②号样机：气温＿＿＿＿＿℃　气压＿＿＿＿＿kPa　相对湿度＿＿＿＿＿%

使用试验后：

①号样机：气温＿＿＿＿＿℃　气压＿＿＿＿＿kPa　相对湿度＿＿＿＿＿%

②号样机：气温＿＿＿＿＿℃　气压＿＿＿＿＿kPa　相对湿度＿＿＿＿＿%

试验时最高温度：

使用试验前：

①号样机:冷却水＿＿＿＿℃　润滑油＿＿＿＿℃　燃油＿＿＿＿℃　进气＿＿＿＿℃

②号样机:冷却水＿＿＿＿℃　润滑油＿＿＿＿℃　燃油＿＿＿＿℃　进气＿＿＿＿℃

使用试验后：

①号样机:冷却水＿＿＿＿℃　润滑油＿＿＿＿℃　燃油＿＿＿＿℃　进气＿＿＿＿℃

②号样机:冷却水＿＿＿＿℃　润滑油＿＿＿＿℃　燃油＿＿＿＿℃　进气＿＿＿＿℃

试验样机		①号样机				②号样机			
性能参数		P_d/kW	n_e/(r/min)	G_f/(kg/h)	g_{ed}/[g/(kW·h)]	P_d/kW	n_e/(r/min)	G_f/(kg/h)	g_{ed}/[g/(kW·h)]
使用试验前	最大功率试验								
	a) 标定转速最大功率								
	b) a)项转矩的85%								
	c) b)项转矩的75%								
	d) b)项转矩的50%								
	e) b)项转矩的25%								
	f) 空负荷								
	变负荷平均工况								
使用试验后	最大功率试验								
	a) 标定转速最大功率								
	b) a)项转矩的85%								
	c) b)项转矩的75%								
	d) b)项转矩的50%								
	e) b)项转矩的25%								
	f) 空负荷								
	变负荷平均工况								

注：表中 P_d——动力输出轴功率；n_e——发动机转速；G_f——发动机小时燃油消耗量；g_{ed}——动力输出轴燃油消耗率。

2 噪声测量

试验条件：

使用试验前：风速________m/s 气温________℃ 大气压力________kPa

背景噪声：动态环境噪声测量时_____dB(A) 驾驶员操作位置处噪声测量时_____dB(A)

使用试验后：风速________m/s 气温________℃ 大气压力________kPa

背景噪声：动态环境噪声测量时_____dB(A) 驾驶员操作位置处噪声测量时_____dB(A)

试验样机	①号样机		②号样机	
	使用试验前	使用试验后	使用试验前	使用试验后
动态环境噪声/dB(A)				
驾驶员操作位置处噪声/dB(A)				

表 A.10 拖拉机使用试验班次记录表

拖拉机型号________ 试验样机编号________ 试验日期________

作业名称________ 农具名称及型号________

土壤类型及植被(或道路)情况:

作业情况:耕深________cm 耕幅________cm 或载质量________t·km

本班完成工作量:作业面积________ha 运输周转量________t·km

本班耗油量:燃油________kg 发动机润滑油________kg 底盘润滑油________kg

工作内容	开始时间	结束时间	延续时间/min	作业挡次	停机时间/min	空行时间/min	空转时间/min
合计							

本班维护保养工作时间________h________min

本班故障修复工作时间________h________min

本班拖拉机工作时间________h________min

使用情况记事:

驾驶员________ 记录员________ 负责人________

表 A.11 拖拉机使用试验班次记录汇总表

拖拉机型号________ 试验样机编号________

试验地点________ 试验起止日期________

序号	日期	本班工作时间/h		累计工作时间/h			空转时间/h	燃油消耗量/kg		班小时燃油耗/(kg/h)	工作量		主要工作挡工作时间/h				润滑油消耗量/kg		保养工作时间/min	平均负荷系数/%
		田间	运输	田间	运输	合计		本班	累计		田间/ha	运输/(t·km)	挡	挡	挡	挡	发动机	底盘		

备注:

表 A.12　拖拉机使用试验生产查定记录表

拖拉机型号＿＿＿＿＿＿　编号＿＿＿＿＿＿　试验编号＿＿＿＿＿＿

作业地点＿＿＿＿＿＿　作业名称＿＿＿＿＿＿　农具型号＿＿＿＿＿＿

土壤类型＿＿＿＿＿＿　植被情况＿＿＿＿＿＿　环境气温＿＿＿＿℃

作业地块大小：长＿＿＿＿m　宽＿＿＿＿m　面积＿＿＿＿ha

田间作业：深度＿＿＿＿cm　幅宽＿＿＿＿cm

运输作业：货物名称＿＿＿＿＿　载质量＿＿＿＿t　运距＿＿＿＿km

道路及交通情况＿＿＿＿＿＿　查定日期＿＿＿＿＿＿

主要工作挡次＿＿＿＿＿　实际耗油量＿＿＿＿kg

作业开始时间＿＿＿＿＿　结束时间＿＿＿＿＿　延续时间＿＿＿h＿＿＿min

试验过程中：停机时间＿＿＿＿min　空行时间＿＿＿＿min　怠速运转时间＿＿＿＿min

查定结果：

平均生产率/(ha/h)或(t·km/h)	平均小时油耗/(kg/h)	平均单位工作量油耗/(kg/ha)或[(kg/(t·km)]	平均负荷系数/%	平均作业速度/(km/h)

作业质量描述：

驾驶员＿＿＿＿＿　试验员＿＿＿＿＿

表 A.13　拖拉机使用试验故障记录表

拖拉机型号＿＿＿＿＿＿　试验样机编号＿＿＿＿＿＿　试验地点＿＿＿＿＿＿

出现故障日期＿＿＿＿＿＿　作业名称＿＿＿＿＿＿　拖拉机累计工作时间＿＿＿＿h

本次故障中损坏的零部件清单：

名　称	件　号	件　数	该零件累计工作时间/h	法定出厂零售价/元

故障现象及其影响程度描述(附照片)：

故障原因及其理化检验结果：

排除故障方法：

故障类别＿＿＿＿＿＿　故障修复工作时间＿＿＿＿h　修复费用＿＿＿＿元

记录人员＿＿＿＿＿＿　校核人员＿＿＿＿＿＿　驾驶员＿＿＿＿＿＿

修理人员＿＿＿＿＿＿　鉴定人员＿＿＿＿＿＿　负责人＿＿＿＿＿＿

表 A.14 拖拉机使用试验故障汇总表

试验起止时期________ 试验地点________ 试验编号________

规定的试验时间________h

序号	样机编号	故障名称	拖拉机累计工作时间/h	故障原因	故障类别	排除方法	修复工作时间/min	修复费用/元

表 A.15 拖拉机使用试验零件磨损测量结果汇总表

试验起止日期________ 试验地点________ 试验编号________

规定的试验时间________h 试验性质________

序号	样机编号	零件名称	磨损部位	名义尺寸中值或初测值/mm	终测值/mm	名义磨损值或实际磨损值/mm	规定的磨损极限值/mm	备注

表 A.16　拖拉机使用试验结果综合汇总表

试验地点＿＿＿＿＿＿＿＿　试验起止日期＿＿＿＿＿＿＿＿　试验编号＿＿＿＿＿＿＿＿

试验样机编号				
累计工作时间/h				
累计空转时间/h				
累计保养工作时间/h				
累计修复工作时间/h				
累计耗油量/kg	燃油			
	润滑油	发动机		
		底盘		
累计工作量	田间/ha			
	运输/(t・km)			
平均小时燃油耗/(kg/h)	田间			
	运输			
平均单位工作量燃油耗	田间/(kg/ha)			
	运输/[kg/(t・km)]			
试验样机编号				
各挡工作时间比例/%	挡			
	挡			
	挡			
	挡			
田间作业平均负荷系数/%				
田间作业时间占总时间的百分比/%				
可靠性指标	MTBF/h			
	DTMTBF/h			
	Q/分			
	PWC/%			

附注：

附　录　B
（资料性附录）
手扶拖拉机质心高度测定

本附录介绍两种测定手扶拖拉机质心高度坐标 h 的方法。

B.1　力矩平衡法

力矩平衡测定法是目前普遍采用的一种方法，它比较简单易行，不需要什么专用设备，但不够准确是一种近似的测量方法。

测定时，将手扶拖拉机尾轮垫高或在机架前端拖拉机纵向中心子面内以顶尖支承，使拖拉机向前倾斜 15°～20°，测得此时拖拉机倾斜角度和驱动轮支反力，静力半径及图 B.1 中所示的各参数，用公式(B.1)计算质心高度坐标 h。

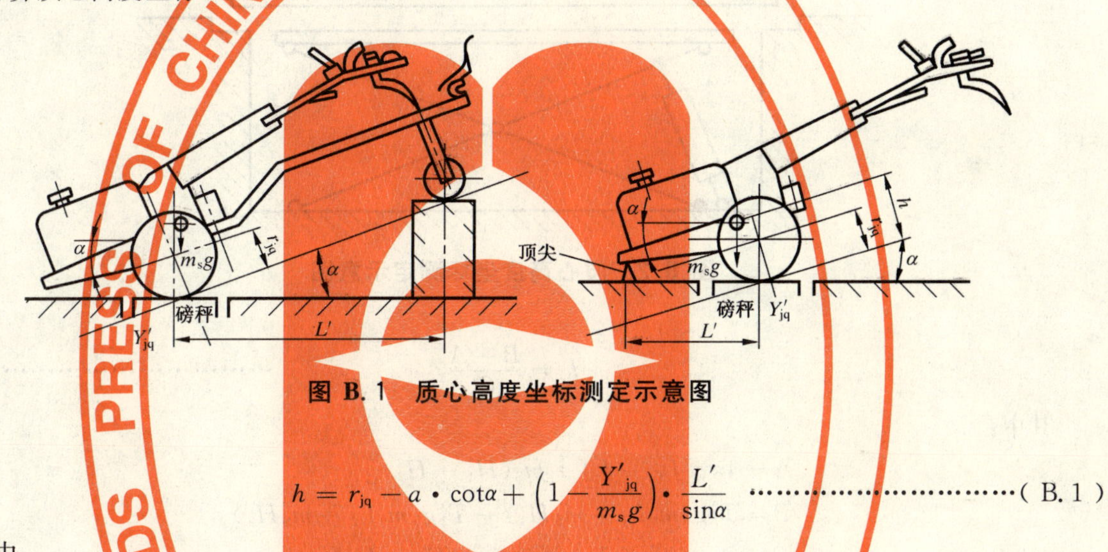

图 B.1　质心高度坐标测定示意图

$$h = r_{jq} - a \cdot \cot\alpha + \left(1 - \frac{Y'_{jq}}{m_s g}\right) \cdot \frac{L'}{\sin\alpha} \quad \cdots\cdots\cdots\cdots (B.1)$$

式中：

r_{jq}——拖拉机驱动轮静力半径，单位为毫米(mm)；

α——拖拉机倾斜角，单位为度(°)；要求测量误差不大于 5′；

a——拖拉机质心纵向坐标，单位为毫米(mm)；质心在拖拉机驱动轮轴前方时，a 为正值；在驱动轮轴后方时为值；

Y'_{jq}——拖拉机倾斜 α 后，驱动轮支反力，单位为牛顿(N)；

m_s——拖拉机使用质量，单位为千克(kg)；

g——重力加速度，单位为米每二次方秒(m/s^2)；

L'——拖拉机倾斜 α 后，支点(或尾轮中心)到驱动轮轴垂直于面之水干距离，单位为毫米(mm)；支点在拖拉机驱动轮轴前方时，L'为正值；在驱动轮轴后方时，为负值。

B.2　质量周期法

质量周期法(或称摇摆法)是一种比较准确、快速的测定方法，是在一个专用试验台上进行。其示意图见图 B.2。

摇摆试验台由三部分组成：1）摇摆架：由平台、摆架、悬吊刀口及支撑架组成，它是相当于悬吊臂长度可调的复摆。2）液压举升机构：安装在摇摆架平台下面的地坑里，它可把摆架平台举升起来。3）测量记录装置：由频率测定记录装置等组成。

测定过程如下：应预先在称重装置上（如地磅）测得被试拖拉机质量，并确定拖拉机质心纵向坐标位置；将拖拉机放置在摇摆架平台上，使其质心尽量与摇摆架质心在同一铅垂线上，然后使拖拉机固定住，把摇摆架悬吊臂置于长臂状态后将整个摇摆架悬吊起来，并使它作自由微摆动。稍稳定后测记此时的摆动周期 T_1；然后，放下摇摆架，使其悬吊臂置于短臂状态悬吊起来，重复上述步骤，测记此时的摆动周期 T_2。由此即可按公式(B.2)计算出使手扶拖拉机的质心高度 h。

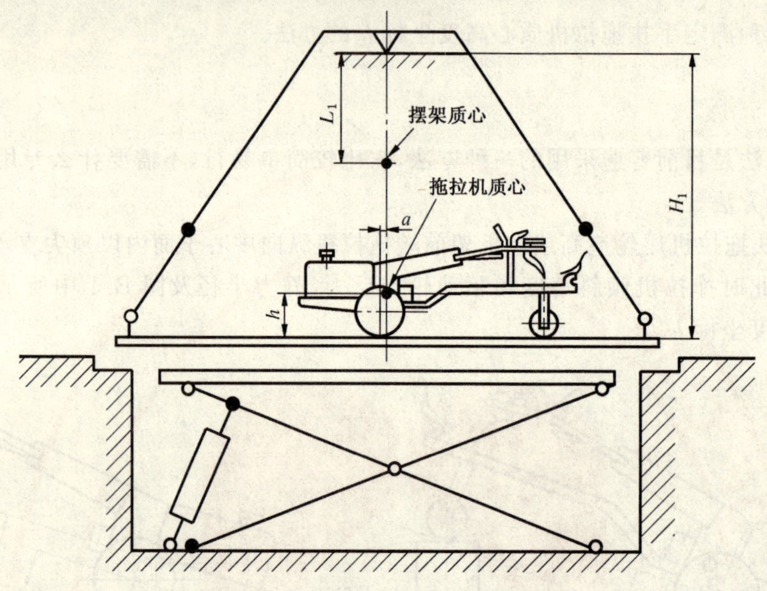

图 B.2　质心高度坐标测定示意图

$$h=\frac{B-A}{C} \qquad \cdots\cdots(B.2)$$

其中：

$$A=4\pi^2\left[J_{S1}-J_{S2}+m_S(H_1^2-H_2^2)\right]$$
$$B=T_1^2g(m_0L_1+m_SH_1)-T_2^2g(m_0L_2-m_SH_2)$$
$$C=m_Sg(T_1^2-T_2^2)-8\pi^2m_S(H_1-H_2)$$

h——被试拖拉机的质心高度坐标，单位为毫米(mm)；

m_S——被试拖拉机的总质量，单位为千克(kg)；

m_0——摇摆架质量，单位为千克(kg)；

g——重力加速度，单位为米每平方秒(m/s²)；

T_1、T_2——分别为试验时测得的长摆和短摆周期，单位为米秒(s)；

L_1、L_2——分别为长摆和短摆时，摇摆架质心到悬吊刀口的垂直距离，单位为毫米(mm)；

H_1、H_2——分别为长摆和短摆时，摇摆架平台平面到悬吊刀口的垂直距离，单位为毫米(mm)；

J_{S1}、J_{S2}——分别为长摆和短摆时，摇摆架自身绕悬吊刀口的转动惯量，单位为千克平方毫米(kg·mm²)。

ICS 47.020.01
U 01

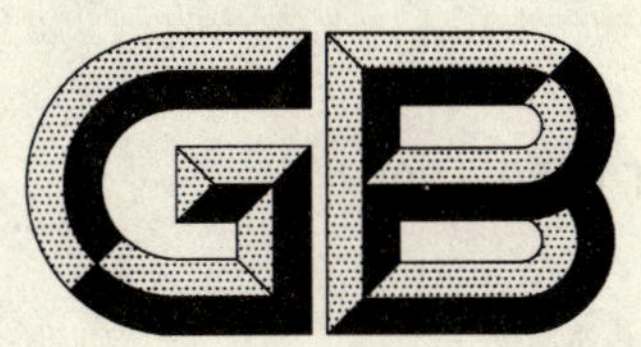

中华人民共和国国家标准

GB/T 6300—2007
代替 GB/T 6300—1986

提交船舶产品完工文件的规定

Regulations for submission of the ship's finished documents

2007-07-17 发布　　2008-01-01 实施

中华人民共和国国家质量监督检验检疫总局
中国国家标准化管理委员会　发布

前言

本标准代替 GB/T 6300—1986《提交船舶产品完工文件的规定》。

本标准与 GB/T 6300—1986 相比，主要有下列技术变化：

——修改了部分完工文件项目名称；

——补充了部分完工文件项目；

——将项目分类改为总体、船体、轮机、电气、外舾装、船装、涂装、内舾装、冷藏空调通风、设备制造厂提供的随机文件等10类。

本标准由中国船舶工业集团公司提出。

本标准由全国海洋船标准化技术委员会(SAC/TC 12)归口。

本标准起草单位：沪东中华造船(集团)有限公司。

本标准主要起草人：宗晓春、章炜樑、耿海平、孙伟芳、蒋玮、胡祠兴。

本标准所代替标准的历次版本发布情况为：

——GB/T 6300—1986。

提交船舶产品完工文件的规定

1 范围

本标准规定了船舶产品完工时，船厂应提交给船东的船舶产品完工文件（以下简称完工文件）的项目和要求。

本标准适用于以柴油机为动力装置的民用船舶，其他船舶可以参照使用。

2 完工文件项目

2.1 总体

2.1.1 总布置图

2.1.2 装载手册

2.1.3 谷物装载手册

2.1.4 破舱稳性计算书

2.1.5 倾斜试验及载重量测定报告

2.1.6 航行试验报告

2.1.7 舱容图

2.1.8 液舱测深表

2.1.9 螺旋桨图

2.1.10 破损控制图

2.1.11 操纵特性图

2.1.12 视线图

2.1.13 压载水管理计划

2.1.14 集装箱堆箱图

2.1.15 冷藏集装箱布置图

2.1.16 干舷标记及计算书

2.1.17 危险区域划分图

2.2 船体

2.2.1 基本结构图

2.2.2 舯剖面图

2.2.3 挂舵臂、艏艉柱及轴架图

2.2.4 外板展开图

2.2.5 货舱结构图

2.2.6 舱口围结构图

2.2.7 机舱结构图（包括机舱棚、泵舱、风机室等）

2.2.8 艏部结构图（包括防浪板、舷墙等）

2.2.9 艉部结构图

2.2.10 上层建筑结构图

2.2.11 甲板室结构图

2.2.12 烟囱结构图

2.2.13 进坞图

2.3 轮机

2.3.1 机舱布置图及辅机舱、应急发电机室、机舱集控室、机修间布置图

2.3.2 轮机部分备件、工具清单

2.3.3 轴系布置图

2.3.4 轴系主要零、部件图(包括轴、轴承、隔舱填料函、艉轴管及其密封等)

2.3.5 螺旋桨、联轴节的液压装配说明书和液压装配图

2.3.6 主机安装图(包括顶撑布置)

2.3.7 柴油发电机组安装图

2.3.8 艉轴抽出路径及眼板布置图

2.3.9 海水箱布置图

2.3.10 机舱自动化清册

2.3.11 燃油系统原理图

2.3.12 滑油系统原理图

2.3.13 可调桨液压系统原理图

2.3.14 冷却水系统原理图

2.3.15 主、辅机排气管原理图、布置图

2.3.16 压缩空气系统原理图

2.3.17 蒸汽、给水、凝水系统原理图

2.3.18 舱底、压载、消防水系统原理图

2.3.19 灭火系统原理图

2.3.20 机舱供水系统图

2.3.21 制淡装置原理图

2.3.22 机舱风管布置图

2.3.23 舷旁阀件布置图

2.3.24 燃油、柴油、滑油箱柜附件布置图

2.3.25 油料清册

2.4 电气

2.4.1 电力负荷计算书

2.4.2 电路电压降计算书

2.4.3 短路电流计算书

2.4.4 电力系统系统图

2.4.5 蓄电池容量计算书

2.4.6 内部通讯系统系统图

2.4.7 自动化系统系统图

2.4.8 航海及无线电系统系统图

2.4.9 照明系统系统图

2.4.10 报警点清册

2.4.11 电气设备布置图(含天线布置图)

2.4.12 舱室电气设备布置图(包括驾驶室、海图室、报务室、蓄电池室等)

2.4.13 电气部分供应品清单

2.4.14 电气部分备品清单

2.4.15 主干电缆布置图

2.5 外舾装

2.5.1 舵系布置图(包括舵机舱布置图及舵杆、舵柄、舵叶等的结构图)

2.5.2 系泊设备布置图(包括拖带、顶推设备)

2.5.3 锚泊设备布置图(包括动力装置)

2.5.4 救生设备布置图(包括救生艇、救助艇、救生筏等及架、垂直滑道和斜滑道的布置)

2.5.5 消防控制图

2.5.6 人孔、门、窗、盖、梯、栏杆扶手布置图

2.5.7 舱底塞布置图

2.5.8 货舱口盖及动力装置布置图

2.5.9 起重(货)设备布置图

2.5.10 桅、樯及信号灯、航行灯布置图

2.5.11 吃水标记、船壳外标记、禁止吸烟及货舱内装载高度标记图、集装箱堆放标记

2.5.12 外舾装专业属具清册

2.5.13 外舾装专业备品清册

2.5.14 巴拿马运河当局所需的认可图

2.5.15 水手长室布置图

2.5.16 绑扎设备布置图及结构图

2.5.17 甲板立柱布置图及立柱结构详图

2.5.18 货舱内导轨架结构件布置图

2.5.19 主甲板及舱盖上集装箱底脚布置图

2.5.20 货舱内集装箱附件布置图

2.5.21 艏侧推室布置图

2.6 船装

2.6.1 甲板消防及冲洗管系

2.6.2 全船压载水及舱底水管系(包括防横倾系统)

2.6.3 居住区日用水管系

2.6.4 甲板疏排水管系

2.6.5 污水处理系统

2.6.6 舱室疏排水及污水管系

2.6.7 空气、测量、注入管系

2.6.8 全船压缩空气管系

2.6.9 全船蒸汽、凝水管系

2.6.10 二氧化碳灭火系统

2.6.11 甲板部分燃油系统

2.6.12 液位遥测及吃水系统

2.6.13 阀门遥控系统

2.6.14 应急消防泵室及海水箱布置图

2.6.15 消防控制室布置图

2.6.16 舷侧开口布置图

2.6.17 货油装卸、加热系统图

2.6.18 货油舱透气、惰性气体、清洗及油气驱除系统图

2.6.19 甲板泡沫灭火系统

2.6.20 泵舱布置图

2.6.21 船装专业备品清册

2.7 涂装

2.7.1 涂装说明书(油漆明细表)

2.7.2 压载舱牺牲阳极布置图

2.7.3 全船外板牺牲阳极布置图

2.7.4 外加电流阴极保护装置系统布置图

2.8 内舾装

2.8.1 防火区域划分图

2.8.2 全船绝缘、敷料布置图

2.8.3 舱室布置图

2.8.4 厨房及配餐间布置图

2.8.5 居住区属具和供应品清册

2.8.6 船名牌及烟囱标记布置图

2.8.7 钢质门窗及居住舱室门布置图

2.8.8 遥控释放防火门布置图

2.9 冷藏空调通风

2.9.1 冷藏、空调、通风系统原理图、布置图

2.9.2 风管布置图(除机舱以外的所有区域)

2.10 设备制造厂提供的随机文件

2.10.1 机器和仪器的总装配图、原理图、系统图及其主要部件图

2.10.2 机器和仪器的履历簿、证明书

2.10.3 机器和仪器的操作手册

2.10.4 机器和仪器的备件、工具、附件明细表

2.10.5 其他

3 完工文件要求

3.1 完工文件项目由下列两类内容组成:

a) 属于总体、船体、轮机、电气、外舾装、船装、涂装、内舾装、冷藏空调通风等专业的图样和技术文件;

b) 属于由设备制造厂提供的随机文件。

3.2 提交的完工文件的项目、数量、文种和交接手续应由船厂和船东在订立合同时予以确定。

3.3 每一艘船都应编写完工文件目录,并随完工文件提交。

3.4 提交的完工文件应是(或折成)A4 幅面(210 mm×297 mm),并用盒或袋装存。

ICS 71.100.40
G 72

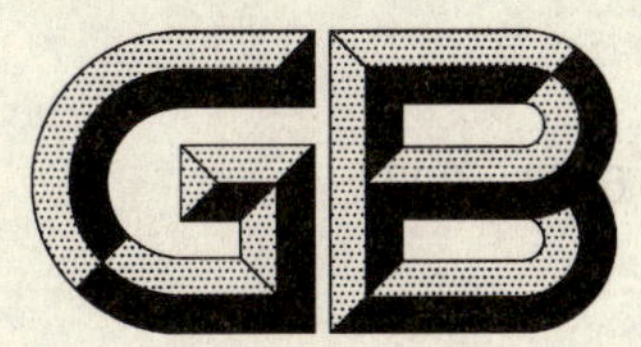

中华人民共和国国家标准

GB/T 6373—2007
代替 GB/T 6373—2003,GB/T 7379—2003

表面活性剂　表观密度的测定

Surface active agents—Determination of apparent density

(ISO 1064:1974,Surface active agents—Determination of apparent density of pastes on filling,MOD)

2007-08-13 发布　　　　2008-02-01 实施

中华人民共和国国家质量监督检验检疫总局
中国国家标准化管理委员会　发布

前　言

本标准修改采用ISO 1064:1974《表面活性剂　浆状物在灌装时表观密度的测定》。

本标准经整合后代替GB/T 6373—2003《表面活性剂　表观密度的测定　给定体积称量法》和GB/T 7379—2003《表面活性剂　浆状物在灌装时表观密度的测定》。

本标准根据ISO 1064:1974《表面活性剂　浆状物在灌装时表观密度的测定》重新起草，为了方便比较，在附录A中列出本国家标准章条编号与国际标准章条编号的对照表。有关技术性差异已编入正文中并在它们所涉及的条款页边空白处用垂直单线标识。

本标准与GB/T 6373—2003和GB/T 7379—2003相比较，主要的差异如下：

——将二个国家标准整合为一个国家标准，技术内容不变。

——国家标准名称规范为《表面活性剂　表观密度的测定》。

——合并了两个国家标准内容相同的章节。

——原标准为等同采用，经过修改后为修改采用ISO 1064:1974。

本标准与ISO 1064:1974相比较，主要差异如下：

——增加了《表面活性剂　表观密度的测定　给定体积称量法》的方法。

本标准的附录A为资料性附录。

本标准由中国石油和化学工业协会提出。

本标准由化学工业表面活性剂标准化技术委员会归口。

本标准起草单位：上海染料研究所有限公司。

本标准起草人：庄永斌、曹丹。

本标准自实施之日起同时代替GB/T 6373—2003和GB/T 7379—2003。

本标准于1986年和1987年首次发布。2003年第一次修订。

表面活性剂　表观密度的测定

1　范围

本标准规定了测量一定体积的粉状物的质量来测定表面活性剂表观密度的方法。

本标准适用于自由流动的粉状物或颗粒状表面活性剂物料，也可适用于有团块的粉状表面活性剂，但这些团块应是容易被松散且颗粒又不被破碎的物料。

本标准还规定了浆状、膏状的表面活性剂或类似状态产品灌装时表观密度的测定方法。

2　规范性引用文件

下列文件中的条款通过本标准的引用而成为标准的条款。凡是注日期的引用文件，其随后所有的修改单(不包括勘误的内容)或修订版均不适用于本标准，然而，鼓励根据本标准达成协议的各方研究是否可使用这些文件的最新版本。凡是不注日期的引用文件，其最新版本适用于本标准。

GB/T 6372　表面活性剂和洗涤剂　样品分样法(GB/T 6372—2006，ISO 607:1980，IDT)

3　术语和定义

下列术语和定义适用于本标准。

表观密度(*ρ*)apparent density

在标准条件下，粉状物占有 1 mL 体积的质量，以克每毫升(g/mL)表示。

4　原理

4.1　给定体积称量法

在规定条件下，试样从一个具有规定形状的漏斗中自由下落，装满一个已知尺寸及质量的受器中，测定该样品的质量。

4.2　浆状物在灌装时表观密度的测定

在试样条件下，灌满已知体积的容器所需的样品质量，用称量法测定。

5　仪器和设备

5.1　粉状物表观密度测定装置(见图 1)

5.1.1　漏斗

漏斗可采用不锈钢、塑料、木材及其他材料制成。与流动粉状物接触的所有表面均应光滑，不允许由于粉状物的流动而产生静电。

测定自由流动的粉状物时，孔的内径采用 40 mm，而测定有团块趋势的粉状物时，则孔的内径采用 60 mm。

5.1.2　受器

受器的容量为 500 mL，可采用不锈钢、塑料、木材及其他材料制成。受器应进行校准。校准方法按 6.1 规定进行。再通过机械加工边缘方法，使受器容量为 500 mL±0.5 mL。

5.1.3　支架

支架应使漏斗和受器间的相对位置固定，用定位销通过圆形法兰和支架顶板的孔固定漏斗，底板与受器之间也可采用定位销将其固定在漏斗下正中央。

5.1.4　截止板：110 mm×70 mm。

单位为毫米

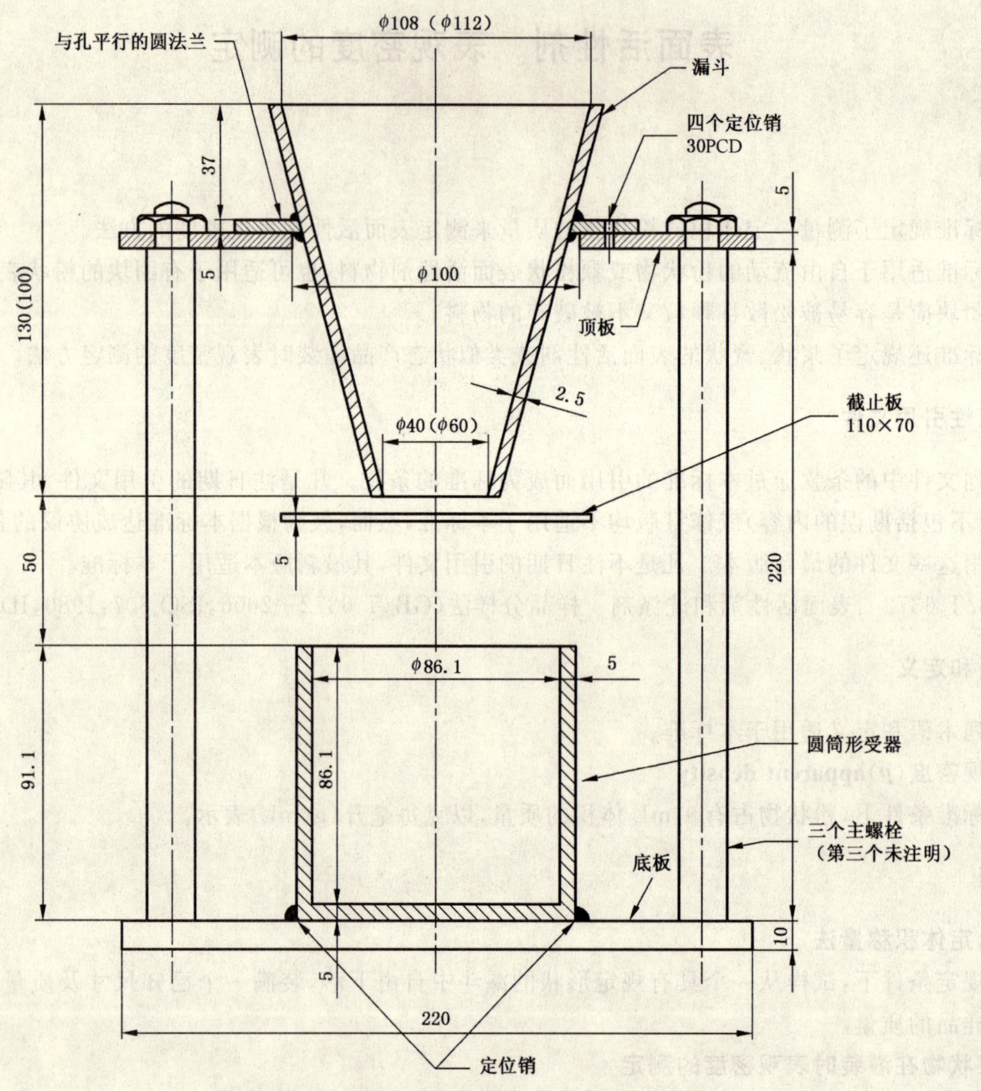

图 1 粉状物表观密度测定装置示意图

5.1.5 直尺：长度为 150 mm。

5.1.6 玻璃板：100 mm×100 mm×7 mm。

5.1.7 不锈钢管，具体尺寸：内径 26 mm，外径 30 mm，高 188 mm。该不锈钢管子带有一个外凸缘形制子，使柱形容器上端与制子接触。不锈钢管子在凸缘下部的长度至少比柱形容器内高低 5 mm。

5.2 浆状物表观密度测定装置（见图 2）

5.2.1 不锈钢活塞，外径 25.9 mm，质量约 770g。活塞能在不锈钢管子内部自由移动。底部是封闭的，上部有制子，防止活塞从管子的下端落出，一只可加砝码的称盘装在活塞的顶部，以保持在规定内灌装的速度。

5.2.2 柱形容器，由硬性物料做成，它不被待测产品所侵蚀，尺寸为内径 30.4 mm，高度约 70 mm，容量 50mL（在 20℃时）。该容器紧套在不锈钢管子的底部。柱形容器有一平底，它的上缘是抛光的，内径略大于不锈钢管子的外径，允许不锈钢管子在柱形容器内部沿着它的轴移动，仅有小的间隙。容器的上端装有一块平的橡皮垫圈，使其表面紧贴在容器的抛光边上，以防止柱形容器的边被物料沾污。垫圈的边上有一小裂口，使其易拆卸。

5.2.3 升降台，使柱形容器缓慢而均匀地落下。

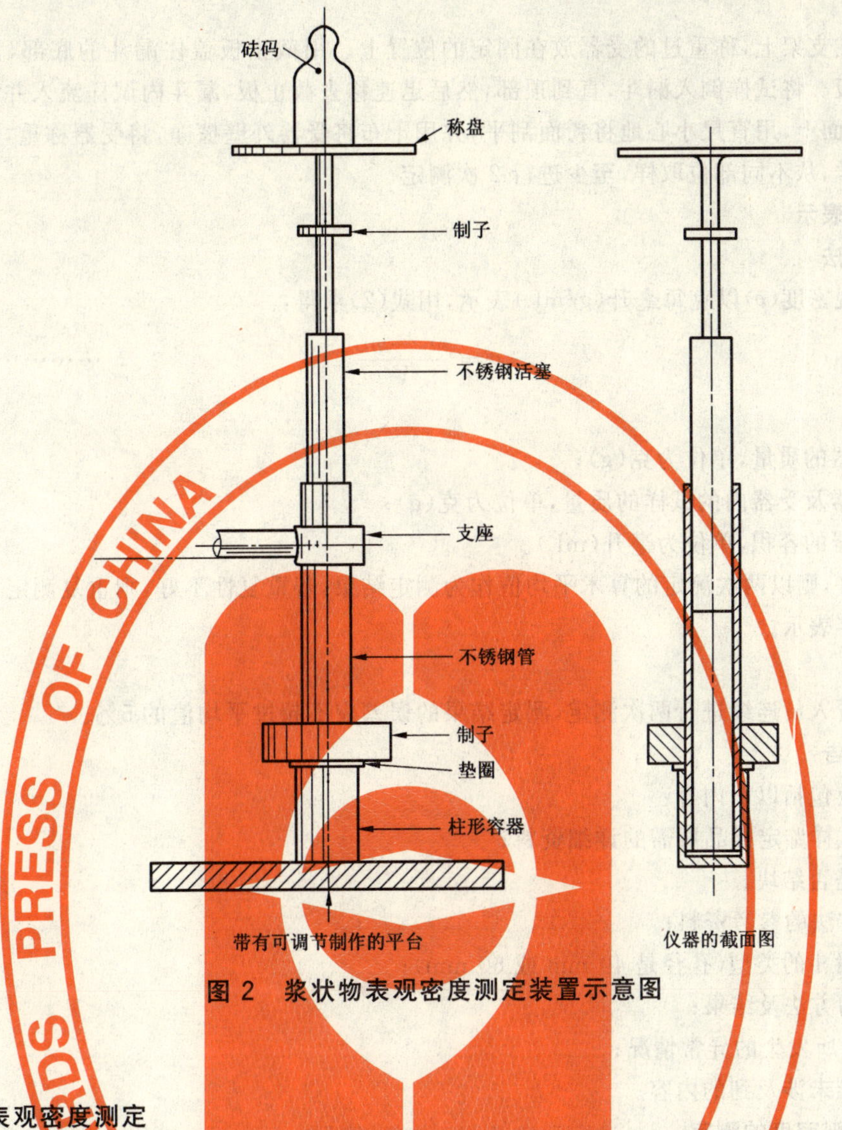

图 2　浆状物表观密度测定装置示意图

6　测定

6.1　粉状物表观密度测定

6.1.1　受器的校准

将干净的空受器称准至 0.1 g，置于一个水平面上，用刚煮沸过且冷却至 20℃的蒸馏水充满受器并轻轻敲打器壁，以除去气泡。将已称重的玻璃板水平地放到受器边缘上，慢慢地移动玻璃板使之通过水表面。在快要通过时，再加 1 mL～2 mL 蒸馏水至受器中，并移动此板至完全覆盖受器，用滤纸擦干露在外面的玻璃板下面及受器外面的水，然后称准至 0.1 g。

受器的容积 V，单位为毫升(mL)，用式(1)求得：

$$V=\frac{m_2-(m_0+m_1)}{\rho_0} \quad \cdots\cdots\cdots\cdots(1)$$

式中：

m_0——受器的质量，单位为克(g)；

m_1——玻璃板的质量，单位为克(g)；

m_2——充满水并覆盖玻璃板的受器的质量，单位为克(g)；

ρ_0——蒸馏水密度(20℃时，近似值为 1 g/mL)，单位为克每毫升(g/mL)。

6.1.2　试样的制备

通过摇晃受器使试样中任何团块分散，但必须避免粉状物颗粒破碎。为获得均匀试样也可按 GB/T 6372进行试样的制备。

6.1.3 测定

将漏斗放在支架上，称重过的受器放在固定的位置上。用截止板盖住漏斗的底部，紧贴着漏斗，并用手托住截止板。将试样倒入漏斗，直到顶部，然后迅速移去截止板，漏斗内试样流入并溢出受器，取出受器，并置一平面上，用直尺小心地将粉面刮平，并用干布将受器外壁擦净，将受器称重，称准至0.1 g。

对每一试样，从不同部位取样，至少进行2次测定。

6.1.4 结果的表示

6.1.5 计算方法

试样的表观密度(ρ)以克每毫升(g/mL)表示，用式(2)求得：

$$\rho = \frac{m_3 - m_0}{V} \qquad \cdots\cdots(2)$$

式中：

m_0——受器的质量，单位为克(g)；

m_3——受器及受器内的试样的质量，单位为克(g)；

V——受器的容积，单位为毫升(mL)。

若重复性好，则以两次测定的算术平均值作为测定结果，若重复性不好，则重复测定。表观密度(ρ)用3位有效数字表示。

6.1.6 重复性

由同一分析人员连续进行两次测定，测定结果的误差应不超过平均值的5%。

6.1.7 试验报告

试验报告应包括以下内容：

a) 完成试样鉴定样品所需的详细资料；

b) 试样是否结块；

c) 所用方法的参考资料；

d) 所用漏斗的类型(孔径是40 mm或60 mm)；

e) 所用的方法及结果；

f) 测定时所发生的异常情况；

g) 本标准未涉及到的内容。

6.2 浆状物表观密度的测定

测定在20℃±2℃的温度范围内进行。

6.2.1 仪器的准备

固定不锈钢管子在支架上，使其完全垂直。将清洁且称重过的柱形容器(从底部套入，直至它碰到不锈钢管子凸缘制子，将橡皮垫圈正确地放置在柱形容器的上缘。

6.2.2 柱形容器的灌装

将待测试样灌装于不锈钢管子中，直至离上端30 mm，插入不锈钢活塞并将砝码放置在活塞的称盘上，以确保试样均匀地落下。调节升降台，以恒速缓慢地降低柱形容器，使试样中的空气可通过存在于柱形容器和管子的间隙逸出，在不锈钢活塞的压力下，样品进入到柱形容器中，调节下降的速度在2 min内使试样灌满柱形容器。

当柱形容器顶部和不锈钢管子底成一直线时，移去放置在活塞上的砝码，并放一片金属板在柱形容器上，以防止试样从不锈钢管子继续流下，同时除去柱形容器外多余的试样，使试样的上端表面是平的，并与柱形容器的上缘呈水平。

6.2.3 测定

除去橡皮垫圈后，称重柱形容器，称准至0.1 g。为了简化操作，采用一个与柱形容器重量相同的砝码。对实验室试样进行5次测定。

6.2.4 结果的表示

6.2.5 计算方法

在 20℃±2℃，试样在灌装时的表观密度(ρ)，以克每毫升(g/mL)表示，由式(3)给出：

$$\rho = \frac{m_1 - m_0}{V} \tag{3}$$

式中：

m_0——柱形容器的质量，单位为克(g)；

m_1——柱形容器灌装时的质量，单位为克(g)；

V——柱形容器的容量，单位为毫升(mL)。

取 5 次测定的算术平均值作为测定结果。

6.2.6 重复性

同一操作者进行两次测定之差应不超过 0.1 g/mL。

6.2.7 试验报告

试验报告应指明所得的结果，并阐明以下内容：

a) 被测物的名称；

b) 活性物的浓度；

c) 测定的温度；

d) 测定容器的容量；

e) 灌装时间；

f) 柱形容器内试样的质量。

另外，试验报告应叙述本标准中未叙述的操作细节，以及影响试验结果的任何情况，试验报告应详细描述完成试样的所有细节。

附 录 A
（资料性附录）
本标准章条编号与国际标准 ISO 1064:1974 章条编号对照

表 A.1 给出了本标准章条编号与国际标准 ISO 1064:1974 章条编号对照一览表。

表 A.1 本标准章条编号与国际标准 ISO 1064:1974 章条编号对照

本标准章条编号	对应的国际标准章条编号
1	1(第一行至第三行系增加部分)
2	无(系增加部分)
3	无(系增加部分)
4	2
4.1	无(系增加部分)
4.2	2
5.1	无(系增加部分)
5.2	3
6.1	无(系增加部分)
6.2	4
6.2.4	5
6.2.5	5.1
6.2.6	5.2
6.2.7	6
附录 A	无(系增加部分)

ICS 77.040.10
H 22

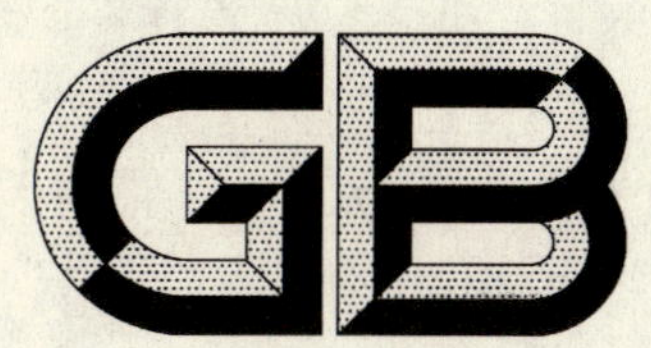

中华人民共和国国家标准

GB/T 6400—2007
代替 GB/T 6400—1986

金属材料　线材和铆钉剪切试验方法

Metallic materials—Shear test method for wires and rivets

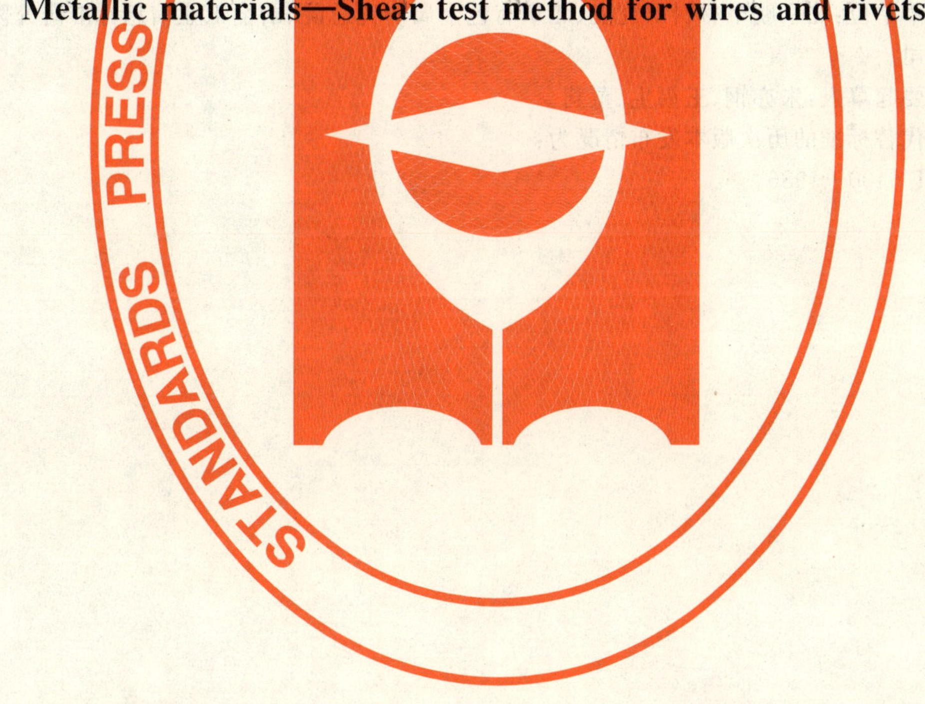

2007-09-11 发布　　　　2008-02-01 实施

中华人民共和国国家质量监督检验检疫总局
中国国家标准化管理委员会　发布

前言

本标准代替 GB/T 6400—1986《金属丝材和铆钉的高温剪切试验方法》。

本标准与 GB/T 6400—1986 相比，变化如下：

1） 修改了标准名称；

2） 扩大了温度的适用范围；

3） 增加了第 2 章规范性引用文件和第 3 章原理；

4） 剪切强度中的温度标识由上标改为下标；

5） 降低了加工试样的粗糙度要求；

6） 取消了界限值不修约的规定；

7） 增加了室温温度范围的规定；

8） 改正了原图 A2、图 A4、图 A5 中的尺寸。

本标准的附录 A 和附录 B 是资料性附录。

本标准由中国钢铁工业协会提出。

本标准由全国钢标准化技术委员会归口。

本标准起草单位：北京航空材料研究院、北京有色金属研究总院、冶金工业信息标准研究院、上海电磁设备有限公司。

本标准主要起草人：朱亦钢、王福生、董莉。

本标准所代替标准的历次版本发布情况为：

——GB/T 6400—1986。

金属材料　线材和铆钉剪切试验方法

1　范围

本标准规定了金属线材和铆钉双剪切试验的原理、定义、符号和说明、试样及其尺寸测量、试验设备、性能测定和试验报告。

本标准适用于测定室温至700℃、直径不大于6 mm(对剪切强度较低的材料不大于10 mm)的金属线材和铆钉的抗剪强度。

2　规范性引用文件

下列文件中的条款通过本标准的引用而成为本标准的条款。凡是注日期的引用文件,其随后所有的修改单(不包括勘误的内容)或修订版均不适用于本标准,然而,鼓励根据本标准达成协议的各方研究是否可使用这些文件的最新版本。凡是不注日期的引用文件,其最新版本适用于本标准。

GB/T 4338　金属材料　高温拉伸试验方法(GB/T 4338—2006,ISO 783:1999,MOD)

GB/T 8170　数值修约规则

GB/T 16825.1　静力单轴试验机的检验　第1部分:拉力和(或)压力试验机测力系统的检验与校准(GB/T 16825.1—2002,ISO 7500-1:1999,IDT)

3　原理

试样受剪切力至断裂后测定其抗剪强度。

4　术语和定义

下列术语和定义适用于本标准。

4.1

抗剪强度　shear strength

τ_b

材料能经受的最大剪切应力。在剪切试验中,抗剪强度是用剪切试验中的最大试验力除以试样的剪切面积所得的应力,用 τ_b 表示。

5　符号和说明

本标准使用的符号与说明见表1。

表1　符号与说明

符号	说　明	单位
d	试样直径	mm
S_0	试样原始横截面积 $S_0=\pi d^2/4$	mm^2
t	试验温度	℃
F_m	剪切试验中的最大试验力	N
τ_b	抗剪强度	MPa
$\tau_{b,t}$	试验温度下的抗剪强度	MPa
注:1 MPa=1 N/mm^2。		

6 试样

6.1 试样的数量、尺寸及切取部位应按有关技术条件规定，如果技术条件无规定时，可按6.2和6.3规定选取。

6.2 每批铆钉中取不少于6个试样，每盘线材两端0.5 m处各取3个试样；凡在零件或其他金属制品上切取试样时，每一部位每一取向的试样数量不少于3个。

6.3 直径大于6 mm的线材，可加工成直径不大于6 mm的试样进行试验，凡需切削加工后进行试验的试样，按图1要求制备。

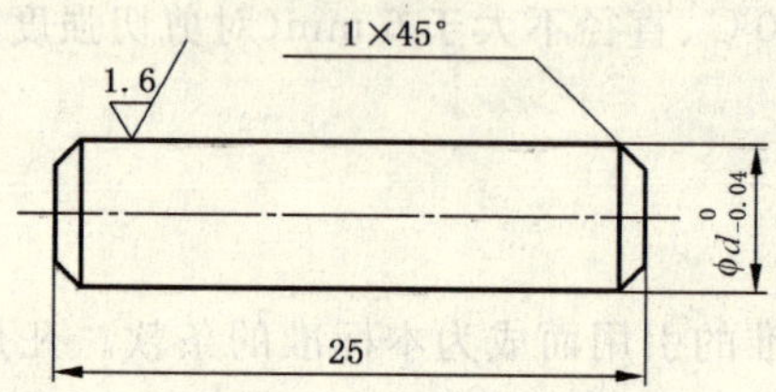

图1 剪切试样（d 不大于6 mm）

6.4 线材稍有弯曲，可以在木垫上用木锤轻敲校直，但在校直过程中应尽量将加工硬化对性能的影响减到最低。

6.5 试样表面应光滑，无损伤、锈蚀等缺陷。

6.6 试样直径的测量精度为0.01 mm，横截面积计算精确到0.01 mm^2。

7 试验设备及夹具

7.1 可以使用各种类型的拉力、压力或万能试验机进行试验，试验机应保证使夹具的中心线与试验机的加力轴线一致，加力应连续、平稳、无震动。

7.2 试验机准确度应为1级或优于1级，并应按照GB/T 16825.1进行检验和校准。

7.3 试验时可以使用各种形式的双剪夹具。推荐使用的拉式双剪夹具见附录A和附录B。剪切和支承作用材料建议采用高强度合金或在试验温度下有足够硬度的材料（屈服强度应高于被剪切材料的抗拉强度）。

7.4 剪切圈、支承圈孔径和试样直径之间的间隙不大于0.1 mm，剪切圈和支承圈之间的间隙不大于0.1 mm。

注：尽量减小剪切圈和支承圈之间产生的摩擦。

7.5 切刀、夹板、剪切圈及支承圈表面应光滑，表面粗糙度 Ra 的最大值为1.6 μm；剪切圈和支承圈的刀口应锐利、无缺损。

7.6 剪切圈、支承圈的厚度为1.3 d～3.0 d。

7.7 高温试验加热炉的温度控制及测量仪器和热电偶应符合GB/T 4338的规定。

8 试验程序及结果处理

8.1 室温试验应在10℃～35℃范围内进行，高温试验在规定温度下进行。

8.2 高温试验在试样上用一支热电偶直接测量试样中部温度，试验过程中的温度偏差应符合GB/T 4338的要求。

8.3 剪切试验速度（试验机横梁移动速度）不大于5 mm/min。

8.4 高温试验试样加热到试验温度的时间一般不大于1 h，保温时间为15 min～30 min，然后施加试验力，记录试样剪切时的最大试验力，并按式(1)计算抗剪强度 $\tau_{b,t}$：

$$\tau_{b,t} = F_m/(2S_0) \qquad \cdots\cdots (1)$$

8.5 试验结果数值应按照相关产品标准的要求进行修约。如未规定具体要求，抗剪强度的计算精确到三位有效数字，数字修约方法按 GB/T 8170 进行。

8.6 剪断后，如试样发生弯曲，或断口出现楔形、椭圆形等剪切截面，则试验结果无效，应重新取样进行试验。

9 试验报告

试验报告应至少包括下列内容：

a) 本标准编号；

b) 试样标识；

c) 材料名称、牌号、规格、状态、批次等材料信息；

d) 试验机型号；

e) 试样直径；

f) 试验速度；

g) 每根试样的抗剪强度；

h) 试验中的异常情况；

i) 试验温度及保温时间。

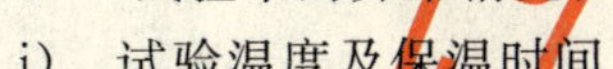

附 录 A
（资料性附录）
高温剪切夹具

高温剪切夹具及其主要组成部件的外形及尺寸见图 A.1～图 A.6。

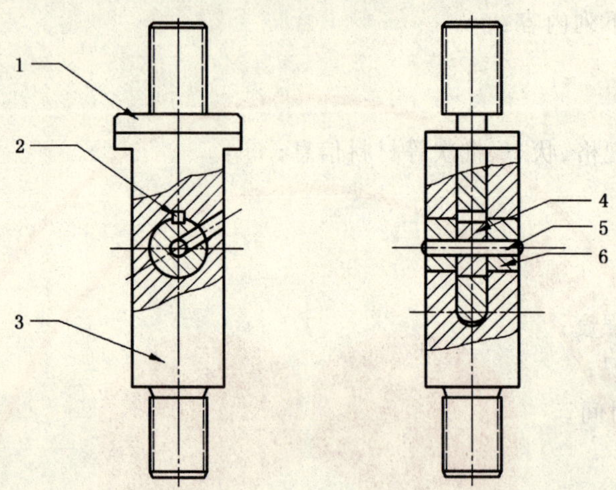

1——切刀；
2——键；
3——夹板；
4——剪切圈；
5——试样；
6——支承圈。

图 A.1 高温剪切夹具示意图

单位为毫米

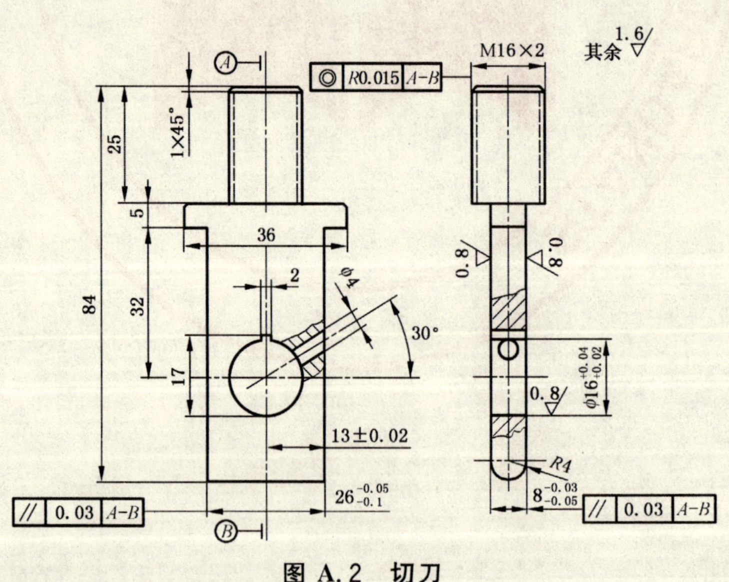

图 A.2 切刀

单位为毫米

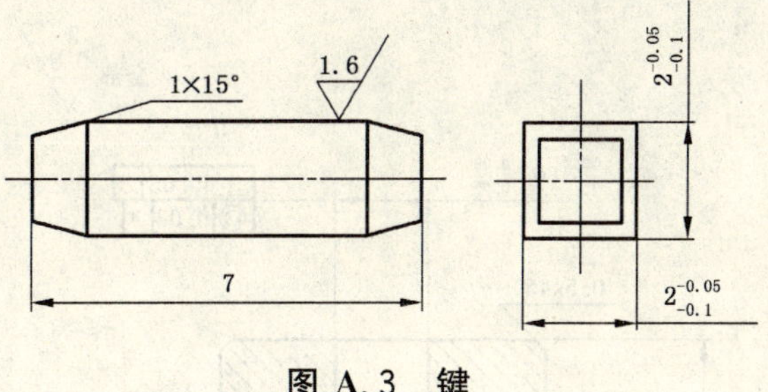

图 A.3 键

单位为毫米

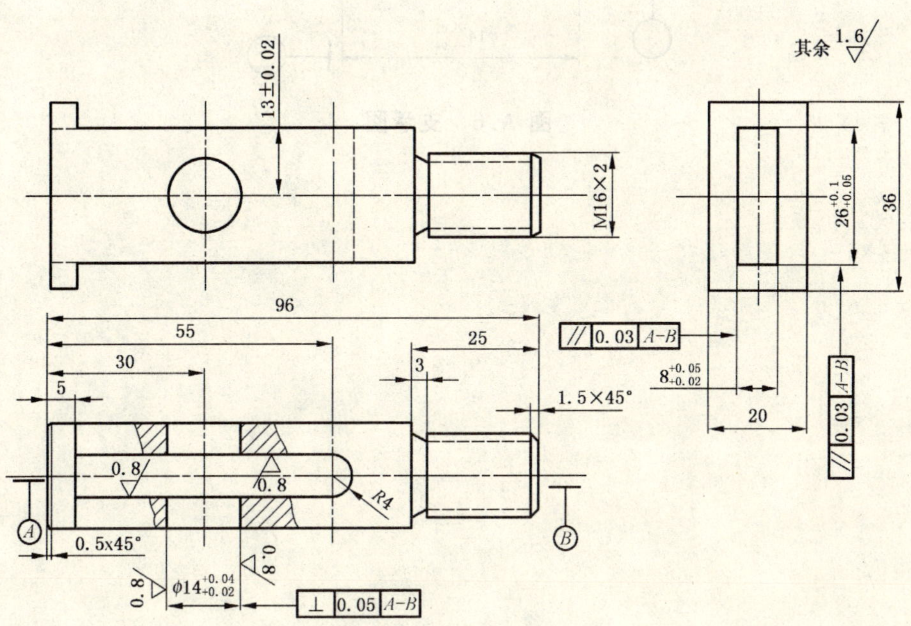

图 A.4 夹板

单位为毫米

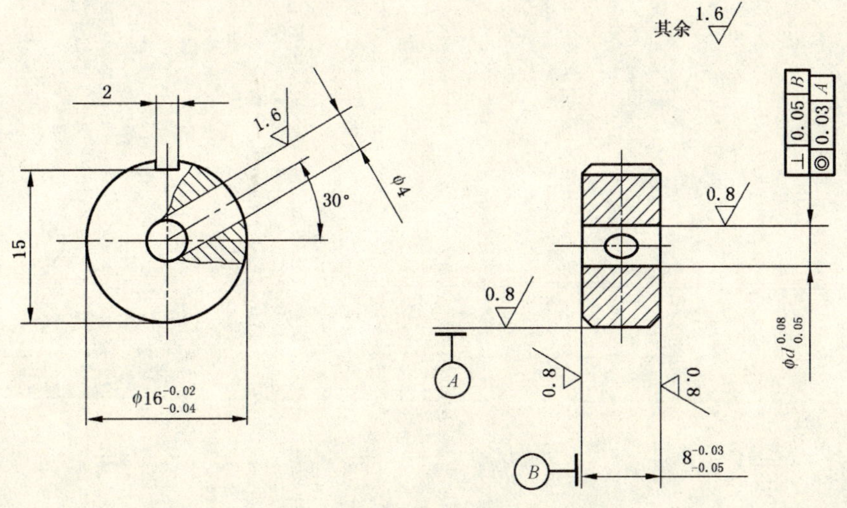

图 A.5 剪切圈

单位为毫米

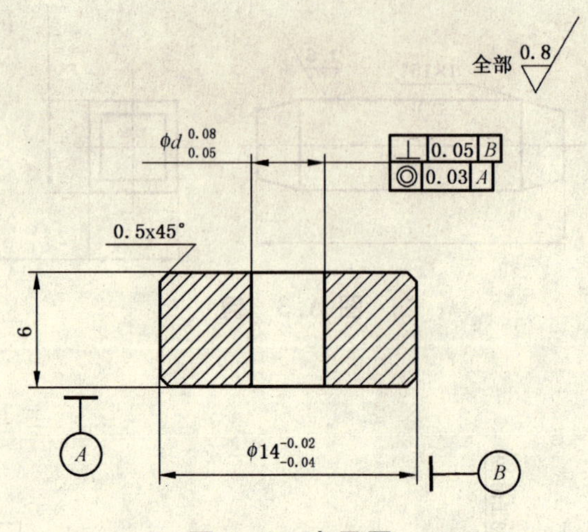

图 A.6 支承圈

附　录　B
（资料性附录）
室温剪切夹具

B.1　拉式双剪工具结构

结构示意图如图 B.1 所示。

单位为毫米

图 B.1　拉式双剪工具结构示意图

B.2　拉式双剪工具主要部件尺寸及偏差

B.2.1　铆钉线试验所选取工具的尺寸及偏差如表 B.1 所示。

表 B.1　拉式双剪工具主要部件尺寸及偏差表

单位为毫米

铆钉线公称直径 d	工作孔		剪刀		垫块		夹板公称厚度 S_3
	公称直径 d_1	偏差	公称厚度 S_1	偏差	公称厚度 S_2	偏差	
>1.6～4	d+0.05	$^{+0.025}_{0}$	6	$^{0}_{-0.010}$	S_1+0.015	$^{+0.015}_{0}$	5
>4～8			8				6
>8～10			12				8

B.2.2　铆钉试验所选取的工作孔公称直径为同规格的铆钉线工作孔直径加铆钉制造的允许偏差。

ICS 27.160
F 12

中华人民共和国国家标准

GB/T 6424—2007
代替 GB/T 6424—1997

平板型太阳能集热器

Flat plate solar collectors

2007-11-08 发布　　　　2008-06-01 实施

中华人民共和国国家质量监督检验检疫总局
中国国家标准化管理委员会　发布

前 言

本标准代替 GB/T 6424—1997《平板型太阳集热器技术条件》。

本标准与 GB/T 6424—1997 相比主要变化为：

——增加了平板型太阳能集热器吸热体涂层材料类型符号(本版 5.2.1)；

——对平板型太阳能集热器的外观要求和检测方法进行了整理(本版 6.1.1、7.2)；

——修改了平板型太阳能集热器耐压试验的要求(本版 6.1.2)；

——增加了平板型太阳能集热器耐冻试验要求(本版 6.1.10)；

——热性能试验中提高了平板型太阳能集热器瞬时效率截距 $\eta_{0,a}$ 的要求，增加了平板型太阳能集热器时间常数和入射角修正系数的试验要求(本版 6.1.11)；

——增加了平板型太阳能集热器压力降落试验要求(本版 6.1.12)；

——增加了试验项目试验顺序的要求(本版 7.1)；

——修改了闷晒、空晒、外热冲击、内热冲击试验对环境参数的要求(本版 7.6、7.7、7.8、7.9)；

——修改了平板型太阳能集热器的检验规则(本版第 8 章)。

本标准的附录 A、附录 D 为规范性附录，附录 B、附录 C 为资料性附录。

本标准由全国能源基础与管理标准化技术委员会提出。

本标准由全国能源基础与管理标准化技术委员会新能源和可再生能源分委会归口。

本标准负责起草单位：中国标准化研究院、国家太阳能热水器质量监督检验中心(北京)、深圳市嘉普通太阳能有限公司、江阴万龙源科技有限公司。

本标准参加起草单位：北京市太阳能研究所有限公司、北京北方赛尔太阳能工程技术有限公司、昆明新元阳光科技有限公司、北京九阳实业公司、旭格幕墙门窗系统(北京)有限公司、皇明太阳能集团有限公司、北京清华阳光能源开发有限责任公司、江苏太阳雨太阳能有限公司、江苏省华扬太阳能有限公司、山东力诺瑞特新能源有限公司、江苏桑夏太阳能产业有限公司、山东桑乐太阳能有限公司、浙江美大太阳能工业有限公司、北京四季沐歌太阳能技术有限公司、国际铜业协会(中国)。

本标准主要起草人：郑瑞澄、贾铁鹰、路宾、刘学真、苏福章、何涛、张昕宇。

本标准于 1986 年首次发布，1997 年第一次修订。

平板型太阳能集热器

1 范围

本标准规定了平板型太阳能集热器的术语和定义、产品分类与标记、要求、试验方法、检验规则、标志、包装、运输、贮存以及检测报告。

本标准适用于利用太阳辐射加热，传热工质为液体的平板型太阳能集热器。不适用于真空管型太阳能集热器和闷晒式热水器。

2 规范性引用文件

下列文件中的条款通过本标准的引用而成为本标准的条款。凡是注日期的引用文件，其随后所有的修改单(不包括勘误的内容)或修订版均不适用于本标准，然而，鼓励根据本标准达成协议的各方研究是否可使用这些文件的最新版本。凡是不注日期的引用文件，其最新版本适用于本标准。

GB/T 191 包装储运图示标志(GB/T 191—2000,eqv ISO 780:1997)

GB/T 1800.3—1998 极限与配合 基础 第3部分:标准公差和基本偏差数值表(eqv ISO 286-1:1988)

GB 3100 国际单位制及其应用(GB 3100—1993,eqv ISO 1000:1992)

GB/T 4271 平板型太阳能集热器热性能试验方法

GB/T 12467.3 焊接质量要求 金属材料的熔化焊 第3部分:一般质量要求(GB/T 12467.3—1998,idt ISO 3834-3:1994)

GB/T 12936 太阳能热利用术语

GB/T 13384 机电产品包装通用技术条件

GB/T 17683.1—1999 太阳能 在地面不同接收条件下的太阳光谱辐照度标准 第1部分:大气质量1.5的法向直接日射辐照度和半球向日射辐照度(eqv ISO 9845-1:1992)

GB/T 19775—2005 玻璃-金属封接式热管真空太阳集热管

JJG 1032 光学辐射计量名词及定义

ISO 9488 太阳能词汇

3 术语和定义

GB 3100、GB/T 12936、JJG 1032 和 ISO 9488 确立的术语和定义适用于本标准。

4 符号与单位

本标准使用的符号及单位见附录A。

5 产品分类与标记

5.1 产品分类

5.1.1 结构类型

根据吸热体的结构类型，平板型太阳能集热器可划分为管板式、翼管式、扁盒式和蛇管式等类型。

5.1.2 产品结构

平板型太阳能集热器基本结构及各主要零部件的名称见图1所示。

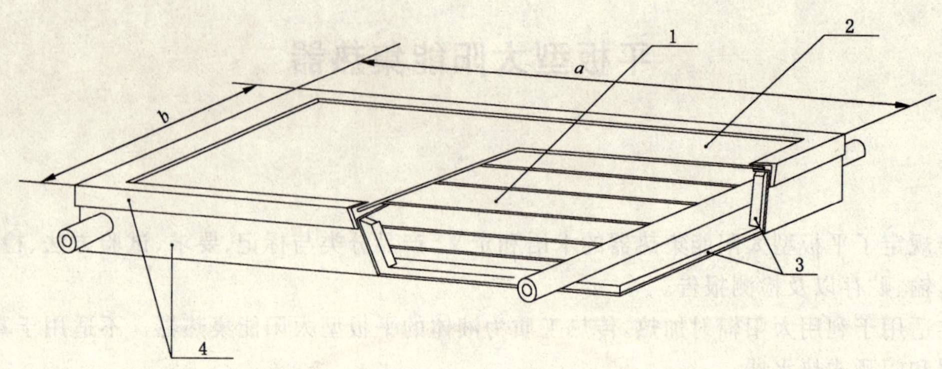

1——吸热体；

2——透明盖板；

3——隔热体；

4——壳体；

a、b——分别表示外形平面尺寸的长度和宽度。

图1 平面集热器(管板式)结构示意图

5.1.3 结构尺寸

5.1.3.1 平板型太阳能集热器外形尺寸宜参照建筑模数确定,推荐的外形平面尺寸见表1。

表1 平板型太阳能集热器推荐外形平面尺寸

单位为米

长 a	宽 b	长 a	宽 b
1.0	1.0	1.5	1.0
1.2	1.0	2.0	1.0
注：a 与 b 的测量位置见图1。			

5.1.3.2 平板型太阳能集热器的进出口管径推荐采用以下四种公称尺寸：15 mm、20 mm、25 mm 和 32 mm。

5.1.3.3 尺寸误差

a) 吸热体的对角线长度误差按 GB/T 1800.3—1998 表1的 IT14 级精度选用。

b) 吸热体翘度误差按 GB/T 1800.3—1998 表1的 IT16 级精度选用。

c) 平板型太阳能集热器的壳体外型尺寸公差按 GB/T 1800.3—1998 表1的 IT14 级精度选用。

5.2 产品标记

5.2.1 标记内容

平板型太阳能集热器产品标记由如下五部分组成：

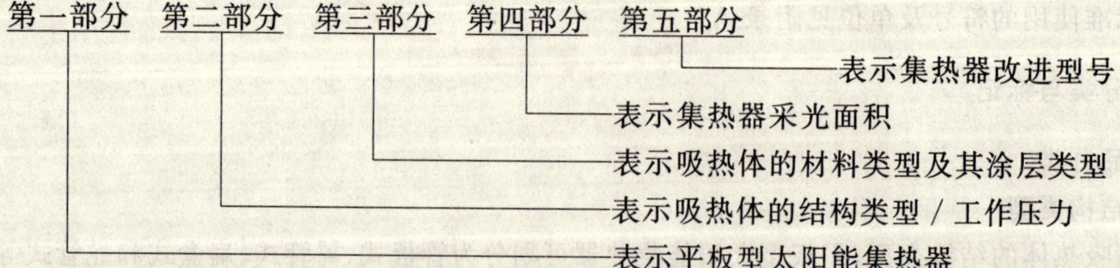

第一部分：用汉语拼音字母 P 表示平板型太阳能集热器。

第二部分：用表2所示的汉语拼音字母表示吸热体的结构类型。用阿拉伯数字表示以 MPa 为单位的太阳能集热器的工作压力,小数点后保留一位数字。

表 2　平板型太阳能集热器吸热体结构类型符号表

符号	G	Y	B	S
类型	管板式	翼管式	扁盒式	蛇管式

第三部分：用表 3 所示的汉语拼音字母表示吸热体材料的类型，表 3 没有表示的新型材料一般用其汉语拼音的第一个字母表示。对由不同材料组成的吸热体，应采用下列形式表达其材料类型：管材代号/板材代号，如铜铝复合的表达形式为“T/L”。

表 3　平板型太阳能集热器吸热体材料类型符号表

符　号	材　料	符　号	材　料	符　号	材　料
T	铜	L	铝	B	玻璃
U	不锈钢	G	钢		
S	塑料	X	橡胶		

吸热体涂层类型一般用其汉语拼音的第一个字母表示。吸热体材料类型和吸热体涂层类型之间用“/”隔开。

第四部分：用阿拉伯数字表示以 m^2 为单位的平板型太阳能集热器的采光面积，小数点后保留一位数字。

第五部分：用阿拉伯数字表示该型号平板型太阳能集热器的改进序号。

在各相邻部分之间用“—”隔开。

5.2.2　标记示例

采光面积为 2 m^2 的铜管板式涂层为黑铬的 2 型平板型太阳能集热器产品标记如下：

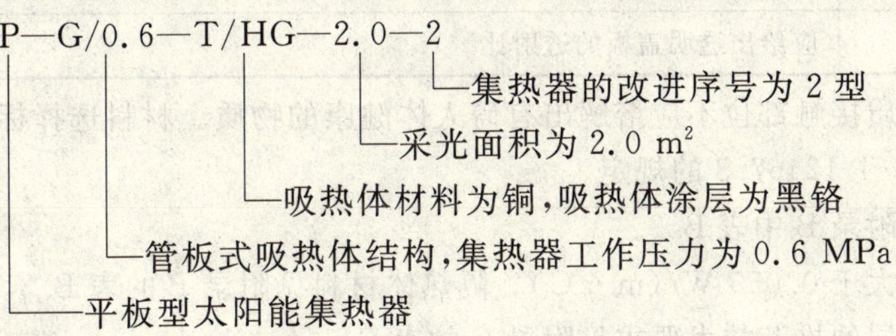

6　要求

6.1　平板型太阳能集热器技术要求应符合表 4 的规定。

表 4　平板型太阳能集热器技术要求

项目编号	项目	技　术　要　求	试验方法
6.1.1	外观	集热器零部件易于更换、维护和检查，易固定。吸热体在壳体内应安装平整，间隙均匀。透明盖板若有拼接，必须密封，透明盖板与壳体应密封接触，考虑热胀情况，透明盖板无扭曲、划痕。壳体应耐腐蚀，外表面涂层应无剥落。隔热体应填塞严实，不应有明显萎缩或膨胀隆起现象。产品标记应符合本标准规定	7.2
6.1.2	耐压	传热工质应无泄漏，非承压式集热器应承受 0.06 MPa 的工作压力，承压式集热器应承受 0.6 MPa 的工作压力	7.3
6.1.3	刚度	应无损坏及明显变形	7.4
6.1.4	强度	应无损坏及明显变形，透明盖板应不与吸热体接触	7.5
6.1.5	闷晒	应无泄漏、开裂、破损、变形或其他损坏	7.6

表 4(续)

项目编号	项目	技术要求	试验方法
6.1.6	空晒	应无开裂、破损、变形或其他损坏	7.7
6.1.7	外热冲击	不允许有裂纹、变形、水凝结或浸水	7.8
6.1.8	内热冲击	不允许损坏	7.9
6.1.9	淋雨	应无渗水和破坏	7.10
6.1.10	耐冻试验	集热器应无泄漏、损坏、变形、扭曲,部件与工质不允许又冻结	7.11
6.1.11	热性能	a) 平板型太阳能集热器的瞬时效率截距 $\eta_{0,a}$ 应不低于 0.72; 平板型太阳能集热器的总热损系数 U 应不大于 6.0 W/(m²·℃); 其中:$\eta_{0,a}$ 为集热器基于采光面积、进口温度的瞬时效率截距; U 为以 T_i^* 为参考的集热器总热损系数; b) 应作出(t_e-t_a)随时间的变化曲线,并给出平板型太阳能集热器的时间常数 τ_c; c) 应给出平板型太阳能集热器的入射角修正系数 K_θ 随入射角 θ 的变化曲线和 θ=50°时的 K_θ 值	7.12
6.1.12	压力降落	应作出平板型太阳能集热器压力降落特性曲线 $\Delta p \sim \dot{m}$	7.13
6.1.13	耐撞击	应无划痕、翘曲、裂纹、破裂、断裂或穿孔	7.14
6.1.14	涂层	吸热体和壳体的涂层应无剥落、反光和发白现象,应给出吸热体涂层的红外发射率,吸热体涂层的吸收比应不低于 0.92	7.15 7.16
6.1.15	透射比	应给出透明盖板的透射比	7.17

6.2 吸热体材料与工质接触部位不应溶解出有碍人体健康的物质。材料选择标准见附录 B 的表 B.1。吸热体焊接应符合 GB/T 12467.3 的规定。

6.3 透明盖板材料见附录 B 中表 B.2。

6.4 隔热体热导率不大于 0.055 W/(m·℃)。隔热体材料见附录 B 的表 B.3。

6.5 吸热体和壳体涂层的推荐技术要求见附录 C 的表 C.1。

7 试验方法

7.1 试验顺序

平板型太阳能集热器的全性能检测或两项以上性能检测应按表 5 中的顺序进行。

在各方均同意或实验室认为必要的情况下而不遵循表 5 中的检测顺序时,检测顺序的改变应该在检测结果中给出。

对于某些鉴定试验,集热器的一部分可能被破坏,如集热器背面可能需要打一个孔来安装温度传感器来测量吸热体的温度。在这种情况下应该确保任何破坏不至于影响后面的鉴定试验结果,如,淋雨试验可能会受打孔的影响。

表 5 平板型太阳能集热器试验项目试验顺序

试验顺序	试验项目	试验方法
1	外观	7.2
2	耐压	7.3
3	刚度	7.4
4	强度	7.5

表 5(续)

试验顺序	试验项目	试验方法
5	闷晒	7.6
6	空晒	7.7
7	外热冲击	7.8
8	内热冲击	7.9
9	淋雨	7.10
10	耐冻试验	7.11
11	热性能	7.12
12	压力降落	7.13
13	耐撞击	7.14
14	耐压	7.3
15	外观	7.2
16	涂层	7.15 7.16
17	透射比	7.17

7.2 外观检查

7.2.1 试验条件

试验在常温下进行。对样品进行两次外观检查——首次检查和末次检查,首次检查在做其他 14 项检测项目之前进行,末次检查在完成除透射比和涂层之外的其他 12 项检测项目之后进行。

7.2.2 试验方法

由专业技术人员目视检查平板型太阳能集热器产品的主要部件情况,对主要部件存在的问题进行判定。

7.2.3 试验结果

平板型太阳能集热器样品外观没有问题,首次和末次的外观检查结果一致。

7.3 耐压试验

7.3.1 试验条件

试验在常温下进行,试验压力:1.5×工作压力。

非承压式集热器应承受 0.06 MPa 的工作压力,承压式集热器应承受 0.6 MPa 的工作压力。

7.3.2 试验方法

将平板型太阳能集热器内注满常温的水,通过放气阀排尽集热器内残留空气,并关闭放气阀。然后由液压源缓慢增压至试验压力。维持试验压力,持续时间:10 min;同时检查平板型太阳能集热器有无变形、破裂。

7.3.3 试验结果

检查工质渗漏和平板型太阳能集热器变形情况。记录检查结果、试验压力以及持续时间。

7.4 刚度试验

7.4.1 试验条件

试验在常温下进行,平板型太阳能集热器不加工质,水平放置。

7.4.2 试验方法

未加工质的平板型太阳能集热器水平放置,然后将其一端抬高 100 mm,保持 5 min 后复原。

7.4.3 试验结果

检查平板型太阳能集热器受损和变形情况。

7.5 强度试验

7.5.1 试验条件

试验在常温下进行，平板型太阳能集热器注满水，水平放置。

7.5.2 试验方法

在平板型太阳能集热器表面放置轻质垫板，再在垫板上均匀铺放一层干砂，每平方米干砂质量为100 kg。

7.5.3 试验结果

检查平板型太阳能集热器损坏和变形情况，并记录所加载荷质量。

7.6 闷晒试验

7.6.1 试验条件

日平均环境温度 $t_a \geqslant 8$℃，平板型太阳能集热器采光面接受的日太阳辐照量 $H \geqslant 17$ MJ /(m^2·d)。

7.6.2 试验方法

按照在室外运行时的倾角和方向安装平板型太阳能集热器，集热器内充满传热工质并被阳光加热至当天最高温度。

7.6.3 试验结果

检查平板型太阳能集热器损坏与变形情况，并逐时记录试验期间的日太阳辐照量 H、环境温度 t_a、风速 u。

7.7 空晒试验

7.7.1 试验条件

日平均环境温度 $t_a \geqslant 8$℃，平板型太阳能集热器采光平面接受的日太阳辐照量 $H \geqslant 17$MJ /(m^2·d)，平板型太阳能集热器在阳光下空晒至少1 d。

7.7.2 试验方法

以空气为工质，除平板型太阳能集热器出口的配管接口敞开作排气外，其余接口均用堵头密封。

7.7.3 试验结果

检查平板型太阳能集热器损坏与变形情况，并逐时记录试验期间的日太阳辐照量 H、环境温度 t_a、风速 u。

7.8 外热冲击试验

7.8.1 试验条件

在平板型太阳能集热器采光面上的总太阳辐照度 G 达到700 W/m^2 以上时，使集热器空晒30 min。

7.8.2 试验方法

对满足试验条件的平板型太阳能集热器均匀喷水，喷水方向与采光面之间的夹角不应小于20°，水温15℃±10℃，喷水流量应大于200 kg/(m^2·h)，保持喷水5 min。

7.8.3 试验结果

检查平板型太阳能集热器的各个部件是否损坏、变形，并记录试验期间的辐照量 H、水流量、水温。

7.9 内热冲击试验

7.9.1 试验条件

在平板型太阳能集热器采光面上的总太阳辐照度 G 达到700 W/m^2 以上时，使集热器空晒30 min。

7.9.2 试验方法

对满足试验条件的平板型太阳能集热器吸热体中通水5 min，水温为15℃±10℃，流量不小于60 kg /(m^2·h)。

7.9.3 试验结果

检查平板型太阳能集热器的各个部件是否损坏、变形，并记录试验期间的日太阳辐照量 H、水流量、水温。

7.10 淋雨试验

7.10.1 试验条件

试验在常温下进行，将平板型太阳能集热器的进出口堵严，按40°倾角安放。

7.10.2 试验方法

用自来水从各个方向喷淋平板型太阳能集热器。喷淋水与集热器采光面之间的角度不应小于20°,喷水量应不低于 200 kg /(m^2 · h),喷淋面积应不小于集热器外表面积的 80 %,持续 15 min。

7.10.3 试验结果

检查平板型太阳能集热器有无渗水、损坏。并逐时记录试验期间的环境温度 t_a、水流量、水温。

7.11 耐冻试验

7.11.1 试验条件

本试验针对厂家声明防冻的集热器,包括工作在防冻循环下的集热器;不适用于使用防冻液工质的集热器。本试验分为集热器在充满水的情况下的耐冻试验和集热器在排空水情况下的耐冻试验。

7.11.2 试验方法

将进行耐冻试验的集热器安装在冷库中。集热器安装倾角为厂家推荐的与水平面的最小夹角。如果没有推荐这个角度,集热器安装倾角应为 30°。

将集热器中充满水,水温 t_1 范围为:8℃≤t_1≤25℃。集热器在(−20±2)℃下保持至少 30 min,然后,将温度升高至+10℃,保持至少 30 min。这种冷冻、升温的循环应进行 2 次。

将集热器中的水排空。集热器在(−20±2)℃下保持至少 30 min,然后,将温度升高至+10℃,保持至少 30 min。这种冷冻、升温的循环应进行 2 次。

7.11.3 试验结果

试验结束后检查集热器有无泄漏、损坏、变形、扭曲。

7.12 热性能试验

热性能试验包括:准稳态的瞬时效率、集热器时间常数和入射角修正系数。按 GB/ T 4271 的规定测试得出。

7.13 压力降落试验

按 GB/ T 4271 的规定测试得出。

7.14 耐撞击试验

7.14.1 试验条件

平板型太阳能集热器水平放置,撞击用钢球的直径为 30 mm,表面光滑。

7.14.2 试验方法

将撞击用钢球从 0.5 m 的高度、静止状态、并不施加外力的情况下自由落到透明盖板的中央部分,落点要落入距中心 0.1 m 的范围之内。对一个试件只做一次试验,检查透明盖板有无损坏。

7.14.3 试验结果

检查平板型太阳能集热器有无损坏。

7.15 涂层太阳吸收比测定方法

以平板型太阳能集热器吸热体材料上截取的试片为底材,制备太阳吸收涂层。使用配有积分球装置的分光光度计测定其光谱反射比,并按式(1)计算涂层的太阳反射比:

$$\rho = \frac{\int_{250}^{2\,500} E_\lambda \cdot \rho(\lambda) \mathrm{d}\lambda}{\int_{250}^{2\,500} E_\lambda \mathrm{d}\lambda} \approx \frac{\sum_{250}^{2\,500} E_\lambda \cdot \rho(\lambda) \Delta\lambda}{\sum_{250}^{2\,500} E_\lambda \cdot \Delta\lambda} \qquad \cdots\cdots (1)$$

式中:

ρ——太阳反射比;

$\rho(\lambda)$——光谱反射比；

E_λ——太阳太阳光谱辐照度平均值，单位为瓦特每平方米平方微米（$W \cdot m^{-2} \cdot \mu m^{-2}$），按照 GB/T 17683.1—1999 中相关规定确定；

λ——波长，单位为微米（μm）。

再按式(2)计算涂层的太阳吸收比：

$$\alpha = 1 - \rho \qquad (2)$$

式中：

α——太阳吸收比。

7.16 涂层试验

吸热体涂层红外发射率按 GB/T 19775—2005 的规定测试得出，吸热体和壳体涂层的附着力、耐盐雾、耐热性和老化性等推荐试验方法见附录 C。

7.17 透明盖板太阳透射比测定方法

测试仪器的使用同 7.15，从平板型太阳能集热器透明盖板材料上截取试片，采用波长范围不小于 250 nm～2 500 nm 的分光光度计测定其太阳透射比。

8 检验规则

平板型太阳能集热器检验分为出厂检验和型式检验。

8.1 出厂检验

8.1.1 平板型太阳能集热器检验出厂前必须进行出厂检验。

8.1.2 出厂检验包括以下内容：

a) 按本标准表 4 中 6.1.1 逐台检验；

b) 每生产班次的一批产品中，抽取一台按本标准表 4 中 6.1.2 检验；

c) 按本标准表 4 中 6.1.3 逐台检验。

8.1.3 出厂检验判定规则

出厂检验中凡各项检验全部合格者，判为合格产品。要求逐台检验的项目，凡有一项检验不合格者即为不合格产品；要求在每一生产批次中抽取一台产品进行检验的项目，项目检验不合格时，应在该批次再抽取两台产品进行检验，再次检验两台均应合格，否则该批次产品为不合格产品；检验项目有两个及两个以上指标要求时，任何一个指标不合格即视为该检验项目不合格。

8.2 型式检验

8.2.1 在正常情况下，每年应至少进行一次型式检验。

8.2.2 产品有下列情况之一时，应随时进行型式检验：

a) 新产品试制定型时；

b) 改变产品结构、材料、工艺而影响产品性能时；

c) 停产超过半年，恢复生产时；

d) 国家质量监督检验机构提出进行型式检验的要求时。

8.2.3 型式检验样品是在出厂检验合格的产品中随机抽取，抽取的样品不少于一台。

8.2.4 型式检验项目按本标准第 6 章各项进行，结果应符合本标准要求。

8.3 判定规则

型式检验中凡各项检验全部合格者，判为合格产品。凡有一项检验不合格者即为不合格产品。检验项目有两个及两个以上指标要求时，任何一个指标不合格即视为该项性能检验不合格；同一项目规定作两次检验的，任何一次检验不合格即视为该检验项目不合格。

9 标志、包装、运输、贮存

9.1 产品标志

产品应在明显位置设有清晰、不易消除的标志。标志应包括但不限于制造厂家，产品名称，产品标记，商标，产品型号，集热器采光面积/总面积，工作压力，制造日期或生产批号等信息。

9.2 包装

9.2.1 包装方法应采用箱装。包装箱应符合 GB/T 13384 的规定。

9.2.2 包装箱的标志应符合 GB/T 191 的规定。

9.2.3 包装箱上还应包括以下内容：

a) 制造厂名称和地址；

b) 产品名称；

c) 商标；

d) 产品标记；

e) 产品数量；

f) 允许垂直堆码层数；

g) 外形尺寸(长×宽×高)；

h) 整箱的质量；

i) 制造日期或生产批号；

j) 执行标准号。

9.2.4 包装箱内应附有检验合格证。

9.3 运输

产品在装卸和运输过程中，不得遭受强烈颠簸、震动，不得受潮、雨淋。

9.4 贮存

9.4.1 产品应存放在通风、干燥的仓库内。

9.4.2 产品不得与易燃物品及化学腐蚀物品混放。

10 检测报告

检测报告格式参见附录 D。

附 录 A
（规范性附录）
符号和单位

表 A.1 符号和单位

符 号	意 义	单 位
H	日太阳辐照量	MJ/(m² · d)
G	总太阳辐照度	W/m²
t_a	环境或周围空气温度	℃
t_e	太阳能集热器工质出口温度	℃
t_i	太阳能集热器工质进口温度	℃
T_i^*	归一化温差$=(t_i-t_a)/G$	(m² · ℃) /W
u	周围空气速度或风速	m/s
U	以 T_i^* 为参考的太阳能集热器总热损系数	W/(m² · ℃)
K_θ	入射角修正系数	1
$\eta_{0,a}$	基于采光面积、进口温度的集热器瞬时效率截距	1
τ_c	集热器时间常数	s
θ	入射角	°
Δp	压力降落	Pa
$\dot{m}$	通过集热器的流量	kg/s

附 录 B
（资料性附录）
平板型太阳能集热器部件推荐选用材料

表 B.1 用于吸热体与传热工质接触部位的材料

材 料	标 准
紫铜管	GB/T 1527
紫铜带	GB/T 11087
防锈铝板	GB/T 3880

表 B.2 用于透明盖板的材料

材 料	标 准
普通平板玻璃	GB 4871
钢化玻璃	GB 15763.2
聚酯玻璃钢	GB/T 1446

表 B.3 用于隔热体的材料

材 料	标 准
聚氨酯泡沫塑料	QB/T 3806
岩棉[a]	GB/T 11835
玻璃棉[a]	GB/T 13350
聚苯乙烯泡沫塑料[b]	GB/T 10801.1,GB/T 10801.2

a 若用此种材料，应在吸热体与该材料之间采取固定措施以免保温材料下滑和外鼓。

b 若用此种材料，应在吸热体与该材料之间采取一些隔离措施。

附 录 C
（资料性附录）
平板型太阳能集热器涂层推荐技术条件

C.1 要求

平板型太阳能集热器吸热体与壳体的涂层应符合表 C.1 规定的技术要求。

表 C.1 平板型太阳能集热器涂层推荐技术要求

涂层类别	项 目	技 术 要 求	试 验
吸热体涂层	附着力	应无剥落，达到 GB/T 1720 规定的 1 级	C.2.1
	耐盐雾	应无裂纹、起泡、剥落及生锈	C.2.2
	耐热性	吸收比 α 值的保持率在原值的 95％以上	C.2.3
	老化性	吸收比 α 值的保持率在原值的 95％以上	C.2.4
壳体涂层	附着力	应无剥落，达到 GB/T 1720 规定的 1 级	C.2.1
	耐盐雾	应无龟裂、爆皮、剥落及生锈	C.2.2
	老化性	应达到 GB/T 1766 中 5.2 表 22 规定的 2 级	C.2.4

C.2 试验方法

C.2.1 涂层附着力试验

以平板型太阳能集热器的吸热体或外壳的材料或由该材料上截取的试片制备试样底材及其涂膜。按照 GB/T 1720 规定的测定方法进行涂层附着力试验。

C.2.2 涂层耐盐雾试验

以平板型太阳能集热器的吸热体或外壳的材料或者由该材料上截取的试片作为试板，涂覆相应漆膜，按照 GB/T 1771 的有关规定进行涂层带划痕的耐盐雾试验。

C.2.3 涂层耐热性试验

以平板型太阳能集热器吸热体的材料或由该材料上截取的试片为样板，并制备相应的漆膜。按照 GB/T 1735 的有关规定进行涂层耐热性试验。高炉炉温为 150℃，保持时间为 24 h。试验后按 7.15 测定吸收比。

C.2.4 涂层老化性试验

以平板型太阳能集热器吸热体或外壳的材料或由该材料上截取的试片为样板，在由该集热器的透明盖板材料覆盖状态下，按照 GB/T 1865 的有关规定进行涂层老化性试验。

附 录 D
（规范性附录）
平板型太阳能集热器检测报告格式

检 测 报 告

（报告编号）

产品名称：________________________________

委托单位：________________________________

生产单位：________________________________

检测类别：________________________________

××××××××××××××××××××××实验室

××××年××月××日

注意事项

1. 报告无“检测报告专用章”或检测单位公章无效。
2. 未经本中心书面批准不得复制本检测报告(完整复制除外)。
3. 检测报告无主检、审核、批准人签字无效。
4. 检测报告涂改无效。
5. 对检测报告若有异议,应于收到报告之日起十五日内向检测单位提出。
6. 检测报告仅对委托检测样品负责。

××××××××××××××××××××××实验室

检 测 报 告

报告编号： 共 页 第 页

<table>
<tr><td>样品编号：</td><td></td><td>检验地点：</td><td></td></tr>
<tr><td rowspan="2">产品名称：</td><td rowspan="2"></td><td>出厂编号：</td><td></td></tr>
<tr><td>生产日期：</td><td></td></tr>
<tr><td rowspan="2">委托单位：</td><td rowspan="2"></td><td>型号规格：</td><td></td></tr>
<tr><td>商　　标：</td><td></td></tr>
<tr><td rowspan="2">生产单位：</td><td rowspan="2"></td><td>送样数量：</td><td></td></tr>
<tr><td>送样日期：</td><td></td></tr>
<tr><td>检验类别：</td><td></td><td>检验时间：</td><td></td></tr>
<tr><td>检验依据：</td><td colspan="3"></td></tr>
<tr><td>委托单位地址：</td><td colspan="3"></td></tr>
<tr><td>检验用
仪器、装置：</td><td colspan="3"></td></tr>
<tr><td>检验项目：</td><td colspan="3"></td></tr>
<tr><td>检
测
结
论</td><td colspan="3">（以下空白）

检验单位公章
签发日期：　　　年　月　日</td></tr>
</table>

批准：　　　　审核：　　　　主检：

××××××××××××××××××××××实验室

检 测 报 告

报告编号： 共 页 第 页

样品编号：	
样 品 描 述	
集热器：	
盖板材料：	
盖板层数：	层
盖板厚度：	mm
采光面尺寸：	mm
总面积尺寸：	mm
吸热体结构类型：	
吸热体材料：	吸热体涂层：
传热工质：	
保温材料：	厚度： mm

××××××××××××××××××××实验室

检 测 报 告

报告编号：　　　　　　　　　　　　　　　　　　　　　　　　　　共　页　第　页

样品编号：

序号	检测项目	技 术 要 求	检测结果	分项判断
1	外观	集热器零部件易于更换、维护和检查，易固定。吸热体在壳体内应安装平整，间隙均匀。透明盖板若有拼接，必须密封，透明盖板与壳体应密封接触，考虑热胀情况，透明盖板无扭曲、划痕。壳体应耐腐蚀，外表面涂层应无剥落。隔热体应填塞严实，不应有明显萎缩或膨胀隆起现象。产品标记应符合本标准 5.2 规定		
2	耐压	传热工质应无泄漏		
3	刚度	应无损坏及明显变形		
4	强度	应无损坏及明显变形，透明盖板应不与吸热体接触		
5	闷晒	应无泄漏、开裂、破损、变形或其他损坏		
6	空晒	应无开裂、破损、变形或其他损坏		
7	外热冲击	不允许有裂纹、变形、水凝结或浸水		
8	内热冲击	不允许损坏		
9	淋雨	应无渗水和破坏		
10	耐冻	集热器应无泄漏、损坏、变形、扭曲，部件与工质不允许有冻结		
11	热性能	a) 平板型太阳能集热器的瞬时效率截距 $\eta_{0,a}$ 应不低于 0.72； 平板型太阳能集热器的总热损系数 U 应不大于 6.0 W/(m² · K)； 其中：$\eta_{0,a}$ 为集热器基于采光面积、进口温度的瞬时效率截距； U 为以 T_i^* 为参考的集热器总热损系数； b) 应作出 $(t_e - t_a)$ 随时间的变化曲线，并给出平板型太阳能集热器的时间常数 τ_c； c) 应给出平板型太阳能集热器的入射角修正系数 K_θ 随入射角 θ 的变化曲线和 $\theta=50°$ 时的 K_θ 值		
12	压力降落	应做出平板型太阳能集热器压力降落特性曲线 $\Delta p \sim \dot{m}$		
13	耐撞击	应无划痕、翘曲、裂纹、破裂、断裂或穿孔		
14	涂层	吸热体和壳体的涂层应无剥落、反光和发白现象，应给出吸热体涂层的红外发射率，吸热体涂层的吸收比应不低于 0.92		
15	透射比	应给出透明盖板的透射比		

×××××××××××××××××××××实验室

检 测 报 告

报告编号： 共 页 第 页

样品编号：		检验地点：	
检验项目：	瞬时效率曲线(基于采光面积，进口温度)		

基于采光面积 A_a 和集热器进口温度 t_i 的瞬时效率曲线(线性拟合)

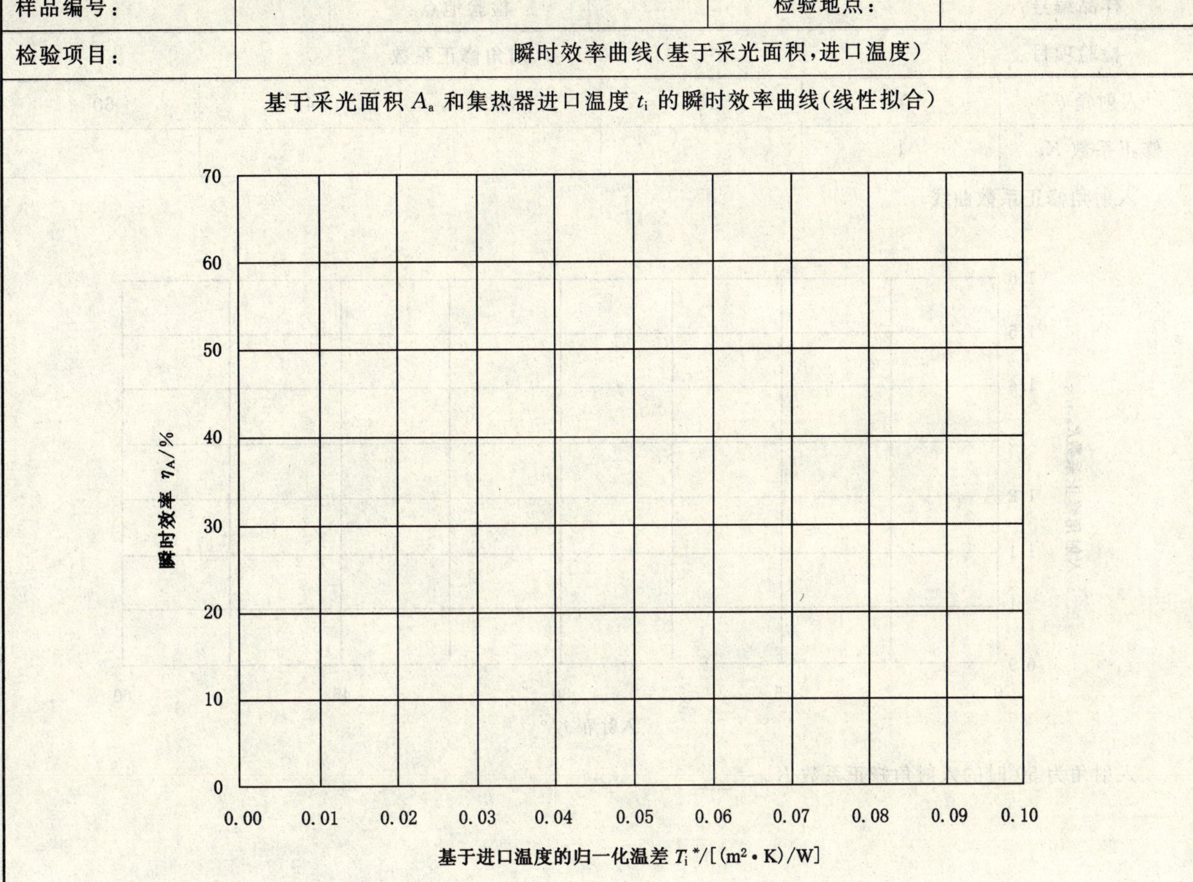

该集热器瞬时效率曲线方程为：$\eta_a = \eta_{0,a} - UT_i^*$

式中：

$T_i^* = (t_i - t_a)/G$；

t_i——工质进口温度，℃；

t_a——环境温度，℃；

G——集热器采光面上总日射辐照度，W/m²。

××××××××××××××××××××实验室

检　测　报　告

报告编号：　　　　　　　　　　　　　　　　　　　　　　　　　　　共　页　第页

样品编号：			检验地点：	
检验项目：	入射角修正系数			
入射角 θ	0°	15°	30°	45°	60°
修正系数 K_θ	1				

入射角修正系数曲线

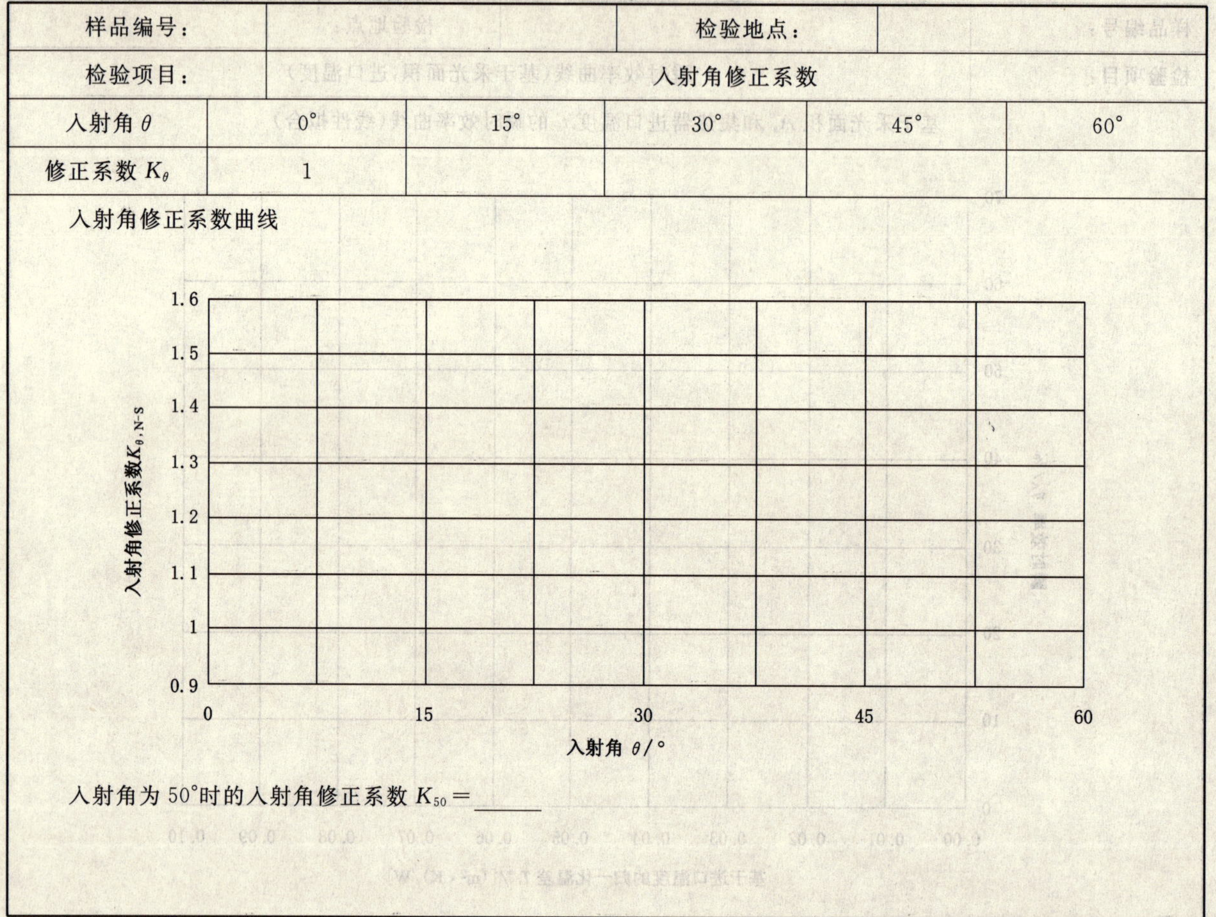

入射角为50°时的入射角修正系数 K_{50} =______

××××××××××××××××××××实验室

检 测 报 告

报告编号：　　　　　　　　　　　　　　　　　　　　　　　　　　共　页第　页

样品编号：		检验地点：	
检验项目：	时间常数		
时间常数 τ_c			单位
			s

集热器出口温度 t_e 与环境温度 t_a 之差 $(t_e - t_a)$ 与时间的关系曲线

××××××××××××××××××××实验室

检 测 报 告

报告编号： 共 页 第 页

样品编号：		检验地点：	
检验项目：	压力降落		

两端压降 Δp 与质量流量 $\dot{m}$ 的关系曲线

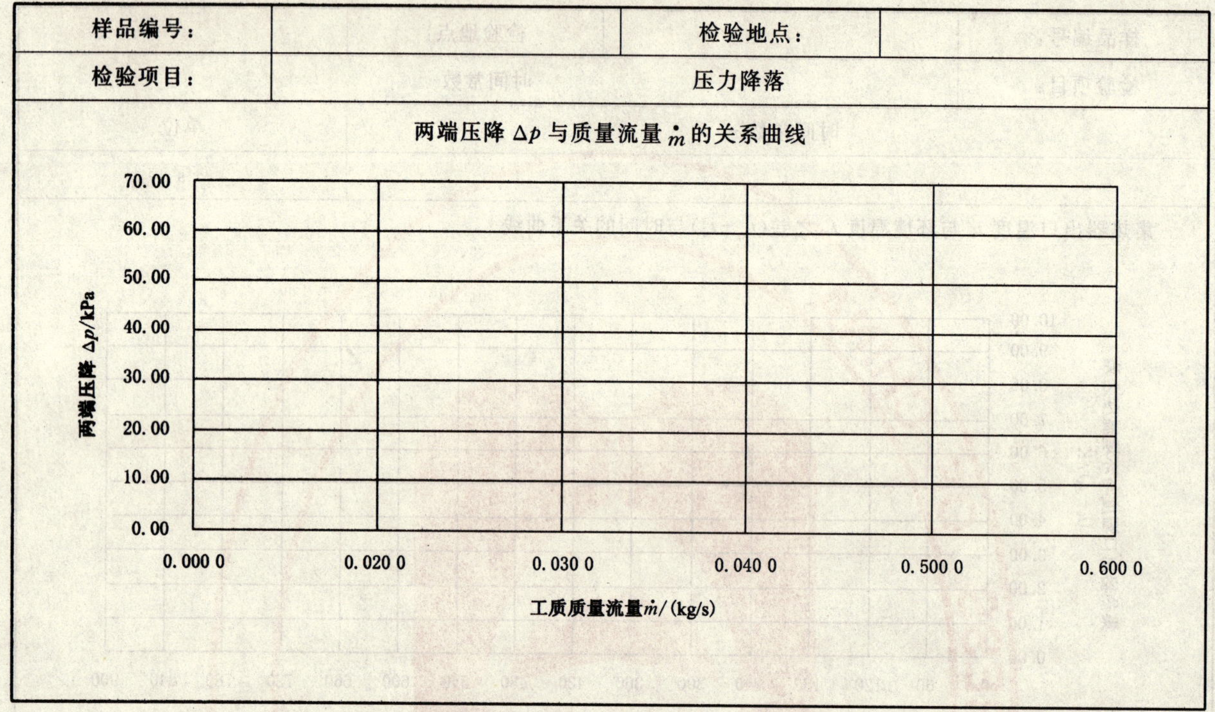

参考文献

[1] GB/T 1446 纤维增强塑料性能试验方法总则
[2] GB/T 1527 铜及铜合金拉制管
[3] GB/T 1720 漆膜附着力测定法
[4] GB/T 1735 漆膜耐热性能测定法
[5] GB/T 1766 色漆和清漆 涂层老化的评级方法
[6] GB/T 1771 色漆和清漆 耐中性盐雾性能的测定
[7] GB/T 1865 色漆和清漆 人工气候老化和人工辐射暴露(滤过的氙弧辐射)
[8] GB/T 3880 铝及铝合金轧制板材
[9] GB 4871 普通平板玻璃
[10] GB/T 10801.1 绝热用模塑聚苯乙烯泡沫塑料
[11] GB/T 10801.2 绝热用挤塑聚苯乙烯泡沫塑料(XPS)
[12] GB/T 11087 散热器冷却管专用黄铜带
[13] GB/T 11835 绝热用岩棉、矿渣棉及其制品
[14] GB/T 13350 绝热用玻璃棉及其制品
[15] GB 15763.2 建筑用安全玻璃 第2部分:钢化玻璃
[16] QB/T 3806 建筑物隔热用硬质聚氨酯泡沫塑料

ICS 65.120
B 46

中华人民共和国国家标准

GB/T 6438—2007/ISO 5984:2002
代替 GB/T 6438—1992

饲料中粗灰分的测定

Animal feeding stuffs—Determination of crude ash

(ISO 5984:2002,IDT)

2007-06-21 发布

2007-09-01 实施

中华人民共和国国家质量监督检验检疫总局
中国国家标准化管理委员会 发布

前　言

本标准等同采用ISO 5984:2002《动物饲料中粗灰分的测定》(英文版)。

为便于使用,本标准进行了下列编辑性修改:

——“本国际标准”一词改为“本标准”;

——用小数点“.”代替作为小数点的“,”;

——采样按 GB/T 14699.1 执行;

——试样制备按 GB/T 20195 执行;

——删除了国际标准的前言;

——增加了本国标准前言;

——5.5 中增加了“如瓷质材料”;

——8 中增加了计算公式的编号。

本标准代替 GB/T 6438—1992《饲料中粗灰分的测定方法》。

本标准与 GB/T 6438—1992 的主要区别是:

——取消了恒质的要求;

——按 ISO 5984:2002 的要求,用精密度代替允许差。

本标准的附录 A 为资料性附录。

本标准由全国饲料工业标准化技术委员会提出并归口。

本标准起草单位:国家饲料质量监督检验中心(武汉)。

本标准主要起草人:武润仙、杨林、何一帆、钱昉、钟鸣、杨爱华、张朝富。

本标准所代替标准的历次版本发布情况为:

——GB 6438—1986、GB/T 6438—1992。

饲料中粗灰分的测定

1 范围

本标准规定了动物饲料中粗灰分的测定方法。

2 规范性引用文件

下列文件中的条款通过本标准的引用而成为本标准的条款。凡是注日期的引用文件，其随后所有的修改单(不包括勘误的内容)或修订版均不适用于本标准，然而，鼓励根据本标准达成协议的各方研究是否可使用这些文件的最新版本。凡是不注日期的引用文件，其最新版本适用于本标准。

GB/T 14699.1 饲料 采样(GB/T 14699.1—2005,ISO 6497:2002,IDT)

GB/T 20195 动物饲料 试样的制备(GB/T 20195—2006,ISO 6498:1998,IDT)

3 术语和定义

下列术语和定义适用于本标准。

3.1

粗灰分 crude ash

在本标准规定的条件下，550℃灼烧所得的残渣。

4 原理

试样中的有机质经灼烧分解，对所得的灰分称量。

注：灰分用质量分数表示。

5 仪器设备

除常用实验室设备外，其他仪器设备如下。

5.1 分析天平：感量为 0.001 g。

5.2 马弗炉：电加热，可控制温度，带高温计。马弗炉中摆放煅烧盘的地方，在 550℃时温差不超过 20℃。

5.3 干燥箱：温度控制在(103±2)℃。

5.4 电热板或煤气喷灯。

5.5 煅烧盘：铂或铂合金(如 10%铂，90%金)或在实验条件下不受影响的其他物质(如瓷质材料)，最好是表面积约为 20 cm^2、高约为 2.5 cm 的长方形容器，对易于膨胀的碳水化合物样品，灰化盘的表面积约为 30 cm^2、高为 3.0 cm 的容器。

5.6 干燥器：盛有有效的干燥剂。

6 采样

重要的是实验室收到一份真正具有代表性的样品，并且在运输及保存过程中不受到破坏或不发生变化。

样品应以不破坏或不改变其组分的方式贮存。

采样按 GB/T 14699.1 执行。

7 分析步骤

7.1 试样制备

试样制备按 GB/T 20195 执行。

7.2 试验步骤

将煅烧盘(5.5)放入马弗炉(5.2)中，于 550℃，灼烧至少 30 min，移入干燥器(5.6)中冷却至室温，称量，准确至 0.001 g。称取约 5 g 试样(7.1)(精确至 0.001 g)于煅烧盘(5.5)中。

7.3 测定

将盛有试样(7.2)的煅烧盘放在电热板或煤气喷灯(5.4)上小心加热至试样炭化，转入预先加热到 550℃的马弗炉(5.2)中灼烧 3 h，观察是否有炭粒，如无炭粒，继续于马弗炉中灼烧 1h，如果有炭粒或怀疑有炭粒，将煅烧盘冷却并用蒸馏水润湿，在(103±2)℃的干燥箱(5.3)中仔细蒸发至干，再将煅烧盘置于马弗炉中灼烧 1h，取出于干燥器中，冷至室温迅速称量，准确至 0.001 g。

注：由上述步骤得到的粗灰分可用于测定盐酸不溶性灰分(参见 ISO 5985)。

对同一试样取两份试料进行平行测定。

8 结果表示

粗灰分 W，用质量分数(%)表示，按式(1)计算：

$$W = \frac{m_2 - m_0}{m_1 - m_0} \times 100 \qquad \cdots\cdots(1)$$

式中：

m_2——灰化后粗灰分加煅烧盘的质量，单位为克(g)；

m_0——为空煅烧盘的质量，单位为克(g)；

m_1——装有试样的煅烧盘质量，单位为克(g)。

取两次测定的算术平均值作为测定结果，重复性限(见 9.2)满足要求，结果表示至 0.1%(质量分数)。

9 精密度

9.1 实验室间试验

附录 A 中详细列出了本方法精密度的实验室间试验结果，从该试验得出的结果可能不适用附录 A 中列出以外的物质和浓度范围。

9.2 重复性

用同一方法，对相同试验材料，在同一实验室内，由同一操作人员使用同一设备获得的两个独立试验结果之间的绝对差值超过表 1 中列出的或由表 1 得出的重复性限 r 的情况不大于 5%。

表 1 重复性限(r)和再现性限(R) 单位为克每千克

样品	粗灰分	r	R
鱼粉	179.8	2.7	4.4
木薯	59.1	2.4	3.6
肉粉	175.6	2.4	5.6
仔猪饲料	50.2	2.1	3.3
仔鸡饲料	42.7	0.9	2.2
大麦	20.0	1.0	1.9
糖浆	119.9	3.6	9.1
挤压棕榈粕	35.8	0.7	1.6

9.3 再现性

用相同的方法，对同一试样，在不同的实验室内，由不同的操作人员，用不同的设备得到的两个独立的试验结果之差的绝对值超过表1列出的或由表1导出的再现性限 R 的情况不大于5%。

10 试验报告

试验报告应详细说明下列信息：

a) 识别样品所必需的全部信息；

b) 如果已知采样方法，应说明使用的采样方法；

c) 采用的测定方法，附本标准的参考文献；

d) 所有本标准未规定的、或认为是非强制性的、以及可能影响测定结果的全部细节；

e) 获得的测定结果；

f) 如果检查了重复性则提供两个测定结果，应提供得到的最终结果。

附 录 A
（资料性附录）
实验室间试验结果

根据 ISO 5725-1、ISO 5725-2 进行实验室间试验，以确定本方法的精密度，其中用 Grubbs 试验代替 Dixon 试验确定高峰值。本试验有 40 个～52 个试验室参加，样品有鱼粉等，实验室间试验结果见表 A.1。

表 A.1 实验室间试验统计结果

参数	样品[a]							
	1	2	3	4	5	6	7	8
实验室数	52	48	47	50	48	48	40	49
可接受的结果	50	47	43	49	44	45	39	46
灰分平均值/(g/kg)	179.8	59.1	175.6	50.2	42.7	20.0	119.9	35.8
重复性标准差(S_r)/(g/kg)	1.0	0.9	0.9	0.8	0.3	0.4	1.3	0.2
重复性变异系数/%	1.5	4.1	1.4	4.2	2.1	5.0	3.0	2.0
重复性限(r)/(g/kg)	2.7	2.4	2.4	2.1	0.9	1.0	3.6	0.7
再现性标准差(S_R)/(g/kg)	1.4	1.1	1.9	1.1	0.7	0.6	3.1	0.5
再现性变异系数/%	2.5	6.0	3.2	6.6	5.1	9.6	7.6	4.4
再现性限(R)/(g/kg)	4.4	3.6	5.6	3.3	2.2	1.9	3.1	1.6

a 1：鱼粉；
2：木薯；
3：肉粉；
4：仔猪饲料；
5：仔鸡饲料；
6：大麦；
7：糖蜜；
8：挤压棕榈粕。

参 考 文 献

[1] ISO 5725-1 实验方法和结果的精确度(可信度和精密度) 第1部分:原理及定义

[2] ISO 5725-2 实验方法和结果的精确度(可信度和精密度) 第2部分:标准测定方法的重复性和再现性测定的基本方法

[3] ISO 5985 动物饲料 盐酸不溶性灰分的测定

[4] ISO 6497 动物饲料 抽样

ICS 65.120
B 46

中华人民共和国国家标准

GB/T 6439—2007/ISO 6495:1999
代替 GB/T 6439—1992

饲料中水溶性氯化物的测定

Determination of water-soluble chlorides in feeds

(ISO 6495:1999,IDT)

2007-06-21 发布 2007-09-01 实施

中华人民共和国国家质量监督检验检疫总局
中国国家标准化管理委员会 发布

前言

本标准等同采用国际标准 ISO 6495:1999《动物饲料中水溶性氯化物的测定》(英文版)。

本标准做了下列编辑性修改:

——将“本国际标准”改为“本标准”;

——删除了国际标准的前言;

——在“规范性引用文件”中,引用了与“ISO 3696 实验室用水”相对应的“GB/T 6682 分析实验室用水规格和试验方法”;引用了与“ISO 6498 动物饲料 试样的制备”相对应的“GB/T 20195 动物饲料 试样的制备”;

——在“规范性引用文件”中,增加了“GB/T 14699.1 饲料 采样”;

——在正文“6 取样”中,用与“ISO 6498 动物饲料试样的制备”相对应的“GB/T 20195 动物饲料 试样的制备”代替;

——计算公式按 GB/T 1.1—2000 的要求加编号。

本标准代替 GB/T 6439—1992《饲料中水溶性氯化物的测定方法》。

本标准与 GB/T 6439—1992 的主要技术差异如下:

——详细规定不同样品采用的分析步骤要求;

——规定了以氯化钠表示的饲料中水溶性氯化物含量的测定而不是原标准“氯化钠”和“氯元素”两种表示方式;

——增加了“GB/T 14699.1 饲料 采样”和“GB/T 20195 动物饲料 试样的制备”;

——删去水溶性氯化物快速滴定法(补充件)。

本标准的附录 A 为资料性附录。

本标准由全国饲料工业标准化技术委员会提出并归口。

本标准起草单位:国家饲料质量监督检验中心(武汉)、广东恒兴集团有限公司。

本标准主要起草人:刘小敏、黄智成、高利红、何一帆、张勇。

本标准所代替标准的历次版本发布情况为:

——GB 6439—1986、GB/T 6439—1992。

饲料中水溶性氯化物的测定

1 范围

本标准规定了以氯化钠表示的饲料中水溶性氯化物含量的测定。

本标准适用于饲料中水溶性氯化物的测定。

2 规范性引用文件

下列文件中的条款通过本标准的引用而成为本标准的条款。凡是注日期的引用文件,其随后所有的修改单(不包括勘误的内容)或修订版均不适用于本标准,然而,鼓励根据本标准达成协议的各方研究是否可使用这些文件的最新版本。凡是不注日期的引用文件,其最新版本适用于本标准。

GB/T 6682 分析实验室用水规格和试验方法

GB/T 14699.1 饲料 采样

GB/T 20195 动物饲料 试样的制备

3 原理

试样中的氯离子溶解于水溶液中,如果试样含有有机物质,需将溶液澄清,然后用硝酸稍加酸化,并加入硝酸银标准溶液使氯化物生成氯化银沉淀,过量的硝酸银溶液用硫氰酸铵或硫氰酸钾标准溶液滴定。

4 试剂和溶液

所使用试剂为分析纯。

4.1 水:应至少符合 GB/T 6682 中 3 级用水的要求。

4.2 丙酮。

4.3 正己烷。

4.4 硝酸:$\rho_{20}(HNO_3)=1.38$ g/mL。

4.5 活性炭:不含有氯离子也不能吸收氯离子。

4.6 硫酸铁铵饱和溶液:用硫酸铁铵[$NH_4Fe(SO_4)_2 \cdot 12H_2O$]制备。

4.7 Carrez Ⅰ:称取 10.6 g 亚铁氰化钾[$K_4Fe(CN)_6 \cdot 3H_2O$],溶解并用水定容至 100 mL。

4.8 Carrez Ⅱ:称取 21.9 g 乙酸锌[$Zn(CH_3COO)_2 \cdot 2H_2O$],加 3 mL 冰乙酸,溶解并用水定容至 100 mL。

4.9 硫氰酸钾标准溶液:$c(KSCN)=0.1$ mol/L。

硫氰酸铵标准溶液:$c(NH_4SCN)=0.1$ mol/L。

4.10 硝酸银标准滴定溶液:$c(AgNO_3)=0.1$ mol/L。

5 仪器、设备

除常用实验室仪器设备外,其他如下。

5.1 回旋振荡器:35 r/min~40 r/min。

5.2 容量瓶:250 mL,500 mL。

5.3 移液管。

5.4 滴定管。

5.5 分析天平:感量 0.000 1 g。

5.6 中速定量滤纸。

6 采样

采样方法不是本标准规定的内容,采样方法见 GB/T 14699.1。

实验室得到真实、具代表性的样品非常重要,应保证样品在运输储存过程中不变质。

7 试样制备

按 GB/T 20195 制备样品。

如样品是固体,则粉碎试样(通常 500 g),使之全部通过 1 mm 筛孔的样品筛。

8 分析步骤

注:如需检查是否符合重复性(见 10.2),根据 8.1 和 8.5 进行二次平行测定。

8.1 步骤的选择

如果试样不含有机物,按 8.2 执行。

如果试样是有机物,按 8.3 执行。但熟化饲料、亚麻饼粉或富含亚麻粉的产品和富含黏液或胶体物质(例如糊化淀粉)除外,后面的这些试样需按 8.4 执行。

8.2 不含有机物试样试液的制备

称取不超过 10 g 试样,精确至 0.001 g,试样所含氯化物含量不超过 3 g,转移至 500 mL 容量瓶(5.2)中,加入 400 mL 温度约 20℃的水,混匀,在回旋振荡器(5.1)中振荡 30 min,用水稀释至刻度(V_i),混匀,过滤,滤液供滴定用,按 8.5 执行。

8.3 含有机物试样试液的制备(8.4 列出的产品除外)

称取 5 g 试样(质量 m),精确至 0.001 g,转移至 500 mL 容量瓶(5.2)中,加入 1 g 活性炭(4.5),加入 400 mL 温度约 20℃的水(4.1)和 5 mL Carrez Ⅰ溶液(4.7),搅拌,然后加入 5 mL Carrez Ⅱ溶液(4.8) 混合,在振荡器(5.1)中摇 30 min,用水稀释至刻度(V_i),混匀,过滤,滤液供滴定用,按 8.5 执行。

8.4 熟化饲料、亚麻饼粉或富含亚麻粉的产品和富含黏液或胶体物质(例如糊化淀粉)试样试液的制备

称取 5 g 试样,精确至 0.001 g,转移至 500 mL 容量瓶中,加入 1 g 活性炭(4.5),加入 400 mL 温度约 20℃的水(4.1)和 5mL Carrez Ⅰ溶液(4.7),搅拌,然后加入 5mL Carrez Ⅱ溶液(4.8) 混合,在振荡器(5.1)中摇 30 min,用水稀释至刻度(V_i),混合。

轻轻倒出(必要时离心),用移液管(5.3)吸移 100 mL 上清液至 200 mL 容量瓶中,加丙酮(4.2)混合,稀释至刻度,混匀并过滤,滤液供滴定用。

8.5 滴定

用移液管(5.3)移取一定体积滤液至三角瓶中,大约 25 mL~100 mL(V_a),其中氯化物含量不超过 150 mg。

必要时(移取的滤液少于 50 mL),用水稀释到 50 mL 以上,加 5 mL 硝酸(4.4),2 mL 硫酸铁铵饱和溶液(4.6),并从加满硫氰酸铵或硫氰酸钾标准滴定溶液(4.9)至 0 刻度的滴定管中滴加 2 滴硫氰酸铵或硫氰酸钾溶液(4.9)。

注:剩下的硫氰酸铵或硫氰酸钾标准滴定溶液用于滴定过量的硝酸银溶液。

用硝酸银标准溶液(4.10)滴定直至红棕色消失,再加入 5 mL 过量的硝酸银溶液(V_{s1}),剧烈摇动使沉淀凝聚,必要时加入 5 mL 正己烷(4.3),以助沉淀凝聚。

用硫氰酸钾或硫氰酸铵溶液(4.9)滴定过量硝酸银溶液,直至产生红棕色能保持 30 s 不褪色,滴定体积为(V_{t1})。

8.6 空白试验

空白试验需与测定平行进行,用同样的方法和试剂,但不加试料。

9 结果的表述

试样中水溶性氯化物的含量 W_{WC}(以氯化钠计),数值以%表示,按式(1)进行计算:

$$W_{WC} = \frac{M \times [(V_{s1} - V_{s0}) \times c_s - (V_{t1} - V_{t0})] \times c_t}{m} \times \frac{V_i}{V_a} \times f \times 100 \quad \cdots\cdots\cdots(1)$$

式中:

M——氯化钠的摩尔质量,M=58.44 g/mol;

V_{s1}——测试溶液滴加硝酸银溶液体积,单位为毫升(mL),(8.5);

V_{s0}——空白溶液滴加硝酸银溶液体积,单位为毫升(mL),(8.6);

c_s——硝酸银标准溶液(4.10)浓度,单位为摩尔每升(mol/L);

V_{t1}——测试溶液滴加硫氰酸铵或硫氰酸钾溶液(4.9)体积,单位为毫升(mL),(8.5);

V_{t0}——空白溶液滴加硫氰酸铵或硫氰酸钾溶液(4.9)体积,单位为毫升(mL),(8.6);

c_t——硫氰酸钾或硫氰酸铵溶液(4.9)浓度,单位为摩尔每升(mol/L);

m——试样的质量,单位为克(g);

V_i——试液的体积,单位为毫升(mL),(8.2、8.3、8.4);

V_a——移出液的体积,单位为毫升(mL),(8.5);

f——稀释因子:

f=2,用于熟化饲料、亚麻饼粉或富含亚麻粉的产品和富含黏液或胶体物质的试样(8.4);

f=1,用于其他饲料(8.2,8.3)。

结果表示为质量分数(%),报告的结果如下:

水溶性氯化物含量小于1.5%时,精确到0.05%;

水溶性氯化物含量大于或等于1.5%时,精确到0.10%。

10 精密度

10.1 实验室间试验

本方法精密度的实验室间试验的详细情况见附录A,从该实验室间试验得到的数据,可能不适用于与附录A所列的样品浓度范围或基质不同的样品。

10.2 重复性

在同一实验室由同一操作人员,用同样的方法和仪器设备,在很短的时间间隔内对同一样品测定获得的两次独立测试结果的绝对差值,大于式(2)计算得到的重复性限(r)的概率不超过5%。

$$r = 0.314(\overline{W}_{WC})^{0.521} \quad \cdots\cdots\cdots(2)$$

式中:

r——重复性限,%;

$\overline{W}_{WC}$——二次测定结果的平均值,%。

10.3 再现性

在不同实验室由不同操作人员,用同样的方法和不同的仪器设备,对同一样品测定获得的两次独立测试结果的绝对差值,大于式(3)计算得到的再现性限(R)的概率不超过5%。

$$R = 0.552\% + 0.135\overline{W}_{WC} \quad \cdots\cdots\cdots(3)$$

式中:

R——再现性限,%;

$\overline{W}_{WC}$——二次测定结果的平均值,%。

10.4 试验报告

试验报告应包括：

——识别样品所需的全部信息；

——如果已知采样方法，要说明使用的采样方法；

——所用的方法和该方法的参考文献；

——在本标准中没有规定的或认为是可以任选的操作细节，以及能影响试验结果的所有事件细节；

——如果进行了重复性检验，则写明最后的结果。

附 录 A
（资料性附录）
实验室间试验结果

ISO/TC 34SC/10 动物饲料分会于 1987 年按 ISO 5725:1986 组织了实验室间试验，并根据 ISO 5725-2:1994进行了最后的统计分析。有 24 个实验室参加了试验，所研究的样品有：玉米淀粉渣饲料、配合饲料、鱼粉、浓缩饲料(2 种)、预混合饲料和酵母。实验室间试验的统计结果见表 A.1。

表 A.1 实验室间试验的统计结果

参数	样品[a]						
	1	2	3	4	5	6	7
除去超差后实验室数	23	23	23	23	23	23	23
水溶性氯化物含量的平均值(干基)/%[b]	3.22	0.105	1.56	14.1	3.56	2.54	1.07
重复性标准偏差(S_r)/%[b]	0.11	0.018	0.05	0.20	0.10	0.08	0.03
重复性变异系数/%	3.5	17.2	3.5	1.4	2.9	3.0	2.9
重复性限(r)($r=2.8\times S_r$)/%	0.308	0.050	0.140	0.560	0.280	0.224	0.084
再现性标准偏差(S_R)/%[b]	0.22	0.22	0.37	0.88	0.50	0.30	0.16
再现性变异系数/%	7	210	24	6	14	12	15
再现性限(R)($R=2.8\times S_R$)/%	0.616	0.616	1.036	2.464	1.400	0.840	0.448

a 1:鱼粉；
2:玉米淀粉渣饲料；
3:酵母；
4:预混合饲料；
5:浓缩饲料；
6:浓缩饲料；
7:配合饲料。

b 表示为质量分数(%)。

参 考 文 献

[1] ISO 6497 Animal feeding stuffs——Sampling

[2] ISO 5725:1986 Precision of test methods—Determination of repeatability and reproducibility for standard test method by inter-laboratory tests(now withdrawn)

[3] ISO 5725-1:1994 Accuracy (trueness and precision) of measurement methods and results—Part1: General principles and definitions

[4] ISO 5725-2:1994 Accuracy (trueness and precision) of measurement methods and results—Part2: Basic method for the determination of repeatability and reproducibility of a standard measurement method

ICS 21.100.20
J 11

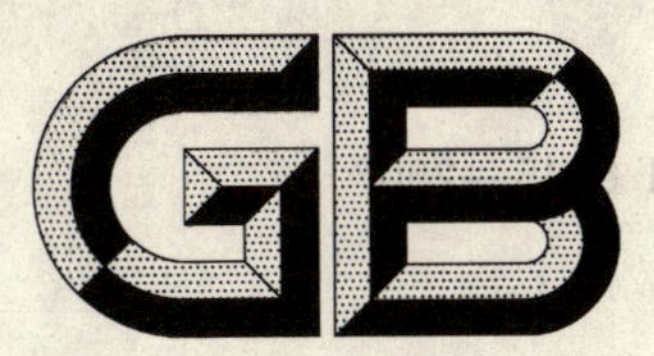

中华人民共和国国家标准

GB/T 6445—2007
代替GB/T 6445.1—1996
GB/T 6445.2—1996

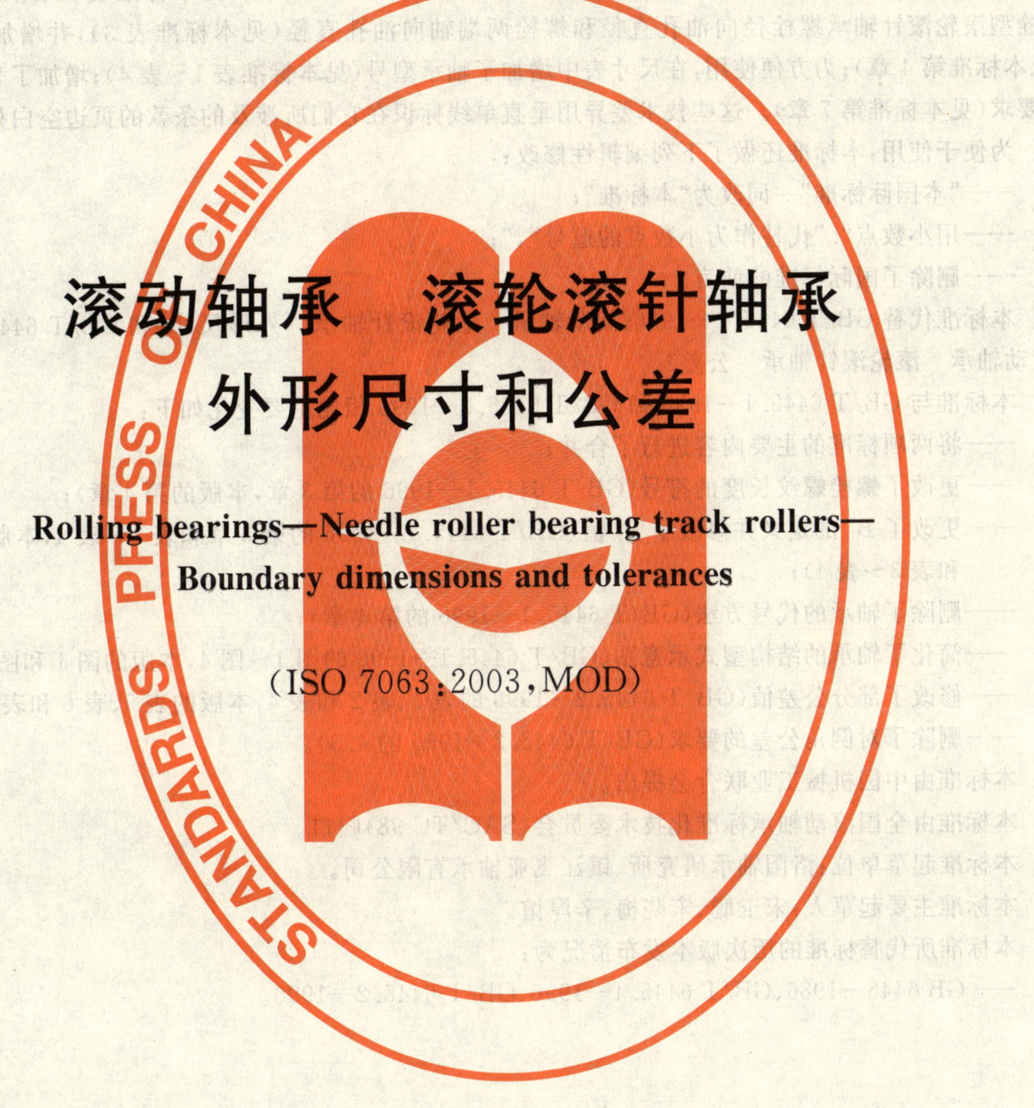

滚动轴承　滚轮滚针轴承 外形尺寸和公差

Rolling bearings—Needle roller bearing track rollers—Boundary dimensions and tolerances

(ISO 7063:2003,MOD)

2007-02-28 发布　　2007-10-01 实施

中华人民共和国国家质量监督检验检疫总局
中国国家标准化管理委员会　发布

前言

本标准修改采用 ISO 7063:2003《滚动轴承　滚轮滚针轴承　外形尺寸和公差》。

本标准根据 ISO 7063:2003 重新起草。对于 ISO 7063:2003 引用的其他国际标准中有被修改采用为我国标准的，本标准引用我国的这些国家标准代替对应的国际标准(见本标准第 2 章)；根据我国滚轮滚针轴承的实际生产情况，扩大了轻系列挡圈型滚轮滚针轴承尺寸范围(见本标准表 1)；增加了轻系列螺栓型滚轮滚针轴承螺栓径向油孔直径和螺栓两端轴向油孔直径(见本标准表 3)，并增加了其符号(见本标准第 4 章)；为方便使用，在尺寸表中增加了轴承型号(见本标准表 1～表 4)；增加了表面粗糙度的要求(见本标准第 7 章)。这些技术差异用垂直单线标识在它们所涉及的条款的页边空白处。

为便于使用，本标准还做了下列编辑性修改：

——“本国际标准”一词改为“本标准”；

——用小数点“.”代替作为小数点的逗号“,”；

——删除了国际标准的前言。

本标准代替 GB/T 6445.1—1996《滚动轴承　滚轮滚针轴承　外形尺寸》和 GB/T 6445.2—1996《滚动轴承　滚轮滚针轴承　公差》。

本标准与 GB/T 6445.1—1996 和 GB/T 6445.2—1996 相比主要变化如下：

——将两项标准的主要内容进行了合并；

——更改了螺栓螺纹长度的符号(GB/T 6445.1—1996 的第 3 章，本版的第 4 章)；

——更改了 B_1 的定义并修改了 B_1 值(GB/T 6445.1—1996 的第 3 章和表 3～表 4，本版的第 3 章和表 3～表 4)；

——删除了轴承的代号方法(GB/T 6445.1—1996 的第 4 章)；

——简化了轴承的结构型式示意图(GB/T 6445.1—1996 的图 1～图 4，本版的图 1 和图 2)；

——修改了部分公差值(GB/T 6445.2—1996 的表 1、表 2 和表 4，本版的表 5、表 6 和表 8)；

——删除了对倒角公差的要求(GB/T 6445.2—1996 的 4.3)。

本标准由中国机械工业联合会提出。

本标准由全国滚动轴承标准化技术委员会(SAC/TC 98)归口。

本标准起草单位：洛阳轴承研究所、镇江飞亚轴承有限公司。

本标准主要起草人：宋玉聪、宋晓梅、辛厚谊。

本标准所代替标准的历次版本发布情况为：

——GB 6445—1986、GB/T 6445.1—1996、GB/T 6445.2—1996。

滚动轴承　滚轮滚针轴承
外形尺寸和公差

1　范围

本标准规定了挡圈型和螺栓型滚轮滚针轴承的外形尺寸和公差。

本标准适用于有或无保持架、带或不带密封圈以及外圈外表面为圆柱形或凸面形的挡圈型和螺栓型滚轮滚针轴承(以下简称轴承)。

2　规范性引用文件

下列文件中的条款通过本标准的引用而成为本标准的条款。凡是注日期的引用文件，其随后所有的修改单(不包括勘误的内容)或修订版均不适用于本标准，然而，鼓励根据本标准达成协议的各方研究是否可使用这些文件的最新版本。凡是不注日期的引用文件，其最新版本适用于本标准。

GB/T 197—2003　普通螺纹　公差(ISO 965-1:1998,MOD)

GB/T 307.3—2005　滚动轴承　通用技术规则

GB/T 4199—2003　滚动轴承　公差　定义(ISO 1132-1:2000,Rolling bearings—Tolerances—Part 1:Terms and definitions,MOD)

GB/T 6930—2002　滚动轴承　词汇(ISO 5593:1997,IDT)

GB/T 7811—2007　滚动轴承　参数符号(ISO 15241:2001,IDT)

3　术语和定义

GB/T 6930—2002 和 GB/T 4199—2003 中确立的术语和定义适用于本标准。

4　符号

GB/T 7811—2007 中给出的和下列符号适用于本标准。

除另有说明外，图 1 和图 2 中所示符号(公差符号除外)和表 1～表 8 中示值均表示公称尺寸。

B——挡圈型轴承内圈和挡圈的总宽度；

B_1——螺栓型轴承螺栓端面至挡圈端面的距离；

B_2——螺栓杆长度；

B_3——挡圈端面至径向润滑油孔中心的距离；

C——外圈宽度；

C_1——外圈端面至挡圈端面的距离；

D——外圈外径；

d——轴承内径；

d_1——螺栓直径；

G——螺栓螺纹代号；

K_{ea}——成套轴承外圈径向跳动；

l_G——螺栓螺纹长度；

M——螺栓两端轴向油孔直径；

M_1——螺栓杆上径向油孔直径；

r——外圈径向和轴向倒角尺寸；

$r_{s\,min}$——外圈最小单一倒角尺寸；

r_1——内圈径向和轴向倒角尺寸；

$r_{1s\,min}$——内圈最小单一倒角尺寸；

Δ_{Bs}——内圈和挡圈单一总宽度偏差；

Δ_{B2s}——螺栓杆单一长度偏差；

Δ_{Cs}——外圈单一宽度偏差；

Δ_{Dmp}——单一平面平均外径偏差；

Δ_{dmp}——单一平面平均内径偏差；

Δ_{d1s}——螺栓单一直径偏差。

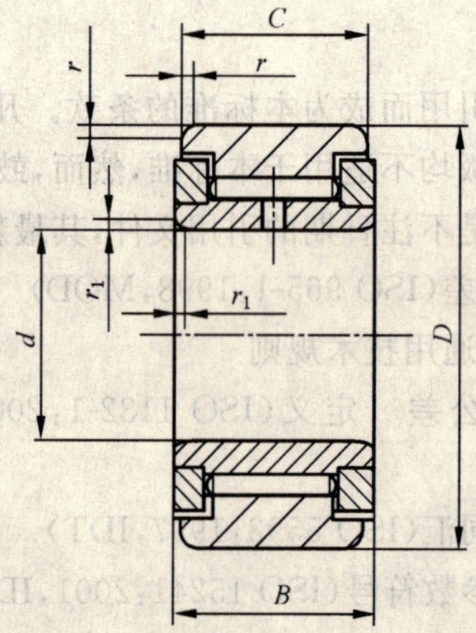

注：外圈外表面可为圆柱形或凸面形，轴承可有或无保持架、带或不带密封圈，螺栓挡边端面或两端可有一字槽或内六角沉孔。

图 1　挡圈型

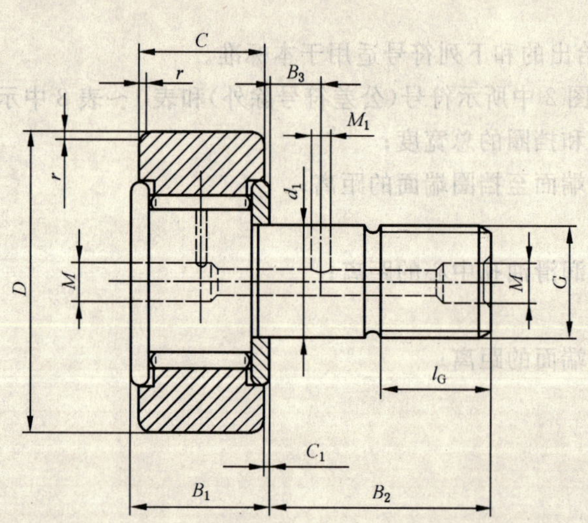

注：外圈外表面可为圆柱形或凸面形，轴承可有或无保持架、带或不带密封圈，螺栓挡边端面或两端可有一字槽或内六角沉孔。

图 2　螺栓型

5 外形尺寸

5.1 挡圈型

挡圈型滚轮滚针轴承外形尺寸见表1和表2。

表1 挡圈型——轻系列

单位为毫米

轴承型号		d	D	C	B	$r_{s\,min}$[a]	$r_{1s\,min}$[a,b]
NATR 型	NATV 型						
NATR 5	NATV 5	5	16	11	12	0.15	0.15
NATR 6	NATV 6	6	19	11	12	0.15	0.15
NATR 8	NATV 8	8	24	14	15	0.3	0.3
NATR 10	NATV 10	10	30	14	15	0.6	0.3
NATR 12	NATV 12	12	32	14	15	0.6	0.3
NATR 15	NATV 15	15	35	18	19	0.6	0.3
NATR 17	NATV 17	17	40	20	21	1	0.3
NATR 20	NATV 20	20	47	24	25	1	0.3
NATR 25	NATV 25	25	52	24	25	1	0.3
NATR 30	NATV 30	30	62	28	29	1	0.3
NATR 35	NATV 35	35	72	28	29	1	0.6
NATR 40	NATV 40	40	80	30	32	1	0.6
NATR 45	NATV 45	45	85	30	32	1	0.6
NATR 50	NATV 50	50	90	30	32	1	0.6
NATR 55	NATV 55	55	100	34	36	1.5	0.6
NATR 60	NATV 60	60	110	34	36	1.5	0.6
NATR 65	NATV 65	65	120	40	42	1.5	0.6
NATR 70	NATV 70	70	125	40	42	1.5	0.6
NATR 75	NATV 75	75	130	40	42	1.5	0.6
NATR 80	NATV 80	80	140	46	48	2	1
NATR 85	NATV 85	85	150	46	48	2	1
NATR 90	NATV 90	90	160	52	54	2	1
NATR 95	NATV 95	95	170	52	54	2	1
NATR 100	NATV 100	100	180	63	65	2	1.5
NATR 110	NATV 110	110	200	63	65	2	1.5
NATR 120	NATV 120	120	215	63	65	2	1.5

a r 和 r_1 的最大值未规定。

b 内圈上的倒角可用圆周锥口孔代替。

表 2 挡圈型——重系列

单位为毫米

轴承型号		d	D	C	B	$r_{s\ min}$ [a]	$r_{1s\ min}$ [a,b]
NATR 型	NATV 型						
NATR 10 32	NATV 10 32	10	32	17	18	0.6	0.3
NATR 12 37	NATV 12 37	12	37	20	21	1	0.3
NATR 15 42	NATV 15 42	15	42	22	24	1	0.3
NATR 17 47	NATV 17 47	17	47	25	27	1	0.3
NATR 20 58	NATV 20 58	20	58	32	34	1	0.3
NATR 25 72	NATV 25 72	25	72	38	40	1	0.3
NATR 30 85	NATV 30 85	30	85	46	48	1.5	0.3
NATR 35 100	NATV 35 100	35	100	54	56	1.5	0.6
NATR 40 110	NATV 40 110	40	110	61	63	2	0.6
NATR 45 125	NATV 45 125	45	125	69	71	2	0.6
NATR 50 140	NATV 50 140	50	140	76	80	2.5	0.6
NATR 60 160	NATV 60 160	60	160	86	90	2.5	0.6
NATR 70 190	NATV 70 190	70	190	99	103	2.5	0.6
NATR 80 210	NATV 80 210	80	210	111	115	2.5	1
NATR 90 240	NATV 90 240	90	240	128	132	3	1

a r 和 r_1 的最大值未规定。

b 内圈上的倒角可用圆周锥口孔代替。

5.2 螺栓型

螺栓型滚轮滚针轴承外形尺寸见表 3 和表 4。

表 3 螺栓型——轻系列

单位为毫米

轴承型号		D	d_1	C	B_1 max	B_2	B_3	G	l_G	M	M_1	C_1	$r_{s\ min}$ [a]
KR 型	KRV 型												
KR 13	KRV 13	13	5	9	10	13	—	M5×0.8	7	4[b]	—	0.5	0.15
KR 16	KRV 16	16	6	11	12.2	16	—	M6×1	8	4[b]	—	0.6	0.15
KR 19	KRV 19	19	8	11	12.2	20	—	M8×1.25	10	4[b]	—	0.6	0.15
KR 22	KRV 22	22	10	12	13.2	23	—	M10×1[c]	12	4[b]	—	0.6	0.3
KR 26	KRV 26	26	10	12	13.2	23	—	M10×1[c]	12	4[b]	—	0.6	0.3
KR 30	KRV 30	30	12	14	15.2	25	6	M12×1.5	13	6	3	0.6	0.6
KR 32	KRV 32	32	12	14	15.2	25	6	M12×1.5	13	6	3	0.6	0.6
KR 35	KRV 35	35	16	18	19.6	32.5	8	M16×1.5	17	6	3	0.8	0.6
KR 40	KRV 40	40	18	20	21.6	36.5	8	M18×1.5	19	6	3	0.8	1
KR 47	KRV 47	47	20	24	25.6	40.5	9	M20×1.5	21	8	4	0.8	1
KR 52	KRV 52	52	20	24	25.6	40.5	9	M20×1.5	21	8	4	0.8	1

表 3（续）

单位为毫米

轴承型号		D	d_1	C	B_1 max	B_2	B_3	G	l_G	M	M_1	C_1	$r_{s\ min}$[a]
KR 型	KRV 型												
KR 62	KRV 62	62	24	29	30.6	49.5	11	M24×1.5	25	8	4	0.8	1
KR 72	KRV 72	72	24	29	30.6	49.5	11	M24×1.5	25	8	4	0.8	1
KR 80	KRV 80	80	30	35	37	63	15	M30×1.5	32	8	4	1	1
KR 85	KRV 85	85	30	35	37	63	15	M30×1.5	32	8	4	1	1
KR 90	KRV 90	90	30	35	37	63	15	M30×1.5	32	8	4	1	1

a　r 的最大值未规定。

b　油孔仅在螺栓挡边端端面上。

c　也可按 M10×1.25 制造。

表 4　螺栓型——重系列

单位为毫米

轴承型号		D	d_1	C	B_1 max	B_2	B_3	G	l_G	C_1	$r_{s\ min}$[a]
KR 型	KRV 型										
KR 13 6	KRV 13 6	13	6	9	10	15	—	M6×1	8	0.5	0.3
KR 16 8	KRV 16 8	16	8	11	12	19	—	M8×1.25	10	0.5	0.3
KR 19 10	KRV 19 10	19	10	11	12	22	—	M10×1[b]	12	0.5	0.3
KR 24 12	KRV 24 12	24	12	14	15	26	—	M12×1.5	14	0.5	0.3
KR 32 14	KRV 32 14	32	14	17	18	30	7	M14×1.5	16	0.5	0.6
KR 37 16	KRV 37 16	37	16	20	21	35	8	M16×1.5	18	0.5	1
KR 42 20	KRV 42 20	42	20	22	24	41	10	M20×1.5	21	1	1
KR 47 24	KRV 47 24	47	24	25	27	48	11	M24×1.5	25	1	1
KR 58 30	KRV 58 30	58	30	32	34	59	14	M30×1.5	30	1	1
KR 72 36	KRV 72 36	72	36	38	40	76	17	M36×3	41	1	1
KR 85 42	KRV 85 42	85	42	46	48	87	20	M42×3	46	1	1.5
KR 100 48	KRV 100 48	100	48	54	56	100	23	M48×3	53	1	1.5
KR 110 56	KRV 110 56	110	56	61	63	115	—	M56×4	61	1	2
KR 125 64	KRV 125 64	125	64	69	71	129	—	M64×4	68	1	2
KR 140 72	KRV 140 72	140	72	76	79	143	—	M72×4	73	2	2.5
KR 160 80	KRV 160 80	160	80	86	89	157	—	M80×4	80	2	2.5
KR 190 80	KRV 190 80	190	80	99	102	160	—	M80×4	80	2	2.5
KR 210 90	KRV 210 90	210	90	111	114	178	—	M90×4	88	2	2.5
KR 240 100	KRV 240 100	240	100	128	131	197	—	M100×4	96	2	3

注：重系列螺栓型轴承油孔尺寸 M 及 M_1 应符合制造厂设计图样的规定。

a　r 的最大值未规定。

b　也可按 M10×1.25 制造。

6 公差

6.1 挡圈型

6.1.1 挡圈型滚轮滚针轴承的外圈公差见表 5。

6.1.2 挡圈型滚轮滚针轴承的内圈公差见表 6。

表 5 外圈

单位为微米

D/mm		Δ_{Dmp}				Δ_{Cs}		K_{ea}
		圆柱形		凸面形				
超过	到	上偏差	下偏差	上偏差	下偏差	上偏差	下偏差	max
10	18	0	−18	0	−50	0	−120	15
18	30	0	−21	0	−50	0	−120	15
30	50	0	−25	0	−50	0	−120	20
50	80	0	−30	0	−50	0	−120	25
80	120	0	−35	0	−50	0	−120	35
120	150	0	−40	0	−50	0	−120	40
150	180	0	−40	0	−50	0	−150	45
180	240	0	−46	0	−50	0	−200	50

表 6 内圈

单位为微米

d/mm		Δ_{dmp}		Δ_{Bs}	
超过	到	上偏差	下偏差	上偏差	下偏差
2.5	10	0	−8	0	−270
10	18	0	−8	0	−330
18	30	0	−10	0	−390
30	50	0	−12	0	−460
50	80	0	−15	0	−540
80	120	0	−20	0	−630

6.2 螺栓型

6.2.1 螺栓型滚轮滚针轴承外圈公差见表 5。

6.2.2 螺栓型滚轮滚针轴承螺栓直径公差见表 7，螺栓长度公差见表 8，螺栓螺纹公差为符合 GB/T 197—2003 规定的 6 g 公差。

表 7 螺栓直径公差

单位为微米

d_1/mm		Δ_{d1s}	
超过	到	上偏差	下偏差
3	6	0	−12
6	10	0	−15
10	18	0	−18
18	30	0	−21
30	50	0	−25
50	80	0	−30
80	120	0	−35

表 8　螺栓长度公差

单位为毫米

B_2	Δ_{B2s}	
	上偏差	下偏差
所有长度	+0.5	−1

7　表面粗糙度

7.1　外圈

当外径 $D \leqslant 80$ mm 时，外圈外径表面粗糙度 Ra 的最大值为 0.63 μm。

当外径 $D > 80$ mm 时，外圈外径表面粗糙度 Ra 的最大值为 1 μm。

7.2　内圈

内圈内径表面及端面的表面粗糙度值应符合 GB/T 307.3—2005 规定的 0 级公差轴承内圈相应的表面粗糙度值。

7.3　平挡圈

平挡圈端面的表面粗糙度值应符合 GB/T 307.3—2005 规定的 0 级公差单向推力轴承垫圈端面相应的表面粗糙度值。

7.4　螺栓

螺栓颈部 d_1 的表面粗糙度 Ra 的最大值为 0.63 μm。

ICS 25.080.50
J 55

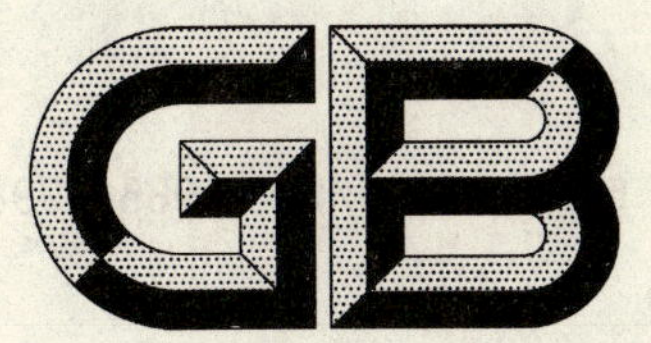

中华人民共和国国家标准

GB/T 6476—2007/ISO 1985:1998
代替 GB/T 6476—1986

立轴矩台平面磨床　精度检验

Surface grinding machines with vertical grinding wheel spindle and reciprocating table—Testing of the accuracy

(ISO 1985:1998,Machine tools—Test conditions for surface grinding machines with vertical grinding wheel spindle and reciprocating table—Testing of the accuracy,IDT)

2007-07-17 发布　　2007-12-01 实施

中华人民共和国国家质量监督检验检疫总局
中国国家标准化管理委员会　发布

前　言

本标准等同采用 ISO 1985:1998《机床　立轴矩台平面磨床检验条件　精度检验》(英文版)。

本标准等同翻译 ISO 1985:1998。

为便于使用,本标准做了下列编辑性修改:

——为了与其他标准一致,将标准名称改为《立轴矩台平面磨床　精度检验》;

——"本国际标准"一词改为"本标准";

——用小数点"."代替作为小数点的逗号",";

——删除了 ISO 1985:2001 的前言和引言;

——对 ISO 1985:1998 中引用的其他国际标准,用我国对应的国家标准代替;

——引用标准中增加了 GB/T 19660—2005;

——增加了"3.8　轴线命名"内容;

——删除了 ISO 1985:2001 的附录 A;

——删除了各表允差一栏中的"实测偏差"。

本标准代替 GB/T 6476—1986《立轴矩台平面磨床　精度》。

本标准与 GB/T 6476—1986 相比主要变化如下:

——增加了"第 2 章规范性引用文件"。

本标准能与同类产品的相关标准配套使用。

本标准由中国机械工业联合会提出。

本标准由全国金属切削机床标准化技术委员会(SAC/TC 22)归口。

本标准起草单位:杭州平面磨床研究所。

本标准主要起草人:黄强、陈向东、陈小飞。

本标准所代替标准的历次版本发布情况为:

——GB/T 6476—1986。

立轴矩台平面磨床 精度检验

1 范围

本标准(参照 GB/T 17421.1)规定了一般用途和普通精度的立轴矩台平面磨床的几何精度检验和工作精度检验。本标准对这些检验规定了相应的允差。

本标准不适用于固定工作台或圆工作台的平面磨床,也不适用于磨头作纵向移动的平面磨床。

本标准仅用于机床的精度检验,不适用于机床的运转检查(如振动、不正常的噪声、运动部件的爬行等),也不适用于机床的参数检查(如速度、进给量等),这些检查通常应在精度检验前进行。

2 规范性引用文件

下列文件中的条款通过本标准的引用而成为本标准的条款。凡是注日期的引用文件,其随后所有的修改单(不包括勘误的内容)或修订版均不适用于本标准,然而,鼓励根据本标准达成协议的各方研究是否可使用这些文件的最新版本。凡是不注日期的引用文件,其最新版本适用于本标准。

GB/T 17421.1—1998 机床检验通则 第1部分:在无负载或精加工条件下机床的几何精度(eqv ISO 230-1:1996)

GB/T 19660—2005 工业自动化系统与集成 机床数值控制系统和运动命名(ISO 841:2001,IDT)

3 一般要求

3.1 计量单位

本标准中的所有线性尺寸、偏差和相应的允差的单位为毫米;角度尺寸的单位为度,角度偏差和相应的允差一般用比值表示,但在有些情况下为清晰起见,可用微弧度或秒表示。应始终注意下列表达式的等效关系:

$$0.01/1\,000 = 10\ \mu\text{rad} \approx 2''$$

3.2 参照 GB/T 17421.1

使用本标准时应参照 GB/T 17421.1,尤其是机床检验前的安装、主轴及其他运动部件的温升、检验方法和检验工具的推荐精度。

在后面的检验项目"备注"栏中,指出了检验方法均参照 GB/T 17421.1 的相应条款,有关的检验与 GB/T 17421.1 的规定一致。

3.3 检验顺序

本标准所列出的检验项目顺序并不表示实际检验顺序。为了使装拆检验工具和检验方便,可按任意次序进行检验。

3.4 检验项目

检验机床时,根据结构特点并不是必须检验本标准中的所有检验项目。为了验收目的而要求检验时,可由用户取得制造厂同意选择一些感兴趣的检验项目,但这些检验项目必须在机床订货时明确提出。

3.5 检验工具

在第4章和第5章的检验项目中所列出的检验工具仅为例子。可以使用相同指示量和具有至少相同精度的其他检验工具。指示器应具有 0.001 mm 或更高的分辨率。

3.6 最小允差

当几何精度检验实测长度与本标准所规定长度值不同时，允差按实测长度折算(见 GB/T 17421.1—1998 的 2.3.1.1)，允差最小折算值为 0.005 mm。

3.7 工作精度检验

工作精度检验应当在精加工时进行，而不在粗加工时进行，因为粗加工易产生较大的切削力。

3.8 轴线命名

机床的坐标和运动方向应符合 GB/T 19660 的规定。

4 几何精度检验

4.1 线性轴线

G1

检验项目

工作台移动(*X* 轴线)的直线度：

a) 在 *ZX* 垂直平面内；

b) 在 *XY* 水平面内。

简图

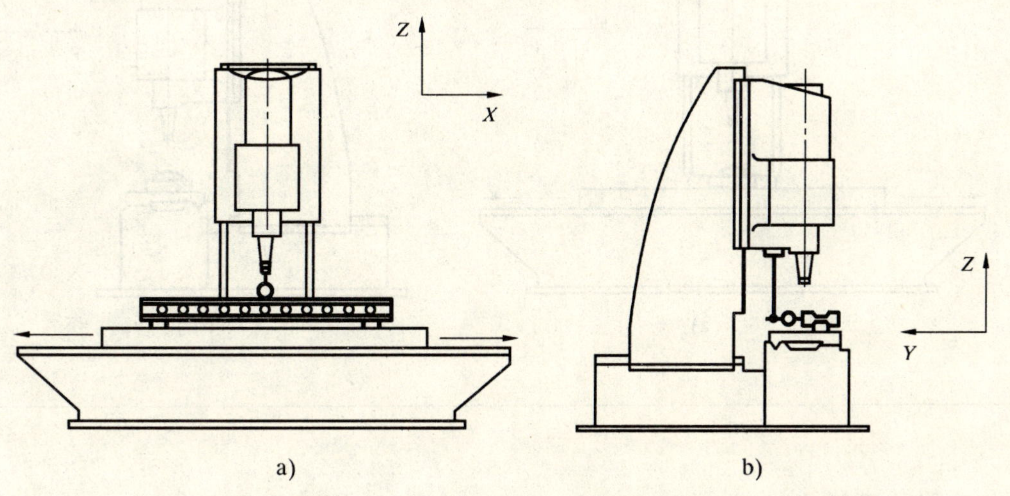

a) b)

允差

a)和 b) 1 000 测量长度内为 0.01,测量长度每增加 1 000,允差增加 0.01;
最大允差:0.025。

检验工具

平尺和指示器、钢丝和显微镜[仅用于 b)]或光学方法。

备注和参照 GB/T 17421.1—1998(5.2.3.2.1)

指示器支架应置于砂轮主轴端部或靠近主轴的磨头上,将平尺平行于工作台纵向移动方向放置,使指示器测头触及平尺。

检验 a)、b)项时,测量长度应与工作台面长度一致。

误差以指示器读数的最大差值计。

G2

检验项目

工作台移动(X 轴线)的角度偏差:

a) 在 ZX 纵向平面内(俯仰角 EBX);

b) 在 YZ 横向平面内(倾斜角 EAX)。

简图

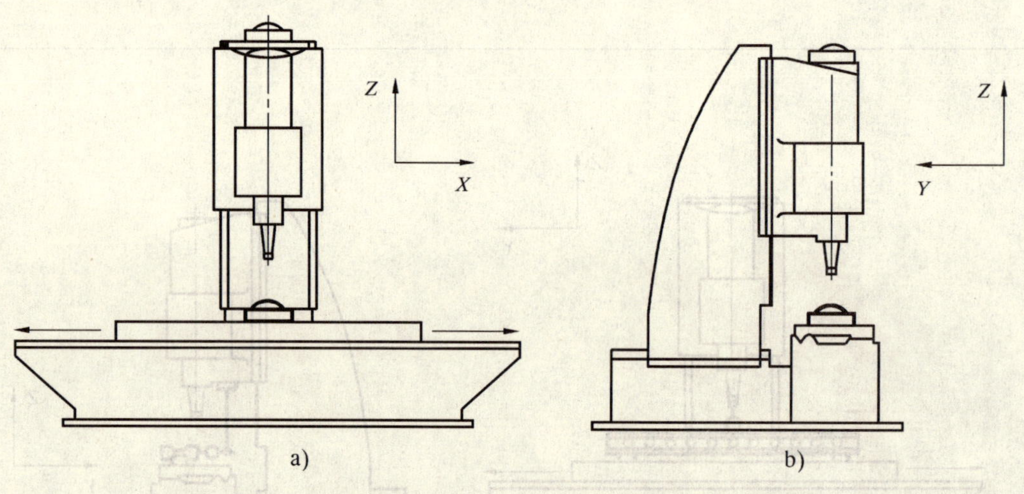

允差

a) 0.04/1 000;

b) 0.02/1 000。

检验工具

精密水平仪或光学角度偏差测量仪。

备注和参照 GB/T 17421.1—1998(5.2.3.2.2)

水平仪或测量仪应 a)纵向放置;b)横向放置。

1) 工作台面的第一个 300 mm 处;

2) 工作台的中央;

3) 工作台面的最后 300 mm 处。

当 X 轴线运动引起磨头和工件夹持工作台同时产生角位移时,这两种角位移应分别测量并给予标明。

基准水平仪(若使用)应固定在磨头上,并且磨头应位于行程的中间位置。

应沿行程在等距离的若干位置进行测量。

在工作台的中央和两端,两个方向的最大读数和最小读数的差值不应超过允差值。

G3

检验项目

磨头垂直移动（*Z* 轴线）的直线度和磨头垂直移动对工作台面的垂直度：

a)　在纵向 *ZX* 垂直平面内；

b)　在横向 *YZ* 垂直平面内。

简图

允差

a)和 b)　300 测量长度上为 0.02。

检验工具

指示器和角尺。

备注和参照 GB/T 17421.1—1998(5.5.2.2.2)

测量时，如可能的话，磨头锁紧。

如主轴能锁紧，则指示器可安装在主轴上，否则应安装在磨头的固定部位上。

检验 a)、b)项时，应在磨头全行程上检验，如因结构所限不能在全行程上检验时，则应按能够检验的最大行程检验。一般每隔 100 mm 测量一次读数，但总数应不少于 5 点。

a)、b)项误差分别计算。误差以指示器读数的最大差值计。

G4

检验项目

立柱移动(*Y* 轴线)的直线度：

a) 在 *ZY* 垂直平面内；

b) 在 *XY* 水平面内。

简图

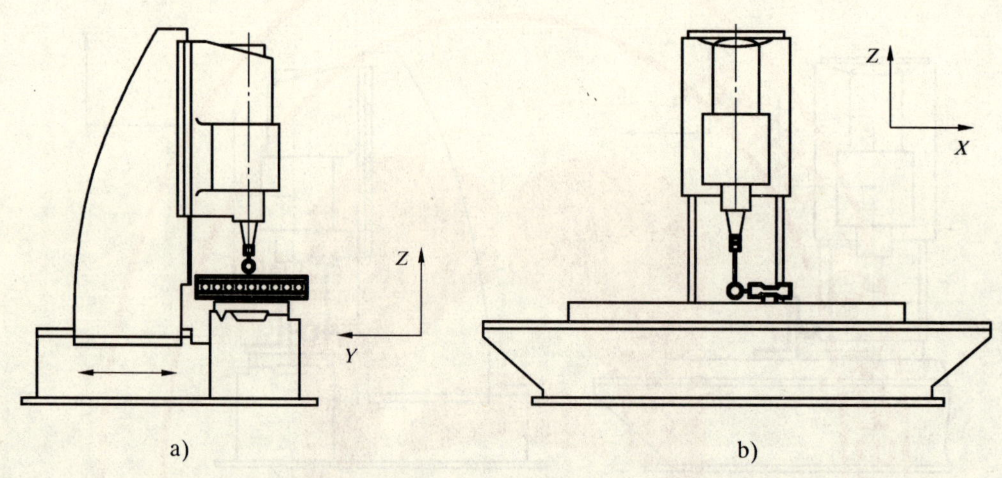

a) b)

允差

a)和 b) 1 000 测量长度内为 0.01，测量长度每增加 1 000，允差增加 0.01；

最大允差：0.025。

检验工具

平尺和指示器、钢丝和显微镜[仅适于 b)]或光学方法。

备注和参照 GB/T 17421.1—1998(5.2.3.2.1)

仅适用于有此运动的机床。

指示器支架应置于砂轮主轴端部或靠近主轴的磨头体上，将平尺平行于立柱纵向移动方向放置，使指示器测头触及平尺。

检验时，测量长度应与工作台面宽度一致。

误差以指示器读数的最大差值计。

G5

检验项目

立柱移动(*Y* 轴线)的角度偏差:

a) 在 *ZX* 平面内(倾斜角 *EBY*);

b) 在 *YZ* 平面内(俯仰角 *EAY*)。

简图

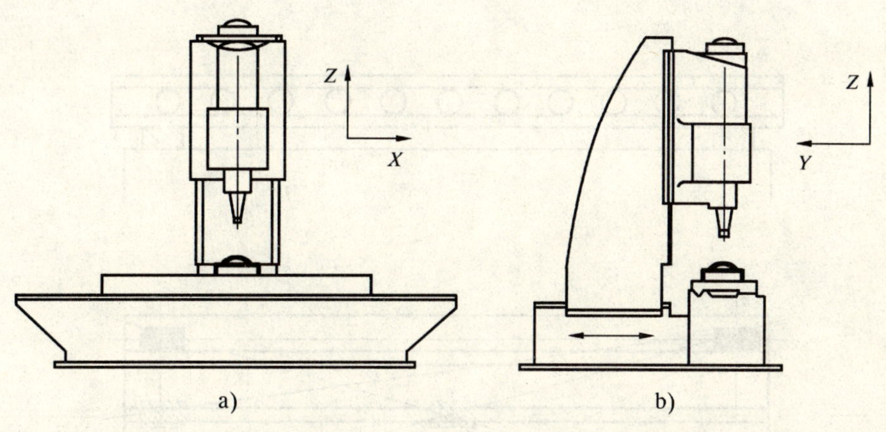

a) b)

允差

a) 0.02/1 000;

b) 0.04/1 000。

检验工具

精密水平仪或光学角度偏差测量仪。

备注和参照 GB/T 17421.1—1998(5.2.3.2.2)

水平仪或测量仪应 a) 纵向放置;b) 横向放置。

当 *Y* 轴线运动引起磨头和工件夹持工作台同时产生角位移时,这两种角位移应分别测量并给予标明。

基准水平仪(若使用)应固定在工件夹持工作台上,并且磨头应位于行程的中间位置。

应沿行程在等距离的若干位置进行测量。

在工作台的中央和两端,两个方向的最大读数和最小读数的差值不应超过允差值。

4.2 工作台

G6

检验项目

工作台面的平面度。

简图

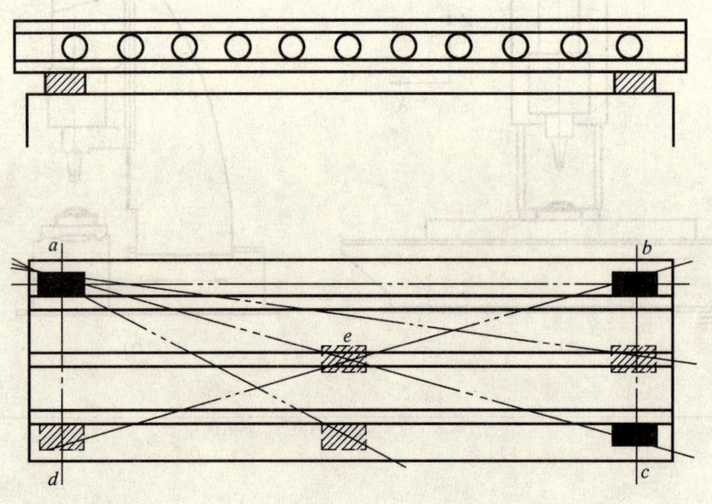

允差

1 000 测量长度内为 0.01,测量长度每增加 1 000,允差增加 0.01;

最大允差:0.04;

局部公差:任意 300 测量长度上为 0.005。

检验工具

平尺和量块或精密水平仪。

备注和参照 GB/T 17421.1—1998(5.3.2.2 和 5.3.2.3)

工作台不锁紧并位于行程的中间位置。

用平尺和量块检验时,在工作台面的 a、b、c 三个基准点上各放置一等高量块,将平尺放在 a、c 点的等高量块上,在 e 点放一可调量块,使其与平尺的下表面接触,再将平尺放在 b、e 量块上,在 d 点放一可调量块,使其与平尺的下表面接触,这时,a、b、c 和 d 量块的上表面均处于同一表面上。

将平尺放在图示各位置上,用量具测量工作台面与平尺的下表面间的距离。

误差以其最大代数差值计。

G7

检验项目

工作台面对：

a) 工作台纵向移动（*X* 轴线）的平行度；

b) 磨头立柱（或工作台）横向移动（*Y* 轴线）的平行度（仅适用于有此运动的机床）。

简图

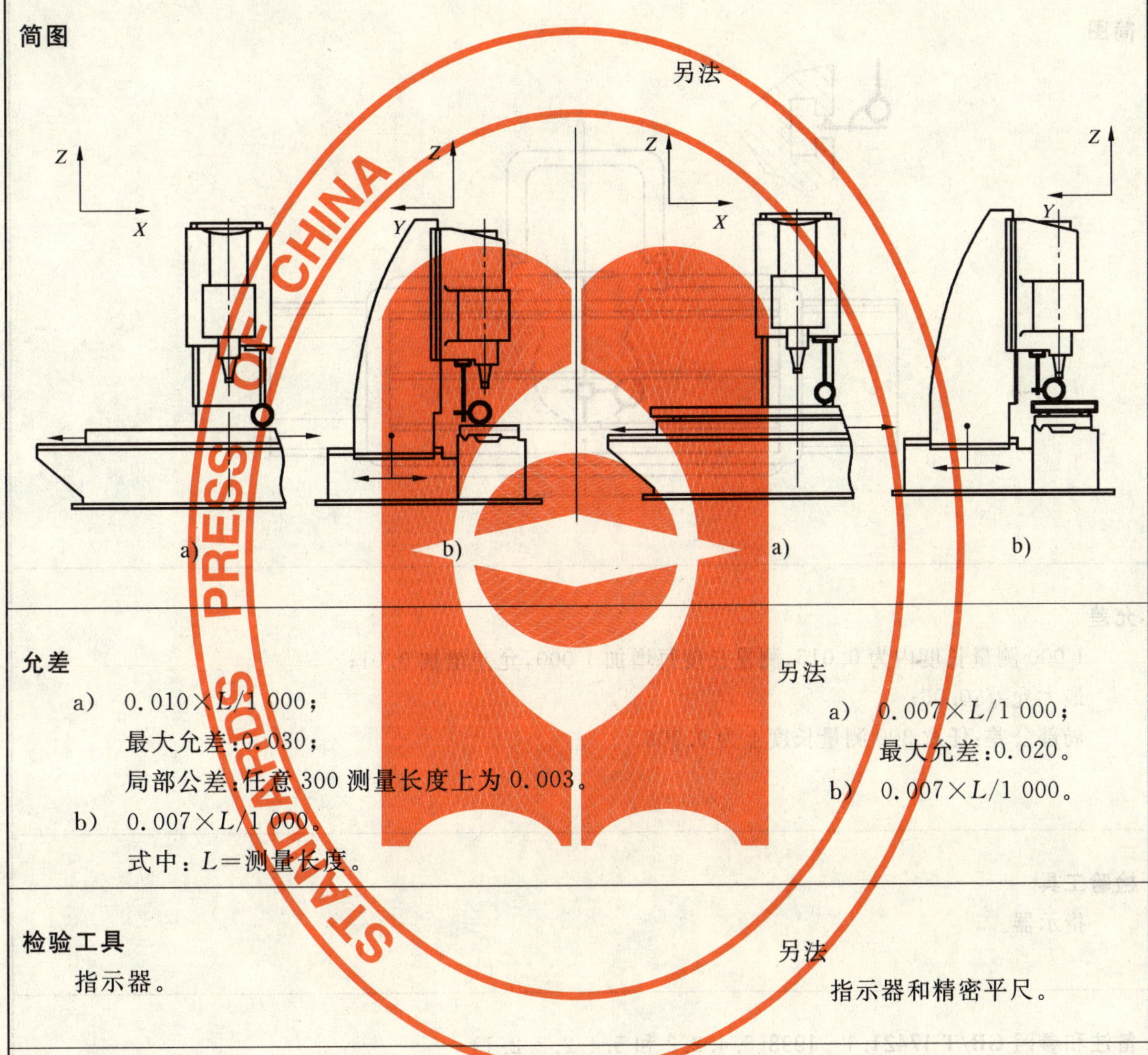

允差

a) 0.010×*L*/1 000；

最大允差：0.030；

局部公差：任意 300 测量长度上为 0.003。

b) 0.007×*L*/1 000。

式中：*L*＝测量长度。

另法

a) 0.007×*L*/1 000；

最大允差：0.020。

b) 0.007×*L*/1 000。

检验工具

指示器。

另法

指示器和精密平尺。

备注和参照 GB/T 17421.1—1998（5.4.2.2.2.1）

1) 直接检验工作台面。

如主轴能锁紧，则指示器可装在主轴上。否则指示器应装在机床的固定部位上。

指示器测头应与砂轮主轴轴线重合。

另法

2) 用平尺进行检验。

检验时平尺应与工作台平行并按所检验的方向安放。

检验 a）、b）项时，测量长度应与工作台面的长度或宽度一致。

误差以指示器读数的最大差值计。

G8

检验项目

中央或基准T形槽对工作台纵向移动(X轴线)的平行度(仅适用于磨头或工作台横向移动的机床)。

简图

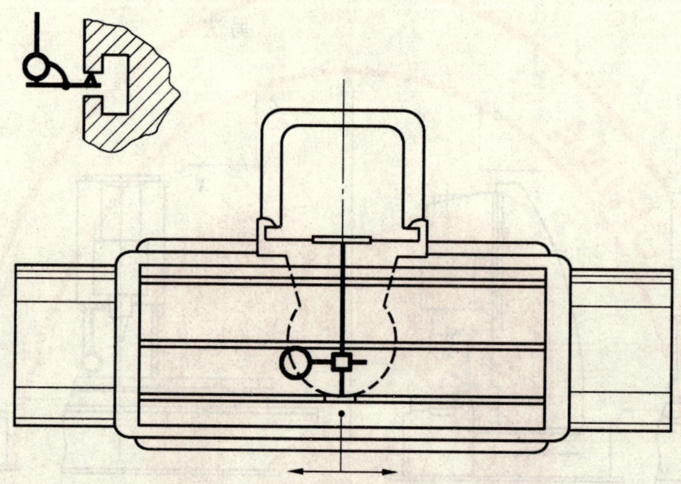

允差

1 000测量长度内为0.015,测量长度每增加1 000,允差增加0.01;

最大允差:0.05;

局部公差:任意300测量长度上为0.008。

检验工具

指示器。

备注和参照 GB/T 17421.1—1998(5.4.2.2和5.4.2.2.2.1)

如主轴能锁紧,则指示器可装在主轴上。否则指示器应装在机床的固定部位上。

指示器测头触及中央或基准T形槽侧面,纵向移动工作台检验。

检验时允许T形槽两端出口处在25 mm范围内不作考核。

误差以指示器读数的最大差值计。

4.3 主轴

G9

检验项目

砂轮主轴锥端的径向跳动。

简图

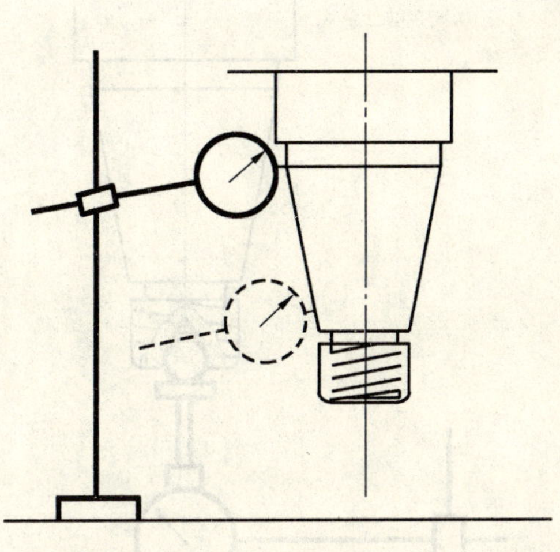

允差

0.005。

检验工具

指示器。

备注和参照 GB/T 17421.1—1998(5.6.1.2.1 和 5.6.1.2.2)

指示器测头应与被检表面垂直,在锥体两端位置检验。

允许用点动电动机进行检验。

误差分别计算。误差以指示器读数的最大差值计。

G10

检验项目

砂轮主轴的轴向窜动。

简图

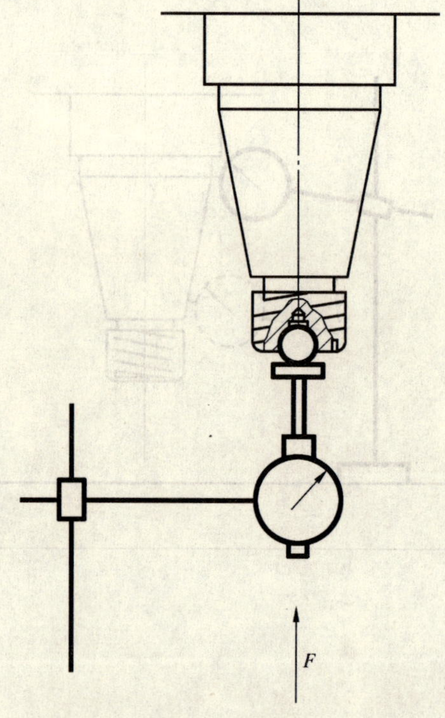

允差

0.005。

检验工具

指示器。

备注和参照 GB/T 17421.1—1998(5.6.2.2.1 和 5.6.2.2.2)

固定指示器,使其测头触及砂轮主轴中心孔内的钢球表面。

应向砂轮主轴施加一个由制造厂规定的轴向力 F。

指示器测头的作用线应与砂轮主轴轴线重合。

使用预负荷轴承时,不需施加力 F。

允许用点动电动机进行检验。

误差以指示器读数的最大差值计。

G11

检验项目

砂轮主轴轴线对工作台面的垂直度：

a) 在纵向 ZX 平面内；

b) 在横向 YZ 平面内(仅适用于该平面内砂轮主轴不能调整的机床)。

简图

a)

b)

允差

a)和 b) 0.01/300，300 为两测量接触点间的距离。

检验工具

指示器。

备注和参照 GB/T 17421.1—1998(5.5.1.2 和 5.5.1.2.4.2)

工作台在中间位置。

如果可能的话，锁紧磨头。

指示器固定在夹紧于主轴的检具上，使其测头触及工作台面，旋转主轴检验。

a)、b)项误差分别计算。误差以指示器读数的差值计。

5 工作精度检验

M1

检验性质和切削条件

磨削5块圆柱形或方形试件,试磨前,试件与工作台接触面应先磨平。

试件安放的位置如下:

——一块放在工作台中央;

——其余四块分别放在工作台四角。

简图

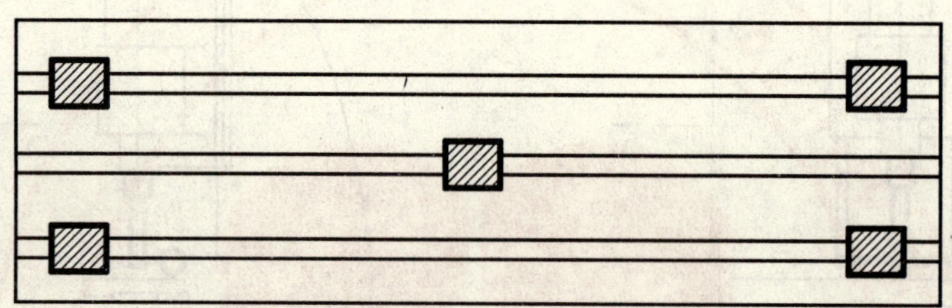

试件材料应为铸铁或钢两种之一。

同组试件必须具有相同的硬度,并应适当地固定在工作台面上。

试件被测磨削面的尺寸应尽可能地小,例如:50 mm×50 mm 方形或 ϕ50 mm 直径。

检验项目

试件磨削后应具有相等的厚度。

允差

1) 试件间距离≤1 000:300 长度上为 0.005

(当试件间距离<300 时,允差值应根据距离按比例折算,但不小于 0.001)。

2) 试件间距离>1 000:长度每增加 1 000,允差增加 0.01;

最大允差:0.05。

检验工具

精密指示器。

备注和参照 GB/T 17421.1—1998(4.1 和 4.2)

试件间距离以两块试件最外端之间距离计算。

试件误差以每块试件的最高点,计算5块试件间的最大厚度差。

M2

检验性质和切削条件

用一次磨削磨单块矩形试件，试件应用机械方法紧固在工作台上。试件应具有足够刚性，使其夹紧时不会产生变形。

第一次试磨时，试件应固定在工作台中央位置。其余增加的检验，试件可固定在工作台任何其他位置。试磨前，试件与工作台面接触的基准面应先磨平。

简图

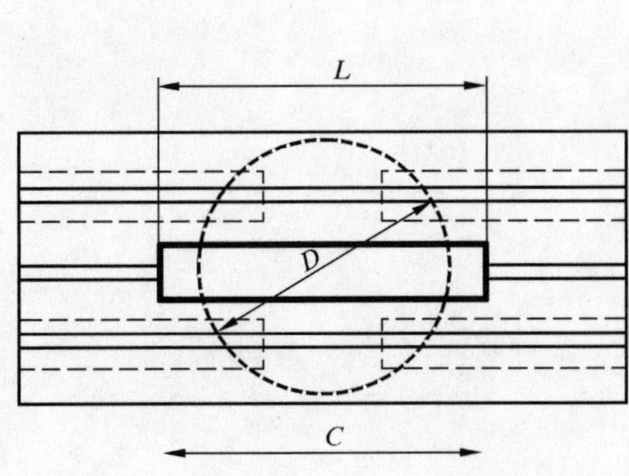

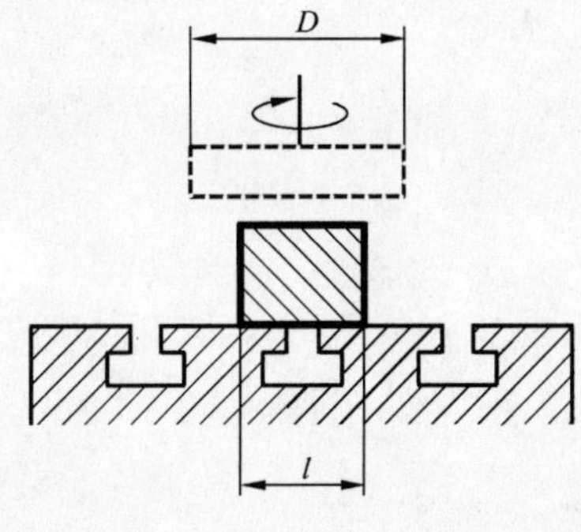

$l \geqslant D/3, L \geqslant C/2$

式中：

D=砂轮直径；

l=试件宽度；

L=试件长度；

C=工作台行程长度。

试件的材料应为铸铁或钢两种之一。

检验项目

试件置于工作台面的任何部位，磨削后其厚度应相等。

允差

300 测量长度上为 0.005；

最大允差：0.03。

检验工具

精密指示器。

备注和参照 GB/T 17421.1—1998(4.1 和 4.2)

检验时试件置于平板上，用指示器进行测量。

误差值按试件长度 L 折算，横向不折算。

ICS 77.140.70
H 44

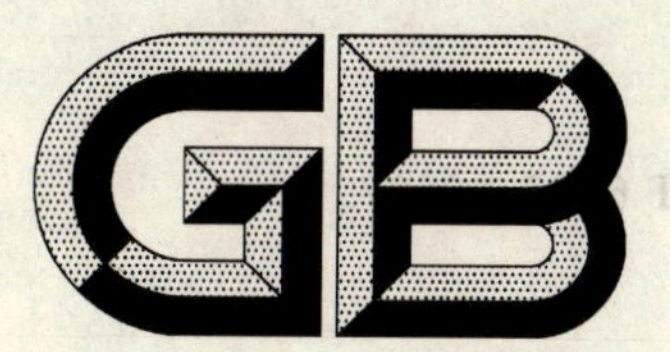

中华人民共和国国家标准

GB/T 6482—2007
代替 GB/T 6482—1994

凿岩用螺纹连接钎杆

Thread extension steel bars for rock drilling

(ISO 10207:1991, Rock drilling equipment—Rope threaded drill steel equipment for percussive drilling, nominal sizes 22 mm to 38 mm;
ISO 10208:1991, Rock drilling equipment—Left-hand rope threads, NEQ)

2007-10-25 发布　　2008-04-01 实施

中华人民共和国国家质量监督检验检疫总局
中国国家标准化管理委员会　发布

前　言

本标准与 ISO 10207:1991《凿岩钎具——冲击凿岩用公称尺寸为 22 mm 至 38 mm 的波形螺纹钎具》和 ISO 10208:1991《凿岩钎具——左旋波形螺纹》的一致性程度为非等效，主要差异如下：

——增加了梯形螺纹的相应代号、相关尺寸、符号及示意图。

——结合我国实际情况，给出了钎杆分类及代号。

——调整了钎杆长度基本尺寸和允许偏差范围。

——规定了钎杆和连接套表面热处理硬度范围。

本标准代替 GB/T 6482—1994《凿岩用波形螺纹连接钎杆》。

本标准与 GB/T 6482—1994 相比主要变化如下：

——改变了标准的名称，由原标准的《凿岩用波形螺纹连接钎杆》，改为《凿岩用螺纹连接钎杆》。

——增加了“螺纹钎杆”的定义。

——将“平巷钻车钎杆”改为“掘进钻车钎杆”。

——取消了“中继钎杆”的定义，不再将中继钎杆的分类列入钎杆分类及代号。

——增加了“订货内容”的相关条款。

——改变了中止台式连接套的符号，由原标准的 LJT 改为 LJZ。

——改变了六角中空钢公称对边距离的符号，由原标准的 B 改为 H。

——增加了梯形螺纹的相关尺寸、符号及图纸。

——调整了外形、尺寸及允许偏差部分图表的内容，由原标准的 14 个图、6 个表，调整为 18 个图、4 个表。

本标准由中国钢铁工业协会提出。

本标准由全国钢标准化技术委员会归口。

本标准起草单位：贵阳特殊钢有限责任公司、钢铁研究总院、贵州三占集团实业有限公司、长沙矿冶研究院冶金工业信息标准研究院。

本标准主要起草人：龙潜、田巧丽、李兵、甘海仁、张春红、杜简丽、王筑生、董鑫业。

本标准所代替标准的历次版本发布情况为：

GB/T 6482—1986、GB/T 6482—1994。

凿岩用螺纹连接钎杆

1 范围

本标准规定了凿岩用螺纹连接钎杆、连接套的术语和定义、订货内容、符号、分类代号、外形、尺寸及允许偏差、技术要求、试验方法、检验规则、包装、标志、运输、贮存等。

本标准适用于直径为 22 mm～51 mm 的凿岩用螺纹波形和梯形螺纹连接钎杆及连接套。

2 规范性引用文件

下列文件中的条款通过本标准的引用而成为本标准的条款。凡是注日期的引用文件，其随后所有的修改单(不包括勘误的内容)或修订版均不适用于本标准，然而，鼓励根据本标准达成协议的各方研究是否可使用这些文件的最新版本。凡是不注日期的引用文件，其最新版本适用于本标准。

GB/T 230.1 金属洛氏硬度试验 第1部分：试验方法(A、B、C、D、E、F、G、H、K、N、T 标尺)(GB/T 230.1—2004,ISO 6508-1—1999,MOD)

GB/T 1301 凿岩钎杆用中空钢

GB/T 2828.1 计数抽样检验程序 第1部分：按接收质量限(AQL)检索的逐批检验抽样计划(GB/T 2828.1—2003,ISO 2859-1:1999,IDT)

GB/T 6481 凿岩用锥形连接中空六角形钎杆

3 术语和定义

下列术语和定义适用于本标准。

3.1

螺纹钎杆 thread rock drilling rods

钎杆一端或两端采用波形螺纹或梯形螺纹，通过螺纹连接组合为钎具组的凿岩钎杆。

3.2

接杆钎杆 extension rods

两端螺纹连接、螺纹公称直径等于中空钢杆体公称直径或对边距离的螺纹钎杆。

3.3

轻型接杆钎杆 light extension rods

两端螺纹连接、螺纹公称直径大于中空钢杆体公称直径或对边距离的螺纹钎杆。

3.4

掘进钻车钎杆 drifting and tunneling rods

两端螺纹公称直径不同，一端大于或等于，另一端等于或小于中空钢杆体公称直径或对边距离的螺纹钎杆。

3.5

快接钎杆(MF 钎杆) speed rods(MF rods)

一端为内螺纹，另一端为外螺纹的螺纹钎杆。

3.6

尾钎杆 shank rods

一端为钎肩钎尾，另一端为螺纹的六角形杆体的钎杆。

3.7

连接套　coupling sleeve

用于钎杆与钎杆、钎杆与钎尾连接的，有内螺纹的套管。

4　订货内容

按本标准订货的合同或订单应包括下列内容：

a）标准编号；

b）产品名称；

c）产品代号、长度；

d）公称直径、形状、尺寸；

e）数量；

f）特殊要求。

5　符号、分类代号

5.1　符号应采用下列字母表示：

J——接杆钎杆；

QJ——轻型接杆钎杆；

ZC——掘进钻车钎杆；

KJ——快接钎杆；

W——尾钎杆；

LJ——直通式连接套；

LJZ——中止台式连接套；

H——六角中空钢公称对边距离，同时亦可用于表示六角形杆体的钎杆；

D——圆形中空钢公称直径，同时亦可用于表示圆形杆体的钎杆。

5.2　代号由符号、螺纹公称直径、中空钢杆体形状和公称尺寸组成。

5.2.1　螺纹连接钎杆根据螺纹直径与钎体外径的关系，主要分为接杆钎杆、轻型接杆钎杆、掘进钻车钎杆、快接钎杆和尾钎杆。其相应分类及代号见表1。

表1　钎杆分类及代号

单位为毫米

分类	代号	螺纹名义直径	中空钢杆体	
			形状	尺寸(H或D)
接杆钎杆	JH 22-22	22	六角	22
	JH 25-25	25		25
	JH 28-28	28		28
	JH 32-32	32		32
	JD 32-32		圆	
	JD 38-38	38		38
	JD 38-38T	38		
	JD 45-45T	45		45
	JD 51-51T	51		51

表 1（续）

单位为毫米

分类	代号	螺纹名义直径	中空钢杆体 形状	中空钢杆体 尺寸(H 或 D)
轻型接杆钎杆	QJ 22-25	25	六角	22
	QJ 25-28	28		25
	QJ 25-32	32		
	QJ 28-32			28
	QJ 32-38	38		32
尾钎杆	JW 22-22	22		22
	JW 25-25	25		25
	JW 28-28	28		28
	QJW 22-25	25		22
	QJW 25-28	28		25
	QJW 25-32	32		
	QJW 28-32			28
掘进钻车钎杆	ZC 25-25/32	25/32		25
	ZC 28-25/32			28
	ZC 28-28/32	28/32		
	ZC 28-28/32	28/38		
	ZC 32-28/38			32
	ZC 32-32/38	32/38		
	ZC 35-32/38			35
快接钎杆(MF 钎杆)	KJH 28-28	28/28		28
	KJH 32-32	32/32		32
	KJD 32-32		圆	
	KJD 38-38	38/38		38
	KJD 38-38T			
	KJD 45-45T	45/45		45
	KJD 51-51T	51/51		51

注：T 代表梯形螺纹，无 T 代表波形螺纹。

5.2.2 连接套代号见表 2。

表 2 连接套代号

单位为毫米

代号	螺纹公称直径	配用钎杆代号示例
LJ 22 LJZ 22	22	JH 22-22 JW 22-22
LJ 25 LJZ 25	25	JH 25-25 JW 25-25 QJ 22-25 QJW 22-25

表 2（续） 单位为毫米

代号	螺纹公称直径	配用钎杆代号示例
LJ 28 LJZ 28	28	JH 28-28 JW 28-28 QJ 25-28 QJW 25-28
LJ 32 LJZ 32	32	JH 32-32 JD 32-32 QJ 25-32 QJ 28-32 QJW 25-32 QJW 28-32 ZC 25-25/32 ZC 28-25/32 ZC 28-28/32
LJZ 38	38	JD 38-38 QJ 32-38 ZC 28-28/38 ZC 32-28/38 ZC 32-32/38 ZC 35-32/38
LJZ 38T		JD 38-38T KJD 38-38T
LJZ 45T	45	JD 45-45T KJD 45-45T
LJZ 51T	51	JD 51-51T KJD 51-51T
注：T 代表梯形螺纹，无 T 代表波形螺纹。		

6 外形、尺寸及允许偏差

6.1 钎杆的外形尺寸及允许偏差

6.1.1 钎杆长度应符合表 3 的规定。

表 3 钎杆长度及允许偏差 单位为毫米

代号	长度 L 基本尺寸	长度 L 允许偏差
JW 22-22 JW 25-25 JW 28-28 QJW 22-25 QJW 25-28 QJW 25-32 QJW 28-32	1 000 1 200 1 600 1 800 2 400 3 200 4 000	±10
JH 22-22 JH 25-25 JH28 -28 JH 32-32 JD 32-32 JD 38-38 JD 38-38T JD 45-45T JD 51-51T	800 1 000 1 100 1 200 1 530 1 830 2 440 3 050 3 660	
QJ 22-25 QJ 25-28 QJ 25-32 QJ 28-32 QJ 32-38		
ZC 25-25/32 ZC 28-25/32 ZC 28-28/32 ZC 28-28/38 ZC 32-28/38 ZC 32-32/38 ZC 35-32/38	3 050 3 700 4 300 4 700 4 900 5 525	
KJH 28-28 KJH 32-32 KJD 32-32 KJD 38-38 KJD 38-38T KJD 45-45T KJD 51-51T	1 220 1 530 1 830 3 050 3 660	
注 1：T 代表梯形螺纹，无 T 代表波形螺纹。 注 2：根据需方要求，经供需双方协议，可生产其他长度的钎杆。		

钎杆应平直，其直线度允许偏差为 1.3 mm/m，钎杆整体直线度允许偏差应不大于总长度的 0.13%。

6.1.2 钎杆螺纹部分的尺寸及允许偏差应符合表 4、表 5 的规定，见图 1～图 14。

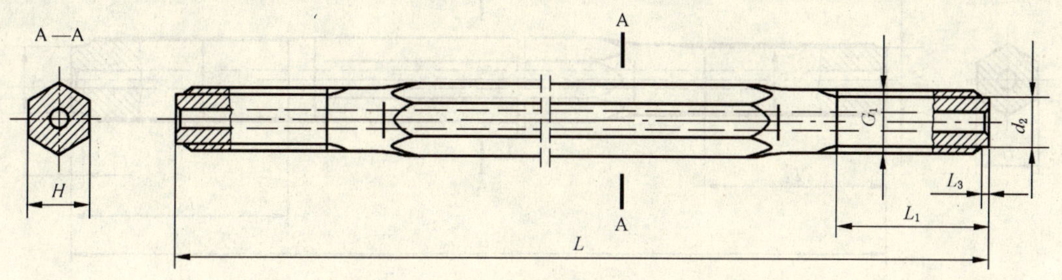

图 1 JH 22-22、JH 25-25、JH 28-28、JH 32-32

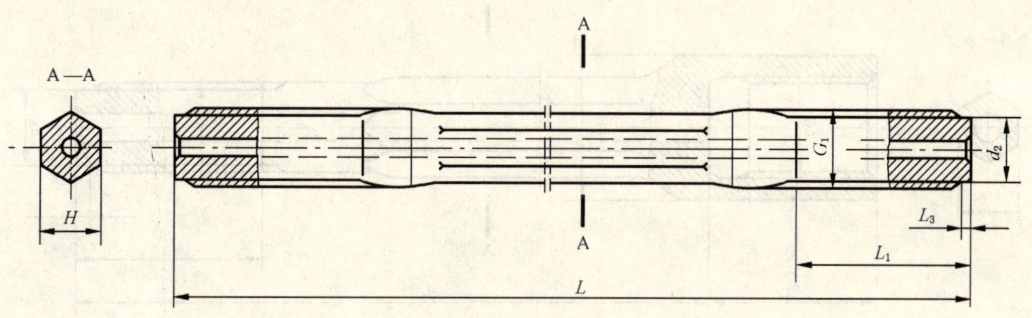

图 2 QJ 22-25、QJ 25-28、QJ 25-32、QJ 28-32、QJ 32-38

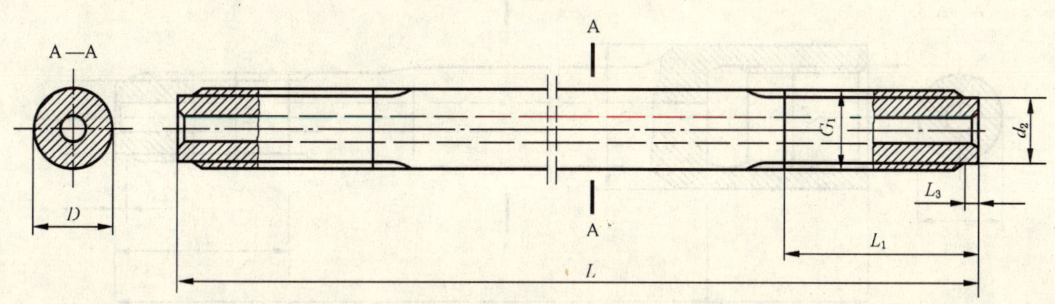

图 3 JD 32-32、JD 38-38

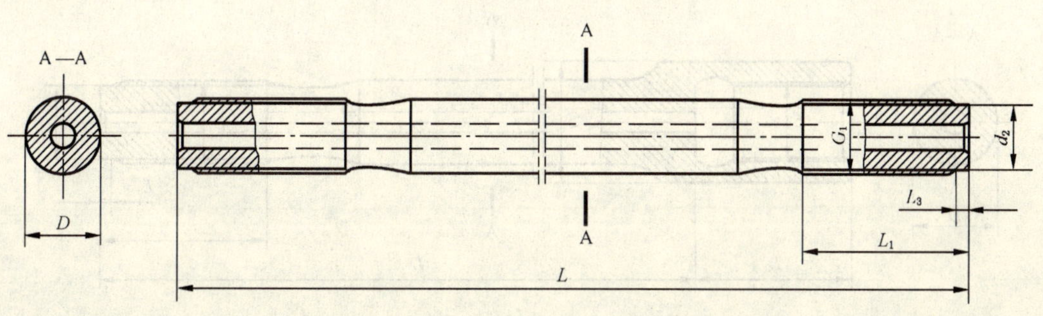

图 4 JD 32-32、JD 38-38、JD 38-38T、JD 45-45T、JD 51-51T

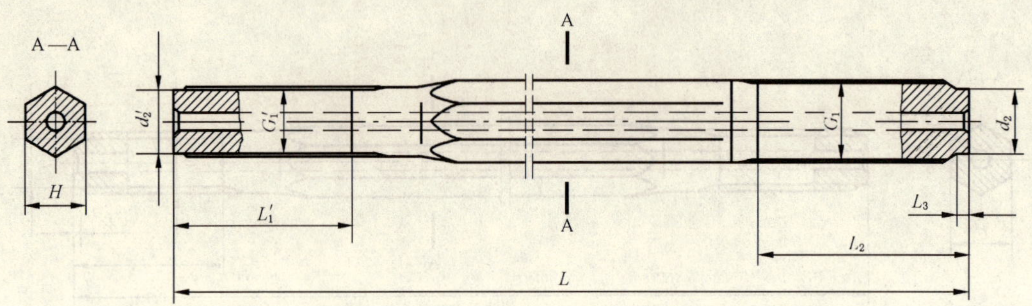

图 5　**ZC** 25-25/32、**ZC** 28-25/32、**ZC** 28-28/32、**ZC** 28-28/38、**ZC** 32-28/38、**ZC** 32-32/38、**ZC** 35-32/38

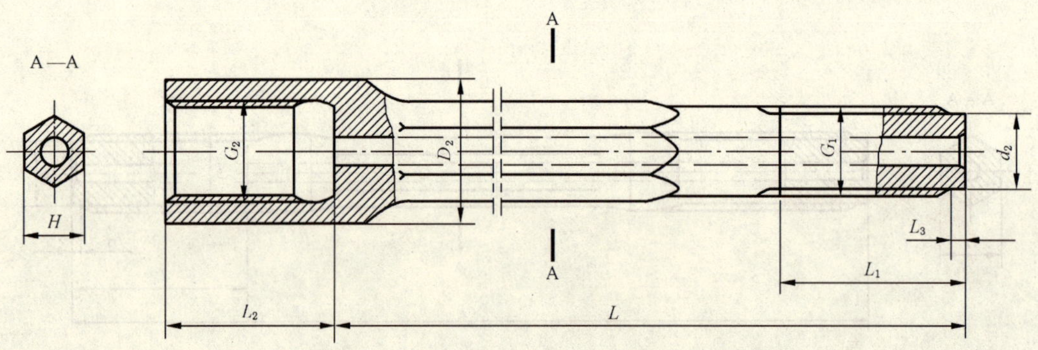

图 6　**KJH** 28-28、**KJH** 32-32

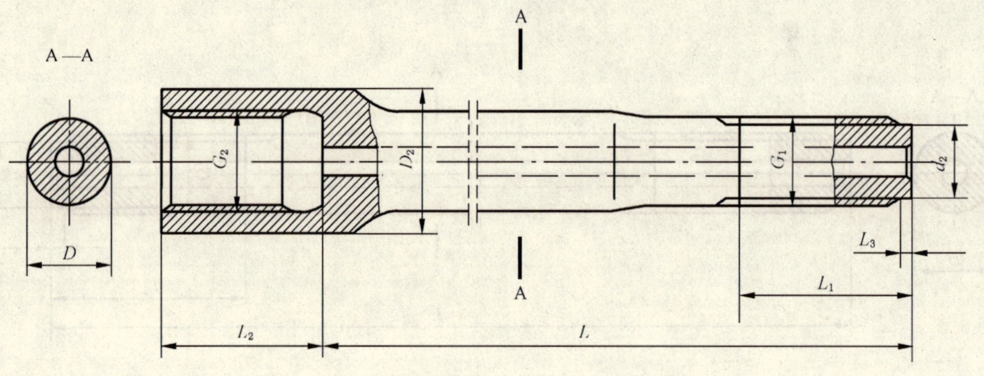

图 7　**KJD** 32-32、**KJD** 38-38

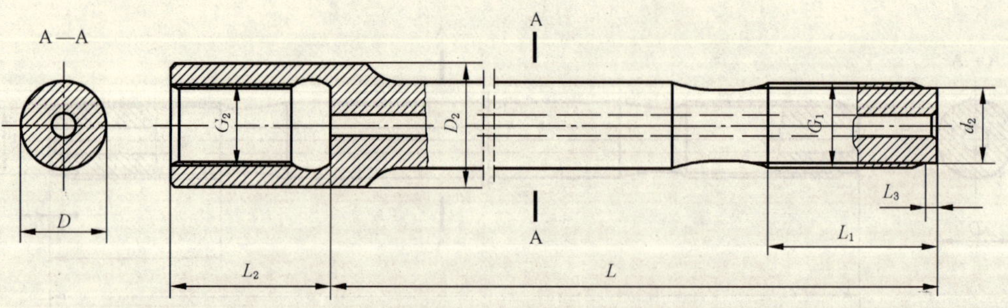

图 8　**KJD** 32-32、**KJD** 38-38、**KJD** 38-38T、**KJD** 45-45T、**KJD** 51-51T

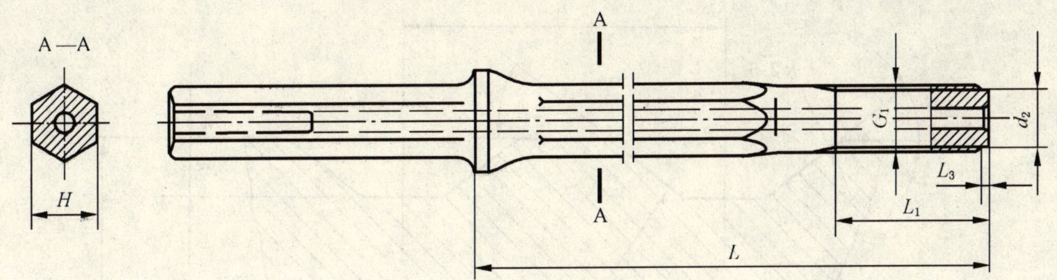

图 9　JW 22-22、JW 25-25、JW 28-28

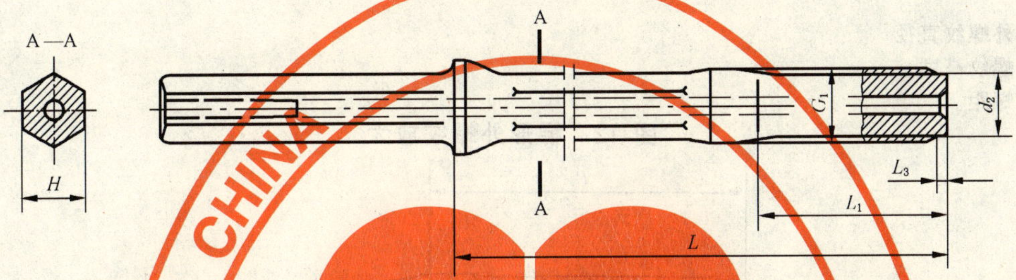

图 1～图 10 符号：

d_2、d_2'——螺纹凸台直径；

G_1、G_1'——外螺纹公称直径；

G_2——内螺纹公称直径；

L——钎杆长度；

L_1、L_1'——外螺纹长度；

L_2——快接钎杆内螺纹长度；

L_3、L_3'——螺纹凸台长度。

图 10　QJW 22-25、QJW 25-28、QJW 25-32、QJW 28-32

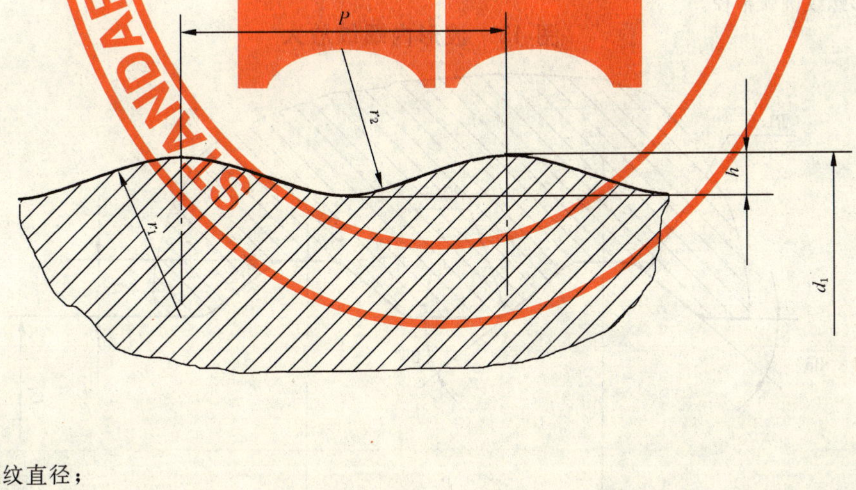

d_1——外螺纹直径；

h——螺纹高度；

p——螺距；

r_1、r_2——波形螺纹圆弧半径。

图 11　波形外螺纹放大

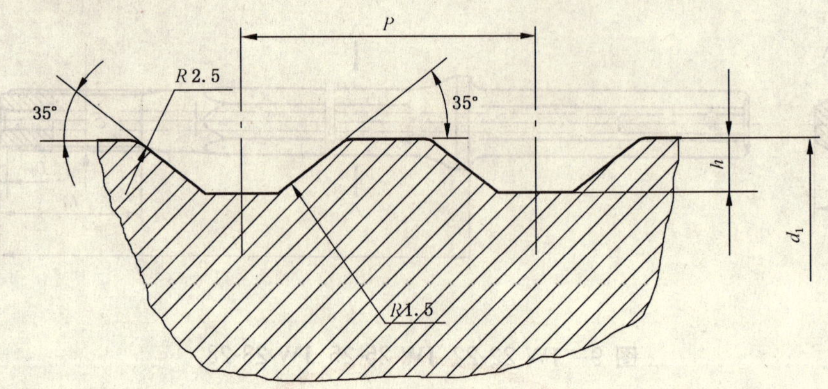

d_1——外螺纹直径；
h——螺纹高度；
p——螺距。

图 12 梯形外螺纹放大

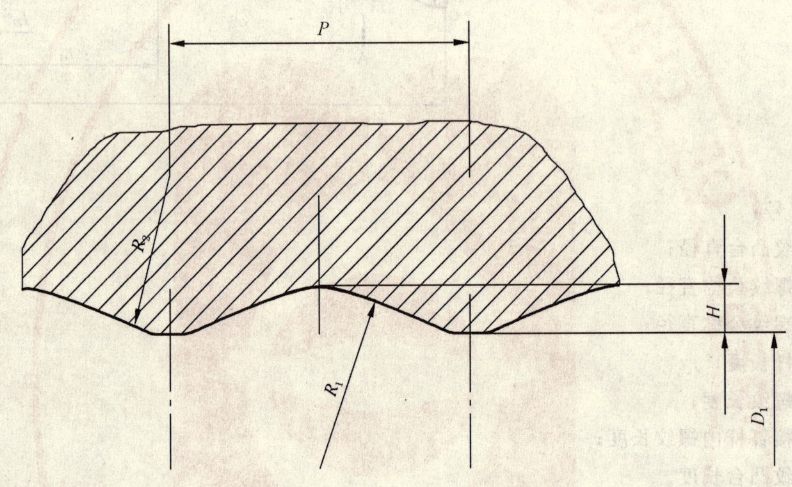

D_1——内螺纹直径；
H——螺纹高度；
P——螺距；
R_1、R_2——波形螺纹圆弧半径。

图 13 波形内螺纹放大

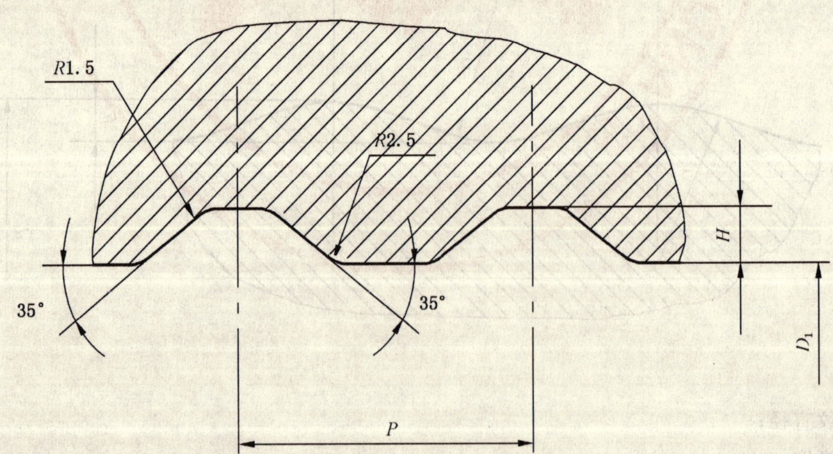

D_1——内螺纹底径；
H——螺纹高度；
P——螺距。

图 14 梯形内螺纹放大

表 4　外螺纹尺寸及允许偏差

单位为毫米

<table>
<tr><th rowspan="2">螺纹
公称直径
G_1、G'_1</th><th colspan="2">d_1</th><th colspan="2">h</th><th colspan="2">r_1</th><th colspan="2">r_2</th><th rowspan="2">L_1
(L'_1)
≥</th><th rowspan="2">L_3
(L'_3)</th><th rowspan="2">d_2</th><th rowspan="2">p</th><th rowspan="2">旋向</th></tr>
<tr><th>基本
尺寸</th><th>允许
偏差</th><th>基本
尺寸</th><th>允许
偏差</th><th>基本
尺寸</th><th>允许
偏差</th><th>基本
尺寸</th><th>允许
偏差</th></tr>
<tr><td>R22</td><td>21.84</td><td rowspan="8">0
−0.20</td><td rowspan="5">1.5</td><td rowspan="8">+0.2
0</td><td rowspan="5">5.5</td><td rowspan="5">±0.4</td><td rowspan="5">6.0</td><td rowspan="5">±0.4</td><td>70.5</td><td rowspan="5">5</td><td>17.2</td><td rowspan="5">12.7
(12)[a]</td><td rowspan="8">左旋</td></tr>
<tr><td>R25</td><td>24.74</td><td rowspan="3">80</td><td>20.1</td></tr>
<tr><td>R28</td><td>27.95</td><td>22.8</td></tr>
<tr><td>R32</td><td>31.34</td><td>26.3</td></tr>
<tr><td>R38</td><td>37.99</td><td rowspan="2">91</td><td>32.5</td></tr>
<tr><td>T38</td><td>38.20</td><td>2.3</td><td rowspan="3">—</td><td rowspan="3">—</td><td rowspan="3">—</td><td rowspan="3">—</td><td rowspan="3">6</td><td>32</td><td>15.63</td></tr>
<tr><td>T45</td><td>44.50</td><td>2.6</td><td rowspan="2">105</td><td>37</td><td>18.47</td></tr>
<tr><td>T51</td><td>50.80</td><td>3.0</td><td>42</td><td>20.32</td></tr>
<tr><td colspan="14">注：L_3 只适用于中止台式连接套。
a　为公制螺纹螺距。</td></tr>
</table>

表 5　内螺纹尺寸及允许偏差

单位为毫米

<table>
<tr><th rowspan="2">螺纹
公称
直径
G_2</th><th colspan="2">D_1</th><th colspan="2">H</th><th colspan="2">R_1</th><th colspan="2">R_2</th><th rowspan="2">D_2
≤</th><th rowspan="2">L_2≤</th><th rowspan="2">L_4
≤</th><th colspan="2">D_3</th><th colspan="2">D_4</th><th rowspan="2">P</th><th rowspan="2">旋向</th></tr>
<tr><th>基本
尺寸</th><th>允许
偏差</th><th>基本
尺寸</th><th>允许
偏差</th><th>基本
尺寸</th><th>允许
偏差</th><th>基本
尺寸</th><th>允许
偏差</th><th>基本
尺寸</th><th>允许
偏差</th><th>基本
尺寸</th><th>允许
偏差</th></tr>
<tr><td>R22</td><td>18.86</td><td rowspan="14">+0.25
0</td><td rowspan="8">1.5</td><td rowspan="14">+0.2
0</td><td rowspan="8">5.5</td><td rowspan="8">±0.4</td><td rowspan="8">6.0</td><td rowspan="8">±0.4</td><td>32</td><td rowspan="3">—</td><td>140</td><td>23.5</td><td rowspan="14">+1.0
0</td><td>17.5</td><td rowspan="14">+1.0
0</td><td rowspan="8">12.7
(12)[a]</td><td rowspan="14">左旋</td></tr>
<tr><td>R25</td><td>21.76</td><td>37</td><td rowspan="2">160</td><td>25.4</td><td>20.5</td></tr>
<tr><td rowspan="2">R28</td><td rowspan="2">24.95</td><td rowspan="2">42</td><td rowspan="2">28.6</td><td rowspan="2">23.2</td></tr>
<tr><td>80</td><td>—</td></tr>
<tr><td rowspan="2">R32</td><td rowspan="2">28.36</td><td rowspan="2">45</td><td>—</td><td>160</td><td rowspan="2">32.0</td><td rowspan="2">26.7</td></tr>
<tr><td>80</td><td>—</td></tr>
<tr><td rowspan="2">R38</td><td rowspan="2">35.01</td><td rowspan="2">55</td><td>—</td><td>180</td><td rowspan="2">38.2</td><td rowspan="2">32.5</td></tr>
<tr><td>91</td><td>—</td></tr>
<tr><td rowspan="2">T38</td><td rowspan="2">34.20</td><td rowspan="2">2.3</td><td rowspan="6">—</td><td rowspan="6">—</td><td rowspan="6">—</td><td rowspan="6">—</td><td rowspan="2">55</td><td>—</td><td>190</td><td rowspan="2">39</td><td rowspan="2">32.5</td><td rowspan="2">15.63</td></tr>
<tr><td>91</td><td>—</td></tr>
<tr><td rowspan="2">T45</td><td rowspan="2">40.20</td><td rowspan="2">2.6</td><td rowspan="2">66</td><td>—</td><td>207</td><td rowspan="2">45.5</td><td rowspan="2">39</td><td rowspan="2">18.47</td></tr>
<tr><td>91</td><td>—</td></tr>
<tr><td rowspan="2">T51</td><td rowspan="2">45.60</td><td rowspan="2">3.0</td><td rowspan="2">77</td><td>—</td><td>235</td><td rowspan="2">52.2</td><td rowspan="2">44.6</td><td rowspan="2">20.32</td></tr>
<tr><td>105</td><td>—</td></tr>
<tr><td colspan="18">a　为公制螺纹螺距。</td></tr>
</table>

6.1.3　尾钎杆钎肩、钎尾的尺寸与公差应符合 GB/T 6481 的规定。

6.1.4　钎杆所用中空钢的尺寸与公差应符合 GB/T 1301 的规定。经供需双方协商，也可提供其他尺寸。

注：经双方协商，中空钢水孔尺寸可以不作验收依据。

6.2 连接套的外形尺寸与允许偏差

6.2.1 连接套内螺纹尺寸与允许偏差应符合表 5 的规定，见图 13 和图 14。

6.2.2 直通式连接套的外形尺寸与允许偏差应符合表 5 的规定，见图 15。

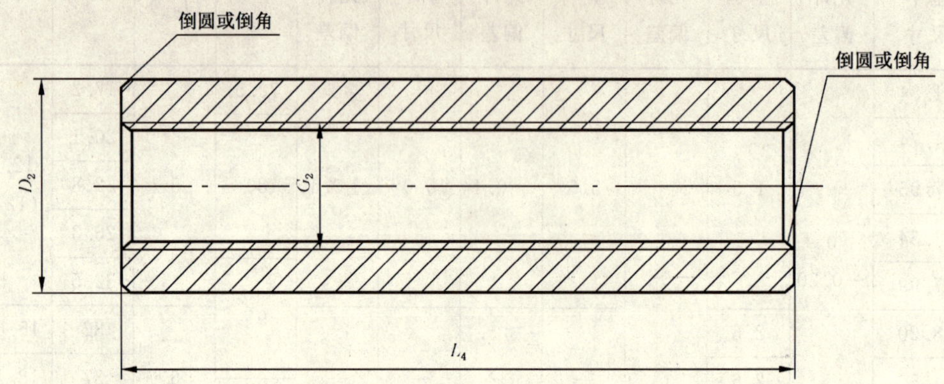

D_2——连接套外径；

G_2——内螺纹公称直径；

L_4——连接套长度。

图 15 直通式连接套外形尺寸

6.2.3 中止台式连接套的外形尺寸与允许偏差应符合表 5 的规定，见图 16。

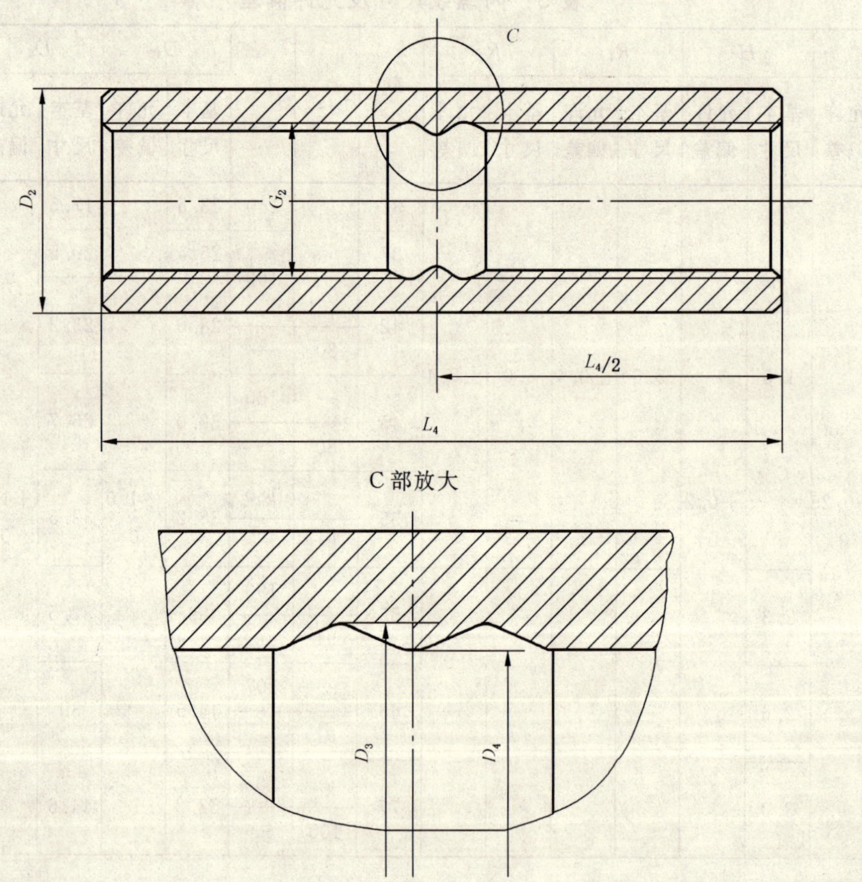

D_2——连接套外径；

D_3——退刀槽直径；

D_4——中止台直径；

G_2——内螺纹公称直径；

L_4——连接套长度。

图 16 中止台式连接套外形尺寸

6.3 左旋波形螺纹连接切线如图 17。

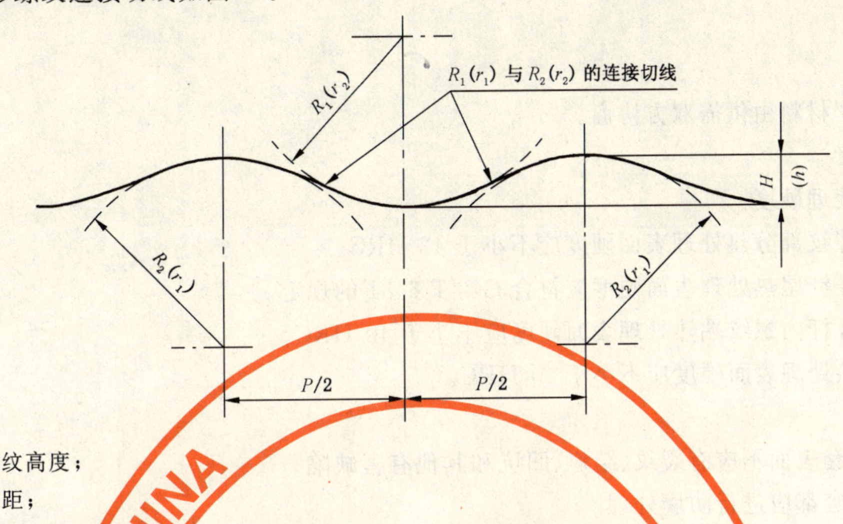

h、H——螺纹高度；

P——螺距；

r、R——波形螺纹圆弧半径。

图 17 左旋波形螺纹连接切线图

6.4 圆形钎杆及连接套如采用扳柄槽时，其扳柄槽的尺寸及允许偏差应符合表 6 的规定，见图 18。

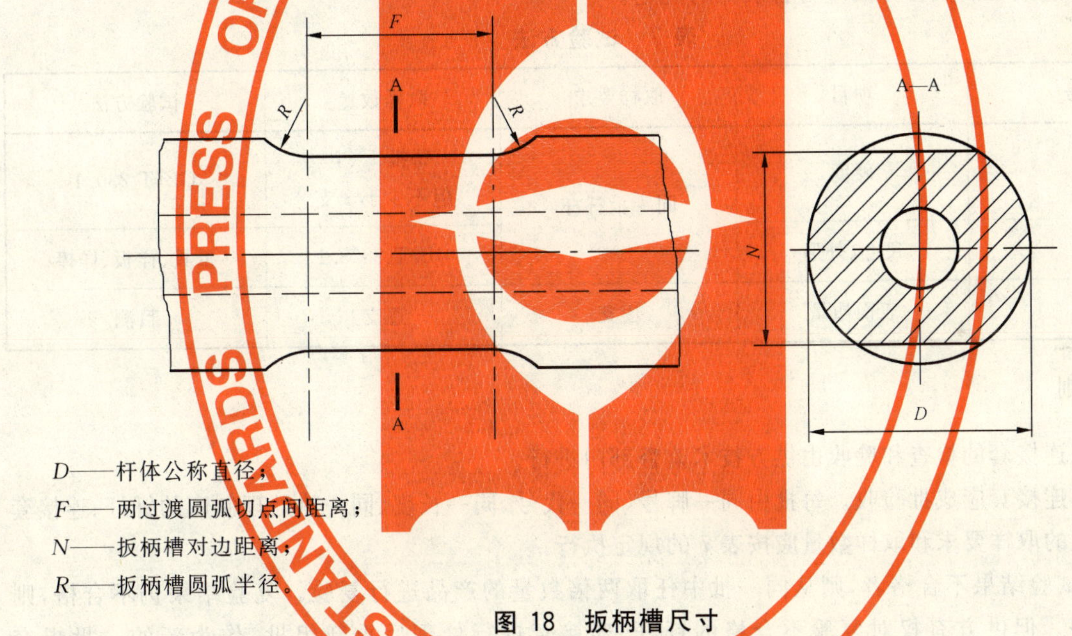

D——杆体公称直径；

F——两过渡圆弧切点间距离；

N——扳柄槽对边距离；

R——扳柄槽圆弧半径。

图 18 扳柄槽尺寸

表 6 扳柄槽尺寸及允许偏差

单位为毫米

产品代号	D	F ≥	N 基本尺寸	N 允许偏差	R ≥
JD 32-32 LJ 32 LJZ 32 KJD 32-32	32	15	25.6	0 −0.4	5
JD 38-38 KJD 38-38	38	20	32.0		
LJ 32 LJZ 32	45	25	41	0 −1	

7 技术要求

7.1 材料

钎杆、连接套材料由供需双方协商。

7.2 热处理硬度

7.2.1 钎杆热处理硬度

7.2.1.1 钎杆螺纹部分热处理表面硬度应不小于 42 HRC。

7.2.1.2 尾钎杆钎尾热处理表面硬度应符合 GB/T 6481 的规定。

7.2.1.3 快接钎杆内螺纹端热处理表面硬度应不小于 40 HRC。

7.2.2 连接套热处理表面硬度应不小于 40 HRC。

7.3 表面质量

钎杆和连接套表面不应有裂纹、结疤、凹坑和其他有害缺陷。

钎杆和连接套都应进行防腐处理。

8 试验方法

钎杆和连接套的试验方法应符合表 7 的规定。

表 7 试验方法

序号	项目	取样要求	取样数量	试验方法
1	硬度	同一批钎杆	每批 1%，但不少于 3 支	GB/T 230.1
2	尺寸、外形		GB/T 2828.1	量具、样板、样棒
3	表面质量	逐支	逐支	目测

9 检验规则

9.1 钎杆、连接套的检查和验收由供方技术监督部门进行。

9.2 钎杆、连接套应成批验收。每批由同一牌号、同一代号、同一长度、同一热处理制度的钎杆、连接套组成。验收的取样要求和取样数量应按表 7 的规定执行。

9.3 硬度试验结果不合格者，则从同一批中任取两倍数量的产品进行复验。复验结果仍不合格，则整批不合格。但供方有权对复验不合格的钎杆、连接套进行处理后重新组批，作为新的一批提交验收。

10 包装、标志、质量保证书、运输、贮存

10.1 为保护螺纹和水孔，钎杆两端应采取相应保护措施，成捆交货。每小捆不超过 5 支，可按同一批号组成大捆，每大捆重量不超过 2 t。

10.2 连接套应采用适当的包装材料包装，同一代号连接套装一箱，其重量不得超过 30 kg，包装应牢固可靠。

10.3 钎杆大捆包装上应悬挂标牌，在钎杆标牌和连接套包装箱上应有以下标志内容：

a) 供方厂名；

b) 产品名称；

c) 产品代号、长度；

d） 生产批号；

e） 产品数量。

10.4 每批钎杆或连接套应附有供方的质量证明书。质量证明书应包含下列内容：供方名称、合同号、标准编号、产品名称、产品代号、产品数量、发货日期、供方质量部门的合格印记。

10.5 钎杆和连接套在运输中要注意堆放，不得损坏包装。

10.6 贮存钎杆和连接套时应库存，并注意防潮，不得随意拆散包装。

ICS 59.060.10
B 32

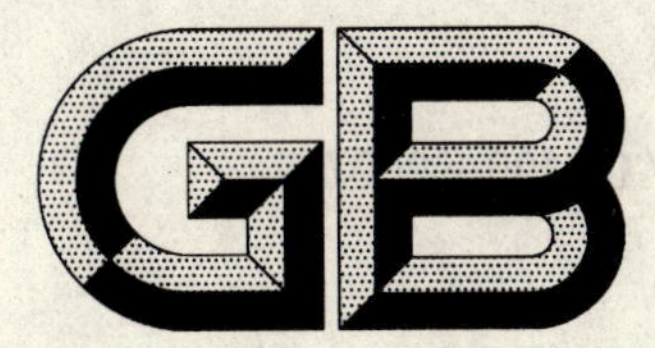

中华人民共和国国家标准

GB/T 6499—2007
代替 GB/T 6499—1992

原棉含杂率试验方法

Test method for percentage of trash content in raw cotton

2007-01-23 发布 2007-09-01 实施

中华人民共和国国家质量监督检验检疫总局
中国国家标准化管理委员会 发布

前　言

本标准是对 GB/T 6499—1992《原棉含杂率试验方法》的修订。修订时保留了原标准中仍适用的技术内容。

本标准自实施之日起代替 GB/T 6499—1992。

本标准与 GB/T 6499—1992 相比较主要变化如下：

——修改了仪器调整及试验步骤中的有关内容。

——在仪器和设备中增加了电子秤。

——增加了试验报告单中仪器型号和轧花方式、品级等项内容。

本标准的附录 A、附录 B 是资料性附录。

本标准由国家质量监督检验检疫总局提出。

本标准由中国纤维检验局归口。

本标准由陕西省纤维检验局、陕西华斯特仪器有限公司负责起草。

本标准主要起草人：仲学宪、韩刚、张秀和、丁明建。

本标准于 1992 年首次发布，本次为第一次修订。

原棉含杂率试验方法

1 范围

本标准规定了用原棉杂质分析机测定原棉含杂率的试验方法。

本标准适用于原棉。

2 规范性引用文件

下列文件中的条款通过本标准的引用而成为本标准的条款。凡是注日期的引用文件,其随后所有的修改单(不包括勘误的内容)或修订版均不适用于本标准,然而,鼓励根据本标准达成协议的各方研究是否可使用这些文件的最新版本。凡是不注日期的引用文件,其最新版本适用于本标准。

GB 1103 棉花 细绒棉

GB/T 6097 棉纤维试验取样方法

GB/T 8170 数值修约规则

3 术语和定义

下列术语和定义适用于本标准。

3.1

杂质 trash

棉花中含有的非棉纤维性物质及着生的纤维,如沙土、枝叶、铃壳、虫屎、虫尸、棉籽、籽棉、破籽、不孕籽、带纤维籽屑、软籽表皮等。

3.2

含杂率 percentage of trash

原棉在规定试样中,杂质质量对其试样质量的百分率。

4 原理

原棉杂质分析机是根据机械空气动力学原理设计的。经刺辊锯齿分梳松散后的纤维及粘附杂质,在机械和气流的作用下,使纤维和杂质分离。

5 仪器和设备

5.1 原棉杂质分析机技术参数参见附录 A、附录 B。

5.2 天平:称量范围 0～200 g,精度值为 10 mg。

5.3 电子秤或案秤:称量范围 0～200 g,精度值为 1 g。

5.4 其他工具:棕刷、镊子。

6 仪器调整

按照仪器使用说明书将仪器调整至正常状态。

7 抽样

7.1 批样

抽样方法和数量按 GB 1103 的规定或有关方面商定的办法进行。

7.2 实验室样品

7.2.1 从批样中逐样随机抽取部分样品形成实验室样品。

7.2.2 当批量在 50 包以下时，实验室样品质量为 300 g；批量在 50 包～400 包时，实验室样品质量为 600 g；批量在 400 包以上时，实验室样品质量为 800 g。

7.3 试验试样

7.3.1 从实验室样品中，用四分法取出有代表性的试验试样。

7.3.2 批量在 50 包以下时，称取两个 50 g 的试验试样和一个 50 g 的备用试验试样；批量在 50 包～400 包时，称取两个 100 g 的试验试样和一个 100 g 的备用试验试样；批量在 400 包以上时，称取三个 100 g 的试验试样和一个 100 g 的备用试验试样。

8 试验步骤

8.1 开机前，先开照明灯并将风扇活门全部开启。开机空转 1 min～2 min，然后停机清洁杂质箱、净棉箱、给棉台和刺辊。

8.2 用电子天平或案秤称取实验室样品，称准至 1 g。用电子天平称取试验试样，称准至 0.1 g，记录质量。

8.3 将试验试样撕松，陆续平整均匀地铺于给棉台上。遇有棉籽、籽棉及其他粗大杂质应随时拣出，并在原棉含杂率试验报告单上记录。

8.4 开机运转正常后，用两手将试验试样均匀喂入给棉罗拉与给棉台之间，直到整个试验试样分析完毕，使尘笼或集棉网上的棉纤维全部落入净棉箱内，取出全部净棉。

8.5 将第一次分析的净棉取出，纵向平铺于给棉台上，再分析一次。

8.6 关机收集杂质盘内的杂质。注意收集杂质箱四周壁上、横档上、给棉台上的全部细小杂质。如杂质盘内落有小棉团、索丝、游离纤维，应将附在表面的杂质抖落后拣出。

8.7 将收集的杂质与拣出的粗大杂质分别称量，用天平称准至 0.01 g，分别记录质量。

8.8 从称量试验试样质量到杂质质量这段时间内，室内温湿度应保持相对稳定，并能满足仪器正常工作运转。

8.9 重复 8.1 至 8.8 的步骤，400 包及以下再分析测试 1 个试验试样；400 包以上再分析测试 2 个试验试样。

9 试验结果计算

9.1 试验试样含杂率按式(1)计算：

$$Z = \frac{m_F + m_C}{m_S} \times 100 \qquad \cdots\cdots\cdots\cdots (1)$$

式中：

Z——含杂率，%；

m_S——试验试样质量，单位为克(g)；

m_F——分析出的杂质质量，单位为克(g)；

m_C——拣出的粗大杂质质量，单位为克(g)。

9.2 以各试验试样含杂率的算术平均值作为该批棉花的含杂率。

9.3 按 GB/T 8170 将含杂率计算结果修约至一位小数。

10 精密度

10.1 重复性

用本标准的试验方法，对同一实验室样品，在相同条件下(同一实验室、同一操作者、同一设备和在短时间间隔内)所完成的两个单次试验含杂率结果之间差值的绝对值,在95%的概率水平下,应小于重复性 r_1 值。小于2.5%的低含杂 r_1 值等于0.18%;大于或等于2.5%的高含杂 r_1 值等于0.29%。

注:单次试验是指对同一实验室样品应用标准测试方法所进行的一次完整的试验。

用本标准的试验方法,对同一实验室样品,在相同条件下(同一实验室、同一操作者、同一设备和在短时间间隔内)所完成的两个试验试样的试验含杂率结果之间差值的绝对值,在95%的概率水平下,应小于重复性 r_2 值。小于2.5%的低含杂 r_2 值等于0.24%;大于或等于2.5%的高含杂 r_2 值等于0.39%。

如果同一实验室内,对同一实验室样品,在重复值条件下试验的三个试验试样,试验结果的极差大于0.29%(低含杂)或0.47%(高含杂)则应增试一次。用格拉布斯法对试验试样的试验结果进行异常值检验,以剔除异常值后的所有结果的算术平均值作为最终试验结果。

10.2 再现性

用本标准的试验方法,对同一实验室样品,在不同条件下(不同实验室、不同的操作者和不同的设备)各完成一个单次试验,所得含杂率结果之间差值的绝对值,在95%的概率水平下,应小于再现值 R_1 值。小于2.5%的低含杂 R_1 值等于0.44%。

用本标准的试验方法,对同一实验室样品,在不同条件下(不同实验室、不同的操作者和不同的设备)各完成单个试验试样的试验,含杂率结果之间差值的绝对值,在95%的概率水平下,应小于再现值 R_2 值。小于2.5%的低含杂 R_2 值等于0.47%。

11 试验报告单

试验报告包括试验试样的含杂率,并写明样品来源(批号)、品级、实验室样品编号、试验日期等。试验报告单如下:

原棉含杂率试验报告单

样品来源(批号)________________ 批量________________

实验室样品编号________________ 轧花方式、品级________________

仪器型号、编号________________ 试验日期________________

试验次数	试验试样质量/g	分析杂质质量/g	拣出杂质质量/g	含杂率/%	备　注
1					
2					
3					
4					
平均含杂率/(%)					

复核________________ 试验________________

附 录 A
（资料性附录）
Y101型原棉杂质分析机工艺规格

A.1 各部转速如表A.1所示。

表 A.1

部　件	转速(慢速)/(r/min)	转速(快速)/(r/min)
刺辊	890±30	1 910±65
给棉罗拉	0.9±0.03	2.4±0.08
尘笼	85±3	135±4
风扇	1 500±50	1 885±65
电动机	1 410	1 410

A.2 各部隔距如表A.2所示。

表 A.2

部　件	隔距(慢速)		隔距(快速)	
	mm	in	mm	in
给棉罗拉到给棉台	0.13	0.005	0.13	0.005
给棉台到刺辊	$0.18^{+0.05}_{-0.00}$	$0.007^{+0.002}_{-0.000}$	$0.18^{+0.03}_{-0.00}$	$0.007^{+0.001}_{-0.000}$
除尘刀(导入端)到刺辊	$0.56^{+0.05}_{-0.03}$	$0.022^{+0.002}_{-0.001}$	$0.56^{+0.03}_{-0.00}$	$0.022^{+0.001}_{-0.000}$
流线板(导入端)到刺辊	$0.18^{+0.05}_{-0.03}$	$0.007^{+0.002}_{-0.001}$	$0.18^{+0.03}_{-0.00}$	$0.007^{+0.001}_{-0.000}$
剥棉刀(导入端)到刺辊	$0.13^{+0.03}_{-0.00}$	$0.005^{+0.001}_{-0.000}$	$0.13^{+0.03}_{-0.00}$	$0.005^{+0.001}_{-0.000}$
刺辊到尘笼	5.60～8.70	0.219～0.344	5.60～8.70	0.219～0.344
输棉板(上顶端)到尘笼	1.60	0.063	1.60	0.063
隔离板到尘笼	6.40	0.250	4.00	0.156
隔离板到杂质箱后壁	6.40	0.250	6.40	0.250

A.3 挡风板缺口上缘到尘笼中心竖直线的夹角约20°。

附 录 B
（资料性附录）
YG042型棉花杂质分析机工艺规格

B.1 各部转速如表B.1所示。

表 B.1

部 件	转速/(r/min)
刺辊	950±50
给棉罗拉	1.9±0.03
电动机	1 410

B.2 各部隔距如表B.2所示。

表 B.2

部 件	隔 距	
	mm	in
给棉台到刺辊	0.178～0.229	$0.007^{+0.003}_{-0.000}$
除尘刀(导入端)到刺辊	0.50～0.6	$0.019^{+0.002}_{-0.000}$
流线板(导入端)到刺辊	0.178	$0.007^{+0.000}_{-0.000}$
上气流调节板调节间隙	0.20～0.40	$0.012^{+0.004}_{-0.004}$

附 录 B
（资料性附录）
YG042型棉花杂质分析机工艺规格

B.1 各部转速如表B.1所示。

表 B.1

部 件	转速/(r/min)
刺辊	950±50
给棉罗拉	1.9±0.03
电动机	≈1 410

B.2 各部隔距如表B.2所示。

表 B.2

部 件	隔 距	
	mm	in
给棉台到刺辊	0.178~0.229	$0.007^{+0.003}_{-0.000}$
除尘刀(导入端)到刺辊	0.50~0.6	$0.019^{+0.003}_{-0.000}$
流线板(导入端)到刺辊	0.178	$0.007^{+0.000}_{-0.000}$
上气流调节板调节间隙	0.20~1.40	$0.012^{+0.004}_{-0.004}$

ICS 81.040.01
N 64

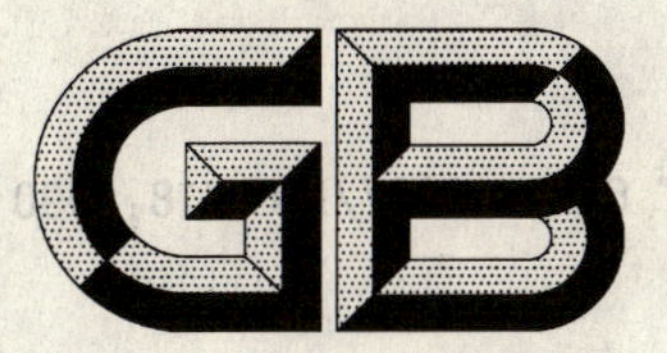

中华人民共和国国家标准

GB/T 6579—2007/ISO 718:1990
代替 GB/T 6579—1986

实验室玻璃仪器 热冲击和热冲击强度试验方法

Laborator glassware—Thermal shock and thermal shock endurance test methods

(ISO 718:1990,IDT)

2007-12-05 发布　　2008-09-01 实施

中华人民共和国国家质量监督检验检疫总局
中国国家标准化管理委员会　发布

前　言

本标准等同采用 ISO 718:1990《实验室玻璃仪器　热冲击和热冲击强度试验方法》,仅作少量编辑性修改,技术内容上与之完全相同。

本标准代替 GB/T 6579—1986《实验室玻璃仪器　热冲击试验方法》。

本标准与 GB/T 6579—1986 相比主要变化如下:

——本标准的名称改为《实验室玻璃仪器　热冲击和热冲击强度试验方法》;

——删去了原标准中方法 A 的内容;

——将原标准中的方法 B 和方法 C 的内容合并;

——增加了冲击强度的术语和定义、试验步骤、结果表示和试验报告的表示方法。

本标准由中国轻工业联合会提出。

本标准由全国玻璃仪器标准化技术委员会归口。

本标准起草单位:国家轻工业玻璃产品质量监督检测中心。

本标准主要起草人:贺瑞玲、崔久全、杜玉海。

本标准所代替标准的历次版本发布情况为:

——GB/T 6579—1986。

实验室玻璃仪器
热冲击和热冲击强度试验方法

1 范围

本标准规定了测定实验室玻璃仪器耐热冲击和热冲击强度的试验方法和步骤。

本标准不适用于石英玻璃仪器和钠钙玻璃容器。

钠钙玻璃容器的热冲击试验方法依据 GB/T 4547。

2 规范性引用文件

下列文件中的条款通过本标准的引用而成为本标准的条款。凡是注日期的引用文件,其随后所有的修改单(不包括勘误的内容)或修订版均不适用于本标准,然而,鼓励根据本标准达成协议的各方研究是否可使用这些文件的最新版本。凡是不注日期的引用文件,其最新版本适用于本标准。

GB/T 4547 玻璃容器 抗热震性和热震耐久性试验方法(GB/T 4547—2007,ISO 7459:2004,IDT)

3 术语和定义

下列术语和定义适用于本标准。

3.1

热冲击 thermal shock

对实验室玻璃仪器施加急剧温度变化的过程。

3.2

热冲击强度 Δt_{50} thermal shock endurance

通过线性回归内差得出的50%样品破裂所对应的温度差。

3.3

温度变化 temperature variation

在任何时刻,冷水槽和试验烘箱工作空间的中心点与工作空间内其他任一点的温度之差。

3.4

温度波动 temperature fluctuation

在冷水槽和试验烘箱工作空间内任何一点的温度在短时间内的变化。

4 设备

4.1 冷水槽

容量至少是一次试验样品总体积五倍,水槽应装备搅拌器、温度计和恒温控制器,以保证水温(下限温度 t_2)在0℃~27℃范围内变化不超过±1℃。

注:样品的总体积是指把每个样品看作一个实心体,所有样品体积的总和。

4.2 试验烘箱

温度至少可达300℃。应装备空气循环装置,以保证温度变化不超过±5℃;同时应装备温度控制器,以保证试验烘箱在180℃以下时,温度波动在±1℃以内,在180℃~300℃时,温度波动在±2℃

以内。

4.3 **夹钳**

用隔热材料例如玻璃棉或石棉纤维包头制作的工具。

4.4 **手套**

防护性手套,采用石棉手套效果更好。

4.5 **篮筐**

供同时试验两个或两个以上样品时使用。要求制作篮筐的材料在试验中不得使样品出现划痕或擦伤,篮筐应能保持样品直立和分开,能让水和空气在样品之间自由通过,并能防止样品在浸入冷水时上浮。为了便于把装有样品的篮筐放入烘箱并转送到冷水槽中,可安装一个自动装置。

5 取样

对于委托检验抽取样品的数量,一般依据有关产品标准的规定,当不能按产品标准抽样时,抽取样品的数量应经有关各方协商同意。

用于试验的样品不得有任何影响其热冲击强度的机械或热的不利因素。

特定试验样品的选取,需提供有关的要求,如果未规定选取过程,样品将随机抽取。

6 试验步骤

6.1 如有必要首先清除样品上的污物或其他碎屑,置于室温 30 min 以上。

6.2 把单个样品或放在篮筐里的样品放置在预先加热到上限温度 t_1 的烘箱中,保温足够的时间,以保证玻璃制品达到温度平衡,一般情况下 30 min 即可。

注:达到温度平衡所需的时间取决于玻璃的最大壁厚,经验证明每毫米壁厚达到温度平衡至少需要 6 min。

把冷水槽放置在烘箱附近,达到并保持规定的下限温度 t_2(在 0℃～27℃以内)。

6.3 对于大件样品或是放在篮筐里的样品,用夹钳或带着手套将样品一次性地从烘箱中取出,浸入在冷水槽中,但不是把样品完全浸入。样品的浸没时间至少 8 s,但不超过 2 min。应保持夹钳头部或手套指头部位干燥,不能用湿的夹钳头或手套接触热的样品。

浸没高度为除去瓶颈部分总高度的一半。

当试验制品的口部边缘时,将样品的口朝下垂直浸没,浸没深度约为 25 mm,注意不要让截留的空气逸出。

转送样品的时间即从打开烘箱到完成浸没的时间,对单个样品或放在篮筐里的样品应当在 5 s±1 s 内完成。转送时间引起试验烘箱和冷水槽两者的温度差,不超过规定值的±3℃。

6.4 从冷水槽中取出样品后按 7.1 立刻检测。

6.5 测定热冲击强度:增加温度差值 t_1-t_2,依据 6.2～6.4 重复试验直到所有的样品破裂。当 $t_1-t_2\leqslant100℃$ 时,以每次 5℃的温差递增;当 $t_1-t_2>100℃$ 时,以每次 10℃的温差递增。

7 结果的表示方法

7.1 从冷水槽中取出的制品经立即检验,凡无破裂、无裂纹和无破损的样品,可定为在温差为 t_1-t_2 的热冲击试验合格。

7.2 对于热冲击强度试验,记录每个温度差破裂的数量,根据破裂的累积百分数所对应的温度差确定 Δt_{50} 和标准偏差 s。

8 试验报告

试验报告应包括:

a) 检验依据的国家标准编号和名称。

b) 受检产品的状态(如:形状、容量、质量、类型、玻璃颜色和外观状况)。

c) 委托检验产品的数量。

d) 用于检验的样品数量和抽样方法。

e) 对于热冲击试验:

——以 $\Delta T(t_1-t_2)$℃温度差表示;

——检验合格的样品数量。

f) 对于热冲击强度试验:

——以50%样品破裂所对应的温度差 Δt_{50} 表示;

——标准偏差 s。

ICS 81.040.30
Y 22

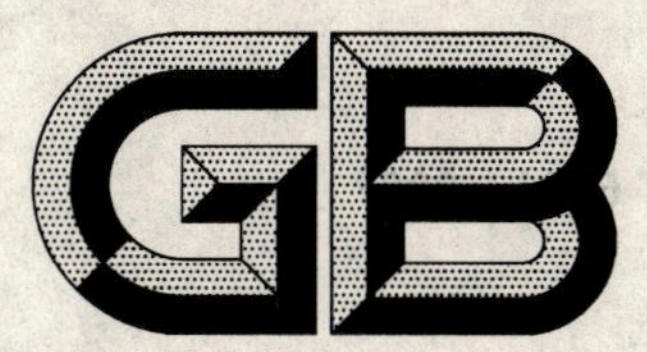

中华人民共和国国家标准

GB/T 6581—2007
代替 GB/T 6581—1986

玻璃在100℃耐盐酸浸蚀性的火焰发射或原子吸收光谱测定方法

Glass resistance to attack by hydrochloric acid at 100℃ flame emission method or flame atomic absorption spectrometric method

(ISO 1776:1985,MOD)

2007-12-05 发布　　2008-09-01 实施

中华人民共和国国家质量监督检验检疫总局
中国国家标准化管理委员会　发布

前　言

本标准修改采用国际标准 ISO 1776:1985《玻璃在 100℃时对耐盐酸浸蚀性的火焰发射或原子吸收光谱测定方法》。本标准与国际标准 ISO 1776:1985 的主要差异如下：

——将国际标准 ISO 1776:1985 中 8.2 的油浴改为砂浴，使试验更加方便；

——石英玻璃锥形瓶改用铂皿，使其操作简便，并能消除石英器皿中所含微量元素带来的干扰，提高测试准确度；

——测试用溶液由置于 5 mL 容量瓶改为置于 10 mL 容量瓶中，使溶液体积放大一倍，在用仪器测试时，溶液量充分，更易取得满意的测试结果。

本标准代替 GB/T 6581—1986《玻璃在 100℃耐盐酸浸蚀性的火焰发射或原子吸收光谱测定法》，主要变化如下：

——石英玻璃锥形瓶改用铂皿，使其操作简便，并能消除石英器皿中所含微量元素带来的干扰，提高测试准确度；

——测试用溶液由置于 5 mL 容量瓶改为置于 10 mL 容量瓶中，使溶液体积放大一倍，在用仪器测试时，溶液量充分，更易取得满意的测试结果。

本标准由中国轻工业联合会提出。

本标准由全国玻璃仪器标准化技术委员会归口。

本标准起草单位：国家轻工业玻璃产品质量监督检测中心。

本标准主要起草人：李美英、袁春梅。

玻璃在100℃耐盐酸浸蚀性的火焰发射或原子吸收光谱测定方法

1 范围

本标准规定了用火焰发射或原子吸收光谱测定玻璃在100℃盐酸溶液中耐浸蚀性的方法。玻璃的耐酸性用其单位表面积析出碱性氧化物的质量来表示。

本标准适用于具有良好耐酸性的硼硅玻璃制品，若将试样经过酸预处理，也可以测定玻璃材质的耐酸性。

2 规范性引用文件

下列文件中的条款通过本标准的引用而成为本标准的条款。凡是注日期的引用文件，其随后所有的修改单(不包括勘误的内容)或修改版均不适用于本标准，然而，鼓励根据本标准达成协议的各方研究是否可使用这些文件的最新版本。凡是不注日期的引用文件，其最新版本适用于本标准。

GB/T 6682 分析实验室用水规格和试验方法

3 试验原理

30 cm^2～40 cm^2 的玻璃试样在100℃ 6 mol/L 盐酸溶液中浸蚀3 h后测定其单位表面积析出碱性氧化物的质量。

4 试剂

使用化学纯或化学纯以上的试剂。

4.1 二次蒸馏水或去离子水：应符合GB/T 6682的要求。

4.2 盐酸(GB 622)：优级纯。

4.3 2 mol/L 盐酸：量取167 mL 盐酸(4.2)稀释到1 L，即为2 mol/L 盐酸溶液。

4.4 6 mol/L 盐酸：量取500 mL 盐酸(4.2)稀释到1 L，即为6 mol/L 盐酸溶液。

4.5 氢氟酸(GB/T 620—1993)：优级纯，40%(质量分数)。

4.6 辐射缓冲剂：将250 g 硝酸铝(HG 3-928)和50 g 氯化铯(HG 3-938)溶解于水中，并稀释到1 L。

4.7 氧化钠、氧化钾标准溶液：用氯化钠和氯化钾基准试剂配制。

4.8 无水乙醇或丙酮。

5 主要仪器、设备、工具

5.1 烘箱：适用于100℃±1℃。

5.2 烘箱：适用于130℃。

5.3 火焰光度计或原子吸收光谱仪：适用于10mL 试液操作。火焰光度计、原子吸收光谱仪的技术指标：钠元素的波长为589 nm±1 nm，钠元素的灵敏度不低于0.006 μg/mL。

5.4 游标卡尺：分度值0.02 mm。

5.5 聚四氟乙烯具盖皿：材料应致密，皿口具阳螺纹，底上具有同种材料的四个支点，容积大约70 mL，壁厚约5 mm，内径约60 mm，内高约25 mm，皿盖具阴螺纹，能和皿紧密吻合，其中一个盖有一个直径为5 mm的孔，以便插入一个充满甘油的耐化学浸蚀的试管，将一只镍铬考铜热电偶插入该试管以控制温度。

5.6 镊子:用塑料或铂包头,使用前头部应用 2 mol/L 盐酸溶液处理并用水洗净。

5.7 塑料烧杯:容量 250 mL,内具一个铂架子(见图 1),用以支撑试样。

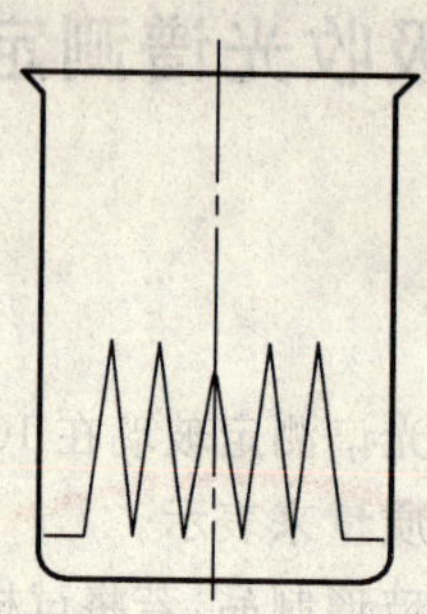

图 1 酸预处理用烧杯(内具支撑样品架)

5.8 铂皿:容积不得小于 50 mL。

5.9 磁力搅拌器:具塑料套转子。

5.10 单标线容量瓶(GB/T 12806):10 mL。

5.11 分度吸量管(GB/T 12807):2 mL。

6 试样的准备

6.1 制备方法

试样应是有规则的几何形状,退火良好,总表面积为 30 cm^2～40 cm^2 的玻璃片,将断面细工研磨,不得用火抛光,一次试验制备三只试样。

6.2 玻璃制品的试样制备

按 6.1 方法制备的试样,但厚度不超过 2 mm,新切割断面的表面积不多于总表面积的 10%,用水洗净,然后用无水乙醇或丙酮漂洗,在 115℃烘箱(5.2)中干燥约 30 min。

6.3 测定玻璃材质耐酸性试样的酸预处理

把任意厚度按 6.1 制备的试样放入 250 mL 塑料烧杯内的支架上,如图 1 所示。小心放入一个塑料套转子,然后沿烧杯壁加入 1 体积氢氟酸和 9 体积 2 mol/L 盐酸溶液的混合液,此混合液的量要完全浸没试样为止。混合液的温度应接近室温。用磁力搅拌器搅拌约 10 min,用塑料棒夹住试样,倒出混合液。在烧杯中注入水,再倒出。用镊子取出试样,用水冲洗,再用蒸馏水冲洗,最后用无水乙醇或丙酮漂洗,在 115℃烘箱中干燥约 30 min。

7 试验步骤

7.1 试样溶液的制备

烘箱(5.2)升温至 115℃,另一个烘箱(5.1)升温至 100℃±1℃。用镊子将三个试样分别放入三个聚四氟乙烯皿(5.5)中,用盖轻轻地盖好拧紧。放入 115℃烘箱(5.2)中,烘 8 h,同时放入三个未放试样的聚四氟乙烯皿(5.5)和一个插有充满甘油试管的聚四氟乙烯皿(5.5)。

在陈化过的耐化学浸蚀的烧杯中,将七份 25 mL 6 mol/L 盐酸溶液加热至沸腾。先将其中的四份分别迅速注入四个从烘箱(5.2)中取出未放试样的聚四氟乙烯皿中,立即将其放入另一个烘箱(5.1)中,并将热电偶插入充满甘油的试管中。再将三个放试样的聚四氟乙烯皿也分别迅速注入此盐酸溶液,立即将其放入另一个烘箱(5.1)中。在注入加热沸腾盐酸溶液的整个过程中应在排风柜中进行,整个操作过程不应超过 2 min,并尽可能防止冷空气进入烘箱中。加热时间从第一个放试样的聚四氟乙烯皿放入烘箱(5.1)中开始算起。

在恒温加热期间控制聚四氟乙烯皿和烘箱(5.1)的温度,保持在 100℃±1℃,恒温加热时间应为 3 h。

从烘箱中取出聚四氟乙烯皿，将试样的溶液和空白溶液分别转移至 50 mL 铂皿中，用蒸馏水冲洗数次，立即在砂浴上蒸发至干。冷却，用 2 mL 分度吸量管分别加入 0.2 mL 2 mol/L 盐酸溶液和 2 mL 蒸馏水(4.1)，并轻轻摇动，使残渣溶解。分别转移上述溶液至 10 mL 单标线容量瓶中，用 2 mL 分度吸量管分别加入 0.5 mL 辐射缓冲剂，用蒸馏水稀释到刻度，摇匀备用。

7.2 碱性氧化物含量的测定

用火焰光度计或原子吸收光谱仪，以紧密内插法测定标准溶液、试样溶液和空白溶液的碱性氧化物含量。

计算三个试样溶液的平均值和三个空白溶液的平均值(μg/mL)，如果某个空白值与其平均值之差大于 0.1 μg/mL 或氧化钠的绝对含量大于 5 μg，则试验应重做。

8 结果表示方法

从试样溶液碱性氧化物含量的平均值减去空白溶液碱性氧化物含量的平均值，计算每平方分米试样表面积浸取出的碱性氧化物含量。测量结果可用每平方分米玻璃析出氧化钠和氧化钾的质量表示。但当析出氧化钾低于 5 $\mu g/dm^2$ 时，可以忽略不计。当析出氧化钾高于 5 $\mu g/dm^2$ 时，要将氧化钾的量折算成氧化钠的量。

9 合格判断

3.3 硼硅玻璃和中性玻璃的耐酸性氧化钠含量≤100 $\mu g/dm^2$ 判定为合格。

10 试验报告

试验报告应包括如下内容：

a) 注明采用本标准编号；

b) 试样鉴别情况；

c) 测定的是玻璃制品的耐酸性还是玻璃材质的耐酸性；

d) 试样的厚度；

e) 玻璃每单位表面积析出碱的质量平均值；

f) 注明测定中的一切反常现象。